高等学校逻辑学专业系列教材

刘虎/主编

结构证明论

(第二版)

马明辉　编著

科 学 出 版 社

北 京

内 容 简 介

证明论是逻辑基础理论的分支. 结构证明论是证明论的分支, 它研究演算中的分析性证明. 本书在介绍古典句子逻辑和直觉主义逻辑的基础上, 给出公理系统、自然演绎和矢列演算等不同类型的逻辑演算. 根据结构的定义和结构规则, 区分不同类型的矢列演算, 并且以切割消除为工具, 给出了插值性质、可判定性等问题的证明. 本书还介绍了一阶逻辑、模态逻辑和代数逻辑的矢列演算.

本书适合逻辑学相关专业的高校师生阅读, 也可供对逻辑学感兴趣的读者阅读.

图书在版编目(CIP)数据

结构证明论 / 马明辉编著. —2 版. —北京: 科学出版社, 2023.6
高等学校逻辑学专业系列教材 / 刘虎主编
ISBN 978-7-03-075474-5

Ⅰ. ①结… Ⅱ. ①马… Ⅲ. ①证明–高等学校–教材 Ⅳ. ①B812.4

中国国家版本馆 CIP 数据核字(2023)第 074833 号

责任编辑: 郭勇斌 邓新平 / 责任校对: 彭珍珍
责任印制: 张 伟 / 封面设计: 众轩企划

科 学 出 版 社 出版
北京东黄城根北街 16 号
邮政编码: 100717
http://www.sciencep.com
天津市新科印刷有限公司 印刷
科学出版社发行 各地新华书店经销
*
2019 年 6 月第 一 版 开本: 720×1000 1/16
2023 年 6 月第 二 版 印张: 17
2024 年 1 月第三次印刷 字数: 331 000
定价: 89.00 元
(如有印装质量问题, 我社负责调换)

"高等学校逻辑学专业系列教材"编委会

主　　编：刘　虎

编　　委：(按姓氏汉语拼音排序)

丛 书 序

　　孟子说, 人和禽兽的差别几希, 这差别在于人可以明庶物和察人伦. 用现代的话说, 我们既有明辨万事万物的自然科学, 又有体察道德规律、人际关系的社会科学. 前者探讨外物, 后者考察人心, 它们构成我们 "文明" 的基础.

　　两千年来, 中国传统学者在检视人伦方面用力甚勤, 但在明察庶物的自然科学研究上则落后于传承古希腊思想的西方同行. 中国传统文献中对人伦秩序有着精到的描述, 直至社会秩序和人际关系中隐微的细节. 自然科学研究需要的客观、理性、怀疑精神和试验方法, 则是我们需要补上的一课.

　　爱因斯坦说, 西方科学的发展源自两个伟大的成就, 即古希腊人发明的形式逻辑, 以及确认因果关系的实验方法. 使用基于逻辑的理性工具总结和分析实验材料, 纷繁复杂的自然科学体系, 不外如是. 中国历史上在自然科学领域较为落后, 也需要在逻辑和实验这两个方面寻找原因.

　　人们经常在不同的语境和意义下使用 "逻辑" 这个词. 我们说, 思考的逻辑, 代表某种思维规律; 我们说, 讲话的逻辑, 代表上下文间具有的某种联系; 我们甚至说, 生活的逻辑、吃饭的逻辑, 代表一项活动中的某种规律性. 若某人被贴上 "没有逻辑" 的标签, 等同于指控他的愚笨.

　　虽然难以得到准确的、行之有效的 "逻辑" 的定义, 但我们大体知道, 逻辑是构成人类概念和知识体系的基石. 逻辑由一些形式规律构成. 最简单的例子如称为同一律的 "如果 A 是真的, 那么 A 是真的". 显然, 缺少了这样的形式规律, 人的心灵只是一团乱麻. 这些形式规律先于知识, 是知识的起点, 它们规范了知识的形态和样式. 它们或多或少地存在于每个人的心灵中, 使得人成为理性的个体. 有时, 我们甚至可以互换使用逻辑和理性这两个词.

　　逻辑学是一门研究逻辑的学科. 它最早产生于古希腊. 亚里士多德是古希腊逻辑学的创立者和代表人物. 亚里士多德的学说在其后两千多年里得到了延续和发展, 逻辑学的基本理念和研究方法仍与其一脉相承, 直到数学化的符号逻辑在 19 世纪末 20 世纪初被弗雷格和罗素等发现. 我们有时称前者为传统逻辑或非形式逻辑, 称后者为现代逻辑、形式逻辑或符号逻辑. 现代的形式逻辑并不是对传统非形式逻辑的反证. 它们是相辅相成的关系. 它们有着各自适用的领域, 它们探讨的问题有交叉也有较大的差异. 非形式逻辑在当代仍是一门有着强大生命力的学科.

逻辑学还包括其他与逻辑相关的研究和讨论. 逻辑哲学分析和考察在逻辑学研究中产生的哲学问题. 逻辑哲学与语言哲学和分析哲学密切相关. 逻辑学史, 顾名思义, 探讨逻辑学的发展历史. 历史上, 系统性的逻辑学研究只出现于西方传统. 但是, 中国和印度的古代文献中也有部分零散但精妙的论述. 对这些文本的研究我们归之于中国逻辑 (史) 和佛教逻辑的范畴. 由于逻辑学的基础地位, 它在其他学科中有着广泛的应用. 我们在哲学、数学、计算机、法律甚至经济学中都能发现以逻辑学为主业的教授. 这些逻辑学的应用我们统称为应用逻辑. 一套完整的逻辑学教材, 应该涵盖以上所述的逻辑学各个分支.

逻辑学对一个健全完整的教育体系而言是不可缺少的重要环节. 逻辑学是西方传统古典课程的 "七艺" 之一. 联合国教科文组织也将逻辑学列为二十四大顶层学科之首, 与数学并列为两大精确科学. 逻辑学 20 世纪传入中国, 80 年代以后在中国得到高速发展. 当前, 中国逻辑学在研究人员的数量、研究成果的质量和水平上已经接近或达到了国际先进水平. 而在逻辑学的教育和普及方面, 我们和西方同行相比则有不小的差距. 此次出版的这套高等学校逻辑学专业系列教材, 也是我们为弥补这个差距所做的努力.

本套逻辑学教材由中山大学逻辑学科主持牵头编写. 中山大学于 2007 年开办逻辑学本科专业, 是我国目前唯一连续招生的逻辑学本科专业. 经过十几年的教学实践和建设, 我们的课程体系已经覆盖了逻辑学的各个主要分支领域. 这些课程的任课教师是一批具有国际学术视野、在前沿问题上从事研究工作的中青年学者, 他们也是这套教材的主要作者. 此外, 我们有幸邀请到十余位国内其他高校的逻辑学学者担任教材的编委工作. 他们的帮助和指导将大大提高本套教材的质量和适用性. 我在此一并对他们表示感谢.

刘 虎

2019 年 5 月

第二版前言

19 世纪以前, 逻辑一直是哲学的一部分. 伴随着 19 世纪后期到 20 世纪初的数学革命, 在研究数学基础的过程中, 数理逻辑发展起来. 数理逻辑逐步发展成为拥有众多分支的庞大科学理论体系, 同时作为科学研究工具或方法, 深刻影响了 20 世纪科学的发展. 例如, 人工智能是通过计算来模拟、扩展人类智能的理论、方法和技术. 许多非古典逻辑理论, 如时序逻辑、命题动态逻辑、描述逻辑等在程序验证、逻辑编程、自动定理证明、知识表示等领域得到应用, 因而也受到人工智能领域的关注. 哲学、数学和工程领域使用逻辑思想、方法和技术, 包括形式语言、结构 (模型)、推理系统等.

2021 年 5 月 28 日, 习近平总书记在中国科学院第二十次院士大会、中国工程院第十五次院士大会和中国科学技术协会第十次全国代表大会上的讲话指出, "加强基础研究是科技自立自强的必然要求, 是我们从未知到已知、从不确定性到确定性的必然选择". 从实际问题中凝练科学问题, 弄通关键核心技术的基础理论和原理, 要以深厚的基础研究成果为支撑. 以习近平新时代中国特色社会主义思想为指导, 推进高水平科技自立自强, 就要加强基础研究, 在基础研究领域形成自主知识体系, 推动实现高水平科技自立自强.

逻辑是一门基础科学. 在构建中国特色、中国风格、中国气派的哲学话语体系的框架下, 建设逻辑研究话语体系, 有一些不同的主张. 第一种主张是对中国古代逻辑思想进行解释, 或采用思想史的研究方法, 或运用现代逻辑的工具和技术. 这种主张要解决的根本问题是中国古代思想史中有没有逻辑, 如果有逻辑, 那么它是什么. 第二种主张是在逻辑科学某一个或多个领域, 形成在世界逻辑学术界具有影响力的中国逻辑研究学术成果. 这种主张要解决的根本问题是依靠中国逻辑学家的努力, 在某些逻辑研究领域解决重要问题, 形成原创性的逻辑研究成果. 第三种主张是依靠跨学科的尝试构建中国逻辑学术体系. 这种主张要回答的根本问题是, 跨学科能够为逻辑研究提供什么.

第一, 观念问题. 逻辑研究首先要有逻辑的观念. 亚里士多德是逻辑的创始人. 亚里士多德的逻辑研究, 不仅从观念层面上对逻辑的本性作出了说明, 而且依据这种说明建立了可靠的逻辑理论, 从而奠定了整个逻辑科学的基础. 王路 (1999) 把亚里士多德的逻辑观概括为 "必然地得出", 即从规定下来的东西必然地得出一些与此不同的东西, 这是关于推理本性的说明, 因而也是对逻辑的说明. 这是在逻辑史上一脉相承延续至今的逻辑观, 也是逻辑能够成为一门科学的根本原因. 康德对亚里士多德创立的逻辑有一个非常有名的评价, 他在《纯粹理性批判》序言中说: "逻辑最早走上了这条可靠的道路, 这一点可以从以下事实看出: 自亚里士多德时代以来, 逻辑已经不必后退一步, 如果不算废除一些不必要的细节或者对表述作出更清楚的规定, 这些改进更多属于修饰, 而不是这门科学的可靠性." (Kant, 1998: 106) 康德认为亚里士多德创立的逻辑是一门可靠的科学, 而且这种可靠性是稳固的、随着时代发展延续下来的.

弗雷格 1879 年创立的概念文字是模仿算术语言构造的一种纯思维的形式语言, 可以称为现代逻辑的开端. 在写于 1897 年的 "逻辑" 中, 弗雷格说: "我们赋予逻辑的任务是仅仅说明对所有思维领域都有效的最普遍的东西. 我们必须把我们的思维和我们将某物看作真的的规则看作是由是真的规律确定的. 以后者 (这种规律) 给出前者 (那种规则). 以此我们也可以说: 逻辑是关于是真的最普遍规律的科学." (弗雷格, 2006: 202) 弗雷格发现算术中要达到最严格的推理, 不精确的语言表达是一种障碍, 因而构造了概念文字这种形式语言, 用来检验推理串的有效性. 从 "必然地得出" 到 "是真的最普遍规律" 在逻辑观上一脉相承, 从三段论到逻辑的现代发展, 体现了逻辑研究方法的巨大进步.

希尔伯特和阿克曼 1928 年发表的著作《数理逻辑原理》, 比较清晰地呈现了句子演算和谓词演算. 他们在导论中说: "数理逻辑也称为符号逻辑或逻辑斯蒂, 它是数学的形式方法到逻辑领域的扩展. 它对逻辑采用一种符号语言, 这种符号语言长期用于表达数学关系." "数理逻辑使用符号语言的目的, 是为了在逻辑中实现数学已经实现的东西, 即对其主题精确地、科学地处理. 判断、概念等东西的逻辑关系用公式来表达, 公式的解释摆脱日常语言中常见的歧义. 从陈述到其逻辑后承的转换, 正如在推出结论时出现的那样, 被分析为它的初始元素, 而且表现为初始公式根据特定规则的形式转换, 这些规则类似于代数的规则; 逻辑思维在逻辑演算中得到反映. 演算使成功解决一些问题成为可能, 而通过纯粹的直觉的逻辑思考解决这些问题是行不通的. 例如, 刻画能够从给定的前提演绎得到的陈述就是这样一个问题." (Hilbert and Ackermann, 1950: 1) 这段话强调形式语言和演算的重要性, 使用形式语言和建立逻辑演算使逻辑真正成为一门精确严格的现代科学.

哥德尔关于数理逻辑有一段精妙的说法. 在《罗素的数理逻辑》一文开篇, 哥德尔说: "数理逻辑不是别的, 它不过是形式逻辑的精确而完备的表述, 它有两个非常不同的方面. 一方面, 它是数学中处理类、关系、符号组合等东西的部门, 而不是处理数、函数、几何图形等东西的部门. 另一方面, 它是一门先于所有其他科学的科学, 它包含了全部科学共同依赖的观念和原理." (Gödel, 1944) 弗雷格创立的概念文字实现了莱布尼茨的普遍语言理想, 不仅创造了一种形式语言, 而且使用逻辑演算. 哥德尔把数理逻辑看作处理类、关系、符合组合等东西的数学部门, 这一点从数理逻辑的内容看是显然的. 至于第二方面, 即数理逻辑包含了全部科学共同依赖的观念和原理, 亚里士多德就已经认识到这一点. 亚里士多德在《后分析篇》中说: "全部科学使用共同的东西相互联系. 所谓共同的东西是指它们为了证明的目的而使用的东西, 不是它们要证明的主题, 也不是它们证明的联系." (Aristotle, 1971: 77a25-30).

金岳霖先生一直主张逻辑是一、逻辑不二. 他在《论道》中指出, "逻辑系统是逻辑底具体的表现, 逻辑系统的意义随逻辑系统而异. 可是, 系统虽多, 而逻辑不二". (金岳霖, 1987: 22) 在《不相融的逻辑系统》一文中, 金先生也强调, 逻辑系统虽可以不同, 而逻辑则一. "逻辑是逻辑系统所要表示的实质, 逻辑系统是表示逻辑的工具." (金岳霖, 1934) 在逻辑观这个问题上, 金先生是很清楚的. 我们研究逻辑、发展逻辑, 应该坚持这样的逻辑观, 指导我们的逻辑研究, 真正建立起逻辑学术体系, 形成具有重要影响力的成果.

第二, 基础问题. 一门科学的发展要建立在可靠的基础之上. 逻辑科学的发展也有其自身的基础, 这一基础在亚里士多德的时代得以确立, 经过现代逻辑的发展而变得更加清晰、牢固和丰富. 塔尔斯基在《逻辑与演绎科学方法论导论》中说: "逻辑在很久以前就发展成为一门独立的科学, 甚至早于算术和几何. 然而, 直到近些时候的 19 世纪后半叶, 在经历了很长一段几乎完全停滞的时期之后, 这门科学才开始密集发展, 在这个过程中它接受了完全的转化, 获得了类似于数理科学的特征; 它以这种新的形式被称为数理逻辑或符号逻辑, 也被称为逻辑斯蒂. 新的逻辑在许多方面超越了旧的逻辑, 不只是因为其基础的牢固性和在发展中所使用的方法的完美性, 而主要是因为其所研究概念的丰富性和发现的规律的丰富性. 从根本上说, 旧的传统逻辑不过是新逻辑的一个片段, 从其他科学特别是数学要求的观点看, 它还是一个完全不重要的片段." (Tarski, 1994: 17-18) 现代逻辑极大丰富和发展了逻辑. 研究和发展现代逻辑是构建逻辑研究话语体系的基础性工作.

现代逻辑的基础部分是初等逻辑, 也就是通常所说的包含句子逻辑的一阶逻辑. 数理逻辑学家喜欢把数理逻辑看作关于数学推理的研究. 巴威斯说: "现代数学可以描述为抽象对象的科学, 如实数、函数、面、代数结构等. 数理逻辑为这门科学增加新维度, 它关注数学中使用的语言、定义抽象对象的方式、支配关于这些对象进行推理的逻辑规律. 逻辑学家希望通过这种研究来理解数学经验现象而最终有功于数学, 既包括这门科目产生的重要结果 (哥德尔第二不完全性定理是最著名的例子), 也包括应用于数学的其他分支." (Barwise, 1977: 6) 按照这种观点, 数理逻辑一般被分为集合论、模型论、证明论和可计算性理论 (递归论) 等部门. 初等逻辑的表述离不开集合论的基本概念, 而公理集合论的发展使集合论成为相对独立的领域. 初等逻辑的语义学研究语言和结构的相互作用, 在此基础上模型论得到很大的发展. 关于逻辑演算的研究直接发展出结构证明论, 而关于构造性数学的研究形成解释证明论. 递归函数和可计算性概念的提出, 以及关于逻辑的可判定性和复杂性问题的研究, 直接推动了可计算理论的发展.

以初等逻辑为基础发展起来的现代逻辑, 有着更为丰富的逻辑分支. 这些分支的形成, 主要动力来自初等逻辑的扩张、弱化和变异. 在初等逻辑上增加不能在初等逻辑中定义的逻辑概念 (称为 "算子"), 就得到初等逻辑的扩张. 初等逻辑中某些规律不符合特定的解释, 去掉它们就得到初等逻辑的弱化. 把一些扩张和弱化逻辑组合起来, 还可以得到初等逻辑的变异. 这些逻辑理论中, 有的逻辑理论与数学有密切的关系, 例如, 直觉主义逻辑作为初等逻辑的弱化, 是构造主义数学的逻辑; 哥德尔-洛布逻辑是皮亚诺算术可证性的逻辑; 模态逻辑 S4 可解释为点集拓扑空间的闭包代数的逻辑. 有的逻辑理论的根基深入哲学, 例如, 严格蕴涵逻辑和相干逻辑讨论蕴涵的意义; 时态逻辑研究时序结构; 条件句逻辑研究条件句的模型和意义. 有的逻辑理论产生于计算机科学研究, 例如, 程序逻辑 (命题动态逻辑) 研究程序构造的逻辑; 描述逻辑研究知识表示的逻辑.

无论什么样的逻辑研究, 形式语言、语义学、逻辑演算等都是基本内容. 为了特定的目的发展一种逻辑理论, 既可以运用模型论方法研究结构和语言的关系, 也可以运用证明论方法发展逻辑演算, 在此基础上还可以研究逻辑的性质, 包括完全性、有穷模型性、可判定性、插值性质、计算复杂性等. 从更一般的角度看, 除了研究特定逻辑理论, 还可以引进一些方法研究逻辑类的性质. 研究逻辑是为了发展逻辑, 发展逻辑是为了在一定认识范围内弄清楚一个主题包含的推理问题. 至于用什么样的方式说明推理, 有不同的认识方法, 这些方法既可以是哲学方面的考虑, 也可以是技术方面的考虑. 构建逻辑研究的话语体系, 要从这些基础研究做起. 不能只有关于逻辑的研究, 而必须有解决逻辑问题的研究.

第三, 方法问题. 人类科学的许多重大进步都源自方法的改进. 自亚里士多德创立逻辑以来, 逻辑一直被看作一般性的认识方法. 由于它的一般性或普遍性, 逻辑成为亚里士多德研究形而上学的方法, 同时也与科学探究紧密结合在一起. 康德引入三分法, 例如, 从量的方面把判断区分为全称的、特称的、单称的, 从质的方面把判断区分为肯定的、否定的、无限的, 从关系方面把判断区分为定言的、假言的、选言的, 从模态方面把判断区分为或然的、实然的、必然的, 由此概括出思维在判断中的功能, 这种认识与康德对传统逻辑的理解是分不开的. 现代逻辑往前迈进了一大步, 提供了更加精确的认识方法, 促进了现代科学的进步.

作为思想分析方法的逻辑是哲学探究的一种有用工具. 弗雷格在《概念文字》中说: "如果说哲学的任务是通过揭示有关由于语言的用法常常几乎是不可避免地形成的概念关系的假象, 通过使思想摆脱只是语言表达工具的性质才使它具有的那些东西, 打破语词对人类精神的统制的话, 那么我的概念文字经过为实现这个目的而做的进一步改进, 将能够成为哲学家们的一种有用工具."(弗雷格, 2006: 4) 弗雷格关于概念和对象、含义和意谓、思想等问题的论述, 成为语言哲学的开创性经典. 罗素对摹状词的分析消除了一些由于语言表达的不完善导致的思想混淆问题. 维特根斯坦借助逻辑为思想的表达划出一条界线. 戴维森运用塔尔斯基语义学提出研究自然语言的意义理论纲领. 奎因运用量化理论提出"是乃是变元的值"本体论原则. 达米特根据对直觉主义逻辑的理解提出真乃是有保证可断定的思想. 克里普克借助模态逻辑的可能世界概念探讨命名和必然性, 提出名称是刚性命名子的思想. 当代哲学实在论、反实在论、模态概念的研究, 从根本上说是基于对逻辑的理解和逻辑方法的运用.

逻辑方法运用于多种多样的哲学主题, 形成了一个重要的研究领域, 这个领域称为哲理逻辑. 如果要把哲理逻辑与数理逻辑区分开来的话, 那么这种区分应该是研究主题的区分, 而不是逻辑本身的区分. 哲理逻辑研究的主题是一些哲理概念, 如必然性、可能性、偶然性、时间、真值、道义、条件等. 这些概念出现在句子中用于表达特定的思想. 与混乱的思辨相比, 哲理逻辑以高度的清晰性促使我们洞察这些概念的含义. 以刘易斯的反事实句逻辑为例 (Leiws, 1973). "倘若袋鼠没有尾巴, 那么它就会翻倒在地." 这是一个反事实条件句. 逻辑方法告诉我们, 要把握这样一个句子的意义, 就是要知道它的真之条件. 刘易斯的分析是, 在所有的袋鼠没有尾巴的可能事物状态中袋鼠翻倒在地, 这些事物状态除了允许袋鼠没有尾巴以外, 与我们的现实事物状态尽可能相似. 刘易斯引入表达反事实条件句的形式语言, 引入球面模型及比较相似性关系, 给出反事实条件句的真之条件. 在逻辑技术方面, 刘易斯还给出了反事实条件句的逻辑演算. 在反事实条件句的意义方面, 刘易斯促使我们达到概念思维, 有了比较清晰的认识, 尽管在某些细节上还有这样或那样的争议.

运用逻辑方法进行思想分析, 常常出现思想和技术之间的不平衡. 使用符号语言的好处是显然的, 它帮助我们认识思想的结构. 但是, 逻辑分析不能等同于简单的符号化, 如果只是单纯写下几个符号, 并不会产生实质性的思想分析价值. 运用符号语言保证对思想的确切表达, 需要使用逻辑技术. 另外, 如果一个复杂问题牵涉过多的逻辑概念, 尽管有表面上看起来清晰的符号语言, 但逻辑系统却非常臃肿, 很难达到对逻辑系统的性质的认识. 能否使用、怎样使用、在多大程度上运用逻辑技术, 要依实际问题而确定.

作为演绎科学方法的逻辑是科学研究的一种有用工具. 逻辑研究的最基本的方法就是形式化, 所得到的结果就是形式系统, 逻辑演算是在形式系统中进行的. 一个形式系统由形式语言、公理和推理规则组成. 形式语言是由初始符号和形成规则组成的, 初始符号的有穷序列称为符号串, 按照形成规则得到的符号串是有意义的符号串, 称为形式语言的公式. 选择一些公式作为形式系统的公理, 再确定一些由前提和结论组成的推理规则, 就得到了一个形式系统. 要构造形式系统并不难, 关键在于要有恰当的解释, 搞清楚公理化的对象. 对形式系统的解释一般是通过语义学进行的, 有时也在一个形式系统中通过翻译解释另一个形式系统. 正因为形式系统可以作出不同的解释, 它才能在各门具体科学中应用, 从而严格处理各门科学涉及的推理问题.

逻辑学作为一门基础学科, 迫切需要我们研究真问题、大问题, 提升自主创新、原始创新能力. 在逻辑教育方面, 需要培养一批具有扎实基础知识和创新能力的人才. 教材建设是当前逻辑教育迫切需要解决的问题. 1995 年, 符号逻辑学会发表的《逻辑教育指南》开篇指出, "昨日之教育不能满足明日世界之需要". 特别是, 新一轮科技革命要求我们更加深入地理解人类推理的基本原理. 无论是基础研究, 还是现实需要, 逻辑的重要性更加突出. 在数理逻辑发展史上, 各个时期都有一批紧跟逻辑研究前沿的教材. 我国逻辑学专业教材建设亟须加强. 这本教材介绍以自然演绎和矢列演算为代表的系统, 展示了结构证明论的基本原理和方法, 供读者参考.

第一版前言

证明论是以证明为研究对象的数理逻辑分支. 它大致分为结构证明论和解释证明论. 结构证明论研究形式系统中证明的结构, 以德国数学家和逻辑学家甘岑提出的自然演绎和矢列演算为基本工具. 解释证明论则探索形式理论之间的句法解释, 比如, 直觉主义算数可实现性的形式化和哥德尔对直觉主义算数的泛函解释 (Troelstra, 1973). 本书介绍结构证明论基础.

在逻辑和数学中, 证明是从给定的前提得出结论的演绎推理过程. 弗雷格在《概念文字》开头就提出: "进行证明的最可靠的方式显然是遵守纯逻辑, 它不考虑对象的特殊性质, 只依赖于全部知识所依据的那些规律." (Frege, 1967) 并非所有数学规律都能得到证明. 不加证明而被接受的第一原理称为公理, 它们的真从所涉及的基本概念来看是自明的. 从公理出发可以证明新的命题. 同样, 一些概念是不加定义的基本概念, 通过定义得到的概念称为导出概念. 导出概念可以还原为基本概念. 例如, 在集合论中, "属于关系" 是不加定义的基本概念, "$x \in y$" 是基本表达式; "包含关系" 是从基本概念出发定义的概念, "$x \subseteq y$" 定义为 "对所有集合 z, 如果 $z \in x$, 那么 $z \in y$". 在选取公理时, 可以要求选择仅使用基本概念的真命题. 从公理出发证明的真命题称为定理. 由基本概念、导出概念、公理和定理组成的体系称为公理系统.

欧几里得几何是目前已知的历史上第一个公理系统. 每个公理都是由一些基本概念组成的真命题. 从公理出发, 以逻辑的方式证明定理. 例如, 设一个三角形的三个角分别是 A, B, C. 现在证明 $A + B + C = 180°$. 这个命题不是自明的, 需要运用平行线公理及关于角的命题给出它的证明. 几何定理证明是在实践中进行逻辑证明的范例. 但是, 对证明本身进行分析, 出现于亚里士多德的《前分析篇》和《后分析篇》. 亚里士多德认为, 一个推理是一个论证 (证明), 在这个论证中, 有些东西被规定下来, 由此必然地得出一些与此不同的东西. 亚里士多德认为, 一门演绎科学的基础是一些无需定义的基本概念和无需证明的基本原理. 通过定义从基本概念得到导出概念, 通过证明从公理得到定理. 亚里士多德的三段论就是关于推理的形式逻辑理论.

19 世纪数学中出现了适用于多组不同概念的公理系统, 尤其是群论. 一个群是数学结构 $(G, \circ, e)$, 其中 G 是非空集, $\circ$ 是 G 上的二元运算, $e \in G$ 是常量, 并且满足以下公理:

(G1) 对任意 $x, y, z \in G$ 都有 $x \circ (y \circ z) = (x \circ y) \circ z$.

(G2) 对任意 $x \in G$ 都有 $x \circ e = e = e \circ x$.

(G3) 对任意 $x \in G$ 存在 $y \in G$ 使得 $x \circ y = e$.

以上公理构成群的公理系统. 在该系统中可以证明定理. 例如, 对任意 $x \in G$ 存在 $y \in G$ 使得 $y \circ x = e$. 在逻辑学发展中出现了对演绎推理的数学分析. 布尔在 1847 年的著作《逻辑的数学分析》开篇写道: "熟悉当前符号代数理论的人都清楚, 分析过程的有效性不依赖于对其中所运用符号的解释, 只依赖于符号组合的规律. "(Boole, 1847) 逻辑推理的有效性不依赖于所涉及句子的具体内容, 只与推理的形式有关. 布尔认为, 逻辑不是哲学的一部分, "根据真正的分类原则, 我们不应该把逻辑与形而上学联系在一起, 而是把逻辑与数学联系在一起"(Boole, 1847). 在布尔看来, 亚里士多德三段论的典型形式确实是符号性的, 但是这些符号并不像数学符号那样完善. 布尔对演绎推理进行了数学分析, 重新建立逻辑规则的符号表示. 皮尔士不断改进布尔的逻辑代数, 于 1880 年提出相对于布尔代数完全的演绎系统. 同时代的皮亚诺也研究了算数中逻辑推理的形式化问题.

弗雷格在 1879 年的著作《概念文字》中建立了数理逻辑的形式化公理系统. 按弗雷格的想法, 公理都是逻辑真句子, 通过有穷多个规则可以从给定的有穷多个公理得到全部逻辑真句子. 从句子形式方面研究公理和定理, 称为公理系统的*句法*. 为了从句法上研究公理系统, 可以引入形式系统的概念. 一个形式系统 F 是公理系统的形式部分, 它由形式语言、公理和推理规则三部分组成. 为了确定形式语言, 首先要给出一些基本符号, 有穷多个符号组成的符号串是该语言的表达式. 按照一定的形成规则得到的有意义的表达式称为语言的公式. 从所有公式中选择一些不加证明的公式作为形式系统 F 的公理. 一个推理规则是由前提和结论组成的. 在形式系统 F 中, 一个定理是这样的公式, 它要么是公理, 要么是从已知定理通过推理规则得到的公式.

罗素和怀特海的《数学原理》采用了皮亚诺的记号和形式规则, 表述了数理逻辑的形式系统. 希尔伯特和阿克曼在 1928 年发表的《数理逻辑原理》中清晰表述了谓词逻辑的形式系统. 哥德尔于 1929 年证明了谓词逻辑形式系统的完全性. 丘奇于 1936 年证明了谓词逻辑的不可判定性. 数理逻辑的形式系统的建立和发展, 标志着逻辑学作为一门科学彻底建立起来. 关于数理逻辑的研究对象, 哥德尔曾有一段精妙的表述:

> 数理逻辑不是别的, 它不过是对形式逻辑的一种精确而完全的表述, 它有两个不同的方面. 一方面, 它是数学中处理类、关系、符号组合等东西的部分, 而不是处理数、函数、几何图形等东西的部分. 另一方面, 它是一门先于所有其他科学的科学, 它包含全部科学共同依赖的

观念和原理. (Gödel, 1944)

形式系统提供了研究证明的严格方法. 这一方法的发展与希尔伯特提出的数学基础问题密切相关. 希尔伯特在 1921 年提出形式主义纲领, 其目标是得到全部数学的一个形式化公理系统, 还要证明该系统的一致性. 这种思想起源于他在 1899 年撰写的《几何基础》. 希尔伯特认为, 严格发展任何一门科学的正确方法就是公理化方法, 公理系统的建立要独立于任何直觉; 给出的公理要有助于分析基本概念和公理之间的逻辑联系. 建立公理系统之后, 一个重要问题就是系统的一致性. 在 20 世纪 20 年代后期, 希尔伯特学派对算数系统的元数学问题进行研究, 尝试提出解决数学系统的一致性问题的方法. 但是, 哥德尔在 1930 年证明了初等算数不可能有完全的形式系统, 也不可能通过有穷方法证明算数的一致性. 哥德尔不完全性定理否认了希尔伯特纲领的可行性.

然而, 在数学基础研究中希尔伯特纲领仍然具有重要地位. 甘岑在 20 世纪 30 年代对元数学进行研究, 相对化希尔伯特纲领成为证明论发展的核心. 在 1932~1933 年, 哥德尔和甘岑分别独立证明: 经典皮亚诺算数可通过翻译嵌入直觉主义算数. 直觉主义算数已经包含超出有穷方法的原理. 在研究算数系统的一致性问题时, 甘岑开始研究纯逻辑的演绎, 由此建立起证明论这一数理逻辑分支. 甘岑 1909 年 11 月 24 日出生于德国格赖夫斯瓦尔德, 1932 年开始在哥廷根大学成为贝奈斯的学生, 1933 年 4 月起由外尔继续担任其导师. 1933 年外尔担任哥廷根大学数学系主任. 从 1935 年到 1936 年, 外尔曾付出巨大努力试图将甘岑引进到普林斯顿高等研究院, 但是没有成功. 从 1935 年 11 月到 1939 年, 甘岑在哥廷根大学担任希尔伯特的助手. 1943 年甘岑在布拉格大学任教. 1945 年 5 月 5 日, 甘岑在布拉格解放时被捕入狱, 1945 年 8 月 4 日在狱中因营养不良饥饿致死.

1932~1934 年, 甘岑在博士论文《逻辑演绎研究》中研究实际使用的数学证明的结构, 论文分两部分发表于德国《数学杂志》(1935 年第 39 卷第 2 期和第 3 期). 甘岑认为, "逻辑演绎的形式化, 特别是弗雷格、罗素和希尔伯特所发展的形式化, 与数学证明中实际使用的演绎形式相去甚远. ······相反, 我首先想要建立一个形式系统, 它尽可能接近实际的推理. 所得到的结果就是 '自然演绎的演算'" (Gentzen, 1964). 甘岑的意思很明确, 数学中实际使用的证明与希尔伯特式公理系统中的证明不同, 公理系统中的证明与数学证明实践相去甚远, 他的目标是建立贴近实际数学证明的演绎系统, 这种系统被称为 "自然演绎". 一般来说, 比较自然的推理形式是从一些前提推出一个结论:

$$\frac{\alpha_1 \cdots \alpha_n}{\beta}$$

甘岑称之为一个推理图. 在甘岑看来, 推导过程是推理图的变换过程, 这个过程要按照逻辑规则进行. 例如, 为了证明 $\alpha \wedge \beta$, 只需要分别证明 α 和 β. 这是联结词 $\wedge$ (并且) 的引入规则. 在推导过程中, 如果得到 $\alpha \wedge \beta$, 就可以分别得到 α 和 β, 这是 $\wedge$ 的消去规则. 甘岑把这些规则写成以下推理图:

$$\frac{\alpha \quad \beta}{\alpha \wedge \beta}(\wedge I) \qquad \frac{\alpha \wedge \beta}{\alpha}(\wedge E) \qquad \frac{\alpha \wedge \beta}{\beta}(\wedge E)$$

在自然演绎系统中, 联结词 $\rightarrow$ ("蕴涵") 要复杂一些. 为了证明 $\alpha \rightarrow \beta$, 首先要假设 α, 然后推出 β. 这就是联结词 $\rightarrow$ 的引入规则 $(\rightarrow I)$, 其中 $[\alpha]$ 表示临时引入的假设, 它随着 $\rightarrow$ 的引入而被撤销. 从 $\alpha \rightarrow \beta$ 和 α 可得到 β, 这是联结词 $\rightarrow$ 的消去规则 $(\rightarrow E)$.

$$\frac{\begin{array}{c}[\alpha]\\ \vdots\\ \beta\end{array}}{\alpha \rightarrow \beta}(\rightarrow I) \qquad \frac{\alpha \rightarrow \beta \quad \alpha}{\beta}(\rightarrow E)$$

甘岑还给出了其他联结词和量词的规则, 严格定义了自然演绎系统中"推导"的概念, 给出了直觉主义逻辑和经典逻辑的自然演绎系统.

为了证明直觉主义命题逻辑的一致性和可判定性, 甘岑提出了"正规推导"的概念. 正规化定理是甘岑的主要发现, 它的意思是, "任何纯逻辑证明都可以归约为确定的标准形式, 尽管不是唯一的" (Gentzen, 1964). 标准形式的证明是没有"迂回"的证明, 对于所要证明的结果来说, 它只包含了必要的实质性的概念和步骤. 在甘岑的自然演绎中, 每个推导都可以转化为一个标准推导. 根据这条正规化定理, 可以得到直觉主义命题逻辑的一致性和可判定性.

甘岑最初没能证明经典逻辑的自然演绎的正规化定理, 为解决这个问题, 他发明了矢列演算. 一个矢列的基本形式是 $\Gamma \Rightarrow \Delta$, 其中 Γ 和 Δ 是由有穷多个公式组成的公式序列, 符号 $\Rightarrow$ 表示 Δ 中某个公式是 Γ 的演绎后承. 因此, 如果 Γ 和 Δ 中有相同的公式, 那么二者之间的演绎后承关系显然成立. 在经典逻辑的矢列系统中, 矢列 $\Gamma, \alpha, \Sigma \vdash \Delta, \alpha, \Theta$ 是作为公理出现的. 自然演绎系统中联结词的消去规则和引入规则, 分别转化为矢列系统中联结词的左引入规则和右引入规则. 例如,

$$\frac{\alpha}{\alpha \wedge \beta, \Gamma \Rightarrow \Delta}(\wedge l) \qquad \frac{\beta}{\alpha \wedge \beta, \Gamma \Rightarrow \Delta}(\wedge l) \qquad \frac{\Gamma \Rightarrow \Delta, \alpha \quad \Gamma \Rightarrow \Delta, \beta}{\Gamma \Rightarrow \Delta, \alpha \wedge \beta}(\wedge r)$$

$$\frac{\Gamma \Rightarrow \Sigma, \alpha \quad \beta, \Delta \Rightarrow \Theta}{\alpha \rightarrow \beta, \Gamma, \Delta \Rightarrow \Sigma, \Theta}(\rightarrow l) \qquad \frac{\alpha, \Gamma \Rightarrow \Delta, \beta}{\Gamma \Rightarrow \Delta, \alpha \rightarrow \beta}(\rightarrow r)$$

运用矢列演算可以证明经典命题逻辑的一致性和可判定性. 直觉主义命题逻辑的矢列演算是将经典逻辑的矢列后件限制为单个公式得到的. 自然演绎系统的标准

化定理在矢列演算中变化为"切割消除定理". 例如, 直觉主义矢列演算的切割规则是

$$\frac{\Gamma \Rightarrow \alpha \quad \alpha, \Delta \Rightarrow \beta}{\Gamma, \Delta \Rightarrow \beta}(cut)$$

在直觉主义矢列演算中, 每个推导都可以转化为不使用 (cut) 的推导, 这就是"切割消除". 运用切割消除可以得到子公式性质、一致性、可判定性、插值定理等重要逻辑性质.

希尔伯特学派的目标是通过一致性问题的有穷证明来澄清数学基础问题, 而对于证明概念本身的逻辑分析并不感兴趣. 近年的研究发现, 除了著名的 23 个数学基础问题以外, 希尔伯特在 1900 年还提出了第 24 个问题: 建立关于数学证明方法的理论. 这个问题本质上是一项研究计划, 而不是具体的有待解决的数学问题. 这项计划的提出先于希尔伯特形式主义元数学纲领, 对证明论的发展没有起到明显的促进作用. 甘岑的目标是分析证明的结构, 对逻辑理论研究来说, 自然演绎和矢列演算都是非常成功的.

自然演绎和矢列演算的提出标志着证明论作为独立的逻辑学分支建立起来. 它们形成了"结构证明论"的基本理论, 对形式证明的结构进行组合性分析. 在逻辑理论研究方面, 矢列演算不仅被用于研究各种逻辑性质, 还被拓展为各种不同类型的证明系统, 如加标矢列演算、超矢列演算、显示演算、深度推理系统等. 在应用方面, 证明论被广泛应用于计算理论、计算机程序验证、自动定理证明、逻辑编程等. 证明论是数理逻辑中正在迅速发展的新分支. 本书是编者为中山大学哲学系逻辑学本科专业开设"证明论"课程编写的讲义, 其主要目的是介绍结构证明论的基础和研究方法. 本书涉及的逻辑理论包括经典逻辑和一部分非经典逻辑, 如直觉主义逻辑、模态逻辑等. 通过掌握证明论基础知识, 可进一步学习各种类型的证明论系统, 将它们应用于逻辑研究领域.

以下对本书涉及的集合论概念作简要说明. 我们用许多字母表示集合, 如 A, B, C, X, Y, Z 等. 我们用 $\in$ 表示属于关系. 称集合 A 和 B 相等, 记号 $A = B$, 如果 A 和 B 有相同的元素, 即对任意元素 $a, a \in A$ 当且仅当 $a \in B$. 不含任何元素的集合称为空集, 记为 $\varnothing$. 称集合 A 是 B 的子集, 记号 $A \subseteq B$, 如果对任意 $a \in A$ 都有 $a \in B$. 称集合 A 是 B 的真子集, 记号 $A \subsetneq B$, 如果 $A \subseteq B$ 并且 $A \neq B$. 对任意集合 A, 它的幂集定义为 $P(A) = \{B \mid B \subseteq A\}$. 对集合 $X, Y \in P(A)$, 基本集合运算如下:

(1) X 和 Y 的交集 $X \cap Y = \{a \in A \mid a \in X$ 并且 $a \in Y\}$.

(2) X 和 Y 的并集 $X \cup Y = \{a \in A \mid a \in X$ 或者 $a \in Y\}$.

(3) X 和 Y 的差集 $X \setminus Y = \{a \in A \mid a \in X$ 并且 $a \notin Y\}$.

(4) X 的补集 $X^c = A \setminus X$.

对任意集合族 $S = \{A_i \mid i \in I\}$, 其中 I 是指标集, 令 $\bigcup S = \bigcup_{i \in I} A_i$ 是 S 中所有集合的并集. 令 $\bigcap S = \bigcap_{i \in I} A_i$ 是 S 中所有集合的交集.

一个集合 A 的基数记为 $|A|$. 自然数的集合记为 $\mathbb{N}$ 或 ω. 正整数的集合记为 $\mathbb{Z}^+$. 称集合 A 有穷, 如果存在 $n \in \omega$ 使得 $|A| = n$. 称集合 A 可数无穷, 如果 $|A| = \omega$.

集合 A 和 B 的笛卡儿积定义为有序对的集合 $A \times B = \{(a, b) \mid a \in A \text{ 并且 } b \in B\}$. 集合 $A_1, \cdots, A_n$ 的笛卡儿积定义为 n-元组的集合

$$A_1 \times \cdots \times A_n = \{(a_1, \cdots, a_n) \mid a_i \in A_i, 1 \leqslant i \leqslant n\}$$

其中 $(a_1, \cdots, a_n)$ 称为一个 n 元组或 n 元序列. 对 $1 \leqslant i \leqslant n$, a_i 称为第 i 个分量. 如果对 $1 \leqslant i \leqslant n$ 都有 $A_i = A$, 那么 $A_1 \times \cdots \times A_n$ 记为 A^n. 集合 A 和 B 之间的关系 R 是 $A \times B$ 的一个子集. 对任意关系 $R \subseteq A \times B$, 对任意元素 $a \in A$ 和 $b \in B$, 称 a 和 b 有 R 关系, 如果 $(a, b) \in R$. 我们也写 aRb 或者 Rab 表示 $(a, b) \in R$. 对任意 $X \subseteq A$ 和 $Y \subseteq B$, 定义 $R[X] = \{b \in B \mid \text{ 存在 } a \in X \text{ 使得 } aRb\}$ 和 $R^{-1}[Y] = \{a \in A \mid \text{ 存在 } b \in Y \text{ 使得 } aRb\}$. 一个集合 A 上的 n 元关系 R 是 A^n 的子集, 即 $R \subseteq A^n$. 特别地, 令 $A^0 = \{\varnothing\}$.

从集合 A 到 B 的一个函数 f 是 $A \times B$ 的一个子集使得对任意 $a \in A$ 存在唯一 $b \in B$ 使得 $(a, b) \in f$. 我们把这个唯一的 b 记为 $f(a)$, 称为 a 在函数 f 下的象. 一般把函数 f 记为 $f: A \to B$. 所有从 A 到 B 的函数的集合记为 B^A. 集合 A 上的一个 n 元函数记为 $f: A^n \to A$. 设 $f: A \to B$ 是从 A 到 B 的一个函数. 对任意 $X \subseteq A$, 定义

$$f[X] = \{f(a) \mid a \in X\}$$

称为 X 在 f 下的像集. 对任意 $Y \subseteq B$, 定义

$$f^{-1}[Y] = \{a \in A \mid f(a) \in Y\}$$

称为 Y 在 f 下的原像集. 对任意函数 $f: A \to B$, 称 f 为单射, 如果 $a \neq b$ 蕴涵 $f(a) \neq f(b)$. 称 f 为满射, 如果对任意 $b \in B$ 存在 $a \in A$ 使得 $f(a) = b$.

下面介绍与非空集上的偏序有关的概念. 对任意非空集 A, 设 $\leqslant \subseteq A^2$. 称 $\leqslant$ 是 A 上的偏序, 如果对任意 $a, b, c \in A$ 以下条件成立:

(P1) $a \leqslant a$ (自返性).

(P2) 如果 $a \leqslant b$ 并且 $b \leqslant c$, 那么 $a \leqslant c$ (传递性).

(P3) 如果 $a \leqslant b$ 并且 $b \leqslant a$, 那么 $a = b$ (反对称性).

一个偏序集是有序对 $(A, \leqslant)$, 其中 $A \neq \varnothing$ 并且 $\leqslant$ 是 A 上的偏序. 任给偏序集 $(A, \leqslant)$ 和 A 的非空子集 B, 对任意元素 $a \in A$:

(1) 称 a 是 B 的极大元, 如果 $a \in B$, 并且对任意 $b \in B$ 都有 $a \leqslant b$ 蕴涵 $a = b$.

(2) 称 a 是 B 的最大元, 如果 $a \in B$ 并且对任意 $b \in B$ 都有 $b \leqslant a$.

(3) 称 a 是 B 的极小元, 如果 $a \in B$, 并且对任意 $b \in B$ 都有 $b \leqslant a$ 蕴涵 $a = b$.

(4) 称 a 是 B 的最小元, 如果 $a \in B$ 并且对任意 $b \in B$ 都有 $a \leqslant b$.

(5) 称 a 是 B 的上界, 如果对任意 $b \in B$ 都有 $b \leqslant a$.

(6) 称 a 是 B 的上确界, 如果 a 是 B 的上界并且对 B 的任意上界 b 都有 $a \leqslant b$.

(7) 称 a 是 B 的下界, 如果对任意 $b \in B$ 都有 $a \leqslant b$.

(8) 称 a 是 B 的下确界, 如果 a 是 B 的下界并且对 B 的任意下界 b 都有 $b \leqslant a$.

子集 B 的所有上界的集合记为 B^u, 它的所有下界的集合记为 B^l. 如果 B 的上确界存在, 则记为 $\bigvee B$ 或 $sup(B)$. 如果 B 的下确界存在, 则记为 $\bigwedge B$ 或 $inf(B)$.

设 $A \neq \varnothing$ 并且 B 是 A 的非空子集. 二元关系 $R \subseteq A^2$ 到子集 B 的限制定义为 $R|B = R \cap (B \times B)$. 对任意偏序集 $(A, \leqslant)$, 称 $\leqslant$ 是 A 上的线性序, 如果对任意 $a, b \in A$ 都有 $a \leqslant b$ 或者 $b \leqslant a$. 称非空子集 $B \subseteq A$ 是 A 中的链, 如果 $\leqslant|B$ 是 B 上的线性序. 在证明中常使用佐恩引理 (Zorn lemma): 对任意偏序集 $(A, \leqslant)$, 如果 A 中任意非空链都有上界, 那么 A 有极大元.

下面介绍与非空集上等价关系有关的概念. 一个非空集合 A 上的二元关系 R 称为 A 上的等价关系, 如果对任意 $a, b, c \in A$ 以下条件成立:

$(E1)$ aRa (自返性).

$(E2)$ 如果 aRb 并且 bRc, 那么 aRc (传递性).

$(E3)$ 如果 aRb, 那么 bRa (对称性).

对非空集 A 上任意等价关系 R 和 $a \in A$, 集合 $|a|_R = \{b \in A \mid aRb\}$ 称为 a 的等价类. 所有等价类的集合记为 A/R, 称为 A 在 R 下的商集.

设 F 是 A 上函数的集合. 对每个 $f \in F$, 令 $\Omega(f)$ 表示 f 的元数. 称 A 上等价关系 R 是 F 同余关系, 如果对任意 $f \in F$ 和 $a_1, \cdots, a_{\Omega(f)} \in A$ 及 $b_1, \cdots, b_{\Omega(f)} \in A$, 如果对所有 $1 \leqslant i \leqslant \Omega(f)$ 都有 $a_i R b_i$, 那么 $f(a_1, \cdots, a_{\Omega(f)}) R f(b_1, \cdots, b_{\Omega(f)})$. 对所有 $f \in F$, 定义 A/R 上 $\Omega(f)$ 元关系 $f/R \subseteq (A/R)^{\Omega(f)}$ 如下:

$$f(|a_1|_R, \cdots, |a_{\Omega(f)}|_R) = |f(a_1, \cdots, a_{\Omega(f)})|_R$$

如果 R 是 F 同余关系, 那么 f/R 是 A/R 上的 $\Omega(f)$ 元函数.

一个可重集是一个函数 $f: A \to \mathbb{Z}^+$, 其中 A 是集合, $\mathbb{Z}^+$ 是正整数集合. 对可重集 $f: A \to \mathbb{Z}^+$ 和 $g: B \to \mathbb{Z}^+$, 定义 f 和 g 的可重并集 $f \uplus g: A \cup B \to \mathbb{Z}^+$ 如下:

$$(f \uplus g)(x) = \begin{cases} f(x), & \text{如果 } x \in A \setminus B \\ f(x) + g(x), & \text{如果 } x \in A \cap B \\ g(x), & \text{如果 } x \in B \setminus A \end{cases}$$

对可重集 $f: A \to \mathbb{Z}^+$ 和元素 $a \in A$, $f(a)$ 可以看作元素 a 重复出现的次数. 因此, 一个可重集也可以看作允许元素重复出现的集合.

目　　录

第 1 章 绪　　论

证明论是数理逻辑中研究一般性证明结构的分支. 在数理逻辑中, 真正可以称为"逻辑"的部分, 是初等逻辑或一阶逻辑. 初等逻辑大致分为**句法**和**语义**两个方面. 句法方面研究逻辑系统, 进一步发展为证明论. 语义方面研究语言与结构的相互作用, 进一步发展为模型论. 句法与语义也是相互作用的, 如逻辑系统的可靠性和完全性. 本章介绍公理系统、形式系统及证明论的发展.

1.1　证明的概念

证明是从一些前提出发推导结论的过程. 证明的方式可以是经验的, 也可以是先验的. 经验证明通过观察事物而获得支持命题的证据, 而先验证明从基本概念和公理出发通过演绎推理获得真命题. 在欧几里得几何中, 每个公理是由基本概念组成的真命题. 从公理出发通过演绎证明定理.

例 1.1　三角形内角之和等于 $180°$.

证明　设一个三角形的三个内角分别是 A, B, C. 延长线段 AC 和 BC, 从其交点 (角 C 的顶点) 作一条与 AB 平行的直线.

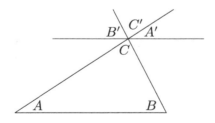

角 C 与 C' 是对顶角. 角 A 与 A' 位于平行线同侧, 角 B 与 B' 位于平行线同侧. 所以 $A = A'$ 并且 $B = B'$. 由于 $A' + B' + C' = 180°$, 所以 $A + B + C = 180°$.　□

这个证明使用了以下公理: (I) 给定线段可无限延长; (II) 过直线外一点可作一条直线与已知直线平行; (III) 对顶角相等; (IV) 如果一条线与两条平行线相交, 那么同侧角相等. 这里 (I) 和 (II) 是构造性公理, (III) 和 (IV) 是关于基本概念的公理. 通过对以上证明进行分析, 可以看到它首先运用公理 (III) 和 (IV) 进行辅助构造, 然后运用 (I) 和 (II) 及平角的定义, 从 $A' + B' + C' = 180°$ 运用等量替

换原理得到 $A + B + C = 180°$. 所谓等量替换原理是指, 与同一事物相等的任何两个事物彼此相等. 这条原理在欧几里得几何中也可以看作公理.

在很长一段时间内, 几何定理证明是演绎推理的范例. 然而, 关于证明本身的研究, 或者提出一种关于证明的理论, 是逻辑学的事情. 亚里士多德创立的逻辑学说, 建立了以三段论为核心的逻辑理论. "三段论" 这个词是 Syllogismos 的翻译 (希腊语 $\sigma\nu\lambda\lambda o\gamma\iota\sigma\mu\acute os$), 字面意思是由三个命题组成的推理, 例如:

$$(A) \text{ 所有鸟有两只脚和翅膀}$$
$$\underline{(B) \text{ 企鹅是鸟}}$$
$$(C) \text{ 企鹅有两只脚和翅膀}$$

命题 (A) 称为**大前提**, 命题 (B) 称为**小前提**, 命题 (C) 称为**结论**, 横线表示 "推出" 或 "所以". 然而 Syllogismos 的基本含义是 "计算" 或 "推理", 翻译为 "三段论" 比较形象. 亚里士多德关于推理的说明如下:

一个推理是一个论证, 在这个论证中, 有些东西被规定下来, 由此必然地得出一些与此不同的东西. (Aristotle, 1971: 100 a 25-27)

从一些前提 $A_1, \cdots, A_n$ 必然地得出结论 B, 这个过程就是推理. 如果 B 是从 $A_1, \cdots, A_n$ 必然地得出的, 可以写成 $A_1, \cdots, A_n \vdash B$. 在《后分析篇》中, 亚里士多德认为, 一门演绎科学的基础是基本概念和基本原理. 从基本概念可以**定义**导出概念, 从基本原理 (公理) 可以证明定理.

亚里士多德的三段论有其自身的句法. 基本命题形式是 "S 是 P", 其中 S 和 P 是词项变元, 可以用其他字母代替, S 称为**主项**, P 称为**谓项**. 这种形式的命题称为**肯定命题**. 加上否定词, 得到 "S 不是 P", 称为**否定命题**. 加上量词 "所有" 和 "有的", 组合得到四种命题形式:

(SAP)	所有 S 是 P	(全称肯定命题)
(SEP)	所有 S 不是 P	(全称否定命题)
(SIP)	有的 S 是 P	(特称肯定命题)
(SOP)	有的 S 不是 P	(特称否定命题)

三段论至少是三个命题之间的推理关系. 在主项 S 和谓项 P 的基础上, 引入词项变元 M (称为 "中项"), 就可以得到四个格:

$$\begin{array}{cccc} \dfrac{\begin{matrix} M - P \\ S - M \end{matrix}}{S - P} & \dfrac{\begin{matrix} P - M \\ S - M \end{matrix}}{S - P} & \dfrac{\begin{matrix} M - P \\ M - S \end{matrix}}{S - P} & \dfrac{\begin{matrix} P - M \\ M - S \end{matrix}}{S - P} \\ (\mathrm{I}) & (\mathrm{II}) & (\mathrm{III}) & (\mathrm{IV}) \end{array}$$

在空位 "–" 处补充 A, E, I, O, 就可以得到 256 个不同的式, 其中只有 24 个是有效的. 这 24 个有效式列举如下:

格	有效式	有限制的有效式
(I)	AAA, EAE, AII, EIO	AAI, EAO
(II)	AEE, EAE, AOO, EIO	AEO, EAO
(III)	AII, IAI, OAO, EIO	AAI, EAO
(IV)	AEE, IAI, EIO	AEO, EAO, AII

这里 "有限制的有效式" 是指主项非空假设下的有效式. 有效式可以作为规则在推理中使用. 运用这些规则, 可以证明一些正确的推理形式. 例如, SAM, MAQ, QEP ⊢ SEP, 证明如下:

[1]   SAM   前提
[2]   MAQ   前提
[3]   SAQ   1,2: AAA
[4]   QEP   前提
[5]   SEP   3,4: AEE

关于三段论也可以用现代逻辑的公理化方法进行研究. 例如,

$$\text{SAS}, \qquad \frac{\text{SAM} \quad \text{MAP}}{\text{SAP}}(\text{B})$$

我们把由公理 SAS 和规则 B 组成的系统记为 B. 在这个公理系统中, 可以证明一些定理. 例如, aAb, qAa, bAd, cAd, aAq ⊢ qAd. 证明如下:

$$\cfrac{\text{qAa} \quad \cfrac{\text{aAb} \quad \text{bAd}}{\text{aAd}}(\text{B})}{\text{qAd}}(\text{B})$$

如果让变元 a, b, c 等取值为平面上的点, 而 aAb 解释为 "a 通达 b", 那么系统 B 就可以看作关于平面上路径的简单推理系统.

1.2 公理系统与形式系统

在一门科学中, 一些概念是不加定义的**基本概念**, 通过定义得到的概念称为**导出概念**. 导出概念都可以还原为基本概念. 在集合论中 "属于关系" 是不加定义的基本概念, "$x \in y$" 是基本表达式; "包含关系" 是从基本概念出发定义的概念, "$x \subseteq y$" 定义为 "对所有集合 z, 如果 $z \in x$, 那么 $z \in y$". 并非所有真命题都能证明, 无须证明的真命题称为 **公理**, 它们的真是自明的. 从公理出发证明的命题称为 **定理**. 由基本概念、导出概念、公理和定理组成的体系称为 **公理系统**. 在 19 世纪数学中, 出现了各种适用于不同对象的公理系统.

定义 1.1   一个 **群** 是结构 $(G, \bullet, e)$, 其中 G 是非空集, $\bullet$ 是 G 上的二元运算, $e \in G$ 是常量, 并且满足以下公理:

(G1) 对任意 $x, y, z \in G$ 都有 $x \bullet (y \bullet z) = (x \bullet y) \bullet z$.

(G2) 对任意 $x \in G$ 都有 $x \bullet e = x = e \bullet x$.

(G3) 对任意 $x \in G$ 存在 $y \in G$ 使得 $x \bullet y = e$.

无论 G 中元素是什么, 只要满足这些公理, 就称为一个群. 例如, $(\mathbb{Z}, +, 0)$ 和 $(\mathbb{Q}, +, 0)$ 是群, 其中 $\mathbb{Z}$ 是整数集, $\mathbb{Q}$ 是有理数集. 然而 $(\mathbb{N}, +, 0)$ 不是群, 其中 $\mathbb{N}$ 是自然数集, 它违反公理 (G3). 群论中从 (G1), (G2) 和 (G3) 出发可以证明定理.

定理 1.1   对任意 $x \in G$ 存在 $y \in G$ 使得 $y \bullet x = e$.

证明   设 $x \in G$. 由 (G3) 得, 存在 $y \in G$ 使得 $x \bullet y = e$. 对该元素 y, 由 (G3) 得, 存在 $z \in G$ 使得 $y \bullet z = e$. 然后推导如下:

$$
\begin{aligned}
y \bullet x &= (y \bullet x) \bullet e &&\text{(G2)} \\
&= (y \bullet x) \bullet (y \bullet z) &&\text{等式替换} \\
&= y \bullet (x \bullet (y \bullet z)) &&\text{(G1)} \\
&= y \bullet ((x \bullet y) \bullet z) &&\text{(G1)} \\
&= y \bullet (e \bullet z) &&\text{等式替换} \\
&= (y \bullet e) \bullet z &&\text{(G1)} \\
&= y \bullet z &&\text{(G2)} \\
&= e
\end{aligned}
$$

所以 $y \bullet x = e$. 这里等式替换规则是, 对任意多项式 a, b, c, 如果 $a = b$, 那么用 a 替换 c 中 b 的一次或多次出现得到的结果与 c 相等.   □

在符号代数中公理系统为现代逻辑的发展提供了公理化方法. 公理系统中定理证明的过程实质上就是一种演算. 布尔 (George Boole, 1815~1864) 在 1847 年发表的著作《逻辑的数学分析》就是要发展关于演绎推理的演算. 布尔写道: "熟悉当前符号代数理论的人都清楚, 分析过程的有效性不依赖于对其中所运用符号的解释, 只依赖于符号组合的规律." (Boole, 1847: 1). 布尔试图运用代数方法来研究逻辑推理中的符号组合规律. 布尔认为, "根据真正的分类原则, 我们应该不把逻辑与形而上学联系在一起, 而是要把逻辑与数学联系在一起." (Boole, 1847: 13) 在布尔看来, 亚里士多德三段论的典型形式确实是符号性的, 但这些符号并不像数学符号那样完善. 布尔对演绎推理进行数学分析, 重新建立逻辑规则的符号表示. 皮尔士 (Charles S. Peirce, 1839~1914) 不断改进布尔的逻辑代数, 1880 年提出相对于布尔代数完全的演绎系统. 皮亚诺 (Giuseppe Peano, 1858~1932) 也研究了算术中的逻辑推理.

弗雷格 (Gottlob Frege, 1848~1925) 在 1879 年的著作《概念文字》中说, "我们把所有需要说明正当理由的真命题分为两类: 一类是纯粹通过逻辑来证明的真命题, 另一类是必须得到经验事实支持的真命题." (Frege, 1967: 1) 为说明算术判断属于哪一类, 弗雷格试图研究凭借逻辑在算术中可以推进到什么程度. 在这个目标指引下, 弗雷格提出模仿算术中公式语言构造纯思维的形式语言, 称为**概念文字**. 弗雷格首先引入判断符号 ⊢──, 它表示断定横线后的内容是真的. 如果没有竖线, 则 ── 表示后面的内容而不作判断. 然后弗雷格引入系列符号:

(1) 条件: 如果 A, 那么 B.

$$\begin{array}{c}\overline{}\hspace{-0.3em}\begin{array}{l}\rule{1em}{0.4pt}\, B\\ \rule{1em}{0.4pt}\, A\end{array}\end{array}$$

(2) 否定: 并非 A.

$$\rule{1.5em}{0.4pt}\!\top\!\rule{1em}{0.4pt}\, A$$

(3) 相等: A 与 B 相等

$$\rule{2em}{0.4pt}\, A \equiv B$$

(4) 函数: $\Phi(A)$ 和 $\Psi(A,B)$ 分别表示 A 的函数 Φ 以及 A 和 B 的函数 Ψ. 因此 $\vdash\!\!\rule{1em}{0.4pt}\, \Phi(A)$ 表示 "A 有性质 Φ", 而 $\vdash\!\!\rule{1em}{0.4pt}\, \Psi(A,B)$ 表示 "B 与 A 有 Ψ 关系".

(5) 普遍性: 所有 $\mathfrak{a}$ 有性质 Φ.

在线性符号中, 条件记为 $A \to B$, 否定记为 $\neg A$, 普遍性记为 $\forall \mathfrak{a}\Phi(\mathfrak{a})$. 从基本符号可得到无穷多的符号组合. 例如, 线性式 $\neg(A \to \neg(B \to \neg C))$ 可写成:

$$\begin{array}{c}\rule{1em}{0.4pt}\!\top\!\begin{array}{l}\rule{1em}{0.4pt}\!\top\!\begin{array}{l}\rule{1em}{0.4pt}\!\top\, C\\ \rule{1em}{0.4pt}\, B\end{array}\\ \rule{1em}{0.4pt}\, A\end{array}\end{array}$$

三段论中四种基本句子形式 SAP, SEP, SIP 和 SOP 分别可以写成:

弗雷格进一步给出了九条公理, 根据规则可以得到所有的逻辑规律. 例如:

弗雷格认为, 逻辑是关于真之一般规律的科学. 公理是逻辑真句子, 规则保持逻辑真, 因而全部定理是逻辑真句子. 弗雷格的系统本质上是形式化公理系统.

　　从句子形式方面研究公理和定理, 称为公理系统的**句法**. 为了从句法上研究公理系统, 可以引入**形式系统**的概念. 一个形式系统 F 是公理系统的形式部分, 它由形式语言、公理和推理规则三部分组成. 为了确定形式语言, 首先要给出一些基本符号, 有穷多个符号组成的符号串是该语言的表达式, 按照一定规则形成的有意义的表达式称为**公式**. 选择一些公式作为形式系统 F 的公理, 再加上一些由前提和结论组成的推理规则, 就可以得到形式系统 F 的定理.

　　罗素 (Bertrand Russell, 1872~1970) 和怀特海 (Alfred Whitehead, 1861~1947) 的著作《数学原理》采用了皮亚诺的记号和形式规则, 表述了形式系统. 然而, 这部著作没有把纯逻辑与数学区分开. 1928 年, 希尔伯特 (David Hilbert, 1862~1943) 和阿克曼 (Wilhelm Ackermann, 1896~1962) 的著作《数理逻辑原理》清晰表述了谓词逻辑的形式系统, 命题逻辑系统是完的, 但谓词逻辑系统的完全性被当作没有解决的问题提出. 1929 年, 哥德尔 (Kurt Gödel, 1906~1978) 证明了谓词逻辑系统的完全性. 丘奇 (Alonzo Church, 1903~1995) 1936 年证明了谓词逻辑的不可判定性. 数理逻辑形式系统的建立和发展, 标志着逻辑学作为一门科学建立起来.

　　形式系统提供了研究证明的严格方法. 这一方法的发展与希尔伯特提出的数学基础问题密切相关. 希尔伯特在 1921 年提出形式主义纲领, 其目标是得到全部数学的形式化公理系统, 还要证明系统的一致性. 希尔伯特认为, 严格发展任何一门科学的正确方法就是公理化方法. 公理系统的建立要独立于直观, 给出的公理要有助于分析基本概念和公理之间的逻辑联系. 建立公理系统之后, 一个重要问题就是系统的一致性. 在 20 世纪 20 年代后期, 希尔伯特学派对算术系统的元数学问题进行了研究, 尝试提出解决数学系统的一致性问题的方法. 哥德尔 1930 年证明了初等算术不可能有完的形式系统, 也不可能通过有穷方法证明算术的一致性. 哥德尔不完全性定理否认了希尔伯特纲领的可行性.

1.3　证明论的发展

希尔伯特在 1900 年巴黎第二届国际数学大会上提出了一系列著名的数学问题. 第一问题是康托尔连续统问题, 也就是实数集的基数问题. 第二问题是实数算数 (分析) 的一致性问题. 在 20 世纪数学史上, 解决希尔伯特 23 个数学问题成为衡量数学进展的标杆. 德国科学史学家蒂勒 (Rüdger Thiele) 在《希尔伯特第 24 问题》(Thiele, 2003) 中谈道: "一个世纪过去了, 第 24 问题一直是位睡美人, 这篇文章就是要唤醒她, 给读者一个成为现代白马王子 (公主) 的机会, 把它带回去解决掉." 第 24 问题是在希尔伯特的数学笔记中发现的:

> 在我的巴黎演讲中第 24 问题是: 简单性的标准, 或者一些证明的最简证明. 一般性地建立一种关于数学中证明方法的理论. 在一组给定的条件下, 可能有且只有一个最简单的证明. 一般地说, 如果一条定理有两个证明, 就必须继续往前, 直到从一个证明推出另一个证明, 或者直到两个证明中使用的不同条件 (以及辅助) 变得十分明白. 给定两条路径, 取二者之一或寻求第三条路径都是不正确的, 有必要研究这两条路径之间的区域.

希尔伯特尝试从公理系统构建整个数学. 但是, 在形式化和公理化之前, 必须有一些无须进一步分析的数学实体. 希尔伯特把基础问题研究分为两个方面: **证明论**和**元数学**, 它们分别与**形式化**和**意义**有关. 发展证明论是为了增加公理系统的确定性与清晰性, 希尔伯特认为最重要的是还是**意义**.

德国数学家甘岑 (Gerhard Gentzen, 1909~1945) 对元数学进行了研究, 相对化希尔伯特纲领成为证明论的核心. 1932~1933 年, 哥德尔和甘岑分别独立证明经典皮亚诺算术通过翻译嵌入直觉主义算术. 因此, 直觉主义算术包含了超出有穷方法的原理. 在研究算术系统的一致性问题时, 甘岑开始研究纯逻辑的演绎. 由此建立起结构性证明论. 然而, 哥德尔对证明的分析发展出**解释性证明论**, 它研究形式理论之间的句法翻译, 如直觉主义算术的实现和哥德尔的辩证解释.

1932~1934 年, 甘岑在其博士论文《逻辑演绎研究》中对演绎推理进行了分析. 甘岑谈到: "逻辑演绎的形式化, 特别是弗雷格、罗素和希尔伯特所发展的形式化, 极其远离了数学证明中实际使用的演绎形式. ⋯⋯ 相反, 我首先想要建立一个形式系统, 它尽可能接近实际的推理. 所得到的结果是 '自然演绎的演算'." (Gentzen, 1964) 数学中实际的证明与希尔伯特式公理系统中的证明相去甚远, 他的目标是建立**贴近数学证明实践**的演绎系统, 这种系统被称为 "自然演绎". 一般

来说, 比较自然的推理形式是从一些前提推出一个结论, 可以写成

$$\frac{\alpha_1 \cdots \alpha_n}{\beta}$$

甘岑称之为**推理图**. 虽然在公理系统中可以定义前提和结论之间的**演绎后承关系**, 但是公理系统本质上不是演绎后承的系统, 而是逻辑真句子的系统.

在甘岑看来, 推导就是推理图的变换过程, 这个过程要按照逻辑规则进行. 例如, 为证明公式 $\alpha \wedge \beta$, 只需分别证明 α 和 β. 这是联结词 $\wedge$ (并且) 的引入规则. 在推导过程中, 如果得到 $\alpha \wedge \beta$, 就可以分别得到 α 和 β. 这是 "并且" 的消去规则. 甘岑把这些规则写成以下推理图:

$$\frac{\alpha \quad \beta}{\alpha \wedge \beta}(\wedge I) \qquad \frac{\alpha \wedge \beta}{\alpha}(\wedge E) \qquad \frac{\alpha \wedge \beta}{\beta}(\wedge E)$$

在自然演绎中, 联结词 $\to$ (蕴涵) 要复杂一些. 为证明 $\alpha \to \beta$, 先要假设 α, 然后推出 β, 这是 $\to$ 的引入规则 $(\to I)$, 其中 $[\alpha]$ 表示临时引入假设, 随着 $\to$ 的引入而被撤销. 从 $\alpha \to \beta$ 和 α 得到 β, 这是 $\to$ 的消去规则 $(\to E)$.

$$\frac{\begin{array}{c}[\alpha]\\ \vdots \\ \beta\end{array}}{\alpha \to \beta}(\to I) \qquad \frac{\alpha \to \beta \quad \alpha}{\beta}(\to E)$$

甘岑还给出了其他联结词和量词的规则, 严格定义了自然演绎中 "推导" 的概念, 给出了直觉主义逻辑和经典逻辑的自然演绎系统.

为证明直觉主义命题逻辑的可判定性和一致性, 甘岑提出 "正规推导" 概念, 正规化定理是甘岑的主要发现. 甘岑认为, "任何纯逻辑证明都可以归约为确定的标准形式, 尽管不是唯一的". 标准形式的证明没有 "迂回", 它只包含了必要的实质性概念和步骤. 在自然演绎系统中, 每个推导都可以转化为正规推导. 由这条正规化定理可得到直觉主义逻辑的可判定性和一致性.

甘岑最初没能证明经典逻辑自然演绎的正规化定理, 为解决这个问题, 他提出了**矢列演算**. 一个**矢列**的基本形式是 $\Gamma \Rightarrow \Delta$, 其中 Γ 和 Δ 是由有穷多个公式组成的公式序列, 符号 $\Rightarrow$ 表示 Δ 中某个公式是 Γ 的后承. 如果 Γ 和 Δ 中有相同的公式, 那么二者之间的后承关系显然成立. 在经典逻辑的矢列系统中, 矢列 $\Gamma, \alpha, \Sigma \Rightarrow \Delta, \alpha, \Theta$ 是作为公理出现的. 自然演绎中联结词的消去规则和引入规则分别转化为矢列系统中联结词的左引入规则和右引入规则. 例如,

$$\frac{\alpha, \beta, \Gamma \Rightarrow \Delta}{\alpha \wedge \beta, \Gamma \Rightarrow \Delta}(\wedge l) \qquad \frac{\Gamma \Rightarrow \Delta, \alpha \quad \Gamma \Rightarrow \Delta, \beta}{\Gamma \Rightarrow \Delta, \alpha \wedge \beta}(\wedge r)$$

$$\frac{\Gamma \Rightarrow \Sigma, \alpha \quad \beta, \Delta \Rightarrow \Theta}{\alpha \to \beta, \Gamma, \Delta \Rightarrow \Sigma, \Theta}(\to l) \qquad \frac{\alpha, \Gamma \Rightarrow \Delta, \beta}{\Gamma \Rightarrow \Delta, \alpha \to \beta}(\to r)$$

在矢列演算中可以证明经典命题逻辑的可判定性和一致性. 直觉主义命题逻辑的
矢列演算是将矢列后件限制为至多 1 个公式得到的.

在矢列演算中, 与自然演绎的标准化定理类似的结论是 "切割消除定理". 例
如, 直觉主义矢列演算的切割规则是

$$\frac{\Gamma \Rightarrow \alpha \quad \alpha, \Delta \Rightarrow \beta}{\Gamma, \Delta \Rightarrow \beta}(cut)$$

每个推导都可以转化为不使用 (cut) 的推导, 这就是 "切割消除". 运用切割消除,
可以得到子公式性质、可判定性、一致性、插值定理等重要的逻辑性质.

自然演绎和矢列演算的发展, 标志着证明论作为数理逻辑分支建立起来. 它
们是结构证明论的基本理论, 对各种逻辑理论的研究起到了很大的促进作用. 矢
列演算不仅被用于研究各种逻辑性质, 还被拓展为各种不同类型的证明系统, 如
加标矢列演算、超矢列演算、显示演算、深度推理系统等. 在应用方面, 证明论被
广泛应用于计算理论、计算机程序验证、自动定理证明、逻辑编程等. 证明论是
数理逻辑中正在迅速发展的分支.

第 2 章 句子逻辑

逻辑学家一般把句子分为简单句和复合句. 简单句是不含有任何句子联结词的句子, 复合句是从简单句运用句子联结词得到的句子. 句子逻辑是关于句子联结词的逻辑理论. 经典句子逻辑假定二值原则成立, 即每个句子要么是真的, 要么是假的. 每个句子联结词代表一个函数, 即定义在 "真" 和 "假" 两个真值上的真值函数. 如果改变句子联结词的意义, 可以得到其他句子逻辑. 本章介绍古典句子逻辑和直觉主义句子逻辑的句法、语义、公理系统和一些逻辑性质.

2.1 古典句子逻辑

古典句子逻辑的形式语言 $\mathscr{L}$ 的初始符号包括: ① 可数句子变元集 $\mathbb{V} = \{p_i : i < \omega\}$; ② 常项 $\perp$ (恒假, 它可以看作零元句子联结词); ③ 二元句子联结词 $\wedge$ (合取)、$\vee$ (析取) 和 $\rightarrow$ (蕴涵); ④ 括号 $)$ 和 $($. 一般我们用 p, q, r 等字母表示 $\mathbb{V}$ 中任意变元. 所有初始符号组成的集合记为 S. 对任意自然数 $n \geqslant 0$, 由 S 中长度为 n 的符号串组成的集合记为 S^n. 特别地, 令 $S^0 = \{\epsilon\}$, 其中 ϵ 为空符号串. 初始符号集 S 中所有符号串的集合是 $Str = \bigcup_{n<\omega} S^n$. 并非所有符号串都是有意义的, 按照**形成规则**得到的符号串才是有意义的, 一般称之为**公式**.

定义 2.1 古典句子逻辑形式语言 $\mathscr{L}$ 的**公式集** Fm 按以下规则定义:

$$Fm \ni \alpha ::= p \mid \perp \mid (\alpha_1 \wedge \alpha_2) \mid (\alpha_1 \vee \alpha_2) \mid (\alpha_1 \rightarrow \alpha_2), \text{ 其中 } p \in \mathbb{V}$$

我们用 α, β, γ 等字母 (带下标) 表示公式模式, 代表 Fm 中的任意公式. 除了初始联结词, 我们还可以定义以下缩写:

$$
\begin{aligned}
\neg\alpha &:= \alpha \rightarrow \perp &&\text{(否定)} \\
\top &:= \perp \rightarrow \perp &&\text{(恒真)} \\
\alpha \leftrightarrow \beta &:= (\alpha \rightarrow \beta) \wedge (\beta \rightarrow \alpha) &&\text{(等值)}
\end{aligned}
$$

一个句子变元或 $\perp$ 称为**原子公式**. 所有原子公式的集合记为 $\mathrm{At} = \mathbb{V} \cup \{\perp\}$. 对任意公式 α, 如果 α 是形如 $\alpha_1 \odot \alpha_2$ 的公式, 则称 $\odot$ 为 α 的**主联结词**. 对任意公式 α, 我们用 $var(\alpha)$ 表示 α 中所有变元的集合. 用 $\alpha(p_1, \cdots, p_n)$ 表示公式 α, 如果 $var(\alpha) \subseteq \{p_1, \cdots, p_n\}$. 如果 $var(\alpha) = \varnothing$, 则称 α 为**无变元公式**.

注 定义 2.1 中的公式集 Fm 是符号串集合 Str 满足以下两个条件的最小子集: ① $\mathsf{At} \subseteq W$; ② 如果 $\alpha, \beta \in W$, 那么 $(\alpha \odot \beta) \in W$, 其中 $\odot \in \{\wedge, \vee, \rightarrow\}$. 在证明中, 经常使用以下基于公式构造的**归纳证明原理**:

设 $\mathcal{R}$ 是符号串的性质. 假设以下条件成立:

(I) 对 $\alpha \in \mathsf{At}$ 都有 $\mathcal{R}(\alpha)$;

(II) 对任意 $\alpha, \beta \in Fm$ 和 $\odot \in \{\wedge, \vee, \rightarrow\}$, 如果 $\mathcal{R}(\alpha)$ 并且 $\mathcal{R}(\beta)$, 则 $\mathcal{R}(\alpha \odot \beta)$.

那么, 对所有 $\alpha \in Fm$ 都有 $\mathcal{R}(\alpha)$.

为了定义公式集 Fm 上的函数, 可以使用以下基于公式构造的**归纳定义原理**:

对任意非空集合 A, 设 $N_{\mathsf{at}} : \mathsf{At} \rightarrow A$ 是一元函数; 对 $\odot \in \{\wedge, \vee, \rightarrow\}$, $N_{\odot} : A \times A \rightarrow A$ 是集合 A 上的二元函数. 那么存在唯一函数 $N : Fm \rightarrow A$.

此外, 为书写方便引入省略公式中括号的约定: 最外层括号可省略; 联结词 $\wedge$ 和 $\vee$ 优先于 $\rightarrow$. 例如, 省略 $(p \rightarrow (q \wedge (r \rightarrow (s \vee \bot))))$ 的括号得 $p \rightarrow q \wedge (r \rightarrow s \vee \bot)$.

定义 2.2 一个公式 α 的**复杂度**$d(\alpha)$ 归纳定义如下:

$$d(\alpha) = 0, \text{ 其中 } \alpha \in \mathsf{At}$$
$$d(\alpha \odot \beta) = \max\{d(\alpha), d(\beta)\} + 1, \text{ 其中 } \odot \in \{\wedge, \vee, \rightarrow\}$$

一个公式 α 的**子公式集合**$SF(\alpha)$ 归纳定义如下:

$$SF(\alpha) = \{\alpha\}, \text{ 其中 } \alpha \in \mathsf{At}$$
$$SF(\alpha \odot \beta) = SF(\alpha) \cup SF(\beta) \cup \{\alpha \odot \beta\}, \text{ 其中 } \odot \in \{\wedge, \vee, \rightarrow\}$$

一个**代入**是一个函数 $\sigma : \mathbb{V} \rightarrow \mathscr{L}$. 对代入 σ, 归纳定义函数 $\widehat{\sigma} : Fm \rightarrow Fm$ 如下:

$$\widehat{\sigma}(p) = \sigma(p), \text{ 其中 } p \in \mathbb{V}$$
$$\widehat{\sigma}(\bot) = \bot$$
$$\widehat{\sigma}(\alpha \odot \beta) = \widehat{\sigma}(\alpha) \odot \widehat{\sigma}(\beta), \text{ 其中 } \odot \in \{\wedge, \vee, \rightarrow\}$$

对任意公式 $\alpha(p_1, \cdots, p_n)$, 我们用 $\alpha(p_1/\beta_1, \cdots, p_n/\beta_n)$ 表示分别使用 $\beta_1, \cdots, \beta_n$ 统一代入变元 $p_1, \cdots, p_n$ 得到的公式.

现在考虑古典句子逻辑形式语言的语义学. 所谓语义学就是符号和符号所表达的东西之间的关系. 我们用 1 表示"真", 0 表示"假", 集合 $\{1,0\}$ 称为**真值集**. 每个变元 p 的值要么是 1, 要么是 0.

定义 2.3　一个**赋值**是一个函数 $\theta : \mathbb{V} \to \{1,0\}$. 对任意赋值 $\theta : \mathbb{V} \to \{1,0\}$, 归纳定义函数 $\widehat{\theta} : Fm \to \{1,0\}$ 如下:

$$\widehat{\theta}(p) = 1 \quad 当且仅当 \quad \theta(p) = 1$$
$$\widehat{\theta}(\bot) = 0$$
$$\widehat{\theta}(\alpha \wedge \beta) = 1 \quad 当且仅当 \quad \widehat{\theta}(\alpha) = 1 \text{ 并且 } \widehat{\theta}(\beta) = 1$$
$$\widehat{\theta}(\alpha \vee \beta) = 1 \quad 当且仅当 \quad \widehat{\theta}(\alpha) = 1 \text{ 或者 } \widehat{\theta}(\beta) = 1$$
$$\widehat{\theta}(\alpha \to \beta) = 1 \quad 当且仅当 \quad \widehat{\theta}(\alpha) = 0 \text{ 或者 } \widehat{\theta}(\beta) = 1$$

称赋值 θ **满足**公式 α (记号 $\theta \models \alpha$), 如果 $\widehat{\theta}(\alpha) = 1$. 称公式 α **可满足**, 如果存在赋值 θ 使得 $\theta \models \alpha$. 称公式 α 是**重言式**, 记号 $\models \alpha$, 如果对任何赋值 θ 都有 $\theta \models \alpha$. 称公式 α 是**矛盾式**, 如果 α 不可满足. 古典句子逻辑 CL 定义为所有重言式的集合, 即 $\mathrm{CL} = \{\alpha \in Fm : \models \alpha\}$.

对任意公式集 Γ 和赋值 θ, 称 θ **满足** Γ (记号 $\theta \models \Gamma$), 如果对任意 $\alpha \in \Gamma$ 都有 $\theta \models \alpha$. 称 Γ **可满足**, 如果存在赋值 θ 使得 $\theta \models \Gamma$. 对任意公式集 $\Gamma \cup \{\alpha\}$, 称 α 是 Γ 的**语义后承** (记号 $\Gamma \models \alpha$), 如果对任意赋值 θ 使得 $\theta \models \Gamma$ 都有 $\theta \models \alpha$.

由定义 2.3 可知, 对任意赋值 θ 和公式 α, ① $\widehat{\theta}(\neg\alpha) = 1$ 当且仅当 $\widehat{\theta}(\alpha) = 0$; ② $\widehat{\theta}(\top) = 1$; ③ $\widehat{\theta}(\alpha \leftrightarrow \beta) = 1$ 当且仅当 $\widehat{\theta}(\alpha) = \widehat{\theta}(\beta)$. 对任意公式 α, ① α 是重言式当且仅当 $\neg\alpha$ 是矛盾式; ② α 是矛盾式当且仅当 $\neg\alpha$ 是重言式.

命题 2.1　对任意公式 $\alpha(p_1, \cdots, p_n)$, 设 θ 和 θ' 是两个赋值使得对所有 $1 \leqslant i \leqslant n$ 都有 $\theta(p_i) = \theta'(p_i)$. 那么 $\widehat{\theta}(\alpha) = \widehat{\theta'}(\alpha)$.

证明　施归纳于 $d(\alpha)$. 设 $\alpha = p_i$ 对某个 $1 \leqslant i \leqslant n$. 由 θ 和 θ' 的条件得, $\widehat{\theta}(p_i) = \widehat{\theta'}(p_i)$. 设 $\alpha = \bot$. 显然 $\widehat{\theta}(\bot) = \widehat{\theta'}(\bot) = 0$. 设 $\alpha = \alpha_1 \odot \alpha_2$, 其中 $\odot \in \{\wedge, \vee, \to\}$. 由归纳假设得, $\widehat{\theta}(\alpha_1) = \widehat{\theta'}(\alpha_1)$ 并且 $\widehat{\theta}(\alpha_2) = \widehat{\theta'}(\alpha_2)$. 所以 $\widehat{\theta}(\alpha_1 \odot \alpha_2) = \widehat{\theta'}(\alpha_1 \odot \alpha_2)$. □

由命题 2.1 可知, 一个公式 α 的真值仅依赖于 α 中出现的变元的真值. 如果 α 是无变元公式, 那么对任意赋值 θ 和 θ' 都有 $\widehat{\theta}(\alpha) = \widehat{\theta'}(\alpha)$. 只要给定 α 中变元的真值, 就可以确定 α 的真值. 因此, 定义 2.3 可以用以下联结词的**真值表**来说明:

$\wedge$	1	0		$\vee$	1	0		$\to$	1	0
1	1	0		1	1	1		1	1	0
0	0	0		0	1	0		0	1	1

由此, 还可以得到否定和等值的真值表:

	$\neg$		$\leftrightarrow$	1	0
1	0		1	1	0
0	1		0	0	1

对任意自然数 $n \geqslant 0$, 一个 n 元真值函数是 $f: \{1,0\}^n \to \{1,0\}$, 其中 $\{1,0\}^n = \{(a_1, \cdots, a_n) : a_1, \cdots, a_n \in \{1,0\}\}$ 是 $\{1,0\}$ 的 n 次笛卡儿乘积. 对任意 n 元组 $\epsilon \in \{1,0\}^n$ 和 $1 \leqslant i \leqslant n$, 我们用 $\epsilon(i)$ 表示 ϵ 的第 i 个分量. 对任意 $n \geqslant 0$, 共有 2^{2^n} 个 n 元真值函数.

定义 2.4 令 $\alpha \in Fm$ 并且 $var(\alpha) = \{p_1, \cdots, p_n\}$. 对任意 $n \geqslant 0$, 称公式 α **定义** n 元真值函数 $f: \{1,0\}^n \to \{1,0\}$, 如果对任意 $\epsilon = (a_1, \cdots, a_n) \in \{1,0\}^n$ 都有

$$f(\theta(p_1), \cdots, \theta(p_n)) = \widehat{\theta}(\alpha)$$

其中 θ 是赋值使得对每个 $1 \leqslant i \leqslant n$ 都有 $\theta(p_i) = a_i$.

设 $var(\alpha) = \{p_1, \cdots, p_n\}$. 那么 α 定义唯一的 n 元真值函数 f^α: 对任意 $\epsilon = (a_1, \cdots, a_n) \in \{1,0\}^n$, $f^\alpha(\theta(p_1), \cdots, \theta(p_n)) = \widehat{\theta}(\alpha)$, 其中 θ 是赋值使得对所有 $1 \leqslant i \leqslant n$ 都有 $\theta(p_i) = a_i$. 称一个 n 元真值函数 $f: \{1,0\}^n \to \{1,0\}$ 在 Fm 中**可定义**, 如果存在公式 $\alpha \in Fm$ 使得 $f^\alpha = f$.

定理 2.1(函数完全性) 任意 n 元真值函数在 Fm 中可定义.

证明 设 $f: \{1,0\}^n \to \{1,0\}$ 是 n 元真值函数. 考虑变元 $p_1, \cdots, p_n$. 分两种情况:

(1) 对任意 n 元组 $(a_1, \cdots, a_n) \in \{1,0\}^n$ 都有 $f(a_1, \cdots, a_n) = 0$. 设 $\alpha = p_1 \wedge \neg p_1 \wedge p_2 \wedge \cdots \wedge p_n$. 那么 $f = f^\alpha$.

(2) 存在 n 元组 $(a_1, \cdots, a_n) \in \{1,0\}^n$ 使得 $f(a_1, \cdots, a_n) = 1$. 令 $\epsilon_1, \cdots, \epsilon_m$ 为所有在 f 下取值为 1 的 n 元组的列举. 对每个 $1 \leqslant i \leqslant m$ 和 $1 \leqslant j \leqslant n$, 定义公式 β_{ij} 如下:

$$\beta_{ij} = \begin{cases} p_j, & \text{如果 } \epsilon_i(j) = 1 \\ \neg p_j, & \text{如果 } \epsilon_i(j) = 0 \end{cases}$$

令 $\chi_i = \bigwedge_{1 \leqslant j \leqslant n} \beta_{ij}$ 并且 $\alpha = \bigvee_{1 \leqslant i \leqslant n} \chi_i$. 以下证明 $f = f^\alpha$, 即对任意 $\epsilon \in \{1,0\}^n$ 和赋值 $\theta: \mathbb{V} \to \{1,0\}$ 使得对所有 $1 \leqslant j \leqslant n$ 都有 $\theta(p_j) = \epsilon(j)$,

$$f(\epsilon) = 1 \text{ 当且仅当 } \widehat{\theta}(\alpha) = 1$$

对 $1 \leqslant j \leqslant n$, 令 $\epsilon = (a_1, \cdots, a_n)$ 并且 $\theta(p_j) = a_j$. 设 $f(a_1, \cdots, a_n) = 1$. 那么存在 $1 \leqslant i \leqslant m$ 使得 $\epsilon = \epsilon_i$. 对所有 $1 \leqslant j \leqslant n$, $\theta(\beta_{ij}) = 1$. 所以 $\widehat{\theta}(\alpha) = 1$. 设 $\widehat{\theta}(\alpha) = 1$. 那么存在 $1 \leqslant i \leqslant m$ 使得对所有 $1 \leqslant j \leqslant n$ 都有 $\theta(\beta_{ij}) = 1$. 因为对所有 $1 \leqslant j \leqslant n$ 都有 $\theta(p_j) = a_j$, 所以 $f(\epsilon) = 1$. $\square$

现在考虑**推理规则**的概念. 一个推理规则定义为有序对 $(R) = \langle \Gamma, \alpha \rangle$, 其中 Γ 是有穷公式集, 而 α 是公式. 我们也可以把一个推理规则 (R) 写成以下形式:

$$\frac{\alpha_1, \cdots, \alpha_n}{\alpha_0}(R)$$

其中 $\alpha_1, \cdots, \alpha_n$ 称为 (R) 的**前提**, α_0 称为 (R) 的**结论**. 称一个公式集 Σ 对推理规则 $(R) = \langle \Gamma, \alpha \rangle$ 封闭, 如果 $\Gamma \subseteq \Sigma$ 蕴涵 $\alpha \in \Sigma$. 考虑以下推理规则:

$$\frac{\alpha \to \beta \quad \alpha}{\beta}(mp) \qquad \frac{\alpha}{\sigma(\alpha)}(sub), \text{其中} \sigma \text{是任意代入}$$

其中 (mp) 称为**肯定前件规则**或**分离规则**, 而 (sub) 称为**代入规则**.

命题 2.2 CL 对 (mp) 封闭.

证明 设 $\alpha, \alpha \to \beta \in \mathsf{CL}$. 令 θ 为任意赋值. 那么 $\widehat{\theta}(\alpha) = 1$ 并且 $\widehat{\theta}(\alpha \to \beta) = 1$. 所以 $\widehat{\theta}(\beta) = 1$. 所以 $\beta \in \mathsf{CL}$. □

引理 2.1 对任意公式 $\alpha(p_1, \cdots, p_n)$ 和公式 $\beta_1, \cdots, \beta_n$, 令 $\alpha' = \alpha(p_1/\beta_1, \cdots, p_n/\beta_n)$, 对任意赋值 θ, 定义赋值 $\theta' : \mathbb{V} \to \{1, 0\}$ 如下:

$$\theta'(q) = \begin{cases} \widehat{\theta}(\beta_i), & \text{如果 } q = p_i \text{ 对某个 } 1 \leqslant i \leqslant n \\ \theta(q), & \text{否则} \end{cases}$$

那么 $\theta' \models \alpha$ 当且仅当 $\theta \models \alpha'$.

证明 施归纳于 $d(\alpha)$. 分以下情况:

(1) $\alpha = p_i$. 显然 $\alpha' = \beta_i$. 由 θ' 定义, $\theta' \models p_i$ 当且仅当 $\theta \models \beta_i$.

(2) $\alpha = \bot$. 那么 $\alpha' = \bot$. 显然 $\theta' \models \alpha$ 当且仅当 $\theta \models \alpha'$.

(3) $\alpha = \alpha_1 \odot \alpha_2$, 其中 $\odot \in \{\wedge, \vee, \to\}$. 由归纳假设可得, 对 $i = 1, 2$ 都有, $\theta' \models \alpha_i$ 当且仅当 $\theta \models \alpha'_i$. 所以 $\theta' \models \alpha_1 \odot \alpha_2$ 当且仅当 $\theta \models \alpha'_1 \odot \alpha'_2$. □

命题 2.3 CL 对 (sub) 封闭.

证明 设 $\alpha = \alpha(p_1, \cdots, p_n)$ 且 $\widehat{\sigma}(\alpha) = \alpha(p_1/\beta_1, \cdots, p_n/\beta_n)$. 设 $\widehat{\sigma}(\alpha) \notin \mathsf{CL}$. 存在赋值 θ 使得 $\widehat{\theta}(\sigma(\alpha)) = 0$. 令 θ' 是引理 2.1 中的赋值. 因此 $\widehat{\theta'}(\alpha) = 0$. 所以 $\alpha \notin \mathsf{CL}$. □

现在考虑古典句子逻辑 CL 的公理化, 即引入一个弗雷格-希尔伯特式公理系统 HK 使得它的所有定理的集合等于 CL.

定义 2.5 公理系统 HK 由以下公理和推理规则组成:

(1) 公理:

(A1) $\quad p_0 \to (p_1 \to p_0)$

(A2) $\quad (p_0 \to (p_1 \to p_2)) \to ((p_0 \to p_1) \to (p_0 \to p_2))$

(A3) $\quad (p_0 \wedge p_1) \to p_0$

(A4) $\quad (p_0 \wedge p_1) \to p_1$

(A5) $\quad p_0 \to (p_1 \to (p_0 \wedge p_1))$

(A6) $\quad p_0 \to (p_0 \vee p_1)$

(A7) $p_1 \to (p_0 \vee p_1)$

(A8) $(p_0 \to p_2) \to ((p_1 \to p_2) \to ((p_0 \vee p_1) \to p_2))$

(A9) $\bot \to p_0$

(A10) $p_0 \vee \neg p_0$

(2) 推理规则:

$$\frac{\alpha \to \beta \quad \alpha}{\beta}(mp) \qquad \frac{\alpha}{\sigma(\alpha)}(sub), \text{其中} \sigma \text{是任意代入}$$

公理系统 HK 的公理都是 Fm 中的公式. 我们有时也使用**公理模式**的概念, 将公理 $(A1) - (A10)$ 中 p_0, p_1, p_2 分别换为模式字母 α, β, γ 得到公理模式. 使用公理模式时, 可去掉代入规则 (sub). 古典句子逻辑的公理系统不是唯一的.

令 $X \neq \varnothing$ 并且 $Q \subseteq X \times X$. 对任意 $x \in X$, 令 $Q(x) = \{y \in X : xSy\}$. 对任意子集 $Y \subseteq X$, 令 $Q[Y] = \bigcup\{S(y) : y \in Y\}$. 对任意自然数 $n \geq 0$ 和 $x \in X$, 定义 $Q^n[x]$ 如下: $Q^0[x] = \{x\}$ 并且 $Q^{n+1}[x] = Q[Q^n[x]]$. 称 (X, S) 为**有穷树结构** (X 中的元素称为**节点**), 如果 X 有穷并且满足以下条件:

(1) 存在 $r \in X$ 满足条件: 对任意 $x \in X$ 存在自然数 $n \geq 0$ 使得 $rQ^n x$.

(2) 对任意 $x, y, z \in X$, 如果 xQz 并且 yQz, 那么 $x = y$.

(3) 不存在 $x_0, \cdots, x_k \in X$ 和自然数 m, n 使得 $x_0 Q^m x_k$ 并且 $x_k Q^n x_0$.

称 r 为 (X, Q) 的**根节点**. 如果 xQy, 称 y 是 x 的**子节点**.

在有穷树结构 (X, Q) 中, 一条**链**c 是序列 $\langle x_0, \cdots, x_k \rangle$ 使得对所有 $i \neq j < k$ 都有 $x_i \neq x_j$ 并且 $x_i Q x_{i+1}$. 一条链 $c = \langle x_0, \cdots, x_k \rangle$ 称为**极大链**, 如果不存在 $y \in X \setminus c$ 使得 $x_k Q y$. 每条极大链第一个元素是根节点, 最后的元素称为**叶节点**. 一条链 $c = \langle x_0, \cdots, x_k \rangle$ 的**长度**定义为 $|c| = k$. 单个节点链的长度为 0. 有穷树结构 (X, Q) 的**高度**定义为 $\max\{|c| : c \text{是} (X, Q) \text{的极大链}\}$.

例 2.1 考虑下面两个结构:

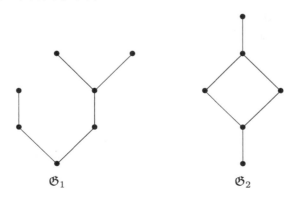

$\mathfrak{G}_1$ $\qquad\qquad\qquad$ $\mathfrak{G}_2$

每条边自下而上表示二元关系. $\mathfrak{G}_1$ 是高度为 3 的有穷树结构, $\mathfrak{G}_2$ 不是树结构.

定义 2.6 在公理系统 HK 中, 从公式集 Γ 到公式 α 的一个**推导**是由公式组成的以 α 为根节点的有穷树结构 $\mathcal{D}$, 其中每个节点 γ 满足下列三个条件之一:

(1) γ 是公理或者 $\gamma \in \Gamma$.

(2) γ 是从子节点 β 和 $\beta \to \gamma$ 运用肯定前件规则 (mp) 得到的.

(3) γ 是从子节点 β 运用代入规则 (sub) 得到的, 其中 β 是公理.

我们用字母 $\mathcal{D}, \mathcal{E}$ 等表示推导. 用 $\genfrac{}{}{0pt}{}{\mathcal{D}}{\alpha}$ 表示 $\mathcal{D}$ 是以 α 为根节点的推导. 在公理系统 HK 中, 称 α 是 Γ 的**演绎后承** (记号 $\Gamma \vdash_{\mathsf{HK}} \alpha$), 如果存在从 Γ 到 α 的推导 $\mathcal{D}$. 称公式 α 在公理系统 HK 中**可证**, 或称 α 是 HK 的**定理** (记号 $\vdash_{\mathsf{HK}} \alpha$), 如果 $\varnothing \vdash_{\mathsf{HK}} \alpha$. 用 $Thm(\mathsf{HK})$ 表示公理系统 HK 所有定理的集合. 不引起歧义的情况下可删除下标 HK.

断言 2.1 对公式集 $\Gamma \cup \{\alpha\}$, $\Gamma \vdash_{\mathsf{HK}} \alpha$ 当且仅当存在有穷 $\Delta \subseteq \Gamma$ 使得 $\Delta \vdash_{\mathsf{HK}} \alpha$.

例 2.2 $\vdash_{\mathsf{HK}} \alpha \to \alpha$. 首先有以下推导:

$$\dfrac{(p_0 \to (p_1 \to p_2)) \to ((p_0 \to p_1) \to (p_0 \to p_2))}{(\alpha \to ((\alpha \to \alpha) \to \alpha)) \to ((\alpha \to (\alpha \to \alpha)) \to (\alpha \to \alpha))} \ (sub)$$

$$\dfrac{p_0 \to (p_1 \to p_0)}{\alpha \to ((\alpha \to \alpha) \to \alpha)} \ (sub)$$

设 $\beta = \alpha \to ((\alpha \to \alpha) \to \alpha)$. 然后有以下推导:

$$\dfrac{\beta \to ((\alpha \to (\alpha \to \alpha)) \to (\alpha \to \alpha)) \quad \beta}{(\alpha \to (\alpha \to \alpha)) \to (\alpha \to \alpha)} \ (mp)$$

然后有以下推导:

$$\dfrac{(\alpha \to (\alpha \to \alpha)) \to (\alpha \to \alpha) \quad \dfrac{p_0 \to (p_1 \to p_0)}{\alpha \to (\alpha \to \alpha)} \ (sub)}{\alpha \to \alpha} \ (mp)$$

代入规则的使用一般是明显的, 在证明时可省略.

引理 2.2 以下在公理系统 HK 中成立:

(1) $\alpha, \Gamma \vdash_{\mathsf{HK}} \alpha$.

(2) $\bot, \Gamma \vdash_{\mathsf{HK}} \alpha$.

(3) 如果 $\Gamma \vdash_{\mathsf{HK}} \alpha$ 并且 $\Gamma \subseteq \Delta$, 那么 $\Delta \vdash_{\mathsf{HK}} \alpha$.

(4) 如果 $\Gamma \vdash_{\mathsf{HK}} \alpha$ 并且 $\alpha, \Delta \vdash_{\mathsf{HK}} \beta$, 那么 $\Gamma, \Delta \vdash_{\mathsf{HK}} \beta$.

证明 (1) 由单个节点 α 组成的推导是从 α, Γ 到 α 的推导.

(2) 以下是从 $\bot, \Gamma$ 到 α 的推导:

$$\dfrac{\bot \to \alpha \quad \bot}{\alpha} \ (mp)$$

(3) 设 $\Gamma \vdash \alpha$ 并且 $\Gamma \subseteq \Delta$. 显然从 Γ 到 α 的推导也是从 Δ 到 α 的推导.

(4) 设 $\Gamma \vdash \alpha$ 并且 $\alpha, \Delta \vdash \beta$. 令 $\mathcal{D}$ 是从 Γ 到 α 的推导, $\mathcal{E}$ 是从 α, Δ 到 β 的推导. 如果 $\alpha \notin \mathcal{E}$, 那么 $\mathcal{E}$ 是从 Γ, Δ 到 β 的推导. 设 $\alpha \in \mathcal{E}$. 那么使用 $\dfrac{\mathcal{D}}{\alpha}$ 替换 $\mathcal{E}$ 中叶节点 α 得到树结构是从 Γ, Δ 到 β 的推导. □

定理 2.2(演绎定理)　$\alpha, \Gamma \vdash_{\mathsf{HK}} \beta$ 当且仅当 $\Gamma \vdash_{\mathsf{HK}} \alpha \to \beta$.

证明　设 $\Gamma \vdash \alpha \to \beta$. 令 $\mathcal{D}$ 是 Γ 到 $\alpha \to \beta$ 的推导. 以下是 α, Γ 到 β 的推导:

$$\dfrac{\begin{array}{cc} \mathcal{D} & \\ \alpha \to \beta & \alpha \end{array}}{\beta}\ (mp)$$

设 $\alpha, \Gamma \vdash \beta$. 令 $\mathcal{E}$ 是 α, Γ 到 β 的推导. 对 $|\mathcal{E}|$ 归纳证明 $\Gamma \vdash \alpha \to \beta$.

(1) $|\mathcal{E}| = 0$. 设 β 是公理或 $\beta \in \Gamma$. 以下是从 Γ 到 $\alpha \to \beta$ 的推导:

$$\dfrac{\beta \to (\alpha \to \beta) \qquad \beta}{\alpha \to \beta}\ (mp)$$

设 $\beta = \alpha$. 由例 2.2 得 $\vdash \alpha \to \alpha$. 由引理 2.2 (3) 得 $\Gamma \vdash \alpha \to \alpha$.

(2) $|\mathcal{E}| > 0$. 分以下情况.

(2.1) 推导 $\mathcal{E}$ 的最后一步是

$$\dfrac{\begin{array}{cc} \mathcal{D}_1 & \mathcal{D}_2 \\ \gamma \to \beta & \gamma \end{array}}{\beta}\ (mp)$$

由归纳假设得, $\Gamma \vdash \alpha \to \gamma$ 并且 $\Gamma \vdash \alpha \to (\gamma \to \beta)$. 令 $\mathcal{E}_1$ 和 $\mathcal{E}_2$ 分别是从 Γ 到 $\alpha \to (\gamma \to \beta)$ 和 $\alpha \to \gamma$ 的推导. 以下是 Γ 到 $\alpha \to \beta$ 的推导:

$$\dfrac{\dfrac{(\alpha \to (\gamma \to \beta)) \to ((\alpha \to \gamma) \to (\alpha \to \beta)) \qquad \overset{\mathcal{E}_1}{\alpha \to (\gamma \to \beta)}}{(\alpha \to \gamma) \to (\alpha \to \beta)}\ (mp) \qquad \overset{\mathcal{E}_2}{\alpha \to \gamma}}{\alpha \to \beta}\ (mp)$$

(2.2) 推导 $\mathcal{E}$ 的最后一步是

$$\dfrac{\gamma}{\beta}\ (sub)$$

其中 γ 是公理. 以下是 Γ 到 $\alpha \to \beta$ 的推导:

$$\dfrac{\beta \to (\alpha \to \beta) \qquad \dfrac{\gamma}{\beta}\ (sub)}{\alpha \to \beta}\ (mp)$$

所以 $\Gamma \vdash \alpha \to \beta$. □

命题 2.4　以下在公理系统 HK 中成立:

(1) 如果 $\Gamma \vdash_{\mathsf{HK}} \alpha$ 并且 $\Gamma \vdash_{\mathsf{HK}} \beta$, 那么 $\Gamma \vdash_{\mathsf{HK}} \alpha \wedge \beta$.

(2) 如果 $\alpha, \beta, \Gamma \vdash_{\mathsf{HK}} \gamma$, 那么 $\alpha \wedge \beta, \Gamma \vdash_{\mathsf{HK}} \gamma$.

(3) 如果 $\Gamma \vdash_{\mathsf{HK}} \alpha$ 或者 $\Gamma \vdash_{\mathsf{HK}} \beta$, 那么 $\Gamma \vdash_{\mathsf{HK}} \alpha \vee \beta$.

(4) 如果 $\alpha, \Gamma \vdash_{\mathsf{HK}} \gamma$ 并且 $\beta, \Gamma \vdash_{\mathsf{HK}} \gamma$, 那么 $\alpha \vee \beta, \Gamma \vdash_{\mathsf{HK}} \gamma$.

(5) 如果 $\Gamma \vdash_{\mathsf{HK}} \alpha$ 并且 $\beta, \Delta \vdash_{\mathsf{HK}} \gamma$, 那么 $\alpha \rightarrow \beta, \Gamma, \Delta \vdash_{\mathsf{HK}} \gamma$.

(6) 如果 $\Gamma \vdash_{\mathsf{HK}} \alpha$ 并且 $\Gamma \vdash_{\mathsf{HK}} \alpha \rightarrow \beta$, 那么 $\Gamma \vdash_{\mathsf{HK}} \beta$.

证明　(1) 设 $\Gamma \vdash \alpha$ 并且 $\Gamma \vdash \beta$. 令 $\mathcal{D}$ 和 $\mathcal{E}$ 分别是 Γ 到 α 和 β 的推导. 以下是 Γ 到 $\alpha \wedge \beta$ 的推导:

$$\cfrac{\cfrac{\alpha \rightarrow (\beta \rightarrow (\alpha \wedge \beta)) \qquad \overset{\mathcal{D}}{\alpha}}{\beta \rightarrow (\alpha \wedge \beta)}\ (mp) \qquad \overset{\mathcal{E}}{\beta}}{\alpha \wedge \beta}\ (mp)$$

(2) 设 $\alpha, \beta, \Gamma \vdash \gamma$. 令 $\mathcal{D}$ 是从 α, β, Γ 到 γ 的推导. 容易验证 $\alpha \wedge \beta \vdash \alpha$ 并且 $\alpha \wedge \beta \vdash \beta$. 由引理 2.2 (4) 得 $\alpha \wedge \beta, \Gamma \vdash \gamma$.

(3) 设 $\Gamma \vdash \alpha$. 显然 $\alpha \vdash \alpha \vee \beta$. 由引理 2.2 (4) 得 $\Gamma \vdash \alpha \vee \beta$. 设 $\Gamma \vdash \beta$. 类似可证 $\Gamma \vdash \alpha \vee \beta$.

(4) 设 $\alpha, \Gamma \vdash \gamma$ 并且 $\beta, \Gamma \vdash \gamma$. 由演绎定理得 $\Gamma \vdash \alpha \rightarrow \gamma$ 并且 $\Gamma \vdash \beta \rightarrow \gamma$. 令 $\mathcal{D}$ 和 $\mathcal{E}$ 分别是 Γ 到 $\alpha \rightarrow \gamma$ 和 $\beta \rightarrow \gamma$ 的推导. 以下是 $\alpha \vee \beta, \Gamma$ 到 γ 的推导:

$$\cfrac{\cfrac{(\alpha \rightarrow \gamma) \rightarrow ((\beta \rightarrow \gamma) \rightarrow ((\alpha \vee \beta) \rightarrow \gamma)) \qquad \overset{\mathcal{D}}{\alpha \rightarrow \gamma}}{(\beta \rightarrow \gamma) \rightarrow ((\alpha \vee \beta) \rightarrow \gamma)}\ (mp) \qquad \overset{\mathcal{E}}{\beta \rightarrow \gamma}}{(\alpha \vee \beta) \rightarrow \gamma}\ (mp)$$

所以 $\Gamma \vdash (\alpha \vee \beta) \rightarrow \gamma$. 由演绎定理得 $\alpha \vee \beta, \Gamma \vdash \gamma$.

(5) 设 $\Gamma \vdash \alpha$ 并且 $\beta, \Delta \vdash \gamma$. 显然 $\alpha, \alpha \rightarrow \beta \vdash \beta$. 由引理 2.2 (4) 得 $\alpha \rightarrow \beta, \Gamma, \Delta \vdash \gamma$.

(6) 设 $\Gamma \vdash \alpha$ 并且 $\Gamma \vdash \alpha \rightarrow \beta$. 由演绎定理和引理 2.2 (4) 得 $\Gamma \vdash \beta$. □

命题 2.5　如果 $\alpha, \Gamma \vdash_{\mathsf{HK}} \beta$ 并且 $\neg\alpha, \Gamma \vdash_{\mathsf{HK}} \beta$, 那么 $\Gamma \vdash_{\mathsf{HK}} \beta$.

证明　设 $\alpha, \Gamma \vdash \beta$ 并且 $\neg\alpha, \Gamma \vdash \beta$. 由命题 2.4 (4) 得 $\alpha \vee \neg\alpha, \Gamma \vdash \beta$. 由公理 (A10) 得 $\vdash \alpha \vee \neg\alpha$. 由引理 2.2 (4) 得 $\Gamma \vdash \beta$. □

在公理系统 HK 中定义的演绎后承 $\vdash_{\mathsf{HK}}$ 是一个二元关系, 即 $\vdash_{\mathsf{HK}} \subseteq \mathcal{P}(Fm) \times Fm$. 由断言 2.1 可知, 任意推导都是有穷树结构. 因此可以把 $\vdash_{\mathsf{HK}}$ 限制到所有有穷公式集组成的集合 $\mathcal{P}_{<\omega}(Fm)$ 上. 一个 (有穷) **后承**是形如 $\Theta \Rightarrow \alpha$ 的表达式, 其中 Θ 是有穷公式集 (可以为空集), α 是公式. 公理系统 HK 的**有穷后承集**定义为

$$FC(\mathsf{HK}) = \{\Theta \Rightarrow \alpha : \Theta \vdash_{\mathsf{HK}} \alpha\}$$

现在可以进一步考虑将 $FC(\mathsf{HK})$ 公理化, 定义 HK 的后承演算 $\mathfrak{C}_{\mathsf{HK}}$.

定义 2.7　后承演算 $\mathfrak{C}_{\mathsf{HK}}$ 由以下公理模式和规则组成:

(1) 公理模式:

$$(\mathrm{Id})\ \alpha, \Theta \Rightarrow \alpha \quad (\bot)\ \bot, \Theta \Rightarrow \alpha$$

(2) 规则:

$$\dfrac{\Theta \Rightarrow \alpha \quad \Theta \Rightarrow \beta}{\Theta \Rightarrow \alpha \wedge \beta}(\Rightarrow\wedge) \quad \dfrac{\alpha, \beta, \Theta \Rightarrow \gamma}{\alpha \wedge \beta, \Theta \Rightarrow \gamma}(\wedge\Rightarrow)$$

$$\dfrac{\Theta \Rightarrow \alpha}{\Theta \Rightarrow \alpha \vee \beta}(\Rightarrow\vee) \quad \dfrac{\Theta \Rightarrow \beta}{\Theta \Rightarrow \alpha \vee \beta}(\Rightarrow\vee) \quad \dfrac{\alpha, \Theta \Rightarrow \gamma \quad \beta, \Theta \Rightarrow \gamma}{\alpha \vee \beta, \Theta \Rightarrow \gamma}(\vee\Rightarrow)$$

$$\dfrac{\alpha, \Theta \Rightarrow \beta}{\Theta \Rightarrow \alpha \to \beta}(DT) \quad \dfrac{\Theta \Rightarrow \alpha \to \beta}{\alpha, \Theta \Rightarrow \beta}(DT) \quad \dfrac{\Theta \Rightarrow \alpha \quad \beta, \Sigma \Rightarrow \gamma}{\alpha \to \beta, \Theta, \Sigma \Rightarrow \gamma}(\to\Rightarrow)$$

$$\dfrac{\alpha, \Theta \Rightarrow \gamma \quad \neg\alpha, \Theta \vdash \gamma}{\Theta \Rightarrow \gamma}(LEM) \quad \dfrac{\Theta \Rightarrow \gamma}{\alpha, \Theta \Rightarrow \gamma}(Wk) \quad \dfrac{\Theta \Rightarrow \alpha \quad \alpha, \Sigma \Rightarrow \gamma}{\Theta, \Sigma \Rightarrow \gamma}(cut)$$

其中 (DT) 称为**演绎规则**, (LEM) 称为**排中律规则**, (Wk) 称为**弱化规则**, (cut) 称为**切割规则**. 在 $\mathfrak{C}_{\mathsf{HK}}$ 中一个**推导**是由后承组成的有穷树状结构, 其中每个节点要么是公理, 要么是使用规则从子节点得到的后承. 一个后承 $\Theta \Rightarrow \beta$ 在 $\mathfrak{C}_{\mathsf{HK}}$ 中可证 (记号 $\mathfrak{C}_{\mathsf{HK}} \vdash \Theta \Rightarrow \beta$), 如果存在以 $\Theta \Rightarrow \beta$ 为根节点的推导.

例 2.3　以下在 $\mathfrak{C}_{\mathsf{HK}}$ 中成立:

(1) $\mathfrak{C}_{\mathsf{HK}} \vdash \alpha, \alpha \to \beta \Rightarrow \beta$. 推导如下:

$$\dfrac{\alpha \Rightarrow \alpha \quad \beta \Rightarrow \beta}{\alpha, \alpha \to \beta \Rightarrow \beta}(\to\Rightarrow)$$

(2) $\mathfrak{C}_{\mathsf{HK}} \vdash\ \Rightarrow (\alpha \to \beta) \to ((\beta \to \gamma) \to (\alpha \to \gamma))$. 推导如下:

$$\dfrac{\dfrac{\dfrac{\dfrac{\alpha, \alpha \to \beta \Rightarrow \beta \quad \beta, \beta \to \gamma \Rightarrow \gamma}{\alpha, \alpha \to \beta, \beta \to \gamma \Rightarrow \gamma}(cut)}{\alpha \to \beta, \beta \to \gamma \Rightarrow \alpha \to \gamma}(DT)}{\alpha \to \beta \Rightarrow (\beta \to \gamma) \to (\alpha \to \gamma)}(DT)}{\Rightarrow (\alpha \to \beta) \to ((\beta \to \gamma) \to (\alpha \to \gamma))}(DT)$$

(3) $\mathfrak{C}_{\mathsf{HK}} \vdash \alpha \wedge \neg\alpha \Rightarrow \bot$. 推导如下:

$$\dfrac{\dfrac{\alpha \Rightarrow \alpha \quad \bot \Rightarrow \bot}{\alpha, \neg\alpha \Rightarrow \bot}(\to\Rightarrow)}{\alpha \wedge \neg\alpha \Rightarrow \bot}(\wedge\Rightarrow)$$

(4) 如果 $\mathfrak{C}_{\mathsf{HK}} \vdash \alpha, \Theta \Rightarrow \beta$, 那么 $\mathfrak{C}_{\mathsf{HK}} \vdash \neg\beta, \Theta \Rightarrow \neg\alpha$. 推导如下:

$$\dfrac{\dfrac{\alpha, \Theta \Rightarrow \beta \quad \dfrac{\beta \Rightarrow \beta \quad \bot \Rightarrow \bot}{\beta, \neg\beta \Rightarrow \bot}(\to\Rightarrow)}{\alpha, \neg\beta, \Theta \Rightarrow \bot}(cut)}{\neg\beta, \Theta \Rightarrow \neg\alpha}(DT)$$

(5) $\mathfrak{C}_{\mathsf{HK}} \vdash \neg(\alpha \vee \beta) \Rightarrow \neg\alpha \wedge \neg\beta$. 推导如下:

$$
\cfrac{\cfrac{\cfrac{\alpha \Rightarrow \alpha}{\alpha \Rightarrow \alpha \vee \beta}\,(\Rightarrow\vee)}{\neg(\alpha \vee \beta) \Rightarrow \neg\alpha}\,(4) \quad \cfrac{\cfrac{\beta \Rightarrow \beta}{\beta \Rightarrow \alpha \vee \beta}\,(\Rightarrow\vee)}{\neg(\alpha \vee \beta) \Rightarrow \neg\beta}\,(4)}{\neg(\alpha \vee \beta) \Rightarrow \neg\alpha \wedge \neg\beta}\,(\Rightarrow\wedge)
$$

(6) $\mathfrak{C}_{\mathsf{HK}} \vdash \neg\neg\alpha \Rightarrow \alpha$. 推导如下:

$$
\cfrac{\alpha, \neg\neg\alpha \Rightarrow \alpha \quad \cfrac{\cfrac{\neg\neg\alpha \Rightarrow \neg\neg\alpha}{\neg\alpha, \neg\neg\alpha \Rightarrow \bot}\,(DT) \quad \bot \Rightarrow \alpha}{\neg\alpha, \neg\neg\alpha \Rightarrow \alpha}\,(cut)}{\neg\neg\alpha \Rightarrow \alpha}\,(LEM)
$$

(7) $\mathfrak{C}_{\mathsf{HK}} \vdash \alpha \Rightarrow \neg\neg\alpha$. 推导如下:

$$
\cfrac{\cfrac{\alpha \Rightarrow \alpha \quad \bot \Rightarrow \bot}{\alpha, \neg\alpha \Rightarrow \bot}\,(\rightarrow\Rightarrow)}{\alpha \Rightarrow \neg\neg\alpha}\,(\Rightarrow\rightarrow)
$$

引理 2.3　如果 $\vdash_{\mathsf{HK}} \alpha$, 那么 $\mathfrak{C}_{\mathsf{HK}} \vdash\, \Rightarrow \alpha$.

证明　设 $\vdash_{\mathsf{HK}} \alpha$. 令 $\mathcal{D}$ 是 α 在 HK 中的推导. 对 $|\mathcal{D}|$ 归纳证明 $\mathfrak{C}_{\mathsf{HK}} \vdash\, \Rightarrow \alpha$. 如果 $|\mathcal{D}| = 0$, 则 α 是公理. 易证 $\mathfrak{C}_{\mathsf{HK}} \vdash\, \Rightarrow \alpha$. 设 α 是从 $\beta \rightarrow \alpha$ 和 β 得到的. 由归纳假设得, $\mathfrak{C}_{\mathsf{HK}} \vdash\, \Rightarrow \beta \rightarrow \alpha$ 并且 $\mathfrak{C}_{\mathsf{HK}} \vdash\, \Rightarrow \beta$. 显然 $\mathfrak{C}_{\mathsf{HK}} \vdash \beta \rightarrow \alpha, \beta \Rightarrow \alpha$. 由 (cut) 得, $\mathfrak{C}_{\mathsf{HK}} \vdash\, \Rightarrow \alpha$. 代入规则的情况是显然的.　　□

对任意有穷公式集 Θ, 我们用 $\bigwedge\Theta$ 和 $\bigvee\Theta$ 分别表示 Θ 中公式的合取和析取. 特别地, $\bigwedge\varnothing = \top$ 并且 $\bigvee\varnothing = \bot$.

定理 2.3　对任意有穷公式集 $\Theta \cup \{\beta\}$, $\mathfrak{C}_{\mathsf{HK}} \vdash \Theta \Rightarrow \beta$ 当且仅当 $\Theta \vdash_{\mathsf{HK}} \beta$.

证明　设 $\mathfrak{C}_{\mathsf{HK}} \vdash \Theta \Rightarrow \beta$. 令 $\mathcal{C}$ 是 $\Theta \Rightarrow \beta$ 在 $\mathfrak{C}_{\mathsf{HK}}$ 中推导. 对 $|\mathcal{C}|$ 归纳证明. 如果 $|\mathcal{C}| = 0$, 那么 $\Theta \Rightarrow \beta$ 是 (Id) 或 ($\bot$) 的特例. 由引理 2.2 (1) 和 (2) 即得. 设 $|\mathcal{C}| > 0$. 那么 $\Theta \Rightarrow \beta$ 由规则得到. 由归纳假设, 使用定理 2.2, 命题 2.4 和命题 2.5 即得. 例如, 设 $\beta = \beta_1 \wedge \beta_2$ 并且 $\mathcal{C}$ 最后一步推导为

$$
\cfrac{\Theta \Rightarrow \beta_1 \quad \Theta \Rightarrow \beta_2}{\Theta \Rightarrow \beta_1 \wedge \beta_2}\,(\Rightarrow\wedge)
$$

由归纳假设得 $\Theta \vdash_{\mathsf{HK}} \beta_1$ 并且 $\Theta \vdash_{\mathsf{HK}} \beta_2$. 由命题 2.4 (1) 得 $\Theta \vdash_{\mathsf{HK}} \beta_1 \wedge \beta_2$. 设 $\Theta \vdash_{\mathsf{HK}} \beta$. 令 $\bigwedge\Theta = \alpha$. 由演绎定理得 $\vdash_{\mathsf{HK}} \alpha \rightarrow \beta$. 由引理 2.3 得 $\mathfrak{C}_{\mathsf{HK}} \vdash\, \Rightarrow \alpha \rightarrow \beta$. 显然 $\mathfrak{C}_{\mathsf{HK}} \vdash \Theta \Rightarrow \alpha$ 并且 $\mathfrak{C}_{\mathsf{HK}} \vdash \alpha \rightarrow \beta, \alpha \Rightarrow \beta$. 由 (cut) 得 $\mathfrak{C}_{\mathsf{HK}} \vdash \Theta \Rightarrow \beta$.　　□

命题 2.6　对任意公式集 Γ, 以下成立:

(1) $\neg\alpha, \Gamma \vdash_{\mathsf{HK}} \beta$ 当且仅当 $\Gamma \vdash_{\mathsf{HK}} \alpha \vee \beta$.

(2) $\alpha, \Gamma \vdash_{\mathsf{HK}} \beta$ 当且仅当 $\Gamma \vdash_{\mathsf{HK}} \neg\alpha \vee \beta$.

证明　(1) 设 $\neg\alpha, \Gamma \vdash_{HK} \beta$. 那么存在有穷子集 $\Theta \subseteq \Gamma$ 使得 $\neg\alpha, \Theta \vdash_{HK} \beta$. 由定理 2.3 得 $\mathfrak{C}_{HK} \vdash \neg\alpha, \Theta \Rightarrow \beta$. 然后有以下推导:

$$
\cfrac{
\cfrac{
\neg\alpha, \Theta \Rightarrow \beta \quad \cfrac{\beta \Rightarrow \beta}{\beta \Rightarrow \alpha \vee \beta}(\Rightarrow\vee)
}{\neg\alpha, \Theta \Rightarrow \alpha \vee \beta}(cut)
\quad
\cfrac{
\cfrac{\alpha \Rightarrow \alpha}{\alpha \Rightarrow \alpha \vee \beta}(\Rightarrow\vee)
}{\alpha, \Theta \Rightarrow \alpha \vee \beta}(Wk)
}{\Theta \Rightarrow \alpha \vee \beta}(LEM)
$$

由定理 2.3 得 $\Theta \vdash_{HK} \beta$. 所以 $\Gamma \vdash_{HK} \alpha \vee \beta$. 设 $\Gamma \vdash_{HK} \alpha \vee \beta$. 那么存在有穷子集 $\Sigma \subseteq \Gamma$ 使得 $\Sigma \vdash_{HK} \alpha \vee \beta$. 由定理 2.3 得 $\mathfrak{C}_{HK} \vdash \Sigma \Rightarrow \alpha \vee \beta$. 然后有以下推导:

$$
\cfrac{
\Sigma \Rightarrow \alpha \vee \beta \quad
\cfrac{
\cfrac{
\cfrac{\alpha \Rightarrow \alpha \quad \bot \Rightarrow \bot}{\alpha, \neg\alpha \Rightarrow \bot}(\to\Rightarrow) \quad \bot \Rightarrow \beta
}{\alpha, \neg\alpha \Rightarrow \beta}(cut)
\quad \beta, \neg\alpha \Rightarrow \beta
}{\alpha \vee \beta, \neg\alpha \Rightarrow \beta}(\vee\Rightarrow)
}{\neg\alpha, \Sigma \Rightarrow \beta}(cut)
$$

由定理 2.3 得 $\neg\alpha, \Sigma \vdash_{HK} \beta$. 所以 $\neg\alpha, \Gamma \vdash_{HK} \beta$.

(2) 由 (1) 得, $\neg\neg\alpha, \Gamma \vdash_{HK} \beta$ 当且仅当 $\Gamma \vdash_{HK} \neg\alpha \vee \beta$. 由例 2.3 (6)(7) 得 $\alpha \vdash_{HK} \neg\neg\alpha$ 并且 $\neg\neg\alpha \vdash_{HK} \alpha$. 因此 $\alpha, \Gamma \vdash_{HK} \beta$ 当且仅当 $\Gamma \vdash_{HK} \neg\alpha \vee \beta$. $\square$

定理 2.4(可靠性)　如果 $\Gamma \vdash_{HK} \alpha$, 那么 $\Gamma \models \alpha$.

证明　设 $\Gamma \vdash_{HK} \alpha$. 存在从 Γ 到 α 的推导 $\mathcal{D}$. 对 $|\mathcal{D}|$ 归纳证明. 当 $|\mathcal{D}| = 0$ 时, α 是公理或 $\alpha \in \Gamma$. 如果 α 是公理, 易证 $\models \alpha$. 如果 $\alpha \in \Gamma$, 显然 $\Gamma \models \alpha$. 设 $|\mathcal{D}| > 0$.

(1) 推导 $\mathcal{D}$ 的最后一步是:

$$
\cfrac{\overset{\mathcal{D}_1}{\gamma \to \alpha} \quad \overset{\mathcal{D}_2}{\gamma}}{\alpha}(mp)
$$

由归纳假设得, $\Gamma \models \gamma$ 并且 $\Gamma \models \gamma \to \alpha$. 设 θ 是任意赋值使得 $\theta \models \Gamma$. 所以 $\theta \models \gamma$ 并且 $\theta \models \gamma \to \alpha$. 所以 $\theta \models \alpha$. 所以 $\Gamma \models \alpha$.

(2) 推导 $\mathcal{D}$ 的最后一步是:

$$
\cfrac{\gamma}{\alpha}(sub)
$$

其中 γ 是公理. 所以 $\models \gamma$. 所以 $\models \alpha$. 所以 $\Gamma \models \alpha$. $\square$

推论 2.1　$Thm(\mathsf{HK}) \subseteq \mathsf{CL}$.

定义 2.8　称公式集 Γ 是 **HK 一致的**, 如果 $\Gamma \nvdash_{HK} \bot$. 称 Γ 是 **极大 HK 一致的**, 如果 Γ 是 HK 一致的, 并且对任意 HK 一致的公式集 Δ 都有 $\Gamma \subseteq \Delta$ 蕴涵 $\Gamma = \Delta$.

命题 2.7　对任意极大 HK 一致公式集 Γ, 以下成立:

(1) 如果 $\Gamma \vdash_{HK} \alpha$, 那么 $\alpha \in \Gamma$.

(2) $Thm(\mathsf{HK}) \subseteq \Gamma$ 并且 $\bot \notin \Gamma$.

(3) $\neg\alpha \in \Gamma$ 当且仅当 $\alpha \notin \Gamma$.

(4) $\alpha \wedge \beta \in \Gamma$ 当且仅当 $\alpha \in \Gamma$ 并且 $\beta \in \Gamma$.

(5) $\alpha \vee \beta \in \Gamma$ 当且仅当 $\alpha \in \Gamma$ 或者 $\beta \in \Gamma$.

(6) $\alpha \to \beta \in \Gamma$ 当且仅当 $\alpha \notin \Gamma$ 或者 $\beta \in \Gamma$.

证明　(1) 设 $\Gamma \vdash \alpha$ 但是 $\alpha \notin \Gamma$. 那么 $\Gamma \cup \{\alpha\}$ 是 HK 不一致的. 因此 $\alpha, \Gamma \vdash \bot$. 由演绎定理得 $\Gamma \vdash \alpha \to \bot$. 所以 $\Gamma \vdash \bot$. 因此 Γ 是 HK 不一致的, 矛盾.

(2) 显然 $\bot \notin \Gamma$. 设 $\alpha \in Thm(\mathsf{HK})$. 那么 $\vdash \alpha$. 所以 $\Gamma \vdash \alpha$. 由 (1) 得 $\alpha \in \Gamma$.

(3) 设 $\neg\alpha \in \Gamma$ 并且 $\alpha \in \Gamma$. 那么 $\Gamma \vdash \neg\alpha$ 并且 $\Gamma \vdash \alpha$. 所以 $\Gamma \vdash \alpha \wedge \neg\alpha$. 易证 $\alpha \wedge \neg\alpha \vdash \bot$. 所以 $\Gamma \vdash \bot$. 所以 Γ 是 HK 不一致的, 矛盾. 设 $\alpha \notin \Gamma$. 因为 Γ 是极大 HK 一致的, 所以 $\Gamma \cup \{\alpha\}$ 是 HK 不一致的. 所以 $\alpha, \Gamma \vdash \bot$. 由演绎定理得 $\Gamma \vdash \neg\alpha$. 由 (1) 得 $\neg\alpha \in \Gamma$.

(4) 设 $\alpha \wedge \beta \in \Gamma$. 那么 $\Gamma \vdash \alpha \wedge \beta$. 显然 $\alpha \wedge \beta \vdash \alpha$ 并且 $\alpha \wedge \beta \vdash \beta$. 所以 $\Gamma \vdash \alpha$ 并且 $\Gamma \vdash \beta$. 由 (1) 得 $\alpha \in \Gamma$ 并且 $\beta \in \Gamma$. 设 $\alpha \in \Gamma$ 并且 $\beta \in \Gamma$. 那么 $\Gamma \vdash \alpha$ 并且 $\Gamma \vdash \beta$. 所以 $\Gamma \vdash \alpha \wedge \beta$. 由 (1) 得 $\alpha \wedge \beta \in \Gamma$.

(5) 设 $\alpha \vee \beta \in \Gamma$ 并且 $\alpha \notin \Gamma$ 并且 $\beta \notin \Gamma$. 由 (3) 得 $\neg\alpha \in \Gamma$ 并且 $\neg\beta \in \Gamma$. 由 (4) 得 $\neg\alpha \wedge \neg\beta \in \Gamma$. 易证 $\neg\alpha \wedge \neg\beta \vdash \neg(\alpha \vee \beta)$. 所以 $\Gamma \vdash \neg(\alpha \vee \beta)$. 由 (1) 得 $\neg(\alpha \vee \beta) \in \Gamma$, 与 $\alpha \vee \beta \in \Gamma$ 矛盾. 设 $\alpha \in \Gamma$. 易证 $\alpha \vdash \alpha \vee \beta$. 所以 $\Gamma \vdash \alpha \vee \beta$. 由 (1) 得, $\alpha \vee \beta \in \Gamma$. 同理, 如果 $\beta \in \Gamma$, 那么 $\alpha \vee \beta \in \Gamma$.

(6) 易证 $\alpha \to \beta \vdash \neg\alpha \vee \beta$ 并且 $\neg\alpha \vee \beta \vdash \alpha \to \beta$. 所以 $\alpha \to \beta \in \Gamma$ 当且仅当 $\neg\alpha \vee \beta \in \Gamma$. 由 (3) 和 (5) 得 $\alpha \to \beta \in \Gamma$ 当且仅当 $\alpha \notin \Gamma$ 或者 $\beta \in \Gamma$. □

引理 2.4　如果 Γ 是 HK 一致的, 则存在极大 HK 一致公式集 Δ 使得 $\Gamma \subseteq \Delta$.

证明　令 Γ 是 HK 一致的. 考虑集合 $\mathcal{X} = \{\Sigma : \Gamma \subseteq \Sigma$ 并且 Σ 是HK一致的$\}$. 显然 $\mathcal{X} \neq \varnothing$ 并且 $(\mathcal{X}, \subseteq)$ 是偏序集. 对任意 $\subseteq$-链 $\mathcal{Y}$, 以下证明 $\bigcup \mathcal{Y} \in \mathcal{X}$. 显然 $\Gamma \subseteq \bigcup \mathcal{Y}$. 倘若 $\bigcup \mathcal{Y}$ 是 HK 不一致的, 存在 $\Sigma' \in \mathcal{Y}$ 使得 $\Sigma' \vdash_{\mathsf{HK}} \bot$, 矛盾. 所以 $\bigcup \mathcal{Y} \in \mathcal{X}$. 因此 $\bigcup \mathcal{Y}$ 是 $\mathcal{Y}$ 的上界. 由 Zorn 引理, $\mathcal{X}$ 存在极大元 Δ. 显然 $\Gamma \subseteq \Delta$ 并且 Δ 是 HK 一致的. 只需证明 Δ 是极大 HK 一致的. 假设 $\Delta \subseteq \Delta'$ 并且 Δ' 是 HK 一致的. 那么 $\Delta' \in \mathcal{X}$. 因为 Δ 是极大元, 所以 $\Delta = \Delta'$. □

引理 2.5　如果 Γ 是 HK 一致的, 那么 Γ 是可满足的.

证明　设 Γ 是 HK 一致的. 由引理 2.4 得, 存在极大 HK 一致的公式集 Δ 使得 $\Gamma \subseteq \Delta$. 现在只要证明 Δ 是可满足的. 定义赋值 $\theta : \mathbb{V} \to \{1, 0\}$ 如下:

$$\theta(p) = \begin{cases} 1, & \text{如果 } p \in \Delta. \\ 0, & \text{否则.} \end{cases}$$

施归纳于 $d(\alpha)$ 证明: $\widehat{\theta}(\alpha) = 1$ 当且仅当 $\alpha \in \Delta$. 分以下情况:

(1) $\alpha = p \in \mathbb{V}$. 由 θ 的定义得, $\widehat{\theta}(p) = 1$ 当且仅当 $p \in \Delta$.

(2) $\alpha = \bot$. 显然 $\widehat{\theta}(\bot) = 0$ 并且 $\bot \notin \Delta$.

(3) $\alpha = \alpha_1 \wedge \alpha_2$. 由归纳假设得, $\widehat{\theta}(\alpha_i) = 1$ 当且仅当 $\alpha_i \in \Delta$ 对 $i = 1, 2$. 由命题 2.7 (4) 得, $\alpha_1 \wedge \alpha_2 \in \Delta$ 当且仅当 $\alpha_1 \in \Delta$ 并且 $\alpha_2 \in \Delta$. 所以 $\widehat{\theta}(\alpha_1 \wedge \alpha_2) = 1$ 当且仅当 $\alpha_1 \wedge \alpha_2 \in \Delta$.

(4) $\alpha = \alpha_1 \vee \alpha_2$. 由归纳假设得, $\widehat{\theta}(\alpha_i) = 1$ 当且仅当 $\alpha_i \in \Delta$ 对 $i = 1, 2$. 由命题 2.7 (5) 得, $\alpha_1 \vee \alpha_2 \in \Delta$ 当且仅当 $\alpha_1 \in \Delta$ 或者 $\alpha_2 \in \Delta$. 所以 $\widehat{\theta}(\alpha_1 \vee \alpha_2) = 1$ 当且仅当 $\alpha_1 \vee \alpha_2 \in \Delta$.

(5) $\alpha = \alpha_1 \to \alpha_2$. 由归纳假设得, $\widehat{\theta}(\alpha_i) = 1$ 当且仅当 $\alpha_i \in \Delta$ 对 $i = 1, 2$. 由命题 2.7 (6) 得, $\alpha_1 \to \alpha_2 \in \Delta$ 当且仅当 $\alpha_1 \notin \Delta$ 或者 $\alpha_2 \in \Delta$. 所以 $\widehat{\theta}(\alpha_1 \to \alpha_2) = 1$ 当且仅当 $\alpha_1 \to \alpha_2 \in \Delta$.

所以 $\theta \models \Delta$. 因为 $\Gamma \subseteq \Delta$, 所以 $\theta \models \Gamma$. □

定理 2.5(完全性) 如果 $\Gamma \models \alpha$, 那么 $\Gamma \vdash_{\mathsf{HK}} \alpha$.

证明 设 $\Gamma \nvdash_{\mathsf{HK}} \alpha$. 那么 $\Gamma \cup \{\neg\alpha\}$ 是 HK 一致的. 由引理 2.5 得 $\Gamma \cup \{\neg\alpha\}$ 是可满足的, 即存在赋值 θ 使得 $\theta \models \Gamma$ 并且 $\theta \models \neg\alpha$. 所以 $\Gamma \nvDash \alpha$. □

推论 2.2 $\mathsf{CL} \subseteq Thm(\mathsf{HK})$.

推论 2.3(紧致性) 一个公式集 Γ 可满足当且仅当 Γ 的每个有穷子集可满足.

证明 如果 Γ 可满足, 那么 Γ 的每个有穷子集可满足. 设 Γ 的每个有穷子集可满足, 而 Γ 不可满足. 那么 $\Gamma \models \bot$. 由定理 2.5 得 $\Gamma \vdash_{\mathsf{HK}} \bot$. 因此存在 Γ 的有穷子集 Σ 使得 $\Sigma \vdash_{\mathsf{HK}} \bot$. 由定理 2.4 得 $\Sigma \models \bot$. 所以 Σ 不可满足, 矛盾. □

一个公理系统 S 是由公理和规则组成的. 我们用 $\vdash_S \alpha$ 表示 α 是 S 的定理. 称一个公理系统 S 是**一致的**, 如果存在公式 α 使得 $\nvdash_S \alpha$.

定理 2.6(一致性) HK 是一致的.

证明 显然 $\nvDash p$. 由 HK 的可靠性得, $\nvdash_{\mathsf{HK}} p$. □

称一个集合 X 是**可判定的**, 如果存在一种能行的方法使得对任何元素 x 可在有穷步骤之内确定 x 是否属于 X.

定理 2.7(可判定性) CL 是可判定的. 因此 $Thm(\mathsf{HK})$ 是可判定的.

证明 对任意公式 $\alpha(p_1, \cdots, p_n)$, $\alpha \in \mathsf{CL}$ 当且仅当对所有 $\varepsilon \in \{1, 0\}^n$ 都有 $f^\alpha(\varepsilon) = 1$. 显然 $\{1, 0\}^n$ 是有穷集. 所以有穷步骤之内可以确定 α 是否是重言式. 由推论 2.1 和推论 2.2 得, $Thm(\mathsf{HK}) = \mathsf{CL}$. 所以 $Thm(\mathsf{HK})$ 是可判定的. □

称一个公理系统 S 是**波斯特完全的**, 如果它满足以下条件: 如果 $\nvdash_S \alpha$, 那么在系统 S 上增加 α 作为公理所得到的系统是不一致的.

定理 2.8(波斯特完全性) HK 是波斯特完全的.

证明   设 $\nvdash_{\mathsf{HK}} \alpha$. 令 $var(\alpha) = \{p_1, \cdots, p_n\}$. 令 S 是在 HK 上增加公理 α 得到的系统. 由 HK 的完全性得 $\nvDash \alpha$. 对 $1 \leqslant i \leqslant n$, 定义公式 β_i 如下:

$$\beta_i = \begin{cases} \top, & \text{如果} \theta(p_i) = 1 \\ \bot, & \text{如果} \theta(p_i) = 0 \end{cases}$$

令 $\alpha' = \alpha(p_1/\beta_1, \cdots, p_n/\beta_n)$. 那么 $\widehat{\theta}(\alpha') = 0$. 因为 $var(\alpha') = \varnothing$, 所以 α' 是矛盾式. 所以 $\vDash \neg\alpha'$. 所以 $\vdash_{\mathsf{HK}} \neg\alpha'$. 所以 $\vdash_S \neg\alpha'$. 因为 $\vdash_S \alpha$, 所以 $\vdash_S \alpha'$. 所以 $\vdash_S \bot$. 对任意公式 β, $\vdash_{\mathsf{HK}} \bot \to \beta$. 所以, 对任意公式 β, $\vdash_S \beta$. 所以 S 是不一致的.   □

一个公理系统 S 具有**析取性质**, 如果对任意公式 $\alpha \vee \beta$, 以下条件成立: 如果 $\vdash_S \alpha \vee \beta$, 那么 $\vdash_S \alpha$ 或者 $\vdash_S \beta$.

定理 2.9   HK 不具有析取性质.

证明   显然 $\vdash_{\mathsf{HK}} p_0 \vee \neg p_0$, 但是 $\nvdash_{\mathsf{HK}} p_0$ 并且 $\nvdash_{\mathsf{HK}} \neg p_0$.   □

称一个公理系统 S 具有**插值性质**, 如果对任何公式 $\alpha \to \beta$, 以下条件成立: 如果 $\vdash_S \alpha \to \beta$, 那么存在公式 γ 使得以下条件成立:

(C1) $\vdash_S \alpha \to \chi$.

(C2) $\vdash_S \chi \to \beta$.

(C3) $var(\chi) \subseteq var(\alpha) \cap var(\beta)$.

条件 (C3) 称为**变元条件**. 满足这些条件的公式 χ 称为 α 和 β 的**插值**.

引理 2.6   如果 $var(\alpha) \cap var(\beta) = \varnothing$, 那么 $\vDash \alpha \to \beta$ 当且仅当 $\vDash \neg\alpha$ 或者 $\vDash \beta$.

证明   设 $var(\alpha) \cap var(\beta) = \varnothing$. 令 $var(\alpha) = \{p_1, \cdots, p_m\}$ 且 $var(\beta) = \{q_1, \cdots, q_m\}$. 从右至左是显然的. 设 $\vDash \alpha \to \beta$ 并且 $\nvDash \neg\alpha$. 那么存在赋值 θ 使得 $\widehat{\theta}(\alpha) = 1$. 令 δ 为任意赋值. 定义赋值 $\tau: \mathbb{V} \to \{1, 0\}$ 如下:

$$\tau(p) = \begin{cases} \theta(p_i), & \text{如果} p = p_i \text{对某个} 1 \leqslant i \leqslant m \\ \delta(q_j), & \text{如果} p = q_j \text{对某个} 1 \leqslant j \leqslant n \\ 0, & \text{否则} \end{cases}$$

由命题 2.1 得, $\widehat{\tau}(\alpha) = \widehat{\theta}(\alpha) = 1$ 并且 $\widehat{\tau}(\beta) = \widehat{\delta}(\beta)$. 因为 $\vDash \alpha \to \beta$, 所以 $\widehat{\tau}(\beta) = 1 = \widehat{\delta}(\beta)$. 所以 $\vDash \beta$.   □

定理 2.10(插值性质)   HK 具有插值性质.

证明   设 $\vdash_{\mathsf{HK}} \alpha \to \beta$. 那么 $\vDash \alpha \to \beta$. 分以下情况:

(1) $var(\alpha) \cap var(\beta) = \varnothing$. 由引理 2.6 得, $\vDash \neg\alpha$ 或者 $\vDash \beta$. 设 $\vDash \neg\alpha$. 令 $\chi = \bot$. 因为 $\vDash \neg\alpha$, 所以 $\vdash_{\mathsf{HK}} \alpha \to \bot$. 显然 $\vdash_{\mathsf{HK}} \bot \to \beta$. 变元条件 (C3) 显然成立, 因为 $var(\bot) = \varnothing$. 设 $\vDash \beta$. 令 $\chi = \top$. 显然 $\vdash_{\mathsf{HK}} \top$. 所以 $\vdash_{\mathsf{HK}} \alpha \to \top$. 因为 $\vDash \beta$, 所以 $\vDash \top \to \beta$. 所以 $\vdash_{\mathsf{HK}} \top \to \beta$. 变元条件显然成立, 因为 $var(\top) = \varnothing$.

(2) $var(\alpha) \cap var(\beta) = \{p_1, \cdots, p_n\} \neq \varnothing$. 令 $X = var(\alpha) \setminus var(\beta)$. 对 X 的基数 $|X|$ 归纳证明存在插值 χ. 设 $|X| = 0$. 那么 $var(\alpha) \subseteq var(\beta)$. 所以 $var(\alpha) \cap var(\beta) = var(\alpha) = \{p_1, \cdots, p_n\}$. 令 $\chi = \alpha$. 已知 $\vdash_{\mathsf{HK}} \alpha \to \alpha$, 变元条件成立, 所以 α 是插值. 设 $|X| > 0$. 令 $X = \{q_1, \cdots, q_m, q_{m+1}\}$. 那么 $\alpha = \alpha(q_1, \cdots, q_m, q_{m+1}, p_1, \cdots, p_n)$. 令 $\alpha_1 = \alpha(q_1/p_1, \cdots, q_m, q_{m+1}, p_1, \cdots, p_n)$ 并且 $\alpha_2 = \alpha(q_1/\neg p_1, \cdots, q_m, q_{m+1}, p_1, \cdots, p_n)$. 因为 $\vdash_{\mathsf{HK}} \alpha \to \beta$, 所以 $\vdash_{\mathsf{HK}} \alpha_1 \to \beta$ 并且 $\vdash_{\mathsf{HK}} \alpha_2 \to \beta$. 由归纳假设得, 存在插值 χ_1 和 χ_2 使得以下条件成立: ① $\vdash_{\mathsf{HK}} \alpha_1 \to \chi_1$; ② $\vdash_{\mathsf{HK}} \chi_1 \to \beta$; ③ $var(\chi_1) \subseteq var(\alpha_1) \cap var(\beta)$; ④ $\vdash_{\mathsf{HK}} \alpha_2 \to \chi_2$; ⑤ $\vdash_{\mathsf{HK}} \chi_2 \to \beta$; ⑥ $var(\chi_2) \subseteq var(\alpha_2) \cap var(\beta)$. 由 ① 和 ④ 得, $\vdash_{\mathsf{HK}} (\alpha_1 \vee \alpha_2) \to (\chi_1 \vee \chi_2)$. 由 ② 和 ⑤ 得, $\vdash_{\mathsf{HK}} (\chi_1 \vee \chi_2) \to \beta$. 由 ③ 和 ⑥ 得, $var(\alpha \to \beta) \subseteq var(\chi_1 \vee \chi_2)$. 因此 $\chi_1 \vee \chi_2$ 是插值. □

2.2 直觉主义句子逻辑

直觉主义句子逻辑与经典句子逻辑的形式语言相同, 二者不同在于语义学. 直觉主义起源于布劳威尔 (Brouwer, 1881~1966) 关于数学中构造性证明的研究. 在构造性证明中, 排中律 $p \vee \neg p$ 不是有效的. 为证明 α, 先假定 $\neg\alpha$ 而得到矛盾 $\bot$ 的证明不是构造性的. 布劳威尔反对排中律, 在证明中不能使用反证法. 例如, 要证明某对象存在, 不能假定它不存在而得到矛盾, 而是要把它构造出来.

例 2.4 (1) 存在无理数 a 和 b 使得 a^b 是有理数. 这个命题的一种证明是: $\sqrt{2}^{\sqrt{2}}$ 要么是有理数, 要么不是有理数. 如果它是有理数, 那么命题得证, 因为 $\sqrt{2}$ 是无理数. 如果它不是有理数, 那么

$$(\sqrt{2}^{\sqrt{2}})^{\sqrt{2}} = \sqrt{2}^{\sqrt{2} \times \sqrt{2}} = \sqrt{2}^2 = 2$$

是有理数. 这个证明不是构造性的, 它没有告诉 $\sqrt{2}^{\sqrt{2}}$ 是不是有理数.

(2) 有四个村庄 A, B, C, D 如下所示. 现在要打一口井 W 使得 W 到四个村庄距离之和最短. 请问 W 的位置在哪里?

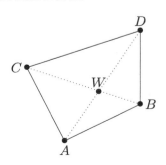

线段 AD 和 BC 的交点即为 W 点. 若不然, 根据三角形两边之和大于第三边, W 到四点距离之和增大. 这个证明也是非构造性的.

直觉主义的主要原理是, 一个数学命题的真通过构造性证明来建立. 命题联结词的意义通过**证明**和**构造**来解释:

(1) $\alpha \wedge \beta$ 的证明由 α 的证明和 β 的证明构成.

(2) $\alpha \vee \beta$ 的证明由 α 的证明或者 β 的证明构成.

(3) $\alpha \to \beta$ 的证明是一个构造使得 α 的每个证明转都化为 β 的证明.

(4) $\perp$ 没有证明.

(5) $\neg \alpha$ 的证明是一个构造使得对 α 的每个证明都得到 $\perp$ 的证明.

这种证明解释是布劳威尔、柯尔莫哥洛夫 (Kolmogorov, 1903~1987) 和海廷 (Heyting, 1898~1980) 提出的, 也称为 BHK 解释. 从逻辑方面考虑, 可以通过重新给出语义学而使得排中律失效. 本节介绍的直觉主义逻辑的语义学是克里普克 (Kripke, 1940~2022) 在 20 世纪 60 年代提出的.

古典句子逻辑的形式语言有一种**集合语义**. 任意非空集 W 的幂集 $\mathcal{P}(W)$ 上有集合运算 $\cap$(交)、$\cup$(并) 和 $(.)^c$(补). 如果每个变元的赋值为 $\mathcal{P}(W)$ 的元素并且 $\wedge, \vee, \to, \perp$ 分别解释为 $\cap, \cup, (.)^c \cup (.)$ 和 $\varnothing$, 那么每个公式都解释为 $\mathcal{P}(W)$ 的元素. 一个公式 α 是重言式当且仅当在任意非空集 W 上对任意赋值都有 α 的值为 W. 克里普克将古典句子逻辑的集合语义拓展到直觉主义逻辑.

定义 2.9 一个**偏序集**是有序对 $\mathfrak{F} = (W, R)$, 其中 W 是非空集, $R \subseteq W \times W$ 是 W 上满足以下条件的二元关系:

(1) 自返性: $\forall x \in W(xRx)$.

(2) 传递性: $\forall x, y, z \in W(xRy \wedge yRz \to xRz)$.

(3) 反对称性: $\forall x, y \in W(xRy \wedge yRx \to x = y)$.

一个偏序集 (W, R) 称为**直觉主义框架**, 简称**框架**, 其中 W 中元素称为**点**, R 称为**可及关系**. 对任意框架 $\mathfrak{F} = (W, R)$, $x \subseteq W$ 和 $X \subseteq W$, 定义

$$R(x) = \{y \in W : xRy\} \text{ 并且 } R[X] = \bigcup \{R(x) : x \in X\}$$

称 X 为**R-封闭集**, 如果 $X = R[X]$. 令 $Up(W)$ 为 $\mathfrak{F}$ 中所有 R-封闭集的集合.

断言 2.2 对任意框架 $\mathfrak{F} = (W, R)$, 以下成立:

(1) $\varnothing, W \in Up(W)$.

(2) 如果 $X \subseteq W$, 那么 $R[X] \in Up(W)$.

(3) 如果 $X, Y \in Up(W)$, 那么 $X \cap Y, X \cup Y \in Up(W)$.

对任意框架 (W, R), 考虑 $Up(W)$ 作为变元的取值范围, 每个变元以 R-封闭集作为值, 因为如果 p 在某个状态 x 上真, 那么它在 x 未来所有状态上都真, 这

就是 p 被证明的直观意思. 由此可以定义**模型**和**满足关系**.

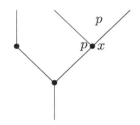

定义 2.10 一个函数 $V : \mathbb{V} \to Up(W)$ 称为 $\mathfrak{F} = (W, R)$ 中的**赋值**. 一个**模型**是 $\mathfrak{M} = (W, R, V)$, 其中 V 是框架 (W, R) 中的赋值. 对任意模型 $\mathfrak{M} = (W, R, V)$, $x \in W$ 和公式 α, 定义满足关系 $\mathfrak{M}, x \models \alpha$ (α 在模型 $\mathfrak{M}$ 中 x 上真) 如下:

(1) $\mathfrak{M}, x \models p$ 当且仅当 $x \in V(p)$.

(2) $\mathfrak{M}, x \not\models \bot$.

(3) $\mathfrak{M}, x \models \alpha \wedge \beta$ 当且仅当 $\mathfrak{M}, x \models \alpha$ 并且 $\mathfrak{M}, x \models \beta$.

(4) $\mathfrak{M}, x \models \alpha \vee \beta$ 当且仅当 $\mathfrak{M}, x \models \alpha$ 或者 $\mathfrak{M}, x \models \beta$.

(5) $\mathfrak{M}, x \models \alpha \to \beta$ 当且仅当对所有 $y \in R(x)$, 如果 $\mathfrak{M}, y \models \alpha$, 则 $\mathfrak{M}, y \models \beta$.

对任意公式 α, 定义 $V(\alpha) = \{x \in W : \mathfrak{M}, x \models \alpha\}$. 我们用 $\mathfrak{M}, x \not\models \alpha$ 表示 α 在 $\mathfrak{M}$ 中 x 上假. 我们用 $\mathfrak{M} \models \alpha$ 表示 $V(\alpha) = W$. 称一个模型 $\mathfrak{M} = (W, R, V)$ 是公式 α 的**反模型**, 如果存在 $x \in W$ 使得 $\mathfrak{M}, x \not\models \alpha$.

对任意公式集 Γ, 我们用 $\mathfrak{M}, x \models \Gamma$ 表示对所有 $\alpha \in \Gamma$ 都有 $\mathfrak{M}, x \models \alpha$. 称 Γ 是**可满足的**, 如果存在模型 $\mathfrak{M} = (W, R, V)$ 和 $x \in W$ 使得 $\mathfrak{M}, x \models \Gamma$.

由定义可得, $\mathfrak{M}, x \not\models \alpha \to \beta$ 当且仅当存在 $y \in R(x)$ 使得 $\mathfrak{M}, y \models \alpha$ 并且 $\mathfrak{M}, y \not\models \beta$. 对任意公式 $\neg\alpha$, $\mathfrak{M}, x \models \neg\alpha$ 当且仅当对所有 $y \in R(x)$ 都有 $\mathfrak{M}, y \not\models \alpha$. 因此 $\mathfrak{M}, x \not\models \neg\alpha$ 当且仅当存在 $y \in R(x)$ 使得 $\mathfrak{M}, y \models \alpha$.

命题 2.8 对任意模型 $\mathfrak{M} = (W, R, V)$ 和公式 α, $V(\alpha) \in Up(W)$.

证明 施归纳于 $d(\alpha)$. 情况 $\alpha = p \in \mathbb{V}$ 是显然的. 设 $\alpha = \bot$. 那么 $V(\bot) = \varnothing \in Up(W)$. 设 $\alpha = \alpha \wedge \beta$. 由归纳假设得, $V(\alpha) \in Up(W)$ 并且 $V(\beta) \in Up(W)$. 由断言 2.2 得, $V(\alpha \wedge \beta) = V(\alpha) \cap V(\beta) \in Up(W)$. 情况 $\alpha = \alpha \vee \beta$ 同理可得. 设 $\alpha = \alpha \to \beta$. 假设 $x \in V(\alpha \to \beta)$ 并且 xRy. 设 yRz 并且 $z \in V(\alpha)$. 因为 R 是传递的, 所以 xRz. 所以 $z \in V(\beta)$. 所以 $y \in V(\alpha \to \beta)$. $\square$

对框架 $\mathfrak{F} = (W, R)$ 和 $X, Y \subseteq W$, 定义 $X \to_R Y = \{x \in W : R(x) \cap X \subseteq Y\}$. 显然, 如果 $X, Y \in Up(W)$, 那么 $X \to_R Y \in Up(W)$. 因此, 在 $Up(W)$ 上, 联结词 $\wedge, \vee, \to, \bot$ 分别解释为运算 $\cap, \cup, \to_R$ 和 $\varnothing$.

定义 2.11 对任意框架 $\mathfrak{F} = (W, R)$, 称 α 在 $\mathfrak{F}$ 上**有效**, 记号 $\mathfrak{F} \models \alpha$, 如果对任意赋值 $V : \mathbb{V} \to Up(W)$ 和 $x \in W$ 都有 $\mathfrak{F}, V, x \models \alpha$.

称公式 α 是**直觉主义有效的**, 记号 $\models_I \alpha$, 如果对所有框架 $\mathfrak{F}$ 都有 $\mathfrak{F} \models \alpha$. 直觉主义句子逻辑 Int 定义为所有直觉主义有效公式的集合, 即

$$\text{Int} = \{\alpha \in Fm : \models_I \alpha\}$$

对任意公式集 $\Gamma \cup \{\alpha\}$, 称 α 是 Γ 的**直觉主义逻辑后承**, 记号 $\Gamma \models_I \alpha$, 如果对任何模型 $\mathfrak{M} = (W, R, V)$ 和 $x \in W$ 都有 $\mathfrak{M}, x \models \Gamma$ 蕴涵 $\mathfrak{M}, x \models \alpha$.

一个公式 $\alpha \notin \text{Int}$ 当且仅当存在 α 的反模型. 因此, 要证明 $\alpha \notin \text{Int}$, 只要构造 α 的一个反模型即可.

例 2.5 (1) $p \vee \neg p \notin \text{Int}$. 构造模型 $\mathfrak{M} = (W, R, V)$ 如下: $W = \{x, y\}$; $R = \{(x, x), (x, y), (y, y)\}$; 对所有 $p \in \mathbb{V}$ 都有 $V(p) = \{y\}$. 显然 $V(p)$ 是 R-封闭集. 该模型可用下图表示:

其中 $\circ$ 表示自返点, 箭头表示 R 关系. 那么 $\mathfrak{M}, x \not\models p$. 因为 $\mathfrak{M}, y \models p$, 所以 $\mathfrak{M}, x \not\models \neg p$. 所以 $\mathfrak{M}, x \not\models p \vee \neg p$. 所以 $p \vee \neg p \notin \text{Int}$.

(2) $\neg\neg p \to p \notin \text{Int}$. 考虑 (1) 中模型 $\mathfrak{M} = (W, R, V)$. 那么 $\mathfrak{M}, x \not\models p$. 因为 $\mathfrak{M}, y \models p$, 所以 $\mathfrak{M}, x \not\models \neg p$ 并且 $\mathfrak{M}, y \not\models \neg p$. 因此 $\mathfrak{M}, x \models \neg\neg p$. 所以 $\mathfrak{M}, x \not\models \neg\neg p \to p$. 所以 $\neg\neg p \to p \notin \text{Int}$.

(3) $\neg(\alpha \wedge \neg\alpha) \in \text{Int}$. 假设不然. 存在模型 $\mathfrak{M} = (W, R, V)$ 和 $x \in W$ 使得 $\mathfrak{M}, x \models \alpha \wedge \neg\alpha$. 所以 $\mathfrak{M}, x \models \alpha$ 且 $\mathfrak{M}, x \models \neg\alpha$. 因为 xRx, 所以 $\mathfrak{M}, x \not\models \alpha$, 矛盾.

(4) $\alpha \to \neg\neg\alpha \in \text{Int}$. 对任意模型 $\mathfrak{M} = (W, R, V)$ 和 $x \in W$, 设 xRy 并且 $\mathfrak{M}, y \models \alpha$. 只要证明 $\mathfrak{M}, y \models \neg\neg\alpha$. 假设不然. 那么存在 $z \in R(y)$ 使得 $\mathfrak{M}, z \models \neg\alpha$. 因为 zRz, 所以 $\mathfrak{M}, z \not\models \alpha$. 因为 R 是传递的, 所以 xRz. 因为 $\mathfrak{M}, x \models \alpha$, 由命题 2.8 得, $\mathfrak{M}, z \models \alpha$, 矛盾.

引理 2.7 对任意公式 $\alpha(p_1, \cdots, p_n)$ 和公式 $\beta_1, \cdots, \beta_n$, 令 $\alpha' = \alpha(p_1/\beta_1, \cdots, p_n/\beta_n)$. 对任意模型 $\mathfrak{M} = (W, R, V)$, 定义赋值 $V' : \mathbb{V} \to Up(W)$ 如下:

$$V'(q) = \begin{cases} V(\beta_i), & \text{如果} q = p_i \text{对某个} 1 \leqslant i \leqslant n \\ \varnothing, & \text{否则} \end{cases}$$

令 $\mathfrak{M}' = (W, R, V')$. 对任意 $x \in W$, $\mathfrak{M}', x \models \alpha$ 当且仅当 $\mathfrak{M}, x \models \alpha'$.

证明 施归纳于 $d(\alpha)$. 分以下情况:

(1) $\alpha = p_i$ 对某个 $1 \leqslant i \leqslant n$. 显然 $\alpha' = \beta_i$. 由 $\mathfrak{M}'$ 的定义即得.

(2) $\alpha = \bot$. 那么 $\alpha' = \bot$. 显然 $\mathfrak{M}', x \not\models \alpha$ 并且 $\mathfrak{M}, x \not\models \alpha'$.

(3) $\alpha = \alpha_1 \odot \alpha_2$, 其中 $\odot \in \{\wedge, \vee\}$. 由归纳假设得, $\mathfrak{M}', x \models \alpha_i$ 当且仅当 $\mathfrak{M}, x \models \alpha_i'$ 对 $i = 1, 2$. 所以 $\mathfrak{M}', x \models \alpha_1 \odot \alpha_2$ 当且仅当 $\mathfrak{M}, x \models \alpha_1' \odot \alpha_2'$.

(4) $\alpha = \alpha_1 \rightarrow \alpha_2$. 设 $\mathfrak{M}', x \models \alpha_1 \rightarrow \alpha_2$ 并且 $y \in R(x)$. 设 $\mathfrak{M}, y \models \alpha_1'$. 由归纳假设得, $\mathfrak{M}', y \models \alpha_1$. 所以 $\mathfrak{M}', y \models \alpha_2$. 所以 $\mathfrak{M}, y \models \alpha_2'$. 所以 $\mathfrak{M}, x \models \alpha_1' \rightarrow \alpha_2'$. 另一方向同理可证. □

命题 2.9 对任意公式 α, β 和代入 σ, 以下成立:

(1) 如果 $\alpha \in \mathsf{Int}$, 那么 $\widehat{\sigma}(\alpha) \in \mathsf{Int}$.

(2) 如果 $\alpha, \alpha \rightarrow \beta \in \mathsf{Int}$, 那么 $\beta \in \mathsf{Int}$.

证明 (1) 令 $\alpha = \alpha(p_1, \cdots, p_n)$ 并且 $\widehat{\sigma}(\alpha) = \alpha(p_1/\beta_1, \cdots, p_n/\beta_n)$. 设 $\widehat{\sigma}(\alpha) \notin \mathsf{Int}$. 存在模型 $\mathfrak{M} = (W, R, V)$ 和 $x \in W$ 使得 $\mathfrak{M}, x \not\models \widehat{\sigma}(\alpha)$. 令 V' 是引理 2.7 定义的赋值. 那么 $\mathfrak{M}', x \not\models \alpha$. 所以 $\alpha \notin \mathsf{Int}$.

(2) 设 $\alpha, \alpha \rightarrow \beta \in \mathsf{Int}$. 任给模型 $\mathfrak{M} = (W, R, V)$ 和 $x \in W$. 那么 $\mathfrak{M}, x \models \alpha$ 并且 $\mathfrak{M}, x \models \alpha \rightarrow \beta$. 所以 $\mathfrak{M}, x \models \beta$. 所以 $\beta \in \mathsf{Int}$. □

直觉主义句子逻辑的公理系统 HJ 是从 HK 删除公理 (A10) $p_0 \vee \neg p_0$ 得到的. 我们用 $\Gamma \vdash_{\mathsf{HJ}} \alpha$ 表示 α 是 Γ 在 HJ 中的演绎后承, 用 $\vdash_{\mathsf{HJ}} \alpha$ 表示 α 是 HJ 的定理, 其定义与 HK 中的定义相同. 用 $Thm(\mathsf{HJ})$ 表示 HJ 所有定理的集合.

定理 2.11(演绎定理) $\alpha, \Gamma \vdash_{\mathsf{HJ}} \beta$ 当且仅当 $\Gamma \vdash_{\mathsf{HJ}} \alpha \rightarrow \beta$.

证明 与定理 2.2 的证明类似. □

命题 2.10 以下在 HJ 中成立:

(1) 如果 $\Gamma \vdash_{\mathsf{HJ}} \alpha$ 并且 $\Gamma \subseteq \Delta$, 那么 $\Delta \vdash_{\mathsf{HJ}} \alpha$.

(2) 如果 $\Gamma \vdash_{\mathsf{HJ}} \alpha$ 并且 $\alpha, \Delta \vdash_{\mathsf{HJ}} \beta$, 那么 $\Gamma, \Delta \vdash_{\mathsf{HJ}} \beta$.

(3) 如果 $\Gamma \vdash_{\mathsf{HJ}} \alpha$ 并且 $\Gamma \vdash_{\mathsf{HJ}} \beta$, 那么 $\Gamma \vdash_{\mathsf{HJ}} \alpha \wedge \beta$.

(4) 如果 $\alpha, \beta, \Gamma \vdash_{\mathsf{HJ}} \gamma$, 那么 $\alpha \wedge \beta, \Gamma \vdash_{\mathsf{HJ}} \gamma$.

(5) 如果 $\Gamma \vdash_{\mathsf{HJ}} \alpha$ 或者 $\Gamma \vdash_{\mathsf{HJ}} \beta$, 那么 $\Gamma \vdash_{\mathsf{HJ}} \alpha \vee \beta$.

(6) 如果 $\alpha, \Gamma \vdash_{\mathsf{HJ}} \gamma$ 并且 $\beta, \Gamma \vdash_{\mathsf{HJ}} \gamma$, 那么 $\alpha \vee \beta, \Gamma \vdash_{\mathsf{HJ}} \gamma$.

(7) 如果 $\Gamma \vdash_{\mathsf{HJ}} \alpha$ 并且 $\beta, \Delta \vdash_{\mathsf{HJ}} \gamma$, 那么 $\alpha \rightarrow \beta, \Gamma, \Delta \vdash_{\mathsf{HJ}} \gamma$.

(8) $\alpha, \Gamma \vdash_{\mathsf{HJ}} \alpha$ 并且 $\bot, \Gamma \vdash_{\mathsf{HJ}} \alpha$.

证明 与引理 2.2 和命题 2.4 的证明类似. □

与定义 2.7 类似, 公理系统 HJ 的后承演算 $\mathfrak{C}_{\mathsf{HJ}}$ 是从 $\mathfrak{C}_{\mathsf{HK}}$ 删除 (LEM) 得到的. 它是后承集 $FC(\mathsf{HJ}) = \{\Theta \Rightarrow \beta : \Theta \vdash_{\mathsf{HJ}} \beta\}$ 的公理化.

定理 2.12 对任意有穷公式集 $\Theta \cup \beta$, $\mathfrak{C}_{\mathsf{HJ}} \vdash \Theta \Rightarrow \beta$ 当且仅当 $\Theta \vdash_{\mathsf{HJ}} \beta$.

证明 与定理 2.3 证明类似. □

定理 2.13(可靠性) 如果 $\Gamma \vdash_{\mathsf{HJ}} \alpha$, 那么 $\Gamma \models_I \alpha$.

证明   设 $\Gamma \vdash_{HJ} \alpha$. 存在从 Γ 到 α 的推导 $\mathcal{D}$. 对 $|\mathcal{D}|$ 归纳证明 $\Gamma \models_I \alpha$. 当 $|\mathcal{D}| = 0$ 时, α 是公理或者 $\alpha \in \Gamma$. 如果 α 是公理, 易证 $\models_I \alpha$. 因此 $\Gamma \models_I \alpha$. 如果 $\alpha \in \Gamma$, 显然 $\Gamma \models_I \alpha$. 设 $|\mathcal{D}| > 0$. 设 α 是从 β 和 $\beta \to \alpha$ 运用 (mp) 得到的. 由归纳假设得, $\Gamma \models_I \beta$ 并且 $\Gamma \models_I \beta \to \alpha$. 设 $\mathfrak{M} = (W, R, V)$ 是任意模型并且 $x \in W$ 使得 $\mathfrak{M}, x \models \Gamma$. 所以 $\mathfrak{M}, x \models \beta$ 并且 $\mathfrak{M}, x \models \beta \to \alpha$. 因为 xRx, 所以 $\mathfrak{M}, x \models \alpha$. 所以 $\Gamma \models_I \alpha$. 设 α 是从公理 γ 用 (sub) 得到的. 显然 $\models_I \alpha$. 所以 $\Gamma \models_I \alpha$.   □

推论 2.4 $Thm(\mathsf{HJ}) \subseteq \mathsf{Int}$.

称公式集 Γ 是**理论**, 如果 $\Gamma \vdash_{HJ} \alpha$ 蕴涵 $\alpha \in \Gamma$. 称公式集 Γ 是**HJ 一致的**, 如果 $\Gamma \nvdash_{HJ} \bot$. 公式集 Fm 是唯一 HJ 不一致的理论. 一个 HJ 一致理论 Δ 称为**素理论**, 如果对任意公式 α 和 β 都有 $\alpha \vee \beta \in \Delta$ 蕴涵 $\alpha \in \Delta$ 或者 $\beta \in \Delta$.

引理 2.8   对任意素理论 Δ 和公式 α, β, 以下成立:

(1) $Thm(\mathsf{HJ}) \subseteq \Delta$.

(2) $\alpha \wedge \beta \in \Delta$ 当且仅当 $\alpha \in \Delta$ 并且 $\beta \in \Delta$.

(3) $\alpha \vee \beta \in \Delta$ 当且仅当 $\alpha \in \Delta$ 或者 $\beta \in \Delta$.

证明   (1) 任给 $\alpha \in Thm(\mathsf{HJ})$. 显然 $\Delta \vdash_{HJ} \alpha$. 因为 Δ 是理论, 所以 $\alpha \in \Delta$.

(2) 设 $\alpha \wedge \beta \in \Delta$. 显然 $\alpha \wedge \beta \vdash_{HJ} \alpha$ 并且 $\alpha \wedge \beta \vdash_{HJ} \beta$. 所以 $\Delta \vdash_{HJ} \alpha$ 并且 $\Delta \vdash_{HJ} \beta$. 所以 $\alpha \in \Delta$ 并且 $\beta \in \Delta$. 设 $\alpha \in \Delta$ 并且 $\beta \in \Delta$. 那么 $\Delta \vdash_{HJ} \alpha$ 并且 $\Delta \vdash_{HJ} \beta$. 由命题 2.10 (3) 得, $\Delta \vdash_{HJ} \alpha \wedge \beta$. 所以 $\alpha \wedge \beta \in \Delta$.

(3) 从左至右由 Δ 为素理论得. 设 $\alpha \in \Delta$ 或者 $\beta \in \Delta$. 所以 $\Delta \vdash_{HJ} \alpha$ 或者 $\Delta \vdash_{HJ} \beta$. 由命题 2.10 (5) 得, $\Delta \vdash_{HJ} \alpha \vee \beta$. 所以 $\alpha \vee \beta \in \Delta$.   □

引理 2.9   如果 $\Gamma \nvdash_{HJ} \alpha$, 那么存在素理论 Δ 使得 $\Gamma \subseteq \Delta$ 并且 $\Delta \nvdash_{HJ} \alpha$.

证明   设 $\Gamma \nvdash_{HJ} \alpha$. 考虑集合 $\mathcal{X} = \{\Sigma : \Gamma \subseteq \Sigma, \Sigma$是理论, $\Sigma \nvdash_{HJ} \alpha\}$. 令 $\mathcal{Y}$ 是 $\mathcal{X}$ 中的 $\subseteq$-链. 令 $\Theta = \bigcup \mathcal{Y}$. 显然 $\Gamma \subseteq \Theta$ 并且 $\Theta \nvdash_{HJ} \alpha$. 设 $\Theta \vdash_{HJ} \gamma$. 那么存在 $\Sigma \in \mathcal{Y}$ 使得 $\Sigma \vdash_{HJ} \gamma$. 所以 $\gamma \in \Sigma \subseteq \Theta$. 所以 Θ 是理论. 所以, $\Theta \in \mathcal{X}$. 此外, $\Sigma \subseteq \Theta$ 对所有 $\Sigma \in \mathcal{Y}$. 所以 Θ 是 $\mathcal{Y}$ 的上界. 由 Zorn 引理得, $\mathcal{X}$ 有极大元 Δ. 以下证明 Δ 是素理论. 假设不然, 存在公式 β_1, β_2 使得 $\beta_1 \vee \beta_2 \in \Delta$, $\beta_1 \notin \Delta$ 并且 $\beta_2 \notin \Delta$. 令 $\Delta_1 = \{\gamma : \Delta, \beta_1 \vdash_{HJ} \gamma\}$ 并且 $\Delta_2 = \{\gamma : \Delta, \beta_2 \vdash_{HJ} \gamma\}$. 显然 $\Gamma \subseteq \Delta_1$, $\Gamma \subseteq \Delta_2$, 并且 Δ_1 和 Δ_2 都是理论. 因为 $\Delta \subsetneq \Delta_1, \Delta \subsetneq \Delta_2$ 并且 Δ 是 $\mathcal{X}$ 的极大元, 所以 $\Delta_1 \notin \mathcal{X}$ 并且 $\Delta_2 \notin \mathcal{X}$. 所以 $\Delta_1 \vdash_{HJ} \alpha$ 并且 $\Delta_2 \vdash_{HJ} \alpha$. 所以 $\Delta, \beta_1 \vdash_{HJ} \alpha$ 并且 $\Delta, \beta_2 \vdash_{HJ} \alpha$. 由命题 2.10 (6) 得, $\Delta, \beta_1 \vee \beta_2 \vdash_{HJ} \alpha$. 因为 $\beta_1 \vee \beta_2 \in \Delta$, 所以 $\Delta \vdash_{HJ} \alpha$, 矛盾.   □

定义 2.12   直觉主义逻辑的**典范模型** $\mathfrak{M}^I = (W^I, R^I, V^I)$ 定义如下:

(1) $W^I = \{\Delta : \Delta$ 是素理论$\}$.

(2) $\Delta R^I \Theta$ 当且仅当 $\Delta \subseteq \Theta$.

(3) $V^I = \{\Delta \in W^I : p \in \Delta\}$.

框架 $\mathfrak{F}^I = (W^I, R^I)$ 称为直觉主义逻辑的**典范框架**.

引理 2.10　对任意公式 α 和 $\Delta \in W^I$, $\mathfrak{M}^I, \Delta \models \alpha$ 当且仅当 $\alpha \in \Delta$.

证明　施归纳于 $d(\alpha)$. 分以下情况:

(1) $\alpha = p \in \mathbb{V}$. 由 V^I 定义即得.

(2) $\alpha = \bot$. 因为素理论 Δ 是 HJ 一致的, 所以 $\bot \notin \Delta$. 显然 $\mathfrak{M}^I, \Delta \not\models \bot$.

(3) $\alpha = \alpha_1 \wedge \alpha_2$. 由归纳假设, $\mathfrak{M}^I, \Delta \models \alpha_i$ 当且仅当 $\alpha_i \in \Delta$ 对 $i = 1, 2$. 那么 $\mathfrak{M}^I, \Delta \models \alpha_1 \wedge \alpha_2$ 当且仅当 $\mathfrak{M}^I, \Delta \models \alpha_1$ 并且 $\mathfrak{M}^I, \Delta \models \alpha_2$ 当且仅当 $\alpha_1 \in \Delta$ 并且 $\alpha_2 \in \Delta$. 由引理 2.8 (2) 得, $\mathfrak{M}^I, \Delta \models \alpha_1 \wedge \alpha_2$ 当且仅当 $\alpha_1 \wedge \alpha_2 \in \Delta$.

(4) $\alpha = \alpha_1 \vee \alpha_2$. 由归纳假设得, $\mathfrak{M}^I, \Delta \models \alpha_i$ 当且仅当 $\alpha_i \in \Delta$ 对 $i = 1, 2$. 那么 $\mathfrak{M}^I, \Delta \models \alpha_1 \vee \alpha_2$ 当且仅当 $\mathfrak{M}^I, \Delta \models \alpha_1$ 或者 $\mathfrak{M}^I, \Delta \models \alpha_2$ 当且仅当 $\alpha_1 \in \Delta$ 或者 $\alpha_2 \in \Delta$. 由引理 2.8 (3) 得, $\mathfrak{M}^I, \Delta \models \alpha_1 \vee \alpha_2$ 当且仅当 $\alpha_1 \vee \alpha_2 \in \Delta$.

(5) $\alpha = \alpha_1 \to \alpha_2$. 设 $\alpha_1 \to \alpha_2 \in \Delta$. 任给 $\Theta \in W^I$ 使得 $\Delta \subseteq \Theta$. 假设 $\mathfrak{M}^I, \Theta \models \alpha_1$. 由归纳假设得, $\alpha_1 \in \Theta$. 因为 $\Delta \subseteq \Theta$, 所以 $\alpha_1 \to \alpha_2 \in \Theta$. 所以 $\alpha_2 \in \Theta$. 由归纳假设得, $\mathfrak{M}^I, \Theta \models \alpha_2$. 所以 $\mathfrak{M}^I, \Delta \models \alpha_1 \to \alpha_2$. 设 $\alpha_1 \to \alpha_2 \notin \Delta$. 那么 $\Delta \not\vdash_{\mathsf{HJ}} \alpha_1 \to \alpha_2$. 由演绎定理得, $\alpha_1, \Delta \not\vdash \alpha_2$. 由引理 2.9 得, 存在 $\Theta \in W^I$ 使得 $\Delta \cup \{\alpha_1\} \subseteq \Theta$ 并且 $\Theta \not\vdash_{\mathsf{HJ}} \alpha_2$. 所以 $\alpha_1 \in \Theta$ 并且 $\alpha_2 \notin \Theta$. 由归纳假设得, $\mathfrak{M}^I, \Theta \models \alpha_1$ 并且 $\mathfrak{M}^I, \Theta \not\models \alpha_2$. 所以 $\mathfrak{M}^I, \Delta \not\models \alpha_1 \to \alpha_2$. □

定理 2.14(完全性)　如果 $\Gamma \models_I \alpha$, 那么 $\Gamma \vdash_{\mathsf{HJ}} \alpha$.

证明　设 $\Gamma \not\vdash_{\mathsf{HJ}} \alpha$. 由引理 2.9 得, 存在素理论 Δ 使得 $\Gamma \subseteq \Delta$ 且 $\Delta \not\vdash_{\mathsf{HJ}} \alpha$. 所以 $\alpha \notin \Delta$. 由引理 2.10, $\mathfrak{M}^I, \Delta \models \Gamma$ 并且 $\mathfrak{M}^I, \Delta \not\models \alpha$. 所以 $\Gamma \not\models_I \alpha$. □

推论 2.5　$\mathsf{Int} \subseteq Thm(\mathsf{HJ})$.

推论 2.6　$\mathsf{Int} \subsetneq \mathsf{CL}$.

证明　显然 $\mathsf{Int} \subseteq Thm(\mathsf{HJ}) \subseteq Thm(\mathsf{HK}) \subseteq \mathsf{CL}$, 所以 $\mathsf{Int} \subseteq \mathsf{CL}$. 因为 $p \vee \neg p \notin \mathsf{Int}$ 并且 $p \vee \neg p \in \mathsf{CL}$, 所以 $\mathsf{Int} \subsetneq \mathsf{CL}$. □

定理 2.15 (紧致性)　一个公式集 Γ 可满足当且仅当 Γ 的每个有穷子集可满足.

证明　从左至右是显然的. 设 Γ 的每个有穷子集可满足. 为得到矛盾, 设 Γ 不可满足. 那么 $\Gamma \models_I \bot$. 由 HJ 的完全性得, $\Gamma \vdash_{\mathsf{HJ}} \bot$. 所以存在 Γ 的有穷子集 Γ_0 使得 $\Gamma_0 \vdash_{\mathsf{HJ}} \bot$. 由 HJ 的可靠性得, $\Gamma_0 \models_I \bot$. 所以 Γ_0 是不可满足的, 矛盾. □

定理 2.16(一致性)　HJ 是一致的.

证明　因为 $\not\models_I p$, 由 HJ 的可靠性得, $\not\vdash_{\mathsf{HJ}} p$. 所以 HJ 是一致的. □

古典句子逻辑的可判定性是显而易见的. 为证明直觉主义逻辑 Int 的可判定性, 需要找到一种能行方法在有穷步骤之内判定任意给定的公式是否属于 Int. 下面介绍一种表列方法. 表列是根据语义制定的. 每个表列有两列, 右列公式被看作在该表列中假, 而左列公式被看作在该表列中真. 每个表列代表一个状态.

例 2.6 (1) 考虑公式 $(p \to q) \vee (q \to p)$. 第一个表列 t_0 如下:

$$
\begin{array}{c|l}
t_0 & \\
\hline
 & (p \to q) \vee (q \to p) \\
 & p \to q \\
 & q \to p
\end{array}
$$

右列公式在 t_0 假. 由 $p \to q$ 和 $q \to p$ 在 t_0 假, 得到表列 t_1 和 t_2 使得 ① 它们是 t_0 可及的; ② p 在 t_1 左列, q 在 t_1 右列; ③ q 在 t_2 左列, p 在 t_2 右列.

$$
\begin{array}{c|c} t_1 & \\ \hline p & q \end{array}
\qquad
\begin{array}{c|c} t_2 & \\ \hline q & p \end{array}
$$

三个表列之间的可及关系如下图:

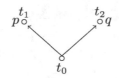

它形成 $(p \to q) \vee (q \to p)$ 的一个反模型, 显然 $t_0 \not\models p \to q$ 并且 $t_0 \not\models q \to p$. 因此 $(p \to q) \vee (q \to p) \notin \mathsf{Int}$.

(2) 考虑公式 $p \to \neg\neg p$. 第一个表列如下:

$$
\begin{array}{c|c}
t_0 & \\
\hline
 & p \to \neg\neg p
\end{array}
$$

由右列假公式得到表列 t_1:

$$
\begin{array}{c|c}
t_1 & \\
\hline
p & \neg\neg p
\end{array}
$$

由右列假公式得到表列 t_2:

$$
\begin{array}{c|c}
t_2 & \\
\hline
p & \neg\neg p \\
\neg p & p
\end{array}
$$

注意 p 从 t_1 继承下来, 因为在模型中公式的真沿可及关系保持. 因为 $\neg p$ 在 t_2 真, 根据自返性要求, p 在 t_2 假, 所以出现在右列. 因此得到矛盾, 同一个公式不能在表列左右同时出现. 所以 $p \to \neg\neg p$ 不可能假, 因此它属于 Int.

定义 2.13 一个**表列**是有序对 $t = (\Gamma, \Delta)$, 其中 Γ 和 Δ 是公式集. 称一个表列 $t = (\Gamma, \Delta)$ 是**饱和的**, 如果对任意公式 α, β 都有以下条件成立:

(S1) 如果 $\alpha \wedge \beta \in \Gamma$, 那么 $\alpha \in \Gamma$ 并且 $\beta \in \Gamma$.

(S2) 如果 $\alpha \wedge \beta \in \Delta$, 那么 $\alpha \in \Delta$ 或者 $\beta \in \Delta$.

(S3) 如果 $\alpha \vee \beta \in \Gamma$, 那么 $\alpha \in \Gamma$ 或者 $\beta \in \Gamma$.

(S4) 如果 $\alpha \vee \beta \in \Delta$, 那么 $\alpha \in \Delta$ 并且 $\beta \in \Delta$.

(S5) 如果 $\alpha \to \beta \in \Gamma$, 那么 $\beta \in \Gamma$ 或者 $\alpha \in \Delta$.

一个饱和表列 $t = (\Gamma, \Delta)$ 称为**不交的**, 如果 $\Gamma \cap \Delta = \varnothing$ 并且 $\bot \notin \Gamma$.

一个**欣蒂卡系统**是一个框架 $\mathfrak{H} = (T, S)$, 其中 T 是所有不交饱和表列的非空集, S 是 T 上满足以下条件的偏序:

(HS1) 如果 $t = (\Gamma, \Delta)$ 和 $t' = (\Gamma', \Delta')$ 属于 T 并且 tSt', 那么 $\Gamma \subseteq \Gamma'$.

(HS2) 如果 $t = (\Gamma, \Delta)$ 属于 T 并且 $\alpha \to \beta \in \Delta$, 那么 T 中存在表列 $t' = (\Gamma', \Delta')$ 使得 tSt', $\alpha \in \Gamma'$ 并且 $\beta \in \Delta'$.

称表列 $t = (\Gamma, \Delta)$ **包含于**表列 $t' = (\Gamma', \Delta')$ (记号 $t \subseteq t'$), 如果 $\Gamma \subseteq \Gamma'$ 并且 $\Delta \subseteq \Delta'$. 称一个欣蒂卡系统 $\mathfrak{H} = (T, S)$ 是**表列 t 的欣蒂卡系统**, 如果存在 $t' \in T$ 使得 $t \subseteq t'$. 一个表列 $t = (\Gamma, \Delta)$ 是**可实现的**, 如果存在模型 $\mathfrak{M} = (W, R, V)$ 和 $x \in W$ 使得 ① 对所有 $\alpha \in \Gamma$ 都有 $\mathfrak{M}, x \models \alpha$; ② 对所有 $\beta \in \Delta$ 都有 $\mathfrak{M}, x \not\models \beta$.

引理 2.11 一个表列 t 可实现当且仅当存在 t 的欣蒂卡系统.

证明 设表列 t 在模型 $\mathfrak{M} = (W, R, V)$ 中可实现. 下面构造 t 的欣蒂卡系统. 对每个 $x \in W$, 定义表列 $t_x = (\Gamma_x, \Delta_x)$ 如下:

$$\Gamma_x = \{\alpha : \mathfrak{M}, x \models \alpha\}, \quad \Delta_x = \{\beta : \mathfrak{M}, x \not\models \beta\}$$

令 $T = \{t_x : x \in W\}$. 定义 T 上 S 关系如下:

$$t_x S t_y \text{ 当且仅当 } xRy$$

显然 $\mathfrak{H} = (T, S)$ 欣蒂卡系统, 由假设得, 它是 t 的欣蒂卡系统.

设 $\mathfrak{H} = (T, S)$ 是 t 的欣蒂卡系统. 定义 $\mathfrak{H}$ 上的赋值 V 如下:

$$V(p) = \{u = (\Gamma, \Delta) \in T : p \in \Gamma\}, \text{ 对任意 } p \in \mathbb{V}$$

令 $\mathfrak{M} = (T, S, V)$. 由 (HS1) 得, $V(p) \in Up(T)$. 对任意公式 α 的复杂度归纳证明: 对任意 $u = (\Gamma, \Delta) \in T$, 以下成立:

(i) 如果 $\alpha \in \Gamma$, 那么 $\mathfrak{M}, u \models \alpha$.

(ii) 如果 $\alpha \in \Delta$, 那么 $\mathfrak{M}, u \not\models \alpha$.

分以下情况:

(1) $\alpha = p \in \mathbb{V}$. 设 $p \in \Gamma$. 那么 $u \in V(p)$. 所以 $\mathfrak{M}, u \models p$. 设 $p \in \Delta$. 因为 $\Gamma \cap \Delta = \varnothing$, 所以 $p \notin \Gamma$. 所以 $u \notin V(p)$. 所以 $\mathfrak{M}, u \not\models p$.

(2) $\alpha = \bot$. 显然 $\bot \notin \Gamma$ 并且 $\mathfrak{M}, u \not\models \bot$.

(3) 设 $\alpha = \beta \wedge \chi$. 设 $\beta \wedge \chi \in \Gamma$. 由 (S1) 得, $\beta \in \Gamma$ 并且 $\chi \in \Gamma$. 由归纳假设得, $\mathfrak{M}, u \models \beta$ 并且 $\mathfrak{M}, u \models \chi$. 所以 $\mathfrak{M}, u \models \beta \wedge \chi$. 设 $\beta \wedge \chi \in \Delta$. 由 (S2) 得, $\beta \in \Delta$ 或者 $\chi \in \Delta$. 由归纳假设得, $\mathfrak{M}, u \not\models \beta$ 或者 $\mathfrak{M}, u \not\models \chi$. 所以 $\mathfrak{M}, u \not\models \beta \wedge \chi$.

(4) 设 $\alpha = \beta \vee \chi$. 设 $\beta \vee \chi \in \Gamma$. 由 (S3) 得, $\beta \in \Gamma$ 或者 $\chi \in \Gamma$. 由归纳假设得, $\mathfrak{M}, u \models \beta$ 或者 $\mathfrak{M}, u \models \chi$. 所以 $\mathfrak{M}, u \models \beta \vee \chi$. 设 $\beta \vee \chi \in \Delta$. 由 (S4) 得, $\beta \in \Delta$ 并且 $\chi \in \Delta$. 由归纳假设得, $\mathfrak{M}, u \not\models \beta$ 并且 $\mathfrak{M}, u \not\models \chi$. 所以 $\mathfrak{M}, u \not\models \beta \vee \chi$.

(5) 设 $\alpha = \beta \to \chi$. 设 $\beta \to \chi \in \Gamma$. 为得到矛盾, 设 $\mathfrak{M}, u \not\models \beta \to \chi$. 那么存在 $u' = (\Gamma', \Delta') \in T$ 使得 uSu', $\mathfrak{M}, u' \models \beta$ 并且 $\mathfrak{M}, u' \not\models \chi$. 由 (HS1) 得, $\Gamma \subseteq \Gamma'$. 所以 $\beta \to \chi \in \Gamma'$. 由 (S5) 得, $\beta \in \Delta'$ 或者 $\chi \in \Gamma'$. 由归纳假设得, $\mathfrak{M}, u' \not\models \beta$ 或者 $\mathfrak{M}, u' \models \chi$, 矛盾. 所以 $\mathfrak{M}, u \models \beta \to \chi$. 设 $\beta \to \chi \in \Delta$. 由 (HS2) 得, 存在 $v = (\Theta, \Xi) \in T$ 使得 uSv, $\beta \in \Theta$ 并且 $\chi \in \Xi$. 由归纳假设得, $\mathfrak{M}, v \models \beta$ 并且 $\mathfrak{M}, v \not\models \chi$. 所以 $\mathfrak{M}, u \not\models \beta \to \chi$.

因为 $\mathfrak{H}$ 是 t 的欣蒂卡系统, 所以存在 t' 使得 $t \subseteq t'$. 由 (i) 和 (ii) 得, t 在 $\mathfrak{M}$ 中可实现.   □

定理 2.17   一个表列 t 是可实现的当且仅当存在 t 的欣蒂卡系统 $\mathfrak{H} = (T, S)$ 使得 $|T| \leqslant 2^{|\Sigma|}$, 其中 Σ 是 t 中所有公式的子公式的集合.

证明   从右至左由引理 2.11 得. 设表列 t 是可实现的. 修改引理 2.16 中构造的欣蒂卡系统如下: 对每个 $x \in W$, 定义表列 $t_x = (\Gamma_x, \Delta_x)$ 如下:

$$\Gamma_x = \{\alpha \in \Sigma : \mathfrak{M}, x \models \alpha\}, \quad \Delta_x = \{\beta \in \Sigma : \mathfrak{M}, x \not\models \beta\}$$

令 $T = \{t_x : x \in W\}$. 显然 $|T| \leqslant 2^{|\Sigma|}$. 定义 T 上 S 关系如下:

$$t_x S t_y \text{ 当且仅当 } \Gamma_x \subseteq \Gamma_y$$

现在证明 $\mathfrak{H} = (T, S)$ 是欣蒂卡系统, 这里只证明 (HS2), 其余易证. 设 $t_x = (\Gamma_x, \Delta_x) \in T$ 并且 $\chi \to \xi \in \Delta_x$. 那么 $\mathfrak{M}, x \not\models \chi \to \xi$. 所以存在 $y \in R(x)$ 使得 $\mathfrak{M}, y \models \chi$ 并且 $\mathfrak{M}, y \not\models \xi$. 所以 $\chi \in \Gamma_y$ 并且 $\xi \in \Delta_y$. 由 xRy 得, $\Gamma_x \subseteq \Gamma_y$. 所以 $t_x S t_y$. 由假设得, 它是 t 的欣蒂卡系统.   □

推论 2.7   如果 $\alpha \notin \mathsf{Int}$, 那么存在模型 $\mathfrak{M} = (W, R, V)$ 和 $x \in W$ 使得 $|W| \leqslant 2^{|SF(\alpha)|}$ 并且 $\mathfrak{M}, x \not\models \alpha$.

证明   设 $\alpha \notin \mathsf{Int}$. 那么表列 $t = (\varnothing, \{\alpha\})$ 是可实现的. 由定理 2.17 即得.   □

推论 2.8   对任意公式 α, $\alpha \in \mathsf{Int}$ 当且仅当 $\mathfrak{F} \models \alpha$ 对所有有穷框架 $\mathfrak{F}$.

定理 2.18(可判定性) Int 是可判定的. 因此 $Thm(\mathsf{HJ})$ 是可判定的.

证明   由定理 2.17, 对任意公式 α, 如果在有穷步骤内可以构造表列 $t = (\varnothing, \{\alpha\})$ 的有穷欣蒂卡系统, 那么 $\alpha \notin \mathsf{Int}$. 否则, $\alpha \in \mathsf{Int}$. 因此 Int 是可判定的.   □

古典句子逻辑 CL 具有波斯特完全性. 显然 Int 不是波斯特完全的, 因为 Int $\subsetneq$ CL. 此外 CL 不具有析取性质, 然而可以证明 HJ 具有析取性质, 即如果 $\vdash_{\mathsf{HJ}} \alpha \vee \beta$, 那么 $\vdash_{\mathsf{HJ}} \alpha$ 或者 $\vdash_{\mathsf{HJ}} \beta$. 因此 Int 是一个素理论.

定义 2.14 对任意公式 α, 归纳定义 $|\alpha$ (公式 α 是**可实现的**) 如下:

(1) $|p$ 当且仅当 $\vdash_{\mathsf{HJ}} p$.

(2) $|\bot$ 当且仅当 $\vdash_{\mathsf{HJ}} \bot$.

(3) $|(\alpha \wedge \beta)$ 当且仅当 $|\alpha$ 并且 $|\beta$.

(4) $|(\alpha \vee \beta)$ 当且仅当 $|\alpha$ 或者 $|\beta$.

(5) $|(\alpha \to \beta)$ 当且仅当 $\vdash_{\mathsf{HJ}} \alpha \to \beta$ 并且 ($|\alpha$ 蕴涵 $|\beta$).

引理 2.12 对任意公式 α, 如果 $|\alpha$, 那么 $\vdash_{\mathsf{HJ}} \alpha$.

证明 施归纳于 α 的复杂度. 原子公式的情况是显然的. 对 $\alpha = \alpha_1 \wedge \alpha_2$ 或 $\alpha = \alpha_1 \vee \alpha_2$, 由归纳假设得. 对 $\alpha = \alpha_1 \to \alpha_2$, 由 $|(\alpha_1 \to \alpha_2)$ 的定义得. $\qquad\square$

引理 2.13 对任意公式 α, 如果 $\vdash_{\mathsf{HJ}} \alpha$, 那么 $|\alpha$.

证明 设 $\vdash_{\mathsf{HJ}} \alpha$ 并且 $\mathcal{D}$ 是 α 在 HJ 中的推导. 对 $|\mathcal{D}|$ 归纳证明 $|\alpha$ 成立.

(1) α 是 HJ 的公理. 易证 $|\alpha$. 例如, 设 $\alpha = p \to (q \to p)$. 显然 $\vdash_{\mathsf{HJ}} \alpha$. 因为 $|p$ 不成立, 所以 $|(p \to (q \to p))$ 成立.

(2) 设 α 是从 $\beta \to \alpha$ 和 β 运用 (mp) 得到的. 那么 $\vdash_{\mathsf{HJ}} \beta \to \alpha$ 并且 $\vdash_{\mathsf{HJ}} \beta$. 由归纳假设得, $|(\beta \to \alpha)$ 并且 $|\beta$. 所以 $|\alpha$.

(3) 设 α 是从公理 β 运用 (sub) 规则得到的. 与 (1) 类似可证 $|\alpha$. 例如, 设 $\alpha = \chi \to (\xi \to \chi)$. 显然 $\vdash_{\mathsf{HJ}} \alpha$. 设 $|\chi$ 成立. 由引理 2.12 得, $\vdash_{\mathsf{HJ}} \chi$. 所以 $\vdash_{\mathsf{HJ}} \xi \to \chi$. 因为 $|\chi$, 所以 $|(\xi \to \chi)$. $\qquad\square$

定理 2.19(析取性质) 如果 $\vdash_{\mathsf{HJ}} \alpha \vee \beta$, 那么 $\vdash_{\mathsf{HJ}} \alpha$ 或者 $\vdash_{\mathsf{HJ}} \beta$.

证明 设 $\vdash_{\mathsf{HJ}} \alpha \vee \beta$. 由引理 2.13 得, $|(\alpha \vee \beta)$. 所以 $|\alpha$ 或者 $|\beta$. 由引理 2.12 得, $\vdash_{\mathsf{HJ}} \alpha$ 或者 $\vdash_{\mathsf{HJ}} \beta$. $\qquad\square$

2.3 嵌 入 定 理

由推论 2.6 知, Int $\subsetneq$ CL. 但是, CL 可以嵌入 Int, 这就是格里汶科 (Glivenko) 嵌入定理: 一个公式 $\alpha \in$ CL 当且仅当 $G(\alpha) \in$ Int. 这里对该定理给出一种语义证明. 我们需要一些概念和构造框架的方法. 对任意框架类 $\mathcal{K}$, 一个公式 α 在 $\mathcal{K}$ 上**有效** (记号 $\mathcal{K} \models \alpha$), 如果 $\mathfrak{F} \models \alpha$ 对所有 $\mathfrak{F} \in \mathcal{K}$. 框架类 $\mathcal{K}$ 的**理论**定义为 $Th(\mathcal{K}) = \{\alpha \in Fm : \mathcal{K} \models \alpha\}$. 对任意框架 $\mathfrak{F}$, $Th(\mathfrak{F}) = \{\alpha \in Fm : \mathfrak{F} \models \alpha\}$ 称为 $\mathfrak{F}$ 的**理论**. 现在考虑单个自返点组成的框架 ∘ 和 $Th(\circ)$.

命题 2.11 CL $= Th(\circ)$.

证明　对任意公式 β, 显然 $\circ \models \beta \vee \neg\beta$. 所以 $\mathsf{CL} = Thm(\mathsf{HK}) \subseteq Th(\circ)$. 设 $\alpha \in Th(\circ)$. 那么 $\circ \models \alpha$. 显然 $Up(\circ) = \{\varnothing, \{\circ\}\}$. 令 θ 是 (古典句子逻辑中) 任意赋值. 定义 $\circ$ 中赋值 V 如下: $V(p) = \{\circ\}$ 当且仅当 $\theta(p) = 1$. 令 $\mathfrak{M} = (\circ, V)$. 对 $d(\beta)$ 归纳易证: $\mathfrak{M}, \circ \models \beta$ 当且仅当 $\theta \models \beta$. 因为 $\circ \models \alpha$, 所以 $\mathfrak{M}, \circ \models \alpha$. 因此 $\theta \models \alpha$. 所以 $\alpha \in \mathsf{CL}$. 所以 $Th(\circ) \subseteq \mathsf{CL}$.　□

定义 2.15　对模型 $\mathfrak{M} = (W, R, V)$ 和 $\mathfrak{M}' = (W', R', V')$, 称 $\mathfrak{M}'$ 是 $\mathfrak{M}$ 的**子模型**, 如果 $W' \subseteq W$, $R' = R \cap (W' \times W')$ 并且 $V'(p) = V(p) \cap W'$ 对任意 $p \in \mathbb{V}$.

对模型 $\mathfrak{M} = (W, R, V)$ 和 $\varnothing \neq Q \subseteq W$, 称模型 $\mathfrak{M}_Q = (W_Q, R_Q, V_Q)$ 是 $\mathfrak{M}$ **由 Q 生成的子模型**, 如果 $\mathfrak{M}_Q$ 是 $\mathfrak{M}$ 的子模型并且 $W_Q \subseteq W$ 是满足以下条件: 如果 $x \in W_Q$, 那么 $R(x) \subseteq W_Q$.

对任意框架 $\mathfrak{F} = (W, R)$ 和 $\varnothing \neq Q \subseteq W$, 称框架 $\mathfrak{F}_Q = (W_Q, R_Q)$ 为 $\mathfrak{F}$ **由 Q 生成的子框架**. 如果 $Q = \{x\}$, 那么 $\mathfrak{M}_Q$ 记为 $\mathfrak{M}_x = (W_x, R_x, V_x)$, 称为**由 x 生成的子模型**; $\mathfrak{F}_Q$ 记为 $\mathfrak{F}_x = (W_x, R_x)$, 称为**由 x 生成的子框架**.

命题 2.12　对任意框架 $\mathfrak{F} = (W, R)$, 模型 $\mathfrak{M} = (W, R, V)$ 和 $\varnothing \neq Q \subseteq W$, 对任意公式 α 和 $x \in W_Q$, 以下成立:

(1) $\mathfrak{M}_Q, x \models \alpha$ 当且仅当 $\mathfrak{M}, x \models \alpha$.

(2) 如果 $\mathfrak{M} \models \alpha$, 那么 $\mathfrak{M}_Q \models \alpha$.

(3) $\mathfrak{F}_Q, x \models \alpha$ 当且仅当 $\mathfrak{F}, x \models \alpha$.

(4) 如果 $\mathfrak{F} \models \alpha$, 那么 $\mathfrak{F}_Q \models \alpha$.

证明　(1) 对 $d(\alpha)$ 归纳证明. 原子公式是显然的. 对 $\alpha = \beta \wedge \chi$ 或 $\beta \vee \chi$ 的情况, 由归纳假设即得. 设 $\alpha = \beta \rightarrow \chi$. 设 $\mathfrak{M}, x \models \beta \rightarrow \chi$. 设 xR_Qy 并且 $\mathfrak{M}_Q, y \models \beta$. 那么 xRy. 由归纳假设得 $\mathfrak{M}, y \models \beta$. 所以 $\mathfrak{M}, y \models \chi$. 由归纳假设得 $\mathfrak{M}_Q, y \models \chi$. 所以 $\mathfrak{M}_Q, x \models \beta \rightarrow \chi$. 另一方向同理可证. (2) 和 (3) 由 (1) 得, (4) 由 (3) 得.　□

定理 2.20(嵌入)　对任意公式 α, $\alpha \in \mathsf{CL}$ 当且仅当 $\neg\neg\alpha \in \mathsf{Int}$.

证明　设 $\neg\neg\alpha \in \mathsf{Int}$. 那么 $\neg\neg\alpha \in \mathsf{CL}$. 因为 $\neg\neg\alpha \rightarrow \alpha \in \mathsf{CL}$. 所以 $\alpha \in \mathsf{CL}$. 设 $\neg\neg\alpha \notin \mathsf{Int}$. 由推论 2.7 得, 存在有穷模型 $\mathfrak{M} = (W, R, V)$ 和 $x \in W$ 使得 $\mathfrak{M}, x \not\models \neg\neg\alpha$. 所以存在 $y \in W$ 使得 $\mathfrak{M}, y \models \neg\alpha$. 因为 W 是有穷的, 所以存在 $z \in R(y)$ 使得 $R(z) = \{z\}$ 使得 $\mathfrak{M}, z \models \neg\alpha$. 由命题 2.12 得, $\mathfrak{M}_z, z \models \neg\alpha$. 所以 $\mathfrak{M}_z, z \not\models \alpha$. 由命题 2.11 得, $\alpha \notin \mathsf{CL}$.　□

推论 2.9　对任意公式 $\neg\alpha$, $\neg\alpha \in \mathsf{CL}$ 当且仅当 $\neg\alpha \in \mathsf{Int}$.

由于 $\mathsf{Int} \subsetneqq \mathsf{CL}$, 可以看到在两个逻辑之间还有一些逻辑, 我们称之为**逾直觉主义逻辑**, 它们既是 Int 的扩张, 又是 CL 的子逻辑.

定义 2.16　一个公式集 L 称为**逾直觉主义逻辑**, 如果它满足以下条件:

(SI1) Int $\subseteq L$.

(SI2) 如果 $\alpha \to \beta, \alpha \in L$, 那么 $\beta \in L$.

(SI3) 如果 $\alpha \in L$, 那么 $\sigma(\alpha) \in L$ 对任意代入 σ.

如果 $L_1 \subseteq L_2$, 则称 L_1 是 L_2 的**子逻辑**或 L_2 是 L_1 的**扩张**. 如果 $L_1 \subsetneq L_2$, 则称 L_1 是 L_2 的**真子逻辑**或 L_2 是 L_1 的**真扩张**. 对任意逾直觉主义逻辑 L, 我们用 Ext(L) 表示 L 的所有逾直觉主义逻辑扩张.

古典句子逻辑 CL 是逾直觉主义逻辑. 公式集 Fm 是唯一不一致的逾直觉主义逻辑. 任意框架类 $\mathcal{K}$ 的理论 $Th(\mathcal{K})$ 是逾直觉主义逻辑.

定义 2.17　任给框架 $\mathfrak{F} = (W, R)$ 和 $\mathfrak{F}' = (W', R')$, 以及模型 $\mathfrak{M} = (\mathfrak{F}, V)$ 和 $\mathfrak{M}' = (\mathfrak{F}', V')$. 一个满射 $f : W \to W'$ 称为从 $\mathfrak{F}$ 到 $\mathfrak{F}'$ 的 **p-态射**, 如果对任意 $x, y \in W$ 以下条件成立:

(1) 如果 xRy, 那么 $f(x)R'f(y)$.

(2) 如果 $f(x)R'y'$, 那么存在 $z \in R(x)$ 使得 $f(z) = y'$.

称 f 是从 $\mathfrak{M}$ 到 $\mathfrak{M}'$ 的 p-态射, 如果 f 是从 $\mathfrak{F}$ 到 $\mathfrak{F}'$ 的 p-态射并且对任意 $p \in \mathbb{V}$ 和 $x \in W$ 都有 $\mathfrak{M}, x \models p$ 当且仅当 $\mathfrak{M}', f(x) \models p$.

命题 2.13　对框架 $\mathfrak{F} = (W, R)$ 和 $\mathfrak{F}' = (W', R')$, 以模型 $\mathfrak{M} = (\mathfrak{F}, V)$ 和 $\mathfrak{M}' = (\mathfrak{F}', V')$, 设满射 $f : W \to W'$ 是 $\mathfrak{M}$ 到 $\mathfrak{M}'$ 的 p-态射. 对任意 $x \in W$ 和公式 α,

(1) $\mathfrak{M}, x \models \alpha$ 当且仅当 $\mathfrak{M}', f(x) \models \alpha$.

(2) 如果 $\mathfrak{M} \models \alpha$, 那么 $\mathfrak{M}' \models \alpha$.

(3) 如果 $\mathfrak{F}, x \models \alpha$, 那么 $\mathfrak{F}', f(x) \models \alpha$.

(4) 如果 $\mathfrak{F} \models \alpha$, 那么 $\mathfrak{F}' \models \alpha$.

证明　(1) 对 $d(\alpha)$ 归纳证明. 原子公式显然. 对 $\alpha = \beta \wedge \chi$ 或 $\beta \vee \chi$ 由归纳假设得. 设 $\alpha = \beta \to \chi$. 设 $\mathfrak{M}, x \models \beta \to \chi$, $f(x)R'y'$ 并且 $\mathfrak{M}', y' \models \beta$. 那么存在 $z \in R(x)$ 使得 $f(z) = y'$. 所以 $\mathfrak{M}, z \models \beta$. 所以 $\mathfrak{M}, z \models \chi$. 由归纳假设得, $\mathfrak{M}', f(z) \models \chi$. 所以 $\mathfrak{M}', f(x) \models \beta \to \chi$. 另一方向同理. (2) 和 (3) 由 (1) 得. (4) 由 (3) 得.　　　　□

推论 2.10　对任意非空框架类 $\mathcal{K}$, Int $\subseteq Th(\mathcal{K}) \subseteq$ CL.

证明　显然 Int $\subseteq Th(\mathcal{K})$. 因为 $\mathcal{K}$ 非空, 对任意框架 $\mathfrak{F} = (W, R) \in \mathcal{K}$, 考虑单自返点框架 $\circ$, 定义函数 $f : W \to \{\circ\}$ 为 $f(x) = \circ$ 对所有 $x \in W$. 那么 f 是 p-态射. 由命题 2.13 得, $Th(\mathfrak{F}) \subseteq Th(\circ) =$ CL. 所以 $Th(\mathcal{K}) \subseteq$ CL.　　　　□

对任意逾直觉主义逻辑族 $\{L_i : i \in I\}$, $\bigcap_{i \in I} L_i$ 是逾直觉主义逻辑. 但 $\bigcup_{i \in I} L_i$ 不一定是逾直觉主义逻辑. 定义

$$\bigoplus_{i \in I} L_i = \bigcap \{L \in \mathsf{Ext}(\mathsf{Int}) : \bigcup_{i \in I} L_i \subseteq L\}$$

即包含 $\bigcup_{i \in I} L_i$ 的最小逾直觉主义逻辑. 对公式集 Σ 和逾直觉主义逻辑 L, 定义

$$L \oplus \Sigma = \bigcap \{L' \in \text{Ext}(\text{Int}) : L \subseteq \Sigma \subseteq L'\}$$

即包含 $L \cup \Sigma$ 的最小逾直觉主义逻辑. 如果 $\Sigma = \{\alpha\}$, 则记为 $L \oplus \alpha$.

定理 2.21 对任意一致的逾直觉主义逻辑 L, $\text{Int} \subseteq L \subseteq \text{CL}$.

证明 设 L 是一致的逾直觉主义逻辑. 显然 $\text{Int} \subseteq L$. 设 $\alpha \notin \text{CL}$. 由定理 2.8 的证明可知, 存在 α 的无变元代入特例 α' 使得 $\neg\alpha' \in \text{CL}$. 由推论 2.9 得, $\neg\alpha' \in \text{Int} \subseteq L$. 所以 $\neg\alpha' \in L$. 因为 L 是一致的, 所以 $\alpha \notin L$. $\qquad\square$

由定理 2.21, 所有一致的逾直觉主义逻辑都在区间 $[\text{Int}, \text{CL}] = \{L \in \text{Ext}(\text{Int}) : \text{Int} \subseteq L \subseteq \text{CL}\}$. 这些逻辑都称为**中间逻辑**. 下图表示所有逾直觉主义逻辑:

事实上, 存在不可数多个中间逻辑. 揭示中间逻辑类中一些逻辑性质以及它的结构, 乃是一个重要研究方向. 例如, 一个框架 $\mathfrak{F} = (W, R)$ 称为**线性框架**, 如果 R 是 W 上的线性序, 即 $y, z \in R(x)$ 蕴涵 yRz 或者 zRy. 令 $\mathcal{LF}$ 为线性框架类. 可以证明: 对任意框架 $\mathfrak{F}$, $\mathfrak{F} \models (p \to q) \vee (q \to p)$ 当且仅当 $\mathfrak{F}$ 是线性框架. 由推论 2.10 得, $Th(\mathcal{LF}) \subseteq \text{CL}$. 由例 2.5 可知, $p \vee \neg p$ 在线性框架上不是有效的. 显然 $(p \to q) \vee (q \to p) \notin \text{Int}$. 所以 $\text{Int} \subsetneq Th(\mathcal{FL}) \subsetneq \text{CL}$.

习　题

2.1 在后承演算 $\mathfrak{C}_{\text{HK}}$ 中证明以下后承:

(1) $\Rightarrow \neg(\alpha \vee \beta) \leftrightarrow (\neg\alpha \wedge \neg\beta)$.

(2) $\Rightarrow \neg(\alpha \wedge \beta) \leftrightarrow (\neg\alpha \vee \neg\beta)$.

(3) $\Rightarrow \neg(\alpha \to \beta) \leftrightarrow (\alpha \wedge \neg\beta)$.

(4) $\alpha \wedge \beta \Rightarrow \beta \wedge \alpha$.

(5) $\alpha \vee \beta \Rightarrow \beta \vee \alpha$.

(6) $\Rightarrow \alpha \wedge (\beta \wedge \gamma) \leftrightarrow (\alpha \wedge \beta) \wedge \gamma$.

(7) $\Rightarrow \alpha \vee (\beta \vee \gamma) \leftrightarrow (\alpha \vee \beta) \vee \gamma$.

(8) $\Rightarrow \alpha \leftrightarrow (\alpha \wedge \alpha)$.

(9) $\Rightarrow \alpha \leftrightarrow (\alpha \vee \alpha)$.

(10) $\Rightarrow \alpha \wedge (\beta \vee \gamma) \leftrightarrow (\alpha \wedge \beta) \vee (\alpha \wedge \gamma)$.

(11) $\Rightarrow \alpha \vee (\beta \wedge \gamma) \leftrightarrow (\alpha \vee \beta) \wedge (\alpha \vee \gamma)$.

(12) $(\alpha \rightarrow \beta) \rightarrow \alpha \Rightarrow \alpha$.

(13) $\Rightarrow \alpha \vee (\alpha \rightarrow \beta)$.

(14) $\Rightarrow (\alpha \rightarrow \beta) \vee (\beta \rightarrow \alpha)$.

(15) $\alpha \rightarrow \beta \Rightarrow \neg \beta \rightarrow \neg \alpha$.

(16) $\alpha \rightarrow (\beta \rightarrow \gamma) \Rightarrow \beta \rightarrow (\alpha \rightarrow \gamma)$.

(17) $\alpha, \neg(\beta \wedge \gamma), ((\beta \vee \neg \gamma) \rightarrow \neg \chi) \rightarrow \neg \alpha \Rightarrow \chi$.

(18) $\neg \alpha \rightarrow (\beta \vee \gamma), \neg \beta, \neg \gamma \Rightarrow \alpha$.

2.2 证明断言 2.2.

2.3 证明以下公式都是直觉主义有效的:

(1) $\alpha \rightarrow (\beta \rightarrow \alpha)$.

(2) $(\alpha \rightarrow (\beta \rightarrow \gamma)) \rightarrow ((\alpha \rightarrow \beta) \rightarrow (\alpha \rightarrow \gamma))$.

(3) $(\alpha \wedge \beta) \rightarrow \alpha$.

(4) $(\alpha \wedge \beta) \rightarrow \beta$.

(5) $\alpha \rightarrow (\beta \rightarrow (\alpha \wedge \beta))$.

(6) $\alpha \rightarrow (\alpha \vee \beta)$.

(7) $\beta \rightarrow (\alpha \vee \beta)$.

(8) $(\alpha \rightarrow \gamma) \rightarrow ((\beta \rightarrow r) \rightarrow ((\alpha \vee \beta) \rightarrow \gamma))$.

(9) $\perp \rightarrow \alpha$.

2.4 证明以下公式都是直觉主义有效的:

(1) $\neg(\alpha \vee \beta) \leftrightarrow (\neg \alpha \wedge \neg \beta)$.

(2) $(\neg \alpha \vee \neg \beta) \rightarrow \neg(\alpha \wedge \beta)$.

(3) $\neg \alpha \leftrightarrow \neg \neg \neg \alpha$.

(4) $(\alpha \wedge \neg \beta) \rightarrow \neg(\alpha \rightarrow \beta)$.

(5) $(\neg \neg \alpha \wedge \neg \neg \beta) \leftrightarrow \neg \neg(\alpha \wedge \beta)$.

(6) $(\neg \neg \alpha \rightarrow \neg \neg \beta) \leftrightarrow \neg \neg(\alpha \rightarrow \beta)$.

(7) $(\alpha \rightarrow (\alpha \rightarrow \beta)) \leftrightarrow (\alpha \rightarrow \beta)$.

(8) $(\alpha \rightarrow (\beta \rightarrow \gamma)) \leftrightarrow ((\alpha \wedge \beta) \rightarrow \gamma)$.

(9) $(\alpha \rightarrow (\beta \rightarrow \gamma)) \leftrightarrow (\beta \rightarrow (\alpha \rightarrow \gamma))$.

2.5 证明以下公式不是直觉主义有效的:

(1) $\neg(p \wedge q) \rightarrow (\neg p \vee \neg q)$.

(2) $\neg p \vee \neg\neg p$.

(3) $(p \rightarrow q) \vee (q \rightarrow p)$.

(4) $p \vee (p \rightarrow q)$.

(5) $((p \rightarrow q) \rightarrow p) \rightarrow p$.

(6) $\neg(p \rightarrow q) \rightarrow (p \wedge \neg q)$.

2.6   在后承演算 $\mathfrak{C}_{\mathsf{HJ}}$ 中证明以下后承:

(1) $\Rightarrow \neg(\alpha \vee \beta) \leftrightarrow (\neg\alpha \wedge \neg\beta)$.

(2) $\neg\alpha \vee \neg\beta \Rightarrow \neg(\alpha \wedge \beta)$.

(3) $\Rightarrow \neg\alpha \leftrightarrow \neg\neg\neg\alpha$.

(4) $\alpha \wedge \neg\beta \Rightarrow \neg(\alpha \rightarrow \beta)$.

(5) $\Rightarrow (\neg\neg\alpha \wedge \neg\neg\beta) \leftrightarrow \neg\neg(\alpha \wedge \beta)$.

(6) $\Rightarrow (\neg\neg\alpha \rightarrow \neg\neg\beta) \leftrightarrow \neg\neg(\alpha \rightarrow \beta)$.

(7) $\Rightarrow (\alpha \rightarrow (\alpha \rightarrow \beta)) \leftrightarrow (\alpha \rightarrow \beta)$.

(8) $\Rightarrow (\alpha \rightarrow (\beta \rightarrow \gamma)) \leftrightarrow ((\alpha \wedge \beta) \rightarrow \gamma)$.

(9) $\Rightarrow (\alpha \rightarrow (\beta \rightarrow \gamma)) \leftrightarrow (\beta \rightarrow (\alpha \rightarrow \gamma))$.

2.7   画出下列公式在 Int 中的表列, 并判断它们是否属于 Int:

(1) $((\neg\neg p \rightarrow p) \rightarrow (p \vee \neg p)) \rightarrow (\neg p \vee \neg\neg p)$.

(2) $(\neg p \rightarrow (q \vee r)) \rightarrow (\neg p \rightarrow q) \vee (\neg p \rightarrow r)$.

(3) $(\neg q \rightarrow p) \rightarrow (((p \rightarrow q) \rightarrow p) \rightarrow p)$.

(4) $\neg\neg(\neg\neg p \rightarrow p)$.

(5) $\neg\neg(\neg p \vee \neg\neg p)$.

(6) $(\neg p \rightarrow \neg q) \rightarrow (q \rightarrow p)$.

2.8   设 α 是无变元公式. 证明: $\vdash_{\mathsf{HJ}} \alpha \leftrightarrow \top$ 或者 $\vdash_{\mathsf{HJ}} \alpha \leftrightarrow \bot$.

2.9   设 $\mathsf{S} = \mathsf{Int} \oplus p_0 \rightarrow p_1$. 那么 S 是否是一致的?

2.10   设 $L = \mathsf{Int} \oplus p_0 \vee ((p_0 \rightarrow p_1) \vee \neg p_1)$. 证明 $\vdash_L \neg\alpha \vee \neg\neg\alpha$.

2.11   证明: 对任意框架 $\mathfrak{F}$, $\mathfrak{F} \models (p \rightarrow q) \vee (q \rightarrow p)$ 当且仅当 $\mathfrak{F}$ 是线性框架.

2.12   设 $\mathsf{Dum} = \mathsf{Int} \oplus (p_0 \rightarrow p_1) \vee (p_1 \rightarrow p_0)$. 证明:

(1) Dum 是一致的;

(2) Dum 不具有析取性质.

2.13   证明: 对任意框架 $\mathfrak{F} = (W, R)$, $\mathfrak{F} \models \neg p \vee \neg\neg p$ 当且仅当 $\mathfrak{F}$ 是收敛的, 即对所有 $x, y, z \in W$, 如果 Rxy 并且 Rxz, 那么存在 $u \in W$ 使得 Ryu 并且 Rzu.

2.14   设 $\mathsf{Wem} = \mathsf{Int} \oplus \neg p_0 \vee \neg\neg p_0$. 证明:

(1) Wem 是一致的;

(2) Wem 不具有析取性质.

第 3 章 自 然 演 绎

本章介绍直觉主义句子逻辑和古典句子逻辑的自然演绎系统. 与公理系统的表述不同, 自然演绎系统是由推理规则组成的, 基本的推理规则是联结词的引入和消去规则. 自然演绎系统的优点是对证明的结构进行分析, 与公理系统相比, 它在应用中更接近实际证明过程.

3.1　费奇式自然演绎

费奇 (Fitch) 在 1952 年的著作《符号逻辑》中提出了一种自然演绎 (Fitch, 1952). 这种系统中有反映证明结构的规则, 还有联结词的引入规则 (I) 和消去规则 (E). 首先来看一个简单的例子. 在古典句子逻辑中, 从 $\alpha, \alpha \to \beta, \neg\beta$ 推出 $\bot$. 证明如下:

$$
\begin{array}{r|ll}
1 & \alpha \to \beta & \text{Pre} \\
2 & \alpha & \text{Pre} \\
3 & \neg\beta & \text{Pre} \\
4 & \beta & \to E\text{: } 1, 2 \\
5 & \bot & \to E\text{: } 3, 4
\end{array}
$$

左侧数字是推理步骤, 右侧为每一步的依据. 步骤 $1-3$ 都是前提, 记为 Pre. 步骤 3 是从 1, 2 得到的, 在证明过程中, 从 $\alpha \to \beta$ 和 α 可以得到 α, 这个规则记为 $(\to E)$, 称为**蕴涵消去**. 步骤 5 类似, 因为 $\neg\beta$ 是 $\beta \to \bot$ 的缩写. 这个证明中的竖线表示从第 1 步到第 5 步是一个证明.

有的证明是复合的, 由一些**子证明**组成. 也就是说, 整个证明是由一些子证明组成的大结构. 为了证明 $\alpha \to \beta$, 要引入**临时假设** α, 直到证明 β, 就可以**撤销假设**而得到 $\alpha \to \beta$, 这个规则记为 $(\to I)$, 称为**蕴涵引入规则**, 意思是蕴涵联结词通过证明被引入. 例如, 以下是对 $\alpha \to \alpha$ 的证明:

$$
\begin{array}{r|l|ll}
1 & & \alpha & \text{Hyp} \\
2 & & \alpha & \text{Reit: } 1 \\
3 & \alpha \to \alpha & & \to I\text{: } 1, 2
\end{array}
$$

这里步骤 1 是引入临时假设, 记为 Hyp. 每引入一个假设, 就开启一个子证明, 证明向右移一格, 并在引入的假设下面画横线. 步骤 2 是对 1 的重复, 这也是一条规则, 记为 Reit. 运用重复规则从假设 α 得到 α. 第 1 步和第 2 步构成子证明. 由此得到第 3 步, 即证明 $\alpha \to \alpha$. 右侧竖线表示前两步构成一个子证明. 再看一个更复杂的例子. 以下是对 $(\alpha \to \beta) \to ((\beta \to \gamma) \to (\alpha \to \gamma))$ 的证明:

1	$\alpha \to \beta$	Hyp
2	$\beta \to \gamma$	Hyp
3	α	Hyp
4	$\alpha \to \beta$	Reit: 1
5	β	$\to E$: 3, 4
6	$\beta \to \gamma$	Reit: 2
7	γ	$\to E$: 5, 6
8	$\alpha \to \gamma$	$\to I$: 3–7
9	$(\beta \to \gamma) \to (\alpha \to \gamma)$	$\to I$: 2–8
10	$(\alpha \to \beta) \to ((\beta \to \gamma) \to (\alpha \to \gamma))$	$\to I$: 1–9

首先引入临时假设 1, 直到证明 9, 该假设被撤销. 为证明 9, 引入临时假设 2, 由此证明 8. 为证明 8, 引入临时假设 3, 由此证明 7. 第 4, 6 两步是重复前面引入临时假设. 通过 $(\to E)$ 证明 7. 最后, 通过 8 − 10 步依次撤销临时假设.

给定公式 $\alpha \vee \beta$, 为证明 γ, 可以引入临时假设 α 证明 γ, 再引入临时假设 β 证明 γ, 由此可得 γ. 这个规则称为**析取消去**, 也称为**分情况证明**, 记为 $(\vee E)$. 例如, 从 $\alpha \to \gamma, \beta \to \gamma$ 推出 $(\alpha \vee \beta) \to \gamma$. 证明如下:

1	$\alpha \to \gamma$	Pre
2	$\beta \to \gamma$	Pre
3	$\alpha \vee \beta$	Hyp
4	α	Hyp
5	$\alpha \to \gamma$	Reit: 1
6	γ	$\to E$: 4, 5
7	β	Hyp
8	$\beta \to \gamma$	Reit: 2
9	γ	$\to E$: 7, 8
10	γ	$\vee E$: 4–9
11	$(\alpha \vee \beta) \to \gamma$	$\to I$: 3–10

再看另一个例子, 从 $\alpha \to (\beta \vee \gamma), \beta \to \delta, \gamma \to \xi, \neg\xi$ 推出 $\alpha \to \delta$. 证明如下:

1	α	Hyp
2	$\alpha \to (\beta \vee \gamma)$	Pre
3	$\beta \vee \gamma$	$\to E$: 1, 2
4	β	Hyp
5	$\beta \to \delta$	Pre
6	δ	$\to E$: 4, 5
7	γ	Hyp
8	$\gamma \to \xi$	Pre
9	ξ	$\to E$: 7, 8
10	$\neg\xi$	Pre
11	$\bot$	$\to E$: 9, 10
12	δ	$\bot E$: 11
13	δ	$\vee E$: 3, 4–12
14	$\alpha \to \delta$	$\to I$: 1–13

引入临时假设 1 得到步骤 3 的析取式 $\beta \vee \gamma$. 步骤 $4 - 6$ 引入临时假设 β 证明 δ, 步骤 $7 - 12$ 引入临时假设 γ 证明 δ, 根据析取消去规则得到 δ.

定义 3.1　　直觉主义句子逻辑的费奇式自然演绎 FJ 由以下规则组成:

(1) 结构规则

(1.1) 重复规则 (Reit): 同一级子证明可重复该步骤之前的公式和上一级子证明中的公式.

(1.2) 假设规则 (Hyp): 在任何需要的地方可引入临时假设, 引入新的子证明, 该子证明结束时, 引入的临时假设被撤销.

(2) 联结词规则

(2.1) 合取引入规则

m	α	
$\vdots$	$\vdots$	
n	β	
$\vdots$	$\vdots$	
k	$\alpha \wedge \beta$	$\wedge I$: m, n

(2.2) 合取消去规则

$$
\begin{array}{c|l}
m & \alpha \wedge \beta \\
\vdots & \vdots \\
n & \alpha \qquad\qquad \wedge E: m
\end{array}
\qquad\qquad
\begin{array}{c|l}
m & \alpha \wedge \beta \\
\vdots & \vdots \\
n & \beta \qquad\qquad \wedge E: m
\end{array}
$$

(2.3) 析取引入规则

$$
\begin{array}{c|l}
m & \alpha \\
\vdots & \vdots \\
n & \alpha \vee \beta \qquad \vee I: m
\end{array}
\qquad\qquad
\begin{array}{c|l}
m & \beta \\
\vdots & \vdots \\
n & \alpha \vee \beta \qquad \vee I: m
\end{array}
$$

(2.4) 析取消去规则

$$
\begin{array}{c|l}
m & \alpha \vee \beta \\
m+1 & \quad \alpha \\
\vdots & \quad \vdots \\
n & \quad \gamma \\
n+1 & \quad \beta \\
\vdots & \quad \vdots \\
k & \quad \gamma \\
k+1 & \gamma \qquad\qquad \vee E: (m+1)\text{--}(k)
\end{array}
$$

在规则 $(\vee E)$ 中, $(m+1) - (n)$ 和 $(n+1) - (k)$ 是两个并列同级子证明.

(2.5) 蕴涵引入规则

$$
\begin{array}{c|l}
m & \quad \alpha \\
\vdots & \quad \vdots \\
n & \quad \beta \\
n+1 & \alpha \rightarrow \beta \qquad \rightarrow I: m, n
\end{array}
$$

(2.6) 蕴涵消去规则

$$
\begin{array}{c|l}
m & \alpha \rightarrow \beta \\
\vdots & \vdots \\
n & \alpha \\
\vdots & \vdots \\
k & \beta \qquad\qquad \rightarrow E: m, n
\end{array}
$$

(2.7) 恒假消去规则

$$
\begin{array}{c|ll}
m & \bot & \\
\vdots & \vdots & \\
n & \alpha & \bot E: m
\end{array}
$$

古典句子逻辑的费奇式自然演绎 FK 是在 FJ 上增加否定消去规则得到的:

$$
\begin{array}{c|ll}
m & & \neg\alpha \\
\vdots & & \vdots \\
n & & \bot \\
n+1 & \alpha & \neg E: m\text{--}n
\end{array}
$$

从有穷前提集 Γ 到 β 的证明 (或推导) 是按费奇式自然演绎的规则构造起来的竖行结构. 我们用记号 $\Gamma \vdash_{\mathsf{F}} \beta$ 表示在系统 F 中从 Γ 可推导 β.

注　在自然演绎 FJ 和 FK 中, 只有使用蕴涵引入规则或析取消去规则时, 需要引入临时假设, 因而引入子证明. 任何引入的临时假设在同级子证明结束后要撤销, 并往左回到上一级子证明. 在竖形证明中, 竖线的意义是标注子证明, 横线的意义是标注引入的临时假设. 竖线显示整个证明的结构.

例 3.1　(1) $\alpha \to \gamma, \beta \to \gamma \vdash_{\mathsf{FJ}} \alpha \vee \beta \to \gamma$. 推导如下:

$$
\begin{array}{rl|l}
1 & \alpha \to \gamma & \text{Pre} \\
2 & \beta \to \gamma & \text{Pre} \\
3 & \quad \alpha \vee \beta & \text{Hyp} \\
4 & \quad\quad \alpha & \text{Hyp} \\
5 & \quad\quad \alpha \to \gamma & \text{Reit: 1} \\
6 & \quad\quad \gamma & \to E:\ 4, 5 \\
7 & \quad\quad \beta & \text{Hyp} \\
8 & \quad\quad \beta \to \gamma & \text{Reit: 2} \\
9 & \quad\quad \gamma & \to E:\ 7, 8 \\
10 & \quad \gamma & \vee E:\ 4\text{--}9 \\
11 & \alpha \vee \beta \to \gamma & \vee E:\ 3\text{--}10
\end{array}
$$

(2) $\vdash_{FJ} \alpha \to \neg\neg\alpha$. 推导如下:

1	α	Hyp
2	$\neg\alpha$	Hyp
3	α	Reit: 1
4	$\bot$	$\to E$: 2, 3
5	$\neg\neg\alpha$	$\to I$: 2–4
6	$\alpha \to \neg\neg\alpha$	$\to I$: 1–5

(3) $\vdash_{FK} \neg\neg\alpha \to \alpha$. 推导如下:

1	$\neg\neg\alpha$	Hyp
2	$\neg\alpha$	Hyp
3	$\neg\neg\alpha$	Reit: 1
4	$\bot$	$\to E$: 2, 3
5	α	$\neg E$: 2–4
6	$\neg\neg\alpha \to \alpha$	$\to I$: 1–5

3.2 甘岑式自然演绎

甘岑式自然演绎采用由公式组成的树形结构, 其中一个**推理规则** (或**推理图**) (R) 由有穷多个前提 $\alpha_1, \cdots, \alpha_n$ 和结论 β 组成, 一般写成:

$$\frac{\alpha_1, \cdots, \alpha_n}{\beta}(R)$$

横线表示从前提**推出**结论. 每个联结词有引入规则 (I) 和消去规则 (E). 引入规则反映联结词的意义. 消去规则将一个复合句分解为它的基础句.

定义 3.2 直觉主义句子逻辑的甘岑式自然演绎 NJ 由如下规则组成:

$$\frac{\alpha_1 \quad \alpha_2}{\alpha_1 \wedge \alpha_2}(\wedge I) \quad \frac{\alpha_1 \wedge \alpha_2}{\alpha_1}(\wedge E) \quad \frac{\alpha_1 \wedge \alpha_2}{\alpha_2}(\wedge E) \quad \frac{\alpha_1}{\alpha_1 \vee \alpha_2}(\vee I) \quad \frac{\alpha_2}{\alpha_1 \vee \alpha_2}(\vee I)$$

$$\frac{\alpha_1 \vee \alpha_2 \quad \begin{array}{c}[\alpha_1]^m \\ \vdots \\ \beta\end{array} \quad \begin{array}{c}[\alpha_2]^n \\ \vdots \\ \beta\end{array}}{\beta}(\vee E^{mn}) \quad \frac{\begin{array}{c}[\alpha_1]^n \\ \vdots \\ \alpha_2\end{array}}{\alpha_1 \to \alpha_2}(\to I^n)$$

$$\frac{\alpha_1 \to \alpha_2 \quad \alpha_1}{\alpha_2}(\to E) \quad \frac{\bot}{\alpha}(\bot E)$$

在 E 规则中, 含联结词的前提称为**大前提**, 其他前提称为**小前提**. 在规则 $(\vee E^{mn})$ 和 $(\to I^n)$ 中, 将公式放入方括号表示引入临时假设, 正整数 m, n 表示临时假设的次序. 古典句子逻辑的甘岑式自然演绎 NK 由 NJ 增加以下规则得到:

$$\frac{\begin{array}{c}[\neg\alpha]^n\\ \vdots\\ \bot\end{array}}{\alpha}(RAA^n)$$

规则 (RAA) 称为**归谬法** (reductio ad absurdum) 或**反证法**.

　　注　对二元联结词 $\odot \in \{\wedge, \vee, \to\}$, 公式 $\alpha_1 \odot \alpha_2$ 的基础是 α_1 和 α_2. 联结词 $\odot$ 的引入规则 $(\odot I)$ 意思是从基础 α_1 和 α_2 得到 $\alpha_1 \odot \alpha_2$, 消去规则是相反的操作, 从 $\alpha_1 \odot \alpha_2$ 得到基础. 零元联结词 $\bot$ 没有引入规则, 只有消去规则, 因为 $\bot$ 是原子公式, 它没有更简单的基础, 因而不可能证明 $\bot$. 在 NJ 中, 规则 $(\vee E^{mn})$ 的大前提是 $\alpha_1 \vee \alpha_2$, 它的意思是: 给定 $\alpha_1 \vee \alpha_2$, 假设 α_1 得到 β, 假设 α_2 得到 β, 因此得到 β. 这里 $[\alpha_1]^m$ 和 $[\alpha_2]^n$ 是临时假设, 其中正整数 m 和 n 是两个假设在证明中引入的次序. 从前提推出结论 β 时, 记号 $(\vee E^{mn})$ 中上标表示两个临时假设同时被撤销, 即整个推导不依赖于两个临时假设. 规则 $(\to I^n)$ 的意思是: 如果假设 α_1 得到 α_2, 就可以得到 $\alpha_1 \to \alpha_2$. 这里 $[\alpha_1]^n$ 是临时假设, 上标 n 是该假设在证明中引入的次序. 从前提推出结论 $\alpha_1 \to \alpha_2$ 时, 记号 $(\to I^n)$ 中上标表示临时假设被撤销, 整个推导不依赖于临时假设. 古典句子逻辑的规则 (RAA^n) 是类似的.

　　在甘岑式自然演绎中, 一个推导 $\mathcal{D}$ 是由公式组成的有穷树结构, 每个叶节点是前提或临时假设, 其余每个节点通过联结词的引入规则或消去规则得到. 推导中使用正整数标记临时假设, 记为 $[\alpha]^n$, 其中 $n \geqslant 1$. 正整数 n 用于标注临时假设的引入次序. 在推导中, 对临时假设按照先引入后撤销的次序依次撤销. 记号 $\begin{array}{c}\mathcal{D}\\ \alpha\end{array}$ 表示 "$\mathcal{D}$ 是以 α 为根节点的推导". 记号 $\begin{array}{c}\beta\\ \mathcal{D}\\ \alpha\end{array}$ 表示 "$\mathcal{D}$ 是从 β 到 α 的推导". 我们用 $\mathcal{D}, \mathcal{E}$ 等 (可带下标) 表示任意推导.

　　定义 3.3　在 NJ 中所有推导的集合 $\mathbb{X}_J$ 是满足以下条件的最小树结构集:

(1) 任意由单个公式形成的单节点树结构属于 $\mathbb{X}_J$.

(2) 如果 $\begin{array}{c}\mathcal{D}_1\\ \alpha_1\end{array} \in \mathbb{X}_J$ 并且 $\begin{array}{c}\mathcal{D}_2\\ \alpha_2\end{array} \in \mathbb{X}_J$, 那么

$$\frac{\begin{array}{cc}\mathcal{D}_1 & \mathcal{D}_2\\ \alpha_1 & \alpha_2\end{array}}{\alpha_1 \wedge \alpha_2}(\wedge I) \in \mathbb{X}_J$$

(3) 如果 $\begin{array}{c}\mathcal{D}\\ \alpha_1 \wedge \alpha_2\end{array} \in \mathbb{X}_J$，那么

$$\dfrac{\begin{array}{c}\mathcal{D}\\ \alpha_1 \wedge \alpha_2\end{array}}{\alpha_1}\,(\wedge E) \in \mathbb{X}_J \ \text{并且}\ \dfrac{\begin{array}{c}\mathcal{D}\\ \alpha_1 \wedge \alpha_2\end{array}}{\alpha_2}\,(\wedge E) \in \mathbb{X}_J$$

(4) 如果 $\begin{array}{c}\mathcal{D}_1\\ \alpha_1\end{array} \in \mathbb{X}_J$，那么

$$\dfrac{\begin{array}{c}\mathcal{D}_1\\ \alpha_1\end{array}}{\alpha_1 \vee \alpha_2}\,(\vee I) \in \mathbb{X}_J$$

如果 $\begin{array}{c}\mathcal{D}_2\\ \alpha_2\end{array} \in \mathbb{X}_J$，那么

$$\dfrac{\begin{array}{c}\mathcal{D}_2\\ \alpha_2\end{array}}{\alpha_1 \vee \alpha_2}\,(\vee I) \in \mathbb{X}_J$$

(5) 如果 $\begin{array}{c}\mathcal{D}\\ \alpha_1 \vee \alpha_2\end{array} \in \mathbb{X}_J$，$\begin{array}{c}\alpha_1\\ \mathcal{D}_1\\ \beta\end{array} \in \mathbb{X}_J$ 并且 $\begin{array}{c}\alpha_2\\ \mathcal{D}_2\\ \beta\end{array} \in \mathbb{X}_J$，那么

$$\dfrac{\begin{array}{ccc}&[\alpha_1]^m&[\alpha_2]^n\\ \mathcal{D}&\mathcal{D}_1&\mathcal{D}_2\\ \alpha_1 \vee \alpha_2&\beta&\beta\end{array}}{\beta}\,(\vee E^{mn}) \in \mathbb{X}_J$$

(6) 如果 $\begin{array}{c}\alpha_1\\ \mathcal{D}\\ \alpha_2\end{array} \in \mathbb{X}_J$，那么

$$\dfrac{\begin{array}{c}[\alpha_1]^n\\ \mathcal{D}\\ \alpha_2\end{array}}{\alpha_1 \to \alpha_2}\,(\to I^n) \in \mathbb{X}_J$$

(7) 如果 $\begin{array}{c}\mathcal{D}_1\\ \alpha_1 \to \alpha_2\end{array} \in \mathbb{X}_J$ 并且 $\begin{array}{c}\mathcal{D}_2\\ \alpha_1\end{array} \in \mathbb{X}_J$，那么

$$\dfrac{\begin{array}{cc}\mathcal{D}_1&\mathcal{D}_2\\ \alpha_1 \to \alpha_2&\alpha_1\end{array}}{\alpha_2}\,(\to E) \in \mathbb{X}_J$$

(8) 如果 $\begin{array}{c}\mathcal{D}\\ \bot\end{array} \in \mathbb{X}_J$，那么 $\begin{array}{c}\mathcal{D}\\ \bot\\ \alpha\end{array} \in \mathbb{X}_J$.

在 NK 中所有推导的集合 $\mathbb{X}_K$ 是满足封闭条件 $(1) - (8)$(注意将 $\mathbb{X}_J$ 换为 $\mathbb{X}_K$) 及以下条件 (9) 的最小树结构的集合.

(9) 如果 $\begin{array}{c}\neg\alpha\\\mathcal{D}\\\bot\end{array} \in \mathbb{X}_K$, 那么

$$\begin{array}{c}[\neg\alpha]^n\\\mathcal{D}\\\dfrac{\bot}{\alpha}\ (RAA^n)\end{array} \in \mathbb{X}_K$$

一个推导 $\mathcal{D}$ 的**高度**是其中最大的分枝长度, 记为 $|\mathcal{D}|$. 单节点推导的高度为 0. 对任意公式集 $\Gamma \cup \{\alpha\}$, 在 NJ 中 α 从 Γ **可推导** (记号 $\Gamma \vdash_{\mathsf{NJ}} \alpha$), 如果存在从 Γ 中有穷多个公式到 α 的推导. 称公式 α 在 NJ 中**可证** (记号 $\vdash_{\mathsf{NJ}} \alpha$), 如果 $\varnothing \vdash_{\mathsf{NJ}} \alpha$. 同样, 记号 $\Gamma \vdash_{\mathsf{NK}} \alpha$ 表示在 NK 中 α 从 Γ 可推导, 记号 $\vdash_{\mathsf{NK}} \alpha$ 表示 α 在 NK 中可证. 特别约定: 在书写推导时大前提始终出现在推导树的左边.

注　在 NJ 和 NK 中, 规则 $(\to I)$、$(\vee E)$ 和 (RAA) 的使用需要引入临时假设和撤销临时假设. 以下对规则 $(\to I)$ 的使用是两种特殊情况:

$$\dfrac{[\alpha]^1}{\alpha \to \alpha}(\to I^1) \qquad \dfrac{\beta}{\alpha \to \beta}(\to I)$$

在证明 $\alpha \to \alpha$ 时, 应先引入临时假设 α, 再证明 α. 由于临时假设本身是 α, 所以直接引入蕴涵而撤销临时假设. 从前提 β 要证明 $\alpha \to \beta$, 无须临时引入假设 α 再证明 β 从而撤销临时假设, 这种撤销也称为**空撤销**.

断言 3.1　如果 $\Gamma \vdash_{\mathsf{NJ}} \alpha$, 那么 $\Gamma \vdash_{\mathsf{NK}} \alpha$. 因此, 如果 $\vdash_{\mathsf{NJ}} \alpha$, 那么 $\vdash_{\mathsf{NK}} \alpha$.

例 3.2　(1) $\vdash_{\mathsf{NJ}} \alpha \to (\beta \to \alpha)$. 推导如下:

$$\dfrac{\dfrac{[\alpha]^1}{\beta \to \alpha}(\to I)}{\alpha \to (\beta \to \alpha)}(\to I^1)$$

该推导是由三个点组成的树结构:

其中每个节点都是公式, 根节点是所要证明的结论, 叶节点是临时假设.

(2) $\vdash_{\mathsf{NJ}} (\alpha \to (\beta \to \gamma)) \to ((\alpha \to \beta) \to (\alpha \to \gamma))$. 推导如下:

$$\cfrac{\cfrac{[\alpha \to (\beta \to \gamma)]^1 \quad [\alpha]^3}{\beta \to \gamma}(\to E) \quad \cfrac{[\alpha \to \beta]^2 \quad [\alpha]^3}{\beta}(\to E)}{\cfrac{\cfrac{\gamma}{\alpha \to \gamma}(\to I^3)}{\cfrac{(\alpha \to \beta) \to (\alpha \to \gamma)}{(\alpha \to (\beta \to \gamma)) \to ((\alpha \to \beta) \to (\alpha \to \gamma))}(\to I^1)}(\to I^2)}(\to E)$$

以下是该推导的树结构:

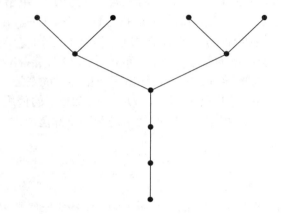

(3) $\vdash_{\mathsf{NJ}} (\alpha \wedge \beta) \to \alpha$ 并且 $\vdash_{\mathsf{NJ}} (\alpha \wedge \beta) \to \beta$. 推导如下:

$$\cfrac{\cfrac{[\alpha \wedge \beta]^1}{\alpha}(\wedge E)}{(\alpha \wedge \beta) \to \alpha}(\to I^1) \qquad \cfrac{\cfrac{[\alpha \wedge \beta]^1}{\beta}(\wedge E)}{(\alpha \wedge \beta) \to \beta}(\to I^1)$$

(4) $\vdash_{\mathsf{NJ}} \alpha \to (\beta \to (\alpha \wedge \beta))$. 推导如下:

$$\cfrac{\cfrac{\cfrac{[\alpha]^1 \quad [\beta]^2}{\alpha \wedge \beta}(\wedge I)}{\beta \to (\alpha \wedge \beta)}(\to I^2)}{\alpha \to (\beta \to (\alpha \wedge \beta))}(\to I^1)$$

(5) $\vdash_{\mathsf{NJ}} \alpha \to (\alpha \vee \beta)$ 并且 $\vdash_{\mathsf{NJ}} \beta \to (\alpha \vee \beta)$. 推导如下:

$$\cfrac{\cfrac{[\alpha]^1}{\alpha \vee \beta}(\vee I)}{\alpha \to (\alpha \vee \beta)}(\to I^1) \qquad \cfrac{\cfrac{[\beta]^1}{\alpha \vee \beta}(\vee I)}{\beta \to (\alpha \vee \beta)}(\to I^1)$$

(6) $\vdash_{\mathsf{NJ}} (\alpha \to \gamma) \to ((\beta \to \gamma) \to ((\alpha \vee \beta) \to \gamma))$. 推导如下:

$$\cfrac{[\alpha \vee \beta]^3 \quad \cfrac{[\alpha \to \gamma]^1 \quad [\alpha]^4}{\gamma}(\to E) \quad \cfrac{[\beta \to \gamma]^2 \quad [\beta]^5}{\gamma}(\to E)}{\cfrac{\cfrac{\gamma}{(\alpha \vee \beta) \to \gamma}(\to I^3)}{\cfrac{(\beta \to \gamma) \to ((\alpha \vee \beta) \to \gamma)}{(\alpha \to \gamma) \to ((\beta \to \gamma) \to ((\alpha \vee \beta) \to \gamma))}(\to I^1)}(\to I^2)}(\vee E^{45})$$

(7) $\vdash_{\mathsf{NJ}} \bot \to \alpha$. 推导如下:

$$\cfrac{\cfrac{[\bot]^1}{\alpha}(\bot E)}{\bot \to \alpha}(\to I^1)$$

(8) $\vdash_{\mathsf{NJ}} \alpha \to \neg\neg\alpha$. 推导如下:

$$\cfrac{\cfrac{\cfrac{[\neg\alpha]^2 \quad [\alpha]^1}{\bot}(\to E)}{\neg\neg\alpha}(\to I^2)}{\alpha \to \neg\neg\alpha}(\to I^1)$$

例 3.3 (1) $\vdash_{\mathsf{NJ}} (\beta \to \gamma) \to ((\alpha \to \beta) \to (\alpha \to \gamma))$. 推导如下:

$$\cfrac{[\beta \to \gamma]^1 \quad \cfrac{[\alpha \to \beta]^2 \quad [\alpha]^3}{\beta}(\to E)}{\cfrac{\cfrac{\gamma}{\alpha \to \gamma}(\to I^3)}{\cfrac{(\alpha \to \beta) \to (\alpha \to \gamma)}{(\beta \to \gamma) \to ((\alpha \to \beta) \to (\alpha \to \gamma))}(\to I^1)}(\to I^2)}(\to E)$$

(2) $\vdash_{\mathsf{NJ}} (\alpha \to (\beta \to \gamma)) \to (\beta \to (\alpha \to \gamma))$. 推导如下:

$$\cfrac{\cfrac{[\alpha \to (\beta \to \gamma)]^1 \quad [\alpha]^3}{\beta \to \gamma}(\to E) \quad [\beta]^2}{\cfrac{\cfrac{\gamma}{\alpha \to \gamma}(\to I^3)}{\cfrac{\beta \to (\alpha \to \gamma)}{(\alpha \to (\beta \to \gamma)) \to (\beta \to (\alpha \to \gamma))}(\to I^1)}(\to I^2)}(\to E)$$

(3) $\vdash_{\mathsf{NJ}} (\alpha \to (\alpha \to \beta)) \to (\alpha \to \beta)$. 推导如下:

$$\cfrac{\cfrac{\cfrac{[\alpha \to (\alpha \to \beta)]^1 \quad [\alpha]^2}{\alpha \to \beta}(\to E) \quad [\alpha]^2}{\cfrac{\beta}{\alpha \to \beta}(\to I^2)}(\to E)}{(\alpha \to (\alpha \to \beta)) \to (\alpha \to \beta)}(\to I^1)$$

(4) $\vdash_{\mathsf{NJ}} (\neg\neg\alpha \to \neg\neg\beta) \to \neg\neg(\alpha \to \beta)$. 推导如下:

$$
\cfrac{
\cfrac{
[\neg\neg\alpha \to \neg\neg\beta]^1 \qquad
\cfrac{
[\neg(\alpha\to\beta)]^2 \qquad
\cfrac{
\cfrac{
\cfrac{\cfrac{[\neg\alpha]^3 \ [\alpha]^4}{\bot}(\to E)}{\beta}(\bot)
}{\alpha\to\beta}(\to I^4)
}{\cfrac{\bot}{\neg\neg\alpha}(\to I^3)}(\to I^4)
}{\neg\neg\beta}(\to E)
\qquad
\cfrac{
[\neg(\alpha\to\beta)]^2 \qquad
\cfrac{\cfrac{[\beta]^5}{\alpha\to\beta}(\to I)}{}
}{\cfrac{\bot}{\neg\beta}(\to I^5)}(\to E)
}{\cfrac{\bot}{\neg\neg(\alpha\to\beta)}(\to I^2)}(\to E)
}{(\neg\neg\alpha\to\neg\neg\beta)\to\neg\neg(\alpha\to\beta)}(\to I^1)
$$

例 3.4 (1) $\neg(\alpha \vee \beta) \vdash_{\mathsf{NJ}} \neg\alpha$ 并且 $\neg(\alpha \vee \beta) \vdash_{\mathsf{NJ}} \neg\beta$. 推导如下:

$$
\cfrac{\neg(\alpha\vee\beta) \qquad \cfrac{[\alpha]^1}{\alpha\vee\beta}(\vee I)}{\cfrac{\bot}{\neg\alpha}(\to I^1)}(\to E)
\qquad\qquad
\cfrac{\neg(\alpha\vee\beta) \qquad \cfrac{[\beta]^1}{\alpha\vee\beta}(\vee I)}{\cfrac{\bot}{\neg\beta}(\to I^1)}(\to E)
$$

(2) $\vdash_{\mathsf{NK}} \alpha \vee \neg\alpha$. 推导如下:

$$
\cfrac{\cfrac{[\neg(\alpha\vee\neg\alpha)]^1}{\neg\alpha}(1) \qquad \cfrac{[\neg(\alpha\vee\neg\alpha)]^1}{\neg\neg\alpha}(1)}{\cfrac{\bot}{\alpha\vee\neg\alpha}(RAA^1)}(\to E)
$$

(3) $\neg\neg\alpha \vdash_{\mathsf{NK}} \alpha$. 推导如下:

$$
\cfrac{\cfrac{\neg\neg\alpha \quad [\neg\alpha]^1}{\bot}(\to E)}{\alpha}(RAA^1)
$$

(4) $\vdash_{\mathsf{NK}} \neg(\alpha \wedge \beta) \to \neg\alpha \vee \neg\beta$. 推导如下:

$$
\cfrac{
\cfrac{
[\neg(\alpha\wedge\beta)]^1 \qquad
\cfrac{
\cfrac{\cfrac{[\neg(\neg\alpha\vee\neg\beta)]^2}{\neg\neg\alpha}(1)}{\alpha}(3)
\qquad
\cfrac{\cfrac{[\neg(\neg\alpha\vee\neg\beta)]^2}{\neg\neg\beta}(1)}{\beta}(3)
}{\alpha\wedge\beta}(\wedge)
}{\cfrac{\bot}{\neg\alpha\vee\neg\beta}(RAA^2)}(\to E)
}{\neg(\alpha\wedge\beta)\to\neg\alpha\vee\neg\beta}(\to I^1)
$$

(5) $\vdash_{\mathsf{NK}} ((\alpha \to \beta) \to \alpha) \to \alpha$ (皮尔士律). 推导如下:

$$
\cfrac{
  \cfrac{
    [\neg\alpha]^2
    \quad
    \cfrac{
      \cfrac{
        \cfrac{[\neg\alpha]^2 \quad [\alpha]^3}{\bot}(\to E)
      }{\beta}(\bot)
    }{\alpha \to \beta}(\to I^3)
    \quad
    [(\alpha \to \beta) \to \alpha]^1
  }{
    \cfrac{\alpha}{\cfrac{\bot}{\alpha}(RAA^2)}
  }(\to E)
}{((\alpha \to \beta) \to \alpha) \to \alpha}(\to I^1)
$$

定理 3.1 对任意公式集 $\Gamma \cup \{\alpha\}$, 以下成立:

(1) 如果 $\Gamma \vdash_{\mathsf{HJ}} \alpha$, 那么 $\Gamma \vdash_{\mathsf{NJ}} \alpha$.

(2) 如果 $\Gamma \vdash_{\mathsf{HK}} \alpha$, 那么 $\Gamma \vdash_{\mathsf{NK}} \alpha$.

证明 (1) 设 $\Gamma \vdash_{\mathsf{HJ}} \alpha$. 在 HJ 中存在从 Γ 到 α 的推导 $\mathcal{H}$. 对 $|\mathcal{H}|$ 归纳证明 $\Gamma \vdash_{\mathsf{NJ}} \alpha$. 如果 $|\mathcal{H}| = 0$, 那么 α 是公理. 由例 3.2 得 $\vdash_{\mathsf{NJ}} \alpha$. 设 $|\mathcal{H}| > 0$. 设 α 是从公理 β 用 (sub) 得到. 由例 3.2 得 $\vdash_{\mathsf{NJ}} \alpha$. 设 α 从 $\beta \to \alpha$ 和 β 用规则 (mp) 得到. 由归纳假设得, $\Gamma \vdash_{\mathsf{NJ}} \beta$ 并且 $\Gamma \vdash_{\mathsf{NJ}} \beta \to \alpha$. 令 $\genfrac{}{}{0pt}{}{\mathcal{D}}{\beta}$ 是从 Γ 到 β 的推导, $\genfrac{}{}{0pt}{}{\mathcal{E}}{\beta \to \alpha}$ 是从 Γ 到 $\beta \to \alpha$ 的推导. 以下是从 Γ 到 α 的推导:

$$
\cfrac{\genfrac{}{}{0pt}{}{\mathcal{E}}{\beta \to \alpha} \quad \genfrac{}{}{0pt}{}{\mathcal{D}}{\beta}}{\alpha}(\to E)
$$

所以 $\Gamma \vdash_{\mathsf{NJ}} \alpha$. (2) 与 (1) 的证明类似. 注意公理 $p_0 \vee \neg p_0$ 在 NK 中可证. $\quad\square$

推论 3.1 对任意公式 α, 如果 $\vdash_{\mathsf{HJ}} \alpha$, 那么 $\vdash_{\mathsf{NJ}} \alpha$. 如果 $\vdash_{\mathsf{HK}} \alpha$, 那么 $\vdash_{\mathsf{NK}} \alpha$.

定理 3.2 对任意公式集 $\Gamma \cup \{\alpha, \beta\}$, 以下成立:

(1) $\alpha, \Gamma \vdash_{\mathsf{NJ}} \beta$ 当且仅当 $\Gamma \vdash_{\mathsf{NJ}} \alpha \to \beta$.

(2) $\alpha, \Gamma \vdash_{\mathsf{NK}} \beta$ 当且仅当 $\Gamma \vdash_{\mathsf{NK}} \alpha \to \beta$.

证明 (1) 设 $\alpha, \Gamma \vdash_{\mathsf{NJ}} \beta$. 那么存在从 α, Γ 到 β 的推导 $\genfrac{}{}{0pt}{}{\mathcal{D}}{\beta}$. 如果 α 不在 $\mathcal{D}$ 的叶节点中出现, 那么 $\mathcal{D}$ 是从 Γ 到 β 的推导. 因此以下是 Γ 到 $\alpha \to \beta$ 的推导:

$$
\cfrac{\genfrac{}{}{0pt}{}{\mathcal{D}}{\beta}}{\alpha \to \beta}(\to I)
$$

设 α 在 $\mathcal{D}$ 的叶节点中出现. 令 $\mathcal{E}$ 是将 $\mathcal{D}$ 中叶节点 α 统一替换为 $[\alpha]^1$ 并且将 $\mathcal{D}$ 中正整数 n 替换为 $n+1$ 得到的推导. 那么以下是 Γ 到 $\alpha \to \beta$ 的推导:

$$
\cfrac{\genfrac{}{}{0pt}{}{\mathcal{E}}{\beta}}{\alpha \to \beta}(\to I^1)
$$

设 $\Gamma \vdash_{\mathsf{NJ}} \alpha \to \beta$. 令 $\begin{array}{c}\mathcal{F}\\\alpha \to \beta\end{array}$ 是 Γ 到 $\alpha \to \beta$ 的推导. 以下是 α, Γ 到 β 的推导:

$$\dfrac{\overset{\mathcal{F}}{\alpha \to \beta} \quad \alpha}{\beta} \ (\to E)$$

(2) 的证明与 (1) 类似. □

3.3 正 规 化

在自然演绎中, 一些推导可以简化, 消除不必要的步骤. 简化推导的基本思想是: 避免引入联结词之后再消去联结词. 自然演绎的**正规化定理**是指, 任意推导都可以简化为具有某种标准形式的推导.

例 3.5 (1) $\alpha, \beta \vdash_{\mathsf{NJ}} \gamma \to \alpha$. 以下推导

$$\dfrac{\dfrac{\dfrac{\alpha \quad \beta}{\alpha \wedge \beta} \ (\wedge I)}{\alpha} \ (\wedge E)}{\gamma \to \alpha} \ (\to I)$$

可以简化为

$$\dfrac{\alpha}{\gamma \to \alpha} \ (\to I)$$

这里联结词 $\wedge$ 被引入后立即被消去, 这些步骤是多余的, 可以简化.

(2) $\vdash_{\mathsf{NJ}} (\gamma \wedge \alpha) \to ((\alpha \to \beta) \to \gamma)$. 以下推导

$$\dfrac{\dfrac{\dfrac{\dfrac{[\gamma \wedge \alpha]^1}{\gamma} \ (\wedge E_1)}{\beta \to \gamma} \ (\to I) \quad \dfrac{[\alpha \to \beta]^2 \quad \dfrac{[\gamma \wedge \alpha]^1}{\alpha} \ (\wedge E_2)}{\beta} \ (\to E)}{\gamma} \ (\to E)}{\dfrac{(\alpha \to \beta) \to \gamma}{(\gamma \wedge \alpha) \to ((\alpha \to \beta) \to \gamma)} \ (\to I^1)} \ (\to I^2)$$

可以简化为

$$\dfrac{\dfrac{\dfrac{[\gamma \wedge \alpha]^1}{\gamma} \ (\wedge E_1)}{(\alpha \to \beta) \to \gamma} \ (\to I)}{(\gamma \wedge \alpha) \to ((\alpha \to \beta) \to \gamma)} \ (\to I^1)$$

这里联结词 $\to$ 被引入后立即被消去, 因此也是可以简化的.

为了统一处理简化推导的问题, 我们引入自然演绎中推导的标准形式, 从而证明自然演绎的正规化定理.

定义 3.4　在任意推导 $\mathcal{D}$ 中, 一个公式 α 称为**切割公式**, 如果它的某一次出现既是引入规则的结论, 又是消去规则的大前提.

在例 3.5 中, $\alpha \wedge \beta$ 和 $\beta \to \gamma$ 都是切割公式. 通过消除切割公式可以简化推导. 简化过程称为**变换**. 例如:

$$\frac{\dfrac{\begin{array}{c}\mathcal{D}\\ \gamma\end{array}}{\beta \to \gamma}(\to I) \quad \begin{array}{c}\mathcal{D}'\\ \beta\end{array}}{\gamma}(\to E) \quad\rightsquigarrow\quad \begin{array}{c}\mathcal{D}\\ \gamma\end{array}$$

现在来证明自然演绎 NK 的正规化定理. 首先将形式语言 $\mathscr{L}$ 限制到联结词集合 $\{\wedge, \to, \bot\}$, 从而得到形式语言 $\mathscr{L}^*$. 定义缩写 $\alpha \vee \beta := \neg(\neg\alpha \wedge \neg\beta)$. 令 NK^* 是从 NK 去掉规则 $(\vee I)$ 和 $(\vee E)$ 而得到的自然演绎.

引理 3.1　对任意 $\mathscr{L}$-公式集 $\Gamma \cup \{\alpha\}$, $\Gamma \vdash_{\mathrm{NK}} \alpha$ 当且仅当 $\Gamma \vdash_{\mathrm{NK}^*} \alpha$.

证明　从右至左是显然的. 设 $\Gamma \vdash_{\mathrm{HK}} \alpha$. 令 $\mathcal{D}$ 是 HK 中 Γ 到 α 的推导. 对 $|\mathcal{D}|$ 归纳证明: $\mathcal{D}$ 可变换为 NK^* 中 Γ 到 α 的推导. 分以下情况:

(1) $\mathcal{D}$ 是由公式 α 组成的单节点树结构. 它也是 NK^* 中的推导.

(2) $\mathcal{D}$ 中最后一步规则是 (R). 如果 (R) 是 $(\wedge I)$, $(\wedge E)$, $(\bot E)$ 或 (RAA), 由归纳假设, $\mathcal{D}$ 可以变换为系统 NK^* 中 Γ 到 α 的推导.

(3) 设 $\mathcal{D}$ 是由规则 $(\vee E)$ 从 $\begin{array}{c}\mathcal{D}\\ \gamma \vee \xi\end{array}$, $\begin{array}{c}\gamma\\ \mathcal{D}_1\\ \alpha\end{array}$ 和 $\begin{array}{c}\xi\\ \mathcal{D}_2\\ \alpha\end{array}$ 得到的. 由归纳假设得, 在 NK^* 中有推导 $\begin{array}{c}\mathcal{D}'\\ \neg(\neg\gamma \wedge \neg\xi)\end{array}$, $\begin{array}{c}\gamma\\ \mathcal{D}_1'\\ \alpha\end{array}$ 和 $\begin{array}{c}\xi\\ \mathcal{D}_2'\\ \alpha\end{array}$. 那么 $\begin{array}{c}\mathcal{D}_1'\\ \gamma \to \alpha\end{array}$ 和 $\begin{array}{c}\mathcal{D}_2'\\ \xi \to \alpha\end{array}$ 是 NK^* 中的推导. 那么

$$\cfrac{\begin{array}{c}\mathcal{D}'\\ \neg(\neg\gamma \wedge \neg\xi)\end{array} \qquad \cfrac{[\neg\alpha]^1 \quad \cfrac{\dfrac{\mathcal{D}_1'}{\gamma \to \alpha} \quad [\gamma]^2}{\alpha}(\to E)}{\cfrac{\bot}{\neg\gamma}(\to I^2)} \wedge \cfrac{[\neg\alpha]^1 \quad \cfrac{\dfrac{\mathcal{D}_2'}{\xi \to \alpha} \quad [\xi]^3}{\alpha}(\to E)}{\cfrac{\bot}{\neg\xi}(\to I^3)}}{\cfrac{\neg\gamma \wedge \neg\xi}{\quad}(\wedge I)}}{\cfrac{\bot}{\alpha}(RAA^1)}(\to E)$$

是 NK^* 中 Γ 到 α 的推导.　　　　　　　　　　　　　　　□

定义 3.5　自然演绎 NK° 是从 NK^* 将 $(\bot)$ 和 (RAA) 替换为以下规则得到的:

$$\frac{\bot}{\delta}(\bot_a) \qquad\qquad \begin{array}{c}[\neg\delta]^n\\ \vdots\\ \dfrac{\bot}{\delta}(RAA_a^n)\end{array}$$

其中 $\delta \in \mathbb{V} \cup \{\bot\}$.

引理 3.2　对任意 $\mathscr{L}^*$-公式集 $\Gamma \cup \{\alpha\}$, $\Gamma \vdash_{\text{NK}^*} \alpha$ 当且仅当 $\Gamma \vdash_{\text{NK}^\circ} \alpha$.

证明　从右到左是显然的. 设 $\Gamma \vdash_{\text{NK}^*} \alpha$. 令 $\mathcal{D}$ 是 NK* 中 Γ 到 α 的推导. 对 $|\mathcal{D}|$ 归纳证明: $\mathcal{D}$ 可以变换为 NK$^\circ$ 中 Γ 到 α 的推导.

(1) $\mathcal{D}$ 是由公式 α 组成的单节点树结构. 它是 NK$^\circ$ 中的推导.

(2) $\mathcal{D}$ 最后一步是 (R). 如果它不是 $(\bot E)$ 或 (RAA), 由归纳假设和 (R) 得.

(2.1) 设 (R) 是 $(\bot E)$, 其结论是 α. 施归纳于 $d(\alpha)$ 证明: $\mathcal{D}$ 可以变换为 NK$^\circ$ 中 Γ 到 α 的推导. 原子公式的情况是显然的. 分以下情况.

(2.1.1) $\alpha = \alpha_1 \wedge \alpha_2$. 首先有以下变换:

$$
\cfrac{\begin{array}{c}\mathcal{D}'\\ \bot\end{array}}{\alpha_1 \wedge \alpha_2}(\bot E)
\quad\rightsquigarrow\quad
\cfrac{\cfrac{\begin{array}{c}\mathcal{D}'\\ \bot\end{array}}{\alpha_1}(\bot E) \qquad \cfrac{\begin{array}{c}\mathcal{D}'\\ \bot\end{array}}{\alpha_2}(\bot E)}{\alpha_1 \wedge \alpha_2}(\wedge I)
$$

由归纳假设得, $\cfrac{\begin{array}{c}\mathcal{D}'\\ \bot\end{array}}{\alpha_1}(\bot E)$ 和 $\cfrac{\begin{array}{c}\mathcal{D}'\\ \bot\end{array}}{\alpha_2}(\bot E)$ 变换为 NK$^\circ$ 中推导 $\begin{array}{c}\mathcal{D}''\\ \alpha_1\end{array}$ 和 $\begin{array}{c}\mathcal{D}''\\ \alpha_2\end{array}$. 由此可得 NK$^\circ$ 中的推导

$$
\cfrac{\begin{array}{cc}\mathcal{D}'' & \mathcal{D}''\\ \alpha_1 & \alpha_2\end{array}}{\alpha_1 \wedge \alpha_2}(\wedge I)
$$

(2.1.2) $\alpha = \alpha_1 \to \alpha_2$. 首先有以下变换:

$$
\cfrac{\begin{array}{c}\mathcal{D}'\\ \bot\end{array}}{\alpha_1 \to \alpha_2}(\bot E)
\quad\rightsquigarrow\quad
\cfrac{\cfrac{\begin{array}{c}\mathcal{D}'\\ \bot\end{array}}{\alpha_2}(\bot E)}{\alpha_1 \to \alpha_2}(\to I)
$$

由归纳假设得, $\cfrac{\begin{array}{c}\mathcal{D}'\\ \bot\end{array}}{\alpha_2}(\bot E)$ 变换为 NK$^\circ$ 中推导 $\begin{array}{c}\mathcal{D}''\\ \alpha_2\end{array}$. 由此可得 NK$^\circ$ 中推导:

$$
\cfrac{\begin{array}{c}\mathcal{D}''\\ \alpha_2\end{array}}{\alpha_1 \to \alpha_2}(\to I)
$$

(2.2) 设 (R) 是 (RAA), 其结论是 α. 施归纳于 $d(\alpha)$ 证明: $\mathcal{D}$ 可以变换为 NK$^\circ$ 中 Γ 到 α 的推导. 原子公式的情况是显然的. 分以下情况.

(2.2.1) $\alpha = \alpha_1 \wedge \alpha_2$. 首先有以下变换:

$$
\begin{array}{c}[\neg(\alpha_1 \wedge \alpha_2)]^n\\ \mathcal{D}'\\ \cfrac{\bot}{\alpha_1 \wedge \alpha_2}(RAA^n)\end{array}
\quad\rightsquigarrow\quad
\cfrac{\cfrac{[\neg\alpha_1]^i \quad \cfrac{[\alpha_1 \wedge \alpha_2]^j}{\alpha_1}(\wedge E)}{\cfrac{\bot}{\neg(\alpha_1 \wedge \alpha_2)}(\to I^j)}(\to E)}{\begin{array}{c}\mathcal{D}'\\ \cfrac{\bot}{\alpha_1}(RAA^i)\end{array}} \qquad \cfrac{\cfrac{[\neg\alpha_2]^k \quad \cfrac{[\alpha_1 \wedge \alpha_2]^h}{\alpha_2}(\wedge E)}{\cfrac{\bot}{\neg(\alpha_1 \wedge \alpha_2)}(\to I^h)}(\to E)}{\begin{array}{c}\mathcal{D}'\\ \cfrac{\bot}{\alpha_2}(RAA^k)\end{array}} \atop {\alpha_1 \wedge \alpha_2}(\wedge I)
$$

由归纳假设得, 以下推导

$$\cfrac{[\neg\alpha_1]^i \quad \cfrac{[\alpha_1 \wedge \alpha_2]^j}{\alpha_1}\,(\wedge E)}{\cfrac{\cfrac{\bot}{\neg(\alpha_1 \wedge \alpha_2)}\,(\to I^j)}{\cfrac{\mathcal{D}'}{\cfrac{\bot}{\alpha_1}\,(RAA^i)}}}\,(\to E) \qquad \cfrac{[\neg\alpha_2]^k \quad \cfrac{[\alpha_1 \wedge \alpha_2]^h}{\alpha_1}\,(\wedge E)}{\cfrac{\cfrac{\bot}{\neg(\alpha_1 \wedge \alpha_2)}\,(\to I^h)}{\cfrac{\mathcal{D}'}{\cfrac{\bot}{\alpha_2}\,(RAA^k)}}}\,(\to E)$$

分别转化为 NK° 中推导 $\begin{matrix}\mathcal{D}''\\ \alpha_1\end{matrix}$ 和 $\begin{matrix}\mathcal{D}''\\ \alpha_2\end{matrix}$. 由 $(\wedge I)$ 得 NK° 中 Γ 到 $\alpha_1 \wedge \alpha_2$ 的推导.

(2.2.2) $\alpha = \alpha_1 \to \alpha_2$. 首先有以下变换:

$$\begin{matrix}[\neg(\alpha_1 \to \alpha_2)]^n\\ \mathcal{D}'\\ \cfrac{\bot}{\alpha_1 \to \alpha_2}\,(RAA^n)\end{matrix} \qquad \rightsquigarrow \qquad \cfrac{\cfrac{[\neg\alpha_2]^i \quad \cfrac{[\alpha_1 \to \alpha_2]^j \quad [\alpha_1]^h}{\alpha_2}\,(\to E)}{\cfrac{\bot}{\neg(\alpha_1 \to \alpha_2)}\,(\to I^j)}\,(\to E)}{\cfrac{\mathcal{D}'}{\cfrac{\cfrac{\bot}{\alpha_2}\,(RAA^i)}{\alpha_1 \to \alpha_2}\,(\to I^h)}}$$

由归纳假设得, 以下推导

$$\cfrac{\cfrac{[\neg\alpha_2]^i \quad \cfrac{[\alpha_1 \to \alpha_2]^j \quad [\alpha_1]^h}{\alpha_2}\,(\to E)}{\cfrac{\bot}{\neg(\alpha_1 \to \alpha_2)}\,(\to I^j)}\,(\to E)}{\cfrac{\mathcal{D}'}{\cfrac{\bot}{\alpha_2}\,(RAA^i)}}$$

可转化为 NK° 中推导 $\begin{matrix}\mathcal{D}''\\ \alpha_2\end{matrix}$. 由此以下推导

$$\cfrac{\begin{matrix}\mathcal{D}''\\ \alpha_2\end{matrix}}{\alpha_1 \to \alpha_2}\,(\to I)$$

是 NK° 中 Γ 到 $\alpha_1 \to \alpha_2$ 的推导. □

由引理 3.1 和引理 3.2 得, 自然演绎 NK, NK^* 和 NK° 是等价的. 要证明 NK 的正规化定理, 只需证明 NK° 的正规化定理. 对 NK° 而言, 仅有 ∧-变换和 →-变换:

$$\cfrac{\cfrac{\begin{matrix}\mathcal{D}_1\\ \alpha_1\end{matrix} \quad \begin{matrix}\mathcal{D}_2\\ \alpha_2\end{matrix}}{\alpha_1 \wedge \alpha_2}\,(\wedge I)}{\alpha_i}\,(\wedge E_i) \qquad \rightsquigarrow \qquad \begin{matrix}\mathcal{D}_i\\ \alpha_i\end{matrix}$$

$$
\begin{array}{ccc}
\begin{array}{c}
[\beta]^n \\
\mathcal{D}_1 \\
\dfrac{\alpha}{\beta \to \alpha} \ (\to I^n)
\end{array}
&
\begin{array}{c}
\\
\\
\mathcal{D}_2 \\
\beta
\end{array}
&
\\
\multicolumn{2}{c}{\dfrac{}{\alpha} \ (\to E)} &
\end{array}
\qquad \rightsquigarrow \qquad
\begin{array}{c}
\mathcal{D}_2 \\
\beta \\
\mathcal{D}_1 \\
\alpha
\end{array}
$$

对 NK° 中任何推导 $\mathcal{D}$, 根据上述变换可将 $\mathcal{D}$ 转化为标准形式. 我们用记号 $\mathcal{D} \rightsquigarrow_1 \mathcal{D}'$ 表示推导 $\mathcal{D}$ 经过 1 步变换转化为 $\mathcal{D}'$.

定义 3.6　在 NK° 中, 一个变换串称为**归约序列**. 称一个推导 $\mathcal{D}$ 为**正规推导**, 如果不存在推导 $\mathcal{D}'$ 使得 $\mathcal{D} \rightsquigarrow_1 \mathcal{D}'$. 记号 $\mathcal{D} \rightsquigarrow \mathcal{D}'$ 表示 $\mathcal{D}$ 经过有穷多步变换转化为 $\mathcal{D}'$. 记号 $\mathcal{D} \twoheadrightarrow \mathcal{D}'$ 表示 $\mathcal{D} \rightsquigarrow \mathcal{D}'$ 或者 $\mathcal{D} = \mathcal{D}'$. 如果 $\mathcal{D} \twoheadrightarrow \mathcal{D}'$ 并且 $\mathcal{D}'$ 是正规推导, 则称 $\mathcal{D}$ **正规化**为 $\mathcal{D}'$. 称推导 $\mathcal{D}$ **可正规化**, 如果存在正规推导 $\mathcal{D}'$ 使得 $\mathcal{D} \twoheadrightarrow \mathcal{D}'$.

定义 3.7　设 $\mathcal{D}$ 是 NK° 中推导. 在推导 $\mathcal{D}$ 中一个分枝上的极大复杂度的切割公式称为**极大切割公式**. 定义 $k = \max\{d(\alpha) : \alpha 是 \mathcal{D} 的切割公式\}$. 规定 $\max \varnothing = 0$. 令 n 是极大切割公式的数目. 称 $ch(\mathcal{D}) = (k, n)$ 为 $\mathcal{D}$ 的切割高度. 特别地, 如果 $\mathcal{D}$ 不含有切割公式, 令 $ch(\mathcal{D}) = (0, 0)$.

正规化是消除切割公式的过程. 对任何推导 $\mathcal{D}$, 逐渐降低它的切割高度, 直到消除所有切割公式. 切割高度的次序定义为:

$$(k_1, n_1) < (k_2, n_2) \text{ 当且仅当 } k_1 < k_2, \text{ 或者 } k_1 = k_2 \text{ 并且 } n_1 < n_2$$

在空间 $\mathbb{N} \times \mathbb{N}$ 上定义的次序 $<$ 是良序, 即没有无穷下降的 $<$-序列.

引理 3.3　设 $\mathcal{D}$ 是 NK° 中推导, 其中含切割公式 α 使得 $d(\alpha) = n$ 并且对 $\mathcal{D}$ 中任意其他切割公式 α' 都有 $d(\alpha') < n$. 那么对推导 $\mathcal{D}$ 在切割公式 α 上进行变换可得到推导 $\mathcal{D}'$ 使得 $\mathcal{D}'$ 中所有切割公式的复杂度小于 n.

证明　考虑一个分枝上底部切割公式 α, 检验转换后推导中切割公式的复杂度.

(1) $\alpha = \alpha_1 \wedge \alpha_2$. 令推导 $\mathcal{D}$ 为

$$
\dfrac{\dfrac{\begin{array}{cc}\mathcal{D}_1 & \mathcal{D}_2 \\ \alpha_1 & \alpha_2\end{array}}{\alpha_1 \wedge \alpha_2} \ (\wedge I)}{\alpha_i} \ (\wedge E)
$$

那么 $\mathcal{D} \rightsquigarrow_1 \mathcal{D}' = \begin{array}{c}\mathcal{D}_i \\ \alpha_i\end{array}$. 因为 $\mathcal{D}_i$ 不变, 所以 $\mathcal{D}'$ 中切割公式的复杂度小于 n.

(2) $\alpha = \alpha_1 \to \alpha_2$. 令推导 $\mathcal{D}$ 为

$$
\dfrac{\dfrac{\begin{array}{c}[\alpha_1]^n \\ \mathcal{D}_1 \\ \alpha_2\end{array}}{\alpha_1 \to \alpha_2} \ (\to I^n) \qquad \begin{array}{c}\mathcal{D}_2 \\ \alpha_1\end{array}}{\alpha_2} \ (\to E)
$$

那么 $\mathcal{D} \rightsquigarrow_1 \mathcal{D}' = \begin{array}{c} \mathcal{D}_2 \\ \alpha_1 \\ \mathcal{D}_1 \\ \alpha_2 \end{array}$. 因为 $\mathcal{D}_1, \mathcal{D}_2$ 不变, 所以 $\mathcal{D}'$ 中切割公式复杂度小于 n. □

引理 3.4 设 $\mathcal{D}$ 是 HK° 中推导并且 $ch(\mathcal{D}) > (0,0)$. 那么存在 HK° 中推导 $\mathcal{D}'$ 使得 $\mathcal{D} \rightsquigarrow_1 \mathcal{D}'$ 并且 $ch(\mathcal{D}') < ch(\mathcal{D})$.

证明 设 $ch(\mathcal{D}) > (0,0)$. 选择 $\mathcal{D}$ 中极大切割公式 α, 它以上的推导中切割公式复杂度小于它的复杂度. 对 α 进行变换得到推导 $\mathcal{D}'$, 它是用 $\mathcal{D}''$ 替换 α 以上部分推导得到的. 由引理 3.3 得, $\mathcal{D}''$ 中切割公式的复杂度降低. 因此 $ch(\mathcal{D}') < ch(\mathcal{D})$. □

定理 3.3(正规化) 在 NK 中每个推导都可转化为正规推导.

证明 由引理 3.1 和引理 3.2, NK 中每个推导可以转化 NK° 中推导 $\mathcal{D}$. 由引理 3.4 得, 推导 $\mathcal{D}$ 可归约为切割高度为 $(0,0)$ 的正规推导. □

定义 3.8 在推导 $\mathcal{D}$ 中, 一条**路径**是有穷公式序列 $\alpha_0, \cdots, \alpha_n$, 其中 α_0 是前提或假设, α_n 是结论, α_i 是 α_{i+1} 的前提 $(0 \leqslant i \leqslant n-1)$. 一条**轨迹**是一条路径的初始段, 它终止于第一个小前提或终止于结论. 一条轨迹只能穿过消去规则的大前提. 我们用 s, t 等 (可带下标) 表示轨迹. 一条轨迹 t 的底部最后一个公式称为 t 的**尾公式**; 其顶部第一个公式称为 t 的**头公式**.

例 3.6 考虑以下推导:

$$\dfrac{[\alpha \to (\beta \to \gamma)]^1 \quad \dfrac{[\alpha \wedge \beta]^2}{\alpha}\,(\wedge E)}{\dfrac{\dfrac{\beta \to \gamma}{\gamma}\,(\to E) \quad \dfrac{[\alpha \wedge \beta]^2}{\beta}\,(\wedge E)}{\dfrac{\dfrac{\gamma}{(\alpha \wedge \beta) \to \gamma}\,(\to I^2)}{(\alpha \to (\beta \to \gamma)) \to ((\alpha \wedge \beta) \to \gamma)}\,(\to I^1)}\,(\to E)}$$

该推导的树结构如下:

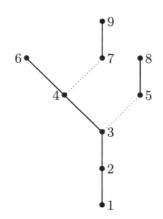

图中粗线部分形成三条轨迹, 它们是 $(6,4,3,2,1)$, $(9,7)$ 和 $(8,5)$.

在正规推导中, 每条轨迹中一个联结词的引入规则不能出现于消去规则之前, 中间位置出现的规则是 $(\bot E)$ 或 (RAA), 但 $\bot$ 不可能是引入规则的结论. 因此, 每条轨迹至多由三部分组成: 消去规则应用部分, $(\bot E)$ 规则应用部分, 引入规则应用部分. 三部分必须依次出现, 但是每个部分可以是空的. 此外, 任意正规推导 $\mathcal{D}$ 至少有一条终止于结论的极大轨迹.

定义 3.9   设 t 是正规推导 $\mathcal{D}$ 中的轨迹. 定义

$$o(t) = \begin{cases} 0, & \text{如果}t\text{是极大轨迹} \\ o(t') + 1, & \text{如果}t\text{的尾公式是}t'\text{中某个大前提的小前提} \end{cases}$$

称为 t 与极大轨迹之间的**距离**.

一个正规推导中的轨迹是通过它们与极大轨迹的 “距离” 进行分类的. 在例 3.6 中, $o(6,4,3,2,1) = 0$, $o(9,7) = o(6,4,3,2,1) + 1 = 1$ 并且 $o(8,5) = o(6,4,3,2,1) + 1 = 1$.

推论 3.2(子公式性质)   令 $\mathcal{D}$ 是 NK° 中 Γ 到 α 的正规推导. 对 $\mathcal{D}$ 中出现的每个公式 β, 如果 β 不是被 (RAA) 撤销的公式或者被 (RAA) 撤销假设的直接结论 $\bot$, 那么 β 是 Γ, α 中某个公式的子公式.

证明   考虑 $\mathcal{D}$ 中公式 β. 设它不是被 (RAA) 撤销的公式, 也不是被撤销假设的直接结论 $\bot$. 如果 β 出现于轨迹 t 的消去规则部分, 那么它是 t 的头公式的子公式. 否则, 它是轨迹 t 的尾公式 β_1 的子公式, 因此 β_1 是轨迹 t_1 的某个公式 β_2 的子公式, 其中 $o(t_1) < o(t)$. 重复该论证, β 是 Γ, α 中某个公式的子公式. 设 β 是某个被撤销假设的子公式. 那么它是 $(\rightarrow I)$ 结论中蕴涵式的子公式, 或者 (RAA) 的结论, 或者被 (RAA) 撤销, 或者它是被 (RAA) 撤销假设的直接结论 $\bot$.   □

以下证明 NJ 的正规化定理. 在直觉主义逻辑中, $\vee$ 不能通过其他联结词定义. 正规化还需要使用以下$\vee$-**变换**:

$$\frac{\begin{array}{c}\mathcal{D}\\ \alpha_i \\ \hline \alpha_1 \vee \alpha_2\end{array}(\vee I) \quad \begin{array}{c}[\alpha_1]^m \\ \mathcal{D}_1 \\ \beta\end{array} \quad \begin{array}{c}[\alpha_2]^n \\ \mathcal{D}_2 \\ \beta\end{array}}{\beta}(\vee E^{mn}) \quad \rightsquigarrow \quad \begin{array}{c}\mathcal{D} \\ \alpha_i \\ \mathcal{D}_i \\ \beta\end{array}$$

在 NJ 中还有更多问题要解决. 首先, 规则 $(\vee E)$ 可能出现空撤销的情况. 如果 β 没有被撤销, 有以下变换:

$$\frac{\alpha_1 \vee \alpha_2 \qquad \begin{array}{c}\mathcal{D}_1 \\ \beta\end{array} \qquad \begin{array}{c}\mathcal{D}_2 \\ \beta\end{array}}{\beta} \quad \rightsquigarrow \quad \begin{array}{c}\mathcal{D}_i \\ \beta\end{array}$$

其次, 由于 $(\vee E)$ 规则的使用, 在一条轨迹中某个联结词引入之后经过若干步被消去, 但是不能直接进行变换. 例如,

$$\cfrac{\alpha \vee \alpha \qquad \cfrac{\cfrac{[\alpha]^1 \quad [\alpha]^1}{\alpha \wedge \alpha}(\wedge I) \qquad \cfrac{[\alpha]^2 \quad [\alpha]^2}{\alpha \wedge \alpha}(\wedge I)}{\alpha \wedge \alpha}(\vee E^{12})}{\cfrac{\alpha \wedge \alpha}{\alpha}(\wedge E)}$$

合取引入两步之后出现合取消去, 这里不能直接进行变换. 显然, 这样的推导不是正规推导, 因为它有多余的步骤. 为解决这个问题, 我们改变规则的应用次序, 从而进行以下 $\vee$-**排列变换**:

$$\cfrac{\cfrac{\begin{array}{ccc}\mathcal{D} & \mathcal{D}_1 & \mathcal{D}_2 \\ \alpha_1 \vee \alpha_2 & \beta & \beta\end{array}}{\beta}}{\gamma}\mathcal{E}\;(E\text{-规则}) \quad\rightsquigarrow\quad \cfrac{\begin{array}{ccc}\mathcal{D} & \cfrac{\begin{array}{cc}\mathcal{D}_1 & \\ \beta & \mathcal{E}\end{array}}{\gamma} & \cfrac{\begin{array}{cc}\mathcal{D}_2 & \\ \beta & \mathcal{E}\end{array}}{\gamma}\\ \alpha_1 \vee \alpha_2 & &\end{array}}{\gamma}$$

例如, 前面的推导经过 $\vee$-排列变换得到:

$$\cfrac{\alpha \vee \alpha \qquad \cfrac{\cfrac{[\alpha]^1 \quad [\alpha]^1}{\alpha \wedge \alpha}(\wedge I)}{\alpha}(\wedge E) \qquad \cfrac{\cfrac{[\alpha]^2 \quad [\alpha]^2}{\alpha \wedge \alpha}(\wedge I)}{\alpha}(\wedge E)}{\alpha}(\vee E^{12})$$

然后再进行 $\wedge$-变换得到:

$$\cfrac{\alpha \vee \alpha \qquad [\alpha]^1 \qquad [\alpha]^2}{\alpha}(\vee E^{12})$$

下面扩展 NK 中的切割概念, 对 NJ 定义切割段的概念.

定义 3.10   在 NJ 推导 $\mathcal{D}$ 中, 一条轨迹上的公式 χ 始于引入规则结论而终止于消去规则的多次出现的序列称为一个**切割段**, 公式 χ 称为**切割公式**. 一个**极大切割段**是含极大复杂度的切割公式的切割段.

此前已说明, 切割段底部的消去规则可通过排列变换上移, 进而用联结词变换规则消除切割公式. 例如, 以下推导

$$\cfrac{\alpha_2 \qquad \cfrac{\alpha_1 \qquad \cfrac{\begin{array}{c}[\beta] \\ \mathcal{D} \\ \sigma\end{array}}{\beta \rightarrow \sigma}}{\beta \rightarrow \sigma}}{\cfrac{\beta \rightarrow \sigma \qquad\qquad\qquad \beta}{\sigma}}$$

可变换为

$$
\cfrac{\alpha_2 \qquad \cfrac{\cfrac{\alpha_1 \qquad \beta \to \sigma}{\beta \to \sigma} \qquad \beta}{\sigma}}{\sigma}
$$

其中 $\beta \to \sigma$ 上方为
$$
\begin{array}{c}
[\beta] \\
\mathcal{D} \\
\sigma
\end{array}
$$

进一步可变换为

$$
\cfrac{\alpha_2 \qquad \cfrac{\alpha_1 \qquad \cfrac{\beta \to \sigma \qquad \beta}{\sigma}}{\sigma}}{\sigma}
$$

其中 $\beta \to \sigma$ 上方为
$$
\begin{array}{c}
[\beta] \\
\mathcal{D} \\
\sigma
\end{array}
$$

现在通过 →-变换消除切割公式 $\beta \to \sigma$:

$$
\cfrac{\alpha_2 \qquad \cfrac{\alpha_1 \qquad \cfrac{\begin{array}{c}\beta \\ \mathcal{D} \\ \sigma\end{array}}{}}{\sigma}}{\sigma}
$$

为证明 NJ 的正规化定理, 还要使用以下联结词 ⊥ 的变换规则:

$$
\cfrac{\cfrac{\mathcal{D}}{\bot}}{\alpha \vee \beta} \qquad \rightsquigarrow \qquad \cfrac{\cfrac{\cfrac{\mathcal{D}}{\bot}}{\alpha}}{\alpha \vee \beta}
$$

定义 3.11 一个切割段的高度定义为其切割公式的复杂度. 令 $k = \max\{d(\alpha) : \alpha$ 是 $\mathcal{D}$ 中切割公式$\}$ 并且 n 是极大切割段的数目. 一个推导 $\mathcal{D}$ 的**切割高度**定义为 $ch(\mathcal{D}) = (k, n)$. 切割高度的次序与此前定义相同.

引理 3.5 如果 NJ 中推导 $\mathcal{D}$ 终止于某个极大切割段并且所有其他切割段高度均小于该切割段的高度, 那么 $\mathcal{D}$ 可以通过排列变换和联结词变换归约为较小切割高度的推导.

证明 对极大切割段进行变换使得消去规则紧随引入规则之后. 例如,

$$
\cfrac{\gamma_1 \qquad \cfrac{\gamma_2 \qquad \cfrac{\gamma_3 \qquad \cfrac{\alpha \quad \beta}{\alpha \wedge \beta}}{\alpha \wedge \beta}}{\alpha \wedge \beta}}{\alpha} \qquad \rightsquigarrow \qquad \cfrac{\gamma_1 \qquad \cfrac{\gamma_2 \qquad \cfrac{\gamma_3 \qquad \cfrac{\cfrac{\alpha \quad \beta}{\alpha \wedge \beta}}{\alpha}}{\alpha}}{\alpha}}{\alpha}
$$

注意切割高度减小. 因此可运用 ∧-变换消除切割公式:

$$\cfrac{\gamma_1 \quad \cfrac{\gamma_2 \quad \cfrac{\gamma_3 \quad \alpha}{\alpha}}{\alpha}}{\alpha}$$

所得推导的切割高度变小. □

引理 3.6 对 NJ 推导 $\mathcal{D}$, 设 $ch(\mathcal{D}) > (0,0)$. 那么存在推导 $\mathcal{D}'$ 使得 $\mathcal{D} \to \mathcal{D}'$ 并且 $ch(\mathcal{D}) > ch(\mathcal{D}')$.

证明 设 s 是 $\mathcal{D}$ 中部分推导的极大切割段并且该部分推导再无其他极大切割段出现. 由引理 3.5, 可将 $\mathcal{D}$ 变换为切割高度较小的推导 $\mathcal{D}'$. □

定理 3.4(正规化) 在 NJ 中每个推导都可转化为正规推导.

证明 由引理 3.6 得. □

在 NJ 的正规推导中, 引入规则的应用不能先于消去规则. 正规推导中的一条轨迹最多可分为三部分: 消去规则部分、(⊥) 规则部分、引入规则部分. 由这些部分组成的分段中, 最后一个公式分别是消去规则的大前提, (⊥) 规则, 或者引入规则的大前提或结论. 一个正规推导的结论至少出现于一条极大轨迹之中.

推论 3.3(子公式性质) 令 $\mathcal{D}$ 是 NJ 中 Γ 到 α 的正规推导. 那么 $\mathcal{D}$ 中出现的每个公式 β 都是 Γ, α 中某个公式的子公式.

证明 考虑 $\mathcal{D}$ 中公式 β. 若 β 出现于轨迹 t 的消去规则部分, 则它是 t 的头公式的子公式. 否则, 它是 t 的尾公式的子公式. 因此 β 是 Γ, α 中公式的子公式. □

最后, 我们来证明 NJ 和 NK 的完全性, 其方法是将自然演绎中的推导转化为公理系统中的推导. 首先证明 NJ 的完全性. 令 HJ$^\sharp$ 是在公理系统 HJ 上增加规则 ($\to I$) 而得到的自然演绎 (公理可看作无前提的规则). 在 HJ$^\sharp$ 中一个推导 $\mathcal{D}$ 是树结构, 其叶节点是 HJ 公理的代入、前提或者临时假设.

定理 3.5 对任意公式集 $\Gamma \cup \{\alpha\}$, 如果 $\Gamma \vdash_{\mathsf{NJ}} \alpha$, 那么 $\Gamma \vdash_{\mathsf{HJ}} \alpha$.

证明 设 $\Gamma \vdash_{\mathsf{NJ}} \alpha$. 在 NJ 中存在 Γ 到 α 的推导 $\mathcal{D}$. 以下变换可将 $\mathcal{D}$ 转化为 HJ$^\sharp$ 中的推导 $\mathcal{D}'$:

($\wedge I$)-变换:

$$\cfrac{\begin{matrix}\mathcal{D}_1 \\ \alpha\end{matrix} \quad \begin{matrix}\mathcal{D}_2 \\ \beta\end{matrix}}{\alpha \wedge \beta} \quad \rightsquigarrow \quad \cfrac{\cfrac{\alpha \to (\beta \to (\alpha \wedge \beta)) \quad \begin{matrix}\mathcal{D}'_1 \\ \alpha\end{matrix}}{\beta \to (\alpha \wedge \beta)} \quad \begin{matrix}\mathcal{D}'_2 \\ \beta\end{matrix}}{\alpha \wedge \beta}$$

($\wedge E$)-变换:

$$\cfrac{\begin{matrix}\mathcal{D} \\ \alpha_1 \wedge \alpha_2\end{matrix}}{\alpha_i} \ (\wedge E) \quad \rightsquigarrow \quad \begin{matrix}\mathcal{D}' \\ \alpha_i\end{matrix}$$

$(\vee I)$-变换:

$$\frac{\begin{array}{c}\mathcal{D}\\\alpha_i\end{array}}{\alpha_1 \vee \alpha_2}\,(\vee I) \quad\rightsquigarrow\quad \frac{\alpha_i \to (\alpha_1 \vee \alpha_2) \qquad \begin{array}{c}\mathcal{D}'\\\alpha_i\end{array}}{\alpha_1 \vee \alpha_2}$$

$(\vee E)$-变换:

$$\frac{\begin{array}{ccc}&[\alpha_1]&[\alpha_2]\\\mathcal{D}&\mathcal{D}_1&\mathcal{D}_2\\\alpha_1 \vee \alpha_2&\beta&\beta\end{array}}{\beta}\quad\rightsquigarrow$$

$$\frac{\cfrac{(\alpha_1 \to \beta) \to ((\alpha_2 \to \beta) \to (\alpha_1 \vee \alpha_2 \to \beta)) \qquad \cfrac{\begin{array}{c}[\alpha_1]\\\mathcal{D}_1'\\\beta\end{array}}{\alpha_1 \to \beta}}{\cfrac{(\alpha_2 \to \beta) \to (\alpha_1 \vee \alpha_2 \to \beta) \qquad \cfrac{\begin{array}{c}[\alpha_2]\\\mathcal{D}_2'\\\beta\end{array}}{\alpha_2 \to \beta}}{(\alpha_1 \vee \alpha_2) \to \beta \qquad\qquad \begin{array}{c}\mathcal{D}\\\alpha_1 \vee \alpha_2\end{array}}}}{\beta}$$

$(\bot)$-变换:

$$\frac{\begin{array}{c}\mathcal{D}\\\bot\end{array}}{\alpha}\quad\rightsquigarrow\quad\frac{\bot \to \alpha \qquad \begin{array}{c}\mathcal{D}'\\\bot\end{array}}{\alpha}$$

现在只需证明 $\mathsf{HJ}^{\sharp}$ 中推导 $\mathcal{D}'$ 可变换为不使用 $(\to I)$ 的推导. 显然 $\alpha \to \alpha$ 在系统 $\mathsf{HJ}^{\sharp}$ 中有不使用 $(\to I)$ 的推导. 设 $\mathcal{D}'$ 最后一步规则是 $(\to I)$:

$$\frac{\begin{array}{c}[\alpha]^n\\\mathcal{D}_1\\\beta\end{array}}{\alpha \to \beta}\,(\to I^n)$$

由归纳假设, $\mathcal{D}_1$ 可转化为不使用 $(\to I)$ 的推导 $\mathcal{D}_1'$. 对 $\mathcal{D}_1'$ 的部分推导 $\begin{array}{c}\mathcal{D}_0\\\gamma\end{array}$ 的高度归纳证明它可转化为以下推导:

$$\begin{array}{c}\mathcal{D}_0^*\\\alpha \to \gamma\end{array}$$

设 $|\mathcal{D}_0| = 0$. 如果 γ 不是 $[\alpha]^n$ 中公式 α, 那么 $\mathcal{D}_0$ 替换为

$$\frac{\gamma \to (\alpha \to \gamma) \quad \gamma}{\alpha \to \gamma}$$

如果 $\gamma = \alpha$, 以 HJ 中 $\alpha \to \alpha$ 的推导代替. 设 $|\mathcal{D}_0| > 0$ 并且 $\mathcal{D}_0$ 的最后一步是

$$\frac{\begin{array}{cc}\mathcal{D}_2&\mathcal{D}_3\\\xi \to \gamma&\xi\end{array}}{\gamma}$$

可转化为

$$
\cfrac{
\cfrac{(\alpha \to (\xi \to \gamma)) \to ((\alpha \to \xi) \to (\alpha \to \gamma)) \qquad \overset{\mathcal{D}_2^*}{\alpha \to (\xi \to \gamma)}}{(\alpha \to \xi) \to (\alpha \to \gamma)} \qquad \overset{\mathcal{D}_3^*}{\alpha \to \xi}
}{\alpha \to \gamma}
$$

重复上述过程可得, $\Gamma \vdash_{\mathsf{HJ}} \alpha$. $\qquad\qquad\square$

定理 3.6 对任意公式集 $\Gamma \cup \{\alpha\}$, 如果 $\Gamma \vdash_{\mathsf{NK}} \alpha$, 那么 $\Gamma \vdash_{\mathsf{HK}} \alpha$.

证明 与定理 3.5 的证明类似. 将 NK 中推导转化为中间系统 $\mathsf{HK}^\sharp$ 的推导时, 还要使用以下 (RAA)-变换:

$$
\begin{array}{c} [\neg\alpha] \\ \mathcal{D} \\ \cfrac{\bot}{\alpha}\,(RAA) \end{array}
\qquad \rightsquigarrow \qquad
\cfrac{\neg\neg\alpha \to \alpha \qquad \cfrac{\begin{array}{c}[\neg\alpha]\\ \mathcal{D}\\ \bot\end{array}}{\neg\neg\alpha}\,{\scriptstyle(\to I)}}{\alpha}\,{\scriptstyle(\to E)}
$$

其余证明相同. $\qquad\qquad\square$

习　题

3.1 在 FJ 中证明以下成立:

(1) $\neg(\alpha \vee \beta) \vdash_{\mathsf{FJ}} \neg\alpha \wedge \neg\beta$.

(2) $\neg\alpha \wedge \neg\beta \vdash_{\mathsf{FJ}} \neg(\alpha \vee \beta)$.

(3) $\neg\alpha \vee \neg\beta \vdash_{\mathsf{FJ}} \neg(\alpha \wedge \beta)$.

(4) $\neg\neg\neg\alpha \vdash_{\mathsf{FJ}} \neg\alpha$.

(5) $\neg\alpha \vdash_{\mathsf{FJ}} \neg\neg\neg\alpha$.

(6) $\vdash_{\mathsf{FJ}} (\alpha \to \beta) \to (\neg\beta \to \neg\alpha)$.

(7) $\neg\neg\alpha \wedge \neg\neg\beta \vdash_{\mathsf{FJ}} \neg\neg(\alpha \wedge \beta)$.

(8) $\neg\neg(\alpha \wedge \beta) \vdash_{\mathsf{FJ}} \neg\neg\alpha \wedge \neg\neg\beta$.

3.2 在 FK 中证明以下成立:

(1) $\alpha, \neg\alpha \vdash_{\mathsf{FK}} \beta$.

(2) $\neg(\alpha \wedge \beta) \vdash_{\mathsf{FK}} \neg\alpha \vee \neg\beta$.

(3) $\vdash_{\mathsf{FK}} \alpha \vee \neg\alpha$.

(4) $\vdash_{\mathsf{FK}} \neg\alpha \vee \neg\neg\alpha$.

(5) $\vdash_{\mathsf{FK}} \alpha \vee (\alpha \to \beta)$.

(6) $\vdash_{\mathsf{FK}} (\alpha \to \beta) \to ((\alpha \to \neg\beta) \to \neg\alpha)$.

(7) $\vdash_{\mathsf{FK}} (\alpha \to \beta) \vee (\beta \to \alpha)$.

(8) $\neg(\alpha \to \beta) \vdash_{\mathsf{FK}} \neg(\neg\alpha \lor \beta)$.

3.3　在 NJ 中证明以下公式:

(1) $\alpha \land (\beta \lor \gamma) \to (\alpha \land \beta) \lor (\alpha \land \gamma)$.

(2) $(\alpha \land \beta) \lor (\alpha \land \gamma) \to \alpha \land (\beta \lor \gamma)$.

(3) $\alpha \lor (\beta \land \gamma) \to (\alpha \lor \beta) \land (\alpha \lor \gamma)$.

(4) $(\alpha \lor \beta) \land (\alpha \lor \gamma) \to \alpha \lor (\beta \land \gamma)$.

(5) $\neg(\alpha \lor \beta) \to \neg\alpha \land \neg\beta$.

(6) $\neg\alpha \land \neg\beta \to \neg(\alpha \lor \beta)$.

(7) $\neg\alpha \lor \neg\beta \to \neg(\alpha \land \beta)$.

(8) $\neg\alpha \to \neg\neg\neg\alpha$.

(9) $\neg\neg\neg\alpha \to \neg\alpha$.

(10) $\alpha \land \neg\beta \to \neg(\alpha \to \beta)$.

(11) $\neg\neg(\alpha \to \beta) \to (\neg\neg\alpha \to \neg\neg\beta)$.

(12) $\neg\neg(\alpha \land \beta) \to \neg\neg\alpha \land \neg\neg\beta$.

(13) $\neg\neg\alpha \land \neg\neg\beta \to \neg\neg(\alpha \land \beta)$.

(14) $(\alpha \to (\alpha \to \beta)) \to (\alpha \to \beta)$.

(15) $(\alpha \to (\beta \to \gamma)) \to (\alpha \land \beta \to \gamma)$.

(16) $(\alpha \land \beta \to \gamma) \to (\alpha \to (\beta \to \gamma))$.

(17) $\neg\neg(\alpha \lor \neg\alpha)$.

(18) $\neg\neg(\neg\neg\alpha \to \alpha)$.

(19) $\neg\neg(\neg(\alpha \land \beta) \to \neg\alpha \lor \neg\beta)$.

(20) $\neg\neg(((\alpha \to \beta) \to \alpha) \to \alpha)$.

3.4　在 NJ 中证明以下成立:

(1) $(\alpha \lor \beta) \to \gamma \vdash_{\mathsf{NJ}} (\alpha \to \gamma) \land (\beta \to \gamma)$.

(2) $(\alpha \to \gamma) \land (\beta \to \gamma) \vdash_{\mathsf{NJ}} (\alpha \lor \beta) \to \gamma$.

(3) $\alpha \to (\beta \land \gamma) \vdash_{\mathsf{NJ}} (\alpha \to \beta) \land (\alpha \to \gamma)$.

(4) $(\alpha \to \beta) \land (\alpha \to \gamma) \vdash_{\mathsf{NJ}} \alpha \to (\beta \land \gamma)$.

3.5　证明: $((\alpha \to \beta) \to \alpha) \to \alpha, ((\gamma \to \alpha) \to \gamma) \to \gamma \vdash_{\mathsf{NJ}} ((\alpha \to \beta) \to \gamma) \to ((\alpha \to \gamma) \to \gamma)$.

3.6　在 NK 中证明以下公式:

(1) $\neg(\alpha \land \beta) \to \neg\alpha \lor \neg\beta$.

(2) $\alpha \lor \beta \to \neg(\neg\alpha \land \neg\beta)$.

(3) $\neg(\neg\alpha \land \neg\beta) \to \alpha \lor \beta$.

(4) $\alpha \land \beta \to \neg(\neg\alpha \lor \neg\beta)$.

(5) $\neg(\neg\alpha \lor \neg\beta) \to \alpha \land \beta$.

(6) $((\alpha \to \alpha) \to \alpha) \to \alpha$.

(7) $\alpha \vee (\alpha \to \beta)$.

(8) $\alpha \vee \beta \to \neg(\neg \alpha \to \beta)$.

(9) $\neg(\neg \alpha \to \beta) \to \alpha \vee \beta$.

(10) $(\alpha \to \beta) \to \neg \alpha \vee \beta$.

(11) $\neg \alpha \vee \beta \to (\alpha \to \beta)$.

(12) $\alpha \vee \beta \to ((\alpha \to \beta) \to \beta)$.

(13) $((\alpha \to \beta) \to \beta) \to \alpha \vee \beta$.

(14) $\neg(\alpha \to \beta) \to \alpha \wedge \neg \beta$.

(15) $\alpha \wedge \neg \beta \to \neg(\alpha \to \beta)$.

第 4 章 矢 列 演 算

自然演绎可以看作后承关系的演算. 在 NJ 和 NK 中, 一个后承关系 $\Gamma \vdash \alpha$ 成立当且仅当存在从 Γ 的某个有穷子集到 α 的推导. 本章要介绍的甘岑矢列演算也是关于后承关系的演算, 它与自然演绎系统有密切联系. 自然演绎系统中每个联结词有引入规则和消去规则, 它们分别转化为矢列演算中联结词的左规则和右规则. 自然演绎系统的正规化定理, 在矢列演算中变化为切割消除定理, 这是通过证明论方法研究逻辑性质的重要工具, 运用切割消除定理可以证明矢列演算的子公式性质、可判定性和插值性质等.

4.1 G0 型矢列演算

一个公式结构 (简称为**结构**) 是由有穷多个公式组成的公式序列. 我们用 Γ, Δ, Σ(可带下标) 等大写希腊字母表示结构. 特别地, 空序列记为 $\varnothing$. 一个结构 Γ 的**长度**是指该序列的长度, 记为 $|\Gamma|$. 空序列 $\varnothing$ 的长度为 0. 由公式 $\alpha_1, \cdots, \alpha_n \in Fm$ 组成的结构记为 $\alpha_1, \cdots, \alpha_n$. 这里逗号也称为**结构算子**. 对任意结构 Γ 和 Δ, 我们用 $\Gamma \cap \Delta$ 表示两个结构中相同分量的集合. 此外, 我们也用记号 $\alpha \in \Gamma$ 表示 α 是 Γ 的一个分量.

定义 4.1 一个**矢列**是形如 $\Gamma \Rightarrow \Delta$ 的表达式, 其中 Γ 和 Δ 是结构. 对任意矢列 $\Gamma \Rightarrow \Delta$, 其中 Γ 称为**前件**, Δ 称为**后件**. 一个**矢列规则**(R) 是以下形式的分式:

$$\frac{\Gamma_1 \Rightarrow \Delta_1 \quad \cdots \quad \Gamma_n \Rightarrow \Delta_n}{\Gamma_0 \Rightarrow \Delta_0}(R)$$

其中 $\Gamma_i \Rightarrow \Delta_i$ $(1 \leqslant i \leqslant n)$ 称为 (R) 的**前提**, $\Gamma_0 \Rightarrow \Delta_0$ 称为 (R) 的**结论**.

例 4.1 对任意公式 α, 结构 $\overbrace{\alpha, \cdots, \alpha}^{n}$ 记为 α^n, 它是由 α 的 n 次出现组成的. 从变元 p 和 q 可以得到结构 p, p, q, p, q, q. 对任意公式结构 Γ, 表达式 $\Gamma \Rightarrow$ 和 $\Rightarrow \Gamma$ 都是矢列. 特别地, $\Rightarrow$ 也是矢列, 它的前件和后件都是空序列.

令 $\Gamma = \alpha_1, \cdots, \alpha_n$ 并且 $\Delta = \beta_1, \cdots, \beta_m$. 令 $\bigwedge \Gamma = \alpha_1 \wedge \cdots \wedge \alpha_n$ 并且 $\bigvee \Delta = \beta_1 \vee \cdots \vee \beta_m$. 特别地, $\bigwedge \varnothing = \top$ 并且 $\bigvee \varnothing = \bot$. 在古典句子逻辑中, 一个矢列 $\Gamma \Rightarrow \Delta$ 的直观意思是, 如果 Γ 中所有公式是真的, 那么 Δ 中至少有一个公式是真的, 即 $\bigwedge \Gamma \to \bigvee \Delta$ 是重言式. 称矢列 $\Gamma \Rightarrow \Delta$ 有效 (记号 $\models \Gamma \Rightarrow \Delta$), 如果 $\bigwedge \Gamma \to \bigvee \Delta$ 是重言式. 矢列前件中逗号的意义是 $\wedge$, 后件中逗号的意义是 $\vee$.

定义 4.2 古典句子逻辑的矢列演算 G0cp 由以下公理模式和矢列规则组成:

(1) 公理模式

$$(\text{Id})\ \alpha \Rightarrow \alpha \quad (\bot)\ \bot \Rightarrow$$

(2) 联结词规则

$$\frac{\alpha_i, \Gamma \Rightarrow \Delta}{\alpha_1 \wedge \alpha_2, \Gamma \Rightarrow \Delta}(\wedge \Rightarrow)(i = 1, 2) \qquad \frac{\Gamma \Rightarrow \Delta, \alpha \quad \Gamma \Rightarrow \Delta, \beta}{\Gamma \Rightarrow \Delta, \alpha \wedge \beta}(\Rightarrow \wedge)$$

$$\frac{\alpha, \Gamma \Rightarrow \Delta \quad \beta, \Gamma \Rightarrow \Delta}{\alpha \vee \beta, \Gamma \Rightarrow \Delta}(\vee \Rightarrow) \qquad \frac{\Gamma \Rightarrow \Delta, \alpha_i}{\Gamma \Rightarrow \Delta, \alpha_1 \vee \alpha_2}(\Rightarrow \vee)(i = 1, 2)$$

$$\frac{\Gamma \Rightarrow \Delta, \alpha \quad \beta, \Gamma \Rightarrow \Delta}{\alpha \rightarrow \beta, \Gamma \Rightarrow \Delta}(\rightarrow \Rightarrow) \qquad \frac{\alpha, \Gamma \Rightarrow \Delta, \beta}{\Gamma \Rightarrow \Delta, \alpha \rightarrow \beta}(\Rightarrow \rightarrow)$$

对联结词 $\odot \in \{\wedge, \vee, \rightarrow\}$, $(\odot \Rightarrow)$ 称为联结词 $\odot$ 的**左规则**, $(\Rightarrow \odot)$ 称为 $\odot$ 的**右规则**. 每条联结词规则中下方含联结词的公式称为**主公式**.

(3) 结构规则

(3.1) 弱化规则

$$\frac{\Gamma \Rightarrow \Delta}{\alpha, \Gamma \Rightarrow \Delta}(w \Rightarrow) \qquad \frac{\Gamma \Rightarrow \Delta}{\Gamma \Rightarrow \Delta, \alpha}(\Rightarrow w)$$

(3.2) 收缩规则

$$\frac{\alpha, \alpha, \Gamma \Rightarrow \Delta}{\alpha, \Gamma \Rightarrow \Delta}(c \Rightarrow) \qquad \frac{\Gamma \Rightarrow \Delta, \alpha, \alpha}{\Gamma \Rightarrow \Delta, \alpha}(\Rightarrow c)$$

(3.3) 交换规则

$$\frac{\Gamma, \alpha, \beta, \Sigma \Rightarrow \Delta}{\Gamma, \beta, \alpha, \Sigma \Rightarrow \Delta}(e \Rightarrow) \qquad \frac{\Gamma \Rightarrow \Sigma, \alpha, \beta, \Delta}{\Gamma \Rightarrow \Sigma, \beta, \alpha, \Delta}(\Rightarrow e)$$

(4) 切割规则:

$$\frac{\Gamma \Rightarrow \Delta, \alpha \quad \alpha, \Sigma \Rightarrow \Theta}{\Gamma, \Sigma \Rightarrow \Delta, \Theta}(cut)$$

其中 α 称为**切割公式**.

在 G0cp 中, 一个**推导** $\mathcal{D}$ 是由矢列组成的有穷树状结构, 其中每个节点要么是公理, 要么是从子节点使用某个规则得到的. 一个推导 $\mathcal{D}$ 的**高度** (记号 $|\mathcal{D}|$) 是其中极大分枝长度. 由单个节点组成的推导的高度为 0. 称矢列 $\Gamma \Rightarrow \Delta$ 在 G0cp 中**可推导** (记号 $\text{G0cp} \vdash \Gamma \Rightarrow \Delta$), 如果 G0cp 中存在以 $\Gamma \Rightarrow \Delta$ 为根节点的推导. 对任意 $n \geqslant 0$, 记号 $\text{G0cp} \vdash_n \Gamma \Rightarrow \Delta$ 表示 $\Gamma \Rightarrow \Delta$ 在 G0cp 中有高度不超过 n 的推导. 称以 $\Gamma_i \Rightarrow \Delta_i\ (1 \leqslant i \leqslant n)$ 为前提并且以 $\Gamma_0 \Rightarrow \Delta_0$ 为结论的矢列规则 (R) 在 G0cp 中**可允许**, 如果 $\text{G0cp} \vdash \Gamma_i \Rightarrow \Delta_i\ (1 \leqslant i \leqslant n)$ 蕴涵 $\text{G0cp} \vdash \Gamma_0 \Rightarrow \Delta_0$. 不引起歧义时, 可删除前缀 G0cp. 在推导中连续 n 次应用矢列规则 (R) 记为 $(R)^n$.

矢列演算 G0cp 的联结词规则与自然演绎中联结词的引入规则和消去规则有对应关系. 左规则相当于自然演绎中联结词的消去规则, 右规则相当于自然演绎中联结词的引入规则. 这一点从左规则和右规则的意义可以看出.

例 4.2 在 G0cp 中以下矢列可推导:

(1) $\alpha \wedge (\beta \wedge \gamma) \Rightarrow (\alpha \wedge \beta) \wedge \gamma$. 推导如下:

$$
\dfrac{
\dfrac{\dfrac{\alpha \Rightarrow \alpha}{\alpha \wedge (\beta \wedge \gamma) \Rightarrow \alpha}(\wedge\Rightarrow) \quad \dfrac{\dfrac{\dfrac{\beta \Rightarrow \beta}{\beta \wedge \gamma \Rightarrow \beta}(\wedge\Rightarrow)}{\alpha \wedge (\beta \wedge \gamma) \Rightarrow \beta}(\wedge\Rightarrow)}{}}{\alpha \wedge (\beta \wedge \gamma) \Rightarrow \alpha \wedge \beta}(\Rightarrow\wedge) \quad \dfrac{\dfrac{\dfrac{\gamma \Rightarrow \gamma}{\beta \wedge \gamma \Rightarrow \gamma}(\wedge\Rightarrow)}{\alpha \wedge (\beta \wedge \gamma) \Rightarrow \gamma}(\wedge\Rightarrow)}{}
}{\alpha \wedge (\beta \wedge \gamma) \Rightarrow (\alpha \wedge \beta) \wedge \gamma}(\Rightarrow\wedge)
$$

(2) $\alpha \wedge \beta \Rightarrow \beta \wedge \alpha$. 推导如下:

$$
\dfrac{\dfrac{\beta \Rightarrow \beta}{\alpha \wedge \beta \Rightarrow \beta}(\wedge\Rightarrow) \quad \dfrac{\alpha \Rightarrow \alpha}{\alpha \wedge \beta \Rightarrow \alpha}(\wedge\Rightarrow)}{\alpha \wedge \beta \Rightarrow \beta \wedge \alpha}(\Rightarrow\wedge)
$$

(3) $\alpha \wedge \beta \Rightarrow \alpha$. 推导如下:

$$
\dfrac{\alpha \Rightarrow \alpha}{\alpha \wedge \beta \Rightarrow \alpha}(\wedge\Rightarrow)
$$

(4) $\alpha \Rightarrow \alpha \wedge (\alpha \vee \beta)$. 推导如下:

$$
\dfrac{\alpha \Rightarrow \alpha \quad \dfrac{\alpha \Rightarrow \alpha}{\alpha \Rightarrow \alpha \vee \beta}(\Rightarrow\vee)}{\alpha \Rightarrow \alpha \wedge (\alpha \vee \beta)}(\Rightarrow\wedge)
$$

(5) $\alpha \wedge (\beta \vee \gamma) \Rightarrow (\alpha \wedge \beta) \vee (\alpha \wedge \gamma)$. 推导如下:

$$
\dfrac{
\dfrac{
\dfrac{
\dfrac{\dfrac{\alpha \Rightarrow \alpha}{\beta, \alpha \Rightarrow \alpha}(w\Rightarrow) \quad \dfrac{\dfrac{\dfrac{\beta \Rightarrow \beta}{\alpha, \beta \Rightarrow \beta}(w\Rightarrow)}{\beta, \alpha \Rightarrow \beta}(e\Rightarrow)}{}}{\beta, \alpha \Rightarrow \alpha \wedge \beta}(\Rightarrow\wedge)}{\beta, \alpha \Rightarrow (\alpha \wedge \beta) \vee (\alpha \wedge \gamma)}(\Rightarrow\vee) \quad \dfrac{\dfrac{\dfrac{\alpha \Rightarrow \alpha}{\gamma, \alpha \Rightarrow \alpha}(w\Rightarrow) \quad \dfrac{\dfrac{\dfrac{\gamma \Rightarrow \gamma}{\alpha, \gamma \Rightarrow \gamma}(w\Rightarrow)}{\gamma, \alpha \Rightarrow \gamma}(e\Rightarrow)}{}}{\gamma, \alpha \Rightarrow \alpha \wedge \gamma}(\Rightarrow\wedge)}{\gamma, \alpha \Rightarrow (\alpha \wedge \beta) \vee (\alpha \wedge \gamma)}(\Rightarrow\vee)
}{\beta \vee \gamma, \alpha \Rightarrow (\alpha \wedge \beta) \vee (\alpha \wedge \gamma)}(\vee\Rightarrow)
}{\alpha \wedge (\beta \vee \gamma), \alpha \Rightarrow (\alpha \wedge \beta) \vee (\alpha \wedge \gamma)}(\wedge\Rightarrow)
}{\alpha, \alpha \wedge (\beta \vee \gamma) \Rightarrow (\alpha \wedge \beta) \vee (\alpha \wedge \gamma)}(e\Rightarrow)
$$

$$
\dfrac{\dfrac{\alpha, \alpha \wedge (\beta \vee \gamma) \Rightarrow (\alpha \wedge \beta) \vee (\alpha \wedge \gamma)}{\alpha \wedge (\beta \vee \gamma), \alpha \wedge (\beta \vee \gamma) \Rightarrow (\alpha \wedge \beta) \vee (\alpha \wedge \gamma)}(\wedge\Rightarrow)}{\alpha \wedge (\beta \vee \gamma) \Rightarrow (\alpha \wedge \beta) \vee (\alpha \wedge \gamma)}(c\Rightarrow)
$$

(6) $\Rightarrow \alpha \vee \neg\alpha$ 和 $\alpha \wedge \neg\alpha \Rightarrow$. 推导如下:

$$\dfrac{\dfrac{\dfrac{\dfrac{\dfrac{\dfrac{\dfrac{\alpha \Rightarrow \alpha}{\alpha \Rightarrow \alpha, \bot}\,(\Rightarrow w)}{\Rightarrow \alpha, \neg\alpha}\,(\Rightarrow\to)}{\Rightarrow \alpha, \alpha \vee \neg\alpha}\,(\Rightarrow\vee)}{\Rightarrow \alpha \vee \neg\alpha, \alpha}\,(\Rightarrow e)}{\Rightarrow \alpha \vee \neg\alpha, \alpha \vee \neg\alpha}\,(\Rightarrow\vee)}{\Rightarrow \alpha \vee \neg\alpha}\,(\Rightarrow c)$$

$$\dfrac{\dfrac{\dfrac{\dfrac{\dfrac{\alpha \Rightarrow \alpha \qquad \dfrac{\dfrac{\bot \Rightarrow}{\alpha, \bot \Rightarrow}\,(w\Rightarrow)}{\bot, \alpha \Rightarrow}\,(e\Rightarrow)}{\neg\alpha, \alpha \Rightarrow}\,(\to\Rightarrow)}{\alpha \wedge \neg\alpha, \alpha \Rightarrow}\,(\wedge\Rightarrow)}{\alpha, \alpha \wedge \neg\alpha \Rightarrow}\,(e\Rightarrow)}{\dfrac{\alpha \wedge \neg\alpha, \alpha \wedge \neg\alpha \Rightarrow}{\alpha \wedge \neg\alpha \Rightarrow}\,(c\Rightarrow)}\,(\wedge\Rightarrow)}$$

(7) $\alpha \Rightarrow \neg\neg\alpha$、$\neg\neg\alpha \Rightarrow \alpha$ 和 $\Rightarrow \alpha \to \alpha$. 推导如下:

$$\dfrac{\dfrac{\alpha \Rightarrow \alpha \quad \bot \Rightarrow \bot}{\neg\alpha, \alpha \Rightarrow \bot}\,(\to\Rightarrow)}{\alpha \Rightarrow \neg\neg\alpha}\,(\Rightarrow\to)$$

$$\dfrac{\dfrac{\dfrac{\dfrac{\alpha \Rightarrow \alpha}{\alpha \Rightarrow \alpha, \bot}\,(\Rightarrow w)}{\Rightarrow \alpha, \neg\alpha}\,(\Rightarrow\to) \qquad \bot \Rightarrow \alpha}{\neg\neg\alpha \Rightarrow \alpha, \alpha}\,(\to\Rightarrow)}{\neg\neg\alpha \Rightarrow \alpha}\,(\Rightarrow c) \qquad\qquad \dfrac{\alpha \Rightarrow \alpha}{\Rightarrow \alpha \to \alpha}\,(\Rightarrow\to)$$

(8) $\neg(\alpha \wedge \beta) \Rightarrow \neg\alpha \vee \neg\beta$. 推导如下:

$$\dfrac{\dfrac{\dfrac{\dfrac{\dfrac{\dfrac{\dfrac{\dfrac{\dfrac{\dfrac{\dfrac{\alpha \Rightarrow \alpha}{\beta, \alpha \Rightarrow \alpha}\,(w\Rightarrow) \quad \dfrac{\dfrac{\beta \Rightarrow \beta}{\alpha, \beta \Rightarrow \alpha}\,(w\Rightarrow)}{\beta, \alpha \Rightarrow \alpha}\,(e\Rightarrow)}{\beta, \alpha \Rightarrow \alpha \wedge \beta}\,(\Rightarrow\wedge) \qquad \dfrac{\dfrac{\dfrac{\dfrac{\bot \Rightarrow \bot}{\bot \Rightarrow \bot, \bot}\,(\Rightarrow w)}{\beta, \alpha, \bot \Rightarrow \bot, \bot}\,(w\Rightarrow)^2}{\bot, \beta, \alpha \Rightarrow \bot, \bot}\,(e\Rightarrow)^2}{\neg(\alpha \wedge \beta), \beta, \alpha \Rightarrow \bot, \bot}\,(\to\Rightarrow)}{\beta, \alpha, \neg(\alpha \wedge \beta) \Rightarrow \bot, \bot}\,(e\Rightarrow)^2}{\alpha, \neg(\alpha \wedge \beta) \Rightarrow \bot, \neg\beta}\,(\Rightarrow\to)}{\alpha, \neg(\alpha \wedge \beta) \Rightarrow \neg\beta, \bot}\,(\Rightarrow e)}{\neg(\alpha \wedge \beta) \Rightarrow \neg\beta, \neg\alpha}\,(\Rightarrow\to)}{\neg(\alpha \wedge \beta) \Rightarrow \neg\beta, \neg\alpha \vee \neg\beta}\,(\Rightarrow\vee)}{\neg(\alpha \wedge \beta) \Rightarrow \neg\alpha \vee \neg\beta, \neg\beta}\,(\Rightarrow e)}{\neg(\alpha \wedge \beta) \Rightarrow \neg\alpha \vee \neg\beta, \neg\alpha \vee \neg\beta}\,(\Rightarrow\vee)}{\neg(\alpha \wedge \beta) \Rightarrow \neg\alpha \vee \neg\beta}\,(\Rightarrow c)$$

命题 4.1　以下矢列规则在 G0cp 中可允许:

(1) 广义联结词规则

$$\dfrac{\Gamma_1, \alpha_i, \Gamma_2 \Rightarrow \Delta}{\Gamma_1, \alpha_1 \wedge \alpha_2, \Gamma_2 \Rightarrow \Delta}\,(\wedge_g\Rightarrow)(i=1,2) \qquad \dfrac{\Gamma \Rightarrow \Delta, \alpha, \Sigma \quad \Gamma \Rightarrow \Delta, \beta, \Sigma}{\Gamma \Rightarrow \Delta, \alpha \wedge \beta, \Sigma}\,(\Rightarrow\wedge_g)$$

$$\dfrac{\Gamma_1, \alpha, \Gamma_2 \Rightarrow \Delta \quad \Gamma_1, \beta, \Gamma_2 \Rightarrow \Delta}{\Gamma_1, \alpha \vee \beta, \Gamma_2 \Rightarrow \Delta}\,(\vee_g\Rightarrow) \qquad \dfrac{\Gamma \Rightarrow \Delta, \alpha_i, \Sigma}{\Gamma \Rightarrow \Delta, \alpha_1 \vee \alpha_2, \Sigma}\,(\Rightarrow\vee_g)(i=1,2)$$

$$\frac{\Gamma \Rightarrow \Theta_1, \alpha, \Theta_2 \quad \Sigma, \beta, \Delta \Rightarrow \Pi}{\Sigma, \Gamma, \alpha \to \beta, \Delta \Rightarrow \Theta_1, \Pi, \Theta_2}(\to_g \Rightarrow) \qquad \frac{\Gamma_1, \alpha, \Gamma_2 \Rightarrow \Delta, \beta, \Sigma}{\Gamma_1, \Gamma_2 \Rightarrow \Delta, \alpha \to \beta, \Sigma}(\Rightarrow \to_g)$$

(2) 广义结构规则

$$\frac{\Gamma_1, \Gamma_2 \Rightarrow \Delta}{\Gamma_1, \Sigma, \Gamma_2 \Rightarrow \Delta}(w_g \Rightarrow) \qquad \frac{\Gamma \Rightarrow \Delta_1, \Delta_2}{\Gamma \Rightarrow \Delta_1, \Sigma, \Delta_2}(\Rightarrow w_g)$$

$$\frac{\Gamma_1, \Sigma, \Sigma, \Gamma_2 \Rightarrow \Delta}{\Gamma_1, \Sigma, \Gamma_2 \Rightarrow \Delta}(c_g \Rightarrow) \qquad \frac{\Gamma \Rightarrow \Delta_1, \Sigma, \Sigma, \Delta_2}{\Gamma \Rightarrow \Delta_1, \Sigma, \Delta_2}(\Rightarrow c_g)$$

$$\frac{\Gamma_1, \Sigma_1, \Sigma_2, \Gamma_2 \Rightarrow \Delta}{\Gamma_1, \Sigma_2, \Sigma_1, \Gamma_2 \Rightarrow \Delta}(e_g \Rightarrow) \qquad \frac{\Gamma \Rightarrow \Delta_1, \Sigma_1, \Sigma_2, \Delta_2}{\Gamma \Rightarrow \Delta_1, \Sigma_2, \Sigma_1, \Delta_2}(\Rightarrow e_g)$$

(3) 广义切割规则

$$\frac{\Gamma \Rightarrow \Delta \quad \Sigma \Rightarrow \Theta}{\Gamma, \Sigma_\alpha \Rightarrow \Delta_\alpha, \Theta}(cut_g)$$

其中 $\alpha \in \Delta \cap \Sigma$, 并且 Δ_α 和 Σ_α 分别是从 Δ 和 Σ 删除分量 α 所有出现得到的结构. 特别地, 如果 $\alpha \notin \Pi$, 那么 $\Pi_\alpha = \Pi$.

证明 广义结构规则的可允许性由结构规则可得. 合取和析取的广义联结词规则及 $(\Rightarrow \to_g)$ 由交换规则和联结词规则可得. 对规则 $(\to_g \Rightarrow)$ 有以下推导:

$$\frac{\dfrac{\dfrac{\Gamma \Rightarrow \Theta_1, \alpha, \Theta_2}{\Gamma \Rightarrow \Theta_1, \Theta_2, \alpha}(\Rightarrow e_g)}{\dfrac{\Sigma, \Gamma, \Delta \Rightarrow \Theta_1, \Theta_2, \alpha}{\Sigma, \Gamma, \Delta \Rightarrow \Theta_1, \Pi, \Theta_2, \alpha}(\Rightarrow w_g)}(w_g \Rightarrow)^2 \qquad \dfrac{\dfrac{\dfrac{\Sigma, \beta, \Delta \Rightarrow \Pi}{\beta, \Sigma, \Delta \Rightarrow \Pi}(e_g \Rightarrow)}{\beta, \Sigma, \Gamma, \Delta \Rightarrow \Pi}(w_g \Rightarrow)}{\beta, \Sigma, \Gamma, \Delta \Rightarrow \Theta_1, \Pi, \Theta_2}(\Rightarrow w_g)^2}{\dfrac{\alpha \to \beta, \Sigma, \Gamma, \Delta \Rightarrow \Theta_1, \Pi, \Theta_2}{\Sigma, \Gamma, \alpha \to \beta, \Delta \Rightarrow \Theta_1, \Pi, \Theta_2}(e_g \Rightarrow)}(\to \Rightarrow)}$$

对广义切割规则 (cut_g), 设 $\vdash \Gamma \Rightarrow \Delta$ 并且 $\vdash \Sigma \Rightarrow \Theta$. 由 $(\Rightarrow e)$ 和 $(e \Rightarrow)$ 得, $\vdash \Gamma \Rightarrow \Delta_\alpha, \alpha^m$ 并且 $\vdash \alpha^n, \Sigma_\alpha \Rightarrow \Theta$, 其中 $m, n > 0$. 由 $(\Rightarrow c)$ 和 $(c \Rightarrow)$ 得, $\vdash \Gamma \Rightarrow \Delta_\alpha, \alpha$ 并且 $\vdash \alpha, \Sigma_\alpha \Rightarrow \Theta$. 由 (cut) 得, $\vdash \Gamma, \Sigma_\alpha \Rightarrow \Delta_\alpha, \Theta$. □

推论 4.1 如果 $\Gamma \cap \Delta \neq \varnothing$ 或者 $\bot \in \Gamma$, 那么 G0cp $\vdash \Gamma \Rightarrow \Delta$.

证明 设 $\Gamma \cap \Delta \neq \varnothing$. 那么存在 $\alpha \in \Gamma \cap \Delta$. 由 $\vdash \alpha \Rightarrow \alpha$ 运用 $(w_g \Rightarrow)$ 和 $(\Rightarrow w_g)$ 得, $\vdash \Gamma \Rightarrow \Delta$. 设 $\bot \in \Gamma$. 由 $\vdash \bot \Rightarrow$ 运用 $(w_g \Rightarrow)$ 和 $(\Rightarrow w_g)$ 得, $\vdash \Gamma \Rightarrow \Delta$. □

命题 4.2 以下规则在 G0cp 中可允许:

$$\frac{\Gamma \Rightarrow \Delta, \alpha}{\neg \alpha, \Gamma \Rightarrow \Delta}(\neg \Rightarrow) \qquad \frac{\alpha, \Gamma \Rightarrow \Delta}{\Gamma \Rightarrow \Delta, \neg \alpha}(\Rightarrow \neg)$$

证明　推导如下:

$$\frac{\Gamma \Rightarrow \Delta, \alpha \quad \dfrac{\dfrac{\dfrac{\bot \Rightarrow}{\bot, \Gamma \Rightarrow} (w_g\Rightarrow)}{\bot, \Gamma \Rightarrow \Delta} (\Rightarrow w_g)}{}}{\neg\alpha, \Gamma \Rightarrow \Delta} (\rightarrow\Rightarrow) \qquad \frac{\dfrac{\alpha, \Gamma \Rightarrow \Delta}{\alpha, \Gamma \Rightarrow \Delta, \bot} (\Rightarrow w)}{\Gamma \Rightarrow \Delta, \neg\alpha} (\Rightarrow\rightarrow)$$

□

引理 4.1　对任意公式 α, 如果 $\vdash_{\mathsf{HK}} \alpha$, 那么 $\mathsf{G0cp} \vdash \Rightarrow \alpha$.

证明　设 $\vdash_{\mathsf{HK}} \alpha$. 那么 HK 中存在从 α 的推导 $\mathcal{E}$. 对 $|\mathcal{E}|$ 归纳证明 $\vdash \Rightarrow \alpha$. 设 $|\mathcal{E}| = 0$. 那么 α 是 HK 的公理. 易证 $\vdash \Rightarrow \alpha$. 设 $|\mathcal{E}| > 0$. 设 α 从 $\beta \rightarrow \alpha$ 和 β 由 (mp) 得到. 由归纳假设得, $\vdash \Rightarrow \beta \rightarrow \alpha$ 并且 $\vdash \Rightarrow \beta$. 然后有以下推导:

$$\frac{\Rightarrow \beta \quad \dfrac{\Rightarrow \beta \rightarrow \alpha \quad \dfrac{\dfrac{\beta \Rightarrow \beta}{\beta \Rightarrow \alpha, \beta}(\Rightarrow w) \quad \dfrac{\alpha \Rightarrow \alpha}{\alpha, \beta \Rightarrow \alpha}(w\Rightarrow)}{\beta \rightarrow \alpha, \beta \Rightarrow \alpha}(\rightarrow\Rightarrow)}{\beta \Rightarrow \alpha}(cut)}{\Rightarrow \alpha}(cut)$$

设 α 从公理 β 由 (sub) 得. 易证 $\vdash \Rightarrow \alpha$.

□

定理 4.1　$\mathsf{G0cp} \vdash \Gamma \Rightarrow \Delta$ 当且仅当 $\bigwedge\Gamma \vdash_{\mathsf{HK}} \bigvee\Delta$.

证明　令 $\bigwedge\Gamma = \gamma$ 并且 $\bigvee\Delta = \delta$. 设 $\gamma \vdash_{\mathsf{HK}} \delta$. 那么 $\vdash_{\mathsf{HK}} \gamma \rightarrow \delta$. 由引理 4.1 得 $\vdash \Rightarrow \gamma \rightarrow \delta$. 显然 $\vdash \Gamma \Rightarrow \gamma$ 并且 $\vdash \gamma, \gamma \rightarrow \delta \Rightarrow \delta$. 由 (cut) 得 $\vdash \Gamma \Rightarrow \delta$. 显然 $\vdash \delta \Rightarrow \Delta$. 由 (cut) 得, $\vdash \Gamma \Rightarrow \Delta$. 设 $\vdash \Gamma \Rightarrow \Delta$. 在 $\mathsf{G0cp}$ 中有 $\Gamma \Rightarrow \Delta$ 的推导 $\mathcal{D}$. 对 $|\mathcal{D}|$ 归纳证明 $\gamma \vdash_{\mathsf{HK}} \delta$. 设 $|\mathcal{D}| = 0$. 如果 $\Gamma \Rightarrow \Delta$ 是 (Id) 的特例, 那么 $\Gamma = \Delta = \alpha$. 显然 $\alpha \vdash_{\mathsf{HK}} \alpha$. 设 $\Gamma = \bot$ 并且 $\Delta = \varnothing$. 那么 $\delta = \bot$. 所以 $\gamma \vdash_{\mathsf{HK}} \delta$. 设 $|\mathcal{D}| > 0$ 并且 $\Gamma \Rightarrow \Delta$ 由规则 (R) 得到. 分以下情况.

(1) (R) 是联结词规则. 分以下情况.

(1.1) (R) 是 $(\wedge\Rightarrow)$. 最后一步是

$$\frac{\vdash_{n-1} \beta_i, \Gamma' \Rightarrow \Delta}{\vdash_n \beta_1 \wedge \beta_2, \Gamma' \Rightarrow \Delta}(\wedge\Rightarrow)$$

令 $\bigwedge\Gamma' = \gamma'$. 由归纳假设得 $\beta_i \wedge \gamma' \vdash_{\mathsf{HK}} \delta$. 因为 $\beta_1 \wedge \beta_2 \vdash_{\mathsf{HK}} \beta_i$, 所以 $\beta_1 \wedge \beta_2 \wedge \gamma' \vdash_{\mathsf{HK}} \beta_i \wedge \gamma'$. 所以 $\beta_1 \wedge \beta_2 \wedge \gamma' \vdash_{\mathsf{HK}} \delta$.

(1.2) (R) 是 $(\Rightarrow\wedge)$. 最后一步是

$$\frac{\vdash_{n-1} \Gamma \Rightarrow \Delta', \alpha_1 \quad \vdash_{n-1} \Gamma \Rightarrow \Delta', \alpha_2}{\vdash_n \Gamma \Rightarrow \Delta', \alpha_1 \wedge \alpha_2}(\Rightarrow\wedge)$$

令 $\bigvee\Delta' = \delta'$. 由归纳假设得, $\gamma \vdash_{\mathsf{HK}} \delta' \vee \alpha_1$ 并且 $\gamma \vdash_{\mathsf{HK}} \delta' \vee \alpha_2$. 由命题 2.4 (1) 得, $\gamma \vdash_{\mathsf{HK}} (\delta' \vee \alpha_1) \wedge (\delta' \vee \alpha_2)$. 易证 $(\delta' \vee \alpha_1) \wedge (\delta' \vee \alpha_2) \vdash_{\mathsf{HK}} \delta' \vee (\alpha_1 \wedge \alpha_2)$. 所以 $\gamma \vdash_{\mathsf{HK}} \delta' \vee (\alpha_1 \wedge \alpha_2)$.

(1.3) (R) 是 $(\vee\Rightarrow)$. 最后一步是

$$\frac{\vdash_{n-1} \beta_1, \Gamma' \Rightarrow \Delta \quad \vdash_{n-1} \beta_2, \Gamma' \Rightarrow \Delta}{\vdash_n \beta_1 \vee \beta_2, \Gamma' \Rightarrow \Delta}(\vee\Rightarrow)$$

令 $\bigwedge \Gamma' = \gamma'$. 由归纳假设, $\beta_1 \wedge \gamma' \vdash_{\mathsf{HK}} \delta$ 且 $\beta_2 \wedge \gamma' \vdash_{\mathsf{HK}} \delta$. 所以 $(\beta_1 \wedge \gamma') \vee (\beta_2 \wedge \gamma') \vdash_{\mathsf{HK}} \delta$. 显然 $(\beta_1 \vee \beta_2) \wedge \gamma' \vdash_{\mathsf{HK}} (\beta_1 \wedge \gamma') \vee (\beta_2 \wedge \gamma')$. 所以 $(\beta_1 \vee \beta_2) \wedge \gamma' \vdash_{\mathsf{HK}} \delta$.

(1.4) (R) 是 $(\Rightarrow\vee)$. 最后一步是

$$\frac{\vdash_{n-1} \Gamma \Rightarrow \Delta', \alpha_i}{\vdash_n \Gamma \Rightarrow \Delta', \alpha_1 \vee \alpha_2}(\Rightarrow\vee)$$

令 $\bigvee \Delta' = \delta'$. 由归纳假设得, $\gamma \vdash_{\mathsf{HK}} \delta' \vee \alpha_i$. 显然 $\alpha_i \vdash_{\mathsf{HK}} \alpha_1 \vee \alpha_2$. 所以 $\delta' \vee \alpha_i \vdash_{\mathsf{HK}} \delta' \vee \alpha_1 \vee \alpha_2$. 所以 $\gamma \vdash_{\mathsf{HK}} \delta' \vee \alpha_1 \vee \alpha_2$.

(1.5) (R) 是 $(\rightarrow\Rightarrow)$. 最后一步是

$$\frac{\vdash_{n-1} \Gamma' \Rightarrow \Delta, \beta_1 \quad \vdash_{n-1} \beta_2, \Gamma' \Rightarrow \Delta}{\vdash_n \beta_1 \rightarrow \beta_2, \Gamma' \Rightarrow \Delta}(\rightarrow\Rightarrow)$$

令 $\bigwedge \Gamma' = \gamma'$. 由归纳假设得, $\gamma' \vdash_{\mathsf{HK}} \delta \vee \beta_1$ 并且 $\beta_2 \wedge \gamma' \vdash_{\mathsf{HK}} \delta$. 所以 $\neg\beta_1, \gamma' \vdash_{\mathsf{HK}} \delta$ 并且 $\beta_2, \gamma' \vdash_{\mathsf{HK}} \delta$. 所以 $\neg\beta_1 \vee \beta_2, \gamma' \vdash_{\mathsf{HK}} \delta$. 显然 $\beta_1 \rightarrow \beta_2 \vdash_{\mathsf{HK}} \neg\beta_1 \vee \beta_2$. 所以 $\beta_1 \rightarrow \beta_2, \gamma' \vdash_{\mathsf{HK}} \delta$. 所以 $(\beta_1 \rightarrow \beta_2) \wedge \gamma' \vdash_{\mathsf{HK}} \delta$.

(1.6) (R) 是 $(\Rightarrow\rightarrow)$. 最后一步是

$$\frac{\vdash_{n-1} \alpha_1, \Gamma \Rightarrow \Delta', \alpha_2}{\vdash_n \Gamma \Rightarrow \Delta', \alpha_1 \rightarrow \alpha_2}(\Rightarrow\rightarrow)$$

令 $\bigvee \Delta' = \delta'$. 由归纳假设得, $\alpha_1 \wedge \gamma \vdash_{\mathsf{HK}} \delta' \vee \alpha_2$. 所以 $\gamma \vdash_{\mathsf{HK}} \delta' \vee (\neg\alpha_1 \vee \alpha_2)$. 显然 $\neg\alpha_1 \vee \alpha_2 \vdash_{\mathsf{HK}} \alpha_1 \rightarrow \alpha_2$. 所以 $\delta' \vee (\neg\alpha_1 \vee \alpha_2) \vdash_{\mathsf{HK}} \delta' \vee (\alpha_1 \rightarrow \alpha_2)$. 所以 $\gamma \vdash_{\mathsf{HK}} \delta' \vee (\alpha_1 \rightarrow \alpha_2)$.

(2) (R) 是结构规则. 由归纳假设得. 例如, 令 $(R) = (w\Rightarrow)$. 最后一步是

$$\frac{\vdash_{n-1} \Gamma' \Rightarrow \Delta}{\vdash_n \alpha, \Gamma' \Rightarrow \Delta}(w\Rightarrow)$$

令 $\bigwedge \Gamma' = \gamma'$. 由归纳假设得, $\gamma' \vdash_{\mathsf{HK}} \delta$. 显然 $\alpha \wedge \gamma' \vdash_{\mathsf{HK}} \gamma'$. 所以 $\alpha \wedge \gamma' \vdash_{\mathsf{HK}} \delta$.

(3) (R) 是切割规则. 最后一步是

$$\frac{\vdash_{n-1} \Gamma_1 \Rightarrow \Delta_1, \alpha \quad \vdash_{n-1} \alpha, \Gamma_2 \Rightarrow \Delta_2}{\vdash_n \Gamma_1, \Gamma_2 \Rightarrow \Delta_1, \Delta_2}(cut)$$

对 $i = 1, 2$, 令 $\bigwedge \Gamma_i = \gamma_i$ 并且 $\bigvee \Delta_i = \delta_i$. 由归纳假设得, $\gamma_1 \vdash_{\mathsf{HK}} \delta_1 \vee \alpha$ 并且 $\alpha \wedge \gamma_2 \vdash_{\mathsf{HK}} \delta_2$. 所以 $\neg\alpha, \gamma_1 \vdash_{\mathsf{HK}} \delta_1$ 并且 $\alpha, \gamma_2 \vdash_{\mathsf{HK}} \delta_2$. 所以 $\neg\alpha \vee \alpha, \gamma_1, \gamma_2 \vdash_{\mathsf{HK}} \delta_1 \vee \delta_2$. 显然 $\vdash_{\mathsf{HK}} \neg\alpha \vee \alpha$. 所以 $\gamma_1 \wedge \gamma_2 \vdash_{\mathsf{HK}} \delta_1 \vee \delta_2$. $\square$

推论 4.2　对任意矢列 $\Gamma \Rightarrow \Delta$, G0cp$\vdash \Gamma \Rightarrow \Delta$ 当且仅当 $\models \Gamma \Rightarrow \Delta$.

证明　由定理 4.1 及公理系统 HK 的可靠性和完全性可得.　　　　　　□

直觉主义句子逻辑的矢列演算 G0ip 是从古典句子逻辑的矢列演算 G0cp 进行限制得到, 即把矢列 $\Gamma \Rightarrow \Delta$ 中后件 Δ 限制为一个公式. 一个 (直觉主义) **矢列** 是形如 $\Gamma \Rightarrow \alpha$ 的表达式, 其中 Γ 是结构, α 是公式. 一个矢列 $\Gamma \Rightarrow \alpha$ 的意思是, 对任意模型 $\mathfrak{M} = (W, R, V)$ 和 $w \in W$, 如果 Γ 中所有公式在 w 上都是真的, 那么 α 在 w 上是真的. 一个矢列前件中逗号的意义是 $\wedge$. 称矢列 $\Gamma \Rightarrow \alpha$ 是 (直觉主义) **有效的** (记号 $\models_I \Gamma \Rightarrow \alpha$), 如果 $\Gamma \models_I \alpha$.

定义 4.3　直觉主义句子逻辑的矢列演算 G0ip 由以下公理模式和规则组成.

(1) 公理模式
$$(\text{Id})\ \alpha \Rightarrow \alpha \quad (\bot)\ \bot \Rightarrow \alpha$$

(2) 联结词规则
$$\frac{\alpha_i, \Gamma \Rightarrow \beta}{\alpha_1 \wedge \alpha_2, \Gamma \Rightarrow \beta}(\wedge\Rightarrow) \quad \frac{\Gamma \Rightarrow \alpha \quad \Gamma \Rightarrow \beta}{\Gamma \Rightarrow \alpha \wedge \beta}(\Rightarrow\wedge)$$

$$\frac{\alpha, \Gamma \Rightarrow \chi \quad \beta, \Gamma \Rightarrow \chi}{\alpha \vee \beta, \Gamma \Rightarrow \chi}(\vee\Rightarrow) \quad \frac{\Gamma \Rightarrow \alpha_i}{\Gamma \Rightarrow \alpha_1 \vee \alpha_2}(\Rightarrow\vee)$$

$$\frac{\Gamma \Rightarrow \alpha \quad \beta, \Gamma \Rightarrow \chi}{\alpha \rightarrow \beta, \Gamma \Rightarrow \chi}(\rightarrow\Rightarrow) \quad \frac{\alpha, \Gamma \Rightarrow \beta}{\Gamma \Rightarrow \alpha \rightarrow \beta}(\Rightarrow\rightarrow)$$

(3) 结构规则
$$\frac{\Gamma \Rightarrow \beta}{\alpha, \Gamma \Rightarrow \beta}(w\Rightarrow) \quad \frac{\alpha, \alpha, \Gamma \Rightarrow \beta}{\alpha, \Gamma \Rightarrow \beta}(c\Rightarrow) \quad \frac{\Gamma, \alpha, \beta, \Sigma \Rightarrow \chi}{\Gamma, \alpha, \beta, \Sigma \Rightarrow \chi}(e\Rightarrow)$$

(4) 切割规则
$$\frac{\Gamma \Rightarrow \alpha \quad \alpha, \Delta \Rightarrow \beta}{\Gamma, \Delta \Rightarrow \beta}(cut)$$

称矢列 $\Gamma \Rightarrow \alpha$ 在 G0ip 中**可推导** (记号 G0ip $\vdash \Gamma \Rightarrow \alpha$), 如果 G0ip 存在以 $\Gamma \Rightarrow \alpha$ 为根节点的推导 $\mathcal{D}$. 对任意自然数 $n \geqslant 0$, 记号 G0ip $\vdash_n \Gamma \Rightarrow \alpha$ 表示 $\Gamma \Rightarrow \alpha$ 在 G0ip 中有推导 $\mathcal{D}$ 使得 $|\mathcal{D}| \leqslant n$. 不引起歧义时可删除前缀 G0ip.

断言 4.1　(1) 如果 G0ip$\vdash \Gamma \Rightarrow \alpha$, 那么 G0cp$\vdash \Gamma \Rightarrow \alpha$.

(2) 以下广义联结词规则和广义结构规则在 G0ip 中可允许:

$$\frac{\Gamma_1, \alpha_i, \Gamma_2 \Rightarrow \beta}{\Gamma_1, \alpha_1 \wedge \alpha_2, \Gamma_2 \Rightarrow \beta}(\wedge_g\Rightarrow)(i=1,2) \quad \frac{\Gamma_1, \alpha, \Gamma_2 \Rightarrow \chi \quad \Gamma_1, \beta, \Gamma_2 \Rightarrow \chi}{\Gamma_1, \alpha \vee \beta, \Gamma_2 \Rightarrow \chi}(\vee_g\Rightarrow)$$

$$\frac{\Gamma \Rightarrow \alpha \quad \Sigma, \beta, \Delta \Rightarrow \chi}{\Sigma, \Gamma, \alpha \rightarrow \beta, \Delta \Rightarrow \chi}(\rightarrow_g\Rightarrow) \quad \frac{\Gamma_1, \Gamma_2 \Rightarrow \beta}{\Gamma_1, \Sigma, \Gamma_2 \Rightarrow \beta}(w_g\Rightarrow)$$

$$\frac{\Gamma_1, \Sigma, \Sigma, \Gamma_2 \Rightarrow \beta}{\Gamma_1, \Sigma, \Gamma_2 \Rightarrow \beta}(c_g\Rightarrow) \quad \frac{\Gamma_1, \Sigma_1, \Sigma_2, \Gamma_2 \Rightarrow \beta}{\Gamma_1, \Sigma_2, \Sigma_1, \Gamma_2 \Rightarrow \beta}(e_g\Rightarrow)$$

引理 4.2　对任意公式 α, 如果 $\vdash_{HJ} \alpha$, 那么 G0ip $\vdash \Rightarrow \alpha$.

证明　与引理 4.1 的证明类似.　　　　　　　　　　　　　　　　　　□

定理 4.2　对任意公式结构 Γ 和公式 α, G0ip $\vdash \Gamma \Rightarrow \alpha$ 当且仅当 $\bigwedge \Gamma \vdash_{HJ} \alpha$.

证明　与定理 4.1 的证明类似.　　　　　　　　　　　　　　　　　□

推论 4.3　G0ip $\vdash \Gamma \Rightarrow \alpha$ 当且仅当 $\models_I \Gamma \Rightarrow \alpha$.

4.2　切　割　消　除

在矢列演算 G 中, 一个推导 $\mathcal{D}$ 称为**无切割推导**, 如果 $\mathcal{D}$ 中不出现切割规则 (*cut*) 的应用. 称 G 具有**切割消除性质**, 如果 G 中任意矢列的推导都可以转化为对该矢列的无切割推导. 本节证明 G0cp 和 G0ip 都具有切割消除性质.

首先证明 G0cp 的切割消除性质. 设 $\mathcal{D}$ 是在系统 G0cp 中对矢列 $\Gamma_0 \Rightarrow \Delta_0$ 的推导. 在树结构 $\mathcal{D}$ 的任意分枝上, 选取最上端应用 (*cut*) 规则的节点:

$$\frac{\begin{array}{cc} \mathcal{D}_1 & \mathcal{D}_2 \\ \Gamma \Rightarrow \Delta, \alpha & \alpha, \Sigma \Rightarrow \Theta \end{array}}{\Gamma, \Sigma \Rightarrow \Delta, \Theta} (cut)$$

其中 $\mathcal{D}_1$ 和 $\mathcal{D}_2$ 不使用 (*cut*). 令 $|\mathcal{D}_1| = k_1$ 并且 $|\mathcal{D}_2| = k_2$. 那么 $k_1 + k_2$ 称为该切割规则应用的**切割高度**. 证明切割消除的方法是, 将 (*cut*) 上移从而降低切割高度, 或者减少切割公式的复杂度, 直至消除 (*cut*) 规则的应用. 以此类推, 消除 $\mathcal{D}$ 中所有 (*cut*) 规则的应用. 切割消除性质的证明与自然演绎的正规化证明对应.

令矢列演算 G0cp$^\sharp$ 是从 G0cp 删除 (*cut*) 规则得到的矢列演算. 令矢列演算 G0cp* 是在 G0cp$^\sharp$ 基础上增加广义切割规则 (*cut$_g$*) 的矢列演算:

$$\frac{\Gamma \Rightarrow \Delta \quad \Sigma \Rightarrow \Theta}{\Gamma, \Sigma_\alpha \Rightarrow \Delta_\alpha, \Theta} (cut_g)$$

其中 $\alpha \in \Delta \cap \Sigma$, 并且 Δ_α 和 Σ_α 分别是从 Δ 和 Σ 删除分量 α 所有出现得到的. 在 G0cp$^\sharp$ 和 G0cp* 中, 结构规则与 G0cp 相同, 因此命题 4.1 中广义联结词规则和广义结构规则在这两个矢列演算中都是可允许的.

引理 4.3　G0cp $\vdash \Gamma \Rightarrow \Delta$ 当且仅当 G0cp$^* \vdash \Gamma \Rightarrow \Delta$.

证明　由命题 4.1, (*cut$_g$*) 在 G0cp 中可允许. 只要证明 (*cut*) 在 G0cp* 中可允许. 设 G0cp$^* \vdash \Gamma' \Rightarrow \Delta', \alpha$ 并且 G0cp$^* \vdash \alpha, \Sigma' \Rightarrow \Theta'$. 由 (*cut$_g$*) 得, G0cp$^* \vdash \Gamma', \Sigma'_\alpha \Rightarrow \Delta'_\alpha, \Theta'$. 由 (*w*$\Rightarrow$) 和 ($\Rightarrow$*w*) 得, G0cp$^* \vdash \Gamma', \Sigma' \Rightarrow \Delta', \Theta'$.　□

引理 4.4　设 $\perp \in \Delta$. 如果 G0cp$^\sharp \vdash \Gamma \Rightarrow \Delta$, 那么 G0cp$^\sharp \vdash \Gamma \Rightarrow \Delta_\perp$.

证明　设 $\mathcal{D}$ 是 $\Gamma \Rightarrow \Delta$ 在 G0cp$^\sharp$ 中的推导. 所以 $\mathcal{D}$ 中不出现 (cut) 的应用. 对 $|\mathcal{D}| = n$ 归纳证明, $\mathcal{D}$ 可转化为 $\Gamma \Rightarrow \Delta_\perp$ 在 G0cp$^\sharp$ 中的推导. 设 $n = 0$. 那么 $\Gamma \Rightarrow \Delta$ 是公理. 假设 $\Gamma \Rightarrow \Delta$ 是 (Id) 的特例. 所以 $\Gamma = \perp = \Delta$. 显然 $\perp \Rightarrow \Delta_\perp$ 是公理. 设 $\Gamma \Rightarrow \Delta$ 是 $(\perp)$ 的特例. 所以 $\Gamma = \perp$ 并且 $\Delta = \varnothing$. 所以 $\perp \Rightarrow$ 也是公理. 假设 $n > 0$. 那么 $\Gamma \Rightarrow \Delta$ 是由规则 (R) 得到的. 分以下情况.

(1) (R) 是联结词规则. 分以下情况.

(1.1) (R) 是 $(\wedge\Rightarrow)$. 最后一步是

$$\frac{\vdash_{n-1} \beta_i, \Gamma' \Rightarrow \Delta}{\vdash_n \beta_1 \wedge \beta_2, \Gamma' \Rightarrow \Delta} \ (\wedge\Rightarrow)$$

由归纳假设得, $\vdash \beta_i, \Gamma' \Rightarrow \Delta_\perp$. 由 $(\wedge\Rightarrow)$ 得, $\vdash \beta_1 \wedge \beta_2, \Gamma' \Rightarrow \Delta_\perp$.

(1.2) (R) 是 $(\Rightarrow\wedge)$. 最后一步是

$$\frac{\vdash_{n-1} \Gamma \Rightarrow \Delta', \beta_1 \quad \vdash_{n-1} \Gamma \Rightarrow \Delta', \beta_2}{\vdash_n \Gamma \Rightarrow \Delta', \beta_1 \wedge \beta_2} \ (\Rightarrow\wedge)$$

设 $\beta_1 = \perp$ 或 $\beta_2 = \perp$. 由归纳假设得 $\vdash \Gamma \Rightarrow \Delta_\perp$. 由 $(\Rightarrow w)$ 得 $\vdash \Gamma \Rightarrow \Delta'_\perp, \beta_1 \wedge \beta_2$. 设 β_1 和 β_2 都不是 $\perp$. 由归纳假设得, $\vdash \Gamma \Rightarrow \Delta'_\perp, \beta_1$ 并且 $\vdash \Gamma \Rightarrow \Delta'_\perp, \beta_2$. 由 $(\Rightarrow\wedge)$ 得, $\vdash \Gamma \Rightarrow \Delta'_\perp, \beta_1 \wedge \beta_2$.

(1.3) (R) 是 $(\vee\Rightarrow)$. 最后一步是

$$\frac{\vdash_{n-1} \beta_1, \Gamma' \Rightarrow \Delta \quad \vdash_{n-1} \beta_2, \Gamma' \Rightarrow \Delta}{\vdash_n \beta_1 \vee \beta_2, \Gamma' \Rightarrow \Delta} \ (\vee\Rightarrow)$$

由归纳假设得, $\vdash \beta_1, \Gamma' \Rightarrow \Delta_\perp$ 并且 $\vdash \beta_2, \Gamma' \Rightarrow \Delta_\perp$. 由 $(\vee\Rightarrow)$ 得, $\vdash \beta_1 \vee \beta_2, \Gamma' \Rightarrow \Delta_\perp$.

(1.4) (R) 是 $(\Rightarrow\vee)$. 最后一步是

$$\frac{\vdash_{n-1} \Gamma \Rightarrow \Delta', \beta_i}{\vdash_n \Gamma \Rightarrow \Delta', \beta_1 \vee \beta_2} \ (\Rightarrow\vee)$$

设 $\beta_i = \perp$. 由归纳假设得, $\vdash \Gamma \Rightarrow \Delta'_\perp$. 由 $(\Rightarrow w)$ 得, $\vdash \Gamma \Rightarrow \Delta'_\perp, \beta_1 \vee \beta_2$. 设 $\beta_i \neq \perp$. 由归纳假设得, $\vdash \Gamma \Rightarrow \Delta'_\perp, \beta_i$. 由 $(\Rightarrow\vee)$ 得, $\vdash \Gamma \Rightarrow \Delta'_\perp, \beta_1 \vee \beta_2$.

(1.5) (R) 是 $(\rightarrow\Rightarrow)$. 最后一步是

$$\frac{\vdash_{n-1} \Gamma' \Rightarrow \Delta, \beta_1 \quad \vdash_{n-1} \beta_2, \Gamma' \Rightarrow \Delta}{\vdash_n \beta_1 \rightarrow \beta_2, \Gamma' \Rightarrow \Delta} \ (\rightarrow\Rightarrow)$$

设 $\beta_1 = \perp$. 由归纳假设得, $\vdash \Gamma' \Rightarrow \Delta_\perp$ 并且 $\vdash \beta_2, \Gamma' \Rightarrow \Delta_\perp$. 由 $(\Rightarrow w)$ 得, $\vdash \Gamma' \Rightarrow \Delta_\perp, \beta_1$. 由 $(\rightarrow\Rightarrow)$ 得, $\vdash \beta_1 \rightarrow \beta_2, \Gamma' \Rightarrow \Delta_\perp$. 设 $\beta_1 \neq \perp$. 由归纳假设得, $\vdash \Gamma' \Rightarrow \Delta_\perp, \beta_1$ 并且 $\vdash \beta_2, \Gamma' \Rightarrow \Delta_\perp$. 由 $(\rightarrow\Rightarrow)$ 得, $\vdash \beta_1 \rightarrow \beta_2, \Gamma' \Rightarrow \Delta_\perp$.

(1.6) (R) 是 $(\Rightarrow\to)$. 最后一步是

$$\frac{\vdash_{n-1} \beta_1, \Gamma \Rightarrow \Delta', \beta_2}{\vdash_n \Gamma \Rightarrow \Delta', \beta_1 \to \beta_2} \ (\Rightarrow\to)$$

设 $\beta_2 = \bot$. 由归纳假设得, $\vdash \beta_1, \Gamma \Rightarrow \Delta'_\bot$. 由 $(\Rightarrow w)$ 得, $\vdash \beta_1, \Gamma \Rightarrow \Delta'_\bot, \beta_2$. 由 $(\Rightarrow\to)$ 得, $\vdash \Gamma \Rightarrow \Delta'_\bot, \beta_1 \to \beta_2$. 设 $\beta_2 \neq \bot$. 由归纳假设得, $\vdash \beta_1, \Gamma \Rightarrow \Delta'_\bot, \beta_2$. 由 $(\Rightarrow\to)$ 得, $\vdash \Gamma \Rightarrow \Delta'_\bot, \beta_1 \to \beta_2$.

(2) (R) 是左结构规则. 由归纳假设和 (R) 得. 令 (R) 是 $(c\Rightarrow)$. 最后一步是

$$\frac{\vdash_{n-1} \beta, \beta, \Gamma' \Rightarrow \Delta}{\vdash_n \beta, \Gamma' \Rightarrow \Delta} \ (c\Rightarrow)$$

由归纳假设得 $\vdash \beta, \beta, \Gamma' \Rightarrow \Delta_\bot$. 由 $(c\Rightarrow)$ 得, $\vdash \beta, \Gamma' \Rightarrow \Delta_\bot$. 其余情况类似.

(3) (R) 是右结构规则. 分以下情况.

(3.1) (R) 是 $(\Rightarrow w)$. 最后一步是

$$\frac{\vdash_{n-1} \Gamma \Rightarrow \Delta'}{\vdash_n \Gamma \Rightarrow \Delta', \beta} \ (\Rightarrow w)$$

设 $\beta = \bot$. 由归纳假设得, $\vdash \Gamma \Rightarrow \Delta'_\bot$. 设 $\beta \neq \bot$. 由归纳假设得, $\vdash \Gamma \Rightarrow \Delta'_\bot$. 由 $(\Rightarrow w)$ 得, $\vdash \Gamma \Rightarrow \Delta'_\bot, \beta$.

(3.2) (R) 是 $(\Rightarrow c)$. 最后一步是

$$\frac{\vdash_{n-1} \Gamma \Rightarrow \Delta', \beta, \beta}{\vdash_n \Gamma \Rightarrow \Delta', \beta} \ (\Rightarrow c)$$

设 $\beta = \bot$. 由归纳假设得, $\vdash \Gamma \Rightarrow \Delta'_\bot$. 设 $\beta \neq \bot$. 由归纳假设得, $\vdash \Gamma \Rightarrow \Delta'_\bot, \beta, \beta$. 由 $(\Rightarrow c)$ 得, $\vdash \Gamma \Rightarrow \Delta'_\bot, \beta$.

(3.3) (R) 是 $(\Rightarrow e)$. 最后一步是

$$\frac{\vdash_{n-1} \Gamma \Rightarrow \Delta_1, \beta, \alpha, \Delta_2}{\vdash_n \Gamma \Rightarrow \Delta_1, \alpha, \beta, \Delta_2} \ (\Rightarrow e)$$

设 $\alpha = \beta = \bot$. 由归纳假设得, $\vdash \Gamma \Rightarrow \Delta_{1\bot}, \Delta_{2\bot}$. 设 $\alpha = \bot$ 并且 $\beta \neq \bot$. 由归纳假设得, $\vdash \Gamma \Rightarrow \Delta_{1\bot}, \beta, \Delta_{2\bot}$. 由 $(\Rightarrow w)$ 得, $\vdash \Gamma \Rightarrow \Delta_{1\bot}, \alpha, \beta, \Delta_{2\bot}$. 情况 $\alpha \neq \bot$ 并且 $\beta = \bot$ 类似证明. 设 α 和 β 都不是 $\bot$. 由归纳假设得, $\vdash \Gamma \Rightarrow \Delta_{1\bot}, \beta, \alpha, \Delta_{2\bot}$. 由 $(\Rightarrow e)$ 得, $\vdash \Gamma \Rightarrow \Delta_{1\bot}, \alpha, \beta, \Delta_{2\bot}$. $\qquad\square$

定理 4.3(切割消除) 如果 G0cp* $\vdash \Pi_1 \Rightarrow \Pi_2$, 那么 $\Pi_1 \Rightarrow \Pi_2$ 在 G0cp* 中不使用 (cut_g) 可推导.

证明 设 G0cp* ⊢ $\Pi_1 \Rightarrow \Pi_2$. 令 $\mathcal{D}$ 是 G0cp* 中对 $\Pi_1 \Rightarrow \Pi_2$ 的推导. 在树结构 $\mathcal{D}$ 上, 选取最上端应用 (cut_g) 规则的节点:

$$\dfrac{\overset{\mathcal{D}_1}{\vdash_m \Gamma \Rightarrow \Delta} \qquad \overset{\mathcal{D}_2}{\vdash_n \Sigma \Rightarrow \Theta}}{\Gamma, \Sigma_\alpha \Rightarrow \Delta_\alpha, \Theta} \, (cut_g)$$

其中 $\mathcal{D}_1$ 和 $\mathcal{D}_2$ 不出现 (cut_g). 令 $|\mathcal{D}_1| = m$ 并且 $|\mathcal{D}_2| = n$. 对 m, n 和 α 的复杂度同时归纳证明 (cut_g) 规则可从 $\mathcal{D}$ 消除. 重复此消除过程, 就可以得到 $\Pi_1 \Rightarrow \Pi_2$ 的不使用 (cut_g) 的推导.

(1) 设 $m = 0$ 或者 $n = 0$. 分以下情况.

(1.1) $m = 0$. 那么 $\Gamma \Rightarrow \Delta$ 是公理. 设 $\Gamma \Rightarrow \Delta$ 是 (Id) 的特例. 那么 $\Gamma = \alpha = \Delta$ 并且 $\Delta_\alpha = \varnothing$. 从前提 $\Sigma \Rightarrow \Theta$ 运用 $(w_g\Rightarrow)$、$(e_g\Rightarrow)$ 和 $(c_g\Rightarrow)$ 得 $\Gamma, \Sigma_\alpha \Rightarrow \Theta$. 设 $\Gamma \Rightarrow \Delta$ 是 ($\bot$) 的特例. 那么 $\Gamma = \bot$ 并且 $\Delta = \varnothing$. 显然 $\vdash \bot \Rightarrow \Theta$.

(1.2) $n = 0$. 那么 $\Sigma \Rightarrow \Theta$ 是公理. 设 $\Sigma \Rightarrow \Theta$ 是 (Id) 的特例. 那么 $\Sigma = \alpha = \Theta$. 所以 $\Sigma_\alpha = \varnothing$. 从前提 $\Gamma \Rightarrow \Delta$ 运用 $(\Rightarrow e_g)$ 和 $(\Rightarrow c_g)$ 得, $\vdash \Gamma \Rightarrow \Delta_\alpha, \alpha$. 设 $\Sigma \Rightarrow \Theta$ 是 ($\bot$) 的特例. 那么 $\Sigma = \bot = \alpha$, $\Sigma_\alpha = \varnothing$ 并且 $\Theta = \varnothing$. 由前提 $\Gamma \Rightarrow \Delta$ 和引理 4.4 得, $\vdash \Gamma \Rightarrow \Delta_\bot$.

设 $m > 0$ 并且 $n > 0$. 令 $\Gamma \Rightarrow \Delta$ 和 $\Sigma \Rightarrow \Theta$ 分别由规则 (R_1) 和 (R_2) 得到.

(2) (R_1) 或 (R_2) 是结构规则. 分以下情况.

(2.1) (R_1) 是左结构规则. 由归纳假设和 (R_1) 得 $\Gamma, \Sigma_\alpha \Rightarrow \Delta_\alpha, \Theta$. 例如, 令 (R_1) 是 $(c\Rightarrow)$. 最后一步是

$$\dfrac{\dfrac{\vdash_{m-1} \beta, \beta, \Gamma' \Rightarrow \Delta}{\vdash_m \beta, \Gamma' \Rightarrow \Delta} \, (c\Rightarrow) \qquad \vdash_n \Sigma \Rightarrow \Theta}{\beta, \Gamma', \Sigma_\alpha \Rightarrow \Delta_\alpha, \Theta} \, (cut_g)$$

该推导转化为

$$\dfrac{\dfrac{\vdash_{m-1} \beta, \beta, \Gamma' \Rightarrow \Delta \quad \vdash_n \Sigma \Rightarrow \Theta}{\beta, \beta, \Gamma', \Sigma_\alpha \Rightarrow \Delta_\alpha, \Theta} \, (cut_g)}{\beta, \Gamma', \Sigma_\alpha \Rightarrow \Delta_\alpha, \Theta} \, (c\Rightarrow)$$

其余情况类似证明.

(2.2) (R_1) 是右结构规则. 设 (R_1) 是 $(\Rightarrow w)$. 令 $\Delta = \Delta', \beta$ 并且 (R_1) 的前提和结论分别是 $\Gamma \Rightarrow \Delta'$ 和 $\Gamma \Rightarrow \Delta', \beta$. 分两种情况.

(2.2.1) $\alpha = \beta$. 设 $\alpha \notin \Delta'$. 那么 $\Delta'_\alpha = \Delta'$. 从 (R_1) 的前提 $\Gamma \Rightarrow \Delta'$ 由 $(w\Rightarrow)$ 和 $(\Rightarrow w)$ 得, $\Gamma, \Sigma_\alpha \Rightarrow \Delta'_\alpha, \Theta$. 设 $\alpha \in \Delta'$. 最后一步是

$$\dfrac{\dfrac{\vdash_{m-1} \Gamma \Rightarrow \Delta'}{\vdash_m \Gamma \Rightarrow \Delta', \beta} \, (\Rightarrow w) \qquad \vdash_n \Sigma \Rightarrow \Theta}{\Gamma, \Sigma_\alpha \Rightarrow \Delta'_\alpha, \Theta} \, (cut_g)$$

该推导转化为

$$\frac{\vdash_{m-1} \Gamma \Rightarrow \Delta' \quad \vdash_n \Sigma \Rightarrow \Theta}{\Gamma, \Sigma_\alpha \Rightarrow \Delta'_\alpha, \Theta} \ (cut_g)$$

(2.2.2) $\alpha \neq \beta$. 那么 $\alpha \in \Delta'$. 最后一步是

$$\frac{\dfrac{\vdash_{m-1} \Gamma \Rightarrow \Delta'}{\vdash_m \Gamma \Rightarrow \Delta', \beta} \ (\Rightarrow w) \quad \vdash_n \Sigma \Rightarrow \Theta}{\Gamma, \Sigma_\alpha \Rightarrow \Delta'_\alpha, \beta, \Theta} \ (cut_g)$$

该推导转化为

$$\frac{\dfrac{\dfrac{\vdash_{m-1} \Gamma \Rightarrow \Delta' \quad \vdash_n \Sigma \Rightarrow \Theta}{\Gamma, \Sigma_\alpha \Rightarrow \Delta'_\alpha, \Theta} \ (cut_g)}{\Gamma, \Sigma_\alpha \Rightarrow \Delta'_\alpha, \Theta, \beta} \ (\Rightarrow w)}{\Gamma, \Sigma_\alpha \Rightarrow \Delta'_\alpha, \beta, \Theta} \ (\Rightarrow e)^{|\Theta|}$$

其余情况类似证明.

(2.3) (R_2) 是右结构规则. 由归纳假设和 (R) 可得 $\Gamma, \Sigma_\alpha \Rightarrow \Delta_\alpha, \Theta$. 例如, 令 (R) 是 $(\Rightarrow c)$. 最后一步是

$$\frac{\vdash_m \Gamma \Rightarrow \Delta \quad \dfrac{\vdash_{n-1} \Sigma \Rightarrow \Theta', \beta, \beta}{\vdash_n \Sigma \Rightarrow \Theta', \beta} \ (\Rightarrow c)}{\Gamma, \Sigma_\alpha \Rightarrow \Delta_\alpha, \Theta', \beta} \ (cut_g)$$

该推导转化为

$$\frac{\dfrac{\vdash_m \Gamma \Rightarrow \Delta \quad \vdash_{n-1} \Sigma \Rightarrow \Theta', \beta, \beta}{\Gamma, \Sigma_\alpha \Rightarrow \Delta_\alpha, \Theta', \beta, \beta} \ (cut_g)}{\Gamma, \Sigma_\alpha \Rightarrow \Delta_\alpha, \Theta', \beta} \ (\Rightarrow c)$$

其余情况类似证明.

(2.4) (R_2) 是左结构规则. 设 (R_2) 是 $(w\Rightarrow)$. 令 $\Sigma = \beta, \Sigma'$ 并且 (R_2) 的前提和结论分别是 $\Sigma' \Rightarrow \Theta$ 和 $\beta, \Sigma' \Rightarrow \Theta$.

(2.4.1) $\alpha = \beta$. 设 $\alpha \notin \Sigma'$, 那么 $\Sigma' = \Sigma'_\alpha$. 从 (R_2) 的前提 $\Sigma' \Rightarrow \Theta$ 由 $(w_g\Rightarrow)$ 和 $(\Rightarrow w_g)$ 得, $\Gamma, \Sigma'_\alpha \Rightarrow \Delta_\alpha, \Theta$. 设 $\alpha \in \Sigma'$. 最后一步是

$$\frac{\vdash_m \Gamma \Rightarrow \Delta \quad \dfrac{\vdash_{n-1} \Sigma' \Rightarrow \Theta}{\vdash_n \alpha, \Sigma' \Rightarrow \Theta} \ (w\Rightarrow)}{\Gamma, \Sigma'_\alpha \Rightarrow \Delta_\alpha, \Theta} \ (cut_g)$$

该推导转化为

$$\frac{\vdash_m \Gamma \Rightarrow \Delta \quad \vdash_{n-1} \Sigma' \Rightarrow \Theta}{\Gamma, \Sigma'_\alpha \Rightarrow \Delta_\alpha, \Theta} \ (cut_g)$$

(2.4.2) $\alpha \neq \beta$. 那么 $\alpha \in \Sigma'$. 最后一步是

$$
\dfrac{\vdash_m \Gamma \Rightarrow \Delta \quad \dfrac{\dfrac{\vdash_{n-1} \Sigma' \Rightarrow \Theta}{\vdash_n \beta, \Sigma' \Rightarrow \Theta} \,(w\Rightarrow)}{}}{\Gamma, \beta, \Sigma'_\alpha \Rightarrow \Delta_\alpha, \Theta} \,(cut_g)
$$

该推导转化为

$$
\dfrac{\dfrac{\Gamma \Rightarrow \Delta \quad \Sigma' \Rightarrow \Theta}{\Gamma, \Sigma'_\alpha \Rightarrow \Delta_\alpha, \Theta} \,(cut_g)}{\Gamma, \beta, \Sigma'_\alpha \Rightarrow \Delta_\alpha, \Theta} \,(w_g\Rightarrow)
$$

其余情况类似证明.

设 (R_1) 和 (R_2) 都是联结词规则. 分以下情况.

(3) α 在 (R_1) 中不是主公式. 分以下情况.

(3.1) (R_1) 是 $(\wedge\Rightarrow)$. 最后一步是

$$
\dfrac{\dfrac{\vdash_{m-1} \beta_i, \Gamma' \Rightarrow \Delta}{\vdash_m \beta_1 \wedge \beta_2, \Gamma' \Rightarrow \Delta} \,(\wedge\Rightarrow) \quad \vdash_n \Sigma \Rightarrow \Theta}{\beta_1 \wedge \beta_2, \Gamma', \Sigma_\alpha \Rightarrow \Delta_\alpha, \Theta} \,(cut_g)
$$

该推导转化为

$$
\dfrac{\dfrac{\vdash_{m-1} \beta_i, \Gamma' \Rightarrow \Delta \quad \vdash_n \Sigma \Rightarrow \Theta}{\beta_i, \Gamma', \Sigma_\alpha \Rightarrow \Delta_\alpha, \Theta} \,(cut_g)}{\beta_1 \wedge \beta_2, \Gamma', \Sigma_\alpha \Rightarrow \Delta_\alpha, \Theta} \,(\wedge\Rightarrow)
$$

(3.2) (R_1) 是 $(\Rightarrow\wedge)$. 最后一步是

$$
\dfrac{\dfrac{\vdash_{m-1} \Gamma \Rightarrow \Delta', \beta_1 \quad \vdash_{m-1} \Gamma \Rightarrow \Delta', \beta_2}{\vdash_m \Gamma \Rightarrow \Delta', \beta_1 \wedge \beta_2} \,(\Rightarrow\wedge) \quad \vdash_n \Sigma \Rightarrow \Theta}{\Gamma, \Sigma_\alpha \Rightarrow \Delta'_\alpha, \beta_1 \wedge \beta_2, \Theta} \,(cut_g)
$$

(3.2.1) $\beta_1 = \alpha$ 或 $\beta_2 = \alpha$. 该推导转化为

$$
\dfrac{\dfrac{\vdash_{m-1} \Gamma \Rightarrow \Delta', \alpha \quad \vdash_n \Sigma \Rightarrow \Theta}{\Gamma, \Sigma_\alpha \Rightarrow \Delta'_\alpha, \Theta} \,(cut_g)}{\Gamma, \Sigma_\alpha \Rightarrow \Delta'_\alpha, \beta_1 \wedge \beta_2, \Theta} \,(\Rightarrow w_g)
$$

(3.2.2) $\beta_1 \neq \alpha$ 并且 $\beta_2 \neq \alpha$. 显然 $\alpha \in \Delta'$. 该推导转化为

$$
\dfrac{\dfrac{\vdash_{m-1} \Gamma \Rightarrow \Delta', \beta_1 \quad \vdash_n \Sigma \Rightarrow \Theta}{\Gamma, \Sigma_\alpha \Rightarrow \Delta'_\alpha, \beta_1, \Theta} \,(cut_g) \quad \dfrac{\vdash_{m-1} \Gamma \Rightarrow \Delta', \beta_2 \quad \vdash_n \Sigma \Rightarrow \Theta}{\Gamma, \Sigma_\alpha \Rightarrow \Delta'_\alpha, \beta_2, \Theta} \,(cut_g)}{\Gamma, \Sigma_\alpha \Rightarrow \Delta'_\alpha, \beta_1 \wedge \beta_2, \Theta} \,(\Rightarrow\wedge_g)
$$

(3.3) (R_1) 是 $(\vee\Rightarrow)$. 最后一步是

$$\dfrac{\dfrac{\vdash_{m-1}\beta_1,\Gamma'\Rightarrow\Delta \quad \vdash_{m-1}\beta_2,\Gamma'\Rightarrow\Delta}{\vdash_m \beta_1\vee\beta_2,\Gamma'\Rightarrow\Delta}(\vee\Rightarrow) \quad \vdash_n \Sigma\Rightarrow\Theta}{\beta_1\vee\beta_2,\Gamma',\Sigma_\alpha\Rightarrow\Delta_\alpha,\Theta}(cut_g)$$

该推导转化为

$$\dfrac{\dfrac{\vdash_{m-1}\beta_1,\Gamma'\Rightarrow\Delta \quad \vdash_n \Sigma\Rightarrow\Theta}{\beta_1,\Gamma',\Sigma_\alpha\Rightarrow\Delta_\alpha,\Theta}(cut_g) \quad \dfrac{\vdash_{m-1}\beta_2,\Gamma'\Rightarrow\Delta \quad \vdash_n \Sigma\Rightarrow\Theta}{\beta_2,\Gamma',\Sigma_\alpha\Rightarrow\Delta_\alpha,\Theta}(cut_g)}{\beta_1\vee\beta_2,\Gamma',\Sigma_\alpha\Rightarrow\Delta_\alpha,\Theta}(\vee\Rightarrow)$$

(3.4) (R_1) 是 $(\Rightarrow\vee)$. 最后一步是

$$\dfrac{\dfrac{\vdash_{m-1}\Gamma\Rightarrow\Delta',\beta_i}{\vdash_m \Gamma\Rightarrow\Delta',\beta_1\vee\beta_2}(\Rightarrow\vee) \quad \vdash_n \Sigma\Rightarrow\Theta}{\Gamma,\Sigma_\alpha\Rightarrow\Delta'_\alpha,\beta_1\vee\beta_2,\Theta}(cut_g)$$

(3.4.1) $\beta_i=\alpha$. 该推导转化为

$$\dfrac{\dfrac{\vdash_{m-1}\Gamma\Rightarrow\Delta',\beta_i \quad \vdash_n \Sigma\Rightarrow\Theta}{\Gamma,\Sigma_\alpha\Rightarrow\Delta'_\alpha,\Theta}(cut_g)}{\Gamma,\Sigma_\alpha\Rightarrow\Delta'_\alpha,\beta_1\vee\beta_2,\Theta}(\Rightarrow w_g)$$

(3.4.2) $\beta_i\neq\alpha$. 显然 $\alpha\in\Delta'$. 该推导转化为

$$\dfrac{\dfrac{\vdash_{m-1}\Gamma\Rightarrow\Delta',\beta_i \quad \vdash_n \Sigma\Rightarrow\Theta}{\Gamma,\Sigma_\alpha\Rightarrow\Delta'_\alpha,\beta_i,\Theta}(cut_g)}{\Gamma,\Sigma_\alpha\Rightarrow\Delta'_\alpha,\beta_1\vee\beta_2,\Theta}(\Rightarrow\vee_g)$$

(3.5) (R_1) 是 $(\rightarrow\Rightarrow)$. 最后一步是

$$\dfrac{\dfrac{\vdash_{m-1}\Gamma'\Rightarrow\Delta,\beta_1 \quad \vdash_{m-1}\beta_2,\Gamma'\Rightarrow\Delta}{\vdash_m \beta_1\rightarrow\beta_2,\Gamma'\Rightarrow\Delta}(\vee\Rightarrow) \quad \vdash_n \Sigma\Rightarrow\Theta}{\beta_1\rightarrow\beta_2,\Gamma',\Sigma_\alpha\Rightarrow\Delta_\alpha,\Theta}(cut_g)$$

(3.5.1) $\beta_1=\alpha$. 该推导转化为

$$\dfrac{\dfrac{\vdash_{m-1}\Gamma'\Rightarrow\Delta,\beta_1 \quad \vdash_n \Sigma\Rightarrow\Theta}{\Gamma',\Sigma_\alpha\Rightarrow\Delta_\alpha,\Theta}(cut_g)}{\beta_1\rightarrow\beta_2,\Gamma',\Sigma_\alpha\Rightarrow\Delta_\alpha,\Theta}(w\Rightarrow)$$

(3.5.2) $\beta_1\neq\alpha$. 该推导转化为

$$\dfrac{\dfrac{\vdash_{m-1}\Gamma'\Rightarrow\Delta,\beta_1 \quad \vdash_n \Sigma\Rightarrow\Theta}{\Gamma',\Sigma_\alpha\Rightarrow\Delta_\alpha,\beta_1,\Theta}(cut_g) \quad \dfrac{\vdash_{m-1}\beta_2,\Gamma'\Rightarrow\Delta \quad \vdash_n \Sigma\Rightarrow\Theta}{\beta_2,\Gamma',\Sigma_\alpha\Rightarrow\Delta_\alpha,\Theta}(cut_g)}{\beta_1\rightarrow\beta_2,\Gamma',\Sigma_\alpha\Rightarrow\Delta_\alpha,\Theta}(\rightarrow_g\Rightarrow)$$

(3.6) (R_1) 是 $(\Rightarrow\rightarrow)$. 最后一步是

$$\dfrac{\dfrac{\vdash_{m-1} \beta_1, \Gamma \Rightarrow \Delta', \beta_2}{\vdash_m \Gamma \Rightarrow \Delta', \beta_1 \rightarrow \beta_2}(\Rightarrow\rightarrow) \quad \vdash_n \Sigma \Rightarrow \Theta}{\Gamma, \Sigma_\alpha \Rightarrow \Delta'_\alpha, \beta_1 \rightarrow \beta_2, \Theta}(cut_g)$$

(3.6.1) $\beta_2 = \alpha$. 该推导转化为

$$\dfrac{\dfrac{\dfrac{\vdash_{m-1} \beta_1, \Gamma \Rightarrow \Delta', \beta_2 \quad \vdash_n \Sigma \Rightarrow \Theta}{\beta_1, \Gamma, \Sigma_\alpha \Rightarrow \Delta'_\alpha, \Theta}(cut_g)}{\beta_1, \Gamma, \Sigma_\alpha \Rightarrow \Delta'_\alpha, \Theta, \beta_2}(\Rightarrow w)}{\Gamma, \Sigma_\alpha \Rightarrow \Delta'_\alpha, \beta_1 \rightarrow \beta_2, \Theta}(\Rightarrow\rightarrow_g)$$

(3.6.2) $\beta_2 \neq \alpha$. 该推导转化为

$$\dfrac{\dfrac{\vdash_{m-1} \beta_1, \Gamma \Rightarrow \Delta', \beta_2 \quad \vdash_n \Sigma \Rightarrow \Theta}{\beta_1, \Gamma, \Sigma_\alpha \Rightarrow \Delta'_\alpha, \beta_2, \Theta}(cut_g)}{\Gamma, \Sigma_\alpha \Rightarrow \Delta'_\alpha, \beta_1 \rightarrow \beta_2, \Theta}(\Rightarrow\rightarrow_g)$$

(4) α 仅在 (R_1) 中是主公式. 根据 (R_2) 分以下情况.

(4.1) (R_2) 是 $(\wedge\Rightarrow)$. 最后一步是

$$\dfrac{\vdash_m \Gamma \Rightarrow \Delta \quad \dfrac{\vdash_{n-1} \beta_i, \Sigma' \Rightarrow \Theta}{\vdash_n \beta_1 \wedge \beta_2, \Sigma' \Rightarrow \Theta}(\wedge\Rightarrow)}{\Gamma, \beta_1 \wedge \beta_2, \Sigma'_\alpha \Rightarrow \Delta_\alpha, \Theta}(cut_g)$$

(4.1.1) $\beta_i = \alpha$. 推导转化为

$$\dfrac{\dfrac{\vdash_m \Gamma \Rightarrow \Delta \quad \vdash_{n-1} \beta_i, \Sigma' \Rightarrow \Theta}{\Gamma, \Sigma'_\alpha \Rightarrow \Delta_\alpha, \Theta}(cut_g)}{\Gamma, \beta_1 \wedge \beta_2, \Sigma'_\alpha \Rightarrow \Delta_\alpha, \Theta}(w_g\Rightarrow)$$

(4.1.2) $\beta_i \neq \alpha$. 推导转化为

$$\dfrac{\dfrac{\vdash_m \Gamma \Rightarrow \Delta \quad \vdash_{n-1} \beta_i, \Sigma' \Rightarrow \Theta}{\Gamma, \beta_i, \Sigma'_\alpha \Rightarrow \Delta_\alpha, \Theta}(cut_g)}{\Gamma, \beta_1 \wedge \beta_2, \Sigma'_\alpha \Rightarrow \Delta_\alpha, \Theta}(\wedge_g\Rightarrow)$$

(4.2) (R_2) 是 $(\Rightarrow\wedge)$. 最后一步是

$$\dfrac{\vdash_m \Gamma \Rightarrow \Delta \quad \dfrac{\vdash_{n-1} \Sigma \Rightarrow \Theta', \beta_1 \quad \vdash_{n-1} \Sigma \Rightarrow \Theta', \beta_2}{\vdash_n \Sigma \Rightarrow \Theta', \beta_1 \wedge \beta_2}(\Rightarrow\wedge)}{\Gamma, \Sigma_\alpha \Rightarrow \Delta_\alpha, \Theta', \beta_1 \wedge \beta_2}(cut_g)$$

该推导转化为

$$
\cfrac{
\cfrac{\vdash_m \Gamma \Rightarrow \Delta \quad \vdash_{n-1} \Sigma \Rightarrow \Theta', \beta_1}{\Gamma, \Sigma_\alpha \Rightarrow \Delta_\alpha, \Theta', \beta_1}\ (cut_g) \qquad \cfrac{\vdash_m \Gamma \Rightarrow \Delta \quad \vdash_{n-1} \Sigma \Rightarrow \Theta', \beta_2}{\Gamma, \Sigma_\alpha \Rightarrow \Delta_\alpha, \Theta', \beta_2}\ (cut_g)
}{\Gamma, \Sigma_\alpha \Rightarrow \Delta_\alpha, \Theta', \beta_1 \wedge \beta_2}\ (\Rightarrow\wedge)
$$

(4.3) (R_2) 是 $(\vee\Rightarrow)$. 最后一步是

$$
\cfrac{\vdash_m \Gamma \Rightarrow \Delta \qquad \cfrac{\vdash_{n-1} \beta_1, \Sigma' \Rightarrow \Theta \quad \vdash_{n-1} \beta_2, \Sigma' \Rightarrow \Theta}{\beta_1 \vee \beta_2, \Sigma' \Rightarrow \Theta}\ (\vee\Rightarrow)}{\Gamma, \beta_1 \vee \beta_2, \Sigma'_\alpha \Rightarrow \Delta_\alpha, \Theta}\ (cut_g)
$$

(4.3.1) $\beta_1 = \alpha$ 或者 $\beta_2 = \alpha$. 该推导转化为

$$
\cfrac{
\cfrac{\vdash_m \Gamma \Rightarrow \Delta \quad \vdash_{n-1} \alpha, \Sigma' \Rightarrow \Theta}{\Gamma, \Sigma'_\alpha \Rightarrow \Delta_\alpha, \Theta}\ (cut_g)
}{\Gamma, \beta_1 \vee \beta_2, \Sigma'_\alpha \Rightarrow \Delta_\alpha, \Theta}\ (w_g\Rightarrow)
$$

(4.3.2) $\beta_1 \neq \alpha$ 并且 $\beta_2 \neq \alpha$. 该推导转化为

$$
\cfrac{
\cfrac{\vdash_m \Gamma \Rightarrow \Delta \quad \vdash_{n-1} \beta_1, \Sigma' \Rightarrow \Theta}{\Gamma, \beta_1, \Sigma'_\alpha \Rightarrow \Delta_\alpha, \Theta}\ (cut_g) \qquad \cfrac{\vdash_m \Gamma \Rightarrow \Delta \quad \vdash_{n-1} \beta_2, \Sigma' \Rightarrow \Theta}{\Gamma, \beta_2, \Sigma'_\alpha \Rightarrow \Delta_\alpha, \Theta}\ (cut_g)
}{\Gamma, \beta_1 \vee \beta_2, \Sigma'_\alpha \Rightarrow \Delta_\alpha, \Theta}\ (\vee_g\Rightarrow)
$$

(4.4) (R_2) 是 $(\Rightarrow\vee)$. 最后一步是

$$
\cfrac{\vdash_m \Gamma \Rightarrow \Delta \qquad \cfrac{\vdash_{n-1} \Sigma \Rightarrow \Theta', \beta_i}{\vdash_n \Sigma \Rightarrow \Theta', \beta_1 \vee \beta_2}\ (\Rightarrow\vee)}{\Gamma, \Sigma_\alpha \Rightarrow \Delta_\alpha, \Theta', \beta_1 \vee \beta_2}\ (cut_g)
$$

该推导转化为

$$
\cfrac{
\cfrac{\vdash_m \Gamma \Rightarrow \Delta \quad \vdash_{n-1} \Sigma \Rightarrow \Theta', \beta_i}{\Gamma, \Sigma_\alpha \Rightarrow \Delta_\alpha, \Theta', \beta_i}\ (cut_g)
}{\Gamma, \Sigma_\alpha \Rightarrow \Delta_\alpha, \Theta', \beta_1 \vee \beta_2}\ (\Rightarrow\vee)
$$

(4.5) (R_2) 是 $(\rightarrow\Rightarrow)$. 最后一步是

$$
\cfrac{\vdash_m \Gamma \Rightarrow \Delta \qquad \cfrac{\vdash_{n-1} \Sigma' \Rightarrow \Theta, \beta_1 \quad \vdash_{n-1} \beta_2, \Sigma' \Rightarrow \Theta}{\vdash_n \beta_1 \rightarrow \beta_2, \Sigma' \Rightarrow \Theta}\ (\rightarrow\Rightarrow)}{\Gamma, \beta_1 \rightarrow \beta_2, \Sigma'_\alpha \Rightarrow \Delta_\alpha, \Theta}\ (cut_g)
$$

(4.5.1) $\beta_2 = \alpha$. 该推导转化为

$$
\cfrac{
\cfrac{\vdash_m \Gamma \Rightarrow \Delta \quad \vdash_{n-1} \beta_2, \Sigma' \Rightarrow \Theta}{\Gamma, \Sigma'_\alpha \Rightarrow \Delta_\alpha, \Theta}\ (cut_g)
}{\Gamma, \beta_1 \rightarrow \beta_2, \Sigma'_\alpha \Rightarrow \Delta_\alpha, \Theta}\ (w_g\Rightarrow)
$$

(4.5.2) $\beta_2 \neq \alpha$. 该推导转化为

$$\dfrac{\dfrac{\vdash_m \Gamma \Rightarrow \Delta \quad \vdash_{n-1} \Sigma' \Rightarrow \Theta, \beta_1}{\Gamma, \Sigma'_\alpha \Rightarrow \Delta_\alpha, \Theta, \beta_1} (cut_g) \qquad \dfrac{\vdash_m \Gamma \Rightarrow \Delta \quad \vdash_{n-1} \beta_2, \Sigma' \Rightarrow \Theta}{\Gamma, \beta_2, \Sigma'_\alpha \Rightarrow \Delta_\alpha, \Theta} (cut_g)}{\Gamma, \beta_1 \to \beta_2, \Sigma'_\alpha \Rightarrow \Delta_\alpha, \Theta} (\to_g \Rightarrow)$$

(4.6) (R_2) 是 $(\Rightarrow \to)$. 最后一步是

$$\dfrac{\vdash_m \Gamma \Rightarrow \Delta \quad \dfrac{\vdash_{n-1} \beta_1, \Sigma \Rightarrow \Theta', \beta_2}{\vdash_n \Sigma \Rightarrow \Theta', \beta_1 \to \beta_2} (\Rightarrow \to)}{\Gamma, \Sigma_\alpha \Rightarrow \Delta_\alpha, \Theta', \beta_1 \to \beta_2} (cut_g)$$

(4.6.1) $\beta_1 = \alpha$. 该推导转化为

$$\dfrac{\dfrac{\dfrac{\vdash_m \Gamma \Rightarrow \Delta \quad \vdash_{n-1} \beta_1, \Sigma \Rightarrow \Theta', \beta_2}{\Gamma, \Sigma_\alpha \Rightarrow \Delta_\alpha, \Theta', \beta_2} (cut_g)}{\beta_1, \Gamma, \Sigma_\alpha \Rightarrow \Delta_\alpha, \Theta', \beta_2} (w \Rightarrow)}{\Gamma, \Sigma_\alpha \Rightarrow \Delta_\alpha, \Theta', \beta_1 \to \beta_2} (\Rightarrow \to)$$

(4.6.2) $\beta_1 \neq \alpha$. 该推导转化为

$$\dfrac{\dfrac{\vdash_m \Gamma \Rightarrow \Delta \quad \vdash_{n-1} \beta_1, \Sigma \Rightarrow \Theta', \beta_2}{\Gamma, \beta_1, \Sigma_\alpha \Rightarrow \Delta_\alpha, \Theta', \beta_2} (cut_g)}{\Gamma, \Sigma_\alpha \Rightarrow \Delta_\alpha, \Theta', \beta_1 \to \beta_2} (\Rightarrow \to_g)$$

(5) α 在 (R_1) 和 (R_2) 中都是主公式. 根据 α 的复杂度分以下情况.

(5.1) $\alpha = \alpha_1 \wedge \alpha_2$. 最后一步是

$$\dfrac{\dfrac{\vdash_{m-1} \Gamma \Rightarrow \Delta', \alpha_1 \quad \vdash_{m-1} \Gamma \Rightarrow \Delta', \alpha_2}{\vdash_m \Gamma \Rightarrow \Delta', \alpha_1 \wedge \alpha_2} (\Rightarrow \wedge) \qquad \dfrac{\vdash_{n-1} \alpha_i, \Sigma' \Rightarrow \Theta}{\vdash_n \alpha_1 \wedge \alpha_2, \Sigma' \Rightarrow \Theta} (\wedge \Rightarrow)}{\Gamma, \Sigma'_\alpha \Rightarrow \Delta'_\alpha, \Theta} (cut_g)$$

(5.1.1) $\alpha \notin \Delta'$ 并且 $\alpha \notin \Sigma'$. 那么 $\Delta'_\alpha = \Delta'$ 并且 $\Sigma'_\alpha = \Sigma'$. 该推导转化为

$$\dfrac{\dfrac{\vdash_{m-1} \Gamma \Rightarrow \Delta', \alpha_i \quad \vdash_{n-1} \alpha_i, \Sigma' \Rightarrow \Theta}{\Gamma, \Sigma'_{\alpha_i} \Rightarrow \Delta'_{\alpha_i}, \Theta} (cut_g)}{\Gamma, \Sigma' \Rightarrow \Delta', \Theta} (w_g \Rightarrow, \Rightarrow w_g)^*$$

其中 $(w_g \Rightarrow, \Rightarrow w_g)^*$ 意思是有穷多次应用规则 $(w_g \Rightarrow)$ 和 $(\Rightarrow w_g)$.

(5.1.2) $\alpha \notin \Delta'$ 并且 $\alpha \in \Sigma'$. 那么 $\Delta'_\alpha = \Delta'$. 该推导转化为

$$\dfrac{\dfrac{\vdash_{m-1} \Gamma \Rightarrow \Delta', \alpha_i \quad \dfrac{\dfrac{\vdash_m \Gamma \Rightarrow \Delta', \alpha \quad \vdash_{n-1} \alpha_i, \Sigma' \Rightarrow \Theta}{\Gamma, \alpha_i, \Sigma'_\alpha \Rightarrow \Delta', \Theta} (cut_g)}{\Gamma, \Gamma_{\alpha_i}, (\Sigma'_\alpha)_{\alpha_i} \Rightarrow \Delta'_{\alpha_i}, \Delta', \Theta} (cut_g)}{\Gamma, \Gamma, \Sigma'_\alpha \Rightarrow \Delta', \Delta', \Theta} (w_g \Rightarrow, \Rightarrow w_g)^*}{\Gamma, \Sigma'_\alpha \Rightarrow \Delta', \Theta} (c_g \Rightarrow, \Rightarrow c_g)$$

(5.1.3) $\alpha \in \Delta'$ 并且 $\alpha \notin \Sigma'$. 那么 $\Sigma'_\alpha = \Sigma'$. 推导转化为

$$\cfrac{\cfrac{\vdash_{m-1} \Gamma \Rightarrow \Delta', \alpha_i \quad \vdash_n \alpha, \Sigma' \Rightarrow \Theta}{\Gamma, \Sigma' \Rightarrow \Delta'_\alpha, \alpha_i, \Theta}(cut_g) \quad \vdash_{n-1} \alpha_i, \Sigma' \Rightarrow \Theta}{\cfrac{\cfrac{\Gamma, \Sigma', \Sigma'_{\alpha_i} \Rightarrow (\Delta'_\alpha, \Theta)_{\alpha_i}, \Theta}{\Gamma, \Sigma', \Sigma' \Rightarrow \Delta'_\alpha, \Theta, \Theta}(w_g\Rightarrow, \Rightarrow w_g)^*}{\Gamma, \Sigma' \Rightarrow \Delta'_\alpha, \Theta}(c_g\Rightarrow, \Rightarrow c_g)}(cut_g)}$$

(5.1.4) $\alpha \in \Delta'$ 并且 $\alpha \in \Sigma'$. 由归纳假设可得以下推导

$$\cfrac{\vdash_m \Gamma \Rightarrow \Delta', \alpha \quad \vdash_{n-1} \alpha_i, \Sigma' \Rightarrow \Theta}{\Gamma, \alpha_i, \Sigma'_\alpha \Rightarrow \Delta'_\alpha, \Theta}(cut_g)$$

$$\cfrac{\vdash_{m-1} \Gamma \Rightarrow \Delta', \alpha_i \quad \vdash_n \alpha, \Sigma' \Rightarrow \Theta}{\Gamma, \Sigma'_\alpha \Rightarrow \Delta'_\alpha, \alpha_i, \Theta}(cut_g)$$

然后有以下推导

$$\cfrac{\cfrac{\Gamma, \Sigma'_\alpha \Rightarrow \Delta'_\alpha, \alpha_i, \Theta \quad \Gamma, \alpha_i, \Sigma'_\alpha \Rightarrow \Delta'_\alpha, \Theta}{\Gamma, \Sigma'_\alpha, (\Gamma, \Sigma'_\alpha)_{\alpha_i} \Rightarrow (\Delta'_\alpha, \Theta)_{\alpha_i}, \Delta'_\alpha, \Theta}(cut_g)}{\cfrac{\cfrac{\Gamma, \Sigma'_\alpha, \Gamma, \Sigma'_\alpha \Rightarrow \Delta'_\alpha, \Theta, \Delta'_\alpha, \Theta}{\Gamma, \Gamma, \Sigma'_\alpha, \Sigma'_\alpha \Rightarrow \Delta'_\alpha, \Delta'_\alpha, \Theta, \Theta}(e_g\Rightarrow, \Rightarrow e_g)^*}{\Gamma, \Sigma'_\alpha \Rightarrow \Delta'_\alpha, \Theta}(c_g\Rightarrow, \Rightarrow c_g)^*}(w_g\Rightarrow, \Rightarrow w_g)^*}$$

(5.2) $\alpha = \alpha_1 \vee \alpha_2$. 最后一步是

$$\cfrac{\cfrac{\vdash_{m-1} \Gamma \Rightarrow \Delta', \alpha_i}{\vdash_m \Gamma \Rightarrow \Delta', \alpha_1 \vee \alpha_2}(\Rightarrow\vee) \quad \cfrac{\vdash_{n-1} \alpha_1, \Sigma' \Rightarrow \Theta \quad \vdash_{n-1} \alpha_2, \Sigma' \Rightarrow \Theta}{\vdash_n \alpha_1 \vee \alpha_2, \Sigma' \Rightarrow \Theta}(\vee\Rightarrow)}{\Gamma, \Sigma'_\alpha \Rightarrow \Delta'_\alpha, \Theta}(cut_g)$$

(5.2.1) $\alpha \notin \Delta'$ 并且 $\alpha \notin \Sigma'$. 那么 $\Delta'_\alpha = \Delta'$ 并且 $\Sigma'_\alpha = \Sigma'$. 该推导转化为

$$\cfrac{\cfrac{\vdash_{m-1} \Gamma \Rightarrow \Delta', \alpha_i \quad \vdash_{n-1} \alpha_i, \Sigma' \Rightarrow \Theta}{\Gamma, \Sigma'_{\alpha_i} \Rightarrow \Delta'_{\alpha_i}, \Theta}(cut_g)}{\Gamma, \Sigma' \Rightarrow \Delta', \Theta}(w_g\Rightarrow, \Rightarrow w_g)^*$$

(5.2.2) $\alpha \notin \Delta'$ 并且 $\alpha \in \Sigma'$. 那么 $\Delta'_\alpha = \Delta'$. 该推导转化为

$$\cfrac{\cfrac{\vdash_{m-1} \Gamma \Rightarrow \Delta', \alpha_i \quad \cfrac{\vdash_m \Gamma \Rightarrow \Delta', \alpha \quad \vdash_{n-1} \alpha_i, \Sigma' \Rightarrow \Theta}{\Gamma, \alpha_i, \Sigma'_\alpha \Rightarrow \Delta', \Theta}(cut_g)}{\Gamma, \Gamma_{\alpha_i}, (\Sigma'_\alpha)_{\alpha_i} \Rightarrow \Delta'_{\alpha_i}, \Delta', \Theta}(cut_g)}{\cfrac{\Gamma, \Gamma, \Sigma'_\alpha \Rightarrow \Delta', \Delta', \Theta}{\Gamma, \Sigma'_\alpha \Rightarrow \Delta', \Theta}(c_g\Rightarrow, \Rightarrow c_g)^*}(w_g\Rightarrow, \Rightarrow w_g)^*$$

(5.2.3) $\alpha \in \Delta'$ 并且 $\alpha \notin \Sigma'$. 那么 $\Sigma'_\alpha = \Sigma'$. 该推导转化为

$$
\cfrac{
\cfrac{\vdash_{m-1} \Gamma \Rightarrow \Delta', \alpha_i \quad \vdash_n \alpha, \Sigma' \Rightarrow \Theta}{\Gamma, \Sigma' \Rightarrow \Delta'_\alpha, \alpha_i, \Theta}(cut_g) \quad \vdash_{n-1} \alpha_i, \Sigma' \Rightarrow \Theta
}{
\cfrac{\Gamma, \Sigma', \Sigma'_{\alpha_i} \Rightarrow (\Delta'_\alpha, \Theta)_{\alpha_i}, \Theta}{\cfrac{\Gamma, \Sigma', \Sigma' \Rightarrow \Delta'_\alpha, \Theta, \Theta}{\Gamma, \Sigma' \Rightarrow \Delta'_\alpha, \Theta}(c_g\Rightarrow, \Rightarrow c_g)^*}(w_g\Rightarrow, \Rightarrow w_g)^*
}(cut_g)
$$

(5.2.4) $\alpha \in \Delta'$ 并且 $\alpha \in \Sigma'$. 由归纳假设可得以下推导:

$$
\cfrac{\vdash_m \Gamma \Rightarrow \Delta', \alpha \quad \vdash_{n-1} \alpha_i, \Sigma' \Rightarrow \Theta}{\Gamma, \alpha_i, \Sigma'_\alpha \Rightarrow \Delta'_\alpha, \Theta}(cut_g)
$$

$$
\cfrac{\vdash_{m-1} \Gamma \Rightarrow \Delta', \alpha_i \quad \vdash_n \alpha, \Sigma' \Rightarrow \Theta}{\Gamma, \Sigma'_\alpha \Rightarrow \Delta'_\alpha, \alpha_i, \Theta}(cut_g)
$$

然后有以下推导:

$$
\cfrac{
\cfrac{\Gamma, \Sigma'_\alpha \Rightarrow \Delta'_\alpha, \alpha_i, \Theta \quad \Gamma, \alpha_i, \Sigma'_\alpha \Rightarrow \Delta'_\alpha, \Theta}{\Gamma, \Sigma'_\alpha, (\Gamma, \Sigma'_\alpha)_{\alpha_i} \Rightarrow (\Delta'_\alpha, \Theta)_{\alpha_i}, \Delta'_\alpha, \Theta}(cut_g)
}{
\cfrac{\Gamma, \Sigma'_\alpha, \Gamma, \Sigma'_\alpha \Rightarrow \Delta'_\alpha, \Theta, \Delta'_\alpha, \Theta}{\cfrac{\Gamma, \Gamma, \Sigma'_\alpha, \Sigma'_\alpha \Rightarrow \Delta'_\alpha, \Delta'_\alpha, \Theta, \Theta}{\Gamma, \Sigma'_\alpha \Rightarrow \Delta'_\alpha, \Theta}(c_g\Rightarrow, \Rightarrow c_g)^*}(e_g\Rightarrow, \Rightarrow e_g)^*}(w_g\Rightarrow, \Rightarrow w_g)^*
}
$$

(5.3) $\alpha = \alpha_1 \to \alpha_2$. 最后一步是

$$
\cfrac{
\cfrac{\vdash_{m-1} \alpha_1, \Gamma \Rightarrow \Delta', \alpha_2}{\vdash_m \Gamma \Rightarrow \Delta', \alpha_1 \to \alpha_2}(\Rightarrow\to) \quad \cfrac{\vdash_{n-1} \Sigma' \Rightarrow \Theta, \alpha_1 \quad \vdash_{n-1} \alpha_2, \Sigma' \Rightarrow \Theta}{\vdash_n \alpha_1 \to \alpha_2, \Sigma' \Rightarrow \Theta}(\to\Rightarrow)
}{
\Gamma, \Sigma'_\alpha \Rightarrow \Delta'_\alpha, \Theta
}(cut_g)
$$

(5.3.1) $\alpha \notin \Delta'$ 并且 $\alpha \notin \Sigma'$. 那么 $\Delta'_\alpha = \Delta'$ 并且 $\Sigma'_\alpha = \Sigma'$. 该推导转化为

$$
\cfrac{
\vdash_{n-1} \Sigma' \Rightarrow \Theta, \alpha_1 \quad \cfrac{
\cfrac{\vdash_{m-1} \alpha_1, \Gamma \Rightarrow \Delta', \alpha_2 \quad \vdash_{n-1} \alpha_2, \Sigma' \Rightarrow \Theta}{\alpha_1, \Gamma, \Sigma'_{\alpha_2} \Rightarrow \Delta'_{\alpha_2}, \Theta}(cut_g)
}{\alpha_1, \Gamma, \Sigma' \Rightarrow \Delta', \Theta}(w_g\Rightarrow, \Rightarrow w_g)^*
}{
\cfrac{\Sigma', (\Gamma, \Sigma')_{\alpha_1} \Rightarrow \Theta_{\alpha_1}, \Delta', \Theta}{\cfrac{\Sigma', \Gamma, \Sigma' \Rightarrow \Theta, \Delta', \Theta}{\cfrac{\Gamma, \Sigma', \Sigma' \Rightarrow \Delta', \Theta, \Theta}{\Gamma, \Sigma' \Rightarrow \Delta', \Theta}(c_g\Rightarrow, \Rightarrow c_g)^*}(e_g\Rightarrow, \Rightarrow e_g)^*}(w_g\Rightarrow, \Rightarrow w_g)^*
}(cut_g)
$$

(5.3.2) $\alpha \in \Delta'$ 并且 $\alpha \notin \Sigma'$. 那么 $\Sigma'_\alpha = \Sigma'$. 由归纳假设得以下推导:

$$
\cfrac{
\vdash_{n-1} \Sigma' \Rightarrow \Theta, \alpha_1 \quad \cfrac{
\cfrac{\vdash_{m-1} \alpha_1, \Gamma \Rightarrow \Delta', \alpha_2 \quad \vdash_n \alpha, \Sigma' \Rightarrow \Theta}{\alpha_1, \Gamma, \Sigma' \Rightarrow \Delta'_\alpha, \alpha_2, \Theta}(cut_g)
}{\alpha_1, \Gamma, \Sigma' \Rightarrow \Delta'_\alpha, \alpha_2, \Theta}
}{
\cfrac{\Sigma', (\Gamma, \Sigma')_{\alpha_1} \Rightarrow \Theta_{\alpha_1}, \Delta'_\alpha, \alpha_2, \Theta}{\cfrac{\Sigma', \Gamma, \Sigma' \Rightarrow \Theta, \Delta'_\alpha, \alpha_2, \Theta}{\cfrac{\Gamma, \Sigma', \Sigma' \Rightarrow \Delta'_\alpha, \alpha_2, \Theta, \Theta}{\Gamma, \Sigma' \Rightarrow \Delta'_\alpha, \alpha_2, \Theta}(c_g\Rightarrow, \Rightarrow c_g)^*}(e_g\Rightarrow, \Rightarrow e_g)^*}(w_g\Rightarrow, \Rightarrow w_g)^*
}(cut_g)
$$

然后有以下推导:

$$
\dfrac{\dfrac{\Gamma, \Sigma' \Rightarrow \Delta'_\alpha, \alpha_2, \Theta \quad \vdash_{n-1} \alpha_2, \Sigma' \Rightarrow \Theta}{\Gamma, \Sigma', \Sigma'_{\alpha_2} \Rightarrow (\Delta'_\alpha, \Theta)_{\alpha_2}, \Theta} (cut_g)}{\dfrac{\Gamma, \Sigma', \Sigma' \Rightarrow \Delta'_\alpha, \Theta, \Theta}{\Gamma, \Sigma' \Rightarrow \Delta'_\alpha, \Theta} (c_g\Rightarrow, \Rightarrow c_g)^*} (w_g\Rightarrow, \Rightarrow w_g)^*
$$

(5.3.3) $\alpha \notin \Delta'$ 并且 $\alpha \in \Sigma'$. 那么 $\Delta'_\alpha = \Delta'$. 由归纳假设得以下推导:

$$
\dfrac{\vdash_{m-1} \alpha_1, \Gamma \Rightarrow \Delta', \alpha_2 \quad \dfrac{\vdash_m \Gamma \Rightarrow \Delta', \alpha \quad \vdash_{n-1} \alpha_2, \Sigma' \Rightarrow \Theta}{\Gamma, \alpha_2, \Sigma'_\alpha \Rightarrow \Delta', \Theta} (cut_g)}{\dfrac{\dfrac{\alpha_1, \Gamma, (\Gamma, \Sigma'_\alpha)_{\alpha_2} \Rightarrow \Delta'_{\alpha_2}, \Delta', \Theta}{\alpha_1, \Gamma, \Gamma, \Sigma'_\alpha \Rightarrow \Delta', \Delta', \Theta} (w_g\Rightarrow, \Rightarrow w_g)^*}{\alpha_1, \Gamma, \Sigma'_\alpha \Rightarrow \Delta', \Theta} (c_g\Rightarrow, \Rightarrow c_g)^*} (cut_g)
$$

然后有以下推导:

$$
\dfrac{\vdash_m \Gamma \Rightarrow \Delta', \alpha \quad \vdash_{n-1} \Sigma' \Rightarrow \Theta, \alpha_1}{\Gamma, \Sigma'_\alpha \Rightarrow \Delta', \Theta, \alpha_1} (cut_g)
$$

然后有以下推导:

$$
\dfrac{\dfrac{\Gamma, \Sigma'_\alpha \Rightarrow \Delta', \Theta, \alpha_1 \quad \alpha_1, \Gamma, \Sigma'_\alpha \Rightarrow \Delta', \Theta}{\Gamma, \Sigma'_\alpha, (\Gamma, \Sigma'_\alpha)_{\alpha_1} \Rightarrow (\Delta', \Theta)_{\alpha_1}, \Delta', \Theta} (cut_g)}{\dfrac{\dfrac{\Gamma, \Sigma'_\alpha, \Gamma, \Sigma'_\alpha \Rightarrow \Delta', \Theta, \Delta', \Theta}{\Gamma, \Gamma, \Sigma'_\alpha, \Sigma'_\alpha \Rightarrow \Delta', \Delta', \Theta, \Theta} (e_g\Rightarrow, \Rightarrow e_g)^*}{\Gamma, \Sigma'_\alpha \Rightarrow \Delta', \Theta} (c_g\Rightarrow, \Rightarrow c_g)^*} (w_g\Rightarrow, \Rightarrow w_g)^*
$$

(5.3.4) $\alpha \in \Delta'$ 并且 $\alpha \in \Sigma'$. 由归纳假设得以下推导:

$$
\dfrac{\vdash_{m-1} \alpha_1, \Gamma \Rightarrow \Delta', \alpha_2 \quad \vdash_n \alpha, \Sigma' \Rightarrow \Theta}{\alpha_1, \Gamma, \Sigma'_\alpha \Rightarrow \Delta'_\alpha, \alpha_2, \Theta} (cut_g)
$$

$$
\dfrac{\vdash_m \Gamma \Rightarrow \Delta', \alpha \quad \vdash_{n-1} \Sigma' \Rightarrow \Theta, \alpha_1}{\Gamma, \Sigma'_\alpha \Rightarrow \Delta'_\alpha, \Theta, \alpha_1} (cut_g)
$$

$$
\dfrac{\vdash_m \Gamma \Rightarrow \Delta', \alpha \quad \vdash_{n-1} \alpha_2, \Sigma' \Rightarrow \Theta}{\Gamma, \alpha_2, \Sigma'_\alpha \Rightarrow \Delta'_\alpha, \Theta} (cut_g)
$$

然后有以下推导:

$$
\dfrac{\dfrac{\alpha_1, \Gamma, \Sigma'_\alpha \Rightarrow \Delta'_\alpha, \alpha_2, \Theta \quad \Gamma, \alpha_2, \Sigma'_\alpha \Rightarrow \Delta'_\alpha, \Theta}{\alpha_1, \Gamma, \Sigma'_\alpha, (\Gamma, \Sigma'_\alpha)_{\alpha_2} \Rightarrow (\Delta'_\alpha, \Theta)_{\alpha_2}, \Delta'_\alpha, \Theta} (cut_g)}{\dfrac{\dfrac{\alpha_1, \Gamma, \Sigma'_\alpha, \Gamma, \Sigma'_\alpha \Rightarrow \Delta'_\alpha, \Theta, \Delta'_\alpha, \Theta}{\alpha_1, \Gamma, \Gamma, \Sigma'_\alpha, \Sigma'_\alpha \Rightarrow \Delta'_\alpha, \Delta'_\alpha, \Theta, \Theta} (e_g\Rightarrow, \Rightarrow e_g)^*}{\alpha_1, \Gamma, \Sigma'_\alpha \Rightarrow \Delta'_\alpha, \Theta} (c_g\Rightarrow, \Rightarrow c_g)^*} (w_g\Rightarrow, \Rightarrow w_g)^*
$$

然后有以下推导:

$$\cfrac{\cfrac{\cfrac{\cfrac{\Gamma, \Sigma'_\alpha \Rightarrow \Delta'_\alpha, \Theta, \alpha_1 \quad \alpha_1, \Gamma, \Sigma'_\alpha \Rightarrow \Delta'_\alpha, \Theta}{\Gamma, \Sigma'_\alpha, (\Gamma, \Sigma'_\alpha)_{\alpha_1} \Rightarrow (\Delta'_\alpha, \Theta)_{\alpha_1}, \Delta'_\alpha, \Theta} (cut_g)}{\Gamma, \Sigma'_\alpha, \Gamma, \Sigma'_\alpha \Rightarrow \Delta'_\alpha, \Theta, \Delta'_\alpha, \Theta} (w_g\Rightarrow, \Rightarrow w_g)^*}{\Gamma, \Gamma, \Sigma'_\alpha, \Sigma'_\alpha \Rightarrow \Delta'_\alpha, \Delta'_\alpha, \Theta, \Theta} (e_g\Rightarrow, \Rightarrow e_g)^*}{\Gamma, \Sigma'_\alpha \Rightarrow \Delta'_\alpha, \Theta} (c_g\Rightarrow, \Rightarrow c_g)^*$$

□

推论 4.4　G0cp 具有切割消除性质.

运用类似方法可以证明 G0ip 的切割消除性质. 令 G0ip$^\sharp$ 是从 G0ip 删除 (cut) 得到的矢列演算. 令 G0ip* 是在 G0ip$^\sharp$ 上增加广义切割规则得到的矢列演算:

$$\cfrac{\Gamma \Rightarrow \alpha \quad \Sigma \Rightarrow \beta}{\Gamma, \Sigma_\alpha \Rightarrow \beta} (cut_g)$$

其中 α 在 Σ 中出现, 并且 Σ_α 是从 Σ 删除分量 α 所有出现得到的结构.

引理 4.5　对任意矢列 $\Gamma \Rightarrow \beta$, G0ip$\vdash \Gamma \Rightarrow \beta$ 当且仅当 G0ip$^* \vdash \Gamma \Rightarrow \beta$.

证明　与引理 4.3 的证明类似.　　　　　　　　　　　　　　　　　□

引理 4.6　如果 G0ip$^\sharp \vdash \Gamma \Rightarrow \perp$, 那么 G0ip$^\sharp \vdash \Gamma \Rightarrow \beta$.

证明　设 $\mathcal{D}$ 是 $\Gamma \Rightarrow \perp$ 在 G0ip$^\sharp$ 中的推导. 显然 $\mathcal{D}$ 中不出现 (cut). 对 $|\mathcal{D}| = n$ 归纳证明: $\mathcal{D}$ 可转化为 $\Gamma \Rightarrow \beta$ 在 G0ip$^\sharp$ 中的推导. 设 $n = 0$. 那么 $\Gamma \Rightarrow \perp$ 是公理. 所以 $\Gamma = \perp$. 显然 $\perp \Rightarrow \beta$ 是公理. 设 $n > 0$. 令 $\Gamma \Rightarrow \perp$ 由规则 (R) 得到. 显然 (R) 不是联结词右规则或右结构规则. 分以下情况.

(1) (R) 是联结词左规则. 由归纳假设和规则 (R) 得. 例如, (R) 是 $(\rightarrow\Rightarrow)$. 最后一步是

$$\cfrac{\vdash_{n-1} \Gamma' \Rightarrow \alpha_1 \quad \vdash_{n-1} \alpha_2, \Gamma' \Rightarrow \perp}{\vdash_n \alpha_1 \rightarrow \alpha_2, \Gamma' \Rightarrow \perp} (\rightarrow\Rightarrow)$$

由归纳假设得, $\vdash \alpha_2, \Gamma' \Rightarrow \beta$. 由 $\vdash \Gamma' \Rightarrow \alpha_1$ 和 $(\rightarrow\Rightarrow)$ 得, $\vdash \alpha_1 \rightarrow \alpha_2, \Gamma' \Rightarrow \beta$. 其余情况类似.

(2) (R) 是左结构规则. 由归纳假设和 (R) 得. 令 (R) 是 $(c\Rightarrow)$. 最后一步是

$$\cfrac{\vdash_{n-1} \alpha, \alpha, \Gamma' \Rightarrow \perp}{\vdash_n \alpha, \Gamma' \Rightarrow \perp} (c\Rightarrow)$$

由归纳假设得 $\vdash \alpha, \alpha, \Gamma' \Rightarrow \beta$. 由 $(c\Rightarrow)$ 得, $\vdash \alpha, \Gamma' \Rightarrow \beta$. 其余情况类似.　□

定理 4.4　如果 G0ip$^* \vdash \Pi \Rightarrow \delta$, 那么 $\Pi \Rightarrow \delta$ 在 G0ip* 中不使用 (cut_g) 可推导.

证明　设 G0ip* ⊢ Π ⇒ δ. 令 $\mathcal{D}$ 是 G0ip* 中对 Π ⇒ δ 的推导. 在树结构 $\mathcal{D}$ 上, 选取最上端应用 (cut_g) 规则的节点:

$$\frac{\begin{array}{cc}\mathcal{D}_1 & \mathcal{D}_2\\ \vdash_m \Gamma \Rightarrow \alpha & \vdash_n \Sigma \Rightarrow \sigma\end{array}}{\Gamma,\Sigma_\alpha \Rightarrow \sigma}\ (cut_g)$$

其中 $\mathcal{D}_1$ 和 $\mathcal{D}_2$ 不含 (cut_g). 令 $|\mathcal{D}_1| = m$ 并且 $|\mathcal{D}_2| = n$. 对 $m + n$ 和 α 的复杂度归纳证明 (cut_g) 规则可从 $\mathcal{D}$ 消除. 重复可得 Π ⇒ δ 在 G0ip* 中不使用 (cut_g) 的推导. 其余与定理 4.3 的证明类似, 留作练习. 注意 $n = 0$ 时使用引理 4.6.　□

推论 4.5　G0ip 具有切割消除性质.

由 G0cp 和 G0ip 的切割消除性质得: ① G0cp ⊢ Γ ⇒ Δ 当且仅当 G0cp♯ ⊢ Γ ⇒ Δ; ② G0ip ⊢ Γ ⇒ α 当且仅当 G0ip♯ ⊢ Γ ⇒ α.

称一个矢列演算 G 具有**子公式性质**, 如果 G 中任何可推导的矢列都有推导 $\mathcal{D}$ 使得其中出现的每个公式都是其根节点矢列中某个公式的子公式.

定理 4.5　G0cp 和 G0ip 都具有子公式性质.

证明　在 G0cp 和 G0ip 中, 除切割规则外, 其余每条规则的前提中出现的每个公式都是结论中某个公式的子公式. 由切割消除性质得到子公式性质.　□

定理 4.6　如果 G0ip ⊢ ⇒ α ∨ β, 那么 G0ip ⊢ ⇒ α 或 G0ip ⊢ ⇒ β.

证明　设 G0ip ⊢ ⇒ α ∨ β. 因此 G0ip♯ ⊢ ⇒ α ∨ β. 所以在 G0ip♯ 中有 ⇒ α ∨ β 的推导 $\mathcal{D}$, 其最后一步只能是 (⇒∨). 所以 G0ip♯ ⊢ ⇒ α 或 G0ip♯ ⊢ ⇒ β. 所以 G0ip ⊢ ⇒ α 或 G0ip ⊢ ⇒ β.　□

推论 4.6　如果 ⊢HJ α ∨ β, 那么 ⊢HJ α 或者 ⊢HJ β.

4.3　可判定性

一个矢列演算 G 是**可判定的**, 如果存在一个机械程序使得在有穷步骤之内能行可确定任意矢列在 G 中是否可推导. 本节通过 "推导搜索程序" 来证明 G0cp 和 G0ip 是可判定的. 根据切割消除性质, 只要证明 G0cp♯ 和 G0ip♯ 都是可判定的. 首先考虑 G0cp♯ 的推导搜索程序: 从任意给定矢列 Γ ⇒ Δ 出发, 在 G0cp♯ 中搜索所有可能的推导. 只要证明该搜索空间有穷, 即得到 G0cp♯ 的可判定性.

矢列演算 G0cp♯ 有子公式性质. 任给 G0cp♯ 中的推导 $\mathcal{D}$, 称 $\mathcal{D}$ 是**无重复的**, 如果在 $\mathcal{D}$ 的每个分枝中任意矢列只出现 1 次. 首先, G0cp♯ 中任意推导 $\mathcal{D}$ 可变换为无重复推导:

$$
\begin{array}{c}
\mathcal{D}_0 \\
\Sigma \Rightarrow \Theta \\
\vdots \\
\Sigma \Rightarrow \Theta \\
\mathcal{D}_1 \\
\Gamma \Rightarrow \Delta
\end{array}
\quad \leadsto \quad
\begin{array}{c}
\mathcal{D}_0 \\
\Sigma \Rightarrow \Theta \\
\mathcal{D}_1 \\
\Gamma \Rightarrow \Delta
\end{array}
$$

任给 G0cp$^\sharp$ 中无重复推导 $\mathcal{D}$, 如果其中某节点是 $\alpha, \Pi_1 \Rightarrow \Pi_2$, 在搜索中使用 $(c\Rightarrow)$ 得到 $\overbrace{\alpha, \cdots, \alpha}^{n}, \Pi_1 \Rightarrow \Pi_2$. 为证明搜索停机, 需限制 $\mathcal{D}$ 中每个公式出现的次数.

定义 4.4 对任意自然数 $n \geqslant 0$, 称 $\Gamma \Rightarrow \Delta$ 是 n-**度矢列**, 如果 Γ 中每个公式至多出现 n 次并且 Δ 中每个公式至多出现 n 次. 称 $\Gamma^* \Rightarrow \Delta^*$ 是 $\Gamma \Rightarrow \Delta$ 的**收缩矢列**, 如果 $\Gamma^* \Rightarrow \Delta^*$ 是从 $\Gamma \Rightarrow \Delta$ 有穷多次运用收缩规则 (c) 和交换规则 (e) 得到的.

对 G0cp$^\sharp$ 中任意推导 $\mathcal{D}$, 存在最小自然数 $n > 0$ 使得 $\mathcal{D}$ 中每个矢列都是 n-度矢列, 该自然数记为 $d(\mathcal{D})$.

引理 4.7 对任意矢列 $\Gamma \Rightarrow \Delta$, 存在 $\Gamma \Rightarrow \Delta$ 的 1-度收缩矢列 $\Gamma^* \Rightarrow \Delta^*$ 使得 G0cp$^\sharp \vdash \Gamma \Rightarrow \Delta$ 当且仅当 G0cp$^\sharp \vdash \Gamma^* \Rightarrow \Delta^*$.

证明 设 G0cp$^\sharp \vdash \Gamma \Rightarrow \Delta$. 运用交换和收缩规则得到 1-度收缩矢列 $\Gamma^* \Rightarrow \Delta^*$. 设 G0cp$^\sharp \vdash \Gamma^* \Rightarrow \Delta^*$. 运用弱化规则和交换规则得, G0cp$^\sharp \vdash \Gamma \Rightarrow \Delta$. □

引理 4.8 设 G0cp$^\sharp \vdash \Gamma \Rightarrow \Delta$. 如果 $\Gamma^* \Rightarrow \Delta^*$ 是 $\Gamma \Rightarrow \Delta$ 的 1-度收缩矢列, 那么在 G0cp$^\sharp$ 中存在 $\Gamma^* \Rightarrow \Delta^*$ 的无重复推导 $\mathcal{D}$ 使得 $d(\mathcal{D}) \leqslant 3$.

证明 设 G0cp$^\sharp \vdash \Gamma \Rightarrow \Delta$. 令 $\mathcal{E}$ 是 $\Gamma \Rightarrow \Delta$ 在 G0cp$^\sharp$ 中的无重复推导. 对 $|\mathcal{E}|$ 归纳证明. 情况 $|\mathcal{E}| = 0$ 显然. 设 $|\mathcal{E}| > 0$. 令 $\Gamma \Rightarrow \Delta$ 由规则 (R) 得到.

(1) (R) 是联结词规则. 分以下情况.

(1.1) (R) 是 $(\wedge\Rightarrow)$. 最后一步是

$$
\frac{\vdash_{n-1} \alpha_i, \Gamma' \Rightarrow \Delta}{\vdash_n \alpha_1 \wedge \alpha_2, \Gamma' \Rightarrow \Delta} \ (\wedge\Rightarrow)
$$

令 $\alpha_1 \wedge \alpha_2, \Gamma'^* \Rightarrow \Delta^*$ 是 $\alpha_1 \wedge \alpha_2, \Gamma' \Rightarrow \Delta$ 的 1-度收缩矢列, 令 $\alpha_i, \Gamma'^a \Rightarrow \Delta^*$ 是 $\alpha_i, \Gamma' \Rightarrow \Delta$ 的 1-度收缩矢列. 由归纳假设得, 存在 $\alpha_i, \Gamma'^a \Rightarrow \Delta^*$ 的推导 $\mathcal{D}'$ 使得 $d(\mathcal{D}') \leqslant 3$. 然后有推导 $\mathcal{D}$:

$$
\begin{array}{c}
\mathcal{D}' \\
\dfrac{\alpha_i, \Gamma'^a \Rightarrow \Delta^*}{\dfrac{\alpha_1 \wedge \alpha_2, \Gamma'^a \Rightarrow \Delta^*}{\alpha_1 \wedge \alpha_2, \Gamma'^* \Rightarrow \Delta^*} \ (e\Rightarrow, c\Rightarrow)^*} \ (\wedge\Rightarrow)
\end{array}
$$

公式 $\alpha_1 \wedge \alpha_2$ 在 Γ'^a 中至多出现 1 次. 所以 $d(\mathcal{D}) \leqslant 3$.

(1.2) (R) 是 $(\Rightarrow \wedge)$. 最后一步是

$$\frac{\vdash_{n-1} \Gamma \Rightarrow \Delta', \alpha_1 \quad \vdash_{n-1} \Gamma \Rightarrow \Delta', \alpha_2}{\vdash_n \Gamma \Rightarrow \Delta', \alpha_1 \wedge \alpha_2} \ (\Rightarrow \wedge)$$

令 $\Gamma^* \Rightarrow \Delta'^*, \alpha_1 \wedge \alpha_2$ 是 $\Gamma \Rightarrow \Delta', \alpha_1 \wedge \alpha_2$ 的 1-度收缩矢列, 令 $\Gamma^* \Rightarrow \Delta'^a, \alpha_1$ 是 $\Gamma \Rightarrow \Delta', \alpha_1$ 的 1-度收缩矢列, 令 $\Gamma^* \Rightarrow \Delta'^b, \alpha_2$ 是 $\Gamma \Rightarrow \Delta', \alpha_2$ 的 1-度收缩矢列. 由归纳假设得, 存在 $\Gamma^* \Rightarrow \Delta'^a, \alpha_1$ 的推导 $\mathcal{D}_1$ 和 $\Gamma^* \Rightarrow \Delta'^b, \alpha_2$ 的推导 $\mathcal{D}_2$ 使得 $d(\mathcal{D}_1) \leqslant 3$ 并且 $d(\mathcal{D}_2) \leqslant 3$. 然后有推导 $\mathcal{D}$:

$$\frac{\dfrac{\mathcal{D}_1}{\dfrac{\Gamma^* \Rightarrow \Delta'^a, \alpha_1}{\Gamma^* \Rightarrow \Delta'^a, \Delta'^b, \alpha_1} \ (\Rightarrow w_g)} \quad \dfrac{\mathcal{D}_2}{\dfrac{\Gamma^* \Rightarrow \Delta'^a, \alpha_2}{\Gamma^* \Rightarrow \Delta'^a, \Delta'^b, \alpha_2} \ (\Rightarrow w_g)}}{\dfrac{\Gamma^* \Rightarrow \Delta'^a, \Delta'^b, \alpha_1 \wedge \alpha_2}{\Gamma^* \Rightarrow \Delta'^*, \alpha_1 \wedge \alpha_2} \ (\Rightarrow e, \Rightarrow c, \Rightarrow w)^*} \ (\Rightarrow \wedge)$$

公式 α_1 和 α_2 在 Δ'^* 中至多各出现 1 次. 公式 $\alpha_1 \wedge \alpha_2$ 在 Δ'^a 和 Δ'^b 中至多各出现 1 次, 它在 $\Delta'^a, \Delta'^b, \alpha_1 \wedge \alpha_2$ 中至多出现 3 次. 所以 $d(\mathcal{D}) \leqslant 3$.

(1.3) (R) 是 $(\vee \Rightarrow)$. 最后一步是

$$\frac{\vdash_{n-1} \alpha_1, \Gamma' \Rightarrow \Delta \quad \vdash_{n-1} \alpha_2, \Gamma' \Rightarrow \Delta}{\vdash_n \alpha_1 \vee \alpha_2, \Gamma' \Rightarrow \Delta} \ (\vee \Rightarrow)$$

令 $\alpha_1 \vee \alpha_2, \Gamma'^* \Rightarrow \Delta^*$ 是 $\alpha_1 \vee \alpha_2, \Gamma' \Rightarrow \Delta$ 的 1-度收缩矢列, 令 $\alpha_1, \Gamma'^a \Rightarrow \Delta^*$ 是 $\alpha_1, \Gamma' \Rightarrow \Delta$ 的 1-度收缩矢列, 令 $\alpha_2, \Gamma'^b \Rightarrow \Delta^*$ 是 $\alpha_2, \Gamma' \Rightarrow \Delta$ 的 1-度收缩矢列. 由归纳假设得, 存在 $\alpha_1, \Gamma'^b \Rightarrow \Delta^*$ 和 $\alpha_2, \Gamma'^b \Rightarrow \Delta^*$ 的推导 $\mathcal{D}_1$ 和 $\mathcal{D}_2$ 使得 $d(\mathcal{D}_1) \leqslant 3$ 并且 $d(\mathcal{D}_2) \leqslant 3$. 然后有推导 $\mathcal{D}$:

$$\frac{\dfrac{\mathcal{D}_1}{\dfrac{\alpha_1, \Gamma'^a \Rightarrow \Delta^*}{\alpha_1, \Gamma'^a, \Gamma'^b \Rightarrow \Delta^*} \ (e \Rightarrow, w \Rightarrow)^*} \quad \dfrac{\mathcal{D}_2}{\dfrac{\alpha_2, \Gamma'^b \Rightarrow \Delta^*}{\alpha_2, \Gamma'^a, \Gamma'^b \Rightarrow \Delta^*} \ (e \Rightarrow, w \Rightarrow)^*}}{\dfrac{\alpha \vee \alpha_2, \Gamma'^a, \Gamma'^b \Rightarrow \Delta^*}{\alpha \vee \alpha_2, \Gamma'^* \Rightarrow \Delta^*} \ (w \Rightarrow, e \Rightarrow, c \Rightarrow)^*} \ (\vee \Rightarrow)$$

公式 α_1, α_2 和 $\alpha_1 \vee \alpha_2$ 在 Γ'^a 和 Γ'^b 中至多各出现 1 次. 公式 $\alpha_1 \vee \alpha_2$ 在 $\alpha_1 \vee \alpha_2, \Gamma'^a, \Gamma'^b$ 中至多出现 3 次. 所以 $d(\mathcal{D}) \leqslant 3$.

(1.4) (R) 是 $(\Rightarrow \vee)$. 最后一步是

$$\frac{\vdash_{n-1} \Gamma \Rightarrow \Delta', \alpha_i}{\vdash_n \Gamma \Rightarrow \Delta', \alpha_1 \vee \alpha_2} \ (\Rightarrow \vee)$$

令 $\Gamma^* \Rightarrow \Delta'^*, \alpha_1 \vee \alpha_2$ 是 $\Gamma \Rightarrow \Delta', \alpha_1 \vee \alpha_2$ 的 1-度收缩矢列, 令 $\Gamma^* \Rightarrow \Delta'^a, \alpha_i$ 是 $\Gamma \Rightarrow \Delta', \alpha_i$ 的 1-度收缩矢列. 由归纳假设得, 存在 $\Gamma^* \Rightarrow \Delta'^a, \alpha_i$ 的推导 $\mathcal{D}'$ 使得

$d(\mathcal{D}') \leqslant 3$. 然后有推导 $\mathcal{D}$:

$$
\begin{array}{c}
\mathcal{D}' \\
\dfrac{\Gamma^* \Rightarrow \Delta'^a, \alpha_i}{\dfrac{\Gamma^* \Rightarrow \Delta'^a, \alpha_1 \vee \alpha_2}{\Gamma^* \Rightarrow \Delta'^*, \alpha_1 \vee \alpha_2}\,(\Rightarrow e, \Rightarrow w, \Rightarrow c)^*}\,(\Rightarrow\vee)
\end{array}
$$

公式 α_i 在 Δ'^* 中至多出现 1 次，$\alpha_1 \vee \alpha_2$ 在 Δ'^a 中至多出现 1 次. 所以 $d(\mathcal{D}) \leqslant 3$.

(1.5) (R) 是 $(\rightarrow\Rightarrow)$. 最后一步是

$$
\dfrac{\Gamma' \Rightarrow \Delta, \alpha_1 \quad \alpha_2, \Gamma' \Rightarrow \Delta}{\alpha_1 \rightarrow \alpha_2, \Gamma' \Rightarrow \Delta}\,(\rightarrow\Rightarrow)
$$

令 $\alpha_1 \rightarrow \alpha_2, \Gamma'^* \Rightarrow \Delta^*$ 是 $\alpha_1 \rightarrow \alpha_2, \Gamma' \Rightarrow \Delta$ 的 1-度收缩矢列，令 $\Gamma'^a \Rightarrow \Delta^a, \alpha_1$ 是 $\Gamma' \Rightarrow \Delta, \alpha_1$ 的 1-度收缩矢列，令 $\alpha_2, \Gamma'^b \Rightarrow \Delta^*$ 是 $\alpha_2, \Gamma' \Rightarrow \Delta$ 的 1-度收缩矢列. 由归纳假设得，存在 $\Gamma'^a \Rightarrow \Delta^a, \alpha_1$ 的推导 $\mathcal{D}_1$ 和 $\alpha_2, \Gamma'^b \Rightarrow \Delta^*$ 的推导 $\mathcal{D}_2$ 使得 $d(\mathcal{D}_1) \leqslant 3$ 并且 $d(\mathcal{D}_2) \leqslant 3$. 然后有推导 $\mathcal{D}$:

$$
\dfrac{
\dfrac{
\dfrac{\begin{array}{c}\mathcal{D}_1 \\ \Gamma'^a \Rightarrow \Delta^a, \alpha_1\end{array}}{\Gamma'^a \Rightarrow \Delta^*, \alpha_1}\,(\Rightarrow w_g)
}{\Gamma'^a, \Gamma'^b \Rightarrow \Delta^*, \alpha_1}\,(w_g\Rightarrow)
\quad
\dfrac{
\dfrac{\begin{array}{c}\mathcal{D}_2 \\ \alpha_2, \Gamma'^b \Rightarrow \Delta^*\end{array}}{\alpha_2, \Gamma'^a, \Gamma'^b \Rightarrow \Delta^*}\,(w_g\Rightarrow)
}{}
}{
\dfrac{\alpha_1 \rightarrow \alpha_2, \Gamma'^a, \Gamma'^b \Rightarrow \Delta^*}{\alpha_1 \rightarrow \alpha_2, \Gamma'^* \Rightarrow \Delta^*}\,(e\Rightarrow, c\Rightarrow)^*
}\,(\rightarrow\Rightarrow)
$$

公式 α_1 在 Δ^* 中至多出现 1 次，α_2 在 Γ'^* 中至多出现 1 次. 公式 $\alpha_1 \rightarrow \alpha_2$ 在 Γ'^a 和 Γ'^b 中至多各出现 1 次，在 $\alpha_1 \rightarrow \alpha_2, \Gamma'^a, \Gamma'^b$ 中至多出现 3 次. 所以 $d(\mathcal{D}) \leqslant 3$.

(1.6) (R) 是 $(\Rightarrow\rightarrow)$. 最后一步是

$$
\dfrac{\vdash_{n-1} \alpha_1, \Gamma \Rightarrow \Delta', \alpha_2}{\vdash_n \Gamma \Rightarrow \Delta', \alpha_1 \rightarrow \alpha_2}\,(\Rightarrow\rightarrow)
$$

令 $\Gamma^* \Rightarrow \Delta'^*, \alpha_1 \rightarrow \alpha_2$ 是 $\Gamma \Rightarrow \Delta', \alpha_1 \rightarrow \alpha_2$ 的 1-度收缩矢列，令 $\alpha_1, \Gamma^a \Rightarrow \Delta'^a, \alpha_2$ 是 $\alpha_1, \Gamma \Rightarrow \Delta', \alpha_2$ 的 1-度收缩矢列. 由归纳假设得，存在 $\alpha_1, \Gamma^a \Rightarrow \Delta'^a, \alpha_2$ 的推导 $\mathcal{D}'$ 使得 $d(\mathcal{D}') \leqslant 3$. 然后有推导 $\mathcal{D}$:

$$
\begin{array}{c}
\mathcal{D}' \\
\dfrac{\alpha_1, \Gamma^a \Rightarrow \Delta'^a, \alpha_2}{\dfrac{\Gamma^a \Rightarrow \Delta'^a, \alpha_1 \rightarrow \alpha_2}{\Gamma^* \Rightarrow \Delta'^*, \alpha_1 \rightarrow \alpha_2}\,(w_g\Rightarrow, \Rightarrow w, \Rightarrow e, \Rightarrow c)^*}\,(\Rightarrow\rightarrow)
\end{array}
$$

公式 α_1 在 Γ^* 中至多出现 1 次，α_2 在 Δ'^* 中至多出现 1 次. 公式 $\alpha_1 \rightarrow \alpha_2$ 在 Δ'^a 中至多出现 1 次，在 $\Delta'^a, \alpha_1 \rightarrow \alpha_2$ 中至多出现 2 次. 所以 $d(\mathcal{D}) \leqslant 3$.

(2) (R) 是结构规则. 分以下情况.

(2.1) (R) 是 $(w\Rightarrow)$. 最后一步是

$$\frac{\Gamma' \Rightarrow \Delta}{\alpha, \Gamma' \Rightarrow \Delta} \ (w\Rightarrow)$$

令 $\alpha, \Gamma'^* \Rightarrow \Delta^*$ 是 $\alpha, \Gamma' \Rightarrow \Delta$ 的 1-度收缩矢列, 令 $\Gamma'^a \Rightarrow \Delta^*$ 是 $\Gamma' \Rightarrow \Delta$ 的 1-度收缩矢列. 由归纳假设得, 存在 $\Gamma'^a \Rightarrow \Delta^*$ 推导 $\mathcal{D}'$ 使得 $d(\mathcal{D}') \leqslant 3$. 然后有推导 $\mathcal{D}$:

$$\frac{\begin{array}{c}\mathcal{D}'\\ \Gamma'^a \Rightarrow \Delta^*\end{array}}{\alpha, \Gamma'^* \Rightarrow \Delta^*} \ (w\Rightarrow)^*$$

公式 α 在 Γ'^a 中至多出现 1 次. 所以 $d(\mathcal{D}) \leqslant 3$.

(2.2) (R) 是 $(\Rightarrow w)$. 与 (2.1) 类似.

(2.3) (R) 是 $(c\Rightarrow)$. 最后一步是

$$\frac{\alpha, \alpha, \Gamma' \Rightarrow \Delta}{\alpha, \Gamma' \Rightarrow \Delta} \ (c\Rightarrow)$$

令 $\alpha, \Gamma'^* \Rightarrow \Delta^*$ 是 $\alpha, \alpha, \Gamma' \Rightarrow \Delta$ 的 1-度收缩矢列, 也是 $\alpha, \Gamma' \Rightarrow \Delta$ 的 1-度收缩矢列. 由归纳假设得, 存在 $\alpha, \Gamma'^* \Rightarrow \Delta^*$ 的推导 $\mathcal{D}$ 使得 $d(\mathcal{D}) \leqslant 3$.

(2.4) (R) 是 $(\Rightarrow c)$. 与 (2.3) 类似.

(2.5) (R) 是 $(e\Rightarrow)$. 最后一步是

$$\frac{\Gamma_1, \alpha, \beta, \Gamma_2 \Rightarrow \Delta}{\Gamma_1, \beta, \alpha, \Gamma_2 \Rightarrow \Delta} \ (e\Rightarrow)$$

令 $(\Gamma_1, \beta, \alpha, \Gamma_2)^* \Rightarrow \Delta^*$ 是 $\Gamma_1, \beta, \alpha, \Gamma_2 \Rightarrow \Delta$ 的 1-度收缩矢列, 也是 $\Gamma_1, \alpha, \beta, \Gamma_2 \Rightarrow \Delta$ 的 1-度收缩矢列. 由归纳假设得, 存在它的推导 $\mathcal{D}$ 使得 $d(\mathcal{D}) \leqslant 3$.

(2.6) (R) 是 $(\Rightarrow e)$. 与 (2.5) 类似. $\quad\square$

定理 4.7 G0cp 是可判定的.

证明 只要证明 G0cp$^\sharp$ 是可判定的. 任给矢列 $\Gamma \Rightarrow \Delta$, 由引理 4.7, 只需检验 $\Gamma \Rightarrow \Delta$ 在 G0cp$^\sharp$ 中是否可推导. 令 $\Gamma^* \Rightarrow \Delta^*$ 是 $\Gamma \Rightarrow \Delta$ 的 1-度收缩矢列. 由引理 4.8, 只要验证 $\Gamma^* \Rightarrow \Delta^*$ 在 G0cp$^\sharp$ 中是否存在无重复推导 $\mathcal{D}$ 使得 $d(\mathcal{D}) \leqslant 3$. 由 G0cp$^\sharp$ 的子公式性质, 由 Γ^*, Δ^* 中子公式组成的 3-度矢列只有有穷多个, 由它们构成的可能推导的数目是有穷的. 如果找到 $\Gamma^* \Rightarrow \Delta^*$ 的正确推导, 那么 $\Gamma^* \Rightarrow \Delta^*$ 是可推导的. 否则, $\Gamma^* \Rightarrow \Delta^*$ 是不可推导的. $\quad\square$

例 4.3 对矢列 $\Rightarrow p \vee \neg p$, 搜索推导过程可能出现以下情况:

$$\dfrac{\dfrac{p \Rightarrow \bot}{\Rightarrow \neg p} (\Rightarrow\to)}{\Rightarrow p \vee \neg p} (\Rightarrow\vee)$$

$$\dfrac{\dfrac{\dfrac{\dfrac{\dfrac{\dfrac{\dfrac{\dfrac{p \Rightarrow p}{p \Rightarrow p, \bot} (\Rightarrow w)}{\Rightarrow p, \neg p} (\Rightarrow\to)}{\Rightarrow p, p \vee \neg p} (\Rightarrow\vee)}{\Rightarrow p \vee \neg p, p} (\Rightarrow e)}{\Rightarrow p \vee \neg p, p \vee \neg p} (\Rightarrow\vee)}{\Rightarrow p \vee \neg p} (\Rightarrow c)}{}$$

左边的树结构不是正确的推导, 右边的推导是正确的.

运用类似的方法可以证明矢列演算 G0ip$^{\sharp}$ 是可判定的. 这个演算具有子公式性质, 其中任何推导 $\mathcal{D}$ 可变换为无重复推导. 由于它有收缩规则 $(c\Rightarrow)$, 为证明搜索停机, 就要限制 $\mathcal{D}$ 中矢列前件的每个公式出现的次数.

定义 4.5 对任意自然数 $n \geqslant 0$, 称一个矢列 $\Gamma \Rightarrow \alpha$ 是 n-**度矢列**, 如果 Γ 中每个公式至多出现 n 次. 称 $\Gamma^* \Rightarrow \beta$ 是 $\Gamma \Rightarrow \beta$ 的**收缩矢列**, 如果 $\Gamma^* \Rightarrow \beta$ 是从 $\Gamma \Rightarrow \beta$ 有穷多次运用收缩规则 $(c\Rightarrow)$ 和交换规则 $(e\Rightarrow)$ 得到的.

对 G0ip$^{\sharp}$ 中任意推导 $\mathcal{D}$, 存在最小自然数 $n > 0$ 使得 $\mathcal{D}$ 中每个矢列都是 n-度矢列, 该自然数记为 $d(\mathcal{D})$.

引理 4.9 对任意矢列 $\Gamma \Rightarrow \beta$, 存在 $\Gamma \Rightarrow \beta$ 的 1-度收缩矢列 $\Gamma^* \Rightarrow \beta$ 使得 G0ip$^{\sharp} \vdash \Gamma \Rightarrow \beta$ 当且仅当 G0ip$^{\sharp} \vdash \Gamma^* \Rightarrow \beta$.

证明 对矢列 $\Gamma \Rightarrow \beta$ 运用交换规则和收缩规则可得 1-度收缩矢列 $\Gamma^* \Rightarrow \beta$. 设 G0ip$^{\sharp} \vdash \Gamma^* \Rightarrow \beta$. 由交换规则和弱化规则得, G0ip$^{\sharp} \vdash \Gamma \Rightarrow \beta$. □

引理 4.10 设 G0ip$^{\sharp} \vdash \Gamma \Rightarrow \beta$. 如果 $\Gamma^* \Rightarrow \beta$ 是 $\Gamma \Rightarrow \beta$ 的 1-度收缩矢列, 那么在 G0ip$^{\sharp}$ 中存在 $\Gamma^* \Rightarrow \beta$ 的无重复推导 $\mathcal{D}$ 使得 $d(\mathcal{D}) \leqslant 3$.

证明 设 G0ip$^{\sharp} \vdash \Gamma \Rightarrow \beta$. 令 $\mathcal{E}$ 是 $\Gamma \Rightarrow \beta$ 在 G0ip$^{\sharp}$ 中的无重复推导. 对 $|\mathcal{E}|$ 归纳证明, 与引理 4.8 的证明类似. □

定理 4.8 G0ip 是可判定的.

证明 任给矢列 $\Gamma \Rightarrow \beta$, 由引理 4.9, 只需要验证 $\Gamma \Rightarrow \beta$ 在 G0ip$^{\sharp}$ 中是否可推导. 令 $\Gamma^* \Rightarrow \beta$ 是 $\Gamma \Rightarrow \beta$ 的 1-度收缩矢列. 由引理 4.10, 只要验证 $\Gamma^* \Rightarrow \beta$ 在 G0ip$^{\sharp}$ 中是否存在无重复推导 $\mathcal{D}$ 使得 $d(\mathcal{D}) \leqslant 3$. 根据 G0ip$^{\sharp}$ 的子公式性质, 由 Γ^*, β 中子公式组成的 3-度矢列只有有穷多个, 因此可能的推导数目是有穷的. 如果存在 $\Gamma^* \Rightarrow \beta$ 的推导, 那么 $\Gamma^* \Rightarrow \beta$ 是可推导的. 否则, $\Gamma^* \Rightarrow \beta$ 是不可推导的. □

以上推导搜索程序给出了 G0cp 和 G0ip 的判定方法. 这种方法可以证明矢列演算的**一致性**. 称矢列演算 G 是**一致的**, 如果存在矢列在 G 中不可推导.

定理 4.9 G0cp 和 G0ip 都是一致的.

证明   在 G0cp$^\sharp$ 中, 从 $\Rightarrow p$ 出发进行推导搜索, 不存在它的正确的无重复推导 $\mathcal{D}$ 使得 $d(\mathcal{D}) \leqslant 3$. 所以 G0cp$^\sharp$ $\not\vdash \Rightarrow p$. 同理, G0ip$^\sharp$ $\not\vdash \Rightarrow p$.   □

4.4 插 值 性 质

本节介绍 G0cp 和 G0ip 的插值性质. 对任意公式结构 $\Gamma = \alpha_1, \cdots, \alpha_n$, 令 $var(\Gamma) = \bigcup_{1 \leqslant i \leqslant n} var(\alpha_i)$ 为 Γ 中出现的所有变元的集合. 如果不论次序, 一个公式结构 Γ 可以看作允许元素重复的公式集, 称为**可重公式集**. 称一个有序对 $\langle \Gamma_1, \Gamma_2 \rangle$ 是 Γ 的**划分**, 如果 $\Gamma_1 \uplus \Gamma_2 = \Gamma$, 这里 $\uplus$ 是可重公式集的并集.

例 4.4   对公式结构 $\Gamma = (p, q, p, p, r, q)$, 设 $\Gamma_1 = (p, q, r)$ 并且 $\Gamma_2 = (p, q, p)$. 那么 $\langle \Gamma_1, \Gamma_2 \rangle$ 是 Γ 的划分, 因为 $\{p, q, r\} \uplus \{p, q, p\} = \{p, q, p, p, r, q\}$.

定义 4.6   对任意矢列 $\Gamma \Rightarrow \Delta$, 称 $\langle \Gamma_1 : \Delta_1 \mid \Gamma_2 : \Delta_2 \rangle$ 是 $\Gamma \Rightarrow \Delta$ 的**划分**, 如果 $\Gamma_1 \uplus \Gamma_2 = \Gamma$ 并且 $\Delta_1 \uplus \Delta_2 = \Delta$. 设 G0cp$^\sharp \vdash \Gamma \Rightarrow \Delta$. 对 $\Gamma \Rightarrow \Delta$ 的任意划分 $\langle \Gamma_1 : \Delta_1 \mid \Gamma_2 : \Delta_2 \rangle$, 称公式 γ 是该划分的**插值**, 如果以下条件成立:

(1) G0cp$^\sharp \vdash \Gamma_1 \Rightarrow \Delta_1, \gamma$;

(2) G0cp$^\sharp \vdash \gamma, \Gamma_2 \Rightarrow \Delta_2$;

(3) $var(\gamma) \subseteq var(\Gamma_1, \Delta_1) \cap var(\Gamma_2, \Delta_2)$.

条件 (3) 称为**变元条件**.

定理 4.10 (插值定理)   如果 G0cp$^\sharp \vdash \Gamma \Rightarrow \Delta$ 并且 $\langle \Gamma_1 : \Delta_1 \mid \Gamma_2 : \Delta_2 \rangle$ 是 $\Gamma \Rightarrow \Delta$ 的划分, 那么存在公式 γ 使得 γ 是 $\langle \Gamma_1 : \Delta_1 \mid \Gamma_2 : \Delta_2 \rangle$ 的插值.

证明   设 G0cp$^\sharp \vdash \Gamma \Rightarrow \Delta$ 并且 $\langle \Gamma_1 : \Delta_1 \mid \Gamma_2 : \Delta_2 \rangle$ 是 $\Gamma \Rightarrow \Delta$ 的划分. 令 $\mathcal{D}$ 是 $\Gamma \Rightarrow \Delta$ 在 G0cp$^\sharp$ 中的推导. 对 $|\mathcal{D}|$ 归纳证明存在 $\langle \Gamma_1 : \Delta_1 \mid \Gamma_2 : \Delta_2 \rangle$ 的插值. 设 $|\mathcal{D}| = 0$. 那么 $\Gamma \Rightarrow \Delta$ 是公理. 分以下情况.

(1) $\Gamma \Rightarrow \Delta$ 是 (Id) 特例. 令 $\Gamma = \alpha = \Delta$. 分四种情况: (a) $\langle \Gamma_1 : \Delta_1 \mid \Gamma_2 : \Delta_2 \rangle = \langle \varnothing : \alpha \mid \alpha : \varnothing \rangle$. 由 $\vdash \Rightarrow \alpha, \neg\alpha$ 和 $\vdash \neg\alpha, \alpha \Rightarrow$ 得, $\neg\alpha$ 是插值; (b) $\langle \Gamma_1 : \Delta_1 \mid \Gamma_2 : \Delta_2 \rangle = \langle \alpha : \alpha \mid \varnothing : \varnothing \rangle$. 由 $\vdash \alpha \Rightarrow \alpha, \bot$ 和 $\vdash \bot \Rightarrow$ 得, $\bot$ 是插值; (c) $\langle \Gamma_1 : \Delta_1 \mid \Gamma_2 : \Delta_2 \rangle = \langle \varnothing : \varnothing \mid \alpha : \alpha \rangle$. 由 $\vdash \Rightarrow \top$ 和 $\vdash \top, \alpha \Rightarrow \alpha$ 得, $\top$ 是插值; (d) $\langle \Gamma_1 : \Delta_1 \mid \Gamma_2 : \Delta_2 \rangle = \langle \alpha : \varnothing \mid \varnothing : \alpha \rangle$. 由 $\vdash \alpha \Rightarrow \alpha$ 得, α 是插值.

(2) $\Gamma \Rightarrow \Delta$ 是 ($\bot$) 的特例. 那么 $\Gamma = \bot$ 并且 $\Delta = \varnothing$. 分两种情况: (a) $\langle \Gamma_1 : \Delta_1 \mid \Gamma_2 : \Delta_2 \rangle = \langle \varnothing : \varnothing \mid \bot : \varnothing \rangle$. 由 $\vdash \Rightarrow \top$ 和 $\vdash \top, \bot \Rightarrow$ 得, $\top$ 是插值; (b) $\langle \Gamma_1 : \Delta_1 \mid \Gamma_2 : \Delta_2 \rangle = \langle \bot : \varnothing \mid \varnothing : \varnothing \rangle$. 由 $\vdash \bot \Rightarrow \bot$ 和 $\vdash \bot \Rightarrow$ 得, $\bot$ 是插值.

设 $|\mathcal{D}| > 0$. 令 $\Gamma \Rightarrow \Delta$ 是由规则 (R) 得到. 分以下情况:

(3) (R) 是联结词规则. 分以下情况.

(3.1) (R) 是 $(\wedge\Rightarrow)$. 最后一步是

$$\frac{\alpha_i, \Sigma \Rightarrow \Delta}{\alpha_1 \wedge \alpha_2, \Sigma \Rightarrow \Delta}(\wedge\Rightarrow)$$

因为 $\langle \Gamma_1 : \Delta_1 \mid \Gamma_2 : \Delta_2\rangle$ 是 $\alpha_1 \wedge \alpha_2, \Sigma \Rightarrow \Delta$ 的划分, 所以 $\alpha_1 \wedge \alpha_2 \in \Gamma_1 \uplus \Gamma_2$.

(3.1.1) $\alpha_1 \wedge \alpha_2 \in \Gamma_1$. 令 $\Gamma_1 = \Gamma_1' \uplus \{\alpha_1 \wedge \alpha_2\}$. 那么 $\langle \alpha_i, \Gamma_1' : \Delta_1 \mid \Gamma_2 : \Delta_2\rangle$ 是 $\alpha_i, \Sigma \Rightarrow \Delta$ 的划分. 由归纳假设, 存在 γ 使得 (i) $\vdash \alpha_i, \Gamma_1' \Rightarrow \Delta_1, \gamma$; (ii) $\vdash \gamma, \Gamma_2 \Rightarrow \Delta_2$; (iii) $var(\gamma) \subseteq var(\alpha_i, \Gamma_1', \Delta_1) \cap var(\Gamma_2, \Delta_2)$. 由 (i) 和 $(\wedge\Rightarrow)$ 得, $\vdash \alpha_1 \wedge \alpha_2, \Gamma_1' \Rightarrow \Delta_1, \gamma$. 因此 $\vdash \Gamma_1 \Rightarrow \Delta_1, \gamma$. 由 (iii) 得, $var(\gamma) \subseteq var(\alpha_i, \Gamma_1', \Delta_1) \cap var(\Gamma_2, \Delta_2) \subseteq var(\alpha_1 \wedge \alpha_2, \Gamma_1', \Delta_1) \cap var(\Gamma_2, \Delta_2)$. 所以 γ 是所需插值.

(3.1.2) $\alpha_1 \wedge \alpha_2 \in \Gamma_2$. 令 $\Gamma_2 = \Gamma_2' \uplus \{\alpha_1 \wedge \alpha_2\}$. 那么 $\langle \Gamma_1 : \Delta_1 \mid \alpha_i, \Gamma_2' : \Delta_2\rangle$ 是 $\alpha_i, \Sigma \Rightarrow \Delta$ 的划分. 由归纳假设, 存在 γ 使得 (i) $\vdash \Gamma_1 \Rightarrow \Delta_1, \gamma$; (ii) $\vdash \gamma, \alpha_i, \Gamma_2' \Rightarrow \Delta_2$; (iii) $var(\gamma) \subseteq var(\Gamma_1, \Delta_1) \cap var(\alpha_i, \Gamma_2', \Delta_2)$. 由 (ii) 和 $(\wedge_g\Rightarrow)$ 得, $\vdash \gamma, \alpha_1 \wedge \alpha_2, \Gamma_2' \Rightarrow \Delta_2$. 因此 $\vdash \gamma, \Gamma_2 \Rightarrow \Delta_2$. 由 (iii) 得, $var(\gamma) \subseteq var(\Gamma_1, \Delta_1) \cap var(\alpha_i, \Gamma_2', \Delta_2) \subseteq var(\Gamma_1, \Delta_1) \cap var(\alpha_1 \wedge \alpha_2, \Gamma_2', \Delta_2)$. 所以 γ 是所需插值.

(3.2) (R) 是 $(\Rightarrow\wedge)$. 最后一步是

$$\frac{\Gamma \Rightarrow \Sigma, \alpha_1 \quad \Gamma \Rightarrow \Sigma, \alpha_2}{\Gamma \Rightarrow \Sigma, \alpha_1 \wedge \alpha_2}(\Rightarrow\wedge)$$

因为 $\langle \Gamma_1 : \Delta_1 \mid \Gamma_2 : \Delta_2\rangle$ 是 $\Gamma \Rightarrow \Sigma, \alpha_1 \wedge \alpha_2$ 的划分, 所以 $\alpha_1 \wedge \alpha_2 \in \Delta_1 \uplus \Delta_2$.

(3.2.1) $\alpha_1 \wedge \alpha_2 \in \Delta_1$. 令 $\Delta_1 = \Delta_1' \uplus \{\alpha_1 \wedge \alpha_2\}$. 对 $i = 1, 2$ 都有 $\langle \Gamma_1 : \alpha_i, \Delta_1' \mid \Gamma_2 : \Delta_2\rangle$ 是 $\Gamma \Rightarrow \Sigma, \alpha_i$ 的划分. 由归纳假设, 存在 γ_1 和 γ_2 使得 (i) $\vdash \Gamma_1 \Rightarrow \alpha_1, \Delta_1', \gamma_1$; (ii) $\vdash \gamma_1, \Gamma_2 \Rightarrow \Delta_2$; (iii) $var(\gamma_1) \subseteq var(\Gamma_1, \alpha_1, \Delta_1') \cap var(\Gamma_2, \Delta_2)$; (iv) $\vdash \Gamma_1 \Rightarrow \alpha_2, \Delta_1', \gamma_2$; (v) $\vdash \gamma_2, \Gamma_2 \Rightarrow \Delta_2$; (vi) $var(\gamma_2) \subseteq var(\Gamma_1, \alpha_2, \Delta_1') \cap var(\Gamma_2, \Delta_2)$. 由 (i), (iv) 和 $(\Rightarrow\vee)$ 得, $\vdash \Gamma_1 \Rightarrow \alpha_1, \Delta_1', \gamma_1 \vee \gamma_2$ 并且 $\vdash \Gamma_1 \Rightarrow \alpha_2, \Delta_1', \gamma_1 \vee \gamma_2$. 由 $(\Rightarrow\wedge_g)$ 得, $\vdash \Gamma_1 \Rightarrow \alpha_1 \wedge \alpha_2, \Delta_1', \gamma_1 \vee \gamma_2$. 所以 $\vdash \Gamma_1 \Rightarrow \Delta_1, \gamma_1 \vee \gamma_2$. 由 (ii), (v) 和 $(\vee\Rightarrow)$ 得, $\vdash \gamma_1 \vee \gamma_2, \Gamma_2 \Rightarrow \Delta_2$. 由 (iii) 和 (vi) 得, $var(\gamma_1 \vee \gamma_2) \subseteq var(\gamma_1) \cup var(\gamma_2) \subseteq (var(\Gamma_1, \alpha_1, \Delta_1') \cap var(\Gamma_2, \Delta_2)) \cup (var(\Gamma_1, \alpha_2, \Delta_1') \cap var(\Gamma_2, \Delta_2)) = (var(\Gamma_1, \alpha_1, \Delta_1') \cup var(\Gamma_1, \alpha_2, \Delta_1')) \cap var(\Gamma_2, \Delta_2) = var(\Gamma_1, \alpha_1 \wedge \alpha_2, \Delta_1') \cap var(\Gamma_2, \Delta_2)$. 所以 $\gamma_1 \vee \gamma_2$ 是所需插值.

(3.2.2) $\alpha_1 \wedge \alpha_2 \in \Delta_2$. 令 $\Delta_2 = \Delta_2' \uplus \{\alpha_1 \wedge \alpha_2\}$. 对 $i = 1, 2$ 都有 $\langle \Gamma_1 : \Delta_1 \mid \Gamma_2 : \alpha_i, \Delta_2'\rangle$ 是 $\Gamma \Rightarrow \Sigma, \alpha_i$ 的划分. 由归纳假设, 存在 γ_1 和 γ_2 使得 (i) $\vdash \Gamma_1 \Rightarrow \Delta_1, \gamma_1$; (ii) $\vdash \gamma_1, \Gamma_2 \Rightarrow \alpha_1, \Delta_2'$; (iii) $var(\gamma_1) \subseteq var(\Gamma_1, \Delta_1) \cap var(\Gamma_2, \alpha_1, \Delta_2')$; (iv) $\vdash \Gamma_1 \Rightarrow \Delta_1, \gamma_2$; (v) $\vdash \gamma_2, \Gamma_2 \Rightarrow \alpha_2, \Delta_2'$; (vi) $var(\gamma_2) \subseteq var(\Gamma_1, \Delta_1) \cap var(\Gamma_2, \alpha_2, \Delta_2')$. 由 (i), (iv) 和 $(\Rightarrow\wedge)$ 得, $\vdash \Gamma_1 \Rightarrow \Delta_1, \gamma_1 \wedge \gamma_2$. 由 (ii), (v) 和 $(\wedge\Rightarrow)$ 得, $\vdash \gamma_1 \wedge \gamma_2, \Gamma_2 \Rightarrow \alpha_1, \Delta_2'$ 并且 $\vdash \gamma_1 \wedge \gamma_2, \Gamma_2 \Rightarrow \alpha_2, \Delta_2'$. 由 $(\Rightarrow\wedge_g)$ 得,

$\vdash \gamma_1 \wedge \gamma_2, \Gamma_2 \Rightarrow \alpha_1 \wedge \alpha_2, \Delta_2'$. 由 (iii) 和 (vi) 得, $var(\gamma_1 \wedge \gamma_2) \subseteq var(\gamma_1) \cup var(\gamma_2) \subseteq (var(\Gamma_1, \Delta_1) \cap var(\Gamma_2, \alpha_1, \Delta_2')) \cup (var(\Gamma_1, \Delta_1) \cap var(\Gamma_2, \alpha_2, \Delta_2')) = var(\Gamma_1, \Delta_1) \cap (var(\Gamma_2, \alpha_1, \Delta_2') \cup var(\Gamma_2, \alpha_2, \Delta_2')) = var(\Gamma_1, \Delta_1) \cap var(\Gamma_2, \alpha_1 \wedge \alpha_2, \Delta_2')$. 所以 $\gamma_1 \wedge \gamma_2$ 是所需插值.

(3.3) (R) 是 $(\vee \Rightarrow)$. 最后一步是

$$\frac{\alpha_1, \Sigma \Rightarrow \Delta \quad \alpha_2, \Sigma \Rightarrow \Delta}{\alpha_1 \vee \alpha_2, \Sigma \Rightarrow \Delta}(\vee \Rightarrow)$$

因为 $\langle \Gamma_1 : \Delta_1 \mid \Gamma_2 : \Delta_2 \rangle$ 是 $\alpha_1 \vee \alpha_2, \Sigma \Rightarrow \Delta$ 的划分, 所以 $\alpha_1 \vee \alpha_2 \in \Gamma_1 \uplus \Gamma_2$.

(3.3.1) $\alpha_1 \vee \alpha_2 \in \Gamma_1$. 令 $\Gamma_1 = \Gamma_1' \uplus \{\alpha_1 \vee \alpha_2\}$. 对 $i = 1, 2$ 都有 $\langle \alpha_i, \Gamma_1' : \Delta_1 \mid \Gamma_2 : \Delta_2 \rangle$ 是 $\alpha_i, \Sigma \Rightarrow \Delta$ 的划分. 由归纳假设, 存在 γ_1 和 γ_2 使得 (i) $\vdash \alpha_1, \Gamma_1' \Rightarrow \Delta_1, \gamma_1$; (ii) $\vdash \gamma_1, \Gamma_2 \Rightarrow \Delta_2$; (iii) $var(\gamma_1) \subseteq var(\alpha_1, \Gamma_1', \Delta_1) \cap var(\Gamma_2, \Delta_2)$; (iv) $\vdash \alpha_2, \Gamma_1' \Rightarrow \Delta_1, \gamma_2$; (v) $\vdash \gamma_2, \Gamma_2 \Rightarrow \Delta_2$; (vi) $var(\gamma_2) \subseteq var(\alpha_2, \Gamma_1', \Delta_1) \cap var(\Gamma_2, \Delta_2)$. 由 (i), (iv) 和 $(\Rightarrow \vee)$ 得, $\vdash \alpha_1, \Gamma_1' \Rightarrow \Delta_1, \gamma_1 \vee \gamma_2$ 并且 $\vdash \alpha_2, \Gamma_1' \Rightarrow \Delta_1, \gamma_1 \vee \gamma_2$. 由 $(\vee \Rightarrow)$ 得, $\vdash \alpha_1 \vee \alpha_2, \Gamma_1' \Rightarrow \Delta_1, \gamma_1 \vee \gamma_2$. 因此 $\vdash \Gamma_1 \Rightarrow \Delta_1, \gamma_1 \vee \gamma_2$. 由 (ii), (v) 和 $(\vee \Rightarrow)$ 得, $\vdash \gamma_1 \vee \gamma_2, \Gamma_2 \Rightarrow \Delta_2$. 由 (iii) 和 (vi) 得, $var(\gamma_1 \vee \gamma_2) \subseteq var(\gamma_1) \cup var(\gamma_2) \subseteq (var(\alpha_1, \Gamma_1', \Delta_1) \cap var(\Gamma_2, \Delta_2)) \cup (var(\alpha_2, \Gamma_1', \Delta_1) \cap var(\Gamma_2, \Delta_2)) = (var(\alpha_1, \Gamma_1', \Delta_1) \cup var(\alpha_2, \Gamma_1', \Delta_1)) \cap var(\Gamma_2, \Delta_2) = var(\alpha_1 \vee \alpha_2, \Gamma_1', \Delta_1) \cap var(\Gamma_2, \Delta_2)$. 所以 $\gamma_1 \vee \gamma_2$ 是所需插值.

(3.3.2) $\alpha_1 \vee \alpha_2 \in \Gamma_2$. 令 $\Gamma_2 = \Gamma_2' \uplus \{\alpha_1 \vee \alpha_2\}$. 对 $i = 1, 2$ 都有 $\langle \Gamma_1 : \Delta_1 \mid \alpha_i, \Gamma_2' : \Delta_2 \rangle$ 是 $\Sigma_1, \alpha_i, \Sigma_2 \Rightarrow \Delta$ 的划分. 由归纳假设, 存在 γ_1 和 γ_2 使得 (i) $\vdash \Gamma_1 \Rightarrow \Delta_1, \gamma_1$; (ii) $\vdash \gamma_1, \alpha_1, \Gamma_2' \Rightarrow \Delta_2$; (iii) $var(\gamma_1) \subseteq var(\Gamma_1, \Delta_1) \cap var(\alpha_1, \Gamma_2', \Delta_2)$; (iv) $\vdash \Gamma_1 \Rightarrow \Delta_1, \gamma_2$; (v) $\vdash \gamma_2, \alpha_2, \Gamma_2' \Rightarrow \Delta_2$; (vi) $var(\gamma_2) \subseteq var(\Gamma_1, \Delta_1) \cap var(\alpha_2, \Gamma_2', \Delta_2)$. 由 (i), (iv) 和 $(\Rightarrow \wedge)$ 得, $\vdash \Gamma_1 \Rightarrow \Delta_1, \gamma_1 \wedge \gamma_2$. 由 (ii), (v) 和 $(\wedge \Rightarrow)$ 得, $\vdash \gamma_1 \wedge \gamma_2, \alpha_1, \Gamma_2' \Rightarrow \Delta_2$ 并且 $\vdash \gamma_1 \wedge \gamma_2, \alpha_2, \Gamma_2' \Rightarrow \Delta_2$. 由 $(\vee_g \Rightarrow)$ 得, $\vdash \gamma_1 \wedge \gamma_2, \alpha_1 \vee \alpha_2, \Gamma_2' \Rightarrow \Delta_2$. 所以 $\vdash \gamma_1 \wedge \gamma_2, \Gamma_2 \Rightarrow \Delta_2$. 由 (iii) 和 (vi) 得, $var(\gamma_1 \wedge \gamma_2) \subseteq var(\gamma_1) \cup var(\gamma_2) \subseteq (var(\Gamma_1, \Delta_1) \cap var(\alpha_1, \Gamma_2', \Delta_2)) \cup (var(\Gamma_1, \Delta_1) \cap var(\alpha_2, \Gamma_2', \Delta_2)) = var(\Gamma_1, \Delta_1) \cap (var(\alpha_1, \Gamma_2', \Delta_2) \cup var(\alpha_2, \Gamma_2', \Delta_2)) = var(\Gamma_1, \Delta_1) \cap var(\Gamma_2', \alpha_1 \wedge \alpha_2, \Delta_2)$. 所以 $\gamma_1 \wedge \gamma_2$ 是所需插值.

(3.4) (R) 是 $(\Rightarrow \vee)$. 最后一步是

$$\frac{\Gamma \Rightarrow \Sigma, \alpha_i}{\Gamma \Rightarrow \Sigma, \alpha_1 \vee \alpha_2}(\Rightarrow \vee)$$

因为 $\langle \Gamma_1 : \Delta_1 \mid \Gamma_2 : \Delta_2 \rangle$ 是 $\Gamma \Rightarrow \Sigma, \alpha_1 \vee \alpha_2$ 的划分, 所以 $\alpha_1 \vee \alpha_2 \in \Delta_1 \uplus \Delta_2$.

(3.4.1) $\alpha_1 \vee \alpha_2 \in \Delta_1$. 令 $\Delta_1 = \Delta_1' \uplus \{\alpha_1 \vee \alpha_2\}$. 所以 $\langle \Gamma_1 : \alpha_i, \Delta_1' \mid \Gamma_2 : \Delta_2 \rangle$ 是 $\Gamma \Rightarrow \Sigma, \alpha_i$ 的划分. 由归纳假设, 存在 γ 使得 (i) $\vdash \Gamma_1 \Rightarrow \alpha_i, \Delta_1', \gamma$; (ii)

$\vdash \gamma, \Gamma_2 \Rightarrow \Delta_2$; (iii) $var(\gamma) \subseteq var(\Gamma_1, \alpha_i, \Delta_1') \cap var(\Gamma_2, \Delta_2)$. 由 (i) 和 $(\Rightarrow \vee_g)$ 得, $\vdash \Gamma_1 \Rightarrow \alpha_1 \vee \alpha_2, \Delta_1', \gamma$. 由 (iii) 得, $var(\gamma) \subseteq var(\Gamma_1, \alpha_i, \Delta_1') \cap var(\Gamma_2, \Delta_2) \subseteq var(\Gamma_1, \alpha_1 \vee \alpha_2, \Delta_1') \cap var(\Gamma_2, \Delta_2)$. 所以 γ 是所需插值.

(3.4.2) $\alpha_1 \vee \alpha_2 \in \Delta_2$. 令 $\Delta_2 = \Delta_2' \uplus \{\alpha_1 \vee \alpha_2\}$. 所以 $\langle \Gamma_1 : \Delta_1 \mid \Gamma_2 : \alpha_i, \Delta_2' \rangle$ 是 $\Gamma \Rightarrow \Sigma, \alpha_i$ 的划分. 由归纳假设, 存在 γ 使得 (i) $\vdash \Gamma_1 \Rightarrow \Delta_1, \gamma$; (ii) $\vdash \gamma, \Gamma_2 \Rightarrow \alpha_i, \Delta_2'$; (iii) $var(\gamma) \subseteq var(\Gamma_1, \Delta_1) \cap var(\Gamma_2, \alpha_i, \Delta_2')$. 由 (ii) 和 $(\Rightarrow \vee_g)$ 得, $\vdash \gamma, \Gamma_2 \Rightarrow \alpha_1 \vee \alpha_2, \Delta_2'$. 由 (iii) 得, $var(\gamma) \subseteq var(\Gamma_1, \Delta_1) \cap var(\Gamma_2, \alpha_i, \Delta_2') \subseteq var(\Gamma_1, \Delta_1) \cap var(\Gamma_2, \alpha_1 \vee \alpha_2, \Delta_2')$. 所以 γ 是所需插值.

(3.5) (R) 是 $(\rightarrow \Rightarrow)$. 最后一步是

$$\frac{\Sigma \Rightarrow \Pi, \alpha_1 \quad \alpha_2, \Sigma \Rightarrow \Pi}{\alpha_1 \rightarrow \alpha_2, \Sigma \Rightarrow \Pi}(\rightarrow \Rightarrow)$$

因为 $\langle \Gamma_1 : \Delta_1 \mid \Gamma_2 : \Delta_2 \rangle$ 是 $\alpha_1 \rightarrow \alpha_2, \Sigma \Rightarrow \Pi$ 的划分, 所以 $\alpha_1 \rightarrow \alpha_2 \in \Gamma_1 \uplus \Gamma_2$.

(3.5.1) $\alpha_1 \rightarrow \alpha_2 \in \Gamma_1$. 令 $\Gamma_1 = \Gamma_1' \uplus \{\alpha_1 \rightarrow \alpha_2\}$, 则 $\langle \Gamma_1' : \Delta_1, \alpha_1 \mid \Gamma_2 : \Delta_2 \rangle$ 是 $\Sigma \Rightarrow \Pi, \alpha_1$ 的划分, $\langle \alpha_2, \Gamma_1' : \Delta_1 \mid \Gamma_2 : \Delta_2 \rangle$ 是 $\alpha_2, \Sigma \Rightarrow \Pi$ 的划分. 由归纳假设, 存在 γ_1 和 γ_2 使得 (i) $\vdash \Gamma_1' \Rightarrow \Delta_1, \alpha_1, \gamma_1$; (ii) $\vdash \gamma_1, \Gamma_2 \Rightarrow \Delta_2$; (iii) $var(\gamma_1) \subseteq var(\Gamma_1', \Delta_1, \alpha_1) \cap var(\Gamma_2, \Delta_2)$; (iv) $\vdash \alpha_2, \Gamma_1' \Rightarrow \Delta_1, \gamma_2$; (v) $\vdash \gamma_2, \Gamma_2 \Rightarrow \Delta_2$; (vi) $var(\gamma_2) \subseteq var(\alpha_2, \Gamma_1', \Delta_1) \cap var(\Gamma_2, \Delta_2)$. 由 (i), (iv) 和 $(\Rightarrow w_g)$ 得, $\vdash \Gamma_1' \Rightarrow \Delta_1, \gamma_1, \gamma_2, \alpha_1$ 并且 $\vdash \alpha_2, \Gamma_1' \Rightarrow \Delta_1, \gamma_1, \gamma_2$. 由 $(\rightarrow \Rightarrow)$ 得, $\vdash \alpha_1 \rightarrow \alpha_2, \Gamma_1' \Rightarrow \Delta_1, \gamma_1, \gamma_2$, 即 $\vdash \Gamma_1 \Rightarrow \Delta_1, \gamma_1, \gamma_2$. 由 $(\Rightarrow \vee)$ 得, $\vdash \Gamma_1 \Rightarrow \Delta_1, \gamma_1 \vee \gamma_2$. 由 (ii), (v) 和 $(\vee \Rightarrow)$ 得, $\vdash \gamma_1 \vee \gamma_2, \Gamma_2 \Rightarrow \Delta_2$. 由 (iii) 和 (vi) 得, $var(\gamma_1 \vee \gamma_2) = var(\gamma_1) \cup var(\gamma_2) \subseteq (var(\Gamma_1', \Delta_1, \alpha_1) \cap var(\Gamma_2, \Delta_2)) \cup (var(\alpha_2, \Gamma_1', \Delta_1) \cap var(\Gamma_2, \Delta_2)) = (var(\Gamma_1', \Delta_1, \alpha_1) \cup var(\alpha_2, \Gamma_1', \Delta_1)) \cap var(\Gamma_2, \Delta_2)$. 所以 $\gamma_1 \vee \gamma_2$ 是所需插值.

(3.5.2) $\alpha_1 \rightarrow \alpha_2 \in \Gamma_2$. 令 $\Gamma_2 = \Gamma_2' \uplus \{\alpha_1 \rightarrow \alpha_2\}$, 则 $\langle \Gamma_1 : \Delta_1 \mid \Gamma_2' : \Delta_2, \alpha_1 \rangle$ 是 $\Sigma \Rightarrow \Pi, \alpha_1$ 的划分, $\langle \Gamma_1 : \Delta_1 \mid \alpha_2, \Gamma_2' : \Delta_2 \rangle$ 是 $\alpha_2, \Sigma \Rightarrow \Pi$ 的划分. 由归纳假设, 存在 γ_1 和 γ_2 使得 (i) $\vdash \Gamma_1 \Rightarrow \Delta_1, \gamma_1$; (ii) $\vdash \gamma_1, \Gamma_2' \Rightarrow \Delta_2, \alpha_1$; (iii) $var(\gamma_1) \subseteq var(\Gamma_1, \Delta_1) \cap var(\Gamma_2', \Delta_2, \alpha_1)$; (iv) $\vdash \Gamma_1 \Rightarrow \Delta_1, \gamma_2$; (v) $\vdash \gamma_2, \alpha_2, \Gamma_2' \Rightarrow \Delta_2$; (vi) $var(\gamma_2) \subseteq var(\Gamma_1, \Delta_1) \cap var(\alpha_2, \Gamma_2', \Delta_2)$. 由 (i), (iv) 和 $(\Rightarrow \wedge)$ 得, $\vdash \Gamma_1 \Rightarrow \Delta_1, \gamma_1 \wedge \gamma_2$. 由 (ii), (v) 和 $(\wedge_g \Rightarrow)$ 得, $\vdash \gamma_1 \wedge \gamma_2, \Gamma_2' \Rightarrow \Delta_2, \alpha_1$ 并且 $\vdash \alpha_2, \gamma_1 \wedge \gamma_2, \Gamma_2' \Rightarrow \Delta_2$. 由 $(\rightarrow_g \Rightarrow)$ 得, $\vdash \gamma_1 \wedge \gamma_2, \alpha_1 \rightarrow \alpha_2, \Gamma_2' \Rightarrow \Delta_2$. 所以 $\vdash \gamma_1 \wedge \gamma_2, \Gamma_2 \Rightarrow \Delta_2$. 由 (iii) 和 (vi) 得, $var(\gamma_1 \wedge \gamma_2) = var(\gamma_1) \cup var(\gamma_2) \subseteq (var(\Gamma_1, \Delta_1) \cap var(\Gamma_2', \Delta_2, \alpha_1)) \cup (var(\Gamma_1, \Delta_1) \cap var(\alpha_2, \Gamma_2', \Delta_2)) = var(\Gamma_1, \Delta_1) \cap (var(\Gamma_2', \Delta_2, \alpha_1) \cup var(\alpha_2, \Gamma_2', \Delta_2))$. 所以 $\gamma_1 \wedge \gamma_2$ 是所需插值.

(3.6) (R) 是 $(\Rightarrow \rightarrow)$. 最后一步是

$$\frac{\alpha_1, \Gamma \Rightarrow \Sigma, \alpha_2}{\Gamma \Rightarrow \Sigma, \alpha_1 \rightarrow \alpha_2}(\Rightarrow \rightarrow)$$

因为 $\langle \Gamma_1 : \Delta_1 \mid \Gamma_2 : \Delta_2 \rangle$ 是 $\Gamma \Rightarrow \Sigma, \alpha_1 \rightarrow \alpha_2$ 的划分, 所以 $\alpha_1 \rightarrow \alpha_2 \in \Delta_1 \uplus \Delta_2$.

(3.6.1) $\alpha_1 \rightarrow \alpha_2 \in \Delta_1$. 令 $\Delta_1 = \Delta_1' \uplus \{\alpha_1 \rightarrow \alpha_2\}$, 则 $\langle \alpha_1, \Gamma_1 : \Gamma_2 \mid \Delta_1', \alpha_2 : \Delta_2 \rangle$ 是 $\alpha_1, \Gamma \Rightarrow \Sigma, \alpha_2$ 的划分. 由归纳假设, 存在 γ 使得 (i) $\vdash \alpha_1, \Gamma_1 \Rightarrow \Delta_1', \alpha_2, \gamma$; (ii) $\vdash \gamma, \Gamma_2 \Rightarrow \Delta_2$; (iii) $var(\gamma) \subseteq var(\alpha_1, \Gamma_1, \Delta_1', \alpha_2) \cap var(\Gamma_2, \Delta_2)$. 由 (i) 和 $(\Rightarrow \rightarrow_g)$ 得, $\vdash \Gamma_1 \Rightarrow \Delta_1', \alpha_1 \rightarrow \alpha_2, \gamma$. 所以 $\vdash \Gamma_1 \Rightarrow \Delta_1, \gamma$. 由 (iii) 得, $var(\gamma) \subseteq var(\alpha_1, \Gamma_1, \Delta_1', \alpha_2) \cap var(\Gamma_2, \Delta_2)$. 所以 γ 是所需插值.

(3.6.2) $\alpha_1 \rightarrow \alpha_2 \in \Delta_2$. 令 $\Delta_2 = \Delta_2' \uplus \{\alpha_1 \rightarrow \alpha_2\}$, 则 $\langle \Gamma_1 : \alpha_1, \Gamma_2 \mid \Delta_1 : \Delta_2', \alpha_2 \rangle$ 是 $\alpha_1, \Gamma \Rightarrow \Sigma, \alpha_2$ 的划分. 由归纳假设, 存在 γ 使得 (i) $\vdash \Gamma_1 \Rightarrow \Delta_1, \gamma$; (ii) $\vdash \gamma, \alpha_1, \Gamma_2 \Rightarrow \Delta_2', \alpha_2$; (iii) $var(\gamma) \subseteq var(\Gamma_1, \Delta_1) \cap var(\alpha_1, \Gamma_2, \Delta_2', \alpha_2)$. 由 (ii) 和 $(\Rightarrow \rightarrow_g)$ 得, $\vdash \gamma, \Gamma_2 \Rightarrow \Delta_2', \alpha_1 \rightarrow \alpha_2$. 所以 $\vdash \gamma, \Gamma_2 \Rightarrow \Delta_2$. 由 (iii) 得, $var(\gamma) \subseteq var(\Gamma_1, \Delta_1) \cap var(\alpha_1, \Gamma_2, \Delta_2', \alpha_2)$. 所以 γ 是所需插值.

(4) (R) 是结构规则. 分以下情况.

(4.1) (R) 是 $(w \Rightarrow)$. 最后一步是

$$\frac{\Sigma \Rightarrow \Delta}{\alpha, \Sigma \Rightarrow \Delta}(w \Rightarrow)$$

因为 $\langle \Gamma_1 : \Delta_1 \mid \Gamma_2 : \Delta_2 \rangle$ 是 $\alpha, \Sigma \Rightarrow \Delta$ 的划分, 所以 $\alpha \in \Gamma_1 \uplus \Gamma_2$.

(4.1.1) $\alpha \in \Gamma_1$. 令 Γ_1' 是从 $\Gamma_1 = \Gamma_1' \uplus \{\alpha\}$, 则 $\langle \Gamma_1' : \Delta_1 \mid \Gamma_2 : \Delta_2 \rangle$ 是 $\Sigma \Rightarrow \Delta$ 的划分. 由归纳假设, 存在 γ 使得 (i) $\vdash \Gamma_1' \Rightarrow \Delta_1, \gamma$; (ii) $\vdash \gamma, \Gamma_2 \Rightarrow \Delta_2$; (iii) $var(\gamma) \subseteq var(\Gamma_1', \Delta_1) \cap var(\Gamma_2, \Delta_2)$. 由 (i) 和 $(w \Rightarrow)$ 得, $\vdash \alpha, \Gamma_1' \Rightarrow \Delta_1, \gamma$. 所以 $\vdash \Gamma_1 \Rightarrow \Delta_1, \gamma$. 由 (iii) 得, $var(\gamma) \subseteq var(\Gamma_1', \Delta_1) \cap var(\Gamma_2, \Delta_2) \subseteq var(\alpha, \Gamma_1', \Delta_1) \cap var(\Gamma_2, \Delta_2)$. 所以 γ 是所需插值.

(4.1.2) $\alpha \in \Gamma_2$. 令 $\Gamma_2 = \Gamma_2' \uplus \{\alpha\}$, 则 $\langle \Gamma_1 : \Delta_1 \mid \Gamma_2' : \Delta_2 \rangle$ 是 $\Sigma \Rightarrow \Delta$ 的划分. 由归纳假设, 存在 γ 使得 (i) $\vdash \Gamma_1 \Rightarrow \Delta_1, \gamma$; (ii) $\vdash \gamma, \Gamma_2' \Rightarrow \Delta_2$; (iii) $var(\gamma) \subseteq var(\Gamma_1, \Delta_1) \cap var(\Gamma_2', \Delta_2)$. 由 (ii) 和 $(w \Rightarrow)$ 得, $\vdash \gamma, \alpha, \Gamma_2' \Rightarrow \Delta_2$. 所以 $\vdash \gamma, \Gamma_2 \Rightarrow \Delta_2$. 由 (iii) 得, $var(\gamma) \subseteq var(\Gamma_1, \Delta_1) \cap var(\Gamma_2', \Delta_2) \subseteq var(\Gamma_1, \Delta_1) \cap var(\alpha, \Gamma_2', \Delta_2)$. 所以 γ 是所需插值.

(4.2) (R) 是 $(\Rightarrow w)$. 最后一步是

$$\frac{\Gamma \Rightarrow \Sigma}{\Gamma \Rightarrow \Sigma, \alpha}(\Rightarrow w)$$

因为 $\langle \Gamma_1 : \Delta_1 \mid \Gamma_2 : \Delta_2 \rangle$ 是 $\Gamma \Rightarrow \Sigma, \alpha$ 的划分, 所以 $\alpha \in \Delta_1 \uplus \Delta_2$.

(4.2.1) $\alpha \in \Delta_1$. 令 $\Delta_1 = \Delta_1' \uplus \{\alpha\}$, 则 $\langle \Gamma_1 : \Delta_1' \mid \Gamma_2 : \Delta_2 \rangle$ 是 $\Gamma \Rightarrow \Sigma$ 的划分. 由归纳假设, 存在 γ 使得 (i) $\vdash \Gamma_1 \Rightarrow \Delta_1', \gamma$; (ii) $\vdash \gamma, \Gamma_2 \Rightarrow \Delta_2$; (iii) $var(\gamma) \subseteq var(\Gamma_1, \Delta_1') \cap var(\Gamma_2, \Delta_2)$. 由 (i) 和 $(\Rightarrow w_g)$ 得, $\vdash \Gamma_1 \Rightarrow \Delta_1', \alpha, \gamma$. 所以

$\vdash \Gamma_1 \Rightarrow \Delta_1, \gamma$. 由 (iii) 得, $var(\gamma) \subseteq var(\Gamma_1, \Delta_1') \cap var(\Gamma_2, \Delta_2) \subseteq var(\Gamma_1, \Delta_1', \alpha) \cap var(\Gamma_2, \Delta_2)$. 所以 γ 是所需插值.

(4.2.2) $\alpha \in \Delta_2$. 令 $\Delta_2 = \Delta_2' \uplus \{\alpha\}$, 则 $\langle \Gamma_1 : \Delta_1 \mid \Gamma_2 : \Delta_2' \rangle$ 是 $\Gamma \Rightarrow \Sigma$ 的划分. 由归纳假设, 存在 γ 使得 (i) $\vdash \Gamma_1 \Rightarrow \Delta_1, \gamma$; (ii) $\vdash \gamma, \Gamma_2 \Rightarrow \Delta_2'$; (iii) $var(\gamma) \subseteq var(\Gamma_1, \Delta_1) \cap var(\Gamma_2, \Delta_2')$. 由 (ii) 和 $(\Rightarrow w)$ 得, $\vdash \gamma, \Gamma_2 \Rightarrow \Delta_2', \alpha$. 所以 $\vdash \gamma, \Gamma_2 \Rightarrow \Delta_2$. 由 (iii) 得, $var(\gamma) \subseteq var(\Gamma_1, \Delta_1) \cap var(\Gamma_2, \Delta_2') \subseteq var(\Gamma_1, \Delta_1) \cap var(\Gamma_2, \Delta_2', \alpha)$. 所以 γ 是所需插值.

(4.3) (R) 是 $(c\Rightarrow)$. 最后一步是

$$\frac{\alpha, \alpha, \Sigma \Rightarrow \Delta}{\alpha, \Sigma \Rightarrow \Delta}(c\Rightarrow)$$

因为 $\langle \Gamma_1 : \Delta_1 \mid \Gamma_2 : \Delta_2 \rangle$ 是 $\alpha, \Sigma \Rightarrow \Delta$ 的划分, 所以 $\alpha \in \Gamma_1 \uplus \Gamma_2$.

(4.3.1) $\alpha \in \Gamma_1$. 令 $\Gamma_1 = \Gamma_1' \uplus \{\alpha\}$, 则 $\langle \alpha, \alpha, \Gamma_1' : \Delta_1 \mid \Gamma_2 : \Delta_2 \rangle$ 是 $\alpha, \alpha, \Sigma \Rightarrow \Delta$ 的划分. 由归纳假设, 存在 γ 使得 (i) $\vdash \alpha, \alpha, \Gamma_1' \Rightarrow \Delta_1, \gamma$; (ii) $\vdash \gamma, \Gamma_2 \Rightarrow \Delta_2$; (iii) $var(\gamma) \subseteq var(\alpha, \alpha, \Gamma_1', \Delta_1) \cap var(\Gamma_2, \Delta_2)$. 由 (i) 和 $(c\Rightarrow)$ 得, $\vdash \alpha, \Gamma_1' \Rightarrow \Delta_1, \gamma$. 所以 $\vdash \Gamma_1 \Rightarrow \Delta_1, \gamma$. 所以 γ 是所需插值.

(4.3.2) $\alpha \in \Gamma_2$. 令 $\Gamma_2 = \Gamma_2' \uplus \{\alpha\}$, 则 $\langle \Gamma_1 : \Delta_1 \mid \alpha, \alpha, \Gamma_2' : \Delta_2 \rangle$ 是 $\alpha, \alpha, \Sigma \Rightarrow \Delta$ 的划分. 由归纳假设, 存在 γ 使得 (i) $\vdash \Gamma_1 \Rightarrow \Delta_1, \gamma$; (ii) $\vdash \gamma, \alpha, \alpha, \Gamma_2' \Rightarrow \Delta_2$; (iii) $var(\gamma) \subseteq var(\Gamma_1, \Delta_1) \cap var(\alpha, \alpha, \Gamma_2', \Delta_2)$. 由 (ii) 和 $(c\Rightarrow)$ 得, $\vdash \gamma, \alpha, \Gamma_2' \Rightarrow \Delta_2$. 所以 $\vdash \gamma, \Gamma_2 \Rightarrow \Delta_2$. 所以 γ 是所需插值.

(4.4) (R) 是 $(\Rightarrow c)$. 最后一步是

$$\frac{\Gamma \Rightarrow \Sigma, \alpha, \alpha}{\Gamma \Rightarrow \Sigma, \alpha}(\Rightarrow c)$$

因为 $\langle \Gamma_1 : \Delta_1 \mid \Gamma_2 : \Delta_2 \rangle$ 是 $\Gamma \Rightarrow \Sigma, \alpha$ 的划分, 所以 $\alpha \in \Delta_1 \uplus \Delta_2$.

(4.4.1) $\alpha \in \Delta_1$. 令 $\Delta_1 = \Delta_1' \uplus \{\alpha\}$, 则 $(\Gamma_1 : \Delta_1', \alpha, \alpha); (\Gamma_2 : \Delta_2)$ 是 $\Gamma \Rightarrow \Sigma, \alpha, \alpha$ 的划分. 由归纳假设, 存在 γ 使得 (i) $\vdash \Gamma_1 \Rightarrow \Delta_1', \alpha, \alpha, \gamma$; (ii) $\vdash \gamma, \Gamma_2 \Rightarrow \Delta_2$; (iii) $var(\gamma) \subseteq var(\Gamma_1, \Delta_1', \alpha, \alpha) \cap var(\Gamma_2, \Delta_2)$. 由 (i) 和 $(\Rightarrow c_g)$ 得, $\vdash \Gamma_1 \Rightarrow \Delta_1', \alpha, \gamma$. 所以 $\vdash \Gamma_1 \Rightarrow \Delta_1, \gamma$. 所以 γ 是所需插值.

(4.4.2) $\alpha \in \Delta_2$. 令 $\Delta_2 = \Delta_2' \uplus \{\alpha\}$, 则 $\langle \Gamma_1 : \Delta_1 \mid \Gamma_2 : \Delta_2', \alpha, \alpha \rangle$ 是 $\Gamma \Rightarrow \Sigma, \alpha, \alpha$ 的划分. 由归纳假设, 存在 γ 使得 (i) $\vdash \Gamma_1 \Rightarrow \Delta_1, \gamma$; (ii) $\vdash \gamma, \Gamma_2 \Rightarrow \Delta_2', \alpha, \alpha$; (iii) $var(\gamma) \subseteq var(\Gamma_1, \Delta_1) \cap var(\Gamma_2, \Delta_2', \alpha, \alpha)$. 由 (ii) 和 $(\Rightarrow c)$ 得, $\vdash \gamma, \Gamma_2 \Rightarrow \Delta_2', \alpha$. 所以 $\vdash \gamma, \Gamma_2 \Rightarrow \Delta_2$. 所以 γ 是所需插值.

(4.5) (R) 是 $(e\Rightarrow)$. 最后一步是

$$\frac{\Sigma_1, \alpha_2, \alpha_1, \Sigma_2 \Rightarrow \Delta}{\Sigma_1, \alpha_1, \alpha_2, \Sigma_2 \Rightarrow \Delta}(e\Rightarrow)$$

注意 $\langle \Gamma_1 : \Delta_1 \mid \Gamma_2 : \Delta_2 \rangle$ 是 $\Sigma_1, \alpha_1, \alpha_2, \Sigma_2 \Rightarrow \Delta$ 的划分. 分以下情况.

$(4.5.1)$ $\alpha_1, \alpha_2 \in \Gamma_1$. 令 $\Gamma_1 = \Gamma_1' \uplus \{\alpha_1, \alpha_2\}$, 则 $\langle \alpha_2, \alpha_1, \Gamma_1' : \Delta_1 \mid \Gamma_2 : \Delta_2 \rangle$ 是 $\Sigma_1, \alpha_2, \alpha_1, \Sigma_2 \Rightarrow \Delta$ 的划分. 由归纳假设, 存在 γ 使得 (i) $\vdash \alpha_2, \alpha_1, \Gamma_1' \Rightarrow \Delta_1, \gamma$; (ii) $\vdash \gamma, \Gamma_2 \Rightarrow \Delta_2$; (iii) $var(\gamma) \subseteq var(\alpha_2, \alpha_1, \Gamma_1', \Delta_1) \cap var(\Gamma_2, \Delta_2)$. 由 (i) 和 $(e\Rightarrow)$ 得, $\vdash \alpha_1, \alpha_2, \Gamma_1' \Rightarrow \Delta_1, \gamma$. 所以 $\vdash \Gamma_1 \Rightarrow \Delta_1, \gamma$. 所以 γ 是所需插值.

$(4.5.2)$ $\alpha_1, \alpha_2 \in \Gamma_2$. 令 $\Gamma_2 = \Gamma_2' \uplus \{\alpha_1, \alpha_2\}$, 则 $\langle \Gamma_1 : \Delta_1 \mid \alpha_2, \alpha_1, \Gamma_2' : \Delta_2 \rangle$ 是 $\Sigma_1, \alpha_2, \alpha_1, \Sigma_2 \Rightarrow \Delta$ 的划分. 由归纳假设, 存在 γ 使得 (i) $\vdash \Gamma_1 \Rightarrow \Delta_1, \gamma$; (ii) $\vdash \gamma, \alpha_2, \alpha_1, \Gamma_2' \Rightarrow \Delta_2$; (iii) $var(\gamma) \subseteq var(\Gamma_1, \Delta_1) \cap var(\alpha_2, \alpha_1, \Gamma_2', \Delta_2)$. 由 (ii) 和 $(e\Rightarrow)$ 得, $\vdash \gamma, \alpha_1, \alpha_2, \Gamma_2' \Rightarrow \Delta_2$. 所以 $\vdash \gamma, \Gamma_2 \Rightarrow \Delta_2$. 所以 γ 是所需插值.

$(4.5.3)$ $\alpha_1 \in \Gamma_1$ 并且 $\alpha_2 \in \Gamma_2$, 或者 $\alpha_2 \in \Gamma_1$ 并且 $\alpha_1 \in \Gamma_2$. 两种情况类似, 只证明前一情况. 令 $\Gamma_1 = \Gamma_1' \uplus \{\alpha_1\}$ 并且 $\Gamma_2 = \Gamma_2' \uplus \{\alpha_2\}$, 则 $\langle \alpha_1, \Gamma_1' : \Delta_1 \mid \alpha_2, \Gamma_2' : \Delta_2 \rangle$ 是 $\Sigma_1, \alpha_2, \alpha_1, \Sigma_2 \Rightarrow \Delta$ 的划分. 由归纳假设可得所需插值.

(4.6) (R) 是 $(\Rightarrow e)$. 最后一步是

$$\frac{\Gamma \Rightarrow \Sigma_1, \alpha_2, \alpha_1, \Sigma_2}{\Gamma \Rightarrow \Sigma_1, \alpha_1, \alpha_2, \Sigma_2}(\Rightarrow e)$$

注意 $\langle \Gamma_1 : \Delta_1 \mid \Gamma_2 : \Delta_2 \rangle$ 是 $\Gamma \Rightarrow \Sigma_1, \alpha_1, \alpha_2, \Sigma_2$ 的划分.

$(4.6.1)$ $\alpha_1, \alpha_2 \in \Delta_1$. 令 $\Delta_1 = \Delta_1' \uplus \{\alpha_1, \alpha_2\}$, 则 $\langle \Gamma_1 : \Delta_1', \alpha_2, \alpha_1 \mid \Gamma_2 : \Delta_2 \rangle$ 是 $\Gamma \Rightarrow \Sigma_1, \alpha_2, \alpha_1, \Sigma_2$ 的划分. 由归纳假设, 存在 γ 使得 (i) $\vdash \Gamma_1 \Rightarrow \Delta_1', \alpha_2, \alpha_1, \gamma$; (ii) $\vdash \gamma, \Gamma_2 \Rightarrow \Delta_2$; (iii) $var(\gamma) \subseteq var(\Gamma_1, \Delta_1', \alpha_2, \alpha_1) \cap var(\Gamma_2, \Delta_2)$. 由 (i) 和 $(\Rightarrow e)$ 得, $\vdash \Gamma_1 \Rightarrow \Delta_1', \alpha_1, \alpha_2$. 所以 $\vdash \Gamma_1 \Rightarrow \Delta_1, \gamma$. 所以 γ 是所需插值.

$(4.6.2)$ $\alpha_1, \alpha_2 \in \Delta_2$. 令 $\Delta_2 = \Delta_2' \uplus \{\alpha_1, \alpha_2\}$, 则 $\langle \Gamma_1 : \Delta_1 \mid \Gamma_2 : \Delta_2', \alpha_2, \alpha_1 \rangle$ 是 $\Gamma \Rightarrow \Sigma_1, \alpha_2, \alpha_1, \Sigma_2$ 的划分. 由归纳假设, 存在 γ 使得 (i) $\vdash \Gamma_1 \Rightarrow \Delta_1, \gamma$; (ii) $\vdash \gamma, \Gamma_2 \Rightarrow \Delta_2', \alpha_2, \alpha_1$; (iii) $var(\gamma) \subseteq var(\Gamma_1, \Delta_1) \cap var(\Gamma_2, \Delta_2', \alpha_2, \alpha_1)$. 由 (ii) 和 $(\Rightarrow e)$ 得, $\vdash \gamma, \Gamma_2 \Rightarrow \Delta_2', \alpha_1, \alpha_2$. 所以 $\vdash \gamma, \Gamma_2 \Rightarrow \Delta_2$. 所以 γ 是所需插值.

$(4.6.3)$ $\alpha_1 \in \Delta_1$ 并且 $\alpha_2 \in \Delta_2$, 或者 $\alpha_2 \in \Delta_1$ 并且 $\alpha_1 \in \Delta_2$. 两种情况类似, 只证明前一情况. 令 $\Delta_1 = \Delta_1' \uplus \{\alpha_1\}$ 并且 $\Delta_2 = \Delta_2' \uplus \{\alpha_2\}$, 则 $\langle \Gamma_1 : \Delta_1', \alpha_1 \mid \Gamma_2 : \Delta_2', \alpha_2 \rangle$ 是 $\Gamma \Rightarrow \Sigma_1, \alpha_2, \alpha_1, \Sigma_2$ 的划分. 由归纳假设可得所需插值. $\square$

推论 4.7 如果 $\vdash_{\mathsf{HK}} \alpha \to \beta$, 那么存在公式 γ 使得

(1) $\vdash_{\mathsf{HK}} \alpha \to \gamma$;

(2) $\vdash_{\mathsf{HK}} \gamma \to \beta$;

(3) $var(\gamma) \subseteq var(\alpha) \cap var(\beta)$.

证明 设 $\vdash_{\mathsf{HK}} \alpha \to \beta$. 那么 $\mathsf{G0cp}^\sharp \vdash \Rightarrow \alpha \to \beta$. 所以 $\mathsf{G0cp}^\sharp \vdash \alpha \Rightarrow \beta$. 由定理 4.10 得, 存在公式 γ 使得 (1) $\mathsf{G0cp}^\sharp \vdash \alpha \Rightarrow \gamma$; (2) $\mathsf{G0cp}^\sharp \vdash \gamma \Rightarrow \beta$;

(3) $var(\gamma) \subseteq var(\alpha) \cap var(\beta)$. 由 (1), (2) 和 $(\Rightarrow\rightarrow)$ 得, $\vdash \Rightarrow \alpha \rightarrow \gamma$ 并且 $\vdash \Rightarrow \gamma \rightarrow \beta$. 所以 $\vdash_{\mathsf{HK}} \alpha \rightarrow \gamma$ 并且 $\vdash_{\mathsf{HK}} \gamma \rightarrow \beta$.   □

以下用类似方法证明直觉主义矢列演算 $\mathsf{G0ip}^\sharp$ 的插值定理. 对任意矢列 $\Gamma \Rightarrow \beta$, 称 $\langle \Gamma_1 : \Gamma_2 \rangle$ 是 $\Gamma \Rightarrow \beta$ 的划分, 如果 $\Gamma_1 \uplus \Gamma_2 = \Gamma$.

定义 4.7 设 $\mathsf{G0ip}^\sharp \vdash \Gamma \Rightarrow \beta$. 对 $\Gamma \Rightarrow \beta$ 的任意划分 $\langle \Gamma_1 : \Gamma_2 \rangle$, 称公式 γ 是 $\langle \Gamma_1 : \Gamma_2 \rangle$ 的**插值**, 如果以下条件成立:

(1) $\mathsf{G0ip}^\sharp \vdash \Gamma_1 \Rightarrow \gamma$;

(2) $\mathsf{G0ip}^\sharp \vdash \gamma, \Gamma_2 \Rightarrow \beta$;

(3) $var(\gamma) \subseteq var(\Gamma_1) \cap var(\Gamma_2, \beta)$.

条件 (3) 称为**变元条件**.

定理 4.11(插值定理) 如果 $\mathsf{G0ip}^\sharp \vdash \Gamma \Rightarrow \beta$ 并且 $\langle \Gamma_1 : \Gamma_2 \rangle$ 是 $\Gamma \Rightarrow \beta$ 的划分, 那么存在公式 γ 使得 γ 是 $\langle \Gamma_1 : \Gamma_2 \rangle$ 的插值.

证明 设 $\mathsf{G0ip}^\sharp \vdash \Gamma \Rightarrow \beta$ 且 $\langle \Gamma_1 : \Gamma_2 \rangle$ 是 $\Gamma \Rightarrow \beta$ 的划分. 令 $\mathcal{D}$ 是 $\Gamma \Rightarrow \beta$ 的推导. 对 $|\mathcal{D}|$ 归纳证明存在该划分的插值, 与定理 4.10 证明类似, 留作练习.   □

推论 4.8 如果 $\vdash_{\mathsf{HJ}} \alpha \rightarrow \beta$, 那么存在公式 γ 使得

(1) $\vdash_{\mathsf{HJ}} \alpha \rightarrow \gamma$;

(2) $\vdash_{\mathsf{HJ}} \gamma \rightarrow \beta$;

(3) $var(\gamma) \subseteq var(\alpha) \cap var(\beta)$.

证明 与推论 4.7 的证明类似.   □

关于 $\mathsf{G0cp}^\sharp$ 和 $\mathsf{G0ip}^\sharp$ 的插值定理的证明, 实际上给出了机械地计算给定的可推导矢列和划分的插值的方法. 在一个矢列的推导 $\mathcal{D}$ 中, 从根节点矢列的划分诱导出所有节点的划分, 从叶节点的插值开始自动计算出根节点的划分的插值.

习   题

4.1 在 $\mathsf{G0ip}$ 中证明以下矢列:

(1) $\alpha \wedge (\beta \vee \gamma) \Rightarrow (\alpha \wedge \beta) \vee (\alpha \wedge \gamma)$.

(2) $(\alpha \wedge \gamma) \vee (\alpha \wedge \beta) \Rightarrow \alpha \wedge (\beta \vee \gamma)$.

(3) $\alpha \vee (\beta \wedge \gamma) \Rightarrow (\alpha \vee \beta) \wedge (\alpha \vee \beta)$.

(4) $(\alpha \vee \beta) \wedge (\alpha \vee \gamma) \Rightarrow \alpha \vee (\beta \wedge \gamma)$.

(5) $\alpha \Rightarrow \alpha \wedge \alpha$.

(6) $\alpha \vee \alpha \Rightarrow \alpha$.

(7) $\alpha \vee \beta \Rightarrow \beta \vee \alpha$.

(8) $\alpha \vee (\alpha \wedge \beta) \Rightarrow \alpha$.

4.2   在 G0ip 中证明以下矢列:

(1) $\neg(\alpha \vee \beta) \Rightarrow (\neg\alpha \wedge \neg\beta)$.

(2) $\neg\alpha \wedge \neg\beta \Rightarrow \neg(\alpha \vee \beta)$.

(3) $\neg\alpha \vee \neg\beta \Rightarrow \neg(\alpha \wedge \beta)$.

(4) $\neg\alpha \Rightarrow \neg\neg\neg\alpha$.

(5) $\neg\neg\neg\alpha \Rightarrow \neg\alpha$.

(6) $\alpha \wedge \neg\beta \Rightarrow \neg(\alpha \to \beta)$.

(7) $\neg\neg(\alpha \to \beta) \Rightarrow \neg\neg\alpha \to \neg\neg\beta$.

(8) $\neg\neg(\alpha \wedge \beta) \Rightarrow \neg\neg\alpha \wedge \neg\neg\beta$.

(9) $\neg\neg\alpha \wedge \neg\neg\beta \Rightarrow \neg\neg(\alpha \wedge \beta)$.

(10) $\alpha \to (\alpha \to \beta) \Rightarrow (\alpha \to \beta)$.

(11) $\alpha \to (\beta \to \gamma) \Rightarrow (\alpha \wedge \beta) \to \gamma$.

(12) $(\alpha \wedge \beta) \to \gamma \Rightarrow \alpha \to (\beta \to \gamma)$.

(13) $(\alpha \vee \beta) \to \gamma \Rightarrow (\alpha \to \gamma) \wedge (\beta \to \gamma)$.

(14) $(\alpha \to \gamma) \wedge (\beta \to \gamma) \Rightarrow (\alpha \vee \beta) \to \gamma$.

(15) $\alpha \to (\beta \wedge \gamma) \Rightarrow (\alpha \to \beta) \wedge (\alpha \to \gamma)$.

(16) $(\alpha \to \beta) \wedge (\alpha \to \gamma) \Rightarrow \alpha \to (\beta \wedge \gamma)$.

4.3   在 G0cp 中证明以下矢列:

(1) $\neg(\alpha \wedge \beta) \Rightarrow \neg\alpha \vee \neg\beta$.

(2) $\alpha \vee \beta \Rightarrow \neg(\neg\alpha \wedge \neg\beta)$.

(3) $\neg(\neg\alpha \wedge \neg\beta) \Rightarrow \alpha \vee \beta$.

(4) $\alpha \wedge \beta \Rightarrow \neg(\neg\alpha \vee \neg\beta)$.

(5) $\neg(\neg\alpha \vee \neg\beta) \Rightarrow \alpha \wedge \beta$.

(6) $((\alpha \to \alpha) \to \alpha) \Rightarrow \alpha$.

(7) $\Rightarrow \alpha \vee (\alpha \to \beta)$.

(8) $\alpha \vee \beta \Rightarrow \neg(\neg\alpha \to \beta)$.

(9) $\neg(\neg\alpha \to \beta) \Rightarrow \alpha \vee \beta$.

(10) $\alpha \to \beta \Rightarrow \neg\alpha \vee \beta$.

(11) $\neg\alpha \vee \beta \Rightarrow \alpha \to \beta$.

(12) $\alpha \vee \beta \Rightarrow (\alpha \to \beta) \to \beta$.

(13) $(\alpha \to \beta) \to \beta \Rightarrow \alpha \vee \beta$.

(14) $\neg(\alpha \to \beta) \Rightarrow \alpha \wedge \neg\beta$.

(15) $\alpha \wedge \neg\beta \Rightarrow \neg(\alpha \to \beta)$.

4.4 考虑矢列 $\Gamma \Rightarrow \Delta$, 其中 Γ 和 Δ 是结构并且 $|\Delta| \leqslant 1$. 令 G0ip† 是用公理 $(\bot^{\dagger})$ $\bot \Rightarrow$ 代替 G0ip 的公理 $(\bot)$ $\bot \Rightarrow \beta$, 并且增加以下结构规则得到的:

$$\frac{\Gamma \Rightarrow}{\Gamma \Rightarrow \alpha}(\Rightarrow w)$$

证明: 对任意矢列 $\Gamma \Rightarrow \beta$, G0ip $\vdash \Gamma \Rightarrow \beta$ 当且仅当 G0ip† $\vdash \Gamma \Rightarrow \beta$.

4.5 考虑由联结词 $\neg$ 和 $\rightarrow$ 构造的古典句子逻辑语言. 定义联结词 $\bot := p_0 \wedge \neg p_0$, $\alpha \wedge \beta := \neg(\alpha \rightarrow \neg\beta)$ 并且 $\alpha \vee \beta := \neg\alpha \rightarrow \beta$. 设 G0cp$^{\flat}$ 是由以下公理模式和规则组成的矢列演算:

(1) 公理模式:

$$(\text{Id}) \ \alpha \Rightarrow \alpha$$

(2) 联结词规则:

$$\frac{\Gamma \Rightarrow \Delta, \alpha}{\neg\alpha, \Gamma \Rightarrow \Delta}(\neg\Rightarrow) \quad \frac{\alpha, \Gamma \Rightarrow \Delta}{\Gamma \Rightarrow \Delta, \neg\alpha}(\Rightarrow\neg)$$

$$\frac{\Gamma \Rightarrow \Delta, \alpha \quad \beta, \Gamma \Rightarrow \Delta}{\alpha \rightarrow \beta, \Gamma \Rightarrow \Delta}(\rightarrow\Rightarrow) \quad \frac{\alpha, \Gamma \Rightarrow \Delta, \beta}{\Gamma \Rightarrow \Delta, \alpha \rightarrow \beta}(\Rightarrow\rightarrow)$$

(3) 结构规则:

$$\frac{\Gamma \Rightarrow \Delta}{\alpha, \Gamma \Rightarrow \Delta}(w\Rightarrow) \quad \frac{\Gamma \Rightarrow \Delta}{\Gamma \Rightarrow \Delta, \alpha}(\Rightarrow w)$$

$$\frac{\alpha, \alpha, \Delta \Rightarrow \Delta}{\alpha, \Delta \Rightarrow \Delta}(c\Rightarrow) \quad \frac{\Gamma \Rightarrow \Delta, \alpha, \alpha}{\Gamma \Rightarrow \Delta, \alpha}(\Rightarrow c)$$

$$\frac{\Gamma, \alpha, \beta, \Sigma \Rightarrow \Delta}{\Gamma, \beta, \alpha, \Sigma \Rightarrow \Delta}(e\Rightarrow) \quad \frac{\Gamma \Rightarrow \Sigma, \alpha, \beta, \Delta}{\Gamma \Rightarrow \Sigma, \beta, \alpha, \Delta}(\Rightarrow e)$$

证明: 对任意矢列 $\Gamma \Rightarrow \Delta$, G0cp $\vdash \Gamma \Rightarrow \Delta$ 当且仅当 G0cp$^{\flat}$ $\vdash \Gamma \Rightarrow \Delta$.

4.6 完成定理 4.4 的证明: 如果 G0ip* $\vdash \Pi \Rightarrow \delta$, 那么 $\Pi \Rightarrow \delta$ 在 G0ip* 中不使用 (cut_g) 可推导.

4.7 完成引理 4.10 的证明: 设 G0ip$^{\sharp}$ $\vdash \Gamma \Rightarrow \beta$. 如果 $\Gamma^* \Rightarrow \beta$ 是 $\Gamma \Rightarrow \beta$ 的 1-度收缩矢列, 那么在 G0ip$^{\sharp}$ 中存在 $\Gamma^* \Rightarrow \beta$ 的无重复推导 $\mathcal{D}$ 使得 $d(\mathcal{D}) \leqslant 3$.

4.8 完成定理 4.11 的证明: 如果 G0ip$^{\sharp}$ $\vdash \Gamma \Rightarrow \beta$ 并且 $\langle \Gamma_1 : \Gamma_2 \rangle$ 是 $\Gamma \Rightarrow \beta$ 的划分, 那么存在公式 γ 使得 γ 是 $\langle \Gamma_1 : \Gamma_2 \rangle$ 的插值.

第 5 章 矢列演算的结构规则

在矢列演算 G0cp 和 G0ip 中, 有交换规则、弱化规则和收缩规则等结构规则. 实际上, 通过改变公式结构的定义和调整公理及联结词规则, 可以消除结构规则. 本章介绍古典句子逻辑和直觉主义句子逻辑的 G0、G1、G2 和 G3 型矢列演算. 为了引入停机演算, 还要介绍直觉主义句子逻辑的 G4 型矢列演算.

5.1 交换规则和弱化规则

为消除交换规则, 我们重新定义矢列的概念, 从而引入 G1 型矢列演算. 通过调整公理和结构规则的表述, 消除弱化规则从而得到 G2 型演算. 本节使用的公式结构是指**有穷可重公式集**. 一个有穷可重公式集 Γ 中的元素作任意排列得到的可重公式集与 Γ 相等, 元素出现的次序是无关紧要的, 但每个元素可有穷多次出现. 对任意公式 α 和自然数 $n \geqslant 0$, 令 α^n 是由 α 的 n 次出现组成的可重公式集. 一个**矢列**是形如 $\Gamma \Rightarrow \Delta$ 的表达式, 其中 Γ 和 Δ 是有穷可重公式集.

定义 5.1 矢列演算 G1cp 由以下公理模式和规则组成.

(1) 公理模式:

$$(\mathrm{Id})\ \alpha \Rightarrow \alpha \quad (\bot)\ \bot \Rightarrow$$

(2) 联结词规则:

$$\frac{\alpha_i, \Gamma \Rightarrow \Delta}{\alpha_1 \wedge \alpha_2, \Gamma \Rightarrow \Delta}(\wedge\Rightarrow)(i=1,2) \quad \frac{\Gamma \Rightarrow \Delta, \alpha \quad \Gamma \Rightarrow \Delta, \beta}{\Gamma \Rightarrow \Delta, \alpha \wedge \beta}(\Rightarrow\wedge)$$

$$\frac{\alpha, \Gamma \Rightarrow \Delta \quad \beta, \Gamma \Rightarrow \Delta}{\alpha \vee \beta, \Gamma \Rightarrow \Delta}(\vee\Rightarrow) \quad \frac{\Gamma \Rightarrow \Delta, \alpha_i}{\Gamma \Rightarrow \Delta, \alpha_1 \vee \alpha_2}(\Rightarrow\vee)(i=1,2)$$

$$\frac{\Gamma \Rightarrow \Delta, \alpha \quad \beta, \Gamma \Rightarrow \Delta}{\alpha \rightarrow \beta, \Gamma \Rightarrow \Delta}(\rightarrow\Rightarrow) \quad \frac{\alpha, \Gamma \Rightarrow \Delta, \beta}{\Gamma \Rightarrow \Delta, \alpha \rightarrow \beta}(\Rightarrow\rightarrow)$$

(3) 结构规则:

$$\frac{\Gamma \Rightarrow \Delta}{\alpha, \Gamma \Rightarrow \Delta}(w\Rightarrow) \quad \frac{\Gamma \Rightarrow \Delta}{\Gamma \Rightarrow \Delta, \alpha}(\Rightarrow w)$$

$$\frac{\alpha, \alpha, \Gamma \Rightarrow \Delta}{\alpha, \Gamma \Rightarrow \Delta}(c\Rightarrow) \quad \frac{\Gamma \Rightarrow \Delta, \alpha, \alpha}{\Gamma \Rightarrow \Delta, \alpha}(\Rightarrow c)$$

我们用记号 G1cp $\vdash \Gamma \Rightarrow \Delta$ 表示矢列 $\Gamma \Rightarrow \Delta$ 在 G1cp 中可推导. 与推导有关的概念与 G0cp 中的定义类似.

由于改变了结构的定义, 交换规则是不必要的, 它隐含在有穷可重公式集的概念中. 在 G1cp 中没有切割规则. 下面证明切割规则在 G1cp 中是可允许的.

引理 5.1　对矢列 $\Gamma \Rightarrow \Delta$ 和 $n \geqslant 0$, 如果 G1cp $\vdash \Gamma \Rightarrow \Delta, \perp^n$, 那么 G1cp $\vdash \Gamma \Rightarrow \Delta$.

证明　设 $n = 0$. 那么 $\perp^0 = \varnothing$, 这种情况是显然的. 设 $n > 0$ 并且 $\vdash \Gamma \Rightarrow \Delta, \perp^n$. 那么 G1cp 中存在 $\Gamma \Rightarrow \Delta, \perp^n$ 的推导 $\mathcal{D}$. 对 $|\mathcal{D}|$ 归纳证明 $\vdash \Gamma \Rightarrow \Delta$. 设 $|\mathcal{D}| = 0$. 那么 $\Gamma \Rightarrow \Delta, \perp$ 是公理. 所以它是 (Id) 的特例. 因此 $n = 1$, $\Gamma = \perp$ 并且 $\Delta = \varnothing$. 显然 $\vdash \perp \Rightarrow$. 设 $|\mathcal{D}| > 0$ 并且 $\Gamma \Rightarrow \Delta, \perp^n$ 由规则 (R) 得到. 分以下情况.

(1) (R) 是联结词规则. 显然 $\perp$ 不是主公式. 由归纳假设和 (R) 即得. 例如, 设 (R) 是 $(\vee \Rightarrow)$. 最后一步是

$$\frac{\alpha, \Gamma' \Rightarrow \Delta, \perp^n \quad \beta, \Gamma' \Rightarrow \Delta, \perp^n}{\alpha \vee \beta, \Gamma' \Rightarrow \Delta, \perp^n}(\vee \Rightarrow)$$

由归纳假设, $\vdash \alpha, \Gamma' \Rightarrow \Delta$ 并且 $\vdash \beta, \Gamma' \Rightarrow \Delta$. 由 $(\vee \Rightarrow)$ 得, $\vdash \alpha \vee \beta, \Gamma' \Rightarrow \Delta$.

(2) (R) 是结构规则. 设 (R) 是 $(\Rightarrow w)$. 如果 $\perp$ 由 (R) 得到, 最后一步是

$$\frac{\Gamma \Rightarrow \Delta, \perp^{n-1}}{\Gamma \Rightarrow \Delta, \alpha, \perp^n}(\Rightarrow w)$$

由归纳假设, $\vdash \Gamma \Rightarrow \Delta$. 如果 $\perp$ 不是由 (R) 得到, 最后一步是

$$\frac{\Gamma \Rightarrow \Delta', \perp^n}{\Gamma \Rightarrow \Delta', \alpha, \perp^n}(\Rightarrow w)$$

由归纳假设, $\vdash \Gamma \Rightarrow \Delta'$. 由 $(\Rightarrow w)$ 得, $\vdash \Gamma \Rightarrow \Delta', \alpha$. 设 (R) 是 $(\Rightarrow c)$. 如果 $\perp$ 由 (R) 得到, 最后一步是

$$\frac{\Gamma \Rightarrow \Delta, \perp^{n+1}}{\Gamma \Rightarrow \Delta, \alpha, \perp^n}(\Rightarrow c)$$

由归纳假设, $\vdash \Gamma \Rightarrow \Delta$. 如果 $\perp$ 不是由 (R) 得到, 最后一步是

$$\frac{\Gamma \Rightarrow \Delta', \alpha, \alpha, \perp^n}{\Gamma \Rightarrow \Delta', \alpha, \perp^n}(\Rightarrow c)$$

由归纳假设, $\vdash \Gamma \Rightarrow \Delta', \alpha, \alpha$. 由 $(\Rightarrow c)$ 得, $\vdash \Gamma \Rightarrow \Delta', \alpha$.　　　□

定理 5.1　在 G1cp 中, 对任意 $k_1, k_2 \geqslant 0$, 以下扩展式切割规则可允许:

$$\frac{\Gamma \Rightarrow \Delta, \alpha^{k_1} \quad \alpha^{k_2}, \Sigma \Rightarrow \Theta}{\Gamma, \Sigma \Rightarrow \Delta, \Theta}(Ecut).$$

证明　设 $\vdash_m \Gamma \Rightarrow \Delta, \alpha^{k_1}$ 并且 $\vdash_n \alpha^{k_2}, \Sigma \Rightarrow \Theta$. 当 $k_1 = 0$ 时, 从前提 $\vdash_m \Gamma \Rightarrow \Delta$ 运用弱化规则得, $\vdash \Gamma, \Sigma \Rightarrow \Delta, \Theta$. 当 $k_2 = 0$ 时, 从前提 $\vdash_n \Sigma \Rightarrow \Theta$ 运

用弱化规则得, $\vdash \Gamma, \Sigma \Rightarrow \Delta, \Theta$. 设 $k_1, k_2 > 0$. 对 $m+n$ 和 α 的复杂度同时归纳证明 $\vdash \Gamma, \Sigma \Rightarrow \Delta, \Theta$. 设 $m = 0$ 或 $n = 0$. 分以下情况.

(1) $m = 0$. 那么 $\Gamma \Rightarrow \Delta, \alpha^{k_1}$ 是公理. 因此它是 (Id) 的特例. 所以 $k_1 = 1$, $\Gamma = \alpha$ 并且 $\Delta = \varnothing$. 从前提 $\alpha^{k_2}, \Sigma \Rightarrow \Theta$ 运用 $(c\Rightarrow)$ 得 $\vdash \alpha, \Sigma \Rightarrow \Theta$.

(2) $n = 0$. 设 $\alpha^{k_2}, \Sigma \Rightarrow \Theta$ 是 (Id) 的特例. 那么 $k_2 = 1$, $\Sigma = \varnothing$ 并且 $\Theta = \alpha$. 从前提 $\Gamma \Rightarrow \Delta, \alpha^{k_1}$ 运用 $(\Rightarrow c)$ 得 $\vdash \Gamma \Rightarrow \Delta, \alpha$. 设 $\alpha^{k_2}, \Sigma \Rightarrow \Theta$ 是 $(\bot)$ 的特例. 那么 $k_2 = 1$, $\alpha = \bot$ 并且 $\Sigma = \varnothing = \Theta$. 从前提 $\Gamma \Rightarrow \Delta, \bot^{k_1}$ 由引理 5.1得, $\vdash \Gamma \Rightarrow \Delta$.

设 $m, n > 0$. 令 $\Gamma \Rightarrow \Delta, \alpha^{k_1}$ 和 $\alpha^{k_2}, \Sigma \Rightarrow \Theta$ 分别由规则 (R_1) 和 (R_2) 得到.

(3) 设 (R_1) 和 (R_2) 中至少有一个是结构规则.

(3.1) (R_1) 是 $(w\Rightarrow)$. 最后一步是

$$\frac{\vdash_{m-1} \Gamma' \Rightarrow \Delta, \alpha^{k_1}}{\vdash_m \beta, \Gamma' \Rightarrow \Delta, \alpha^{k_1}}(w\Rightarrow)$$

由归纳假设可得以下推导:

$$\frac{\dfrac{\Gamma' \Rightarrow \Delta, \alpha^{k_1} \quad \alpha^{k_2}, \Sigma \Rightarrow \Theta}{\Gamma', \Sigma \Rightarrow \Delta, \Theta}(Ecut)}{\beta, \Gamma', \Sigma \Rightarrow \Delta, \Theta}(w\Rightarrow)$$

(3.2) (R_1) 是 $(\Rightarrow w)$. 设 α 是由 (R_1) 得到的. 最后一步是

$$\frac{\vdash_{m-1} \Gamma \Rightarrow \Delta, \alpha^{k_1-1}}{\vdash_m \Gamma \Rightarrow \Delta, \alpha^{k_1}}(\Rightarrow w)$$

如果 $k_1 = 1$, 那么由前提 $\vdash \Gamma \Rightarrow \Delta$ 运用 $(w\Rightarrow)$ 和 $(\Rightarrow w)$ 得 $\vdash \Gamma, \Sigma \Rightarrow \Delta, \Theta$. 设 $k_1 > 1$. 由归纳假设可得以下推导:

$$\frac{\Gamma \Rightarrow \Delta, \alpha^{k_1-1} \quad \alpha^{k_2}, \Sigma \Rightarrow \Theta}{\Gamma, \Sigma \Rightarrow \Delta, \Theta}(Ecut)$$

设 α 不是由 (R_1) 得到的. 最后一步是

$$\frac{\vdash_{m-1} \Gamma \Rightarrow \Delta', \alpha^{k_1}}{\vdash_m \Gamma \Rightarrow \Delta', \beta, \alpha^{k_1}}(\Rightarrow w)$$

由归纳假设可得以下推导:

$$\frac{\dfrac{\Gamma \Rightarrow \Delta', \alpha^{k_1} \quad \alpha^{k_2}, \Sigma \Rightarrow \Theta}{\Gamma, \Sigma \Rightarrow \Delta', \Theta}(Ecut)}{\Gamma, \Sigma \Rightarrow \Delta', \beta, \Theta}(\Rightarrow w)$$

(3.3) (R_1) 是 $(c\Rightarrow)$. 最后一步是

$$\frac{\vdash_{m-1} \beta, \beta, \Gamma' \Rightarrow \Delta, \alpha^{k_1}}{\vdash_m \beta, \Gamma' \Rightarrow \Delta, \alpha^{k_1}}(c\Rightarrow)$$

由归纳假设可得以下推导:

$$\dfrac{\dfrac{\beta,\beta,\Gamma' \Rightarrow \Delta,\alpha^{k_1} \quad \alpha^{k_2},\Sigma \Rightarrow \Theta}{\beta,\beta,\Gamma',\Sigma \Rightarrow \Delta,\Theta}(Ecut)}{\beta,\Gamma',\Sigma \Rightarrow \Delta,\Theta}(c\Rightarrow)$$

(3.4) (R_1) 是 $(\Rightarrow c)$. 设 α 是由 (R_1) 得到的. 最后一步是

$$\dfrac{\vdash_{m-1} \Gamma \Rightarrow \Delta,\alpha^{k_1+1}}{\vdash_m \Gamma \Rightarrow \Delta,\alpha^{k_1}}(\Rightarrow c)$$

由归纳假设可得以下推导:

$$\dfrac{\Gamma \Rightarrow \Delta,\alpha^{k_1+1} \quad \alpha^{k_2},\Sigma \Rightarrow \Theta}{\Gamma,\Sigma \Rightarrow \Delta,\Theta}(Ecut)$$

设 α 不是由 (R_1) 得到的. 最后一步是

$$\dfrac{\vdash_{m-1} \Gamma \Rightarrow \Delta',\beta,\beta,\alpha^{k_1}}{\vdash_m \Gamma \Rightarrow \Delta',\beta,\alpha^{k_1}}(\Rightarrow c)$$

由归纳假设可得以下推导:

$$\dfrac{\dfrac{\Gamma \Rightarrow \Delta',\beta,\beta,\alpha^{k_1} \quad \alpha^{k_2},\Sigma \Rightarrow \Theta}{\Gamma,\Sigma \Rightarrow \Delta',\beta,\beta,\Theta}(Ecut)}{\Gamma,\Sigma \Rightarrow \Delta',\beta,\Theta}(\Rightarrow c)$$

(3.5) (R_2) 是 $(w\Rightarrow)$. 设 α 是由 (R_2) 得到的. 最后一步是

$$\dfrac{\vdash_{n-1} \alpha^{k_2-1},\Sigma \Rightarrow \Theta}{\vdash_n \alpha^{k_2},\Sigma \Rightarrow \Theta}(w\Rightarrow)$$

如果 $k_2 = 1$, 那么由前提 $\vdash \Sigma \Rightarrow \Theta$ 运用 $(w\Rightarrow)$ 和 $(\Rightarrow w)$ 得, $\vdash \Gamma,\Sigma \Rightarrow \Delta,\Theta$. 设 $k_2 > 1$. 由归纳假设可得以下推导:

$$\dfrac{\Gamma \Rightarrow \Delta,\alpha^{k_1} \quad \alpha^{k_2-1},\Sigma \Rightarrow \Theta}{\Gamma,\Sigma \Rightarrow \Delta,\Theta}(Ecut)$$

设 α 不是由 (R_2) 得到的. 最后一步是

$$\dfrac{\vdash_{n-1} \alpha^{k_2},\Sigma' \Rightarrow \Theta}{\vdash_n \alpha^{k_2},\beta,\Sigma' \Rightarrow \Theta}(w\Rightarrow)$$

由归纳假设可得以下推导:

$$\dfrac{\dfrac{\Gamma \Rightarrow \Delta,\alpha^{k_1} \quad \alpha^{k_2},\Sigma' \Rightarrow \Theta}{\Gamma,\Sigma' \Rightarrow \Delta,\Theta}(Ecut)}{\Gamma,\beta,\Sigma' \Rightarrow \Delta,\Theta}(w\Rightarrow)$$

(3.6) (R_2) 是 $(\Rightarrow w)$. 最后一步是

$$\frac{\vdash_{n-1} \alpha^{k_2}, \Sigma \Rightarrow \Theta'}{\vdash_n \alpha^{k_2}, \Sigma \Rightarrow \Theta', \beta}(\Rightarrow w)$$

由归纳假设可得以下推导:

$$\frac{\dfrac{\Gamma \Rightarrow \Delta, \alpha^{k_1} \quad \alpha^{k_2}, \Sigma \Rightarrow \Theta'}{\Gamma, \Sigma \Rightarrow \Delta, \Theta'}(Ecut)}{\Gamma, \Sigma \Rightarrow \Delta, \Theta', \beta}(\Rightarrow w)$$

(3.7) (R_2) 是 $(c\Rightarrow)$. 设 α 是由 (R_2) 得到的. 最后一步是

$$\frac{\vdash_{n-1} \alpha^{k_2+1}, \Sigma \Rightarrow \Theta}{\vdash_n \alpha^{k_2}, \Sigma \Rightarrow \Theta}(c\Rightarrow)$$

由归纳假设可得以下推导:

$$\frac{\Gamma \Rightarrow \Delta, \alpha^{k_1} \quad \alpha^{k_2+1}, \Sigma \Rightarrow \Theta}{\Gamma, \Sigma \Rightarrow \Delta, \Theta}(Ecut)$$

设 α 不是由 (R_2) 得到的. 最后一步是

$$\frac{\vdash_{n-1} \alpha^{k_2}, \beta, \beta, \Sigma' \Rightarrow \Theta}{\vdash_n \alpha^{k_2}, \beta, \Sigma' \Rightarrow \Theta}(c\Rightarrow)$$

由归纳假设可得以下推导:

$$\frac{\dfrac{\Gamma \Rightarrow \Delta, \alpha^{k_1} \quad \alpha^{k_2}, \beta, \beta, \Sigma' \Rightarrow \Theta}{\Gamma, \beta, \beta, \Sigma' \Rightarrow \Delta, \Theta}(Ecut)}{\Gamma, \beta, \Sigma' \Rightarrow \Delta, \Theta}(c\Rightarrow)$$

(3.8) (R_2) 是 $(\Rightarrow c)$. 最后一步是

$$\frac{\vdash_{n-1} \alpha^{k_2}, \Sigma \Rightarrow \Theta', \beta, \beta}{\vdash_n \alpha^{k_2}, \Sigma \Rightarrow \Theta', \beta}(\Rightarrow c)$$

由归纳假设可得以下推导:

$$\frac{\dfrac{\Gamma \Rightarrow \Delta, \alpha^{k_1} \quad \alpha^{k_2}, \Sigma \Rightarrow \Theta', \beta, \beta}{\Gamma, \Sigma \Rightarrow \Delta, \Theta', \beta, \beta}(Ecut)}{\Gamma, \Sigma \Rightarrow \Delta, \Theta', \beta}(\Rightarrow c)$$

(4) 设 (R_1) 和 (R_2) 都是联结词规则. 分以下情况.

(4.1) α 在 (R_1) 中不是主公式. 分以下情况.

(4.1.1) (R_1) 是 $(\wedge\Rightarrow)$. 最后一步是

$$\frac{\vdash_{m-1}\beta_i,\Gamma'\Rightarrow\Delta,\alpha^{k_1}}{\vdash_m\beta_1\wedge\beta_2,\Gamma'\Rightarrow\Delta,\alpha^{k_1}}(\wedge\Rightarrow)$$

由归纳假设可得以下推导:

$$\frac{\dfrac{\beta_i,\Gamma'\Rightarrow\Delta,\alpha^{k_1}\quad\alpha^{k_2},\Sigma\Rightarrow\Theta}{\beta_i,\Gamma',\Sigma\Rightarrow\Delta,\Theta}(Ecut)}{\beta_1\wedge\beta_2,\Gamma',\Sigma\Rightarrow\Delta,\Theta}(\wedge\Rightarrow)$$

(4.1.2) (R_1) 是 $(\Rightarrow\wedge)$. 最后一步是

$$\frac{\vdash_{m-1}\Gamma\Rightarrow\Delta',\alpha^{k_1},\beta_1\quad\vdash_{m-1}\Gamma\Rightarrow\Delta',\alpha^{k_1},\beta_2}{\vdash_m\Gamma\Rightarrow\Delta',\alpha^{k_1},\beta_1\wedge\beta_2}(\Rightarrow\wedge)$$

由归纳假设可得以下推导:

$$\frac{\dfrac{\Gamma\Rightarrow\Delta',\alpha^{k_1},\beta_1\quad\alpha^{k_2},\Sigma\Rightarrow\Theta}{\Gamma,\Sigma\Rightarrow\Delta',\beta_1,\Theta}(Ecut)\quad\dfrac{\Gamma\Rightarrow\Delta',\alpha^{k_1},\beta_2\quad\alpha^{k_2},\Sigma\Rightarrow\Theta}{\Gamma,\Sigma\Rightarrow\Delta',\beta_2,\Theta}(Ecut)}{\Gamma,\Sigma\Rightarrow\Delta',\beta_1\wedge\beta_2,\Theta}(\Rightarrow\wedge)$$

(4.1.3) (R_1) 是 $(\vee\Rightarrow)$. 最后一步是

$$\frac{\vdash_{m-1}\beta_1,\Gamma'\Rightarrow\Delta,\alpha^{k_1}\quad\vdash_{m-1}\beta_2,\Gamma'\Rightarrow\Delta,\alpha^{k_1}}{\vdash_m\beta_1\vee\beta_2,\Gamma'\Rightarrow\Delta,\alpha^{k_1}}(\vee\Rightarrow)$$

由归纳假设可得以下推导:

$$\frac{\dfrac{\beta_1,\Gamma'\Rightarrow\Delta,\alpha^{k_1}\quad\alpha^{k_2},\Sigma\Rightarrow\Theta}{\beta_1,\Gamma',\Sigma\Rightarrow\Delta,\Theta}(Ecut)\quad\dfrac{\beta_2,\Gamma'\Rightarrow\Delta,\alpha^{k_1}\quad\alpha^{k_2},\Sigma\Rightarrow\Theta}{\beta_2,\Gamma',\Sigma\Rightarrow\Delta,\Theta}(Ecut)}{\beta_1\vee\beta_2,\Gamma',\Sigma\Rightarrow\Delta,\Theta}(\vee\Rightarrow)$$

(4.1.4) (R_1) 是 $(\Rightarrow\vee)$. 最后一步是

$$\frac{\vdash_{m-1}\Gamma\Rightarrow\Delta',\alpha^{k_1},\beta_i}{\vdash_m\Gamma\Rightarrow\Delta',\alpha^{k_1},\beta_1\vee\beta_2}(\Rightarrow\vee)$$

由归纳假设可得以下推导:

$$\frac{\dfrac{\Gamma\Rightarrow\Delta',\alpha^{k_1},\beta_i\quad\alpha^{k_2},\Sigma\Rightarrow\Theta}{\Gamma,\Sigma\Rightarrow\Delta',\beta_i,\Theta}(Ecut)}{\Gamma,\Sigma\Rightarrow\Delta',\beta_1\vee\beta_2,\Theta}(\Rightarrow\vee)$$

(4.1.5) (R_1) 是 $(\rightarrow\Rightarrow)$. 最后一步是

$$\frac{\vdash_{m-1}\Gamma'\Rightarrow\Delta,\beta_1,\alpha^{k_1}\quad\vdash_{m-1}\beta_2,\Gamma'\Rightarrow\Delta,\alpha^{k_1}}{\vdash_m\beta_1\rightarrow\beta_2,\Gamma'\Rightarrow\Delta,\alpha^{k_1}}(\rightarrow\Rightarrow)$$

由归纳假设可得以下推导:

$$\dfrac{\dfrac{\Gamma' \Rightarrow \Delta, \beta_1, \alpha^{k_1} \quad \alpha^{k_2}, \Sigma \Rightarrow \Theta}{\Gamma', \Sigma \Rightarrow \Delta, \beta_1, \Theta}(Ecut) \quad \dfrac{\beta_2, \Gamma' \Rightarrow \Delta, \alpha^{k_1} \quad \alpha^{k_2}, \Sigma \Rightarrow \Theta}{\beta_2, \Gamma', \Sigma \Rightarrow \Delta, \Theta}(Ecut)}{\beta_1 \rightarrow \beta_2, \Gamma', \Sigma \Rightarrow \Delta, \Theta}(\rightarrow\Rightarrow)$$

(4.1.6) (R_1) 是 $(\Rightarrow\rightarrow)$. 最后一步是

$$\dfrac{\vdash_{m-1} \beta_1, \Gamma \Rightarrow \Delta', \alpha^{k_1}, \beta_2}{\vdash_m \Gamma \Rightarrow \Delta', \alpha^{k_1}, \beta_1 \rightarrow \beta_2}(\Rightarrow\rightarrow)$$

由归纳假设可得以下推导:

$$\dfrac{\dfrac{\beta_1, \Gamma \Rightarrow \Delta', \alpha^{k_1}, \beta_2 \quad \alpha^{k_2}, \Sigma \Rightarrow \Theta}{\beta_1, \Gamma, \Sigma \Rightarrow \Delta', \beta_2, \Theta}(Ecut)}{\Gamma, \Sigma \Rightarrow \Delta', \beta_1 \rightarrow \beta_2, \Theta}(\Rightarrow\rightarrow)$$

(4.2) α 仅在 (R_1) 中是主公式. 那么 α 在 (R_2) 中不是主公式. 分以下情况.

(4.2.1) (R_2) 是 $(\wedge\Rightarrow)$. 最后一步是

$$\dfrac{\vdash_{n-1} \alpha^{k_2}, \beta_i, \Sigma' \Rightarrow \Theta}{\vdash_n \alpha^{k_2}, \beta_1 \wedge \beta_2, \Sigma' \Rightarrow \Theta}(\wedge\Rightarrow)$$

由归纳假设可得以下推导:

$$\dfrac{\dfrac{\Gamma \Rightarrow \Delta, \alpha^{k_1} \quad \alpha^{k_2}, \beta_i, \Sigma' \Rightarrow \Theta}{\Gamma, \beta_i, \Sigma' \Rightarrow \Delta, \Theta}(Ecut)}{\Gamma, \beta_1 \wedge \beta_2, \Sigma' \Rightarrow \Delta, \Theta}(\wedge\Rightarrow)$$

(4.2.2) (R_2) 是 $(\Rightarrow\wedge)$. 最后一步是

$$\dfrac{\vdash_{n-1} \alpha^{k_2}, \Sigma \Rightarrow \Theta', \beta_1 \quad \vdash_{n-1} \alpha^{k_2}, \Sigma \Rightarrow \Theta', \beta_2}{\vdash_n \alpha^{k_2}, \Sigma \Rightarrow \Theta', \beta_1 \wedge \beta_2}(\Rightarrow\wedge)$$

由归纳假设可得以下推导:

$$\dfrac{\dfrac{\Gamma \Rightarrow \Delta, \alpha^{k_1} \quad \alpha^{k_2}, \Sigma \Rightarrow \Theta', \beta_1}{\Gamma, \Sigma \Rightarrow \Delta, \Theta', \beta_1}(Ecut) \quad \dfrac{\Gamma \Rightarrow \Delta, \alpha^{k_1} \quad \alpha^{k_2}, \Sigma \Rightarrow \Theta', \beta_2}{\Gamma, \Sigma \Rightarrow \Delta, \Theta', \beta_2}(Ecut)}{\Gamma, \Sigma \Rightarrow \Delta, \Theta', \beta_1 \wedge \beta_2}(\Rightarrow\wedge)$$

(4.2.3) (R_2) 是 $(\vee\Rightarrow)$. 最后一步是

$$\dfrac{\vdash_{n-1} \alpha^{k_2}, \beta_1, \Sigma' \Rightarrow \Theta \quad \vdash_{n-1} \alpha^{k_2}, \beta_2, \Sigma' \Rightarrow \Theta}{\vdash_n \alpha^{k_2}, \beta_1 \vee \beta_2, \Sigma' \Rightarrow \Theta}(\vee\Rightarrow)$$

由归纳假设可得以下推导:

$$\dfrac{\dfrac{\Gamma \Rightarrow \Delta, \alpha^{k_1} \quad \alpha^{k_2}, \beta_1, \Sigma' \Rightarrow \Theta}{\Gamma, \beta_1, \Sigma' \Rightarrow \Delta, \Theta}(Ecut) \quad \dfrac{\Gamma \Rightarrow \Delta, \alpha^{k_1} \quad \alpha^{k_2}, \beta_2, \Sigma' \Rightarrow \Theta}{\Gamma, \beta_2, \Sigma' \Rightarrow \Delta, \Theta}(Ecut)}{\Gamma, \beta_1 \vee \beta_2, \Sigma' \Rightarrow \Delta, \Theta}(\vee\Rightarrow)$$

$(4.2.4)$ (R_2) 是 $(\Rightarrow\vee)$. 最后一步是

$$\frac{\vdash_{n-1} \alpha^{k_2}, \Sigma \Rightarrow \Theta', \beta_i}{\vdash_n \alpha^{k_2}, \Sigma \Rightarrow \Theta', \beta_1 \vee \beta_2}(\Rightarrow\vee)$$

由归纳假设可得以下推导:

$$\frac{\dfrac{\Gamma \Rightarrow \Delta, \alpha^{k_1} \quad \alpha^{k_2}, \Sigma \Rightarrow \Theta', \beta_i}{\Gamma, \Sigma \Rightarrow \Delta, \Theta', \beta_i}(Ecut)}{\Gamma, \Sigma \Rightarrow \Delta, \Theta', \beta_1 \vee \beta_2}(\Rightarrow\vee)$$

$(4.2.5)$ (R_2) 是 $(\to\Rightarrow)$. 最后一步是

$$\frac{\vdash_{n-1} \alpha^{k_2}, \Sigma' \Rightarrow \Theta, \beta_1 \quad \vdash_{n-1} \alpha^{k_2}, \beta_2, \Sigma' \Rightarrow \Theta}{\vdash_n \alpha^{k_2}, \beta_1 \to \beta_2, \Sigma' \Rightarrow \Theta}(\to\Rightarrow)$$

由归纳假设可得以下推导:

$$\frac{\dfrac{\Gamma \Rightarrow \Delta, \alpha^{k_1} \quad \alpha^{k_2}, \Sigma' \Rightarrow \Theta, \beta_1}{\Gamma, \Sigma' \Rightarrow \Delta, \Theta, \beta_1}(Ecut) \quad \dfrac{\Gamma \Rightarrow \Delta, \alpha^{k_1} \quad \alpha^{k_2}, \beta_2, \Sigma' \Rightarrow \Theta}{\Gamma, \beta_2, \Sigma' \Rightarrow \Delta, \Theta}(Ecut)}{\Gamma, \beta_1 \to \beta_2, \Sigma' \Rightarrow \Delta, \Theta}(\to\Rightarrow)$$

$(4.2.6)$ (R_2) 是 $(\Rightarrow\to)$. 最后一步是

$$\frac{\vdash_{n-1} \alpha^{k_2}, \beta_1, \Sigma \Rightarrow \Theta', \beta_2}{\vdash_n \alpha^{k_2}, \Sigma \Rightarrow \Theta', \beta_1 \to \beta_2}(\Rightarrow\to)$$

由归纳假设可得以下推导:

$$\frac{\dfrac{\Gamma \Rightarrow \Delta, \alpha^{k_1} \quad \alpha^{k_2}, \beta_1, \Sigma \Rightarrow \Theta', \beta_2}{\Gamma, \beta_1, \Sigma \Rightarrow \Delta, \Theta', \beta_2}(Ecut)}{\Gamma, \Sigma \Rightarrow \Delta, \Theta', \beta_1 \to \beta_2}(\Rightarrow\to)$$

(5) 公式 α 在 (R_1) 和 (R_2) 中都是主公式. 分以下情况.

(5.1) $\alpha = \alpha_1 \wedge \alpha_2$. 两个推导的最后一步如下

$$\frac{\vdash_{m-1} \Gamma \Rightarrow \Delta, \alpha^{k_1-1}, \alpha_1 \quad \vdash_{m-1} \Gamma \Rightarrow \Delta, \alpha^{k_1-1}, \alpha_2}{\vdash_m \Gamma \Rightarrow \Delta, \alpha^{k_1-1}, \alpha_1 \wedge \alpha_2}(\Rightarrow\wedge)$$

$$\frac{\vdash_{n-1} \alpha_i, \alpha^{k_2-1}, \Sigma \Rightarrow \Theta}{\vdash_n \alpha_1 \wedge \alpha_2, \alpha^{k_2-1}, \Sigma \Rightarrow \Theta}(\wedge\Rightarrow)$$

由归纳假设可得以下推导:

$$\frac{\dfrac{\Gamma \Rightarrow \Delta, \alpha^{k_1-1}, \alpha_i \quad \alpha^{k_2}, \Sigma \Rightarrow \Theta}{\Gamma, \Sigma \Rightarrow \Delta, \Theta, \alpha_i}(Ecut) \quad \dfrac{\Gamma \Rightarrow \Delta, \alpha^{k_1} \quad \alpha_i, \alpha^{k_2-1}, \Sigma \Rightarrow \Theta}{\alpha_i, \Gamma, \Sigma \Rightarrow \Delta, \Theta}(Ecut)}{\dfrac{\Gamma, \Gamma, \Sigma, \Sigma \Rightarrow \Delta, \Delta, \Theta, \Theta}{\Gamma, \Sigma \Rightarrow \Delta, \Theta}(c\Rightarrow, \Rightarrow c)^*}(Ecut)$$

(5.2) $\alpha = \alpha_1 \vee \alpha_2$. 两个推导的最后一步如下:

$$\frac{\vdash_{m-1} \Gamma \Rightarrow \Delta, \alpha^{k_1-1}, \alpha_i}{\vdash_m \Gamma \Rightarrow \Delta, \alpha^{k_1-1}, \alpha_1 \vee \alpha_2}(\Rightarrow\vee)$$

$$\frac{\vdash_{n-1} \alpha_1, \alpha^{k_2-1}, \Sigma \Rightarrow \Theta \quad \vdash_{n-1} \alpha_2, \alpha^{k_2-1}, \Sigma \Rightarrow \Theta}{\vdash_n \alpha_1 \vee \alpha_2, \alpha^{k_2-1}, \Sigma \Rightarrow \Theta}(\vee\Rightarrow)$$

其余证明与 (5.1) 类似.

(5.3) $\alpha = \alpha_1 \to \alpha_2$. 两个推导的最后一步如下:

$$\frac{\vdash_{m-1} \alpha_1, \Gamma \Rightarrow \Delta, \alpha^{k_1-1}, \alpha_2}{\vdash_m \Gamma \Rightarrow \Delta, \alpha^{k_1-1}, \alpha_1 \to \alpha_2}(\Rightarrow\to)$$

$$\frac{\vdash_{n-1} \alpha^{k_2-1}, \Sigma \Rightarrow \Theta, \alpha_1 \quad \vdash_{n-1} \alpha_2, \alpha^{k_2-1}, \Sigma \Rightarrow \Theta}{\vdash_n \alpha_1 \to \alpha_2, \alpha^{k_2-1}, \Sigma \Rightarrow \Theta}(\to\Rightarrow)$$

由归纳假设可得以下推导:

$$\frac{\Gamma \Rightarrow \Delta, \alpha^{k_1} \quad \alpha^{k_2-1}, \Sigma \Rightarrow \Theta, \alpha_1}{\Gamma, \Sigma \Rightarrow \Delta, \Theta, \alpha_1}(Ecut)$$

$$\frac{\Gamma \Rightarrow \Delta, \alpha^{k_1} \quad \alpha_2, \alpha^{k_2-1}, \Sigma \Rightarrow \Theta}{\alpha_2, \Gamma, \Sigma \Rightarrow \Delta, \Theta}(Ecut)$$

$$\frac{\alpha_1, \Gamma \Rightarrow \Delta, \alpha^{k_1-1}, \alpha_2 \quad \alpha, \alpha^{k_2-1}, \Sigma \Rightarrow \Theta}{\alpha_1, \Gamma, \Sigma \Rightarrow \Delta, \Theta, \alpha_2}(Ecut)$$

再由归纳假设可得以下推导:

$$\frac{\dfrac{\Gamma, \Sigma \Rightarrow \Delta, \Theta, \alpha_1 \quad \alpha_1, \Gamma, \Sigma \Rightarrow \Delta, \Theta, \alpha_2}{\Gamma, \Gamma, \Sigma, \Sigma \Rightarrow \Delta, \Delta, \Theta, \Theta, \alpha_2}(Ecut) \quad \alpha_2, \Gamma, \Sigma \Rightarrow \Delta, \Theta}{\dfrac{\Gamma, \Gamma, \Gamma, \Sigma, \Sigma, \Sigma \Rightarrow \Delta, \Delta, \Delta, \Theta, \Theta, \Theta}{\Gamma, \Sigma \Rightarrow \Delta, \Theta}(c\Rightarrow, \Rightarrow c)^*}(Ecut)$$

$\square$

对任意有穷公式序列 Γ 和 Δ, 令 Γ^s 和 Δ^s 分别是由 Γ 和 Δ 中公式出现组成的可重公式集. 因为 G0cp 具有切割消除性质, 而切割规则在 G1cp 中是可允许的, 所以 G0cp $\vdash \Gamma \Rightarrow \Delta$ 当且仅当 G1cp $\vdash \Gamma^s \Rightarrow \Delta^s$.

对于直觉主义句子逻辑来说, 一个 (直觉主义) **矢列**是形如 $\Gamma \Rightarrow \beta$ 的表达式, 其中 Γ 是有穷可重公式集. 下面引入直觉主义句子逻辑的矢列演算 G1cp.

定义 5.2 矢列演算 G1ip 由以下公理模式和规则组成.

(1) 公理模式:

$$(\text{Id}) \ \alpha \Rightarrow \alpha \quad (\bot) \ \bot \Rightarrow \alpha$$

(2) 联结词规则:

$$\frac{\alpha_i, \Gamma \Rightarrow \beta}{\alpha_1 \wedge \alpha_2, \Gamma \Rightarrow \beta}(\wedge\Rightarrow)(i=1,2) \qquad \frac{\Gamma \Rightarrow \alpha \quad \Gamma \Rightarrow \beta}{\Gamma \Rightarrow \alpha \wedge \beta}(\Rightarrow\wedge)$$

$$\frac{\alpha, \Gamma \Rightarrow \gamma \quad \beta, \Gamma \Rightarrow \gamma}{\alpha \vee \beta, \Gamma \Rightarrow \gamma}(\vee\Rightarrow) \qquad \frac{\Gamma \Rightarrow \alpha_i}{\Gamma \Rightarrow \alpha_1 \vee \alpha_2}(\Rightarrow\vee)(i=1,2)$$

$$\frac{\Gamma \Rightarrow \alpha \quad \beta, \Gamma \Rightarrow \gamma}{\alpha \rightarrow \beta, \Gamma \Rightarrow \gamma}(\rightarrow\Rightarrow) \qquad \frac{\alpha, \Gamma \Rightarrow \beta}{\Gamma \Rightarrow \alpha \rightarrow \beta}(\Rightarrow\rightarrow)$$

(3) 结构规则:

$$\frac{\Gamma \Rightarrow \beta}{\alpha, \Gamma \Rightarrow \beta}(w\Rightarrow) \qquad \frac{\alpha, \alpha, \Gamma \Rightarrow \beta}{\alpha, \Gamma \Rightarrow \beta}(c\Rightarrow)$$

我们用记号 G1ip $\vdash \Gamma \Rightarrow \beta$ 表示矢列 $\Gamma \Rightarrow \beta$ 在 G1ip 中可推导.

引理 5.2　如果 G1ip $\vdash \Gamma \Rightarrow \bot$, 那么 G1ip $\vdash \Gamma \Rightarrow \beta$.

证明　设 $\vdash_n \Gamma \Rightarrow \bot$. 对 $n \geqslant 0$ 归纳证明 $\vdash \Gamma \Rightarrow \beta$. 设 $n = 0$. 那么 $\Gamma \Rightarrow \bot$ 是公理. 所以 $\Gamma = \bot$. 显然 $\vdash \bot \Rightarrow \beta$. 设 $n > 0$ 并且 $\Gamma \Rightarrow \bot$ 由规则 (R) 得到. 设 (R) 是联结词的规则. 显然 $\bot$ 不是主公式. 因此 (R) 是联结词的左规则. 由归纳假设和 (R) 即得. 例如, 设 (R) 是 $(\vee\Rightarrow)$. 最后一步是

$$\frac{\alpha, \Gamma' \Rightarrow \bot \quad \beta, \Gamma' \Rightarrow \bot}{\alpha \vee \beta, \Gamma' \Rightarrow \bot}(\vee\Rightarrow)$$

由归纳假设得, $\vdash \alpha, \Gamma' \Rightarrow \beta$ 并且 $\vdash \beta, \Gamma' \Rightarrow \beta$. 由 $(\vee\Rightarrow)$ 得, $\vdash \alpha \vee \beta, \Gamma' \Rightarrow \beta$. 其余情况类似证明. 设 (R) 是结构规则. 由归纳假设和 (R) 可得. ☐

定理 5.2　在 G1ip 中, 对任意 $k \geqslant 0$, 以下扩展式切割规则可允许:

$$\frac{\Gamma \Rightarrow \alpha \quad \alpha^k, \Sigma \Rightarrow \beta}{\Gamma, \Sigma \Rightarrow \beta}(Ecut)$$

证明　设 $\vdash_m \Gamma \Rightarrow \alpha$ 并且 $\vdash_n \alpha^k, \Sigma \Rightarrow \beta$. 当 $k = 0$ 时, 从前提 $\vdash_m \Sigma \Rightarrow \beta$ 运用 $(w\Rightarrow)$ 得, $\vdash \Gamma, \Sigma \Rightarrow \beta$. 设 $k > 0$. 对 $m + n$ 和 α 的复杂度同时归纳证明 $\vdash \Gamma, \Sigma \Rightarrow \beta$, 与定理 5.1 的证明类似, 留作练习. 注意 $n = 0$ 时使用引理 5.2. ☐

对任意有穷公式序列 Γ, 令 Γ^s 是由 Γ 中公式组成的可重公式集. 那么 G0ip $\vdash \Gamma \Rightarrow \beta$ 当且仅当 G1ip $\vdash \Gamma^s \Rightarrow \beta$.

现在考虑在 G1cp 和 G1ip 中消除弱化规则, 从而引入矢列演算 G2cp 和 G2ip, 它们分别等价于矢列演算 G1cp 和 G1ip.

定义 5.3　矢列演算 G2cp 由以下公理模式和规则组成.

(1) 公理模式:

$$(\text{Id})\ \alpha, \Gamma \Rightarrow \Delta, \alpha \quad (\bot)\ \bot, \Gamma \Rightarrow \Delta$$

(2) 联结词规则:

$$\frac{\alpha_i, \Gamma \Rightarrow \Delta}{\alpha_1 \wedge \alpha_2, \Gamma \Rightarrow \Delta}(\wedge\Rightarrow) \quad \frac{\Gamma \Rightarrow \Delta, \alpha \quad \Gamma \Rightarrow \Delta, \beta}{\Gamma \Rightarrow \Delta, \alpha \wedge \beta}(\Rightarrow\wedge)$$

$$\frac{\alpha, \Gamma \Rightarrow \Delta \quad \beta, \Gamma \Rightarrow \Delta}{\alpha \vee \beta, \Gamma \Rightarrow \Delta}(\vee\Rightarrow) \quad \frac{\Gamma \Rightarrow \Delta, \alpha_i}{\Gamma \Rightarrow \Delta, \alpha_1 \vee \alpha_2}(\Rightarrow\vee)$$

$$\frac{\Gamma \Rightarrow \Delta, \alpha \quad \beta, \Gamma \Rightarrow \Delta}{\alpha \rightarrow \beta, \Gamma \Rightarrow \Delta}(\rightarrow\Rightarrow) \quad \frac{\alpha, \Gamma \Rightarrow \Delta, \beta}{\Gamma \Rightarrow \Delta, \alpha \rightarrow \beta}(\Rightarrow\rightarrow)$$

(3) 结构规则:

$$\frac{\alpha, \alpha, \Gamma \Rightarrow \Delta}{\alpha, \Gamma \Rightarrow \Delta}(c\Rightarrow) \quad \frac{\Gamma \Rightarrow \Delta, \alpha, \alpha}{\Gamma \Rightarrow \Delta, \alpha}(\Rightarrow c)$$

我们用记号 G2cp $\vdash \Gamma \Rightarrow \Delta$ 表示矢列 $\Gamma \Rightarrow \Delta$ 在 G2cp 中可推导.

引理 5.3 以下弱化规则在 G2cp 中可允许:

$$\frac{\Gamma \Rightarrow \Delta}{\alpha, \Gamma \Rightarrow \Delta}(w\Rightarrow), \quad \frac{\Gamma \Rightarrow \Delta}{\Gamma \Rightarrow \Delta, \alpha}(\Rightarrow w)$$

证明 设 $\vdash \Gamma \Rightarrow \Delta$. 对 $\Gamma \Rightarrow \Delta$ 在 G2cp 中推导 $\mathcal{D}$ 的高度 $|\mathcal{D}|$ 归纳证明 $\vdash \alpha, \Gamma \Rightarrow \Delta$ 并且 $\vdash \Gamma \Rightarrow \Delta, \alpha$. 设 $|\mathcal{D}| = 0$. 那么 $\Gamma \Rightarrow \Delta$ 是公理. 设 $\Gamma \Rightarrow \Delta$ 是 (Id) 的特例. 令 $\Gamma = \beta, \Gamma'$ 并且 $\Delta = \Delta', \beta$. 因此 $\alpha, \Gamma \Rightarrow \Delta$ 和 $\Gamma \Rightarrow \Delta, \alpha$ 是 (Id) 的特例. 设 $\Gamma \Rightarrow \Delta$ 是 $(\bot)$ 的特例. 令 $\Gamma = \bot, \Gamma'$. 那么 $\alpha, \Gamma \Rightarrow \Delta$ 和 $\Gamma \Rightarrow \Delta, \alpha$ 是 $(\bot)$ 的特例. 设 $|\mathcal{D}| > 0$ 并且 $\Gamma \Rightarrow \Delta$ 由规则 (R) 得到. 由归纳假设和 (R) 得, $\vdash \alpha, \Gamma \Rightarrow \Delta$ 并且 $\vdash \Gamma \Rightarrow \Delta, \alpha$. 例如, 令 (R) 是 $(\wedge\Rightarrow)$, 其前提是 $\beta_i, \Gamma' \Rightarrow \Delta$, 结论是 $\beta_1 \wedge \beta_2, \Gamma' \Rightarrow \Delta$. 由归纳假设得, $\vdash \alpha, \beta_i, \Gamma' \Rightarrow \Delta$ 并且 $\vdash \beta_i, \Gamma' \Rightarrow \Delta, \alpha$. 由 $(\wedge\Rightarrow)$ 得, $\vdash \alpha, \beta_1 \wedge \beta_2, \Gamma' \Rightarrow \Delta$ 并且 $\vdash \beta_1 \wedge \beta_2, \Gamma' \Rightarrow \Delta, \alpha$. 其余情况类似证明. □

定理 5.3 对任意矢列 $\Gamma \Rightarrow \Delta$, G1cp $\vdash \Gamma \Rightarrow \Delta$ 当且仅当 G2cp $\vdash \Gamma \Rightarrow \Delta$.

证明 由引理 5.3 得, G1cp 的弱化规则在 G2cp 中是可允许的. 显然 G2cp 的公理在 G1cp 中可推导. □

推论 5.1 以下切割规则在 G2cp 中可允许:

$$\frac{\Gamma \Rightarrow \Delta, \alpha \quad \alpha, \Sigma \Rightarrow \Theta}{\Gamma, \Sigma \Rightarrow \Delta, \Theta}(cut)$$

定义 5.4 矢列演算 G2ip 由以下公理模式和规则组成.

(1) 公理模式:

$$(\text{Id})\ \alpha, \Gamma \Rightarrow \alpha \quad (\bot)\ \bot, \Gamma \Rightarrow \alpha$$

(2) 联结词规则:

$$\frac{\alpha_i, \Gamma \Rightarrow \beta}{\alpha_1 \wedge \alpha_2, \Gamma \Rightarrow \beta}(\wedge\Rightarrow) \qquad \frac{\Gamma \Rightarrow \alpha \quad \Gamma \Rightarrow \beta}{\Gamma \Rightarrow \alpha \wedge \beta}(\Rightarrow\wedge)$$

$$\frac{\alpha, \Gamma \Rightarrow \gamma \quad \beta, \Gamma \Rightarrow \gamma}{\alpha \vee \beta, \Gamma \Rightarrow \gamma}(\vee\Rightarrow) \qquad \frac{\Gamma \Rightarrow \alpha_i}{\Gamma \Rightarrow \alpha_1 \vee \alpha_2}(\Rightarrow\vee)$$

$$\frac{\Gamma \Rightarrow \alpha \quad \beta, \Gamma \Rightarrow \gamma}{\alpha \rightarrow \beta, \Gamma \Rightarrow \gamma}(\rightarrow\Rightarrow) \qquad \frac{\alpha, \Gamma \Rightarrow \beta}{\Gamma \Rightarrow \alpha \rightarrow \beta}(\Rightarrow\rightarrow)$$

(3) 结构规则:

$$\frac{\alpha, \alpha, \Gamma \Rightarrow \beta}{\alpha, \Gamma \Rightarrow \beta}(c\Rightarrow)$$

我们用记号 G2ip $\vdash \Gamma \Rightarrow \beta$ 表示 $\Gamma \Rightarrow \beta$ 在 G2ip 中可推导.

引理 5.4 以下弱化规则在 G2ip 中可允许:

$$\frac{\Gamma \Rightarrow \beta}{\alpha, \Gamma \Rightarrow \beta}(w\Rightarrow)$$

证明 设 $\vdash_n \Gamma \Rightarrow \beta$. 对 n 归纳证明 $\vdash \alpha, \Gamma \Rightarrow \beta$. 设 $n = 0$. 那么 $\Gamma \Rightarrow \beta$ 是公理. 设 $\Gamma \Rightarrow \beta$ 是 (Id) 的特例. 那么 $\beta \in \Gamma$. 因此 $\alpha, \Gamma \Rightarrow \beta$ 是 (Id) 的特例. 设 $\Gamma \Rightarrow \beta$ 是 ($\perp$) 的特例. 那么 $\perp \in \Gamma$. 所以 $\alpha, \Gamma \Rightarrow \beta$ 也是 ($\perp$) 的特例. 设 $n > 0$ 并且 $\Gamma \Rightarrow \beta$ 由规则 (R) 得到. 由归纳假设和规则 (R) 可得 $\vdash \alpha, \Gamma \Rightarrow \beta$. 例如, 令 (R) 是 ($\wedge\Rightarrow$), 其前提是 $\gamma_i, \Gamma' \Rightarrow \beta$ 并且结论是 $\gamma_1 \wedge \gamma_2, \Gamma' \Rightarrow \beta$. 由归纳假设得, $\vdash \alpha, \gamma_i, \Gamma' \Rightarrow \beta$. 由 ($\wedge\Rightarrow$) 得, $\vdash \alpha, \gamma_1 \wedge \gamma_2, \Gamma' \Rightarrow \beta$. 其余情况类似证明. □

定理 5.4 对任意矢列 $\Gamma \Rightarrow \beta$, G1ip $\vdash \Gamma \Rightarrow \beta$ 当且仅当 G2ip $\vdash \Gamma \Rightarrow \beta$.

证明 由引理 5.4 得, G1ip 的弱化规则在 G2ip 中是可允许的. 显然 G2ip 的公理在 G1ip 中可推导. □

推论 5.2 以下切割规则在 G2ip 中可允许:

$$\frac{\Gamma \Rightarrow \alpha \quad \alpha, \Sigma \Rightarrow \beta}{\Gamma, \Sigma \Rightarrow \beta}(cut)$$

5.2 收 缩 规 则

在 G2ip 和 G2cp 的基础上, 考虑进一步调整公理和联结词规则, 从而消除收缩规则, 分别得到无结构规则和切割规则的矢列演算 G3ip 和 G3cp.

定义 5.5 矢列演算 G3ip 由以下公理模式和规则组成.

(1) 公理模式:

$$(\text{Id}) \; p, \Gamma \Rightarrow p \quad (\perp) \; \perp, \Gamma \Rightarrow \beta$$

(2) 联结词规则:

$$\frac{\alpha_1, \alpha_2, \Gamma \Rightarrow \beta}{\alpha_1 \wedge \alpha_2, \Gamma \Rightarrow \beta}(\wedge \Rightarrow) \qquad \frac{\Gamma \Rightarrow \alpha \quad \Gamma \Rightarrow \beta}{\Gamma \Rightarrow \alpha \wedge \beta}(\Rightarrow \wedge)$$

$$\frac{\alpha, \Gamma \Rightarrow \gamma \quad \beta, \Gamma \Rightarrow \gamma}{\alpha \vee \beta, \Gamma \Rightarrow \gamma}(\vee \Rightarrow) \qquad \frac{\Gamma \Rightarrow \alpha_i}{\Gamma \Rightarrow \alpha_1 \vee \alpha_2}(\Rightarrow \vee)$$

$$\frac{\alpha \to \beta, \Gamma \Rightarrow \alpha \quad \beta, \Gamma \Rightarrow \gamma}{\alpha \to \beta, \Gamma \Rightarrow \gamma}(\to \Rightarrow) \qquad \frac{\alpha, \Gamma \Rightarrow \beta}{\Gamma \Rightarrow \alpha \to \beta}(\Rightarrow \to)$$

我们用记号 $\mathsf{G3ip} \vdash \Gamma \Rightarrow \beta$ 表示 $\Gamma \Rightarrow \beta$ 在 $\mathsf{G3ip}$ 中可推导. 称以 $\Gamma_i \Rightarrow \alpha_i$ ($1 \leqslant i \leqslant n$) 为前提并且以 $\Gamma_0 \Rightarrow \alpha_0$ 为结论的规则 (R) 在 $\mathsf{G3ip}$ 中**保持高度可允许**, 如果对任意 $k \geqslant 0$, $\mathsf{G3ip} \vdash_k \Gamma_i \Rightarrow \alpha_i$ ($1 \leqslant i \leqslant n$) 蕴涵 $\mathsf{G3ip} \vdash_k \Gamma_0 \Rightarrow \alpha_0$.

引理 5.5 对任意可重公式集 Γ 和公式 α, $\mathsf{G3ip} \vdash \alpha, \Gamma \Rightarrow \alpha$.

证明 对复杂度 $d(\alpha)$ 归纳证明. 原子公式的情况显然成立. 设 $\alpha = \alpha_1 \wedge \alpha_2$. 由归纳假设有以下推导:

$$\frac{\dfrac{\alpha_1, \alpha_2, \Gamma \Rightarrow \alpha_1}{\alpha_1 \wedge \alpha_2, \Gamma \Rightarrow \alpha_1}(\wedge \Rightarrow) \quad \dfrac{\alpha_1, \alpha_2, \Gamma \Rightarrow \alpha_2}{\alpha_1 \wedge \alpha_2, \Gamma \Rightarrow \alpha_2}(\wedge \Rightarrow)}{\alpha_1 \wedge \alpha_2, \Gamma \Rightarrow \alpha_1 \wedge \alpha_2}(\Rightarrow \wedge)$$

设 $\alpha = \alpha_1 \vee \alpha_2$. 由归纳假设有以下推导:

$$\frac{\dfrac{\alpha_1, \Gamma \Rightarrow \alpha_1}{\alpha_1, \Gamma \Rightarrow \alpha_1 \vee \alpha_2}(\Rightarrow \vee) \quad \dfrac{\alpha_2, \Gamma \Rightarrow \alpha_2}{\alpha_2, \Gamma \Rightarrow \alpha_1 \vee \alpha_2}(\Rightarrow \vee)}{\alpha_1 \vee \alpha_2, \Gamma \Rightarrow \alpha_1 \vee \alpha_2}(\vee \Rightarrow)$$

设 $\alpha = \alpha_1 \to \alpha_2$. 由归纳假设有以下推导:

$$\frac{\dfrac{\alpha_1, \alpha_1 \to \alpha_2, \Gamma \Rightarrow \alpha_1 \quad \alpha_2, \alpha_1, \Gamma \Rightarrow \alpha_2}{\alpha_1, \alpha_1 \to \alpha_2, \Gamma \Rightarrow \alpha_2}(\to \Rightarrow)}{\alpha_1 \to \alpha_2, \Gamma \Rightarrow \alpha_1 \to \alpha_2}(\Rightarrow \to)$$

$\square$

引理 5.6 以下弱化规则在 $\mathsf{G3ip}$ 中保持高度可允许:

$$\frac{\Gamma \Rightarrow \beta}{\alpha, \Gamma \Rightarrow \beta}(w \Rightarrow)$$

证明 设 $\vdash_n \Gamma \Rightarrow \beta$. 对 n 归纳证明 $\vdash_n \alpha, \Gamma \Rightarrow \beta$. 当 $n = 0$ 时, $\Gamma \Rightarrow \beta$ 是公理. 显然 $\alpha, \Gamma \Rightarrow \beta$ 是公理. 设 $n > 0$ 并且 $\Gamma \Rightarrow \beta$ 由规则 (R) 得到. 由归纳假设和 (R) 可得. 例如, 设 (R) 是 $(\to \Rightarrow)$ 并且最后一步是

$$\frac{\vdash_{n-1} \gamma_1 \to \gamma_2, \Gamma' \Rightarrow \gamma_1 \quad \vdash_{n-1} \gamma_2, \Gamma' \Rightarrow \beta}{\vdash_n \gamma_1 \to \gamma_2, \Gamma' \Rightarrow \beta}(\to \Rightarrow)$$

由归纳假设得, $\vdash_{n-1} \alpha, \gamma_1 \to \gamma_2, \Gamma' \Rightarrow \gamma_1$ 并且 $\vdash_{n-1} \alpha, \gamma_2, \Gamma' \Rightarrow \beta$. 由 $(\to \Rightarrow)$ 得, $\vdash_n \alpha, \gamma_1 \to \gamma_2, \Gamma' \Rightarrow \beta$. 其余联结词规则的情况类似证明. $\square$

引理 5.7(可逆性)　在 G3ip 中, 对任意 $n \geqslant 0$, 以下成立:

(1) 如果 $\vdash_n \alpha_1 \wedge \alpha_2, \Gamma \Rightarrow \beta$, 那么 $\vdash_n \alpha_1, \alpha_2, \Gamma \Rightarrow \beta$.

(2) 如果 $\vdash_n \alpha_1 \vee \alpha_2, \Gamma \Rightarrow \beta$, 那么 $\vdash_n \alpha_1, \Gamma \Rightarrow \beta$ 并且 $\vdash_n \alpha_2, \Gamma \Rightarrow \beta$.

(3) 如果 $\vdash_n \alpha_1 \rightarrow \alpha_2, \Gamma \Rightarrow \beta$, 那么 $\vdash_n \alpha_2, \Gamma \Rightarrow \beta$.

证明　(1) 设 $\vdash_n \alpha_1 \wedge \alpha_2, \Gamma \Rightarrow \beta$. 对 $n \geqslant 0$ 归纳证明 $\vdash_n \alpha_1, \alpha_2, \Gamma \Rightarrow \beta$. 当 $n = 0$ 时, $\alpha_1 \wedge \alpha_2, \Gamma \Rightarrow \beta$ 是公理, 显然 $\alpha_1, \alpha_2, \Gamma \Rightarrow \beta$ 也是公理. 设 $n > 0$ 并且 $\alpha_1 \wedge \alpha_2, \Gamma \Rightarrow \beta$ 由规则 (R) 得到. 设 $\alpha_1 \wedge \alpha_2$ 是 (R) 的主公式. 那么 (R) 是 $(\wedge\Rightarrow)$. 因此 $\vdash_{n-1} \alpha_1, \alpha_2, \Gamma \Rightarrow \beta$. 所以 $\vdash_n \alpha_1, \alpha_2, \Gamma \Rightarrow \beta$. 设 $\alpha_1 \wedge \alpha_2$ 不是 (R) 的主公式.

(1.1) (R) 是联结词的右规则. 由归纳假设和 (R) 可得结论. 例如, 令 (R) 是 $(\Rightarrow\wedge)$. 最后一步是

$$\frac{\vdash_{n-1} \alpha_1 \wedge \alpha_2, \Gamma \Rightarrow \beta_1 \quad \vdash_{n-1} \alpha_1 \wedge \alpha_2, \Gamma \Rightarrow \beta_2}{\vdash_n \alpha_1 \wedge \alpha_2, \Gamma \Rightarrow \beta_1 \wedge \beta_2}(\Rightarrow\wedge)$$

由归纳假设, $\vdash_{n-1} \alpha_1, \alpha_2, \Gamma \Rightarrow \beta_1$ 并且 $\vdash_{n-1} \alpha_1, \alpha_2, \Gamma \Rightarrow \beta_2$. 由 $(\Rightarrow\wedge)$ 得, $\vdash_n \alpha_1, \alpha_2, \Gamma \Rightarrow \beta_1 \wedge \beta_2$. 其余联结词的右规则情况类似证明.

(1.2) (R) 是联结词的左规则. 分以下情况.

(1.2.1) (R) 是 $(\wedge\Rightarrow)$. 最后一步是

$$\frac{\vdash_{n-1} \gamma_1, \gamma_2, \alpha_1 \wedge \alpha_2, \Gamma' \Rightarrow \beta}{\vdash_n \gamma_1 \wedge \gamma_2, \alpha_1 \wedge \alpha_2, \Gamma' \Rightarrow \beta}(\wedge\Rightarrow)$$

由归纳假设, $\vdash_{n-1} \gamma_1, \gamma_2, \alpha_1, \alpha_2, \Gamma' \Rightarrow \beta$. 由 $(\wedge\Rightarrow)$ 得 $\vdash_n \gamma_1 \wedge \gamma_2, \alpha_1, \alpha_2, \Gamma' \Rightarrow \beta$.

(1.2.2) (R) 是 $(\vee\Rightarrow)$. 最后一步是

$$\frac{\vdash_{n-1} \gamma_1, \alpha_1 \wedge \alpha_2, \Gamma' \Rightarrow \beta \quad \vdash_{n-1} \gamma_2, \alpha_1 \wedge \alpha_2, \Gamma' \Rightarrow \beta}{\vdash_n \gamma_1 \vee \gamma_2, \alpha_1 \wedge \alpha_2, \Gamma' \Rightarrow \beta}(\vee\Rightarrow)$$

由归纳假设, $\vdash_{n-1} \gamma_1, \alpha_1, \alpha_2, \Gamma' \Rightarrow \beta$ 并且 $\vdash_{n-1} \gamma_2, \alpha_1, \alpha_2, \Gamma' \Rightarrow \beta$. 由 $(\vee\Rightarrow)$ 得, $\vdash_n \gamma_1 \vee \gamma_2, \alpha_1, \alpha_2, \Gamma' \Rightarrow \beta$.

(1.2.3) (R) 是 $(\rightarrow\Rightarrow)$. 最后一步是

$$\frac{\vdash_{n-1} \gamma_1 \rightarrow \gamma_2, \alpha_1 \wedge \alpha_2, \Gamma' \Rightarrow \gamma_1 \quad \vdash_{n-1} \gamma_2, \alpha_1 \wedge \alpha_2, \Gamma' \Rightarrow \beta}{\vdash_n \gamma_1 \rightarrow \gamma_2, \alpha_1 \wedge \alpha_2, \Gamma' \Rightarrow \beta}(\rightarrow\Rightarrow)$$

由归纳假设, $\vdash_{n-1} \gamma_1 \rightarrow \gamma_2, \alpha_1, \alpha_2, \Gamma' \Rightarrow \gamma_1$ 并且 $\vdash_{n-1} \gamma_2, \alpha_1, \alpha_2, \Gamma' \Rightarrow \beta$. 由 $(\rightarrow\Rightarrow)$ 得, $\vdash_n \gamma_1 \rightarrow \gamma_2, \alpha_1, \alpha_2, \Gamma' \Rightarrow \beta$.

(2) 设 $\vdash_n \alpha_1 \vee \alpha_2, \Gamma \Rightarrow \beta$. 对 $n \geqslant 0$ 归纳证明 $\vdash_n \alpha_1, \Gamma \Rightarrow \beta$ 并且 $\vdash_n \alpha_2, \Gamma \Rightarrow \beta$. 当 $n = 0$ 时, $\alpha_1 \vee \alpha_2, \Gamma \Rightarrow \beta$ 是公理, 显然 $\alpha_1, \Gamma \Rightarrow \beta$ 和 $\alpha_2, \Gamma \Rightarrow \beta$ 都是公理. 设 $n > 0$ 并且 $\alpha_1 \vee \alpha_2, \Gamma \Rightarrow \beta$ 由规则 (R) 得到. 设 $\alpha_1 \vee \alpha_2$ 是 (R) 的主公式. 那

么 (R) 是 $(\vee\Rightarrow)$. 因此 $\vdash_{n-1} \alpha_1, \Gamma \Rightarrow \beta$ 并且 $\vdash_{n-1} \alpha_2, \Gamma \Rightarrow \beta$. 所以 $\vdash_n \alpha_1, \Gamma \Rightarrow \beta$ 并且 $\vdash_n \alpha_2, \Gamma \Rightarrow \beta$. 设 $\alpha_1 \vee \alpha_2$ 不是 (R) 的主公式.

(2.1) (R) 是联结词的右规则. 由归纳假设和 (R) 可得结论. 例如, 令 (R) 是 $(\Rightarrow\wedge)$. 最后一步是

$$\frac{\vdash_{n-1} \alpha_1 \vee \alpha_2, \Gamma \Rightarrow \beta_1 \quad \vdash_{n-1} \alpha_1 \vee \alpha_2, \Gamma \Rightarrow \beta_2}{\vdash_n \alpha_1 \vee \alpha_2, \Gamma \Rightarrow \beta_1 \wedge \beta_2}(\Rightarrow\wedge)$$

由归纳假设, (i) $\vdash_{n-1} \alpha_1, \Gamma \Rightarrow \beta_1$; (ii) $\vdash_{n-1} \alpha_2, \Gamma \Rightarrow \beta_1$; (iii) $\vdash_{n-1} \alpha_1, \Gamma \Rightarrow \beta_2$; (iv) $\vdash_{n-1} \alpha_2, \Gamma \Rightarrow \beta_2$. 由 (i), (iii) 和 $(\Rightarrow\wedge)$ 得, $\vdash_n \alpha_1, \Gamma \Rightarrow \beta_1 \wedge \beta_2$. 由 (ii), (iv) 和 $(\Rightarrow\wedge)$ 得, $\vdash_n \alpha_2, \Gamma \Rightarrow \beta_1 \wedge \beta_2$. 其余联结词的右规则情况类似.

(2.2) (R) 是联结词的左规则. 分以下情况.

(2.2.1) (R) 是 $(\vee\Rightarrow)$. 最后一步是

$$\frac{\vdash_{n-1} \gamma_1, \alpha_1 \vee \alpha_2, \Gamma' \Rightarrow \beta \quad \vdash_{n-1} \gamma_2, \alpha_1 \vee \alpha_2, \Gamma' \Rightarrow \beta}{\vdash_n \gamma_1 \vee \gamma_2, \alpha_1 \vee \alpha_2, \Gamma' \Rightarrow \beta}(\vee\Rightarrow)$$

由归纳假设, (i) $\vdash_{n-1} \gamma_1, \alpha_1, \Gamma' \Rightarrow \beta$; (ii) $\vdash_{n-1} \gamma_1, \alpha_2, \Gamma' \Rightarrow \beta$; (iii) $\vdash_{n-1} \gamma_2, \alpha_1, \Gamma' \Rightarrow \beta$; (iv) $\vdash_{n-1} \gamma_2, \alpha_2, \Gamma' \Rightarrow \beta$. 由 (i), (iii) 和 $(\vee\Rightarrow)$ 得, $\vdash_{n-1} \gamma_1 \vee \gamma_2, \alpha_1, \Gamma' \Rightarrow \beta$. 由 (ii), (iv) 和 $(\vee\Rightarrow)$ 得, $\vdash_{n-1} \gamma_1 \vee \gamma_2, \alpha_2, \Gamma' \Rightarrow \beta$.

(2.2.2) (R) 是 $(\wedge\Rightarrow)$. 最后一步是

$$\frac{\vdash_{n-1} \gamma_1, \gamma_2, \alpha_1 \vee \alpha_2, \Gamma' \Rightarrow \beta}{\vdash_n \gamma_1 \wedge \gamma_2, \alpha_1 \vee \alpha_2, \Gamma' \Rightarrow \beta}(\wedge\Rightarrow)$$

由归纳假设, $\vdash_{n-1} \gamma_1, \gamma_2, \alpha_1, \Gamma' \Rightarrow \beta$ 并且 $\vdash_{n-1} \gamma_1, \gamma_2, \alpha_2, \Gamma' \Rightarrow \beta$. 由 $(\wedge\Rightarrow)$ 得, $\vdash_n \gamma_1 \wedge \gamma_2, \alpha_1, \Gamma' \Rightarrow \beta$ 并且 $\vdash_n \gamma_1 \wedge \gamma_2, \alpha_2, \Gamma' \Rightarrow \beta$.

(2.2.3) (R) 是 $(\rightarrow\Rightarrow)$. 最后一步是

$$\frac{\vdash_{n-1} \gamma_1 \rightarrow \gamma_2, \alpha_1 \vee \alpha_2, \Gamma' \Rightarrow \gamma_1 \quad \vdash_{n-1} \gamma_2, \alpha_1 \vee \alpha_2, \Gamma' \Rightarrow \beta}{\vdash_n \gamma_1 \rightarrow \gamma_2, \alpha_1 \vee \alpha_2, \Gamma' \Rightarrow \beta}(\rightarrow\Rightarrow)$$

由归纳假设, (i) $\vdash_{n-1} \gamma_1 \rightarrow \gamma_2, \alpha_1, \Gamma' \Rightarrow \gamma_1$; (ii) $\vdash_{n-1} \gamma_1 \rightarrow \gamma_2, \alpha_2, \Gamma' \Rightarrow \gamma_1$; (iii) $\vdash_{n-1} \gamma_2, \alpha_1, \Gamma' \Rightarrow \beta$; (iv) $\vdash_{n-1} \gamma_2, \alpha_2, \Gamma' \Rightarrow \beta$. 由 (i), (iii) 和 $(\rightarrow\Rightarrow)$ 得, $\vdash_n \gamma_1 \rightarrow \gamma_2, \alpha_1, \Gamma' \Rightarrow \beta$. 由 (ii), (iv) 和 $(\rightarrow\Rightarrow)$ 得, $\vdash_n \gamma_1 \rightarrow \gamma_2, \alpha_2, \Gamma' \Rightarrow \beta$.

(3) 设 $\vdash_n \alpha_1 \rightarrow \alpha_2, \Gamma \Rightarrow \beta$. 对 $n \geqslant 0$ 归纳证明 $\vdash_n \alpha_2, \Gamma \Rightarrow \beta$. 当 $n = 0$ 时, $\alpha_1 \rightarrow \alpha_2, \Gamma \Rightarrow \beta$ 是公理, 显然 $\alpha_2, \Gamma \Rightarrow \beta$ 是公理. 设 $n > 0$ 并且 $\alpha_1 \rightarrow \alpha_2, \Gamma \Rightarrow \beta$ 由规则 (R) 得到. 设 $\alpha_1 \rightarrow \alpha_2$ 是 (R) 的主公式. 因此 $\vdash_{n-1} \alpha_2, \Gamma \Rightarrow \beta$. 所以 $\vdash_n \alpha_2, \Gamma \Rightarrow \beta$. 设 $\alpha_1 \rightarrow \alpha_2$ 不是 (R) 的主公式.

(3.1) (R) 是联结词的右规则. 由归纳假设和 (R) 可得结论. 例如, 令 (R) 是 $(\Rightarrow\wedge)$. 最后一步是

$$\frac{\vdash_{n-1} \alpha_1 \rightarrow \alpha_2, \Gamma \Rightarrow \beta_1 \quad \vdash_{n-1} \alpha_1 \rightarrow \alpha_2, \Gamma \Rightarrow \beta_2}{\vdash_n \alpha_1 \rightarrow \alpha_2, \Gamma \Rightarrow \beta_1 \wedge \beta_2}(\Rightarrow\wedge)$$

由归纳假设, $\vdash_{n-1} \alpha_2, \Gamma \Rightarrow \beta_1$ 并且 $\vdash_{n-1} \alpha_2, \Gamma \Rightarrow \beta_2$. 由 $(\Rightarrow\wedge)$ 得, $\vdash_n \alpha_2, \Gamma \Rightarrow \beta_1 \wedge \beta_2$. 其余联结词的右规则情况类似证明.

(3.2) (R) 是联结词的左规则. 分以下情况.

(3.2.1) (R) 是 $(\wedge\Rightarrow)$. 最后一步是

$$\dfrac{\vdash_{n-1} \gamma_1, \gamma_2, \alpha_1 \to \alpha_2, \Gamma \Rightarrow \beta}{\vdash_n \gamma_1 \wedge \gamma_2, \alpha_1 \to \alpha_2, \Gamma \Rightarrow \beta}(\wedge\Rightarrow)$$

由归纳假设, $\vdash_{n-1} \gamma_1, \gamma_2, \alpha_2, \Gamma' \Rightarrow \beta$. 由 $(\wedge\Rightarrow)$ 得, $\vdash_n \gamma_1 \wedge \gamma_2, \alpha_2, \Gamma' \Rightarrow \beta$.

(3.2.2) (R) 是 $(\vee\Rightarrow)$. 最后一步是

$$\dfrac{\vdash_{n-1} \gamma_1, \alpha_1 \to \alpha_2, \Gamma \Rightarrow \beta \quad \vdash_{n-1} \gamma_2, \alpha_1 \to \alpha_2, \Gamma' \Rightarrow \beta}{\vdash_n \gamma_1 \vee \gamma_2, \alpha_1 \to \alpha_2, \Gamma' \Rightarrow \beta}(\to\Rightarrow)$$

由归纳假设, $\vdash_{n-1} \gamma_1, \alpha_2, \Gamma' \Rightarrow \beta$ 并且 $\vdash_{n-1} \gamma_2, \alpha_2, \Gamma' \Rightarrow \beta$. 由 $(\vee\Rightarrow)$ 得 $\vdash_n \gamma_1 \vee \gamma_2, \alpha_2, \Gamma' \Rightarrow \beta$.

(3.2.3) (R) 是 $(\to\Rightarrow)$. 最后一步是

$$\dfrac{\vdash_{n-1} \gamma_1 \to \gamma_2, \alpha_1 \to \alpha_2, \Gamma' \Rightarrow \gamma_1 \quad \vdash_{n-1} \gamma_2, \alpha_1 \to \alpha_2, \Gamma' \Rightarrow \beta}{\vdash_n \gamma_1 \to \gamma_2, \alpha_1 \to \alpha_2, \Gamma' \Rightarrow \beta}(\to\Rightarrow)$$

由归纳假设, $\vdash_{n-1} \gamma_1 \to \gamma_2, \alpha_2, \Gamma' \Rightarrow \gamma_1$ 并且 $\vdash_{n-1} \gamma_2, \alpha_2, \Gamma' \Rightarrow \beta$. 由 $(\to\Rightarrow)$ 得 $\vdash_n \gamma_1 \to \gamma_2, \alpha_2, \Gamma' \Rightarrow \beta$.　　　　　　□

引理 5.7 称为**可逆性**引理, 其中 (1) 的意思是 $(\wedge\Rightarrow)$ 保持高度可逆, (2) 的意思是 $(\vee\Rightarrow)$ 两个分支保持高度可逆, 而 (3) 的意思是 $(\to\Rightarrow)$ 右分支保持高度可逆. 但是, 规则 $(\to\Rightarrow)$ 左分支不是保持高度可逆的. 例如, $\text{G3ip} \vdash p \to p \Rightarrow p \to p$. 显然 $\text{G3ip} \vdash p \Rightarrow p \to p$, 但 $\text{G3ip} \nvdash p \to p \Rightarrow p$.

引理 5.8　以下收缩规则在 G3ip 中保持高度可允许:

$$\dfrac{\alpha, \alpha, \Gamma \Rightarrow \beta}{\alpha, \Gamma \Rightarrow \beta}(c\Rightarrow)$$

证明　设 $\vdash_n \alpha, \alpha, \Gamma \Rightarrow \beta$. 对 $n \geqslant 0$ 归纳证明 $\vdash_n \alpha, \Gamma \Rightarrow \beta$. 当 $n = 0$ 时, $\alpha, \alpha, \Gamma \Rightarrow \beta$ 和 $\alpha, \Gamma \Rightarrow \beta$ 都是公理. 设 $n > 0$ 并且 $\alpha, \alpha, \Gamma \Rightarrow \beta$ 由规则 (R) 得到.

(1) 设 α 在 (R) 中不是主公式. 分以下情况.

(1.1) (R) 是 $(\wedge\Rightarrow)$. 最后一步是

$$\dfrac{\vdash_{n-1} \gamma_1, \gamma_2, \alpha, \alpha, \Gamma' \Rightarrow \beta}{\vdash_n \gamma_1 \wedge \gamma_2, \alpha, \alpha, \Gamma' \Rightarrow \beta}(\wedge\Rightarrow)$$

由归纳假设, $\vdash_{n-1} \gamma_1, \gamma_2, \alpha, \Gamma' \Rightarrow \beta$. 由 $(\wedge\Rightarrow)$ 得, $\vdash_n \gamma_1 \wedge \gamma_2, \alpha, \Gamma' \Rightarrow \beta$.

(1.2) (R) 是 $(\Rightarrow \wedge)$. 最后一步是

$$\frac{\vdash_{n-1} \alpha, \alpha, \Gamma \Rightarrow \beta_1 \quad \vdash_{n-1} \alpha, \alpha, \Gamma \Rightarrow \beta_2}{\vdash_n \alpha, \alpha, \Gamma \Rightarrow \beta_1 \wedge \beta_2}(\Rightarrow \wedge)$$

由归纳假设, $\vdash_{n-1} \alpha, \Gamma \Rightarrow \beta_i$ $(i = 1, 2)$. 由 $(\Rightarrow \wedge)$ 得, $\vdash_n \alpha, \Gamma \Rightarrow \beta_1 \wedge \beta_2$.

(1.3) (R) 是 $(\vee \Rightarrow)$. 最后一步是

$$\frac{\vdash_{n-1} \gamma_1, \alpha, \alpha, \Gamma' \Rightarrow \beta \quad \vdash_{n-1} \gamma_2, \alpha, \alpha, \Gamma' \Rightarrow \beta}{\vdash_n \gamma_1 \vee \gamma_2, \alpha, \alpha, \Gamma' \Rightarrow \beta}(\vee \Rightarrow)$$

由归纳假设, $\vdash_{n-1} \gamma_i, \alpha, \Gamma' \Rightarrow \beta$ $(i = 1, 2)$. 由 $(\vee \Rightarrow)$ 得, $\vdash_n \gamma_1 \vee \gamma_2, \alpha, \Gamma' \Rightarrow \beta$.

(1.4) (R) 是 $(\Rightarrow \vee)$. 最后一步是

$$\frac{\vdash_{n-1} \alpha, \alpha, \Gamma \Rightarrow \beta_i}{\vdash_n \alpha, \alpha, \Gamma \Rightarrow \beta_1 \vee \beta_2}(\Rightarrow \vee)$$

由归纳假设, $\vdash_{n-1} \alpha, \Gamma \Rightarrow \beta_i$. 由 $(\Rightarrow \vee)$ 得, $\vdash_n \alpha, \Gamma \Rightarrow \beta_1 \vee \beta_2$.

(1.5) (R) 是 $(\rightarrow \Rightarrow)$. 最后一步是

$$\frac{\vdash_{n-1} \gamma_1 \rightarrow \gamma_2, \alpha, \alpha, \Gamma' \Rightarrow \gamma_1 \quad \vdash_{n-1} \gamma_2, \alpha, \alpha, \Gamma' \Rightarrow \beta}{\vdash_n \gamma_1 \rightarrow \gamma_2, \alpha, \alpha, \Gamma' \Rightarrow \beta}(\rightarrow \Rightarrow)$$

由归纳假设, $\vdash_{n-1} \gamma_1 \rightarrow \gamma_2, \alpha, \Gamma' \Rightarrow \gamma_1$ 并且 $\vdash_{n-1} \gamma_2, \alpha, \Gamma' \Rightarrow \beta$. 由 $(\rightarrow \Rightarrow)$ 得, $\vdash_n \gamma_1 \rightarrow \gamma_2, \alpha, \Gamma' \Rightarrow \beta$.

(1.6) (R) 是 $(\Rightarrow \rightarrow)$. 最后一步是

$$\frac{\vdash_{n-1} \beta_1, \alpha, \alpha, \Gamma \Rightarrow \beta_2}{\vdash_n \alpha, \alpha, \Gamma \Rightarrow \beta_1 \rightarrow \beta_2}(\Rightarrow \rightarrow)$$

由归纳假设, $\vdash_{n-1} \beta_1, \alpha, \Gamma \Rightarrow \beta_2$. 由 $(\Rightarrow \rightarrow)$ 得, $\vdash_n \alpha, \Gamma \Rightarrow \beta_1 \rightarrow \beta_2$.

(2) 设 α 在 (R) 中是主公式. 分以下情况.

(2.1) $\alpha = \alpha_1 \wedge \alpha_2$. 最后一步是

$$\frac{\vdash_{n-1} \alpha_1, \alpha_2, \alpha_1 \wedge \alpha_2, \Gamma \Rightarrow \beta}{\vdash_n \alpha_1 \wedge \alpha_2, \alpha_1 \wedge \alpha_2, \Gamma \Rightarrow \beta}(\wedge \Rightarrow)$$

由引理 5.7 (1) 得, $\vdash_{n-1} \alpha_1, \alpha_2, \alpha_1, \alpha_2, \Gamma \Rightarrow \beta$. 两次运用归纳假设得, $\vdash_{n-1} \alpha_1, \alpha_2, \Gamma \Rightarrow \beta$. 由 $(\wedge \Rightarrow)$ 得, $\vdash_n \alpha_1 \wedge \alpha_2, \Gamma \Rightarrow \beta$.

(2.2) $\alpha = \alpha_1 \vee \alpha_2$. 最后一步是

$$\frac{\vdash_{n-1} \alpha_1, \alpha_1 \vee \alpha_2, \Gamma \Rightarrow \beta \quad \vdash_{n-1} \alpha_2, \alpha_1 \vee \alpha_2, \Gamma \Rightarrow \beta}{\vdash_n \alpha_1 \vee \alpha_2, \alpha_1 \vee \alpha_2, \Gamma \Rightarrow \beta}(\vee \Rightarrow)$$

由引理 5.7 (2) 得, $\vdash_{n-1} \alpha_1, \alpha_1, \Gamma \Rightarrow \beta$ 并且 $\vdash_{n-1} \alpha_2, \alpha_2, \Gamma \Rightarrow \beta$. 由归纳假设得, $\vdash_{n-1} \alpha_1, \Gamma \Rightarrow \beta$ 并且 $\vdash_{n-1} \alpha_2, \Gamma \Rightarrow \beta$. 由 $(\vee \Rightarrow)$ 得, $\vdash_n \alpha_1 \vee \alpha_2, \Gamma \Rightarrow \beta$.

(2.3) $\alpha = \alpha_1 \to \alpha_2$. 最后一步是

$$\frac{\vdash_{n-1} \alpha_1 \to \alpha_2, \alpha_1 \to \alpha_2, \Gamma \Rightarrow \alpha_1 \quad \vdash_{n-1} \alpha_2, \alpha_1 \to \alpha_2, \Gamma \Rightarrow \beta}{\vdash_n \alpha_1 \to \alpha_2, \alpha_1 \to \alpha_2, \Gamma \Rightarrow \beta}(\to\Rightarrow)$$

由归纳假设, $\vdash_{n-1} \alpha_1 \to \alpha_2, \Gamma \Rightarrow \alpha_1$. 由 $\vdash_{n-1} \alpha_2, \alpha_1 \to \alpha_2, \Gamma \Rightarrow \beta$ 和引理 5.7 (3) 得, $\vdash_{n-1} \alpha_2, \alpha_2, \Gamma \Rightarrow \beta$. 由归纳假设得, $\vdash_{n-1} \alpha_2, \Gamma \Rightarrow \beta$. 由 $(\to\Rightarrow)$ 得, $\vdash_n \alpha_1 \to \alpha_2, \Gamma \Rightarrow \beta$. □

引理 5.9　如果 G3ip $\vdash \Gamma \Rightarrow \bot$, 那么 G3ip $\vdash \Gamma \Rightarrow \beta$.

证明　设 $\vdash_n \Gamma \Rightarrow \bot$. 对 $n \geqslant 0$ 归纳证明 $\vdash \Gamma \Rightarrow \beta$, 与引理 5.2 的证明类似. □

定理 5.5　以下切割规则在 G3ip 中是可允许的:

$$\frac{\Gamma \Rightarrow \alpha \quad \alpha, \Delta \Rightarrow \beta}{\Gamma, \Delta \Rightarrow \beta}(cut)$$

证明　设 $\vdash_m \Gamma \Rightarrow \alpha$ 并且 $\vdash_n \alpha, \Delta \Rightarrow \beta$. 对 $m+n$ 和 α 的复杂度同时归纳证明 $\vdash \Gamma, \Delta \Rightarrow \beta$. 设 $m=0$ 或 $n=0$. 分以下情况.

(1) $m=0$. 设 $\Gamma \Rightarrow \alpha$ 是 (Id) 的特例. 令 $\Gamma = \alpha, \Gamma'$. 由前提 $\alpha, \Delta \Rightarrow \beta$ 和 $(w\Rightarrow)$ 得, $\vdash \alpha, \Gamma', \Delta \Rightarrow \beta$. 设 $\Gamma \Rightarrow \alpha$ 是 $(\bot)$ 的特例, 则 $\Gamma, \Delta \Rightarrow \beta$ 是 $(\bot)$ 的特例.

(2) $n=0$. 设 $\alpha, \Delta \Rightarrow \beta$ 是 (Id) 的特例. 如果 $\alpha = \beta$, 那么由 $\vdash \Gamma \Rightarrow \alpha$ 和 $(w\Rightarrow)$ 得, $\vdash \Gamma, \Delta \Rightarrow \beta$. 设 $\beta \in \Delta$. 那么结论 $\Gamma, \Delta \Rightarrow \beta$ 是公理. 设 $\alpha, \Delta \Rightarrow \beta$ 是 $(\bot)$ 的特例. 如果 $\bot \in \Delta$, 那么 $\Gamma, \Delta \Rightarrow \beta$ 是公理. 设 $\alpha = \bot$. 由 $\vdash \Gamma \Rightarrow \bot$ 和引理 5.9 得, $\vdash \Gamma \Rightarrow \beta$. 由 $(w\Rightarrow)$ 得, $\vdash \Gamma, \Delta \Rightarrow \beta$.

设 $m, n > 0$ 并且 $\Gamma \Rightarrow \alpha$ 和 $\alpha, \Delta \Rightarrow \beta$ 分别由规则 (R_1) 和 (R_2) 得到.

(3) α 在 (R_1) 中不是主公式. 那么 (R_1) 是联结词的左规则. 分以下情况.

(3.1) (R_1) 是 $(\wedge\Rightarrow)$. 最后一步是

$$\frac{\vdash_{m-1} \gamma_1, \gamma_2, \Gamma' \Rightarrow \alpha}{\vdash_m \gamma_1 \wedge \gamma_2, \Gamma' \Rightarrow \alpha}(\wedge\Rightarrow)$$

由归纳假设得以下推导:

$$\frac{\dfrac{\gamma_1, \gamma_2, \Gamma' \Rightarrow \alpha \quad \alpha, \Delta \Rightarrow \beta}{\gamma_1, \gamma_2, \Gamma', \Delta \Rightarrow \beta}(cut)}{\gamma_1 \wedge \gamma_2, \Gamma', \Delta \Rightarrow \beta}(\wedge\Rightarrow)$$

(3.2) (R_1) 是 $(\vee\Rightarrow)$. 最后一步是

$$\frac{\vdash_{m-1} \gamma_1, \Gamma' \Rightarrow \alpha \quad \vdash_{m-1} \gamma_2, \Gamma' \Rightarrow \alpha}{\vdash_m \gamma_1 \vee \gamma_2, \Gamma' \Rightarrow \alpha}(\vee\Rightarrow)$$

由归纳假设得以下推导:

$$\frac{\dfrac{\gamma_1,\Gamma' \Rightarrow \alpha \quad \alpha,\Delta \Rightarrow \beta}{\gamma_1,\Gamma',\Delta \Rightarrow \beta}\ (cut) \quad \dfrac{\gamma_2,\Gamma' \Rightarrow \alpha \quad \alpha,\Delta \Rightarrow \beta}{\gamma_2,\Gamma',\Delta \Rightarrow \beta}\ (cut)}{\gamma_1 \vee \gamma_2,\Gamma',\Delta \Rightarrow \beta}\ (\vee\Rightarrow)$$

(3.3) (R_1) 是 $(\rightarrow\Rightarrow)$. 最后一步是

$$\frac{\vdash_{m-1} \gamma_1 \rightarrow \gamma_2,\Gamma' \Rightarrow \gamma_1 \quad \vdash_{m-1} \gamma_2,\Gamma' \Rightarrow \alpha}{\vdash_m \gamma_1 \rightarrow \gamma_2,\Gamma' \Rightarrow \alpha}(\rightarrow\Rightarrow)$$

由归纳假设得以下推导:

$$\frac{\gamma_1 \rightarrow \gamma_2,\Gamma' \Rightarrow \gamma_1 \quad \dfrac{\gamma_2,\Gamma' \Rightarrow \alpha \quad \alpha,\Delta \Rightarrow \beta}{\gamma_2,\Gamma',\Delta \Rightarrow \beta}\ (cut)}{\gamma_1 \rightarrow \gamma_2,\Gamma',\Delta \Rightarrow \beta}\ (\rightarrow\Rightarrow)$$

(4) α 仅在 (R_1) 中是主公式. 那么 α 在 (R_2) 中不是主公式. 分以下情况.

(4.1) (R_2) 是 $(\wedge\Rightarrow)$. 最后一步是

$$\frac{\vdash_{n-1} \alpha,\gamma_1,\gamma_2,\Delta' \Rightarrow \beta}{\vdash_n \alpha,\gamma_1 \wedge \gamma_2,\Delta' \Rightarrow \beta}(\wedge\Rightarrow)$$

由归纳假设得以下推导:

$$\frac{\dfrac{\Gamma \Rightarrow \alpha \quad \alpha,\gamma_1,\gamma_2,\Delta' \Rightarrow \beta}{\Gamma,\gamma_1,\gamma_2,\Delta' \Rightarrow \beta}\ (cut)}{\Gamma,\gamma_1 \wedge \gamma_2,\Delta' \Rightarrow \beta}\ (\wedge\Rightarrow)$$

(4.2) (R_2) 是 $(\Rightarrow\wedge)$. 最后一步是

$$\frac{\vdash_{n-1} \alpha,\Delta \Rightarrow \beta_1 \quad \vdash_{n-1} \alpha,\Delta \Rightarrow \beta_2}{\vdash_n \alpha,\Delta \Rightarrow \beta_1 \wedge \beta_2}(\Rightarrow\wedge)$$

由归纳假设得以下推导:

$$\frac{\dfrac{\Gamma \Rightarrow \alpha \quad \alpha,\Delta \Rightarrow \beta_1}{\Gamma,\Delta \Rightarrow \beta_1}\ (cut) \quad \dfrac{\Gamma \Rightarrow \alpha \quad \alpha,\Delta \Rightarrow \beta_2}{\Gamma,\Delta \Rightarrow \beta_2}\ (cut)}{\Gamma,\Delta \Rightarrow \beta_1 \wedge \beta_2}\ (\Rightarrow\wedge)$$

(4.3) (R_2) 是 $(\vee\Rightarrow)$. 最后一步是

$$\frac{\vdash_{n-1} \alpha,\gamma_1,\Delta' \Rightarrow \beta \quad \vdash_{n-1} \alpha,\gamma_2,\Delta' \Rightarrow \beta}{\vdash_n \alpha,\gamma_1 \vee \gamma_2,\Delta' \Rightarrow \beta}(\vee\Rightarrow)$$

由归纳假设得以下推导:

$$\frac{\dfrac{\Gamma \Rightarrow \alpha \quad \alpha,\gamma_1,\Delta' \Rightarrow \beta}{\Gamma,\gamma_1,\Delta' \Rightarrow \beta}\ (cut) \quad \dfrac{\Gamma \Rightarrow \alpha \quad \alpha,\gamma_2,\Delta' \Rightarrow \beta}{\Gamma,\gamma_2,\Delta' \Rightarrow \beta}\ (cut)}{\Gamma,\gamma_1 \vee \gamma_2,\Delta' \Rightarrow \beta}\ (\vee\Rightarrow)$$

(4.4) (R_2) 是 $(\Rightarrow\vee)$. 最后一步是

$$\frac{\vdash_{n-1} \alpha, \Delta \Rightarrow \beta_i}{\vdash_n \alpha, \Delta \Rightarrow \beta_1 \vee \beta_2}(\Rightarrow\vee)$$

由归纳假设得以下推导:

$$\frac{\dfrac{\Gamma \Rightarrow \alpha \quad \alpha, \Delta \Rightarrow \beta_i}{\Gamma, \Delta \Rightarrow \beta_i}(cut)}{\Gamma, \Delta \Rightarrow \beta_1 \vee \beta_2}(\Rightarrow\vee)$$

(4.5) (R_2) 是 $(\to\Rightarrow)$. 最后一步是

$$\frac{\vdash_{n-1} \alpha, \gamma_1 \to \gamma_2, \Delta' \Rightarrow \gamma_1 \quad \vdash_{n-1} \alpha, \gamma_2, \Delta' \Rightarrow \beta}{\vdash_n \alpha, \gamma_1 \to \gamma_2, \Delta' \Rightarrow \beta}(\to\Rightarrow)$$

由归纳假设得以下推导:

$$\frac{\dfrac{\Gamma \Rightarrow \alpha \quad \alpha, \gamma_1 \to \gamma_2, \Delta' \Rightarrow \gamma_1}{\Gamma, \gamma_1 \to \gamma_2, \Delta' \Rightarrow \gamma_1}(cut) \quad \dfrac{\Gamma \Rightarrow \alpha \quad \alpha, \gamma_2, \Delta' \Rightarrow \beta}{\Gamma, \gamma_2, \Delta' \Rightarrow \beta}(cut)}{\Gamma, \gamma_1 \to \gamma_2, \Delta' \Rightarrow \beta}(\to\Rightarrow)$$

(4.6) (R_2) 是 $(\Rightarrow\to)$. 最后一步是

$$\frac{\vdash_{n-1} \beta_1, \alpha, \Delta \Rightarrow \beta_2}{\vdash_n \alpha, \Delta \Rightarrow \beta_1 \to \beta_2}(\Rightarrow\to)$$

由归纳假设得以下推导:

$$\frac{\dfrac{\Gamma \Rightarrow \alpha \quad \beta_1, \alpha, \Delta \Rightarrow \beta_2}{\Gamma, \beta_1, \Delta \Rightarrow \beta_2}(cut)}{\Gamma, \Delta \Rightarrow \beta_1 \to \beta_2}(\Rightarrow\to)$$

(5) α 在 (R_1) 和 (R_2) 中都是主公式. 分以下情况.

(5.1) $\alpha = \alpha_1 \wedge \alpha_2$. 最后一步是

$$\frac{\vdash_{m-1} \Gamma \Rightarrow \alpha_1 \quad \vdash_{m-1} \Gamma \Rightarrow \alpha_2}{\vdash_m \Gamma \Rightarrow \alpha_1 \wedge \alpha_2}(\Rightarrow\wedge) \quad \frac{\vdash_{n-1} \alpha_1, \alpha_2, \Delta \Rightarrow \beta}{\vdash_n \alpha_1 \wedge \alpha_2, \Delta \Rightarrow \beta}(\wedge\Rightarrow)$$

由归纳假设可得以下推导:

$$\frac{\Gamma \Rightarrow \alpha_2 \quad \dfrac{\dfrac{\Gamma \Rightarrow \alpha_1 \quad \alpha_1, \alpha_2, \Delta \Rightarrow \beta}{\Gamma, \alpha_2, \Delta \Rightarrow \beta}(cut)}{\Gamma, \Gamma, \Delta \Rightarrow \beta}(cut)}{\Gamma, \Delta \Rightarrow \beta}(c\Rightarrow)^*$$

(5.2) $\alpha = \alpha_1 \vee \alpha_2$. 最后一步是

$$\frac{\vdash_{m-1} \Gamma \Rightarrow \alpha_i}{\vdash_m \Gamma \Rightarrow \alpha_1 \vee \alpha_2}(\Rightarrow\vee) \quad \frac{\vdash_{n-1} \alpha_1, \Delta \Rightarrow \beta \quad \vdash_{n-1} \alpha_2, \Delta \Rightarrow \beta}{\vdash_n \alpha_1 \vee \alpha_2, \Delta \Rightarrow \beta}(\vee\Rightarrow)$$

由归纳假设可得以下推导:

$$\frac{\Gamma \Rightarrow \alpha_i \quad \alpha_i, \Delta \Rightarrow \beta}{\Gamma, \Delta \Rightarrow \beta} \ (cut)$$

(5.3) $\alpha = \alpha_1 \to \alpha_2$. 最后一步是

$$\frac{\vdash_{m-1} \alpha_1, \Gamma \Rightarrow \alpha_2}{\vdash_m \Gamma \Rightarrow \alpha_1 \to \alpha_2} \ (\Rightarrow\to)$$

$$\frac{\vdash_{n-1} \alpha_1 \to \alpha_2, \Delta \Rightarrow \alpha_1 \quad \vdash_{n-1} \alpha_2, \Delta \Rightarrow \beta}{\vdash_n \alpha_1 \to \alpha_2, \Delta \Rightarrow \beta} \ (\to\Rightarrow)$$

由归纳假设可得以下推导:

$$\frac{\dfrac{\Gamma \Rightarrow \alpha_1 \to \alpha_2 \quad \alpha_1 \to \alpha_2, \Delta \Rightarrow \alpha_1}{\Gamma, \Delta \Rightarrow \alpha_1} \ (cut) \quad \alpha_1, \Gamma \Rightarrow \alpha_2}{\dfrac{\dfrac{\Gamma, \Gamma, \Delta \Rightarrow \alpha_2}{} \ (cut) \quad \alpha_2, \Delta \Rightarrow \beta}{\dfrac{\Gamma, \Gamma, \Delta, \Delta \Rightarrow \beta}{\Gamma, \Delta \Rightarrow \beta} \ (c\Rightarrow)^*} \ (cut)}$$

$\square$

定理 5.6 G2ip $\vdash \Gamma \Rightarrow \beta$ 当且仅当 G3ip $\vdash \Gamma \Rightarrow \beta$.

证明 设 G2ip $\vdash \Gamma \Rightarrow \beta$. 显然 G2ip 的公理在 G3ip 中可推导. 由引理 5.6, G2ip 的弱化规则在 G3ip 中可允许. 由引理 5.8, G2ip 的收缩规则在 G3ip 中可允许. 此外, G2ip 的联结词规则在 G3ip 中可允许. 所以 G3ip $\vdash \Gamma \Rightarrow \beta$. 设 G3ip $\vdash \Gamma \Rightarrow \beta$. 只需证明 G3ip 的联结词规则 $(\wedge\Rightarrow)$ 和 $(\to\Rightarrow)$ 在 G2ip 中可允许. 推导如下:

$$\frac{\dfrac{\dfrac{\alpha_1, \alpha_2, \Sigma \Rightarrow \gamma}{\alpha_1 \wedge \alpha_2, \alpha_2, \Sigma \Rightarrow \gamma} \ (\wedge\Rightarrow)}{\alpha_1 \wedge \alpha_2, \alpha_1 \wedge \alpha_2, \Sigma \Rightarrow \gamma} \ (\wedge\Rightarrow)}{\alpha_1 \wedge \alpha_2, \Sigma \Rightarrow \gamma} \ (c\Rightarrow)} \qquad \frac{\dfrac{\alpha_1 \to \alpha_2, \Sigma \Rightarrow \alpha_1 \quad \dfrac{\alpha_2, \Sigma \Rightarrow \gamma}{\alpha_2, \alpha_1 \to \alpha_2, \Sigma \Rightarrow \gamma} \ (w\Rightarrow)}{\alpha_1 \to \alpha_2, \alpha_1 \to \alpha_2, \Sigma \Rightarrow \gamma} \ (\to\Rightarrow)}{\alpha_1 \to \alpha_2, \Sigma \Rightarrow \gamma} \ (c\Rightarrow)}$$

所以 G2ip $\vdash \Gamma \Rightarrow \beta$. $\square$

矢列演算 G3ip 具有**子公式性质**, 即任何推导 $\mathcal{D}$ 中出现的公式都是其根节点中公式的子公式. 此外, 在 G3ip 中进行推导搜索, 可以得到 G3ip 的可判定性.

定理 5.7 G3ip 是可判定的.

证明 对任意矢列 $\Gamma \Rightarrow \beta$, 只需验证它只有有穷多个可能的推导. 从 $\Gamma \Rightarrow \beta$ 出发, 首先写出所有可推出该矢列的规则特例. 除规则 $(\to\Rightarrow)$ 外, 其余规则前提中得到主公式的每个公式的复杂度严格小于主公式的复杂度. 在推导搜索中, 如果产生不可由任何规则得到并且不是公理特例的矢列, 则停止搜索; 如果在某个分支上产生两次运用 $(\to\Rightarrow)$ 得到相同矢列, 则停止搜索. 运用 $(\to\Rightarrow)$ 只能得到有穷多个不同矢列. 因此, 每个证明搜索得到的树结构只有有穷多个. 如果有搜索树结构的叶节点都是公理的特例, 那么该矢列可推导; 否则, 该矢列不可推导. $\square$

例 5.1　以下矢列在 G3ip 中不可推导:

(1) $\Rightarrow p \vee \neg p$. 从 $\Rightarrow p \vee \neg p$ 出发进行推导搜索. 只有以下两种可能性:

$$\frac{\Rightarrow p}{\Rightarrow p \vee \neg p}\ (\Rightarrow\vee) \qquad \frac{\dfrac{p \Rightarrow \perp}{\Rightarrow \neg p}\ (\Rightarrow\to)}{\Rightarrow p \vee \neg p}\ (\Rightarrow\vee)$$

显然 $\Rightarrow p$ 不是公理的特例, 所以左边的证明搜索停止, 它不是 $\Rightarrow p \vee \neg p$ 的正确推导. 右边的搜索也停止, 但 $p \Rightarrow \perp$ 不是公理的特例.

(2) $\Rightarrow \neg p \vee \neg\neg p$. 往上一步只能是 $\Rightarrow \neg p$ 或 $\Rightarrow \neg\neg p$. 显然 $\Rightarrow \neg p$ 是不可推导的. 现在考虑 $\Rightarrow \neg\neg p$. 搜索如下:

$$\frac{\dfrac{\dfrac{p \to \perp \Rightarrow p \quad \perp \to p}{p \to \perp \Rightarrow p}\ (\to\Rightarrow) \qquad \perp \Rightarrow \perp}{p \to \perp \Rightarrow \perp}\ (\to\Rightarrow)}{\Rightarrow \neg\neg p}\ (\Rightarrow\to)$$

该搜索在运用规则 $(\to\Rightarrow)$ 时出现循环. 因此 $\Rightarrow \neg p \vee \neg\neg p$ 不可推导.

(3) $\Rightarrow ((p \to q) \to p) \to p$. 搜索的最后两步必然是:

$$\frac{\dfrac{(p \to q) \to p \Rightarrow p \to q \quad p \Rightarrow p}{(p \to q) \to p \Rightarrow p}\ (\to\Rightarrow)}{\Rightarrow ((p \to q) \to p) \to p}\ (\Rightarrow\to)$$

只需从 $(p \to q) \to p \Rightarrow p \to q$ 进行搜索. 设上一步是 $(\Rightarrow\to)$. 搜索如下:

$$\frac{\dfrac{p, (p \to q) \to p \Rightarrow p \to q \quad p, p \Rightarrow q}{p, (p \to q) \to p \Rightarrow q}\ (\to\Rightarrow)}{(p \to q) \to p \Rightarrow p \to q}\ (\Rightarrow\to)$$

但是 $p, p \Rightarrow q$ 不可推导. 设上一步是 $(\to\Rightarrow)$. 搜索如下:

$$\frac{(p \to q) \to p \Rightarrow p \to q \qquad \dfrac{p, p \Rightarrow q}{p \Rightarrow p \to q}\ (\Rightarrow\to)}{(p \to q) \to p \Rightarrow p \to q}\ (\to\Rightarrow)$$

但是 $p, p \Rightarrow q$ 不可推导. 所以 $\Rightarrow ((p \to q) \to p) \to p$ 不可推导.

在 G3ip 中推导搜索可能出现循环, 因此该方法是不停机的. 下面引入古典句子逻辑的矢列演算 G3cp, 其中推导搜索是停机的.

定义 5.6　矢列演算 G3cp 由以下公理模式和规则组成:

(1) 公理模式:

$$(\text{Id})\ p, \Gamma \Rightarrow \Delta, p \quad (\perp)\ \perp, \Gamma \Rightarrow \Delta$$

(2) 联结词规则:

$$\dfrac{\alpha_1, \alpha_2, \Gamma \Rightarrow \Delta}{\alpha_1 \wedge \alpha_2, \Gamma \Rightarrow \Delta}(\wedge\Rightarrow) \qquad \dfrac{\Gamma \Rightarrow \Delta, \alpha \quad \Gamma \Rightarrow \Delta, \beta}{\Gamma \Rightarrow \Delta, \alpha \wedge \beta}(\Rightarrow\wedge)$$

$$\dfrac{\alpha, \Gamma \Rightarrow \gamma \quad \beta, \Gamma \Rightarrow \Delta}{\alpha \vee \beta, \Gamma \Rightarrow \Delta}(\vee\Rightarrow) \qquad \dfrac{\Gamma \Rightarrow \Delta, \alpha_1, \alpha_2}{\Gamma \Rightarrow \Delta, \alpha_1 \vee \alpha_2}(\Rightarrow\vee)$$

$$\dfrac{\Gamma \Rightarrow \Delta, \alpha \quad \beta, \Gamma \Rightarrow \Delta}{\alpha \rightarrow \beta, \Gamma \Rightarrow \Delta}(\rightarrow\Rightarrow) \qquad \dfrac{\alpha, \Gamma \Rightarrow \Delta, \beta}{\Gamma \Rightarrow \Delta, \alpha \rightarrow \beta}(\Rightarrow\rightarrow)$$

我们用记号 G3cp $\vdash \Gamma \Rightarrow \Delta$ 表示 $\Gamma \Rightarrow \Delta$ 在 G3cp 中可推导. 其余推导有关概念的定义与 G3ip 类似.

引理 5.10   对任意可重集 Γ 和 Δ 及公式 α, G3cp $\vdash \alpha, \Gamma \Rightarrow \Delta, \alpha$.

证明   对复杂度 $d(\alpha)$ 归纳证明. 原子公式的情况是显然的. 设 $\alpha = \alpha_1 \wedge \alpha_2$. 由归纳假设可得以下推导:

$$\dfrac{\dfrac{\alpha_1, \alpha_2, \Gamma \Rightarrow \Delta, \alpha_1}{\alpha_1 \wedge \alpha_2, \Gamma \Rightarrow \Delta, \alpha_1}(\wedge\Rightarrow) \quad \dfrac{\alpha_1, \alpha_2, \Gamma \Rightarrow \Delta, \alpha_2}{\alpha_1 \wedge \alpha_2, \Gamma \Rightarrow \Delta, \alpha_2}(\wedge\Rightarrow)}{\alpha_1 \wedge \alpha_2, \Gamma \Rightarrow \Delta, \alpha_1 \wedge \alpha_2}(\Rightarrow\wedge)$$

设 $\alpha = \alpha_1 \vee \alpha_2$. 由归纳假设可得以下推导:

$$\dfrac{\dfrac{\alpha_1, \Gamma \Rightarrow \Delta, \alpha_1, \alpha_2}{\alpha_1, \Gamma \Rightarrow \Delta, \alpha_1 \vee \alpha_2}(\Rightarrow\vee) \quad \dfrac{\alpha_2, \Gamma \Rightarrow \Delta, \alpha_1, \alpha_2}{\alpha_2, \Gamma \Rightarrow \Delta, \alpha_1 \vee \alpha_2}(\Rightarrow\vee)}{\alpha_1 \vee \alpha_2, \Gamma \Rightarrow \Delta, \alpha_1 \vee \alpha_2}(\vee\Rightarrow)$$

设 $\alpha = \alpha_1 \rightarrow \alpha_2$. 由归纳假设可得以下推导:

$$\dfrac{\dfrac{\alpha_1, \alpha_1 \rightarrow \alpha_2, \Gamma \Rightarrow \Delta, \alpha_1 \quad \alpha_2, \alpha_1, \Gamma \Rightarrow \Delta, \alpha_2}{\alpha_1, \alpha_1 \rightarrow \alpha_2, \Gamma \Rightarrow \Delta, \alpha_2}(\rightarrow\Rightarrow)}{\alpha_1 \rightarrow \alpha_2, \Gamma \Rightarrow \Delta, \alpha_1 \rightarrow \alpha_2}(\Rightarrow\rightarrow)$$

$\square$

引理 5.11(可逆性)   在 G3cp 中, 对任意 $n \geqslant 0$, 以下成立:

(1) 如果 $\vdash_n \alpha_1 \wedge \alpha_2, \Gamma \Rightarrow \Delta$, 那么 $\vdash_n \alpha_1, \alpha_2, \Gamma \Rightarrow \Delta$.

(2) 如果 $\vdash_n \Gamma \Rightarrow \Delta, \alpha_1 \wedge \alpha_2$, 那么 $\vdash_n \Gamma \Rightarrow \Delta, \alpha_1$ 并且 $\vdash_n \Gamma \Rightarrow \Delta, \alpha_2$.

(3) 如果 $\vdash_n \alpha_1 \vee \alpha_2, \Gamma \Rightarrow \Delta$, 那么 $\vdash_n \alpha_1, \Gamma \Rightarrow \Delta$ 并且 $\vdash_n \alpha_2, \Gamma \Rightarrow \Delta$.

(4) 如果 $\vdash_n \Gamma \Rightarrow \Delta, \alpha_1 \vee \alpha_2$, 那么 $\vdash_n \Gamma \Rightarrow \Delta, \alpha_1, \alpha_2$.

(5) 如果 $\vdash_n \alpha_1 \rightarrow \alpha_2, \Gamma \Rightarrow \Delta$, 那么 $\vdash_n \Gamma \Rightarrow \Delta, \alpha_1$ 并且 $\vdash_n \alpha_2, \Gamma \Rightarrow \Delta$.

(6) 如果 $\vdash_n \Gamma \Rightarrow \Delta, \alpha_1 \rightarrow \alpha_2$, 那么 $\vdash_n \alpha_1, \Gamma \Rightarrow \Delta, \alpha_2$.

证明　与引理 5.7的证明类似. 这里只证 (5). 设 $\vdash_n \alpha_1 \to \alpha_2, \Gamma \Rightarrow \Delta$. 对 $n \geqslant 0$ 归纳证明 $\vdash_n \Gamma \Rightarrow \Delta, \alpha_1$. 对 $\vdash_n \alpha_2, \Gamma \Rightarrow \Delta$ 的证明与引理 5.7 (3) 类似. 当 $n = 0$ 时, $\alpha_1 \to \alpha_2, \Gamma \Rightarrow \Delta$ 和 $\Gamma \Rightarrow \Delta, \alpha_1$ 都是公理. 设 $n > 0$ 并且 $\alpha_1 \to \alpha_2, \Gamma \Rightarrow \Delta$ 由规则 (R) 得到. 如果 $\alpha_1 \to \alpha_2$ 是 (R) 的主公式, 那么 $\vdash_{n-1} \Gamma \Rightarrow \Delta, \alpha_1$. 设 $\alpha_1 \to \alpha_2$ 不是 (R) 的主公式. 由归纳假设和 (R) 即得. 例如, 令 (R) 是 $(\to\Rightarrow)$. 最后一步是

$$\frac{\vdash_{n-1} \alpha_1 \to \alpha_2, \Gamma' \Rightarrow \Delta, \gamma_1 \quad \vdash_{n-1} \gamma_2, \alpha_1 \to \alpha_2, \Gamma' \Rightarrow \Delta}{\vdash_n \gamma_1 \to \gamma_2, \alpha_1 \to \alpha_2, \Gamma' \Rightarrow \Delta}(\to\Rightarrow)$$

由归纳假设, $\vdash_{n-1} \Gamma' \Rightarrow \Delta, \gamma_1, \alpha_1$ 并且 $\vdash_{n-1} \gamma_2, \Gamma' \Rightarrow \Delta, \alpha_1$. 由 $(\to\Rightarrow)$ 得, $\vdash_n \gamma_1 \to \gamma_2, \Gamma' \Rightarrow \Delta, \alpha_1$. □

引理 5.12　以下弱化规则在 G3cp 中保持高度可允许:

$$\frac{\Gamma \Rightarrow \Delta}{\alpha, \Gamma \Rightarrow \Delta}(w\Rightarrow) \quad \frac{\Gamma \Rightarrow \Delta}{\Gamma \Rightarrow \Delta, \alpha}(\Rightarrow w)$$

证明　设 $\vdash_n \Gamma \Rightarrow \Delta$. 对 $n \geqslant 0$ 同时归纳证明 $\vdash_n \alpha, \Gamma \Rightarrow \Delta$ 并且 $\vdash_n \Gamma \Rightarrow \Delta, \alpha$. 当 $n = 0$ 时, $\Gamma \Rightarrow \Delta$ 以及 $\alpha, \Gamma \Rightarrow \Delta$ 和 $\Gamma \Rightarrow \Delta, \alpha$ 都是公理. 设 $n > 0$ 并且 $\Gamma \Rightarrow \Delta$ 由规则 (R) 得到. 由归纳假设和 (R) 可得. 例如, 设 (R) 是 $(\to\Rightarrow)$. 最后一步是

$$\frac{\vdash_{n-1} \Gamma' \Rightarrow \Delta, \gamma_1 \quad \vdash_{n-1} \gamma_2, \Gamma' \Rightarrow \Delta}{\vdash_n \gamma_1 \to \gamma_2, \Gamma' \Rightarrow \Delta}(\to\Rightarrow)$$

由归纳假设, $\vdash_{n-1} \alpha, \Gamma' \Rightarrow \Delta, \gamma_1$ 并且 $\vdash_{n-1} \alpha, \gamma_2, \Gamma' \Rightarrow \Delta$. 由 $(\to\Rightarrow)$ 得, $\vdash_n \alpha, \gamma_1 \to \gamma_2, \Gamma' \Rightarrow \Delta$. 由归纳假设, $\vdash_{n-1} \Gamma' \Rightarrow \Delta, \gamma_1, \alpha$ 并且 $\vdash_{n-1} \gamma_2, \Gamma' \Rightarrow \Delta, \alpha$. 由 $(\to\Rightarrow)$ 得, $\vdash_n \gamma_1 \to \gamma_2, \Gamma' \Rightarrow \Delta, \alpha$. 其余联结词规则的情况类似证明. □

引理 5.13　以下矢列规则在 G3cp 中可允许:

$$\frac{\Gamma \Rightarrow \Delta, \alpha}{\neg\alpha, \Gamma \Rightarrow \Delta}(\neg\Rightarrow) \quad \frac{\alpha, \Gamma \Rightarrow \Delta}{\Gamma \Rightarrow \Delta, \neg\alpha}(\Rightarrow\neg)$$

证明　在 G3cp 中有以下推导:

$$\frac{\Gamma \Rightarrow \Delta, \alpha \quad \bot, \Gamma \Rightarrow \Delta}{\neg\alpha, \Gamma \Rightarrow \Delta}(\to\Rightarrow) \qquad \frac{\dfrac{\alpha, \Gamma \Rightarrow \Delta}{\alpha, \Gamma \Rightarrow \Delta, \bot}(\Rightarrow w)}{\Gamma \Rightarrow \Delta, \neg\alpha}(\Rightarrow\to)$$

□

引理 5.14　以下收缩规则在 G3cp 中保持高度可允许:

$$\frac{\alpha, \alpha, \Gamma \Rightarrow \Delta}{\alpha, \Gamma \Rightarrow \Delta}(c\Rightarrow) \quad \frac{\Gamma \Rightarrow \Delta, \alpha, \alpha}{\Gamma \Rightarrow \Delta, \alpha}(\Rightarrow c)$$

证明　设 $\vdash_n \alpha, \alpha, \Gamma \Rightarrow \Delta$ 并且 $\vdash_n \Gamma \Rightarrow \Delta, \alpha, \alpha$. 对 $n \geqslant 0$ 归纳证明 $\vdash_n \alpha, \Gamma \Rightarrow \Delta$ 并且 $\vdash_n \Gamma \Rightarrow \Delta, \alpha$. 情况 $n = 0$ 是显然的. 设 $n > 0$ 并且 $\alpha, \alpha, \Gamma \Rightarrow \Delta$ 和 $\Gamma \Rightarrow \Delta, \alpha, \alpha$ 分别由 (R_1) 和 (R_2) 得到. 如果 α 在 (R_1) 和 (R_2) 中都不是主公式, 由归纳假设和 (R) 可得结论. 还有以下两种情况.

(1) 设 α 在 (R_1) 中是主公式. 分以下情况.

(1.1) $\alpha = \alpha_1 \wedge \alpha_2$. 最后一步是

$$\frac{\vdash_{n-1} \alpha_1, \alpha_2, \alpha_1 \wedge \alpha_2, \Gamma \Rightarrow \Delta}{\vdash_n \alpha_1 \wedge \alpha_2, \alpha_1 \wedge \alpha_2, \Gamma \Rightarrow \Delta}(\wedge \Rightarrow)$$

由引理 5.11 (1) 得, $\vdash_{n-1} \alpha_1, \alpha_2, \alpha_1, \alpha_2, \Gamma \Rightarrow \Delta$. 两次应用归纳假设, $\vdash_{n-1} \alpha_1, \alpha_2, \Gamma \Rightarrow \Delta$. 由 $(\wedge \Rightarrow)$ 得, $\vdash_n \alpha_1 \wedge \alpha_2, \Gamma \Rightarrow \Delta$.

(1.2) $\alpha = \alpha_1 \vee \alpha_2$. 最后一步是

$$\frac{\vdash_{n-1} \alpha_1, \alpha_1 \vee \alpha_2, \Gamma \Rightarrow \Delta \quad \vdash_{n-1} \alpha_2, \alpha_1 \vee \alpha_2, \Gamma \Rightarrow \Delta}{\vdash_n \alpha_1 \vee \alpha_2, \alpha_1 \vee \alpha_2, \Gamma \Rightarrow \Delta}(\vee \Rightarrow)$$

由引理 5.11 (3) 得, $\vdash_{n-1} \alpha_1, \alpha_1, \Gamma \Rightarrow \Delta$ 并且 $\vdash_{n-1} \alpha_2, \alpha_2, \Gamma \Rightarrow \Delta$. 由归纳假设, $\vdash_{n-1} \alpha_1, \Gamma \Rightarrow \Delta$ 并且 $\vdash_{n-1} \alpha_2, \Gamma \Rightarrow \Delta$. 由 $(\vee \Rightarrow)$ 得, $\vdash_n \alpha_1 \vee \alpha_2, \Gamma \Rightarrow \Delta$.

(1.3) $\alpha = \alpha_1 \rightarrow \alpha_2$. 最后一步是

$$\frac{\vdash_{n-1} \alpha_1 \rightarrow \alpha_2, \Gamma \Rightarrow \Delta, \alpha_1 \quad \vdash_{n-1} \alpha_2, \alpha_1 \rightarrow \alpha_2, \Gamma \Rightarrow \Delta}{\vdash_n \alpha_1 \rightarrow \alpha_2, \alpha_1 \rightarrow \alpha_2, \Gamma \Rightarrow \Delta}(\rightarrow \Rightarrow)$$

由引理 5.11 (5) 得, $\vdash_{n-1} \Gamma \Rightarrow \Delta, \alpha_1, \alpha_1$ 并且 $\vdash_{n-1} \alpha_2, \alpha_2, \Gamma \Rightarrow \Delta$. 由归纳假设, $\vdash_{n-1} \Gamma \Rightarrow \Delta, \alpha_1$ 并且 $\vdash_{n-1} \alpha_2, \Gamma \Rightarrow \Delta$. 由 $(\rightarrow \Rightarrow)$ 得, $\vdash_n \alpha_1 \rightarrow \alpha_2, \Gamma \Rightarrow \Delta$.

(2) 设 α 在 (R_2) 中是主公式. 分以下情况.

(2.1) $\alpha = \alpha_1 \wedge \alpha_2$. 最后一步是

$$\frac{\vdash_{n-1} \Gamma \Rightarrow \Delta, \alpha_1 \wedge \alpha_2, \alpha_1 \quad \vdash_{n-1} \Gamma \Rightarrow \Delta, \alpha_1 \wedge \alpha_2, \alpha_2}{\vdash_n \Gamma \Rightarrow \Delta, \alpha_1 \wedge \alpha_2, \alpha_1 \wedge \alpha_2}(\Rightarrow \wedge)$$

由引理 5.11 (2) 得, $\vdash_{n-1} \Gamma \Rightarrow \Delta, \alpha_1, \alpha_1$ 并且 $\vdash_{n-1} \Gamma \Rightarrow \Delta, \alpha_2, \alpha_2$. 由归纳假设, $\vdash_{n-1} \Gamma \Rightarrow \Delta, \alpha_1$ 并且 $\vdash_{n-1} \Gamma \Rightarrow \Delta, \alpha_2$. 由 $(\Rightarrow \wedge)$ 得, $\vdash_n \Gamma \Rightarrow \Delta, \alpha_1 \wedge \alpha_2$.

(2.2) $\alpha = \alpha_1 \vee \alpha_2$. 最后一步是

$$\frac{\vdash_{n-1} \Gamma \Rightarrow \Delta, \alpha_1 \vee \alpha_2, \alpha_1, \alpha_2}{\vdash_n \Gamma \Rightarrow \Delta, \alpha_1 \vee \alpha_2, \alpha_1 \vee \alpha_2}(\Rightarrow \vee)$$

由引理 5.11 (4) 得, $\vdash_{n-1} \Gamma \Rightarrow \Delta, \alpha_1, \alpha_2, \alpha_1, \alpha_2$. 两次应用归纳假设, $\vdash_{n-1} \Gamma \Rightarrow \Delta, \alpha_1, \alpha_2$. 由 $(\Rightarrow \vee)$ 得, $\vdash_n \Gamma \Rightarrow \Delta, \alpha_1 \vee \alpha_2$.

(2.3) $\alpha = \alpha_1 \to \alpha_2$. 最后一步是

$$\dfrac{\vdash_{n-1} \alpha_1, \Gamma \Rightarrow \Delta, \alpha_1 \to \alpha_2, \alpha_2}{\vdash_n \Gamma \Rightarrow \Delta, \alpha_1 \to \alpha_2, \alpha_1 \to \alpha_2} (\Rightarrow \to)$$

由引理 5.11 (6) 得, $\vdash_{n-1} \alpha_1, \alpha_1, \Gamma \Rightarrow \Delta, \alpha_2, \alpha_2$. 两次应用归纳假设, $\vdash_{n-1} \alpha_1, \Gamma \Rightarrow \Delta, \alpha_2$. 由 $(\Rightarrow \to)$ 得, $\vdash_n \Gamma \Rightarrow \Delta, \alpha_1 \to \alpha_2$. □

引理 5.15   如果 G3cp $\vdash \Gamma \Rightarrow \Sigma, \bot$, 那么 G3cp $\vdash \Gamma \Rightarrow \Sigma, \Theta$.

证明   设 $\vdash_n \Gamma \Rightarrow \Sigma, \bot$. 情况 $n = 0$ 是显然的. 设 $n > 0$ 并且 $\Gamma \Rightarrow \Sigma, \bot$ 由 (R) 得到. 由于 $\bot$ 在 (R) 中不是主公式, 所以由归纳假设和 (R) 可得 $\vdash \Gamma \Rightarrow \Sigma, \Theta$. 例如, (R) 是 $(\Rightarrow \lor)$. 最后一步是

$$\dfrac{\vdash_{n-1} \Gamma \Rightarrow \Sigma', \alpha_1, \alpha_2, \bot}{\vdash_n \Gamma \Rightarrow \Sigma', \alpha_1 \lor \alpha_2, \bot} (\Rightarrow \lor)$$

由归纳假设, $\vdash \Gamma \Rightarrow \Sigma', \alpha_1, \alpha_2, \Theta$. 由 $(\Rightarrow \lor)$ 得, $\vdash \Gamma \Rightarrow \Sigma', \alpha_1 \lor \alpha_2, \Theta$. □

定理 5.8   以下切割规则在 G3cp 中可允许:

$$\dfrac{\Gamma \Rightarrow \Sigma, \alpha \quad \alpha, \Delta \Rightarrow \Theta}{\Gamma, \Delta \Rightarrow \Sigma, \Theta} (cut)$$

证明   设 $\vdash_m \Gamma \Rightarrow \Sigma, \alpha$ 并且 $\vdash_n \alpha, \Delta \Rightarrow \Theta$. 对 $m + n$ 和 $d(\alpha)$ 同时归纳证明 $\vdash \Gamma, \Delta \Rightarrow \Sigma, \Theta$. 设 $m = 0$ 或 $n = 0$. 分以下情况.

(1) $m = 0$. 设 $\Gamma \Rightarrow \Sigma, \alpha$ 是 (Id) 的特例. 如果 $\alpha = p \in \Gamma$, 由 $\vdash \alpha, \Delta \Rightarrow \Theta$ 和弱化规则得, $\vdash \alpha, \Gamma', \Delta \Rightarrow \Sigma, \Theta$. 如果 $p \in \Gamma \cap \Sigma$, 那么 $\Gamma, \Delta \Rightarrow \Sigma, \Theta$ 是公理. 设 $\Gamma \Rightarrow \Sigma, \alpha$ 是 $(\bot)$ 的特例. 那么 $\Gamma, \Delta \Rightarrow \beta$ 也是 $(\bot)$ 的特例.

(2) $n = 0$. 设 $\alpha, \Delta \Rightarrow \Theta$ 是 (Id) 的特例. 如果 $\alpha = p \in \Theta$, 由 $\vdash \Gamma \Rightarrow \Sigma, \alpha$ 和弱化规则得, $\vdash \Gamma, \Delta \Rightarrow \Sigma, \Theta$. 如果 $p \in \Delta \cap \Theta$, 那么 $\Gamma, \Delta \Rightarrow \Sigma, \Theta$ 是公理. 设 $\alpha, \Delta \Rightarrow \Theta$ 是 $(\bot)$ 的特例. 如果 $\bot \in \Delta$, 那么 $\Gamma, \Delta \Rightarrow \Sigma, \Theta$ 是 $(\bot)$ 的特例. 设 $\alpha = \bot$. 由 $\vdash \Gamma \Rightarrow \Sigma, \bot$ 和引理 5.15得, $\vdash \Gamma \Rightarrow \Sigma, \Theta$. 由 $(w \Rightarrow)$ 得, $\vdash \Gamma, \Delta \Rightarrow \Sigma, \Theta$.

设 $m, n > 0$ 并且 $\Gamma \Rightarrow \Sigma, \alpha$ 和 $\alpha, \Delta \Rightarrow \Theta$ 分别由规则 (R_1) 和 (R_2) 得到.

(3) α 在 (R_1) 中不是主公式. 分以下情况.

(3.1) (R_1) 是 $(\land \Rightarrow)$. 最后一步是

$$\dfrac{\vdash_{m-1} \gamma_1, \gamma_2, \Gamma' \Rightarrow \Sigma, \alpha}{\vdash_m \gamma_1 \land \gamma_2, \Gamma' \Rightarrow \Sigma, \alpha} (\land \Rightarrow)$$

由归纳假设得以下推导:

$$\dfrac{\dfrac{\gamma_1, \gamma_2, \Gamma' \Rightarrow \Sigma, \alpha \quad \alpha, \Delta \Rightarrow \Theta}{\gamma_1, \gamma_2, \Gamma', \Delta \Rightarrow \Sigma, \Theta} (cut)}{\gamma_1 \land \gamma_2, \Gamma', \Delta \Rightarrow \Sigma, \Theta} (\land \Rightarrow)$$

(3.2) (R_1) 是 $(\Rightarrow\wedge)$. 最后一步是

$$\dfrac{\vdash_{m-1}\Gamma\Rightarrow\Sigma',\gamma_1,\alpha\quad\vdash_{m-1}\Gamma\Rightarrow\Sigma',\gamma_2,\alpha}{\vdash_m\Gamma\Rightarrow\Sigma',\gamma_1\wedge\gamma_2,\alpha}(\Rightarrow\wedge)$$

由归纳假设得以下推导:

$$\dfrac{\dfrac{\Gamma\Rightarrow\Sigma',\gamma_1,\alpha\quad\alpha,\Delta\Rightarrow\Theta}{\Gamma,\Delta\Rightarrow\Sigma',\gamma_1,\Theta}(cut)\quad\dfrac{\Gamma\Rightarrow\Sigma',\gamma_2,\alpha\quad\alpha,\Delta\Rightarrow\Theta}{\Gamma,\Delta\Rightarrow\Sigma',\gamma_2,\Theta}(cut)}{\Gamma,\Delta\Rightarrow\Sigma',\gamma_1\wedge\gamma_2,\Theta}(\Rightarrow\wedge)$$

(3.3) (R_1) 是 $(\vee\Rightarrow)$. 最后一步是

$$\dfrac{\vdash_{m-1}\gamma_1,\Gamma'\Rightarrow\Sigma,\alpha\quad\vdash_{m-1}\gamma_2,\Gamma'\Rightarrow\Sigma,\alpha}{\vdash_m\gamma_1\vee\gamma_2,\Gamma'\Rightarrow\Sigma,\alpha}(\vee\Rightarrow)$$

由归纳假设得以下推导:

$$\dfrac{\dfrac{\gamma_1,\Gamma'\Rightarrow\Sigma,\alpha\quad\alpha,\Delta\Rightarrow\Theta}{\gamma_1,\Gamma',\Delta\Rightarrow\Sigma,\Theta}(cut)\quad\dfrac{\gamma_2,\Gamma'\Rightarrow\Sigma,\alpha\quad\alpha,\Delta\Rightarrow\Theta}{\gamma_2,\Gamma',\Delta\Rightarrow\Sigma,\Theta}(cut)}{\gamma_1\vee\gamma_2,\Gamma',\Delta\Rightarrow\Sigma,\Theta}(\vee\Rightarrow)$$

(3.4) (R_1) 是 $(\Rightarrow\vee)$. 最后一步是

$$\dfrac{\vdash_{m-1}\Gamma\Rightarrow\Sigma',\gamma_1,\gamma_2,\alpha}{\vdash_m\Gamma\Rightarrow\Sigma',\gamma_1\vee\gamma_2,\alpha}(\Rightarrow\vee)$$

由归纳假设得以下推导:

$$\dfrac{\dfrac{\Gamma\Rightarrow\Sigma',\gamma_1,\gamma_2,\alpha\quad\alpha,\Delta\Rightarrow\Theta}{\Gamma,\Delta\Rightarrow\Sigma',\gamma_1,\gamma_2,\Theta}(cut)}{\Gamma,\Delta\Rightarrow\Sigma',\gamma_1\vee\gamma_2,\Theta}(\Rightarrow\vee)$$

(3.5) (R_1) 是 $(\rightarrow\Rightarrow)$. 最后一步是

$$\dfrac{\vdash_{m-1}\Gamma'\Rightarrow\Sigma,\alpha,\gamma_1\quad\vdash_{m-1}\gamma_2,\Gamma'\Rightarrow\Sigma,\alpha}{\vdash_m\gamma_1\rightarrow\gamma_2,\Gamma'\Rightarrow\Sigma,\alpha}(\rightarrow\Rightarrow)$$

由归纳假设得以下推导:

$$\dfrac{\dfrac{\Gamma'\Rightarrow\Sigma,\alpha,\gamma_1\quad\alpha,\Delta\Rightarrow\Theta}{\Gamma',\Delta\Rightarrow\Sigma,\Theta,\gamma_1}(cut)\quad\dfrac{\gamma_2,\Gamma'\Rightarrow\Sigma,\alpha\quad\alpha,\Delta\Rightarrow\Theta}{\gamma_2,\Gamma',\Delta\Rightarrow\Sigma,\Theta}(cut)}{\gamma_1\rightarrow\gamma_2,\Gamma',\Delta\Rightarrow\Sigma,\Theta}(\rightarrow\Rightarrow)$$

(3.6) (R_1) 是 $(\Rightarrow\rightarrow)$. 最后一步是

$$\dfrac{\vdash_{m-1}\gamma_1,\Gamma\Rightarrow\Sigma',\gamma_2,\alpha}{\vdash_m\Gamma\Rightarrow\Sigma',\gamma_1\rightarrow\gamma_2,\alpha}(\Rightarrow\rightarrow)$$

由归纳假设得以下推导:

$$\frac{\dfrac{\gamma_1, \Gamma \Rightarrow \Sigma', \gamma_2, \alpha \quad \alpha, \Delta \Rightarrow \Theta}{\gamma_1, \Gamma, \Delta \Rightarrow \Sigma', \gamma_2, \Theta} \, (cut)}{\Gamma, \Delta \Rightarrow \Sigma', \gamma_1 \to \gamma_2, \Theta} \, (\Rightarrow \to)$$

(4) α 仅在 (R_1) 中是主公式. 那么 α 在 (R_2) 中不是主公式. 分以下情况.

(4.1) (R_2) 是 $(\wedge \Rightarrow)$. 最后一步是

$$\frac{\vdash_{n-1} \alpha, \gamma_1, \gamma_2, \Delta' \Rightarrow \Theta}{\vdash_n \alpha, \gamma_1 \wedge \gamma_2, \Delta' \Rightarrow \Theta} (\wedge \Rightarrow)$$

由归纳假设得以下推导:

$$\frac{\dfrac{\Gamma \Rightarrow \Sigma, \alpha \quad \alpha, \gamma_1, \gamma_2, \Delta' \Rightarrow \Theta}{\Gamma, \gamma_1, \gamma_2, \Delta' \Rightarrow \Sigma, \Theta} \, (cut)}{\Gamma, \gamma_1 \wedge \gamma_2, \Delta' \Rightarrow \Sigma, \Theta} \, (\wedge \Rightarrow)$$

(4.2) (R_2) 是 $(\Rightarrow \wedge)$. 最后一步是

$$\frac{\vdash_{n-1} \alpha, \Delta \Rightarrow \Theta', \beta_1 \quad \vdash_{n-1} \alpha, \Delta \Rightarrow \Theta', \beta_2}{\vdash_n \alpha, \Delta \Rightarrow \Theta', \beta_1 \wedge \beta_2} (\Rightarrow \wedge)$$

由归纳假设得以下推导:

$$\frac{\dfrac{\Gamma \Rightarrow \Sigma, \alpha \quad \alpha, \Delta \Rightarrow \Theta', \beta_1}{\Gamma, \Delta \Rightarrow \Sigma, \Theta', \beta_1} \, (cut) \quad \dfrac{\Gamma \Rightarrow \Sigma, \alpha \quad \alpha, \Delta \Rightarrow \Theta', \beta_2}{\Gamma, \Delta \Rightarrow \Sigma, \Theta', \beta_2} \, (cut)}{\Gamma, \Delta \Rightarrow \Sigma, \Theta', \beta_1 \wedge \beta_2} \, (\Rightarrow \wedge)$$

(4.3) (R_2) 是 $(\vee \Rightarrow)$. 最后一步是

$$\frac{\vdash_{n-1} \alpha, \gamma_1, \Delta' \Rightarrow \Theta \quad \vdash_{n-1} \alpha, \gamma_2, \Delta' \Rightarrow \Theta}{\vdash_n \alpha, \gamma_1 \vee \gamma_2, \Delta' \Rightarrow \Theta} (\vee \Rightarrow)$$

由归纳假设得以下推导:

$$\frac{\dfrac{\Gamma \Rightarrow \Sigma, \alpha \quad \alpha, \gamma_1, \Delta' \Rightarrow \Theta}{\Gamma, \gamma_1, \Delta' \Rightarrow \Sigma, \Theta} \, (cut) \quad \dfrac{\Gamma \Rightarrow \Sigma, \alpha \quad \alpha, \gamma_2, \Delta' \Rightarrow \Theta}{\Gamma, \gamma_2, \Delta' \Rightarrow \Sigma, \Theta} \, (cut)}{\Gamma, \gamma_1 \vee \gamma_2, \Delta' \Rightarrow \Sigma, \Theta} \, (\vee \Rightarrow)$$

(4.4) (R_2) 是 $(\Rightarrow \vee)$. 最后一步是

$$\frac{\vdash_{n-1} \alpha, \Delta \Rightarrow \Theta', \beta_1, \beta_2}{\vdash_n \alpha, \Delta \Rightarrow \Theta', \beta_1 \vee \beta_2} (\Rightarrow \vee)$$

由归纳假设得以下推导:

$$\frac{\dfrac{\Gamma \Rightarrow \Sigma, \alpha \quad \alpha, \Delta \Rightarrow \Theta', \beta_1, \beta_2}{\Gamma, \Delta \Rightarrow \Sigma, \Theta', \beta_1, \beta_2} \, (cut)}{\Gamma, \Delta \Rightarrow \Sigma, \Theta', \beta_1 \vee \beta_2} \, (\Rightarrow \vee)$$

(4.5) (R_2) 是 $(\to\Rightarrow)$. 最后一步是

$$\frac{\vdash_{n-1} \alpha, \Delta' \Rightarrow \Theta, \gamma_1 \quad \vdash_{m-1} \alpha, \gamma_2, \Delta' \Rightarrow \Theta}{\vdash_n \alpha, \gamma_1 \to \gamma_2, \Delta' \Rightarrow \Theta}(\to\Rightarrow)$$

由归纳假设得以下推导:

$$\frac{\dfrac{\Gamma \Rightarrow \Sigma, \alpha \quad \alpha, \Delta' \Rightarrow \Theta, \gamma_1}{\Gamma, \Delta' \Rightarrow \Sigma, \Theta, \gamma_1}(cut) \quad \dfrac{\Gamma \Rightarrow \Sigma, \alpha \quad \alpha, \gamma_2, \Delta' \Rightarrow \Theta}{\Gamma, \gamma_2, \Delta' \Rightarrow \Sigma, \Theta}(cut)}{\Gamma, \gamma_1 \to \gamma_2, \Delta' \Rightarrow \Sigma, \Theta}(\to\Rightarrow)$$

(4.6) (R_2) 是 $(\Rightarrow\to)$. 最后一步是

$$\frac{\vdash_{n-1} \beta_1, \alpha, \Delta \Rightarrow \Theta', \beta_2}{\vdash_n \alpha, \Delta \Rightarrow \Theta', \beta_1 \to \beta_2}(\Rightarrow\to)$$

由归纳假设得以下推导:

$$\frac{\dfrac{\Gamma \Rightarrow \Sigma, \alpha \quad \beta_1, \alpha, \Delta \Rightarrow \Theta', \beta_2}{\Gamma, \beta_1, \Delta \Rightarrow \Sigma, \Theta', \beta_2}(cut)}{\Gamma, \Delta \Rightarrow \Sigma, \Theta', \beta_1 \to \beta_2}(\Rightarrow\to)$$

(5) α 在 (R_1) 和 (R_2) 中都是主公式. 分以下情况.

(5.1) $\alpha = \alpha_1 \wedge \alpha_2$. 最后一步是

$$\frac{\vdash_{m-1} \Gamma \Rightarrow \Sigma, \alpha_1 \quad \vdash_{m-1} \Gamma \Rightarrow \Sigma, \alpha_2}{\vdash_m \Gamma \Rightarrow \Sigma, \alpha_1 \wedge \alpha_2}(\Rightarrow\wedge) \quad \frac{\vdash_{n-1} \alpha_1, \alpha_2, \Delta \Rightarrow \Theta}{\vdash_n \alpha_1 \wedge \alpha_2, \Delta \Rightarrow \Theta}(\wedge\Rightarrow)$$

由归纳假设可得以下推导:

$$\frac{\dfrac{\Gamma \Rightarrow \Sigma, \alpha_2 \quad \dfrac{\Gamma \Rightarrow \Sigma, \alpha_1 \quad \alpha_1, \alpha_2, \Delta \Rightarrow \Theta}{\Gamma, \alpha_2, \Delta \Rightarrow \Sigma, \Theta}(cut)}{\Gamma, \Gamma, \Delta \Rightarrow \Sigma, \Sigma, \Theta}(cut)}{\Gamma, \Delta \Rightarrow \Sigma, \Theta}(c\Rightarrow, \Rightarrow c)^*$$

(5.2) $\alpha = \alpha_1 \vee \alpha_2$. 最后一步是

$$\frac{\vdash_{m-1} \Gamma \Rightarrow \Sigma, \alpha_1, \alpha_2}{\vdash_m \Gamma \Rightarrow \Sigma, \alpha_1 \vee \alpha_2}(\Rightarrow\vee) \quad \frac{\vdash_{n-1} \alpha_1, \Delta \Rightarrow \Theta \quad \vdash_{n-1} \alpha_2, \Delta \Rightarrow \Theta}{\vdash_n \alpha_1 \vee \alpha_2, \Delta \Rightarrow \Theta}(\vee\Rightarrow)$$

由归纳假设可得以下推导:

$$\frac{\dfrac{\dfrac{\Gamma \Rightarrow \Sigma, \alpha_1, \alpha_2 \quad \alpha_1, \Delta \Rightarrow \Theta}{\Gamma, \Delta \Rightarrow \Sigma, \alpha_2, \Theta}(cut) \quad \alpha_2, \Delta \Rightarrow \Theta}{\Gamma, \Delta, \Delta \Rightarrow \Sigma, \Theta, \Theta}(cut)}{\Gamma, \Delta \Rightarrow \Sigma, \Theta}(c\Rightarrow, \Rightarrow c)^*$$

(5.3) $\alpha = \alpha_1 \to \alpha_2$. 最后一步是

$$\dfrac{\vdash_{m-1} \alpha_1, \Gamma \Rightarrow \Sigma, \alpha_2}{\vdash_m \Gamma \Rightarrow \Sigma, \alpha_1 \to \alpha_2}(\Rightarrow\to) \qquad \dfrac{\vdash_{n-1} \Delta \Rightarrow \Theta, \alpha_1 \quad \vdash_{n-1} \alpha_2, \Delta \Rightarrow \Theta}{\vdash_n \alpha_1 \to \alpha_2, \Delta \Rightarrow \Theta}(\to\Rightarrow)$$

由归纳假设可得以下推导:

$$\dfrac{\dfrac{\Delta \Rightarrow \Theta, \alpha_1 \quad \alpha_1, \Gamma \Rightarrow \Sigma, \alpha_2}{\Gamma, \Delta \Rightarrow \Sigma, \Theta, \alpha_2}(cut) \quad \alpha_2, \Delta \Rightarrow \Theta}{\dfrac{\Gamma, \Delta, \Delta \Rightarrow \Sigma, \Theta, \Theta}{\Gamma, \Delta \Rightarrow \Sigma, \Theta}(c\Rightarrow, \Rightarrow c)^*}(cut)$$

□

定理 5.9 G2cp $\vdash \Gamma \Rightarrow \Delta$ 当且仅当 G3cp $\vdash \Gamma \Rightarrow \Delta$.

证明 设 G2cp $\vdash \Gamma \Rightarrow \Delta$. 显然 G2cp 公理在 G3cp 中可推导. 由引理 5.12, G2cp 弱化规则在 G3cp 中可允许. 由引理 5.14, G2cp 收缩规则在 G3cp 中可允许. 此外, G2cp 联结词规则在 G3cp 中可允许. 所以 G3cp $\vdash \Gamma \Rightarrow \beta$. 设 G3cp $\vdash \Gamma \Rightarrow \beta$. 只需证明 G3cp 的联结词规则 $(\wedge\Rightarrow)$ 和 $(\Rightarrow\vee)$ 在 G2cp 中可允许. 推导如下:

$$\dfrac{\dfrac{\dfrac{\alpha_1, \alpha_2, \Sigma \Rightarrow \Theta}{\alpha_1 \wedge \alpha_2, \alpha_2, \Sigma \Rightarrow \Theta}(\wedge\Rightarrow)}{\alpha_1 \wedge \alpha_2, \alpha_1 \wedge \alpha_2, \Sigma \Rightarrow \Theta}(\wedge\Rightarrow)}{\alpha_1 \wedge \alpha_2, \Sigma \Rightarrow \Theta}(c\Rightarrow) \qquad \dfrac{\dfrac{\dfrac{\Sigma \Rightarrow \Theta, \beta_1, \beta_2}{\Sigma \Rightarrow \Theta, \beta_1 \vee \beta_2, \beta_2}(\Rightarrow\vee)}{\Sigma \Rightarrow \Theta, \beta_1 \vee \beta_2, \beta_1 \vee \beta_2}(\Rightarrow\vee)}{\Sigma \Rightarrow \Theta, \beta_1 \vee \beta_2}(\Rightarrow c)$$

所以 G2cp $\vdash \Gamma \Rightarrow \Delta$. □

矢列演算 G3cp 具有子公式性质, 并且在 G3cp 中可以进行推导搜索, 从而得到 G3cp 的可判定性. 与 G3ip 相比, G3cp 的推导搜索是停机的.

定义 5.7 一个公式 α 的**权重**$w(\alpha)$ 归纳定义如下:

$$w(p) = 0 = w(\bot),$$
$$w(\alpha_1 \odot \alpha_2) = w(\alpha_1) + w(\alpha_2) + 1, \ 其中 \odot \in \{\wedge, \vee, \to\}.$$

对任意有穷可重公式集 $\Gamma = \alpha_1, \cdots, \alpha_n$ 和 $\Delta = \beta_1, \cdots, \beta_m$, 矢列 $\Gamma \Rightarrow \Delta$ 的**权重**$w(\Gamma \Rightarrow \Delta)$ 定义如下:

$$w(\Gamma \Rightarrow \Delta) = \left[\sum_{1 \leqslant i \leqslant n} w(\alpha_i) \right] + \left[\sum_{1 \leqslant j \leqslant m} w(\beta_j) \right]$$

即 Γ 和 Δ 中所有公式的权重之和.

引理 5.16 G3cp 中每个联结词规则分子矢列的权重严格小于分母矢列的权重.

证明   只需逐一检查每条联结词规则即可.   □

定理 5.10   G3cp 是可判定的.

证明   任给矢列 $\Gamma \Rightarrow \Delta$, 从该矢列出发搜索所有可能的推导. 由引理 5.16, 搜索空间是有穷的, 即至多只有有穷多个可能的推导. 如果存在每个叶节点是公理的推导, 那么 $\Gamma \Rightarrow \Delta$ 是可推导的; 否则, $\Gamma \Rightarrow \Delta$ 是不可推导的.   □

在 G3cp 中推导搜索是停机的, 因为随着自下而上搜索过程的展开, 矢列的权重严格减小直至为 0. 这样, 在任何搜索分枝上都不会出现循环.

5.3   直觉主义句子逻辑的停机矢列演算

在矢列演算 G3ip 中, 由于规则 $(\Rightarrow\rightarrow)$ 的左前提重复出现结论的主公式, 所以在证明某些矢列不可推导时可能出现循环, 导致推导搜索不停机. 这里再举一个简单的例子. 例如, $\Rightarrow \neg\neg p$ 的推导搜索如下:

$$
\cfrac{\cfrac{\cfrac{\cfrac{\cfrac{\neg p \Rightarrow p \quad \bot \Rightarrow p}{\neg p \Rightarrow p}(\rightarrow\Rightarrow) \quad \bot \Rightarrow p}{\neg p \Rightarrow p}(\rightarrow\Rightarrow) \quad \bot \Rightarrow p}{\neg p \Rightarrow p}(\rightarrow\Rightarrow) \quad \bot \Rightarrow \bot}{\neg p \Rightarrow \bot}(\rightarrow\Rightarrow)}{\Rightarrow \neg\neg p}(\Rightarrow\rightarrow)
$$

最左边 $\neg p \Rightarrow p$ 的推导出现循环. 下面介绍迪克霍夫 (R. Dyckhoff) 给出的直觉主义句子逻辑的停机矢列演算 G4ip.

定义 5.8   矢列演算 G4ip 是使用以下规则替换 G3ip 的规则 $(\rightarrow\Rightarrow)$ 得到的:

$$
\cfrac{p, \alpha, \Gamma \Rightarrow \beta}{p, p \rightarrow \alpha, \Gamma \Rightarrow \beta}(0\rightarrow\Rightarrow) \qquad \cfrac{\gamma_1 \rightarrow (\gamma_2 \rightarrow \alpha), \Gamma \Rightarrow \beta}{(\gamma_1 \wedge \gamma_2) \rightarrow \alpha, \Gamma \Rightarrow \beta}(\wedge\rightarrow\Rightarrow)
$$

$$
\cfrac{\gamma_1 \rightarrow \alpha, \gamma_2 \rightarrow \alpha, \Gamma \Rightarrow \beta}{(\gamma_1 \vee \gamma_2) \rightarrow \alpha, \Gamma \Rightarrow \beta}(\vee\rightarrow\Rightarrow) \qquad \cfrac{\gamma_1, \gamma_2 \rightarrow \alpha, \Gamma \Rightarrow \gamma_2 \quad \alpha, \Gamma \Rightarrow \beta}{(\gamma_1 \rightarrow \gamma_2) \rightarrow \alpha, \Gamma \Rightarrow \beta}(\rightarrow\rightarrow\Rightarrow)
$$

我们用记号 G4ip $\vdash \Gamma \Rightarrow \beta$ 表示 $\Gamma \Rightarrow \beta$ 在 G4ip 中可推导.

引理 5.17   规则 $(0\rightarrow\Rightarrow)$, $(\wedge\rightarrow\Rightarrow)$, $(\vee\rightarrow\Rightarrow)$ 和 $(\rightarrow\rightarrow\Rightarrow)$ 在 G3ip 中可允许.

证明 $(0\rightarrow\Rightarrow)$. 设 G3ip $\vdash p, \alpha, \Gamma \Rightarrow \beta$. 显然 G3ip $\vdash p, p \rightarrow \alpha \Rightarrow p$ 并且 G3ip $\vdash p, p \rightarrow \alpha \Rightarrow \alpha$. 在 G3ip 有以下推导:

$$
\cfrac{\cfrac{p, p \rightarrow \alpha \Rightarrow \alpha \quad \cfrac{p, p \rightarrow \alpha \Rightarrow p \quad p, \alpha, \Gamma \Rightarrow \beta}{p, p \rightarrow \alpha, \alpha, \Gamma \Rightarrow \beta}(cut)}{\cfrac{\cfrac{p, p \rightarrow \alpha, p, p \rightarrow \alpha, \Gamma \Rightarrow \beta}{p, p \rightarrow \alpha, p \rightarrow \alpha, \Gamma \Rightarrow \beta}(c\Rightarrow)}{p, p \rightarrow \alpha, \Gamma \Rightarrow \beta}(c\Rightarrow)}(cut)}{}
$$

$(\wedge{\rightarrow}{\Rightarrow})$. 设 $\mathsf{G3ip} \vdash \gamma_1 \rightarrow (\gamma_2 \rightarrow \alpha), \Gamma \Rightarrow \beta$. 显然 $\mathsf{G3ip} \vdash \gamma_1, \gamma_2, (\gamma_1 \wedge \gamma_2) \rightarrow \alpha \Rightarrow \gamma_1 \wedge \gamma_2$. 在 $\mathsf{G3ip}$ 中有以下推导:

$$
\dfrac{
\dfrac{
\dfrac{\gamma_1, \gamma_2, (\gamma_1 \wedge \gamma_2) \rightarrow \alpha \Rightarrow \gamma_1 \wedge \gamma_2 \quad \alpha, \gamma_1, \gamma_2 \Rightarrow \alpha}{\gamma_1, \gamma_2, (\gamma_1 \wedge \gamma_2) \rightarrow \alpha \Rightarrow \alpha} \ ({\rightarrow}{\Rightarrow})
}{\gamma_1, (\gamma_1 \wedge \gamma_2) \rightarrow \alpha \Rightarrow \gamma_2 \rightarrow \alpha} \ ({\Rightarrow}{\rightarrow})
}{(\gamma_1 \wedge \gamma_2) \rightarrow \alpha \Rightarrow \gamma_1 \rightarrow (\gamma_2 \rightarrow \alpha)} \ ({\Rightarrow}{\rightarrow})
$$

由 $\mathsf{G3ip} \vdash \gamma_1 \rightarrow (\gamma_2 \rightarrow \alpha), \Gamma \Rightarrow \beta$ 和 (cut) 得, $\mathsf{G3ip} \vdash (\gamma_1 \wedge \gamma_2) \rightarrow \alpha, \Gamma \Rightarrow \beta$.

$(\vee{\rightarrow}{\Rightarrow})$. 设 $\mathsf{G3ip} \vdash \gamma_1 \rightarrow \alpha, \gamma_2 \rightarrow \alpha, \Gamma \Rightarrow \beta$. 在 $\mathsf{G3ip}$ 中有以下推导:

$$
\dfrac{
\dfrac{
\dfrac{\gamma_1, (\gamma_1 \vee \gamma_2) \rightarrow \alpha \Rightarrow \gamma_1}{\gamma_1, (\gamma_1 \vee \gamma_2) \rightarrow \alpha \Rightarrow \gamma_1 \vee \gamma_2} \ ({\Rightarrow}{\vee}) \quad \alpha, \gamma_1 \Rightarrow \alpha
}{\gamma_1, (\gamma_1 \vee \gamma_2) \rightarrow \alpha \Rightarrow \alpha} \ ({\rightarrow}{\Rightarrow})
}{(\gamma_1 \vee \gamma_2) \rightarrow \alpha \Rightarrow \gamma_1 \rightarrow \alpha} \ ({\Rightarrow}{\rightarrow})
$$

$$
\dfrac{
\dfrac{
\dfrac{\gamma_2, (\gamma_1 \vee \gamma_2) \rightarrow \alpha \Rightarrow \gamma_2}{\gamma_2, (\gamma_1 \vee \gamma_2) \rightarrow \alpha \Rightarrow \gamma_1 \vee \gamma_2} \ ({\Rightarrow}{\vee}) \quad \alpha, \gamma_2 \Rightarrow \alpha
}{\gamma_2, (\gamma_1 \vee \gamma_2) \rightarrow \alpha \Rightarrow \alpha} \ ({\rightarrow}{\Rightarrow})
}{(\gamma_1 \vee \gamma_2) \rightarrow \alpha \Rightarrow \gamma_2 \rightarrow \alpha} \ ({\Rightarrow}{\rightarrow})
$$

然后有以下推导:

$$
\dfrac{
(\gamma_1 \vee \gamma_2) \rightarrow \alpha \Rightarrow \gamma_2 \rightarrow \alpha \quad
\dfrac{
(\gamma_1 \vee \gamma_2) \rightarrow \alpha \Rightarrow \gamma_1 \rightarrow \alpha \quad \gamma_1 \rightarrow \alpha, \gamma_2 \rightarrow \alpha, \Gamma \Rightarrow \beta
}{(\gamma_1 \vee \gamma_2) \rightarrow \alpha, \gamma_2 \rightarrow \alpha, \Gamma \Rightarrow \beta} \ (cut)
}{
\dfrac{(\gamma_1 \vee \gamma_2) \rightarrow \alpha, (\gamma_1 \vee \gamma_2) \rightarrow \alpha, \Gamma \Rightarrow \beta}{(\gamma_1 \vee \gamma_2) \rightarrow \alpha, \Gamma \Rightarrow \beta} \ (c{\Rightarrow})
} \ (cut)
$$

$({\rightarrow}{\rightarrow}{\Rightarrow})$. 设 $\vdash \gamma_1, \gamma_2 \rightarrow \alpha, \Gamma \Rightarrow \gamma_2$ 并且 $\vdash \alpha, \Gamma \Rightarrow \beta$. 然后有以下推导:

$$
\dfrac{
\dfrac{
\dfrac{\gamma_1, \gamma_2, (\gamma_1 \rightarrow \gamma_2) \rightarrow \alpha \Rightarrow \gamma_2}{\gamma_2, (\gamma_1 \rightarrow \gamma_2) \rightarrow \alpha \Rightarrow \gamma_1 \rightarrow \gamma_2} \ ({\Rightarrow}{\rightarrow}) \quad \alpha, \gamma_2 \Rightarrow \alpha
}{\gamma_2, (\gamma_1 \rightarrow \gamma_2) \rightarrow \alpha \Rightarrow \alpha} \ ({\rightarrow}{\Rightarrow})
}{(\gamma_1 \rightarrow \gamma_2) \rightarrow \alpha \Rightarrow \gamma_2 \rightarrow \alpha} \ ({\Rightarrow}{\rightarrow})
$$

然后有以下推导:

$$
\dfrac{
\dfrac{
(\gamma_1 \rightarrow \gamma_2) \rightarrow \alpha \Rightarrow \gamma_2 \rightarrow \alpha \quad
\dfrac{\gamma_1, \gamma_2 \rightarrow \alpha, \Gamma \Rightarrow \gamma_2}{\gamma_2 \rightarrow \alpha, \Gamma \Rightarrow \gamma_1 \rightarrow \gamma_2} \ ({\Rightarrow}{\rightarrow})
}{(\gamma_1 \rightarrow \gamma_2) \rightarrow \alpha, \Gamma \Rightarrow \gamma_1 \rightarrow \gamma_2} \ (cut) \quad \alpha, \Gamma \Rightarrow \beta
}{(\gamma_1 \rightarrow \gamma_2) \rightarrow \alpha, \Gamma \Rightarrow \beta} \ ({\rightarrow}{\Rightarrow})
$$

□

引理 5.18   以下弱化规则在 G4ip 中保持高度可推导:

$$\frac{\Gamma \Rightarrow \beta}{\alpha, \Gamma \Rightarrow \beta}(w\Rightarrow).$$

证明   设 $\vdash_n \Gamma \Rightarrow \beta$. 对 $n \geqslant 0$ 归纳证明 $\vdash_n \alpha, \Gamma \Rightarrow \beta$, 与引理 5.6的证明类似. □

引理 5.19(可逆性)   在 G4ip 中, 对任意 $n \geqslant 0$, 以下成立:

(1) 如果 $\vdash_n \alpha \wedge \beta, \Gamma \Rightarrow \gamma$, 那么 $\vdash_n \alpha, \beta, \Gamma \Rightarrow \gamma$.

(2) 如果 $\vdash_n \alpha \vee \beta, \Gamma \Rightarrow \gamma$, 那么 $\vdash_n \alpha, \Gamma \Rightarrow \gamma$ 并且 $\vdash_n \alpha, \Gamma \Rightarrow \gamma$.

(3) 如果 $\vdash_n \Gamma \Rightarrow \alpha \wedge \beta$, 那么 $\vdash_n \Gamma \Rightarrow \alpha$ 并且 $\vdash_n \Gamma \Rightarrow \beta$.

(4) 如果 $\vdash_n p \rightarrow \alpha, \Gamma \Rightarrow \beta$, 那么 $\vdash_n \alpha, \Gamma \Rightarrow \beta$.

(5) 如果 $\vdash_n (\gamma_1 \wedge \gamma_2) \rightarrow \alpha, \Gamma \Rightarrow \beta$, 那么 $\vdash_n \gamma_1 \rightarrow (\gamma_2 \rightarrow \alpha), \Gamma \Rightarrow \beta$.

(6) 如果 $\vdash_n (\gamma_1 \vee \gamma_2) \rightarrow \alpha, \Gamma \Rightarrow \beta$, 那么 $\vdash_n \gamma_1 \rightarrow \alpha, \gamma_2 \rightarrow \alpha, \Gamma \Rightarrow \beta$.

(7) 如果 $\vdash_n (\gamma_1 \rightarrow \gamma_2) \rightarrow \alpha, \Gamma \Rightarrow \beta$, 那么 $\vdash_n \alpha, \Gamma \Rightarrow \beta$.

(8) 如果 $\vdash_n \Gamma \Rightarrow \alpha \rightarrow \beta$, 那么 $\vdash_n \alpha, \Gamma \Rightarrow \beta$.

证明   与引理 5.7的证明类似, 这里只证明 (8). 设 $\vdash_n \Gamma \Rightarrow \alpha \rightarrow \beta$. 对 $n \geqslant 0$ 归纳证明 $\vdash_n \alpha, \Gamma \Rightarrow \beta$. 情况 $n = 0$ 是显然的. 设 $n > 0$ 并且 $\Gamma \Rightarrow \alpha \rightarrow \beta$ 由规则 (R) 得到. 如果 $\alpha \rightarrow \beta$ 是 (R) 的主公式, 那么 $\vdash_{n-1} \Gamma \Rightarrow \alpha \rightarrow \beta$. 设 $\alpha \rightarrow \beta$ 不是 (R) 的主公式. 那么 (R) 是联结词的左规则. 由归纳假设和 (R) 可得结论. 例如, 令 (R) 是 $(\rightarrow\rightarrow\Rightarrow)$. 最后一步是

$$\frac{\vdash_{n-1} \gamma_1, \gamma_2 \rightarrow \gamma_3, \Gamma' \Rightarrow \gamma_2 \qquad \vdash_{n-1} \gamma_3, \Gamma' \Rightarrow \alpha \rightarrow \beta}{\vdash_n (\gamma_1 \rightarrow \gamma_2) \rightarrow \gamma_3, \Gamma' \Rightarrow \alpha \rightarrow \beta}(\rightarrow\rightarrow\Rightarrow)$$

由 $\vdash_{n-1} \gamma_3, \Gamma' \Rightarrow \alpha \rightarrow \beta$ 和归纳假设得, $\vdash_{n-1} \gamma_3, \alpha, \Gamma' \Rightarrow \beta$. 由 $(\rightarrow\rightarrow\Rightarrow)$ 得, $\vdash_n (\gamma_1 \rightarrow \gamma_2) \rightarrow \gamma_3, \alpha, \Gamma' \Rightarrow \beta$. □

定义 5.9   一个公式 α 的权重 $\mu(\alpha)$ 归纳定义如下:

$$\mu(\bot) = 2 = \mu(p)$$
$$\mu(\alpha \wedge \beta) = \mu(\alpha) \cdot (1 + \mu(\beta))$$
$$\mu(\alpha \vee \beta) = \mu(\alpha) + \mu(\beta) + 1$$
$$\mu(\alpha \rightarrow \beta) = \mu(\alpha) \cdot \mu(\beta) + 1.$$

对任意可重公式集 $\Gamma = \alpha_1, \cdots, \alpha_n$ 和公式 β, 矢列 $\Gamma \Rightarrow \beta$ 的**权重**定义为

$$\mu(\Gamma \Rightarrow \beta) = \big[\sum_{1 \leqslant i \leqslant n} \mu(\alpha_i) \big] + \mu(\beta).$$

即 $\Gamma \Rightarrow \beta$ 中公式的权重之和.

断言 5.1　对任意公式 α 都有 $\mu(\alpha) \geqslant 2$. 因此, 对任意公式 $\gamma_1, \gamma_2, \alpha$, 以下成立:

(1) $\mu(\gamma_1 \to (\gamma_2 \to \alpha)) < \mu((\gamma_1 \land \gamma_2) \to \alpha)$.

(2) $\mu(\gamma_1 \to \alpha) < \mu((\gamma_1 \lor \gamma_2) \to \alpha)$.

(3) $\mu(\gamma_2 \to \alpha) < \mu((\gamma_1 \lor \gamma_2) \to \alpha)$.

(4) $\mu(\gamma_2 \to \alpha) < \mu((\gamma_1 \to \gamma_2) \to \alpha)$.

在 G4ip 中, 每个联结词规则的分子矢列权重都严格小于分母矢列权重. 因此, 在 G4ip 中推导搜索是停机的. 由此可得 G4ip 的可判定性. 与 G3ip 相比, G4ip 通过 $(\to\Rightarrow)$ 的处理克服了 G3ip 中推导搜索的循环问题.

引理 5.20　对任意有穷可重集 Γ, 公式 α 和 $\alpha \to \beta$, 以下成立:

(1) G4ip $\vdash \alpha, \Gamma \Rightarrow \alpha$.

(2) G4ip $\vdash \alpha, \alpha \to \beta, \Gamma \Rightarrow \beta$.

证明　(1) 对 $\mu(\alpha)$ 归纳证明. 原子公式情况显然. 情况 $\alpha = \alpha_1 \land \alpha_2$ 或 $\alpha_1 \lor \alpha_2$ 与引理 5.5证明类似. 设 $\alpha = \alpha_1 \to \alpha_2$. 对 $\mu(\alpha_1)$ 归纳证明 $\alpha_1 \to \alpha_2, \Gamma \Rightarrow \alpha_1 \to \alpha_2$.

(1.1) $\mu(\alpha_1) = 2$. 设 $\alpha_1 = \perp$. 有以下推导:

$$\frac{\perp, \perp \to \alpha_2, \Gamma \Rightarrow \alpha_2}{\perp \to \alpha_2, \Gamma \Rightarrow \perp \to \alpha_2}\ (\Rightarrow\to)$$

设 $\alpha_1 = p$. 有以下推导:

$$\frac{\dfrac{p, \alpha_2, \Gamma \Rightarrow \alpha_2}{p, p \to \alpha_2, \Gamma \Rightarrow \alpha_2}\ (0\to\Rightarrow)}{p \to \alpha_2, \Gamma \Rightarrow p \to \alpha_2}\ (\Rightarrow\to)$$

(1.2) $\alpha_1 = \gamma_1 \land \gamma_2$. 因为 $\mu(\gamma_1 \to (\gamma_2 \to \alpha_2)) < \mu((\gamma_1 \land \gamma_2) \to \alpha_2)$, 由归纳假设得, $\vdash \gamma_1 \to (\gamma_2 \to \alpha_2), \Gamma \Rightarrow \gamma_1 \to (\gamma_2 \to \alpha_2)$. 由 $(\land\to\Rightarrow)$ 得, $\vdash (\gamma_1 \land \gamma_2) \to \alpha_2, \Gamma \Rightarrow \gamma_1 \to (\gamma_2 \to \alpha_2)$. 由引理 5.19 (8) 得, $\vdash \gamma_1, \gamma_2, (\gamma_1 \land \gamma_2) \to \alpha_2, \Gamma \Rightarrow \alpha_2$. 然后有以下推导:

$$\frac{\dfrac{\gamma_1, \gamma_2, (\gamma_1 \land \gamma_2) \to \alpha_2, \Gamma \Rightarrow \alpha_2}{\gamma_1 \land \gamma_2, (\gamma_1 \land \gamma_2) \to \alpha_2, \Gamma \Rightarrow \alpha_2}\ (\land\Rightarrow)}{(\gamma_1 \land \gamma_2) \to \alpha_2, \Gamma \Rightarrow (\gamma_1 \land \gamma_2) \to \alpha_2}\ (\Rightarrow\to)$$

(1.3) $\alpha_1 = \gamma_1 \lor \gamma_2$. 因为 $\mu(\gamma_1 \to \alpha_2) < \mu((\gamma_1 \lor \gamma_2) \to \alpha_2)$ 并且 $\mu(\gamma_2 \to \alpha_2) < \mu((\gamma_1 \lor \gamma_2) \to \alpha_2)$, 由归纳假设得, $\vdash \gamma_1 \to \alpha_2, \gamma_2 \to \alpha_2, \Gamma \Rightarrow \gamma_1 \to \alpha_2$ 并且 $\vdash \gamma_1 \to \alpha_2, \gamma_2 \to \alpha_2, \Gamma \Rightarrow \gamma_2 \to \alpha_2$. 由引理 5.19 (8) 得, $\vdash \gamma_1, \gamma_1 \to \alpha_2, \gamma_2 \to \alpha_2, \Gamma \Rightarrow \alpha_2$

并且 $\gamma_2, \gamma_1 \to \alpha_2, \gamma_2 \to \alpha_2, \Gamma \Rightarrow \alpha_2$. 然后有以下推导:

$$\dfrac{\dfrac{\gamma_1, \gamma_1 \to \alpha_2, \gamma_2 \to \alpha_2, \Gamma \Rightarrow \alpha_2}{\gamma_1, (\gamma_1 \vee \gamma_2) \to \alpha_2, \Gamma \Rightarrow \alpha_2}(\vee\to\Rightarrow) \quad \dfrac{\gamma_2, \gamma_1 \to \alpha_2, \gamma_2 \to \alpha_2, \Gamma \Rightarrow \alpha_2}{\gamma_2, (\gamma_1 \vee \gamma_2) \to \alpha_2, \Gamma \Rightarrow \alpha_2}(\vee\to\Rightarrow)}{\dfrac{\gamma_1 \vee \gamma_2, (\gamma_1 \vee \gamma_2) \to \alpha_2, \Gamma \Rightarrow \alpha_2}{(\gamma_1 \vee \gamma_2) \to \alpha_2, \Gamma \Rightarrow (\gamma_1 \vee \gamma_2) \to \alpha_2}(\Rightarrow\to)}(\vee\Rightarrow)$$

(1.4) $\alpha_1 = \gamma_1 \to \gamma_2$. 因为 $\mu(\gamma_1 \to \gamma_2) < \mu((\gamma_1 \to \gamma_2) \to \alpha_2)$ 并且 $\mu(\alpha_2) < \mu((\gamma_1 \to \gamma_2) \to \alpha_2)$, 由归纳假设得, $\vdash \gamma_2 \to \alpha_2, \gamma_1 \to \gamma_2, \Gamma \Rightarrow \gamma_1 \to \gamma_2$ 并且 $\vdash \alpha_2, \gamma_1 \to \gamma_2, \Gamma \Rightarrow \alpha_2$. 由引理 5.19 (8) 得, $\vdash \gamma_1, \gamma_2 \to \alpha_2, \gamma_1 \to \gamma_2, \Gamma \Rightarrow \gamma_2$. 然后有以下推导:

$$\dfrac{\dfrac{\gamma_1, \gamma_2 \to \alpha_2, \gamma_1 \to \gamma_2, \Gamma \Rightarrow \gamma_2 \quad \alpha_2, \gamma_1 \to \gamma_2, \Gamma \Rightarrow \alpha_2}{\gamma_1 \to \gamma_2, (\gamma_1 \to \gamma_2) \to \alpha_2, \Gamma \Rightarrow \alpha_2}(\to\to\Rightarrow)}{(\gamma_1 \to \gamma_2) \to \alpha_2, \Gamma \Rightarrow (\gamma_1 \to \gamma_2) \to \alpha_2}(\Rightarrow\to)$$

(2) 由 (1) 得, $\vdash \alpha \to \beta, \Gamma \Rightarrow \alpha \to \beta$. 由引理 5.19 (8), $\vdash \alpha, \alpha \to \beta, \Gamma \Rightarrow \beta$. □

引理 5.21   以下规则在 G4ip 中可允许:

$$\dfrac{\Gamma \Rightarrow \alpha_1 \quad \alpha_2, \Gamma \Rightarrow \beta}{\alpha_1 \to \alpha_2, \Gamma \Rightarrow \beta}(\to 1\Rightarrow)$$

证明   设 $\vdash_n \Gamma \Rightarrow \alpha_1$ 并且 $\vdash \alpha_2, \Gamma \Rightarrow \beta$. 对 $n \geqslant 0$ 归纳证明 $\vdash \alpha_1 \to \alpha_2, \Gamma \Rightarrow \beta$.

(1) $n = 0$. 设 $\Gamma \Rightarrow \alpha_1$ 是 (Id) 的特例. 令 $\alpha_1 = p$ 并且 $\Gamma = \Gamma', p$. 由 $\vdash \alpha_2, \Gamma', p \Rightarrow \beta$ 和 $(0\to\Rightarrow)$ 得, $\vdash p \to \alpha_2, \Gamma' \Rightarrow \beta$. 设 $\Gamma \Rightarrow \alpha_1$ 是 $(\bot)$ 的特例. 那么 $\alpha_1 \to \alpha_2, \Gamma \Rightarrow \beta$ 是 $(\bot)$ 的特例.

(2) $n > 0$. 设 $\Gamma \Rightarrow \alpha_1$ 由规则 (R) 得到. 分以下情况.

(2.1) (R) 是 $(\wedge\Rightarrow)$. 最后一步是

$$\dfrac{\vdash_{n-1} \gamma_1, \gamma_2, \Gamma' \Rightarrow \alpha_1}{\vdash_n \gamma_1 \wedge \gamma_2, \Gamma' \Rightarrow \alpha_1}(\wedge\Rightarrow)$$

由归纳假设 $\vdash \alpha_1 \to \alpha_2, \gamma_1, \gamma_2, \Gamma' \Rightarrow \beta$. 由 $(\wedge\Rightarrow)$, $\vdash \alpha_1 \to \alpha_2, \gamma_1 \wedge \gamma_2, \Gamma' \Rightarrow \beta$.

(2.2) (R) 是 $(\Rightarrow\wedge)$. 令 $\alpha_1 = \gamma_1 \wedge \gamma_2$. 最后一步是

$$\dfrac{\vdash_{n-1} \Gamma \Rightarrow \gamma_1 \quad \vdash_{n-1} \Gamma \Rightarrow \gamma_2}{\vdash_n \Gamma \Rightarrow \gamma_1 \wedge \gamma_2}(\wedge\Rightarrow)$$

由 $\vdash_{n-1} \Gamma \Rightarrow \gamma_2$ 和 $\vdash \alpha_2, \Gamma \Rightarrow \beta$ 和归纳假设得, $\vdash \gamma_2 \to \alpha_2, \Gamma \Rightarrow \beta$. 由 $\vdash_{n-1} \Gamma \Rightarrow \gamma_1$ 和 $\vdash \gamma_2 \to \alpha_2, \Gamma \Rightarrow \beta$ 和归纳假设得, $\vdash \gamma_1 \to (\gamma_2 \to \alpha_2), \Gamma \Rightarrow \beta$. 由 $(\wedge\to\Rightarrow)$ 得, $\vdash (\gamma_1 \wedge \gamma_2) \to \alpha_2, \Gamma \Rightarrow \beta$.

(2.3) (R) 是 $(\vee\Rightarrow)$. 最后一步是

$$\frac{\vdash_{n-1} \gamma_1, \Gamma' \Rightarrow \alpha_1 \quad \vdash_{n-1} \gamma_2, \Gamma' \Rightarrow \alpha_1}{\vdash_n \gamma_1 \vee \gamma_2, \Gamma' \Rightarrow \alpha_1} (\wedge\Rightarrow)$$

由 $\vdash \alpha_2, \gamma_1 \vee \gamma_2, \Gamma' \Rightarrow \beta$ 和引理 5.19 (2) 得, $\vdash \alpha_2, \gamma_1, \Gamma' \Rightarrow \beta$ 并且 $\vdash \alpha_2, \gamma_2, \Gamma' \Rightarrow \beta$. 由归纳假设得, $\vdash \alpha_1 \to \alpha_2, \gamma_1, \Gamma' \Rightarrow \beta$ 并且 $\vdash \alpha_1 \to \alpha_2, \gamma_2, \Gamma' \Rightarrow \beta$. 由 $(\vee\Rightarrow)$ 得, $\vdash \alpha_1 \to \alpha_2, \gamma_1 \vee \gamma_2, \Gamma' \Rightarrow \beta$.

(2.4) (R) 是 $(\Rightarrow\vee)$. 令 $\alpha_1 = \gamma_1 \vee \gamma_2$. 最后一步是

$$\frac{\vdash_{n-1} \Gamma \Rightarrow \gamma_i}{\vdash_n \Gamma \Rightarrow \gamma_1 \vee \gamma_2} (\Rightarrow\vee)$$

由归纳假设得, $\vdash \gamma_i \to \alpha_2, \Gamma \Rightarrow \beta$. 由 $(w\Rightarrow)$ 得, $\vdash \gamma_1 \to \alpha_2, \gamma_2 \to \alpha_2, \Gamma \Rightarrow \beta$. 由 $(\vee\to\Rightarrow)$ 得, $\vdash (\gamma_1 \vee \gamma_2) \to \alpha_2, \Gamma \Rightarrow \beta$.

(2.5) (R) 是 $(0\to\Rightarrow)$. 最后一步是

$$\frac{\vdash_{n-1} p, \gamma, \Gamma' \Rightarrow \alpha_1}{\vdash_n p, p \to \gamma, \Gamma' \Rightarrow \alpha_1} (0\to\Rightarrow)$$

由 $\vdash \alpha_2, p, p \to \gamma, \Gamma' \Rightarrow \beta$ 和引理 5.19 (4) 得, $\vdash \alpha_2, p, \gamma, \Gamma' \Rightarrow \beta$. 由归纳假设得, $\vdash \alpha_1 \to \alpha_2, p, \gamma, \Gamma' \Rightarrow \beta$. 由 $(0\to\Rightarrow)$ 得, $\vdash \alpha_1 \to \alpha_2, p, p \to \gamma, \Gamma' \Rightarrow \beta$.

(2.6) (R) 是 $(\wedge\to\Rightarrow)$. 最后一步是

$$\frac{\vdash_{n-1} \delta_1 \to (\delta_2 \to \gamma), \Gamma' \Rightarrow \alpha_1}{\vdash_n (\delta_1 \wedge \delta_2) \to \gamma, \Gamma' \Rightarrow \alpha_1} (\wedge\to\Rightarrow)$$

由 $\vdash \alpha_2, (\delta_1 \wedge \delta_2) \to \gamma, \Gamma' \Rightarrow \beta$ 和引理 5.19 (5) 得, $\vdash \alpha_2, \delta_1 \to (\delta_2 \to \gamma), \Gamma' \Rightarrow \beta$. 由归纳假设得, $\vdash \alpha_1 \to \alpha_2, \delta_1 \to (\delta_2 \to \gamma), \Gamma' \Rightarrow \beta$. 由 $(\wedge\to\Rightarrow)$ 得, $\vdash \alpha_1 \to \alpha_2, (\delta_1 \wedge \delta_2) \to \gamma, \Gamma' \Rightarrow \beta$.

(2.7) (R) 是 $(\vee\to\Rightarrow)$. 最后一步是

$$\frac{\vdash_{n-1} \delta_1 \to \gamma, \delta_2 \to \gamma, \Gamma' \Rightarrow \alpha_1}{\vdash_n (\delta_1 \vee \delta_2) \to \gamma, \Gamma' \Rightarrow \alpha_1} (\vee\to\Rightarrow)$$

由 $\vdash \alpha_2, (\delta_1 \vee \delta_2) \to \gamma, \Gamma' \Rightarrow \beta$ 和引理 5.19 (6) 得, $\vdash \alpha_2, \delta_1 \to \gamma, \delta_2 \to \gamma, \Gamma' \Rightarrow \beta$. 由归纳假设得, $\vdash \alpha_1 \to \alpha_2, \delta_1 \to \gamma, \delta_2 \to \gamma, \Gamma' \Rightarrow \beta$. 由 $(\vee\to\Rightarrow)$ 得, $\vdash \alpha_1 \to \alpha_2, (\delta_1 \vee \delta_2) \to \gamma, \Gamma' \Rightarrow \beta$.

(2.8) (R) 是 $(\to\to\Rightarrow)$. 最后一步是

$$\frac{\vdash_{n-1} \delta_1, \delta_2 \to \gamma, \Gamma' \Rightarrow \delta_1 \quad \vdash_{n-1} \gamma, \Gamma' \Rightarrow \alpha_1}{\vdash_n (\delta_1 \to \delta_2) \to \gamma, \Gamma' \Rightarrow \alpha_1} (\to\to\Rightarrow)$$

由 $\vdash \alpha_2, (\delta_1 \to \delta_2) \to \gamma, \Gamma' \Rightarrow \beta$ 和引理 5.19 (7) 得, $\vdash \alpha_2, \gamma, \Gamma' \Rightarrow \beta$. 由归纳假设得, $\vdash \alpha_1 \to \alpha_2, \gamma, \Gamma' \Rightarrow \beta$. 由 $\vdash_{n-1} \delta_1, \delta_2 \to \gamma, \Gamma' \Rightarrow \delta_1$ 运用 $(w\Rightarrow)$ 得, $\vdash_{n-1} \delta_1, \delta_2 \to \gamma, \alpha_1 \to \alpha_2, \Gamma' \Rightarrow \delta_1$. 由 $(\to\to\Rightarrow)$ 得, $\vdash \alpha_1 \to \alpha_2, (\delta_1 \to \delta_2) \to \gamma, \Gamma' \Rightarrow \beta$.

(2.9) (R) 是 $(\Rightarrow\to)$. 令 $\alpha_1 = \gamma_1 \to \gamma_2$. 最后一步是

$$\frac{\vdash_{n-1} \gamma_1, \Gamma \Rightarrow \gamma_2}{\vdash_n \Gamma \Rightarrow \gamma_1 \to \gamma_2}(\Rightarrow\to)$$

由 $\vdash_{n-1} \gamma_1, \Gamma \Rightarrow \gamma_2$ 运用 $(w\Rightarrow)$ 得, $\vdash_{n-1} \gamma_1, \gamma_2 \to \alpha_2, \Gamma \Rightarrow \gamma_2$. 因为 $\vdash \alpha_2, \Gamma \Rightarrow \beta$, 由 $(\to\to\Rightarrow)$ 得, $\vdash (\gamma_1 \to \gamma_2) \to \alpha_2, \Gamma \Rightarrow \beta$. $\square$

引理 5.22   以下规则在 **G4ip** 中可允许:

$$\frac{(\gamma_1 \to \gamma_2) \to \alpha, \Gamma \Rightarrow \beta}{\gamma_1, \gamma_2 \to \alpha, \gamma_2 \to \alpha, \Gamma \Rightarrow \beta}(\to 2\Rightarrow)$$

证明   设 $\vdash_n (\gamma_1 \to \gamma_2) \to \alpha, \Gamma \Rightarrow \beta$. 对 $n \geqslant 0$ 归纳证明 $\vdash \gamma_1, \gamma_2 \to \alpha, \gamma_2 \to \alpha, \Gamma \Rightarrow \beta$. 情况 $n = 0$ 是显然的. 设 $n > 0$ 并且 $(\gamma_1 \to \gamma_2) \to \alpha, \Gamma \Rightarrow \beta$ 由规则 (R) 得到. 设 $(\gamma_1 \to \gamma_2) \to \alpha$ 在 (R) 中不是主公式. 由归纳假设和 (R) 可得结论. 设 $(\gamma_1 \to \gamma_2) \to \alpha$ 在 (R) 中是主公式. 那么 $\vdash_{n-1} \gamma_1, \gamma_2 \to \alpha, \Gamma \Rightarrow \gamma_2$ 并且 $\vdash_{n-1} \alpha, \Gamma \Rightarrow \beta$. 由 $\vdash_{n-1} \alpha, \Gamma \Rightarrow \beta$ 和 $(w\Rightarrow)$ 得, $\vdash \gamma_1, \gamma_2 \to \alpha, \alpha, \Gamma \Rightarrow \beta$. 由引理 5.21得, $\vdash \gamma_1, \gamma_2 \to \alpha, \gamma_2 \to \alpha \Rightarrow \beta$. $\square$

引理 5.23   以下收缩规则在 **G4ip** 中可允许:

$$\frac{\alpha, \alpha, \Gamma \Rightarrow \beta}{\alpha, \Gamma \Rightarrow \beta}(c\Rightarrow)$$

证明   设 $\vdash_n \alpha, \alpha, \Gamma \Rightarrow \beta$. 对 $n \geqslant 0$ 归纳证明 $\vdash \alpha, \Gamma \Rightarrow \beta$. 情况 $n = 0$ 是显然的. 设 $n > 0$ 并且 $\alpha, \alpha, \Gamma \Rightarrow \beta$ 由规则 (R) 得到. 如果 α 不是 (R) 的主公式, 由归纳假设和 (R) 即得. 设 α 是 (R) 的主公式. 对 $\mu(\alpha)$ 归纳证明 $\vdash \alpha, \Gamma \Rightarrow \beta$.

(1) $\alpha = \alpha_1 \wedge \alpha_2$. 最后一步是

$$\frac{\vdash_{n-1} \alpha_1, \alpha_2, \alpha_1 \wedge \alpha_2, \Gamma \Rightarrow \beta}{\vdash_n \alpha_1 \wedge \alpha_2, \alpha_1 \wedge \alpha_2, \Gamma \Rightarrow \beta}(\wedge\Rightarrow)$$

由引理 5.19 (1) 得, $\vdash_{n-1} \alpha_1, \alpha_2, \alpha_1, \alpha_2, \Gamma \Rightarrow \beta$. 两次运用归纳假设得, $\vdash \alpha_1, \alpha_2, \Gamma \Rightarrow \beta$. 由 $(\wedge\Rightarrow)$ 得, $\vdash \alpha_1 \wedge \alpha_2, \Gamma \Rightarrow \beta$.

(2) $\alpha = \alpha_1 \vee \alpha_2$. 最后一步是

$$\frac{\vdash_{n-1} \alpha_1, \alpha_1 \vee \alpha_2, \Gamma \Rightarrow \beta \quad \vdash_{n-1} \alpha_2, \alpha_1 \vee \alpha_2, \Gamma \Rightarrow \beta}{\vdash_n \alpha_1 \vee \alpha_2, \alpha_1 \vee \alpha_2, \Gamma \Rightarrow \beta}(\vee\Rightarrow)$$

由引理 5.19 (2) 得, $\vdash \alpha_1, \alpha_1, \Gamma \Rightarrow \beta$ 并且 $\vdash \alpha_2, \alpha_2, \Gamma \Rightarrow \beta$. 两次运用归纳假设得, $\vdash \alpha_1, \Gamma \Rightarrow \beta$ 并且 $\vdash \alpha_2, \Gamma \Rightarrow \beta$. 由 $(\vee\Rightarrow)$ 得, $\vdash \alpha_1 \vee \alpha_2, \Gamma \Rightarrow \beta$.

(3) $\alpha = \alpha_1 \to \alpha_2$. 对 $\mu(\alpha_1)$ 归纳证明 $\vdash \alpha_1 \to \alpha_2, \Gamma \Rightarrow \beta$. 因为 $\alpha_1 \to \alpha_2$ 是 (R) 的主公式, 所以 $\alpha_1 \neq \perp$. 分以下情况.

(3.1) $\alpha_1 = p$. 最后一步是

$$\frac{\vdash_{n-1} p, \alpha_2, p \to \alpha_2, \Gamma' \Rightarrow \beta}{\vdash_n p, p \to \alpha_2, p \to \alpha_2, \Gamma' \Rightarrow \beta}(0 \to \Rightarrow)$$

由引理 5.19 (4) 得, $\vdash_{n-1} p, \alpha_2, \alpha_2, \Gamma' \Rightarrow \beta$. 由归纳假设得, $\vdash p, \alpha_2, \Gamma' \Rightarrow \beta$. 由 $(0 \to \Rightarrow)$ 得, $\vdash p, p \to \alpha_2, \Gamma' \Rightarrow \beta$.

(3.2) $\alpha_1 = \gamma_1 \wedge \gamma_2$. 最后一步是

$$\frac{\vdash_{n-1} \gamma_1 \to (\gamma_2 \to \alpha_2), (\gamma_1 \wedge \gamma_2) \to \alpha_2, \Gamma \Rightarrow \beta}{\vdash_n (\gamma_1 \wedge \gamma_2) \to \alpha_2, (\gamma_1 \wedge \gamma_2) \to \alpha_2, \Gamma \Rightarrow \beta}(\wedge \to \Rightarrow)$$

由引理 5.19 (5) 得, $\vdash_{n-1} \gamma_1 \to (\gamma_2 \to \alpha_2), \gamma_1 \to (\gamma_2 \to \alpha_2), \Gamma \Rightarrow \beta$. 因为 $\mu(\gamma_1 \to (\gamma_2 \to \alpha_2)) < \mu((\gamma_1 \wedge \gamma_2) \to \alpha_2)$, 由归纳假设得, $\vdash_{n-1} \gamma_1 \to (\gamma_2 \to \alpha_2), \Gamma \Rightarrow \beta$. 由 $(\wedge \to \Rightarrow)$ 得, $\vdash (\gamma_1 \wedge \gamma_2) \to \alpha_2, \Gamma \Rightarrow \beta$.

(3.3) $\alpha_1 = \gamma_1 \vee \gamma_2$. 最后一步是

$$\frac{\vdash_{n-1} \gamma_1 \to \alpha_2, \gamma_2 \to \alpha_2, (\gamma_1 \vee \gamma_2) \to \alpha_2, \Gamma \Rightarrow \beta}{\vdash_n (\gamma_1 \vee \gamma_2) \to \alpha_2, (\gamma_1 \vee \gamma_2) \to \alpha_2, \Gamma \Rightarrow \beta}(\vee \to \Rightarrow)$$

由引理 5.19 (6) 得, $\vdash_{n-1} \gamma_1 \to \alpha_2, \gamma_2 \to \alpha_2, \gamma_1 \to \alpha_2, \gamma_2 \to \alpha_2, \Gamma \Rightarrow \beta$. 因为 $\mu(\gamma_1 \to \alpha_2) < \mu((\gamma_1 \vee \gamma_2) \to \alpha_2)$ 并且 $\mu(\gamma_2 \to \alpha_2) < \mu((\gamma_1 \vee \gamma_2) \to \alpha_2)$, 由归纳假设得, $\vdash_{n-1} \gamma_1 \to \alpha_2, \gamma_2 \to \alpha_2, \Gamma \Rightarrow \beta$. 由 $(\vee \to \Rightarrow)$ 得, $\vdash (\gamma_1 \vee \gamma_2) \to \alpha_2, \Gamma \Rightarrow \beta$.

(3.4) $\alpha_1 = \gamma_1 \to \gamma_2$. 最后一步是

$$\frac{\vdash_{n-1} \gamma_1, \gamma_2 \to \alpha_2, (\gamma_1 \to \gamma_2) \to \alpha_2, \Gamma \Rightarrow \gamma_2 \quad \vdash_{n-1} \alpha_2, (\gamma_1 \to \gamma_2) \to \alpha_2, \Gamma \Rightarrow \beta}{\vdash_n (\gamma_1 \to \gamma_2) \to \alpha_2, (\gamma_1 \to \gamma_2) \to \alpha_2, \Gamma \Rightarrow \beta}(\to \to \Rightarrow)$$

由 $\vdash_{n-1} \gamma_1, \gamma_2 \to \alpha_2, (\gamma_1 \to \gamma_2) \to \alpha_2, \Gamma \Rightarrow \gamma_2$ 和引理 5.22得, $\vdash \gamma_1, \gamma_2 \to \alpha_2, \gamma_1, \gamma_2 \to \alpha_2, \gamma_2 \to \alpha_2, \Gamma \Rightarrow \gamma_2$. 因为 $\mu(\gamma_1) < \mu((\gamma_1 \to \gamma_2) \to \alpha_2)$ 并且 $\mu(\gamma_2 \to \alpha_2) < \mu((\gamma_1 \to \gamma_2) \to \alpha_2)$, 由归纳假设得, (i) $\vdash \gamma_1, \gamma_2 \to \alpha_2, \Gamma \Rightarrow \gamma_2$. 由 $\vdash_{n-1} \alpha_2, (\gamma_1 \to \gamma_2) \to \alpha_2, \Gamma \Rightarrow \beta$ 和引理 5.19 (7) 得, $\vdash_{n-1} \alpha_2, \alpha_2, \Gamma \Rightarrow \beta$. 因为 $\mu(\alpha_2) < \mu((\gamma_1 \to \gamma_2) \to \alpha_2)$, 由归纳假设得, (ii) $\vdash \alpha_2, \Gamma \Rightarrow \beta$. 由 (i), (ii) 和 $(\to \to \Rightarrow)$ 得, $\vdash (\gamma_1 \to \gamma_2) \to \alpha_2, \Gamma \Rightarrow \beta$. $\square$

引理 5.24 以下规则在 G4ip 中可允许:

$$\frac{\alpha_1 \to \alpha_2, \Gamma \Rightarrow \alpha_1 \quad \alpha_2, \Gamma \Rightarrow \beta}{\alpha_1 \to \alpha_2, \Gamma \Rightarrow \beta}(\to 3 \Rightarrow)$$

证明 设 (i) $\vdash \alpha_1 \to \alpha_2, \Gamma \Rightarrow \alpha_1$ 并且 (ii) $\vdash \alpha_2, \Gamma \Rightarrow \beta$. 由 (ii) 和 $(w \Rightarrow)$ 得, (iii) $\vdash \alpha_2, \alpha_1 \to \alpha_2, \Gamma \Rightarrow \beta$. 由 (i), (iii) 和引理 5.21得, $\vdash \alpha_1 \to \alpha_2, \alpha_1 \to \alpha_2, \Gamma \Rightarrow \beta$. 由引理 5.23得, $\vdash \alpha_1 \to \alpha_2, \Gamma \Rightarrow \beta$. $\square$

引理 5.25   以下规则在 G4ip 中可允许:

$$\frac{\alpha_1 \to \alpha_2, \Gamma \Rightarrow \beta}{\alpha_2, \Gamma \Rightarrow \beta}(\to 4\Rightarrow)$$

证明   设 $\vdash_n \alpha_1 \to \alpha_2, \Gamma \Rightarrow \beta$. 对 $n \geqslant 0$ 归纳证明 $\vdash \alpha_2, \Gamma \Rightarrow \beta$. 情况 $n = 0$ 是显然的. 设 $n > 0$ 并且 $\alpha_1 \to \alpha_2, \Gamma \Rightarrow \beta$ 由规则 (R) 得到. 如果 $\alpha_1 \to \alpha_2$ 在 (R) 中不是主公式, 由归纳假设和 (R) 可得结论. 设 $\alpha_1 \to \alpha_2$ 在 (R) 中是主公式. 对 $\mu(\alpha_1)$ 归纳证明 $\vdash \alpha_2, \Gamma \Rightarrow \beta$.

(1) $\alpha_1 = p$. 最后一步是

$$\frac{\vdash_{n-1} p, \alpha_2, \Gamma' \Rightarrow \beta}{\vdash_n p, p \to \alpha_2, \Gamma' \Rightarrow \beta}(0\to\Rightarrow)$$

所以 $\vdash p, \alpha_2, \Gamma' \Rightarrow \beta$.

(2) $\alpha_1 = \gamma_1 \wedge \gamma_2$. 最后一步是

$$\frac{\vdash_{n-1} \gamma_1 \to (\gamma_2 \to \alpha_2), \Gamma \Rightarrow \beta}{\vdash_n (\gamma_1 \wedge \gamma_2) \to \alpha_2, \Gamma \Rightarrow \beta}(\wedge\to\Rightarrow)$$

由归纳假设得, $\vdash \gamma_2 \to \alpha_2, \Gamma \Rightarrow \beta$. 因为 $\mu(\gamma_2) < \mu(\gamma_1 \wedge \gamma_2)$, 由归纳假设得, $\vdash \alpha_2, \Gamma \Rightarrow \beta$.

(3) $\alpha_1 = \gamma_1 \vee \gamma_2$. 最后一步是

$$\frac{\vdash_{n-1} \gamma_1 \to \alpha_2, \gamma_2 \to \alpha_2, \Gamma \Rightarrow \beta}{\vdash_n (\gamma_1 \vee \gamma_2) \to \alpha_2, \Gamma \Rightarrow \beta}(\vee\to\Rightarrow)$$

由归纳假设得, $\vdash \alpha_2, \gamma_2 \to \alpha_2, \Gamma \Rightarrow \beta$. 因为 $\mu(\gamma_2) < \mu(\gamma_1 \vee \gamma_2)$, 由归纳假设得, $\vdash \alpha_2, \alpha_2, \Gamma \Rightarrow \beta$. 由 $(c\Rightarrow)$ 得, $\vdash \alpha_2, \Gamma \Rightarrow \beta$.

(4) $\alpha_1 = \gamma_1 \to \gamma_2$. 最后一步是

$$\frac{\vdash_{n-1} \gamma_1, \gamma_2 \to \alpha_2, \Gamma \Rightarrow \gamma_2 \quad \vdash_{n-1} \alpha_2, \Gamma \Rightarrow \beta}{\vdash_n (\gamma_1 \to \gamma_2) \to \alpha_2, \Gamma \Rightarrow \beta}(\to\to\Rightarrow)$$

所以 $\vdash \alpha_2, \Gamma \Rightarrow \beta$.   □

定理 5.11   以下切割规则在 G4ip 中可允许:

$$\frac{\Gamma \Rightarrow \alpha \quad \alpha, \Delta \Rightarrow \beta}{\Gamma, \Delta \Rightarrow \beta}(cut)$$

证明   设 $\vdash_m \Gamma \Rightarrow \alpha$ 并且 $\vdash_n \alpha, \Delta \Rightarrow \beta$. 对 $m + n$ 和 α 的复杂度同时归纳证明 $\vdash \Gamma, \Delta \Rightarrow \beta$, 与定理 5.5 的证明类似. 这里只考虑 $\alpha = \alpha_1 \to \alpha_2$ 在两个前提的推导中都是主公式的情况. 对 $\mu(\alpha_1)$ 归纳证明 $\vdash \Gamma, \Delta \Rightarrow \beta$.

(1) $\alpha_1 = p$. 最后一步是

$$\dfrac{\vdash_{m-1} p, \Gamma \Rightarrow \alpha_2}{\vdash_m \Gamma \Rightarrow p \to \alpha_2} \ (\Rightarrow\to) \qquad \dfrac{\vdash_{n-1} p, \alpha_2, \Delta' \Rightarrow \beta}{\vdash_n p, p \to \alpha_2, \Delta' \Rightarrow \beta} \ (0\to\Rightarrow)$$

由归纳假设得以下推导:

$$\dfrac{\dfrac{p, \Gamma \Rightarrow \alpha_2 \quad p, \alpha_2, \Delta' \Rightarrow \beta}{p, p, \Gamma, \Delta' \Rightarrow \beta} \ (cut)}{p, \Gamma, \Delta' \Rightarrow \beta} \ (c\Rightarrow)$$

(2) $\alpha_1 = \gamma_1 \wedge \gamma_2$. 最后一步是:

$$\dfrac{\vdash_{m-1} \gamma_1 \wedge \gamma_2, \Gamma \Rightarrow \alpha_2}{\vdash_m \Gamma \Rightarrow (\gamma_1 \wedge \gamma_2) \to \alpha_2} \ (\Rightarrow\to) \qquad \dfrac{\vdash_{n-1} \gamma_1 \to (\gamma_2 \to \alpha_2), \Delta \Rightarrow \beta}{\vdash_n (\gamma_1 \wedge \gamma_2) \to \alpha_2, \Delta \Rightarrow \beta} \ (\wedge\to\Rightarrow)$$

由 $\vdash_{m-1} \gamma_1 \wedge \gamma_2, \Gamma \Rightarrow \alpha_2$ 和引理 5.19 (1) 得, $\vdash_{m-1} \gamma_1, \gamma_2, \Gamma \Rightarrow \alpha_2$. 由 $(\Rightarrow\to)$ 得, $\vdash \Gamma \Rightarrow \gamma_1 \to (\gamma_2 \to \alpha_2)$. 由 $\mu(\gamma_1 \to (\gamma_2 \to \alpha_2)) < \mu((\gamma_1 \wedge \gamma_2) \to \alpha_2)$ 和归纳假设,

$$\dfrac{\Gamma \Rightarrow \gamma_1 \to (\gamma_2 \to \alpha_2) \quad \gamma_1 \to (\gamma_2 \to \alpha_2), \Delta \Rightarrow \beta}{\Gamma, \Delta \Rightarrow \beta} (cut)$$

(3) $\alpha_1 = \gamma_1 \vee \gamma_2$. 最后一步是:

$$\dfrac{\vdash_{m-1} \gamma_1 \vee \gamma_2, \Gamma \Rightarrow \alpha_2}{\vdash_m \Gamma \Rightarrow (\gamma_1 \vee \gamma_2) \to \alpha_2} \ (\Rightarrow\to) \qquad \dfrac{\vdash_{n-1} \gamma_1 \to \alpha_2, \gamma_2 \to \alpha_2, \Delta \Rightarrow \beta}{\vdash_n (\gamma_1 \vee \gamma_2) \to \alpha_2, \Delta \Rightarrow \beta} \ (\vee\to\Rightarrow)$$

由 $\vdash_{m-1} \gamma_1 \vee \gamma_2, \Gamma \Rightarrow \alpha_2$ 运用引理 5.19 (2) 得, $\vdash_{m-1} \gamma_1, \Gamma \Rightarrow \alpha_2$ 并且 $\vdash_{m-1}$ $\gamma_2, \Gamma \Rightarrow \alpha_2$. 由 $(\Rightarrow\to)$ 得, $\vdash \Gamma \Rightarrow \gamma_1 \to \alpha_2$ 并且 $\vdash \Gamma \Rightarrow \gamma_2 \to \alpha_2$. 因为 $\mu(\gamma_i \to \alpha_2) < \mu((\gamma_1 \vee \gamma_2) \to \alpha_2)$（$i = 1, 2$）, 由归纳假设得以下推导:

$$\dfrac{\Gamma \Rightarrow \gamma_1 \to \alpha_2 \quad \dfrac{\Gamma \Rightarrow \gamma_2 \to \alpha_2 \quad \gamma_1 \to \alpha_2, \gamma_2 \to \alpha_2, \Delta \Rightarrow \beta}{\gamma_1 \to \alpha_2, \Gamma, \Delta \Rightarrow \beta} (cut)}{\dfrac{\Gamma, \Gamma, \Delta \Rightarrow \beta}{\Gamma, \Delta \Rightarrow \beta} (c\Rightarrow)} (cut)$$

(4) $\alpha_1 = \gamma_1 \to \gamma_2$. 最后一步是:

$$\dfrac{\vdash_{m-1} \gamma_1 \to \gamma_2, \Gamma \Rightarrow \alpha_2}{\vdash_m \Gamma \Rightarrow (\gamma_1 \to \gamma_2) \to \alpha_2} \ (\Rightarrow\to)$$

$$\dfrac{\vdash_{n-1} \gamma_1, \gamma_2 \to \alpha_2, \Delta \Rightarrow \gamma_2 \quad \vdash_{n-1} \alpha_2, \Delta \Rightarrow \beta}{\vdash_n (\gamma_1 \to \gamma_2) \to \alpha_2, \Delta \Rightarrow \beta} \ (\to\to\Rightarrow)$$

由引理 5.20 得, $\vdash \gamma_1, \gamma_2 \Rightarrow \gamma_2$. 由 $\mu(\gamma_1 \to \gamma_2) < \mu((\gamma_1 \to \gamma_2) \to \alpha_2)$ 和归纳假设,

$$\dfrac{\dfrac{\dfrac{\gamma_1, \gamma_2 \Rightarrow \gamma_2}{\gamma_2 \Rightarrow \gamma_1 \to \gamma_2} (\Rightarrow\to) \quad \gamma_1 \to \gamma_2, \Gamma \Rightarrow \alpha_2}{\gamma_2, \Gamma \Rightarrow \alpha_2} (cut)}{\Gamma \Rightarrow \gamma_2 \to \alpha_2} (\Rightarrow\to)$$

因为 $\mu(\gamma_2 \to \alpha_2) < \mu((\gamma_1 \to \gamma_2) \to \alpha_2)$, 由归纳假设有以下推导:

$$\cfrac{\cfrac{\cfrac{\Gamma \Rightarrow \gamma_2 \to \alpha_2 \quad \gamma_1, \gamma_2 \to \alpha_2, \Delta \Rightarrow \gamma_2}{\gamma_1, \Gamma, \Delta \Rightarrow \gamma_2}(cut)}{\Gamma, \Delta \Rightarrow \gamma_1 \to \gamma_2}(\Rightarrow\to) \quad \gamma_1 \to \gamma_2, \Gamma \Rightarrow \alpha_2}{\Gamma, \Gamma, \Delta \Rightarrow \alpha_2}(cut)$$

因为 $\mu(\alpha_2) < \mu((\gamma_1 \to \gamma_2) \to \alpha_2)$, 由归纳假设有以下推导:

$$\cfrac{\cfrac{\Gamma, \Gamma, \Delta \Rightarrow \alpha_2 \quad \alpha_2, \Delta \Rightarrow \beta}{\Gamma, \Gamma, \Delta, \Delta \Rightarrow \beta}(cut)}{\Gamma, \Delta \Rightarrow \beta}(c\Rightarrow)$$

□

定理 5.12　G3ip $\vdash \Gamma \Rightarrow \beta$ 当且仅当 G4ip $\vdash \Gamma \Rightarrow \beta$.

证明　设 G4ip $\vdash \Gamma \Rightarrow \beta$. 由引理 5.17得, G4ip 的联结词规则在 G3ip 中可允许. 所以 G3ip $\vdash \Gamma \Rightarrow \beta$. 设 G3ip $\vdash \Gamma \Rightarrow \beta$. 由引理 5.24得, G3ip 的联结词规则在 G4ip 中可允许. 所以 G4ip $\vdash \Gamma \Rightarrow \beta$.

□

习　　题

5.1　在 G3ip 中给出以下矢列的推导:

(1) $\Rightarrow \neg\neg(\alpha \vee \neg\alpha)$.

(2) $\Rightarrow \neg\neg(\neg\neg\alpha \to \alpha)$.

(3) $\Rightarrow \neg\neg(\neg(\alpha \wedge \beta) \to (\neg\alpha \vee \neg\beta))$.

(4) $\Rightarrow \neg\neg((\alpha \to \beta) \leftrightarrow (\neg\alpha \vee \beta))$.

(5) $\Rightarrow \neg\neg(((\alpha \to \beta) \to \alpha) \to \alpha)$.

5.2　设 G3ip$^\partial$ 是使用以下规则替换 $(\to\Rightarrow)$ 得到的矢列演算:

$$\frac{\Gamma \Rightarrow \alpha \quad \beta, \Gamma \Rightarrow \gamma}{\alpha \to \beta, \Gamma \Rightarrow \gamma}(\to^\partial\Rightarrow)$$

证明:

(1) G3ip$^\partial \nvdash (((p \to q) \to q) \to p) \to q, q \to p \Rightarrow q$.

(2) G3ip $\vdash (((p \to q) \to q) \to p) \to q, q \to p \Rightarrow q$.

5.3　在 G3ip 中给出以下矢列的推导:

(1) $\neg(\alpha \vee \beta) \Rightarrow \neg\alpha \wedge \neg\beta$.

(2) $\neg\alpha \wedge \neg\beta \Rightarrow \neg(\alpha \vee \beta)$.

(3) $\neg\alpha \vee \neg\beta \Rightarrow \neg(\alpha \wedge \beta)$.

(4) $\neg\alpha \Rightarrow \neg\neg\neg\alpha$.

(5) $\neg\neg\neg\alpha \Rightarrow \neg\alpha$.

(6) $\alpha \wedge \neg\beta \Rightarrow \neg(\alpha \to \beta)$.

(7) $\neg\neg(\alpha \to \beta) \Rightarrow \neg\neg\alpha \to \neg\neg\beta$.

(8) $\neg\neg(\alpha \wedge \beta) \Rightarrow \neg\neg\alpha \wedge \neg\neg\beta$.

(9) $\neg\neg\alpha \wedge \neg\neg\beta \Rightarrow \neg\neg(\alpha \wedge \beta)$.

(10) $\alpha \to (\alpha \to \beta) \Rightarrow \alpha \to \beta$.

(11) $\alpha \to (\beta \to \gamma) \Rightarrow (\alpha \wedge \beta) \to \gamma$.

(12) $(\alpha \wedge \beta) \to \gamma \Rightarrow \alpha \to (\beta \to \gamma)$.

(13) $(\alpha \vee \beta) \to \gamma \Rightarrow (\alpha \to \gamma) \wedge (\beta \to \gamma)$.

(14) $(\alpha \to \gamma) \wedge (\beta \to \gamma) \Rightarrow (\alpha \vee \beta) \to \gamma$.

(15) $\alpha \to (\beta \wedge \gamma) \Rightarrow (\alpha \to \beta) \wedge (\alpha \to \gamma)$.

(16) $(\alpha \to \beta) \wedge (\alpha \to \gamma) \Rightarrow \alpha \to (\beta \wedge \gamma)$.

5.4　在 G3cp 中给出以下矢列的推导:

(1) $\neg(\alpha \wedge \beta) \Rightarrow \neg\alpha \vee \neg\beta$.

(2) $\alpha \vee \beta \Rightarrow \neg(\neg\alpha \wedge \neg\beta)$.

(3) $\neg(\neg\alpha \wedge \neg\beta) \Rightarrow \alpha \vee \beta$.

(4) $\alpha \wedge \beta \Rightarrow \neg(\neg\alpha \vee \neg\beta)$.

(5) $\neg(\neg\alpha \vee \neg\beta) \Rightarrow \alpha \wedge \beta$.

(6) $(\alpha \to \alpha) \to \alpha \Rightarrow \alpha$.

(7) $\Rightarrow \alpha \vee (\alpha \to \beta)$.

(8) $\alpha \vee \beta \Rightarrow \neg(\neg\alpha \to \beta)$.

(9) $\neg(\neg\alpha \to \beta) \Rightarrow \alpha \vee \beta$.

(10) $\alpha \to \beta \Rightarrow \neg\alpha \vee \beta$.

(11) $\neg\alpha \vee \beta \Rightarrow \alpha \to \beta$.

(12) $\alpha \vee \beta \Rightarrow (\alpha \to \beta) \to \beta$.

(13) $(\alpha \to \beta) \to \beta \Rightarrow \alpha \vee \beta$.

(14) $\neg(\alpha \to \beta) \Rightarrow \alpha \wedge \neg\beta$.

(15) $\alpha \wedge \neg\beta \Rightarrow \neg(\alpha \to \beta)$.

5.5　在 G4ip 中给出以下矢列的推导:

(1) $\neg\neg(\alpha \to \beta) \Rightarrow \neg\neg\alpha \to \neg\neg\beta$.

(2) $\neg\neg(\alpha \wedge \beta) \Rightarrow \neg\neg\alpha \wedge \neg\neg\beta$.

(3) $\neg\neg\alpha \wedge \neg\neg\beta \Rightarrow \neg\neg(\alpha \wedge \beta)$.

(4) $\alpha \to (\alpha \to \beta) \Rightarrow \alpha \to \beta$.

(5) $\alpha \to (\beta \to \gamma) \Rightarrow (\alpha \wedge \beta) \to \gamma$.

(6) $(\alpha \wedge \beta) \to \gamma \Rightarrow \alpha \to (\beta \to \gamma)$.

5.6　完成定理 5.2的证明.

5.7　完成引理 5.9的证明.

5.8　完成引理 5.19的证明.

5.9　证明断言 5.1.

5.10　哈洛浦公式集 $\mathfrak{H}$ 按以下规则归纳定义:

(1) 每个原子公式都属于 $\mathfrak{H}$.

(2) 如果 $\xi \in Fm$ 并且 $\chi \in \mathfrak{H}$, 那么 $\xi \to \chi \in \mathfrak{H}$.

(3) 如果 $\chi_1, \chi_2 \in \mathfrak{H}$, 那么 $\chi_1 \wedge \chi_2 \in \mathfrak{H}$.

设 Γ 是 $\mathfrak{H}$ 中公式组成的有穷可重集并且 $\chi_1, \chi_2 \in \mathfrak{H}$. 证明: 如果 $\mathsf{G3ip} \vdash \Gamma \Rightarrow \chi_1 \vee \chi_2$, 那么 $\mathsf{G3ip} \vdash \Gamma \Rightarrow \chi_1$ 或者 $\mathsf{G3ip} \vdash \Gamma \Rightarrow \chi_2$.

5.11　函数 $f : Fm \to Fm$ 归纳定义如下:

$$f(\alpha) = \neg\neg\alpha, \text{ 如果 } \alpha \text{ 是原子公式.}$$

$$f(\alpha \wedge \beta) = f(\alpha) \wedge f(\beta)$$

$$f(\alpha \vee \beta) = \neg(\neg f(\alpha) \wedge \neg f(\beta))$$

$$f(\alpha \to \beta) = f(\alpha) \to f(\beta)$$

对任意有穷可重公式集 $\Gamma = \alpha_1, \cdots, \alpha_n$, 令 $f(\Gamma) = f(\alpha_1), \cdots, f(\alpha_n)$. 证明:

(1) 对任意公式 α, $\mathsf{G3ip} \vdash \neg\neg f(\alpha) \Rightarrow f(\alpha)$.

(2) 如果 $\mathsf{G3cp} \vdash \Gamma \Rightarrow \Delta$, 那么 $\mathsf{G3ip} \vdash f(\Gamma), \neg f(\Delta) \Rightarrow$.

(3) 对任意公式 α, $\mathsf{G3cp} \vdash \Rightarrow \alpha$ 当且仅当 $\mathsf{G3ip} \vdash \Rightarrow f(\alpha)$.

第 6 章 一 阶 逻 辑

一阶逻辑也称为谓词逻辑或量化逻辑. 在古典句子逻辑的矢列演算 G3cp 基础上增加量词规则, 得到一阶逻辑的矢列演算 G3c. 在直觉主义句子逻辑的矢列演算 G3ip 基础上增加量词规则, 得到直觉主义谓词逻辑的矢列演算 G3i. 本章介绍一阶逻辑的公理系统及矢列演算.

6.1 一阶逻辑的公理系统

一阶逻辑的形式语言 $\mathscr{L}(S)$ 是由逻辑符号和非逻辑符号组成的. 逻辑符号是固定不变的, 而非逻辑符号集 S 可以根据需要来选取. 逻辑符号包括:

(1) 个体变元集 $\mathsf{Var} = \{x_i \mid i \in \mathbb{N}\}$, 用 x, y, z 等表示任意变元.

(2) 联结词: $\bot, \wedge, \vee, \rightarrow$.

(3) 量词: $\forall$ (全称量词), $\exists$ (存在量词).

(4) 括号:) 和 (.

非逻辑符号集合 S 由如下符号组成:

(1) 关系符号集 $\mathsf{R} = \{R_i \mid i \in \mathbb{N}\}$, 用 R, P, Q 等表示任意关系符号.

(2) 函数符号集 $\mathsf{F} = \{f_i \mid i \in \mathbb{N}\}$, 用 f, g, h 等表示任意函数符号.

(3) 常元符号集 $\mathsf{C} = \{c_i \mid i \in \mathbb{N}\}$, 用 a, b, c 等表示任意常元符号.

令 $S = \mathsf{R} \cup \mathsf{F} \cup \mathsf{C}$. 一个一阶语言由非逻辑符号集合 S 决定.

一阶语言 $\mathscr{L}(S)$ 的**类型**是从 $\mathsf{R} \cup \mathsf{F}$ 到正整数集合 $\mathbb{Z}^+$ 的函数 $\Omega : S \rightarrow \mathbb{Z}^+$. 对每个 $R \in \mathsf{R}$, $\Omega(R)$ 称为 R 的元数. 如果 $\Omega(R) = n$, 则称 R 为 n 元关系符号. 对每个 $f \in \mathsf{F}$, $\Omega(f)$ 称为 f 的元数. 如果 $\Omega(f) = n$, 则称 f 为 n 元函数符号.

定义 6.1 一阶语言 $\mathscr{L}(S)$ 的**项集** $\mathcal{T}(S)$ 归纳定义如下:

$$\mathcal{T}(S) \ni t := x \mid c \mid ft_1 \cdots t_{\Omega(f)}$$

其中 $x \in \mathsf{Var}$, $c \in \mathsf{C}$ 并且 $f \in \mathsf{F}$. 一阶语言 $\mathscr{L}(S)$ 的公式集 $\mathcal{F}(S)$ 归纳定义如下:

$$\mathcal{F}(S) \ni \alpha := Rt_1 \cdots t_{\Omega(R)} \mid \bot \mid (\alpha_1 \wedge \alpha_2) \mid (\alpha_1 \vee \alpha_2) \mid (\alpha_1 \rightarrow \alpha_2) \mid \forall x\alpha \mid \exists x\alpha$$

其中 $R \in \mathsf{R}$, $t_1, \cdots, t_{\Omega(R)} \in \mathcal{T}(S)$ 并且 $x \in \mathsf{Var}$.

定义 $\neg\alpha := \alpha \rightarrow \bot$ 并且 $\alpha \leftrightarrow \beta := (\alpha \rightarrow \beta) \wedge (\beta \rightarrow \alpha)$. 形如 $Rt_1 \cdots t_{\Omega(R)}$ 或 $\bot$ 的公式称为**原子公式**. 形如 $\forall x\alpha$ 的公式称为**全称公式**. 形如 $\exists x\alpha$ 的公式称

为**存在公式**. 对 $Q \in \{\forall, \exists\}$ 和有穷长度的变元序列 $\overline{x} = x_1, \cdots, x_n$, 我们用记号 $Q\overline{x}\alpha$ 表示公式 $Qx_1 \cdots Qx_n\alpha$.

例 6.1   令 $S = \{R, f, g\}$, 其中 $\Omega(R) = 2$, $\Omega(f) = 1$ 并且 $\Omega(g) = 2$.

(1) 符号串 $fgxfy$, $ggxfyfz$, $fffx$, $ggxygxz$ 是项.

(2) 符号串 fxy, gfx, $ggxy$, $fxfx$ 不是项.

(3) 符号串 $Rxgxx$, $\forall x \forall y \forall z((Rxy \wedge Ryz) \rightarrow Rxz)$, $\neg \exists x Rxx$ 是公式.

(4) 符号串 $\neg(\exists x Rxy$, $\exists x \forall y Rx$, $\neg Rxy \exists x Rxx$ 不是公式.

定义 6.2   一个项 t 的**复杂度**$d(t)$ 归纳定义如下:

$$d(x) = 0 = d(c)$$
$$d(ft_1 \cdots t_{\Omega(f)}) = \max\{d(t_1), \cdots, d(t_{\Omega(f)})\} + 1$$

用 $var(t)$ 表示项 t 的**变元集**. 公式 α 的**复杂度**$d(\alpha)$ 归纳定义如下:

$$d(Rt_1 \cdots t_n) = 0 = d(\bot)$$
$$d(\alpha \odot \beta) = \max\{d(\alpha), d(\beta)\} + 1, \ \text{其中} \odot \in \{\wedge, \vee, \rightarrow\}$$
$$d(Qx\alpha) = d(\alpha) + 1, \ \text{其中} \ Q \in \{\forall, \exists\}$$

用 $SF(\alpha)$ 表示公式 α 的**子公式集**. 公式 α 的**自由变元集**$FV(\alpha)$ 归纳定义如下:

$$FV(Rt_1 \cdots t_{\Omega(R)}) = var(t_1) \cup \cdots \cup var(t_{\Omega(R)})$$
$$FV(\alpha \odot \beta) = FV(\alpha) \cup FV(\beta), \ \text{其中} \odot \in \{\wedge, \vee, \rightarrow\}$$
$$FV(Qx\alpha) = FV(\alpha) \setminus \{x\}, \ \text{其中} Q \in \{\forall, \exists\}$$

一个公式 α 是**句子**, 如果 $FV(\alpha) = \varnothing$. 公式 α 的**约束变元集**$BV(\alpha)$ 归纳定义为

$$BV(\alpha) = \varnothing, \ \text{其中}\alpha\text{是原子公式}$$
$$BV(\alpha \odot \beta) = BV(\alpha) \cup BV(\beta), \ \text{其中} \odot \in \{\wedge, \vee, \rightarrow\}$$
$$BV(Qx\alpha) = BV(\alpha) \cup \{x\}, \ \text{其中} Q \in \{\forall, \exists\}$$

对任意公式集 Φ, 令 $FV(\Phi) = \bigcup_{\alpha \in \Phi} FV(\alpha)$ 并且 $BV(\Phi) = \bigcup_{\alpha \in \Phi} BV(\alpha)$.

在公式 $Qx\beta$ 中, β 称为量词 Qx 的**辖域**. 变元 x 在公式 α 中的一次出现是**自由出现**, 如果 x 的此次出现不在任何量词的辖域内; 否则, 它是**约束出现**. 对变元 x 在 α 中一次约束出现, 它被左边最近的量词约束. 称公式 $\alpha^\flat$ 是 α 的**字母变换**, 如果 $\alpha^\flat$ 是使用不在 α 中出现的新变元 $y_1, \cdots, y_n$ 分别同时替换 α 中一部分约束变元 $x_1, \cdots, x_n$ 的约束出现得到的公式.

例 6.2 令 $\alpha = \forall x(\forall x \exists y Rxy \to Qxy)$. 公式 α 的子公式集合 $SF(\alpha)$ 如下:

$$SF(\alpha) = \{\forall x(\forall x \exists y Rxy \to Qxy), \forall x \exists y Rxy \to Qxy, \forall x \exists y Rxy, Qxy, \exists y Rxy, Rxy\}.$$

显然 $FV(\alpha) = \{y\}$ 并且 $BV(\alpha) = \{x, y\}$. 公式 Rxy 中 x 的出现被左边最近的量词 $\forall x$ 约束, y 的出现被左边最近的量词 $\exists y$ 约束. 子公式 Qxy 中 x 的出现被最左边的量词 $\forall x$ 约束, y 的出现是自由出现. 如果 $z \notin BV(\alpha)$, $\forall x(\forall x \exists z Rxz \to Qxy)$ 和 $\forall x(\forall z \exists y Rzy \to Qxy)$ 都是 α 的字母变换.

我们用 $\bar{t}$ 和 $\bar{x}$ 分别表示有穷长度的项序列和变元序列. 对任意 $n, m > 0$, 如果 $\bar{t} = \langle t_1, \cdots, t_n \rangle$ 和 $\bar{x} = \langle x_1, \cdots, x_m \rangle$, 那么 $\bar{t}$ 的长度记为 $|\bar{t}| = n$, 并且 $\bar{x}$ 的长度记为 $|\bar{x}| = n$. 对任意长度相同的项序列 $\bar{t}$ 和变元序列 $\bar{x}$, 我们用 $\bar{t}/\bar{x}$ 表示分别用 t_i 代入 x_i 对所有 $1 \leqslant i \leqslant |\bar{t}|$.

定义 6.3 对任意项 s 及长度相同的项序列 $\bar{t}$ 和变元序列 $\bar{x}$, 用 $\bar{t}$ **代入** s 中变元序列 $\bar{x}$ 得到的项 $s(\bar{t}/\bar{x})$ 归纳定义如下:

$$y(\bar{t}/\bar{x}) = \begin{cases} y, & \text{如果 } y \notin \bar{x} \\ t_i, & \text{如果 } y = x_i \text{对某个 } i \leqslant |\bar{x}| \end{cases}$$

$$c(\bar{t}/\bar{x}) = c$$

$$(fs_1 \cdots s_{\Omega(f)})(\bar{t}/\bar{x}) = fs_1(\bar{t}/\bar{x}) \cdots s_{\Omega(f)}(\bar{t}/\bar{x})$$

对任意公式 α, 用 $\bar{t}$ **代入** α 中变元序列 $\bar{x}$ 得到的公式 $\alpha(\bar{t}/\bar{x})$ 归纳定义如下:

$$(Rs_1 \cdots s_{\Omega(R)})(\bar{t}/\bar{x}) = Rs_1(\bar{t}/\bar{x}) \cdots s_{\Omega(R)}(\bar{t}/\bar{x})$$

$$\perp(\bar{t}/\bar{x}) = \perp$$

$$(\alpha \odot \beta)(\bar{t}/\bar{x}) = \alpha(\bar{t}/\bar{x}) \odot \beta(\bar{t}/\bar{x}), \text{ 其中 } \odot \in \{\wedge, \vee, \to\}$$

令 $\overline{x_i}$ 是 $\bar{x}$ 中满足条件 $x_i \in FV(\exists x \alpha)$ 并且 $x_i \neq t_i$ 的所有变元的序列. 定义

$$(\exists x \alpha)(\bar{t}/\bar{x}) = \exists x \alpha(\overline{t_i}/\overline{x_i}, u/x)$$

$$(\forall x \alpha)(\bar{t}/\bar{x}) = \forall x \alpha(\overline{t_i}/\overline{x_i}, u/x)$$

其中 u 是如下定义的变元:

$$u = \begin{cases} x, & \text{如果 } x \notin var(t_{i_1}) \cup \cdots \cup var(t_{i_k}) \\ \text{第 1 个不在} \alpha, t_{i_1}, \cdots, t_{i_k} \text{中出现的变元, 否则} \end{cases}$$

引入变元 u 保证 $\overline{t_i}$ 中出现的变元不被任何量词约束. (注意只有当 $x_i \in FV(\alpha)$ 并且 $x_i \neq t_i$ 时, t_i 才能代入 x_i.)

定义 6.4 一个 S-**结构**是 $\mathfrak{A} = (A, I)$，其中 $A \neq \varnothing$ 称为 $\mathfrak{A}$ 的**论域**，I 是定义在 S 上满足以下条件的映射：

(1) 对每个关系符号 $R \in \mathsf{R}$, $I(R) \subseteq A^{\Omega(R)}$.

(2) 对每个函数符号 $f \in \mathsf{F}$, $I(f) : A^{\Omega(f)} \to A$ 是 A 上的 $\Omega(f)$ 元函数.

(3) 对每个常元符号 $c \in \mathsf{C}$, $I(c) \in A$.

通常用 $R^{\mathfrak{A}}, f^{\mathfrak{A}}, c^{\mathfrak{A}}$ 分别代替 $I(R), I(f), I(c)$，或者简写为 R^A, f^A, c^A.

一个结构 $\mathfrak{A} = (A, I)$ 中的**指派**是一个函数 $\sigma : \mathsf{Var} \to A$. 一个**模型**是有序对 $\mathfrak{M} = (\mathfrak{A}, \sigma)$，其中 $\mathfrak{A}$ 是结构，σ 是 $\mathfrak{A}$ 中的指派. 对任意结构 $\mathfrak{A} = (A, I)$ 和 $\mathfrak{A}$ 中的指派 σ，对任意变元 x，定义指派 $\sigma(a/x) : \mathsf{Var} \to A$ 如下：

$$\sigma(a/x)(y) = \begin{cases} a, & \text{如果} y = x \\ \sigma(y), & \text{否则} \end{cases}$$

指派 $\sigma(a/x)$ 与 σ 至多在 x 处的值不同. 令 $\bar{a} = (a_1, \cdots, a_n)$ 并且 $\bar{x} = (x_1, \cdots, x_n)$. 我们用记号 $\sigma(\bar{a}/\bar{x})$ 表示指派 $\sigma(a_1/x_1) \cdots (a_n/x_n)$.

定义 6.5 对任意模型 $\mathfrak{M} = (\mathfrak{A}, \sigma)$，一个项 t 的**解释** $t^{\mathfrak{M}}$ 归纳定义如下：

$$x^{\mathfrak{M}} = \sigma(x), \quad c^{\mathfrak{M}} = c^{\mathfrak{A}}, \quad (f\bar{t})^{\mathfrak{M}} = f^{\mathfrak{A}}(\bar{t}^{\mathfrak{M}})$$

其中 $\bar{t}^{\mathfrak{M}} = t_1^{\mathfrak{M}}, \cdots, t_{\Omega(f)}^{\mathfrak{M}}$. 模型 $\mathfrak{M}$ 与公式 α 的**满足关系** $\mathfrak{M} \models \alpha$ 归纳定义如下：

(1) $\mathfrak{M} \models R\bar{t}$ 当且仅当 $\bar{t}^{\mathfrak{M}} \in R^{\mathfrak{A}}$.

(2) $\mathfrak{M} \not\models \bot$.

(3) $\mathfrak{M} \models \alpha \wedge \beta$ 当且仅当 $\mathfrak{M} \models \alpha$ 并且 $\mathfrak{M} \models \beta$.

(4) $\mathfrak{M} \models \alpha \vee \beta$ 当且仅当 $\mathfrak{M} \models \alpha$ 并且 $\mathfrak{M} \models \beta$.

(5) $\mathfrak{M} \models \alpha \to \beta$ 当且仅当 $\mathfrak{M} \not\models \alpha$ 或者 $\mathfrak{M} \models \beta$.

(6) $\mathfrak{M} \models \exists x \alpha$ 当且仅当存在 $a \in A$ 使得 $\mathfrak{A}, \sigma(a/x) \models \alpha$.

(7) $\mathfrak{M} \models \forall x \alpha$ 当且仅当对所有 $a \in A$ 都有 $\mathfrak{A}, \sigma(a/x) \models \alpha$.

对任意公式集 Γ，用记号 $\mathfrak{M} \models \Gamma$ 表示 $\mathfrak{M} \models \alpha$ 对所有 $\alpha \in \Gamma$. 称公式 α 在结构 $\mathfrak{A}$ 上**有效**（记号 $\mathfrak{A} \models \alpha$），如果对 $\mathfrak{A}$ 中任意指派 σ 都有 $\mathfrak{A}, \sigma \models \alpha$. 称公式 α **有效**（记号 $\models \alpha$），如果对任意结构 $\mathfrak{A}$ 都有 $\mathfrak{A} \models \alpha$. 称公式 α 是公式集 Γ 的**语义后承**（记号 $\Gamma \models \alpha$），如果对任意模型 $\mathfrak{M}$ 都有 $\mathfrak{M} \models \Gamma$ 蕴涵 $\mathfrak{M} \models \alpha$. 称公式集 Γ **可满足**，如果存在模型 $\mathfrak{M}$ 使得 $\mathfrak{M} \models \Gamma$. 称公式 α **可满足**，如果 $\{\alpha\}$ 可满足.

引理 6.1 令 $\mathfrak{M}_1 = (\mathfrak{A}_1, \sigma)$ 和 $\mathfrak{M}_2 = (\mathfrak{A}_2, \sigma)$ 分别是 S_1-结构和 S_2-结构上的模型，其中 $\mathfrak{A}_1$ 和 $\mathfrak{A}_2$ 有相同的论域 A. 令 $S = S_1 \cap S_2$. 那么

(1) 对任意项 $s \in \mathcal{T}(S)$, $s^{\mathfrak{M}_1} = s^{\mathfrak{M}_2}$;

(2) 对任意公式 $\alpha \in \mathcal{F}(S)$, $\mathfrak{M}_1 \models \alpha$ 当且仅当 $\mathfrak{M}_2 \models \alpha$.

证明 (1) 设 $s = x$. 那么 $x^{\mathfrak{M}_1} = \sigma(x) = t^{\mathfrak{M}_2}$. 设 $s = c \in S$. 那么 $c^{\mathfrak{M}_1} = c^A = c^{\mathfrak{M}_2}$. 设 $s = f\bar{t}$. 那么 $(f\bar{t})^{\mathfrak{M}_1} = f^A(\bar{t}^{\mathfrak{M}_1})$. 由归纳假设, $f^A(\bar{t}^{\mathfrak{M}_1}) = f^A(\bar{t}^{\mathfrak{M}_2}) = (f\bar{t})^{\mathfrak{M}_2}$.

(2) 设 $\alpha = R\bar{t}$. 那么 $\mathfrak{M}_1 \models R\bar{t}$ 当且仅当 $\bar{t}^{\mathfrak{M}_1} \in R^A$. 由 (1) 得, $\bar{t}^{\mathfrak{M}_2} \in R^A$. 所以 $\mathfrak{M}_1 \models R\bar{t}$ 当且仅当 $\mathfrak{M}_2 \models R\bar{t}$. 设 $\alpha = \bot$. 显然 $\mathfrak{M}_1 \not\models \bot$ 并且 $\mathfrak{M}_2 \not\models \bot$. 设 $\alpha = \alpha_1 \odot \alpha_2$, 其中 $\odot \in \{\wedge, \vee, \rightarrow\}$. 由归纳假设, 对 $i = 1, 2$, $\mathfrak{M}_1 \models \alpha_i$ 当且仅当 $\mathfrak{M}_2 \models \alpha_i$. 所以 $\mathfrak{M}_1 \models \alpha_1 \odot \alpha_2$ 当且仅当 $\mathfrak{M}_2 \models \alpha_1 \odot \alpha_2$. 设 $\alpha = Qx\beta$, 其中 $Q \in \{\forall, \exists\}$. 由归纳假设, 对任意 $a \in A$, $\mathfrak{A}_1, \sigma(a/x) \models \beta$ 当且仅当 $\mathfrak{A}_2, \sigma(a/x) \models \beta$. 所以 $\mathfrak{M}_1 \models Qx\beta$ 当且仅当 $\mathfrak{M}_2 \models Qx\beta$. $\qquad\square$

引理 6.2 对任意模型 $\mathfrak{M} = (\mathfrak{A}, \sigma)$, 令 $\mathfrak{M}' = (\mathfrak{A}, \sigma(\bar{t}^{\mathfrak{M}}/\bar{x}))$. 对任意项 s 都有 $s(\bar{t}/\bar{x})^{\mathfrak{M}} = s^{\mathfrak{M}'}$.

证明 设 $s = x_i$. 那么 $s(\bar{t}/\bar{x}) = t_i$. 所以 $t_i^{\mathfrak{M}'} = t_i^{\mathfrak{M}} = x_i^{\mathfrak{M}'}$. 情况 $s = c$ 显然. 设 $s = fs_1 \cdots s_{\Omega(f)}$. 那么 $(fs_1 \cdots s_{\Omega(f)})(\bar{t}/\bar{x}) = fs_1(\bar{t}/\bar{x}) \cdots s_{\Omega(f)}(\bar{t}/\bar{x})$. 由归纳假设, 对 $1 \leqslant j \leqslant \Omega(f)$, $s_j(\bar{t}/\bar{x})^{\mathfrak{M}} = s_j^{\mathfrak{M}'}$. 因此 $s(\bar{t}/\bar{x})^{\mathfrak{M}} = f^{\mathfrak{A}}(s_1(\bar{t}/\bar{x})^{\mathfrak{M}}, \cdots, s_{\Omega(f)}(\bar{t}/\bar{x})^{\mathfrak{M}}) = f^{\mathfrak{A}}(s_1^{\mathfrak{M}'}, \cdots, s_{\Omega(f)}^{\mathfrak{M}'}) = s^{\mathfrak{M}'}$. $\qquad\square$

引理 6.3 对任意模型 $\mathfrak{M} = (\mathfrak{A}, \sigma)$, 令 $\mathfrak{M}' = (\mathfrak{A}, \sigma(\bar{t}^{\mathfrak{M}}/\bar{x}))$. 对任意公式 α, $\mathfrak{M} \models \alpha(\bar{t}/\bar{x})$ 当且仅当 $\mathfrak{M}' \models \alpha$.

证明 设 $\alpha = \bot$. 那么 $\bot(\bar{t}/\bar{x}) = \bot$, $\mathfrak{M} \not\models \bot$ 并且 $\mathfrak{M}' \not\models \bot$. 设 $\alpha = Rs_1 \cdots s_{\Omega(R)}$. 那么 $(Rs_1 \cdots s_{\Omega(R)})(\bar{t}/\bar{x}) = Rs_1(\bar{t}/\bar{x}) \cdots s_{\Omega(R)}(\bar{t}/\bar{x})$. 所以 $\mathfrak{M} \models (Rs_1 \cdots s_{\Omega(R)})(\bar{t}/\bar{x})$ 当且仅当 $(s_1(\bar{t}/\bar{x})^{\mathfrak{M}}, \cdots, s_{\Omega(R)}(\bar{t}/\bar{x})^{\mathfrak{M}}) \in R^{\mathfrak{A}}$. 由引理 6.2得, 对所有 $1 \leqslant j \leqslant \Omega(R)$, $s_j(\bar{t}/\bar{x})^{\mathfrak{M}} = s_j^{\mathfrak{M}'}$. 所以 $(s_1(\bar{t}/\bar{x})^{\mathfrak{M}}, \cdots, s_{\Omega(R)}(\bar{t}/\bar{x})^{\mathfrak{M}}) \in R^{\mathfrak{A}}$ 当且仅当 $(s_1^{\mathfrak{M}'}, \cdots, s_{\Omega(R)}^{\mathfrak{M}'}) \in R^{\mathfrak{A}}$ 当且仅当 $\mathfrak{M}' \models Rs_1 \cdots s_{\Omega(R)}$. 设 $\alpha = \alpha_1 \odot \alpha_2$, 其中 $\odot \in \{\wedge, \vee, \rightarrow\}$. 由归纳假设, 对 $i = 1, 2$ 都有 $\mathfrak{M} \models \alpha_i(\bar{t}/\bar{x})$ 当且仅当 $\mathfrak{M}' \models \alpha_i$. 所以 $\mathfrak{M} \models (\alpha_1 \odot \alpha_2)(\bar{t}/\bar{x})$ 当且仅当 $\mathfrak{M}' \models (\alpha_1 \odot \alpha_2)$. 设 $\alpha = Qy\beta$, 其中 $Q \in \{\forall, \exists\}$. 不妨设 $y \notin \bar{x}$. 对任意 $a \in A$, $\mathfrak{A}, \sigma(a/y) \models \beta(\bar{t}/\bar{x})$ 当且仅当 $\mathfrak{A}, \sigma(a/y)(\bar{t}^{\mathfrak{M}}/\bar{x}) \models \beta$. 显然 $\sigma(a/y)(\bar{t}^{\mathfrak{M}}/\bar{x}) = \sigma(\bar{t}^{\mathfrak{M}}/\bar{x})(a/y)$. 所以 $\mathfrak{A}, \sigma(a/y) \models \beta(\bar{t}/\bar{x})$ 当且仅当 $\mathfrak{A}, \sigma(\bar{t}^{\mathfrak{M}}/\bar{x})(a/y) \models \beta$. 所以 $\mathfrak{M} \models Qx\beta(\bar{t}/\bar{x})$ 当且仅当 $\mathfrak{M}' \models Qx\beta$. $\qquad\square$

由引理 6.3得, 任意句子 α 和结构 $\mathfrak{A}$ 及其指派 σ 和 σ', 都有 $\mathfrak{A}, \sigma \models \alpha$ 当且仅当 $\mathfrak{A}, \sigma' \models \alpha$. 因此, $\mathfrak{A} \models \alpha$ 或者 $\mathfrak{A} \not\models \alpha$.

引理 6.4 以下公式都是有效的:

(1) $\forall x(\alpha \wedge \beta) \leftrightarrow \forall x\alpha \wedge \forall x\beta$.

(2) $\exists x(\alpha \vee \beta) \leftrightarrow \exists x\alpha \vee \exists x\beta$.

(3) $\forall x(\alpha \vee \beta) \leftrightarrow \alpha \vee \forall x\beta$, 其中 $x \notin FV(\alpha)$.

(4) $\exists x(\alpha \wedge \beta) \leftrightarrow \alpha \wedge \exists x\beta$, 其中 $x \notin FV(\alpha)$.

(5) $\forall x(\alpha \to \beta) \to (\alpha \to \forall x\beta)$, 其中 $x \notin FV(\alpha)$.

(6) $\forall x\alpha \to \alpha(t/x)$.

证明   这里只证明 (6), 其余类似易证. 任给模型 $\mathfrak{M} = (\mathfrak{A}, \sigma)$, 设 $\mathfrak{M} \models \forall x\alpha$. 那么 $\mathfrak{A}, \sigma(t^{\mathfrak{M}}/x) \models \alpha$. 由引理 6.3 得, $\mathfrak{M} \models \alpha(t/x)$.   □

例 6.3   令 $S = \{+, \cdot, 0, 1, \leqslant\}$, ω 是自然数集. 令 $\mathfrak{N} = (\omega, +^{\mathfrak{N}}, \cdot^{\mathfrak{N}}, 0^{\mathfrak{N}}, 1^{\mathfrak{N}}, \leqslant^{\mathfrak{N}})$, 其中 $+^{\mathfrak{N}}$ 是加法, $\cdot^{\mathfrak{N}}$ 是乘法, $0^{\mathfrak{N}} = 0$, $1^{\mathfrak{N}} = 1$, $\leqslant^{\mathfrak{N}}$ 是小于等于关系. 那么 $\mathfrak{A} \models \forall x\exists y((x \leqslant y + 1) \wedge (y + 1 \leqslant x))$ 并且 $\mathfrak{A} \models \forall x(0 \leqslant x)$, 而 $\mathfrak{A} \not\models \exists x\forall y(y \leqslant x)$. 令 σ 是 $\mathfrak{N}$ 上的赋值使得 $\sigma(x) = 2$ 并且 $\sigma(y) = 3$. 那么 $x + 2 \cdot y$ 的值为 8. 所以 $\mathfrak{A}, \sigma \models \exists x(x \leqslant x + 2 \cdot y)$.

下面引入一阶逻辑的公理系统 H_1. 它以古典句子逻辑为基础. 一个重言式的**一阶代入特例**是指使用一阶语言的公式统一代入其中句子变元得到的公式.

定义 6.6   公理系统 H_1 由以下公理模式和推理规则组成:

(1) 公理模式

(A1) 古典句子逻辑重言式的一阶代入特例.

(A2) $\forall x\alpha \leftrightarrow \neg\exists x\neg\alpha$.

(A3) $\forall x(\alpha \to \beta) \to (\forall x\alpha \to \forall x\beta)$.

(A4) $\alpha \to \forall x\alpha$, 其中 $x \notin FV(\alpha)$.

(A5) $\forall x\alpha \to \alpha(t/x)$.

(2) 推理规则

$$\frac{\alpha \to \beta \quad \alpha}{\beta}(mp) \qquad \frac{\alpha}{\forall x\alpha}(Gen)$$

在 H_1 中, 一个**推导**是有穷的公式树结构 $\mathcal{D}$, 其中每个节点要么是公理, 要么是从两个子节点运用 (mp) 得到的, 要么是从子节点运用 (Gen) 得到的. 我们用 $\mathcal{D}, \mathcal{E}$ 等表示推导, 用记号 $\genfrac{}{}{0pt}{}{\mathcal{D}}{\varphi}$ 表示 $\mathcal{D}$ 是以 φ 为根节点的推导. 称公式 α 在 H_1 中**可证** (或称 α 是 H_1 的**定理**), 记号 $\vdash_{H_1} \alpha$, 如果存在以 α 为根节点的推导. 我们用 $Thm(H_1)$ 表示 H_1 的定理集. 不引起歧义时可删除下标 H_1. 一个以 $\alpha_1, \cdots, \alpha_n$ 为前提并且以 α_0 为结论的规则 (R) 在 H_1 中**可允许**, 如果 $\vdash_{H_1} \alpha_i$ $(1 \leqslant i \leqslant n)$ 蕴涵 $\vdash_{H_1} \alpha_0$. 称公式 α 是公式集 Φ 的**演绎后承** (记号 $\Phi \vdash_{H_1} \alpha$), 如果存在 Φ 的有穷子集 Φ_0 使得 $\vdash_{H_1} \bigwedge \Phi_0 \to \alpha$. 称公式集 Φ 是 H_1-**一致的**, 如果 $\Phi \not\vdash_{H_1} \bot$.

在推导中, 使用古典句子逻辑系统 HK 的规则, 我们以 (HK) 作为标记, 而不必重复在 HK 中进行的推导.

定理 6.1(演绎定理) $\alpha, \Phi \vdash_{H_1} \beta$ 当且仅当 $\Phi \vdash_{H_1} \alpha \to \beta$.

证明   设 $\Phi \vdash_{H_1} \alpha \to \beta$. 那么 $\alpha, \Phi \vdash_{H_1} \alpha \to \beta$. 所以 $\alpha, \Phi \vdash_{H_1} \alpha \wedge (\alpha \to \beta)$. 因为 $\vdash_{H_1} \alpha \wedge (\alpha \to \beta) \to \beta$, 所以 $\alpha, \Phi \vdash_{H_1} \beta$. 设 $\alpha, \Phi \vdash_{H_1} \beta$. 那么存在 Φ 的有穷子集 Φ_0 使得 $\vdash_{H_1} (\bigwedge \Phi_0 \wedge \alpha) \to \beta$. 所以 $\vdash_{H_1} \bigwedge \Phi_0 \to (\alpha \to \beta)$. 所以 $\Phi \vdash_{H_1} \alpha \to \beta$.   □

引理 6.5 在 H_1 中以下量词单调性规则可允许:

$$\frac{\alpha \to \beta}{\forall x\alpha \to \forall x\beta}(\forall M) \qquad \frac{\alpha \to \beta}{\exists x\alpha \to \exists x\beta}(\exists M)$$

证明 设 $\vdash_{H_1} \alpha \to \beta$. 推导如下:

$$\frac{\forall x(\alpha \to \beta) \to (\forall x\alpha \to \forall x\beta) \quad \dfrac{\dfrac{\alpha \to \beta}{\forall x(\alpha \to \beta)}(Gen)}{}}{\forall x\alpha \to \forall x\beta}(mp)$$

$$\cfrac{\cfrac{\forall x(\neg\beta \to \neg\alpha) \to (\forall x\neg\beta \to \forall x\neg\alpha) \quad \cfrac{\cfrac{\cfrac{\alpha \to \beta}{\neg\beta \to \neg\alpha}(\text{HK})}{\forall x(\neg\beta \to \neg\alpha)}(Gen)}{}}{\cfrac{\forall x\neg\beta \to \forall x\neg\alpha}{}(mp)}}{\cfrac{\neg\forall x\neg\alpha \to \neg\forall x\neg\alpha}{\exists x\alpha \to \exists x\alpha}(\text{HK})}(\text{HK}, A2)$$

$\square$

引理 6.6 以下公式都是 H_1 的定理:

(1) $\alpha(t/x) \to \exists x\alpha$.

(2) $\forall x(\alpha \to \beta) \to (\alpha \to \forall x\beta)$, 其中 $x \notin FV(\alpha)$.

(3) $\forall x\forall y\alpha \to \forall y\forall x\alpha$.

(4) $\forall x(\alpha \wedge \beta) \leftrightarrow \forall x\alpha \wedge \forall x\beta$.

(5) $\exists x(\alpha \vee \beta) \leftrightarrow \exists x\alpha \vee \exists x\beta$.

(6) $\forall x(\alpha \vee \beta) \leftrightarrow \alpha \vee \forall x\beta$, 其中 $x \notin FV(\alpha)$.

(7) $\exists x(\alpha \wedge \beta) \leftrightarrow \alpha \wedge \exists x\beta$, 其中 $x \notin FV(\alpha)$.

证明 (1) 推导如下:

$$\frac{\dfrac{(\forall x\neg\alpha \to \neg\alpha(t/x)) \to (\alpha(t/x) \to \neg\forall x\neg\alpha) \quad \forall x\neg\alpha \to \neg\alpha(t/x)}{\alpha(t/x) \to \neg\forall x\neg\alpha}(mp)}{\alpha(t/x) \to \exists x\alpha}(\text{HK}, A2)$$

(2) 推导如下:

$$\frac{\forall x(\alpha \to \beta) \to (\forall x\alpha \to \forall x\beta) \quad \dfrac{\alpha \to \forall x\alpha}{(\forall x\alpha \to \forall x\beta) \to (\alpha \to \forall x\beta)}(\text{HK})}{\forall x(\alpha \to \beta) \to (\alpha \to \forall x\beta)}(\text{HK})$$

(3) 首先有以下推导:

$$\cfrac{\cfrac{\forall x(\forall x\forall y\alpha \to \alpha) \to (\forall x\forall y\alpha \to \forall x\alpha) \quad \cfrac{\cfrac{\cfrac{\forall x\forall y\alpha \to \forall y\alpha \quad \forall y\alpha \to \alpha}{\forall x\forall y\alpha \to \alpha}(\text{HK})}{\forall x(\forall x\forall y\alpha \to \alpha)}(Gen)}{}}{\cfrac{\forall x\forall y\alpha \to \forall x\alpha}{}(mp)}}{\forall y(\forall x\forall y\alpha \to \forall x\alpha)}(Gen)$$

然后有以下推导:

$$\frac{\forall y(\forall x\forall y\alpha \to \forall x\alpha) \to (\forall x\forall y\alpha \to \forall y\forall x\alpha) \quad \forall y(\forall x\forall y\alpha \to \forall x\alpha)}{\forall x\forall y\alpha \to \forall y\forall x\alpha} \; (mp)$$

其余公式易证. $\hfill\square$

引理 6.7 对任意公式 $Qx\alpha$, 令 y 不在 $Qx\alpha$ 中出现. 那么 $\vdash_{\mathsf{H}_1} Qx\alpha \leftrightarrow Qy\alpha(y/x)$.

证明 设 $Q = \forall$ 并且 y 不在 $Qx\alpha$ 中出现. 首先有以下推导:

$$\frac{\forall x\alpha \to \forall y\forall x\alpha \quad \dfrac{\forall x\alpha \to \alpha(y/x)}{\forall y\forall x\alpha \to \forall y\alpha(y/x)}\; (\forall M)}{\forall x\alpha \to \forall y\alpha(y/x)}\; (mp)$$

其次有以下推导:

$$\frac{\forall y\alpha(y/x) \to \forall x\forall y\alpha(y/x) \quad \dfrac{\forall y\alpha(y/x) \to \alpha}{\forall x\forall y\alpha(y/x) \to \forall x\alpha}\; (\forall M)}{\forall y\alpha(y/x) \to \forall x\alpha}\; (mp)$$

所以 $\vdash_{\mathsf{H}_1} \forall x\alpha \leftrightarrow \forall y\alpha(y/x)$. 由 HK 得, $\vdash_{\mathsf{H}_1} \exists x\alpha \leftrightarrow \exists y\alpha(y/x)$. $\hfill\square$

命题 6.1 在 H_1 中以下成立:

(1) 如果 $\alpha(t/x), \Phi \vdash_{\mathsf{H}_1} \beta$, 那么 $\forall x\alpha, \Phi \vdash_{\mathsf{H}_1} \beta$.

(2) 如果 $\Phi \vdash_{\mathsf{H}_1} \alpha(y/x)$ 并且 $y \notin FV(\Phi, \forall x\alpha)$, 那么 $\Phi \vdash_{\mathsf{H}_1} \forall x\alpha$.

(3) 如果 $\alpha(y/x), \Phi \vdash_{\mathsf{H}_1} \beta$ 并且 $y \notin FV(\exists x\alpha, \Phi, \beta)$, 那么 $\exists x\alpha, \Phi \vdash_{\mathsf{H}_1} \beta$.

(4) 如果 $\Phi \vdash_{\mathsf{H}_1} \alpha(t/x)$, 那么 $\Phi \vdash_{\mathsf{H}_1} \exists x\alpha$.

证明 (1) 设 $\alpha(t/x), \Phi \vdash_{\mathsf{H}_1} \beta$. 那么存在 Φ 的有穷子集 Φ_0 使得 $\vdash_{\mathsf{H}_1} \alpha(t/x) \wedge \bigwedge \Phi_0 \to \beta$. 由 $\vdash_{\mathsf{H}_1} \forall x\alpha \to \alpha(t/x)$ 得, $\vdash_{\mathsf{H}_1} \forall x\alpha \wedge \bigwedge \Phi_0 \to \beta$. 所以 $\forall x\alpha, \Phi \vdash_{\mathsf{H}_1} \beta$.

(2) 设 $\Phi \vdash_{\mathsf{H}_1} \alpha(y/x)$ 并且 $y \notin FV(\Phi, \forall x\alpha)$. 存在 Φ 的有穷子集 Φ_0 使得 $\vdash_{\mathsf{H}_1} \bigwedge \Phi_0 \to \alpha(y/x)$. 因为 $y \notin FV(\Phi, \forall x\alpha)$, 所以 $\vdash_{\mathsf{H}_1} \bigwedge \Phi_0 \to \forall y\alpha(y/x)$. 显然 $\vdash_{\mathsf{H}_1} \forall y\alpha(y/x) \to \forall x\alpha$. 所以 $\vdash_{\mathsf{H}_1} \bigwedge \Phi_0 \to \forall x\alpha$. 所以 $\Phi \vdash_{\mathsf{H}_1} \forall x\alpha$.

(3) 设 $\alpha(y/x), \Phi \vdash_{\mathsf{H}_1} \beta$ 并且 $y \notin FV(\exists x\alpha, \Phi, \beta)$. 存在 Φ 的有穷子集 Φ_0 使得 $\vdash_{\mathsf{H}_1} \alpha(y/x) \wedge \bigwedge \Phi_0 \to \beta$. 所以 $\vdash_{\mathsf{H}_1} \alpha(y/x) \to (\bigwedge \Phi_0 \to \beta)$. 由 $y \notin FV(\exists x\alpha, \Phi)$ 得, $\vdash_{\mathsf{H}_1} \exists y\alpha(y/x) \to (\bigwedge \Phi_0 \to \beta)$. 显然 $\vdash_{\mathsf{H}_1} \exists x\alpha \to \exists y\alpha(y/x)$. 所以 $\vdash_{\mathsf{H}_1} \exists x\alpha \to (\bigwedge \Phi_0 \to \beta)$. 所以 $\exists x\alpha, \Phi \vdash_{\mathsf{H}_1} \beta$.

(4) 设 $\Phi \vdash_{\mathsf{H}_1} \alpha(t/x)$. 那么 $\Phi \vdash_{\mathsf{H}_1} \exists x\alpha$. 存在 Φ 的有穷子集 Φ_0 使得 $\vdash_{\mathsf{H}_1} \bigwedge \Phi_0 \to \alpha(t/x)$. 由 $\vdash_{\mathsf{H}_1} \alpha(t/x) \to \exists x\alpha$ 得, $\vdash_{\mathsf{H}_1} \bigwedge \Phi_0 \to \exists x\alpha$. 所以 $\Phi \vdash_{\mathsf{H}_1} \exists x\alpha$. $\hfill\square$

在一阶逻辑公理系统 H_1 上定义的后承关系 $\vdash_{H_1}$ 是可公理化的. 在古典句子逻辑后承演算 $\mathfrak{C}_{HK}$ 基础上增加以下量词规则, 得到一阶逻辑后承演算 $\mathfrak{C}_{H_1}$:

$$\frac{\alpha(t/x), \Phi \vdash \beta}{\forall x\alpha, \Phi \vdash \beta}(\forall\vdash) \qquad \frac{\Gamma \vdash \alpha(y/x)}{\Gamma \vdash \forall x\alpha}(\vdash\forall)$$

$$\frac{\alpha(y/x), \Phi \vdash \beta}{\exists x\alpha, \Phi \vdash \beta}(\exists\vdash) \qquad \frac{\Phi \vdash \alpha(t/x)}{\Phi \vdash \exists x\alpha}(\vdash\exists)$$

其中, 在 $(\vdash\forall)$ 中 $y \notin FV(\Phi, \forall x\alpha)$, 在 $(\exists\vdash)$ 中 $y \notin FV(\exists x\alpha, \Phi, \beta)$.

称一个公式集 Φ 是 **H_1 一致的**, 如果 $\Phi \nvdash_{H_1} \bot$. 关于 H_1 一致的公式集, 我们有以下命题成立.

命题 6.2　对任意公式集 Φ 和公式 α, 以下成立:

(1) $\Phi \nvdash_{H_1} \neg\alpha$ 当且仅当 $\Phi \cup \{\alpha\}$ 是 H_1 一致的.

(2) $\Phi \nvdash_{H_1} \alpha$ 当且仅当 $\Phi \cup \{\neg\alpha\}$ 是 H_1 一致的.

(3) Φ 是 H_1 一致的当且仅当 Φ 的每个有穷子集是 H_1 一致的.

证明　(1) 设 $\Phi \nvdash_{H_1} \neg\alpha$. 设 $\Phi, \alpha \vdash_{H_1} \bot$. 由演绎定理, $\Phi \vdash_{H_1} \neg\alpha$, 矛盾. 设 $\Phi \cup \{\alpha\}$ 是 H_1 一致的并且 $\Phi \vdash_{H_1} \neg\alpha$. 由 (Wk) 得, $\Phi, \alpha \vdash_{H_1} \neg\alpha$. 所以 $\Phi, \alpha \vdash_{H_1} \neg\alpha \wedge \alpha$. 所以 $\Phi, \alpha \vdash_{H_1} \bot$, 与 $\Phi \cup \{\alpha\}$ 是 H_1 一致的矛盾.

(2) 与 (1) 类似.

(3) 显然 Φ 的 H_1 一致性蕴含其每个有穷子集的一致性. 设 Φ 的每个有穷子集是 H_1 一致的. 设 Φ 不是 H_1 一致的. 那么 $\Phi \vdash_{H_1} \bot$. 存在 Φ 的有穷子集 Φ_0 使得 $\vdash_{H_1} \bigwedge \Phi_0 \to \bot$. 所以 $\Phi_0 \vdash_{H_1} \bot$. 所以 Φ_0 不是 H_1 一致的, 矛盾.　□

引理 6.8　对任意公式 α 和 β, 以下成立:

(1) 如果 $\models \alpha$ 并且 $\models \alpha \to \beta$, 那么 $\models \beta$.

(2) 如果 $\models \alpha$, 那么 $\models \forall x\alpha$.

证明　(1) 由定义直接得到. 对 (2), 设 $\models \alpha$. 令 $\mathfrak{M} = (\mathfrak{A}, \sigma)$ 为任意模型并且 $a \in A$. 那么 $\mathfrak{M}, \sigma(a/x) \models \alpha$. 所以 $\mathfrak{M} \models \forall x\alpha$.　□

定理 6.2(可靠性)　如果 $\Phi \vdash_{H_1} \alpha$, 那么 $\Phi \models \alpha$.

证明　设 $\Phi \vdash_{H_1} \alpha$. 存在 Φ 的有穷子集 Φ_0 使得 $\vdash_{H_1} \bigwedge \Phi_0 \to \alpha$. 显然 H_1 的每个公理都是有效的, 每个推理规则都保持有效性. 所以 $\models \bigwedge \Phi_0 \to \alpha$. 任给模型 $\mathfrak{M}$ 使得 $\mathfrak{M} \models \Phi$, 显然 $\mathfrak{M} \models \Phi_0$. 所以 $\mathfrak{M} \models \alpha$. 所以 $\Phi \models \alpha$.　□

推论 6.1　如果 $\vdash_{H_1} \alpha$, 那么 $\models \alpha$.

现在证明 H_1 的完全性. 假定 S 是可数的, 因此项集和公式集都是可数的. 为证明 H_1 的完全性, 只要证明任意 H_1 一致公式集都是可满足的.

定义 6.7 令 Φ 是 H_1 一致的公式集. 模型 $\mathfrak{M}^\Phi = (\mathfrak{A}^\Phi, \sigma^\Phi)$ 定义如下:

(1) $\mathfrak{A}^\Phi$ 的论域是项集 $\mathcal{T}(S)$.

(2) 对任意关系符号 $R \in \mathsf{R}$, $(t_1, \cdots, t_{\Omega(R)}) \in R^{\mathfrak{A}^\Phi}$ 当且仅当 $\Phi \vdash_{\mathsf{H}_1} R t_1 \cdots t_{\Omega(R)}$.

(3) 对任意函数符号 $f \in \mathsf{F}$, $f^{\mathfrak{A}^\Phi}(t_1, \cdots, t_{\Omega(f)}) = f t_1 \cdots t_{\Omega(f)}$.

(4) 对任意常元符号 $c \in \mathsf{C}$, $c^{\mathfrak{A}^\Phi} = c$.

赋值 σ^Φ 定义为: 对任意变元 $x \in \mathsf{Var}$, $\sigma^\Phi(x) = x$.

引理 6.9 在 $\mathfrak{M}^\Phi$ 中以下成立:

(1) 对任意项 $t \in \mathcal{T}(S)$, $t^{\mathfrak{M}^\Phi} = t$.

(2) 对任意原子公式 α, $\mathfrak{M}^\Phi \models \alpha$ 当且仅当 $\Phi \vdash_{\mathsf{H}_1} \alpha$.

(3) $\mathfrak{M}^\Phi \models \exists \overline{x} \alpha$ 当且仅当存在项序列 $\overline{t}$ 使得 $\mathfrak{M}^\Phi \models \alpha(\overline{t}/\overline{x})$.

(4) $\mathfrak{M}^\Phi \models \forall \overline{x} \alpha$ 当且仅当对所有项序列 $\overline{t}$ 都有 $\mathfrak{M}^\Phi \models \alpha(\overline{t}/\overline{x})$.

证明 由 $\mathfrak{M}^\Phi$ 的定义直接得到 (1) 和 (2). 对 (3), 设 $\mathfrak{M}^\Phi \models \exists \overline{x} \alpha$. 那么存在项序列 $\overline{t}$ 使得 $\mathfrak{A}^\Phi, \sigma^\Phi[\overline{t}^{\mathfrak{M}^\Phi}/\overline{x}] \models \alpha$. 由引理 6.3得, $\mathfrak{M}^\Phi \models \alpha(\overline{t}/\overline{x})$. 设 $\mathfrak{M}^\Phi \models \alpha(\overline{t}/\overline{x})$. 那么 $\mathfrak{A}^\Phi, \sigma^\Phi[\overline{t}/\overline{x}] \models \alpha$. 所以 $\mathfrak{M}^\Phi \models \exists \overline{x} \alpha$. (4) 的证明与 (3) 类似. □

称公式集 Φ 是**完备的**, 如果对任意公式 α, $\Phi \vdash_{\mathsf{H}_1} \alpha$ 或者 $\Phi \vdash_{\mathsf{H}_1} \neg \alpha$. 称公式集 Φ 是**证据集**, 如果对每个公式 $\exists x \alpha$ 都有项 t 使得 $\Phi \vdash_{\mathsf{H}_1} \exists x \alpha \to \alpha(t/x)$.

引理 6.10 设 Φ 是 H_1 一致的完备证据集. 对任意公式 α 和 β, 以下成立:

(1) $\Phi \vdash_{\mathsf{H}_1} \neg \alpha$ 当且仅当 $\Phi \nvdash_{\mathsf{H}_1} \alpha$.

(2) $\Phi \vdash_{\mathsf{H}_1} \alpha \wedge \beta$ 当且仅当 $\Phi \vdash_{\mathsf{H}_1} \alpha$ 并且 $\Phi \vdash_{\mathsf{H}_1} \beta$.

(3) $\Phi \vdash_{\mathsf{H}_1} \alpha \vee \beta$ 当且仅当 $\Phi \vdash_{\mathsf{H}_1} \alpha$ 或者 $\Phi \vdash_{\mathsf{H}_1} \beta$.

(4) $\Phi \vdash_{\mathsf{H}_1} \alpha \to \beta$ 当且仅当 $\Phi \nvdash_{\mathsf{H}_1} \alpha$ 或者 $\Phi \vdash_{\mathsf{H}_1} \beta$.

(5) $\Phi \vdash_{\mathsf{H}_1} \exists x \alpha$ 当且仅当存在项 t 使得 $\Phi \vdash_{\mathsf{H}_1} \alpha(t/x)$.

(6) $\Phi \vdash_{\mathsf{H}_1} \forall x \alpha$ 当且仅当对所有项 t 都有 $\Phi \vdash_{\mathsf{H}_1} \alpha(t/x)$.

证明 (1) 设 $\Phi \vdash_{\mathsf{H}_1} \neg \alpha$ 并且 $\Phi \vdash_{\mathsf{H}_1} \alpha$. 那么 $\Phi \vdash_{\mathsf{H}_1} \alpha \wedge \neg \alpha$. 所以 $\Phi \vdash_{\mathsf{H}_1} \bot$. 所以 Φ 不是 H_1 一致的, 矛盾. 设 $\Phi \nvdash_{\mathsf{H}_1} \alpha$. 因为 Φ 是完备的, 所以 $\Phi \vdash_{\mathsf{H}_1} \neg \alpha$.

(2) 设 $\Phi \vdash_{\mathsf{H}_1} \alpha \wedge \beta$. 显然 $\alpha \wedge \beta \vdash_{\mathsf{H}_1} \alpha$ 并且 $\alpha \wedge \beta \vdash_{\mathsf{H}_1} \beta$. 所以, $\Phi \vdash_{\mathsf{H}_1} \alpha$ 并且 $\Phi \vdash_{\mathsf{H}_1} \beta$. 设 $\Phi \vdash_{\mathsf{H}_1} \alpha$ 并且 $\Phi \vdash_{\mathsf{H}_1} \beta$. 由 $(\vdash \wedge)$ 得, $\Phi \vdash_{\mathsf{H}_1} \alpha \wedge \beta$.

(3) 从右至左是显然的. 设 $\Phi \vdash_{\mathsf{H}_1} \alpha \vee \beta$, $\Phi \nvdash_{\mathsf{H}_1} \alpha$ 并且 $\Phi \nvdash_{\mathsf{H}_1} \beta$. 因为 Φ 是完备的, 所以 $\Phi \vdash_{\mathsf{H}_1} \neg \alpha$ 并且 $\Phi \vdash_{\mathsf{H}_1} \neg \beta$. 所以 $\Phi \vdash_{\mathsf{H}_1} \neg \alpha \wedge \neg \beta$. 因为 $\vdash_{\mathsf{H}_1} \neg \alpha \wedge \neg \beta \to \neg(\alpha \vee \beta)$, 所以 $\Phi \vdash_{\mathsf{H}_1} \neg(\alpha \vee \beta)$. 因为 Φ 是 H_1 一致的并且完备的, 所以 $\Phi \nvdash_{\mathsf{H}_1} \alpha \vee \beta$.

(4) 因为 $\vdash_{\mathsf{H}_1} (\alpha \to \beta) \leftrightarrow (\neg \alpha \vee \beta)$, 由 (1) 和 (3) 即得 (4).

(5) 从右至左是显然的. 设 $\Phi \vdash_{\mathsf{H}_1} \exists x \alpha$. 因为 Φ 是证据集, 所以存在项 t 使得 $\Phi \vdash_{\mathsf{H}_1} \exists x \alpha \to \alpha(t/x)$. 所以 $\Phi \vdash_{\mathsf{H}_1} \alpha(t/x)$.

(6) 由 (1) 和 (4) 得, $\Phi \vdash_{H_1} \forall x \alpha$ 当且仅当 $\Phi \nvdash_{H_1} \exists x \neg \alpha$ 当且仅当对所有项 t 都有 $\Phi \nvdash_{H_1} \neg \alpha(t/x)$ 当且仅当对所有项 t 都有 $\Phi \vdash_{H_1} \alpha(t/x)$. □

定理 6.3　设 Φ 是 H_1 一致的完备证据集. 那么 $\Phi \vdash_{H_1} \alpha$ 当且仅当 $\mathfrak{M}^{\Phi} \models \alpha$.

证明　对 $d(\alpha)$ 归纳证明. 原子公式情况由引理 6.9 (2) 得. 设 $\alpha = \alpha_1 \wedge \alpha_2$. 那么

$$
\begin{aligned}
\Phi \vdash \alpha_1 \wedge \alpha_2 \quad &\Leftrightarrow \quad \Phi \vdash \alpha_1 \text{ 并且 } \Phi \vdash \alpha_2. & \text{引理 6.10 (2)}\\
&\Leftrightarrow \quad \mathfrak{M}^{\Phi} \models \alpha_1 \text{ 并且 } \mathfrak{M}^{\Phi} \models \alpha_2. & \text{归纳假设}\\
&\Leftrightarrow \quad \mathfrak{M}^{\Phi} \models \alpha_1 \wedge \alpha_2.
\end{aligned}
$$

设 $\alpha = \alpha_1 \vee \alpha_2$. 那么

$$
\begin{aligned}
\Phi \vdash \alpha_1 \vee \alpha_2 \quad &\Leftrightarrow \quad \Phi \vdash \alpha_1 \text{ 或者 } \Phi \vdash \alpha_2. & \text{引理 6.10 (3)}\\
&\Leftrightarrow \quad \mathfrak{M}^{\Phi} \models \alpha_1 \text{ 或者 } \mathfrak{M}^{\Phi} \models \alpha_2. & \text{归纳假设}\\
&\Leftrightarrow \quad \mathfrak{M}^{\Phi} \models \alpha_1 \vee \alpha_2.
\end{aligned}
$$

设 $\alpha = \alpha_1 \to \alpha_2$. 那么

$$
\begin{aligned}
\Phi \vdash \alpha_1 \to \alpha_2 \quad &\Leftrightarrow \quad \Phi \nvdash \alpha_1 \text{ 或者 } \Phi \vdash \alpha_2. & \text{引理 6.10 (4)}\\
&\Leftrightarrow \quad \mathfrak{M}^{\Phi} \not\models \alpha_1 \text{ 或者 } \mathfrak{M}^{\Phi} \models \alpha_2. & \text{归纳假设}\\
&\Leftrightarrow \quad \mathfrak{M}^{\Phi} \models \alpha_1 \to \alpha_2.
\end{aligned}
$$

设 $\alpha = \exists x \beta$. 那么

$$
\begin{aligned}
\Phi \vdash \exists x \beta \quad &\Leftrightarrow \quad \text{存在项 } t \text{ 使得 } \Phi \vdash \beta(t/x). & \text{引理 6.10 (5)}\\
&\Leftrightarrow \quad \text{存在项 } t \text{ 使得 } \mathfrak{M}^{\Phi} \models \beta(t/x). & \text{归纳假设}\\
&\Leftrightarrow \quad \text{存在项 } t \text{ 使得 } \mathfrak{A}^{\Phi}, \sigma^{\Phi}[t^{\mathfrak{M}^{\Phi}}/x] \models \beta. & \text{引理 6.3}\\
&\Leftrightarrow \quad \mathfrak{M}^{\Phi} \models \exists x \beta.
\end{aligned}
$$

设 $\alpha = \forall x \beta$. 那么

$$
\begin{aligned}
\Phi \vdash \forall x \beta \quad &\Leftrightarrow \quad \text{对所有项 } t \text{ 都有 } \Phi \vdash \beta(t/x). & \text{引理 6.10 (6)}\\
&\Leftrightarrow \quad \text{对所有项 } t \text{ 都有 } \mathfrak{M}^{\Phi} \models \beta(t/x). & \text{归纳假设}\\
&\Leftrightarrow \quad \text{对所有项 } t \text{ 都有 } \mathfrak{A}^{\Phi}, \sigma^{\Phi}[t^{\mathfrak{M}^{\Phi}}/x] \models \beta. & \text{引理 6.3}\\
&\Leftrightarrow \quad \mathfrak{M}^{\Phi} \models \forall x \beta.
\end{aligned}
$$

□

推论 6.2　任何 H_1 一致的完备证据集都是可满足的.

以下证明 H_1 的完全性. 首先处理只有有穷多个自由变元的 H_1 一致公式集 Φ, 即 $FV(\Phi) = \bigcup_{\alpha \in \Phi} FV(\alpha)$ 是有穷的.

引理 6.11　设 Φ 是 H_1 一致公式集并且 $FV(\Phi)$ 是有穷的. 那么存在 H_1 一致的证据集 Ψ 使得 $\Phi \subseteq \Psi$.

证明　令 $\langle \exists x_i \alpha_i \mid i \in \omega \rangle$ 是所有存在公式的列举. 对 $n \geqslant 0$ 归纳定义公式 β_n 如下: 设对所有 $m < n$ 已定义 β_m. 因为 $FV(\Phi)$ 有穷, 所以公式集 $\Phi \cup \{\beta_m \mid m < n\} \cup \{\exists x_n \alpha_n\}$ 中自由变元是有穷的, 令 y_n 是不在这些自由变元中出现的第一个变元. 定义公式 $\beta_n = \exists x_n \alpha_n \to \alpha_n(y_n/x_n)$. 定义 $\Psi = \Phi \cup \{\beta_n \mid n \in \omega\}$. 显然 $\Phi \subseteq \Psi$ 并且 Ψ 是证据集. 只要证明 Ψ 是 H_1 一致的. 令 $\Phi_n = \Phi \cup \{\beta_m \mid m < n\}$. 那么 $\Phi_n \subseteq \Phi_{n+1}$. 显然 $\Psi = \bigcup_{m \in \omega} \Phi_m$. 只要证明对所有 $n \in \omega$ 都有 Φ_n 是 H_1 一致的. 当 $n = 0$ 时, $\Phi_0 = \Phi$ 是 H_1 一致的. 设 Φ_n 是 H_1 一致的. 设 $\Phi_{n+1} = \Phi_n \cup \{\beta_n\}$ 不是 H_1 一致的. 那么 $\Phi_n, \beta_n \vdash_{\mathsf{H}_1} \bot$. 所以 $\Phi_n \vdash_{\mathsf{H}_1} \neg \beta_n$, 即 $\Phi_n \vdash_{\mathsf{H}_1} \neg (\exists x_n \alpha_n \to \alpha_n(y_n/x_n))$. 所以 $\Phi_n \vdash_{\mathsf{H}_1} \exists x_n \alpha_n \wedge \neg \alpha_n(y_n/x_n)$. 所以 $\Phi_n \vdash_{\mathsf{H}_1} \exists x_n \alpha_n$ 并且 $\Phi_n \vdash \neg \alpha_n(y_n/x_n)$. 所以存在 Φ_n 的有穷子集 Σ 使得 $\vdash_{\mathsf{H}_1} \bigwedge \Sigma \to \neg \alpha_n(y_n/x_n)$. 由 (Gen) 得, $\vdash_{\mathsf{H}_1} \forall y_n (\bigwedge \Sigma \to \neg \alpha_n(y_n/x_n))$. 因为 $y_n \notin FV(\Phi_n)$, 所以 $\vdash_{\mathsf{H}_1} \bigwedge \Sigma \to \forall y_n \neg \alpha_n(y_n/x_n)$. 所以 $\vdash_{\mathsf{H}_1} \bigwedge \Sigma \to \neg \exists y_n \alpha_n(y_n/x_n)$. 所以 $\Phi_n \vdash_{\mathsf{H}_1} \neg \exists x_n \alpha_n$. 因为 $\Phi_n \vdash_{\mathsf{H}_1} \exists x_n \alpha_n$, 所以 $\Phi_n \vdash_{\mathsf{H}_1} \bot$, 矛盾. □

引理 6.12　设 Ψ 是 H_1 一致公式集. 那么存在 H_1 一致的完备集 Θ 使得 $\Psi \subseteq \Theta$.

证明　令 $\langle \alpha_i \mid i \in \omega \rangle$ 是所有公式的列举. 对 $n \geqslant 0$ 归纳定义公式集 Θ_n 如下:

$$\Theta_0 = \Psi$$

$$\Theta_{n+1} = \begin{cases} \Theta_n \cup \{\alpha_n\}, & \text{如果} \Theta_n \cup \{\alpha_n\} \text{是} \mathsf{H}_1 \text{一致的} \\ \Theta_n, & \text{否则} \end{cases}$$

令 $\Theta = \bigcup_{n \in \omega} \Theta_n$. 显然 $\Psi \subseteq \Theta$. 每个 Θ_n 是 H_1 一致的. 所以 Θ 是 H_1 一致的. 只需证 Θ 是完备的. 设 $\Theta \nvdash_{\mathsf{H}_1} \neg \alpha_n$. 那么 $\Theta \cup \{\alpha_n\}$ 是 H_1 一致的. 所以 $\Theta_n \cup \{\alpha_n\}$ 是 H_1 一致的. 所以 $\Theta_{n+1} = \Theta_n \cup \{\alpha_n\}$. 所以 $\alpha_n \in \Theta$. 所以 $\Theta \vdash_{\mathsf{H}_1} \alpha_n$. □

引理 6.13　如果 Φ 是 H_1 一致公式集并且 $FV(\Phi)$ 有穷, 那么 Φ 可满足.

证明　设 Φ 是 H_1 一致的并且 $FV(\Phi)$ 有穷. 由引理 6.11 和引理 6.12 得, 存在 H_1 一致的完备证据集 Θ 使得 $\Phi \subseteq \Theta$. 由推论 6.2 得, Θ 可满足, 所以 Φ 可满足. □

定理 6.4　如果 Φ 是 H_1 一致的, 那么 Φ 可满足.

证明　设 Φ 是 H_1 一致的. 令 $\{e_i \mid i \in \omega\}$ 是不在 S 中出现的新常元符号集. 令 $S' = S \cup \{e_i \mid i \in \omega\}$. 对任意公式 α, 令 $n(\alpha)$ 是最小的自然数 n 使得 $FV(\alpha) \subseteq \{x_0, \cdots, x_{n-1}\}$. 令 $\alpha' = \alpha(e_0/x_0, \cdots, e_{n(\alpha)-1}/x_{n(\alpha)-1})$ 并且

$\Phi' = \{\alpha' \mid \alpha \in \Phi\}$. 显然 $FV(\Phi') = \varnothing$. 考虑一阶语言 $\mathscr{L}(S')$ 的公理系统 H_1. 现在证明 Φ' 是 H_1 一致的. 只要证明 Φ' 的每个有穷子集 $\Phi_0' = \{\alpha_1', \cdots, \alpha_n'\}$ 是 H_1 一致的. 显然 $\Phi_0 = \{\alpha_1, \cdots, \alpha_n\} \subseteq \Phi$ 是 H_1 一致的. 由引理 6.13 得, Φ_0 可满足. 令 $\mathfrak{M} = (\mathfrak{A}, \sigma)$ 是模型使得 $\mathfrak{M} \models \Phi_0$. 将 $\mathfrak{A}$ 膨胀为 S'-结构 $\mathfrak{A}'$: 对每个 $i \in \omega$, 定义 $e_i^{\mathfrak{A}'} = \theta(x_i)$. 令 $\mathfrak{M}' = (\mathfrak{A}', \sigma)$. 那么 $\mathfrak{M}' \models \Phi_0'$. 所以 Φ_0' 可满足. 因此 Φ_0' 是 H_1 一致的. 由引理 6.13 得, Φ' 可满足. 令 $\mathfrak{M}' = (\mathfrak{A}', \sigma')$ 是 S'-模型使得 $\mathfrak{M}' \models \Phi'$. 不妨设 $\sigma'(x_n) = e_n^{\mathfrak{A}'}$ 对所有 $n \in \omega$. 因为 $\mathfrak{M}' \models \alpha'$, 所以 $\mathfrak{M}' \models \alpha$. 所以 $\mathfrak{M}' \models \Phi$. □

定理 6.5(完全性) 如果 $\Phi \models \alpha$, 那么 $\Phi \vdash_{\mathsf{H}_1} \alpha$.

证明 设 $\Phi \nvdash_{\mathsf{H}_1} \alpha$. 所以 $\Phi \cup \{\neg\alpha\}$ 是 H_1 一致的. 由定理 6.4 得, $\Phi \cup \{\neg\alpha\}$ 可满足. 所以存在模型 $\mathfrak{M}$ 使得 $\mathfrak{M} \models \Phi \cup \{\neg\alpha\}$. 所以 $\Phi \nvDash \alpha$. □

推论 6.3 如果 $\models \alpha$, 那么 $\vdash_{\mathsf{H}_1} \alpha$.

6.2 一阶逻辑的矢列演算

在古典句子逻辑的矢列演算 $\mathsf{G3cp}$ 基础上增加全称量词和存在量词的规则, 可以得到一阶逻辑的矢列演算 $\mathsf{G3c}$. 本节介绍 $\mathsf{G3c}$ 并证明它的一些性质.

定义 6.8 矢列演算 $\mathsf{G3c}$ 由以下公理模式和规则组成:

(1) 公理模式

$$(Id)\ Rt_1 \cdots Rt_n, \Gamma \Rightarrow \Delta, Rt_1 \cdots Rt_n \quad (\bot)\ \bot, \Gamma \Rightarrow \Delta$$

(2) 联结词规则

$$\frac{\alpha_1, \alpha_2, \Gamma \Rightarrow \Delta}{\alpha_1 \wedge \alpha_2, \Gamma \Rightarrow \Delta}(\wedge\Rightarrow) \quad \frac{\Gamma \Rightarrow \Delta, \alpha \quad \Gamma \Rightarrow \Delta, \beta}{\Gamma \Rightarrow \Delta, \alpha \wedge \beta}(\Rightarrow\wedge)$$

$$\frac{\alpha, \Gamma \Rightarrow \gamma \quad \beta, \Gamma \Rightarrow \Delta}{\alpha \vee \beta, \Gamma \Rightarrow \Delta}(\vee\Rightarrow) \quad \frac{\Gamma \Rightarrow \Delta, \alpha_1, \alpha_2}{\Gamma \Rightarrow \Delta, \alpha_1 \vee \alpha_2}(\Rightarrow\vee)$$

$$\frac{\Gamma \Rightarrow \Delta, \alpha \quad \beta, \Gamma \Rightarrow \Delta}{\alpha \to \beta, \Gamma \Rightarrow \Delta}(\to\Rightarrow) \quad \frac{\alpha, \Gamma \Rightarrow \Delta, \beta}{\Gamma \Rightarrow \Delta, \alpha \to \beta}(\Rightarrow\to)$$

(3) 量词规则

$$\frac{\alpha(t/x), \forall x\alpha, \Gamma \Rightarrow \Delta}{\forall x\alpha, \Gamma \Rightarrow \Delta}(\forall\Rightarrow) \quad \frac{\Gamma \Rightarrow \Delta, \alpha(y/x)}{\Gamma \Rightarrow \Delta, \forall x\alpha}(\Rightarrow\forall)$$

$$\frac{\alpha(y/x), \Gamma \Rightarrow \Delta}{\exists x\alpha, \Gamma \Rightarrow \Delta}(\exists\Rightarrow) \quad \frac{\Gamma \Rightarrow \Delta, \exists x\alpha, \alpha(t/x)}{\Gamma \Rightarrow \Delta, \exists x\alpha}(\Rightarrow\exists)$$

在 $(\Rightarrow\forall)$ 中 $y \notin FV(\Gamma, \Delta, \forall x\alpha)$. 在 $(\exists\Rightarrow)$ 中 $y \notin FV(\exists x\alpha, \Gamma, \Delta)$. 我们用记号 $\mathsf{G3c} \vdash \Gamma \Rightarrow \Delta$ 表示 $\Gamma \Rightarrow \Delta$ 在 $\mathsf{G3c}$ 中可推导.

例 6.4 以下在 G3c 中成立.

(1) $\vdash \forall x Px \Rightarrow \forall x \forall y (Qy \to Px)$. 推导如下:

$$
\cfrac{
  \cfrac{
    \cfrac{
      \cfrac{
        \cfrac{Qu, Pz, \forall x Px \Rightarrow Pz}{Pz, \forall x Px \Rightarrow Qu \to Pz} (\Rightarrow\to)
      }{\forall x Px \Rightarrow Qu \to Pz} (\forall\Rightarrow)
    }{\forall x Px \Rightarrow \forall y (Qy \to Pz)} (\Rightarrow\forall)
  }{\forall x Px \Rightarrow \forall x \forall y (Qy \to Px)} (\Rightarrow\forall)
}{}
$$

(2) $\vdash \forall x Px \Rightarrow \forall y Py$. 推导如下:

$$
\cfrac{
  \cfrac{Pz, \forall x Px \Rightarrow Pz}{\forall x Px \Rightarrow Pz} (\forall\Rightarrow)
}{\forall x Px \Rightarrow \forall y Py} (\Rightarrow\forall)
$$

(3) $\vdash Py \Rightarrow \exists x Px$. 推导如下:

$$
\cfrac{Py \Rightarrow \exists x Px, Py}{Py \Rightarrow \exists x Px} (\Rightarrow\exists)
$$

(4) $\vdash \forall x Px \Rightarrow \exists x Px$. 推导如下:

$$
\cfrac{
  \cfrac{Py, \forall x Px \Rightarrow \exists x Px, Py}{\forall x Px \Rightarrow \exists x Px, Py} (\forall\Rightarrow)
}{\forall x Px \Rightarrow \exists x Px} (\Rightarrow\exists)
$$

(5) $\vdash \exists x \forall y Rxy \Rightarrow \forall y \exists x Rxy$. 推导如下:

$$
\cfrac{
  \cfrac{
    \cfrac{
      \cfrac{Rzu, \forall y Rzy \Rightarrow \exists x Rxu, Rzu}{Rzu, \forall y Rzy \Rightarrow \exists x Rxu} (\Rightarrow\exists)
    }{\forall y Rzy \Rightarrow \exists x Rxu} (\forall\Rightarrow)
  }{\forall y Rzy \Rightarrow \forall y \exists x Rxy} (\Rightarrow\forall)
}{\exists x \forall y Rxy \Rightarrow \forall y \exists x Rxy} (\exists\Rightarrow)
$$

引理 6.14 对任意公式 α, G3c $\vdash \alpha, \Gamma \Rightarrow \Delta, \alpha$.

证明 对 $d(\alpha)$ 归纳证明. 原子公式情况显然. 联结词情况与引理 5.10 的证明类似. 设 $\alpha = \forall x \beta$ 并且 $y \notin FV(\forall x\beta, \Gamma, \Delta)$. 由归纳假设, $\vdash \beta(y/x), \forall x\beta, \Gamma \Rightarrow \Delta, \beta(y/x)$. 由 $(\forall\Rightarrow)$ 和 $(\Rightarrow\forall)$ 得, $\vdash \forall x\beta, \Gamma \Rightarrow \Delta, \forall x\beta$. 情况 $\alpha = \exists x\beta$ 类似证明. $\qquad\square$

例 6.5 以下在 G3c 中成立.

(1) $\vdash \forall x(\alpha \to \beta) \Rightarrow \forall x\alpha \to \forall x\beta$. 推导如下:

$$\dfrac{\dfrac{\dfrac{\dfrac{\dfrac{\alpha(y/x), \forall x\alpha, \forall x(\alpha \to \beta) \Rightarrow \alpha(y/x) \quad \beta(y/x), \forall x\alpha, \forall x(\alpha \to \beta) \Rightarrow \beta(y/x)}{\alpha(y/x), \alpha(y/x) \to \beta(y/x), \forall x\alpha, \forall x(\alpha \to \beta) \Rightarrow \beta(y/x)} (\to\Rightarrow)}{\alpha(y/x), \forall x\alpha, \forall x(\alpha \to \beta) \Rightarrow \beta(y/x)} (\forall\Rightarrow)}{\forall x\alpha, \forall x(\alpha \to \beta) \Rightarrow \beta(y/x)} (\forall\Rightarrow)}{\forall x\alpha, \forall x(\alpha \to \beta) \Rightarrow \forall x\beta} (\Rightarrow\forall)}{\forall x(\alpha \to \beta) \Rightarrow \forall x\alpha \to \forall x\beta} (\Rightarrow\to)$$

(2) $\vdash \forall x\alpha \Rightarrow \neg\exists x\neg\alpha$ 并且 $\vdash \neg\exists x\neg\alpha \Rightarrow \forall x\alpha$. 推导如下:

$$\dfrac{\dfrac{\dfrac{\dfrac{\alpha(y/x), \forall x\alpha \Rightarrow \alpha(y/x) \quad \bot, \alpha(y/x), \forall x\alpha \Rightarrow \bot}{\neg\alpha(y/x), \alpha(y/x), \forall x\alpha \Rightarrow \bot} (\to\Rightarrow)}{\neg\alpha(y/x), \forall x\alpha \Rightarrow \bot} (\forall\Rightarrow)}{\exists x\neg\alpha, \forall x\alpha \Rightarrow \bot} (\exists\Rightarrow)}{\forall x\alpha \Rightarrow \neg\exists x\neg\alpha} (\Rightarrow\to)$$

$$\dfrac{\dfrac{\dfrac{\dfrac{\alpha(y/x) \Rightarrow \alpha(y/x), \exists x\neg\alpha}{\Rightarrow \alpha(y/x), \exists x\neg\alpha, \neg\alpha(y/x)} (\Rightarrow\neg)}{\Rightarrow \alpha(y/x), \exists x\neg\alpha} (\Rightarrow\exists)}{\Rightarrow \forall x\alpha, \exists x\neg\alpha} (\Rightarrow\forall)}{\neg\exists x\neg\alpha \Rightarrow \forall x\alpha} (\neg\Rightarrow)$$

(3) $\vdash \alpha \Rightarrow \forall x\alpha$ 并且 $\vdash \forall x\alpha \Rightarrow \alpha$, 其中 $x \notin FV(\alpha)$. 推导如下:

$$\dfrac{\alpha \Rightarrow \alpha}{\alpha \Rightarrow \forall x\alpha} (\Rightarrow\forall) \qquad \dfrac{\alpha, \forall x\alpha \Rightarrow \alpha}{\forall x\alpha \Rightarrow \alpha} (\forall\Rightarrow)$$

(4) $\vdash \forall x\alpha \to \alpha(t/x)$. 推导如下:

$$\dfrac{\alpha(t/x), \forall x\alpha \Rightarrow \alpha(t/x)}{\forall x\alpha \Rightarrow \alpha(t/x)} (\forall\Rightarrow)$$

对 $\Gamma = \alpha_1, \cdots, \alpha_n$, 如果对 $1 \leqslant i \leqslant n$ 都有 $\alpha_i^\flat$ 是从 α_i 使用不在 Γ 中的变元进行字母变换得到的, 那么 $\Gamma^\flat = \alpha_1^\flat, \cdots, \alpha_n^\flat$ 称为 Γ 的**字母变换**. 在 G3c 中, 推导 $\mathcal{D}^\flat$ 称为 $\mathcal{D}$ 的**字母变换**, 如果 $\mathcal{D}^\flat$ 中可重集都是 $\mathcal{D}$ 中相应可重集的字母变换.

引理 6.15 一个矢列 $\Gamma \Rightarrow \Delta$ 在 G3c 中的推导 $\mathcal{D}$ 可转换为 $\Gamma^\flat \Rightarrow \Delta^\flat$ 的推导 $\mathcal{D}^\flat$, 其中 $\Gamma^\flat, \Delta^\flat, \mathcal{D}^\flat$ 分别是 $\Gamma, \Delta, \mathcal{D}$ 的字母变换.

证明 对 $|\mathcal{D}|$ 归纳证明. 设 $|\mathcal{D}| = 0$. 设 $\Gamma \Rightarrow \Delta$ 是 (Id) 的特例. 那么 $\Gamma = Rt_1 \cdots t_n, \Gamma'$ 并且 $\Delta = \Delta', Rt_1 \cdots t_n$. 所以 $\Gamma^\flat = Rt_1 \cdots t_n, \Gamma'^\flat$ 并且 $\Delta^\flat = \Delta'^\flat, Rt_1 \cdots t_n$. 所以 $\Gamma^\flat \Rightarrow \Delta^\flat$ 是 (Id) 的特例. 设 $\Gamma \Rightarrow \Delta$ 是 $(\bot)$ 的特例. 那么 $\Gamma^\flat \Rightarrow \Delta^\flat$ 也是 $(\bot)$ 的特例. 设 $|\mathcal{D}| > 0$ 并且 $\Gamma \Rightarrow \Delta$ 由规则 (R) 得到. 如果 (R) 是联结词规则, 由归纳假设和 (R) 可得结论. 设 (R) 是量词规则. 分以下情况.

(1) (R) 是 $(\forall\Rightarrow)$. 推导的最后一步是

$$\frac{\vdash_{n-1} \alpha(t/x), \forall x\alpha, \Gamma' \Rightarrow \Delta}{\vdash_n \forall x\alpha, \Gamma' \Rightarrow \Delta}(\forall\Rightarrow)$$

令 $\Gamma^\flat = \forall y\alpha(y/x), \Gamma'^\flat$. 那么 $(\alpha(t/x), \forall x\alpha, \Gamma')^\flat = \alpha(y/x)(t/y), \forall y\alpha(y/x), \Gamma'^\flat$. 显然 $\alpha(y/x)(t/y) = \alpha(t/y)$. 由归纳假设得, $\vdash_{n-1} \alpha(t/y), \forall y\alpha(y/x), \Gamma'^\flat \Rightarrow \Delta^\flat$. 由 $(\forall\Rightarrow)$ 得, $\vdash_n \forall y\alpha(y/x), \Gamma'^\flat \Rightarrow \Delta^\flat$. 规则 $(\Rightarrow\exists)$ 的情况类似.

(2) (R) 是 $(\Rightarrow\forall)$. 推导的最后一步是

$$\frac{\vdash_{n-1} \Gamma \Rightarrow \Delta', \alpha(z/x)}{\vdash_n \Gamma \Rightarrow \Delta', \forall x\alpha}(\Rightarrow\forall)$$

令 $\Delta^\flat = \Delta'^\flat, \forall y\alpha(y/x)$. 那么 $(\Delta', \alpha(z/x))^\flat = \Delta^\flat, \alpha^\flat(y/x)(z/y)$. 显然 $\alpha^\flat(y/x)(z/y) = \alpha^\flat(z/x)$. 由归纳假设得, $\vdash_{n-1} \Gamma^\flat \Rightarrow \Delta'^\flat, \alpha^\flat(z/x)$. 所以 $\vdash_{n-1} \Gamma^\flat \Rightarrow \Delta'^\flat, \alpha^\flat(y/x)(z/y)$. 由 $(\Rightarrow\forall)$ 得, $\vdash_n \Gamma^\flat \Rightarrow \Delta'^\flat, \forall y\alpha^\flat(y/x)$. 规则 $(\exists\Rightarrow)$ 的情况类似. □

例 6.6 在 G3c 中, 有以下推导的字母变换:

$$\frac{\dfrac{\dfrac{\dfrac{Qu, Pz, \forall xPx \Rightarrow Pz}{Pz, \forall xPx \Rightarrow Qu \to Pz}(\Rightarrow\to)}{\forall xPx \Rightarrow Qu \to Pz}(\forall\Rightarrow)}{\forall xPx \Rightarrow \forall y(Qy \to Pz)}(\Rightarrow\forall)}{\forall xPx \Rightarrow \forall x\forall y(Qy \to Px)}(\Rightarrow\forall) \quad \rightsquigarrow \quad \frac{\dfrac{\dfrac{\dfrac{Qu, Pz, \forall vPv \Rightarrow Pz}{Pz, \forall vPv \Rightarrow Qu \to Pz}(\Rightarrow\to)}{\forall vPv \Rightarrow Qu \to Pz}(\forall\Rightarrow)}{\forall vPv \Rightarrow \forall y(Qy \to Pz)}(\Rightarrow\forall)}{\forall vPv \Rightarrow \forall u\forall y(Qy \to Pu)}(\Rightarrow\forall)$$

对 $\Gamma = \alpha_1, \cdots, \alpha_n$, 令 $\Gamma(t/x) = \alpha_1(t/x), \cdots, \alpha_n(t/x)$. 对合适的项 t 和变元 x, 矢列 $\Gamma \Rightarrow \Delta$ 的代入定义为 $\Gamma(t/x) \Rightarrow \Delta(t/x)$.

引理 6.16 对任意 $n \geqslant 0$, 如果 G3c $\vdash_n \Gamma \Rightarrow \Delta$, 那么 G3c $\vdash_n \Gamma(t/x) \Rightarrow \Delta(t/x)$.

证明 设 $\vdash_n \Gamma \Rightarrow \Delta$. 对 $n \geqslant 0$ 归纳证明 $\vdash_n \Gamma(t/x) \Rightarrow \Delta(t/x)$. 当 $n = 0$ 时, $\Gamma \Rightarrow \Delta$ 和 $\Gamma(t/x) \Rightarrow \Delta(t/x)$ 是公理. 设 $n > 0$ 并且 $\Gamma \Rightarrow \Delta$ 由规则 (R) 得到. 如果 (R) 是联结词规则, 由归纳假设和规则 (R) 可得结论. 设 (R) 是量词规则.

(1) (R) 是 $(\forall\Rightarrow)$. 最后一步是

$$\frac{\vdash_{n-1} \alpha(s/y), \forall y\alpha, \Gamma' \Rightarrow \Delta}{\vdash_n \forall y\alpha, \Gamma' \Rightarrow \Delta}(\forall\Rightarrow)$$

其中 $y \neq x$. 由归纳假设, $\vdash_{n-1} \alpha(s/y)(t/x), \forall y\alpha(t/x), \Gamma'(t/x) \Rightarrow \Delta(t/x)$. 显然 $\alpha(s/y)(t/x) = \alpha(t/x)(s(t/x)/y)$. 因此 $\vdash_{n-1} \alpha(t/x)(s(t/x)/y), \forall y\alpha(t/x), \Gamma'(t/x) \Rightarrow \Delta(t/x)$. 由 $(\forall\Rightarrow)$ 得 $\vdash_n \forall y\alpha(t/x), \Gamma'(t/x) \Rightarrow \Delta(t/x)$. 规则 $(\Rightarrow\exists)$ 的情况类似.

(2) (R) 是 $(\Rightarrow\forall)$. 推导的最后一步是

$$\frac{\vdash_{n-1} \Gamma \Rightarrow \Delta', \alpha(z/y)}{\vdash_n \Gamma \Rightarrow \Delta', \forall y\alpha}(\Rightarrow\forall)$$

其中 $y \neq x$ 并且 $z \notin FV(\Gamma, \Delta', \forall y\alpha)$. 由归纳假设, $\vdash_{n-1} \Gamma \Rightarrow \Delta', \alpha(v/y)$, 其中 $v \notin var(t)$. 由归纳假设, $\vdash_{n-1} \Gamma(t/x) \Rightarrow \Delta'(t/x), \alpha(v/y)(t/x)$. 显然 $\alpha(v/y)(t/x) = \alpha(t/x)(v/y)$. 所以 $\vdash_{n-1} \Gamma(t/x) \Rightarrow \Delta'(t/x), \alpha(t/x)(v/y)$. 由 $(\Rightarrow\forall)$ 得, $\vdash_n \Gamma(t/x) \Rightarrow \Delta'(t/x), \forall y\alpha(t/x)$. 规则 $(\exists\Rightarrow)$ 的情况类似. □

引理 6.17　以下弱化规则在 G3c 中保持高度可允许:

$$\frac{\Gamma \Rightarrow \Delta}{\alpha, \Gamma \Rightarrow \Delta}(w\Rightarrow), \quad \frac{\Gamma \Rightarrow \Delta}{\Gamma \Rightarrow \Delta, \alpha}(\Rightarrow w)$$

证明　设 $\vdash_n \Gamma \Rightarrow \Delta$. 对 $n \geqslant 0$ 归纳证明 $\vdash_n \alpha, \Gamma \Rightarrow \Delta$, 同理可证 $\vdash_n \Gamma \Rightarrow \Delta, \alpha$. 当 $n = 0$ 时, $\Gamma \Rightarrow \Delta$ 和 $\alpha, \Gamma \Rightarrow \Delta$ 都是公理. 设 $n > 0$ 并且 $\Gamma \Rightarrow \Delta$ 由规则 (R) 得到. 如果 (R) 是联结词规则, 由归纳假设和 (R) 可得结论. 设 (R) 是量词规则.

(1) (R) 是 $(\forall\Rightarrow)$. 最后一步是

$$\frac{\vdash_{n-1} \beta(t/x), \forall x\beta, \Gamma' \Rightarrow \Delta}{\vdash_n \forall x\beta, \Gamma' \Rightarrow \Delta}(\forall\Rightarrow)$$

由归纳假设, $\vdash_{n-1} \alpha, \beta(t/x), \forall x\beta, \Gamma' \Rightarrow \Delta$. 由 $(\forall\Rightarrow)$ 得, $\vdash_n \alpha, \forall x\beta, \Gamma' \Rightarrow \Delta$.

(2) (R) 是 $(\Rightarrow\forall)$. 最后一步是

$$\frac{\vdash_{n-1} \Gamma \Rightarrow \Delta', \beta(y/x)}{\vdash_n \Gamma \Rightarrow \Delta', \forall x\beta}(\Rightarrow\forall)$$

设 $y \notin FV(\alpha)$. 由归纳假设, $\vdash_{n-1} \alpha, \Gamma \Rightarrow \Delta', \beta(y/x)$. 由 $(\Rightarrow\forall)$, $\vdash_n \alpha, \Gamma \Rightarrow \Delta', \forall x\beta$. 设 $y \in FV(\alpha)$ 且 $z \notin FV(\alpha, \Gamma, \Delta', \forall x\beta)$. 由引理 6.16, $\vdash_{n-1} \Gamma \Rightarrow \Delta', \beta(z/x)$. 由归纳假设, $\vdash_{n-1} \alpha, \Gamma \Rightarrow \Delta', \beta(z/x)$. 由 $(\Rightarrow\forall)$, $\vdash_{n-1} \alpha, \Gamma \Rightarrow \Delta', \forall x\beta$.

(3) (R) 是 $(\exists\Rightarrow)$. 最后一步是

$$\frac{\vdash_{n-1} \beta(y/x), \Gamma' \Rightarrow \Delta}{\vdash_n \exists x\beta, \Gamma' \Rightarrow \Delta}(\exists\Rightarrow)$$

设 $y \notin FV(\alpha)$. 由归纳假设, $\vdash_{n-1} \alpha, \beta(y/x), \Gamma' \Rightarrow \Delta$. 由 $(\exists\Rightarrow)$, $\vdash_n \alpha, \exists x\beta, \Gamma' \Rightarrow \Delta$. 设 $y \in FV(\alpha)$ 且 $z \notin FV(\alpha, \exists x\beta, \Gamma', \Delta)$. 由引理 6.16, $\vdash_{n-1} \beta(z/x), \Gamma' \Rightarrow \Delta$. 由归纳假设, $\vdash_{n-1} \alpha, \beta(z/x), \Gamma' \Rightarrow \Delta$. 由 $(\exists\Rightarrow)$, $\vdash_{n-1} \alpha, \exists x\beta, \Gamma' \Rightarrow \Delta$.

(4) (R) 是 $(\Rightarrow\exists)$. 最后一步是

$$\frac{\vdash_{n-1} \Gamma \Rightarrow \Delta', \exists x\beta, \beta(t/x)}{\vdash_n \Gamma \Rightarrow \Delta', \exists x\beta}(\Rightarrow\exists)$$

由归纳假设, $\vdash_{n-1} \alpha, \Gamma \Rightarrow \Delta', \exists x\beta, \beta(t/x)$. 由 $(\Rightarrow\exists)$, $\vdash_n \alpha, \Gamma \Rightarrow \Delta', \exists x\beta$. □

引理 6.18 在 G3c 中, 对任意 $n \geqslant 0$, 以下成立:

(1) 如果 $\vdash_n \alpha_1 \wedge \alpha_2, \Gamma \Rightarrow \Delta$, 那么 $\vdash_n \alpha_1, \alpha_2, \Gamma \Rightarrow \Delta$.

(2) 如果 $\vdash_n \Gamma \Rightarrow \Delta, \alpha_1 \wedge \alpha_2$, 那么 $\vdash_n \Gamma \Rightarrow \Delta, \alpha_1$ 并且 $\vdash_n \Gamma \Rightarrow \Delta, \alpha_2$.

(3) 如果 $\vdash_n \alpha_1 \vee \alpha_2, \Gamma \Rightarrow \Delta$, 那么 $\vdash_n \alpha_1, \Gamma \Rightarrow \Delta$ 并且 $\vdash_n \alpha_2, \Gamma \Rightarrow \Delta$.

(4) 如果 $\vdash_n \Gamma \Rightarrow \Delta, \alpha_1 \vee \alpha_2$, 那么 $\vdash_n \Gamma \Rightarrow \Delta, \alpha_1, \alpha_2$.

(5) 如果 $\vdash_n \alpha_1 \rightarrow \alpha_2, \Gamma \Rightarrow \Delta$, 那么 $\vdash_n \Gamma \Rightarrow \Delta, \alpha_1$ 并且 $\vdash_n \alpha_2, \Gamma \Rightarrow \Delta$.

(6) 如果 $\vdash_n \Gamma \Rightarrow \Delta, \alpha_1 \rightarrow \alpha_2$, 那么 $\vdash_n \alpha_1, \Gamma \Rightarrow \Delta, \alpha_2$.

证明 与引理 5.11 证明类似. 量词规则的情况由归纳假设和相应规则可得. $\qquad\square$

引理 6.19 在 G3c 中, 对任意 $n \geqslant 0$, 以下成立:

(1) 如果 $\vdash_n \exists x\alpha, \Gamma \Rightarrow \Delta$, 那么 $\vdash_n \alpha(y/x), \Gamma \Rightarrow \Delta$, 其中 $y \notin FV(\exists x\alpha, \Gamma, \Delta)$.

(2) 如果 $\vdash_n \Gamma \Rightarrow \Delta, \forall x\alpha$, 那么 $\vdash_n \Gamma \Rightarrow \Delta, \alpha(y/x)$, 其中 $y \notin FV(\Gamma, \Delta, \forall x\alpha)$.

证明 这里只证 (1), 对 (2) 的证明与 (1) 类似. 设 $\vdash_n \exists x\alpha, \Gamma \Rightarrow \Delta$. 对 $n \geqslant 0$ 归纳证明 $\vdash_n \alpha(y/x), \Gamma \Rightarrow \Delta$. 情况 $n = 0$ 显然. 设 $n > 0$ 并且 $\exists x\alpha, \Gamma \Rightarrow \Delta$ 由规则 (R) 得到. 联结词规则的情况易证. 设 (R) 是量词规则.

(1.1) (R) 是 $(\forall\Rightarrow)$. 最后一步是

$$\frac{\vdash_{n-1} \exists x\alpha, \beta(t/x), \forall x\beta, \Gamma' \Rightarrow \Delta}{\vdash_n \exists x\alpha, \forall x\beta, \Gamma' \Rightarrow \Delta}(\forall\Rightarrow)$$

设 $y \notin var(t)$. 由归纳假设, $\vdash_{n-1} \alpha(y/x), \beta(t/x), \forall x\beta, \Gamma' \Rightarrow \Delta$. 由 $(\forall\Rightarrow)$ 得, $\vdash_n \alpha(y/x), \forall x\beta, \Gamma' \Rightarrow \Delta$. 设 $y \in var(t)$. 令 $v \notin FV(\exists x\alpha, \beta(t/x), \forall x\beta, \Gamma', \Delta)$. 因为 $\vdash_{n-1} \exists x\alpha, \beta(t/x), \forall x\beta, \Gamma' \Rightarrow \Delta$, 由引理 6.16 得, $\vdash_{n-1} \exists x\alpha, \beta(t(v/y)/x), \forall x\beta, \Gamma' \Rightarrow \Delta$. 由归纳假设得, $\vdash_{n-1} \alpha(y/x), \beta(t(v/y)/x), \forall x\beta, \Gamma' \Rightarrow \Delta$. 由 $(\forall\Rightarrow)$ 得, $\vdash_{n-1} \alpha(y/x), \forall x\beta, \Gamma' \Rightarrow \Delta$. 规则 $(\Rightarrow\exists)$ 的情况类似证明.

(1.2) (R) 是 $(\Rightarrow\forall)$. 最后一步是

$$\frac{\vdash_{n-1} \exists x\alpha, \Gamma \Rightarrow \Delta', \beta(u/z)}{\vdash_n \exists x\alpha, \Gamma \Rightarrow \Delta', \forall z\beta}(\Rightarrow\forall)$$

设 $z = y$. 上述最后一步是

$$\frac{\vdash_{n-1} \exists x\alpha, \Gamma \Rightarrow \Delta', \beta(u/y)}{\vdash_n \exists x\alpha, \Gamma \Rightarrow \Delta', \forall y\beta}(\Rightarrow\forall)$$

由引理 6.15, 将公式 $\forall y\beta$ 中约束变元 y 变换为不在 (R) 结论中出现的新变元 v. 然后有以下推导:

$$\frac{\vdash_{n-1} \exists x\alpha, \Gamma \Rightarrow \Delta', \beta(u/y)}{\vdash_n \exists x\alpha, \Gamma \Rightarrow \Delta', \forall v\beta(v/y)}(\Rightarrow\forall)$$

因为 $\vdash_{n-1} \exists x\alpha, \Gamma \Rightarrow \Delta', \beta(u/y)$, 令 $w \notin FV(\exists x\alpha, \Gamma, \Delta', \beta(u/y))$ 并且 $w \neq y$, 由引理 6.16得, $\vdash_{n-1} \exists x\alpha, \Gamma \Rightarrow \Delta', \beta(w/y)$. 由归纳假设得, $\vdash_{n-1} \alpha(y/x), \Gamma \Rightarrow \Delta', \beta(w/y)$. 由 $(\Rightarrow\forall)$ 得, $\vdash_n \alpha(y/x), \Gamma \Rightarrow \Delta', \forall y\beta$. 设 $z \neq y$. 因为 $\vdash_{n-1} \exists x\alpha, \Gamma \Rightarrow \Delta', \beta(u/z)$, 令 $w \notin FV(\exists x\alpha, \Gamma, \Delta', \beta(u/z))$ 并且 $w \neq z$. 由引理 6.16得, $\vdash_{n-1} \exists x\alpha, \Gamma \Rightarrow \Delta', \beta(w/z)$. 由归纳假设得, $\vdash_{n-1} \alpha(y/x), \Gamma \Rightarrow \Delta', \beta(w/z)$. 由 $(\Rightarrow\forall)$ 得, $\vdash_n \alpha(y/x), \Gamma \Rightarrow \Delta', \forall z\beta$. 规则 $(\exists\Rightarrow)$ 的情况类似证明. $\qquad\square$

引理 6.20 以下收缩规则在 G3c 中保持高度可允许:

$$\frac{\alpha, \alpha, \Gamma \Rightarrow \Delta}{\alpha, \Gamma \Rightarrow \Delta}(c\Rightarrow), \qquad \frac{\Gamma \Rightarrow \Delta, \alpha, \alpha}{\Gamma \Rightarrow \Delta, \alpha}(\Rightarrow c)$$

证明 与引理 5.14证明类似. 设 $\vdash_n \alpha, \alpha, \Gamma \Rightarrow \Delta$ 并且 $\vdash_n \Gamma \Rightarrow \Delta, \alpha, \alpha$. 对 $n \geqslant 0$ 归纳证明 $\vdash_n \alpha, \Gamma \Rightarrow \Delta$ 并且 $\vdash_n \Gamma \Rightarrow \Delta, \alpha$. 情况 $n = 0$ 显然. 设 $n > 0$. 设 $\alpha, \alpha, \Gamma \Rightarrow \Delta$ 和 $\Gamma \Rightarrow \Delta, \alpha, \alpha$ 分别由规则 (R_1) 和 (R_2) 得到. 这里只考虑 α 是 (R_1) 和 (R_2) 主公式的情况, 其余情况与引理 5.14的证明相同. 设 $\alpha = \forall x\beta$, 对情况 $\alpha = \exists x\beta$ 的证明类似.

(1) (R_1) 的最后一步是

$$\frac{\vdash_{n-1} \beta(t/x), \forall x\beta, \forall x\beta, \Gamma \Rightarrow \Delta}{\vdash_n \forall x\beta, \forall x\beta, \Gamma \Rightarrow \Delta}(\forall\Rightarrow)$$

由归纳假设得, $\vdash_{n-1} \beta(t/x), \forall x\beta, \Gamma \Rightarrow \Delta$. 由 $(\forall\Rightarrow)$ 得, $\vdash_n \forall x\beta, \Gamma \Rightarrow \Delta$.

(2) (R_2) 的最后一步是

$$\frac{\vdash_{n-1} \Gamma \Rightarrow \Delta, \forall x\beta, \beta(y/x)}{\vdash_n \Gamma \Rightarrow \Delta, \forall x\beta, \forall x\beta}(\Rightarrow\forall)$$

令 $z \notin FV(\Gamma, \Delta, \forall x\beta, \beta(y/x))$, 由 $\vdash_{n-1} \Gamma \Rightarrow \Delta, \forall x\beta, \beta(y/x)$ 和引理 6.16, $\vdash_{n-1} \Gamma \Rightarrow \Delta, \forall x\beta, \beta(y/x)(z/y)$. 由 $\beta(y/x)(z/y) = \beta(z/x)$, $\vdash_{n-1} \Gamma \Rightarrow \Delta, \forall x\beta, \beta(z/x)$. 由引理 6.19 (2), $\vdash_{n-1} \Gamma \Rightarrow \Delta, \beta(y/x), \beta(z/x)$. 由引理 6.16, $\vdash_{n-1} \Gamma \Rightarrow \Delta, \beta(y/x), \beta(y/x)$. 由归纳假设, $\vdash_{n-1} \Gamma \Rightarrow \Delta, \beta(y/x)$. 由 $(\Rightarrow\forall)$, $\vdash_n \Gamma \Rightarrow \Delta, \forall x\beta$. $\qquad\square$

定理 6.6 以下切割规则在 G3c 中可允许:

$$\frac{\Gamma \Rightarrow \Sigma, \alpha \quad \alpha, \Delta \Rightarrow \Theta}{\Gamma, \Delta \Rightarrow \Sigma, \Theta}(cut)$$

证明 设 $\vdash_n \Gamma \Rightarrow \Sigma, \alpha$ 并且 $\vdash_m \alpha, \Delta \Rightarrow \Theta$. 对 $m + n$ 和 $d(\alpha)$ 同时归纳证明 $\vdash \Gamma, \Delta \Rightarrow \Sigma, \Theta$. 情况 $n = 0$ 或 $m = 0$ 与定理 5.8的证明类似. 设 $n, m > 0$ 并且 $\Gamma \Rightarrow \Sigma, \alpha$ 和 $\alpha, \Delta \Rightarrow \Theta$ 分别由规则 (R_1) 和 (R_2) 得到.

(1) α 在 (R_1) 中不是主公式. 在定理 5.8的基础上, 还要考虑以下情况:

(1.1) (R_1) 是 $(\forall\Rightarrow)$. 最后一步是

$$\frac{\vdash_{n-1} \beta(t/x), \forall x\beta, \Gamma' \Rightarrow \Sigma, \alpha}{\vdash_n \forall x\beta, \Gamma' \Rightarrow \Sigma, \alpha}(\forall\Rightarrow)$$

由归纳假设得以下推导:

$$\frac{\dfrac{\beta(t/x), \forall x\beta, \Gamma' \Rightarrow \Sigma, \alpha \quad \alpha, \Delta \Rightarrow \Theta}{\beta(t/x), \forall x\beta, \Gamma', \Delta \Rightarrow \Sigma, \Theta}(cut)}{\forall x\beta, \Gamma', \Delta \Rightarrow \Sigma, \Theta}(\forall\Rightarrow)$$

(1.2) (R_1) 是 $(\Rightarrow\forall)$. 最后一步是

$$\frac{\vdash_{n-1} \Gamma \Rightarrow \Sigma', \beta(y/x), \alpha}{\vdash_n \Gamma \Rightarrow \Sigma', \forall x\beta, \alpha}(\Rightarrow\forall)$$

令 $z \notin FV(\Gamma, \Delta, \Sigma', \forall x\beta, \alpha)$ 并且 $z \neq y$. 因为 $\vdash_{n-1} \Gamma \Rightarrow \Sigma', \beta(y/x), \alpha$, 由引理 6.16 得, $\vdash_{n-1} \Gamma \Rightarrow \Sigma', \beta(z/x), \alpha$. 由归纳假设得以下推导:

$$\frac{\dfrac{\Gamma \Rightarrow \Sigma', \beta(z/x), \alpha \quad \alpha, \Delta \Rightarrow \Theta}{\Gamma, \Delta \Rightarrow \Sigma', \beta(z/x), \Theta}(cut)}{\Gamma, \Delta \Rightarrow \Sigma', \forall x\beta, \Theta}(\Rightarrow\forall)$$

(1.3) (R_1) 是 $(\exists\Rightarrow)$. 最后一步是

$$\frac{\vdash_{n-1} \beta(y/x), \Gamma' \Rightarrow \Sigma, \alpha}{\vdash_n \exists x\beta, \Gamma' \Rightarrow \Sigma, \alpha}(\exists\Rightarrow)$$

令 $z \notin FV(\exists x\beta, \Gamma', \Delta, \Sigma, \Theta)$ 并且 $z \neq y$. 因为 $\vdash_{n-1} \beta(y/x), \Gamma' \Rightarrow \Sigma, \alpha$, 由引理 6.16 得, $\vdash_{n-1} \beta(z/x), \Gamma' \Rightarrow \Sigma, \alpha$. 由归纳假设得以下推导:

$$\frac{\dfrac{\beta(z/x), \Gamma' \Rightarrow \Sigma, \alpha \quad \alpha, \Delta \Rightarrow \Theta}{\beta(z/x), \Gamma', \Delta \Rightarrow \Sigma, \Theta}(cut)}{\exists x\beta, \Gamma', \Delta \Rightarrow \Sigma, \Theta}(\exists\Rightarrow)$$

(1.4) (R_1) 是 $(\Rightarrow\exists)$. 最后一步是

$$\frac{\vdash_{n-1} \Gamma \Rightarrow \Sigma', \exists x\beta, \beta(t/x), \alpha}{\vdash_n \Gamma \Rightarrow \Sigma', \exists x\beta, \alpha}(\Rightarrow\exists)$$

由归纳假设得以下推导:

$$\frac{\dfrac{\Gamma \Rightarrow \Sigma', \exists x\beta, \beta(t/x), \alpha \quad \alpha, \Delta \Rightarrow \Theta}{\Gamma, \Delta \Rightarrow \Sigma', \exists x\beta, \beta(t/x), \Theta}(cut)}{\Gamma, \Delta \Rightarrow \Sigma', \exists x\beta, \Theta}(\Rightarrow\exists)$$

(2) α 仅在 (R_1) 中是主公式. α 在 (R_2) 中不是主公式. 在定理 5.8的基础上, 还需考虑以下情况.

(2.1) (R_2) 是 $(\forall\Rightarrow)$. 最后一步是

$$\frac{\vdash_{m-1} \alpha, \beta(t/x), \forall x\beta, \Delta' \Rightarrow \Theta}{\vdash_m \alpha, \forall x\beta, \Delta' \Rightarrow \Theta}(\forall\Rightarrow)$$

由归纳假设得以下推导:

$$\frac{\Gamma \Rightarrow \Sigma, \alpha \quad \alpha, \beta(t/x), \forall x\beta, \Delta' \Rightarrow \Theta}{\dfrac{\Gamma, \beta(t/x), \forall x\beta, \Delta' \Rightarrow \Sigma, \Theta}{\Gamma, \forall x\beta, \Delta' \Rightarrow \Sigma, \Theta}(\forall\Rightarrow)}(cut)$$

(2.2) (R_2) 是 $(\Rightarrow\forall)$. 推导的最后一步是

$$\frac{\vdash_{m-1} \alpha, \Delta \Rightarrow \Theta', \beta(y/x)}{\vdash_m \alpha, \Delta \Rightarrow \Theta', \forall x\beta}(\Rightarrow\forall)$$

令 $z \notin FV(\Gamma, \Delta, \Sigma, \Theta', \forall x\beta)$ 并且 $z \neq y$. 因为 $\vdash_{m-1} \alpha, \Delta \Rightarrow \Theta', \beta(y/x)$, 由引理 6.16 得, $\vdash_{m-1} \alpha, \Delta \Rightarrow \Theta', \beta(z/x)$. 由归纳假设得以下推导:

$$\frac{\Gamma \Rightarrow \Sigma, \alpha \quad \alpha, \Delta \Rightarrow \Theta', \beta_1}{\dfrac{\Gamma, \Delta \Rightarrow \Sigma, \Theta', \beta(z/x)}{\Gamma, \Delta \Rightarrow \Sigma, \Theta', \forall x\beta}(\Rightarrow\forall)}(cut)$$

(2.3) (R_2) 是 $(\exists\Rightarrow)$. 最后一步是

$$\frac{\vdash_{m-1} \alpha, \beta(y/x), \Delta' \Rightarrow \Theta}{\vdash_m \alpha, \exists x\beta, \Delta' \Rightarrow \Theta}(\exists\Rightarrow)$$

令 $z \notin FV(\Gamma, \exists x\beta, \Delta', \Sigma, \Theta)$ 并且 $z \neq y$. 因为 $\vdash_{m-1} \alpha, \beta(y/x), \Delta' \Rightarrow \Theta$, 由引理 6.16 得, $\vdash_{m-1} \alpha, \beta(z/x), \Delta' \Rightarrow \Theta$. 由归纳假设得以下推导:

$$\frac{\Gamma \Rightarrow \Sigma, \alpha \quad \alpha, \beta(z/x), \Delta' \Rightarrow \Theta}{\dfrac{\Gamma, \beta(z/x), \Delta' \Rightarrow \Sigma, \Theta}{\Gamma, \exists x\beta, \Delta' \Rightarrow \Sigma, \Theta}(\exists\Rightarrow)}(cut)$$

(2.4) (R_2) 是 $(\Rightarrow\exists)$. 最后一步是

$$\frac{\vdash_{m-1} \alpha, \Delta \Rightarrow \Theta', \exists x\beta, \beta(t/x)}{\vdash_m \alpha, \Delta \Rightarrow \Theta', \exists x\beta}(\Rightarrow\exists)$$

由归纳假设得以下推导:

$$\frac{\Gamma \Rightarrow \Sigma, \alpha \quad \alpha, \Delta \Rightarrow \Theta', \exists x\beta, \beta(t/x)}{\dfrac{\Gamma, \Delta \Rightarrow \Sigma, \Theta', \exists x\beta, \beta(t/x)}{\Gamma, \Delta \Rightarrow \Sigma, \Theta', \exists x\beta}(\Rightarrow\exists)}(cut)$$

(3) α 在 (R_1) 和 (R_2) 中是主公式. 在定理 5.8的基础上, 还需考虑以下情况.

(3.1) $\alpha = \forall x\beta$. 最后一步是

$$\dfrac{\vdash_{n-1} \Gamma \Rightarrow \Sigma, \beta(y/x)}{\vdash_n \Gamma \Rightarrow \Sigma, \forall x\beta}(\Rightarrow\forall) \qquad \dfrac{\vdash_{m-1} \beta(t/x), \forall x\beta, \Delta \Rightarrow \Theta}{\vdash_m \forall x\beta, \Delta \Rightarrow \Theta}(\forall\Rightarrow)$$

由引理 6.16得, $\vdash_{n-1} \Gamma \Rightarrow \Sigma, \beta(t/x)$. 由归纳假设可得以下推导:

$$\dfrac{\Gamma \Rightarrow \Sigma, \beta(t/x) \qquad \dfrac{\Gamma \Rightarrow \Sigma, \forall x\beta \quad \beta(t/x), \forall x\beta, \Delta \Rightarrow \Theta}{\beta(t/x), \Gamma, \Delta \Rightarrow \Sigma, \Theta}(cut)}{\dfrac{\Gamma, \Gamma, \Delta \Rightarrow \Sigma, \Sigma, \Theta}{\Gamma, \Delta \Rightarrow \Sigma, \Theta}(c\Rightarrow,\Rightarrow c)^*}(cut)$$

(3.2) $\alpha = \exists x\beta$. 最后一步是:

$$\dfrac{\vdash_{n-1} \Gamma \Rightarrow \Sigma, \exists x\beta, \beta(t/x)}{\vdash_n \Gamma \Rightarrow \Sigma, \exists x\beta}(\Rightarrow\exists) \qquad \dfrac{\vdash_{m-1} \beta(y/x), \Delta \Rightarrow \Theta}{\vdash_m \exists x\beta, \Delta \Rightarrow \Theta}(\exists\Rightarrow)$$

由引理 6.16得, $\vdash_{m-1} \beta(t/x), \Delta \Rightarrow \Theta$. 由归纳假设可得以下推导:

$$\dfrac{\dfrac{\Gamma \Rightarrow \Sigma, \exists x\beta, \beta(t/x) \quad \exists x\beta, \Delta \Rightarrow \Theta}{\Gamma, \Delta \Rightarrow \Sigma, \Theta, \beta(t/x)}(cut) \qquad \beta(t/x), \Delta \Rightarrow \Theta}{\dfrac{\Gamma, \Delta, \Delta \Rightarrow \Sigma, \Theta, \Theta}{\Gamma, \Delta \Rightarrow \Sigma, \Theta}(c\Rightarrow,\Rightarrow c)^*}(cut)$$

$\square$

引理 6.21　如果 $\vdash_{\mathsf{H_1}} \alpha$, 那么 G3c $\vdash \Rightarrow \alpha$.

证明　如果 α 是 $\mathsf{H_1}$ 的公理, 易证 $\vdash \Rightarrow \alpha$. 规则 (mp) 的情况易证. 设 α 是由规则 (Gen) 从 β 得到的, 即 $\alpha = \forall x\beta$. 由归纳假设, $\vdash \Rightarrow \beta$. 令 $y \notin FV(\forall x\beta)$. 由引理 6.16得, $\vdash \Rightarrow \beta(y/x)$. 由 $(\Rightarrow\forall)$ 得, $\vdash \Rightarrow \forall x\beta$. $\square$

定理 6.7　G3c $\vdash \Gamma \Rightarrow \Delta$ 当且仅当 $\vdash_{\mathsf{H_1}} \bigwedge \Gamma \to \bigvee \Delta$.

证明　设 $\bigwedge \Gamma = \gamma$, $\bigvee \Delta = \delta$ 并且 $\vdash_{\mathsf{H_1}} \gamma \to \delta$. 由引理 6.21得, $\vdash \Rightarrow \gamma \to \delta$. 显然 $\vdash \Gamma \Rightarrow \gamma$ 并且 $\vdash \delta \Rightarrow \Delta$. 显然 $\vdash \gamma, \gamma \to \delta \Rightarrow \delta$. 由 (cut) 得, $\vdash \Gamma \Rightarrow \Delta$. 设 G3c $\vdash \Gamma \Rightarrow \Delta$. 对 $\Gamma \Rightarrow \Delta$ 在 G3c 中推导 $\mathcal{D}$ 的高度 $|\mathcal{D}|$ 归纳证明 $\vdash_{\mathsf{H_1}} \gamma \to \delta$. 情况 $|\mathcal{D}| = 0$ 显然. 设 $|\mathcal{D}| > 0$. 那么 $\Gamma \Rightarrow \Delta$ 由规则 (R) 得到. 联结词规则的情况与定理 4.1 的证明类似. 只要考虑量词规则的情况.

(1) (R) 是 $(\forall\Rightarrow)$. 最后一步是

$$\dfrac{\vdash_{n-1} \beta(t/x), \forall x\beta, \Gamma' \Rightarrow \Delta}{\vdash_n \forall x\beta, \Gamma' \Rightarrow \Delta}(\forall\Rightarrow)$$

令 $\bigwedge \Gamma' = \gamma'$. 由归纳假设, $\vdash_{\mathsf{H_1}} \beta(t/x) \wedge \forall x\beta \wedge \gamma' \to \delta$. 因为 $\vdash_{\mathsf{H_1}} \forall x\beta \to \beta(t/x)$, 所以 $\vdash_{\mathsf{H_1}} \forall x\beta \wedge \gamma' \to \delta$.

(2) (R) 是 $(\Rightarrow \forall)$. 最后一步是

$$\frac{\Gamma \Rightarrow \Delta', \beta(y/x)}{\Gamma \Rightarrow \Delta', \forall x \beta}(\Rightarrow \forall)$$

其中 $y \notin FV(\Gamma, \Delta', \forall x \beta)$. 令 $\bigvee \Delta' = \delta'$. 由归纳假设, $\vdash_{\mathsf{H_1}} \gamma \to \delta' \vee \beta(y/x)$. 所以 $\vdash_{\mathsf{H_1}} \gamma \to \delta' \vee \forall x \beta$.

(3) (R) 是 $(\exists \Rightarrow)$. 最后一步是

$$\frac{\beta(y/x), \Gamma' \Rightarrow \Delta}{\exists x \beta, \Gamma' \Rightarrow \Delta}(\exists \Rightarrow)$$

其中 $y \notin FV(\exists x \beta, \Gamma', \Delta)$. 令 $\bigwedge \Gamma' = \gamma'$. 由归纳假设得, $\vdash_{\mathsf{H_1}} \beta(y/x) \wedge \gamma' \Rightarrow \delta$. 所以 $\vdash_{\mathsf{H_1}} \exists x \beta \wedge \gamma' \Rightarrow \delta$.

(4) (R) 是 $(\Rightarrow \exists)$. 最后一步是

$$\frac{\Gamma \Rightarrow \Delta', \exists x \beta, \beta(t/x)}{\Gamma \Rightarrow \Delta', \exists x \beta}(\Rightarrow \exists)$$

令 $\bigwedge \Gamma = \gamma$ 并且 $\bigvee \Delta' = \delta'$. 由归纳假设得, $\vdash_{\mathsf{H_1}} \gamma \to \delta' \vee \exists x \beta \vee \beta(t/x)$. 因为 $\vdash_{\mathsf{H_1}} \beta(t/x) \to \exists x \beta$, 所以 $\vdash_{\mathsf{H_1}} \gamma \to \delta' \vee \exists x \beta$. □

6.3　直觉主义谓词逻辑的矢列演算

在直觉主义句子逻辑矢列演算 G3ip 的基础上, 增加全称量词和存在量词的规则, 便得到直觉主义谓词逻辑矢列演算 G3i. 本节定义 G3i 并证明其性质. 这里矢列是直觉主义的, 即形如 $\Gamma \Rightarrow \beta$ 的表达式, 其中 Γ 是有穷可重集, β 是公式.

定义 6.9　矢列演算 G3i 由以下公理模式和规则组成:

(1) 公理模式

$$(Id)\ Rt_1 \cdots Rt_n, \Gamma \Rightarrow Rt_1 \cdots Rt_n \quad (\bot)\ \bot, \Gamma \Rightarrow \beta$$

(2) 联结词规则

$$\frac{\alpha_1, \alpha_2, \Gamma \Rightarrow \beta}{\alpha_1 \wedge \alpha_2, \Gamma \Rightarrow \beta}(\wedge \Rightarrow) \quad \frac{\Gamma \Rightarrow \alpha \quad \Gamma \Rightarrow \beta}{\Gamma \Rightarrow \alpha \wedge \beta}(\Rightarrow \wedge)$$

$$\frac{\alpha, \Gamma \Rightarrow \chi \quad \beta, \Gamma \Rightarrow \chi}{\alpha \vee \beta, \Gamma \Rightarrow \chi}(\vee \Rightarrow) \quad \frac{\Gamma \Rightarrow \alpha_i}{\Gamma \Rightarrow \alpha_1 \vee \alpha_2}(\Rightarrow \vee)(i = 1, 2)$$

$$\frac{\alpha \to \beta, \Gamma \Rightarrow \alpha \quad \beta, \Gamma \Rightarrow \chi}{\alpha \to \beta, \Gamma \Rightarrow \chi}(\to \Rightarrow) \quad \frac{\alpha, \Gamma \Rightarrow \beta}{\Gamma \Rightarrow \alpha \to \beta}(\Rightarrow \to)$$

(3) 量词规则

$$\frac{\alpha(t/x), \forall x\alpha, \Gamma \Rightarrow \beta}{\forall x\alpha, \Gamma \Rightarrow \beta}(\forall\Rightarrow) \quad \frac{\Gamma \Rightarrow \alpha(y/x)}{\Gamma \Rightarrow \forall x\alpha}(\Rightarrow\forall)$$

$$\frac{\alpha(y/x), \Gamma \Rightarrow \beta}{\exists x\alpha, \Gamma \Rightarrow \beta}(\exists\Rightarrow) \quad \frac{\Gamma \Rightarrow \alpha(t/x)}{\Gamma \Rightarrow \exists x\alpha}(\Rightarrow\exists)$$

在 $(\Rightarrow\forall)$ 中 $y \notin FV(\Gamma, \forall x\alpha)$. 在 $(\exists\Rightarrow)$ 中 $y \notin FV(\exists x\alpha, \Gamma, \beta)$. 我们用记号 G3i $\vdash \Gamma \Rightarrow \beta$ 表示 $\Gamma \Rightarrow \beta$ 在 G3i 中可推导.

引理 6.22   对任意公式 α, G3i $\vdash \alpha, \Gamma \Rightarrow \alpha$.

证明   对 $d(\alpha)$ 归纳证明. 原子公式情况显然. 联结词情况与引理 5.5 类似. 设 $\alpha = \forall x\beta$. 设 $y \notin FV(\forall x\beta, \Gamma)$. 由归纳假设, $\vdash \beta(y/x), \forall x\beta, \Gamma \Rightarrow \beta(y/x)$. 由 $(\forall\Rightarrow)$ 得, $\vdash \forall x\beta, \Gamma \Rightarrow \beta(y/x)$. 由 $(\Rightarrow\forall)$ 得, $\vdash \forall x\beta, \Gamma \Rightarrow \forall x\beta$. 情况 $\alpha = \exists x\beta$ 类似. □

引理 6.23   一个矢列 $\Gamma \Rightarrow \beta$ 在 G3i 中的推导 $\mathcal{D}$ 可转换为 $\Gamma^\flat \Rightarrow \beta^\flat$ 的推导 $\mathcal{D}^\flat$, 其中 $\Gamma^\flat, \beta^\flat, \mathcal{D}^\flat$ 分别是 $\Gamma, \beta, \mathcal{D}$ 的字母变换.

证明   与引理 6.15 的证明类似. 对 $|\mathcal{D}|$ 归纳证明. 情况 $|\mathcal{D}| = 0$ 是显然的. 设 $|\mathcal{D}| = 0$ 并且 $\Gamma \Rightarrow \Delta$ 由规则 (R) 得到. 如果 (R) 是联结词规则, 由归纳假设和 (R) 可得结论. 设 (R) 是量词规则. 分以下情况.

(1) (R) 是 $(\forall\Rightarrow)$. 最后一步是

$$\frac{\vdash_{n-1} \alpha(t/x), \forall x\alpha, \Gamma' \Rightarrow \beta}{\vdash_n \forall x\alpha, \Gamma' \Rightarrow \beta}(\forall\Rightarrow)$$

令 $\Gamma^\flat = \forall y\alpha(y/x), \Gamma'^\flat$. 那么 $(\alpha(t/x), \forall x\alpha, \Gamma')^\flat = \alpha(y/x)(t/y), \forall y\alpha(y/x), \Gamma'^\flat$. 显然 $\alpha(y/x)(t/y) = \alpha(t/x)$. 由归纳假设得, $\vdash_{n-1} \alpha(t/x), \forall y\alpha(y/x), \Gamma'^\flat \Rightarrow \beta^\flat$. 由 $(\forall\Rightarrow)$ 得, $\vdash_n \forall y\alpha(y/x), \Gamma'^\flat \Rightarrow \beta^\flat$. 规则 $(\Rightarrow\exists)$ 的情况类似.

(2) (R) 是 $(\Rightarrow\forall)$. 最后一步是

$$\frac{\vdash_{n-1} \Gamma \Rightarrow \alpha(z/x)}{\vdash_n \Gamma \Rightarrow \forall x\alpha}(\Rightarrow\forall)$$

令 $\beta^\flat = \forall y\alpha(y/x)$. 那么 $(\alpha(z/x))^\flat = \alpha^\flat(y/x)(z/y)$. 显然 $\alpha^\flat(y/x)(z/y) = \alpha^\flat(z/x)$. 由归纳假设得, $\vdash_{n-1} \Gamma^\flat \Rightarrow \alpha^\flat(z/x)$. 所以 $\vdash_{n-1} \Gamma^\flat \Rightarrow \alpha^\flat(y/x)(z/y)$. 由 $(\Rightarrow\forall)$ 得, $\vdash_n \Gamma^\flat \Rightarrow \forall y\alpha^\flat(y/x)$. 规则 $(\exists\Rightarrow)$ 的情况类似. □

引理 6.24   对任意 $n \geqslant 0$, 如果 G3i $\vdash_n \Gamma \Rightarrow \beta$, 那么 G3i $\vdash_n \Gamma(t/x) \Rightarrow \beta(t/x)$.

证明   与引理 6.16 的证明类似. □

引理 6.25 在 G3i 中, 以下弱化规则保持高度可允许:

$$\frac{\Gamma \Rightarrow \beta}{\alpha, \Gamma \Rightarrow \beta}(w\Rightarrow)$$

证明 与引理 6.17的证明类似. □

引理 6.26 在 G3i 中, 对任意 $n \geqslant 0$, 以下成立:

(1) 如果 $\vdash_n \alpha_1 \wedge \alpha_2, \Gamma \Rightarrow \beta$, 那么 $\vdash_n \alpha_1, \alpha_2, \Gamma \Rightarrow \beta$.

(2) 如果 $\vdash_n \alpha_1 \vee \alpha_2, \Gamma \Rightarrow \beta$, 那么 $\vdash_n \alpha_1, \Gamma \Rightarrow \beta$ 并且 $\vdash_n \alpha_2, \Gamma \Rightarrow \beta$.

(3) 如果 $\vdash_n \alpha_1 \to \alpha_2, \Gamma \Rightarrow \Delta$, 那么 $\vdash_n \alpha_2, \Gamma \Rightarrow \beta$.

证明 与引理 5.7的证明类似. □

引理 6.27 在 G3i 中, 对任意 $n \geqslant 0$, 如果 $\vdash_n \exists x\alpha, \Gamma \Rightarrow \beta$, 那么 $\vdash_n \alpha(y/x), \Gamma \Rightarrow \beta$, 其中 $y \notin FV(\exists x\alpha, \Gamma, \beta)$.

证明 与引理 6.19 (1) 类似. 设 $\vdash_n \exists x\alpha, \Gamma \Rightarrow \beta$. 对 $n \geqslant 0$ 归纳证明 $\vdash_n \alpha(y/x), \Gamma \Rightarrow \beta$. 情况 $n = 0$ 显然. 设 $n > 0$ 并且 $\exists x\alpha, \Gamma \Rightarrow \beta$ 由规则 (R) 得到. 如果 (R) 是联结词规则, 由归纳假设和规则 (R) 可得结论. 设 (R) 是量词规则. 分以下情况.

(1.1) (R) 是 $(\forall\Rightarrow)$. 最后一步是

$$\frac{\vdash_{n-1} \exists x\alpha, \beta(t/x), \forall x\beta, \Gamma' \Rightarrow \beta}{\vdash_n \exists x\alpha, \forall x\beta, \Gamma' \Rightarrow \beta}(\forall\Rightarrow)$$

设 $y \notin var(t)$. 由归纳假设得, $\vdash_{n-1} \alpha(y/x), \beta(t/x), \forall x\beta, \Gamma' \Rightarrow \beta$. 由 $(\forall\Rightarrow)$ 得, $\vdash_n \alpha(y/x), \forall x\beta, \Gamma' \Rightarrow \beta$. 设 $y \in var(t)$ 并且 $v \notin FV(\exists x\alpha, \beta(t/x), \forall x\beta, \Gamma', \beta)$. 因为 $\vdash_{n-1} \exists x\alpha, \beta(t/x), \forall x\beta, \Gamma' \Rightarrow \beta$, 由引理 6.24得, $\vdash_{n-1} \exists x\alpha, \beta(t(v/y)/x), \forall x\beta, \Gamma' \Rightarrow \beta$. 由归纳假设得, $\vdash_{n-1} \alpha(y/x), \beta(t(v/y)/x), \forall x\beta, \Gamma' \Rightarrow \beta$. 由 $(\forall\Rightarrow)$ 得, $\vdash_{n-1} \alpha(y/x), \forall x\beta, \Gamma' \Rightarrow \beta$. 规则 $(\Rightarrow\exists)$ 的情况类似证明.

(1.2) (R) 是 $(\Rightarrow\forall)$. 最后一步是

$$\frac{\vdash_{n-1} \exists x\alpha, \Gamma \Rightarrow \beta'(u/z)}{\vdash_n \exists x\alpha, \Gamma \Rightarrow \forall z\beta'}(\Rightarrow\forall)$$

设 $z = y$. 上述最后一步是

$$\frac{\vdash_{n-1} \exists x\alpha, \Gamma \Rightarrow \beta'(u/y)}{\vdash_n \exists x\alpha, \Gamma \Rightarrow \forall y\beta'}(\Rightarrow\forall)$$

由引理 6.15, 将 $\forall y\beta'$ 中约束变元 y 换成不在 (R) 结论中出现的新变元 v. 然后

$$\frac{\vdash_{n-1} \exists x\alpha, \Gamma \Rightarrow \beta'(u/y)}{\vdash_n \exists x\alpha, \Gamma \Rightarrow \forall v\beta'(v/y)}(\Rightarrow\forall)$$

因为 $\vdash_{n-1} \exists x\alpha, \Gamma \Rightarrow \beta'(u/y)$，令 $y \neq w \notin FV(\exists x\alpha, \Gamma, \beta'(u/y))$，由引理 6.24，$\vdash_{n-1} \exists x\alpha, \Gamma \Rightarrow \beta'(w/y)$. 由归纳假设，$\vdash_{n-1} \alpha(y/x), \Gamma \Rightarrow \beta'(w/y)$. 由 $(\Rightarrow\forall)$，$\vdash_n \alpha(y/x), \Gamma \Rightarrow \forall y\beta'$. 设 $z \neq y$. 因为 $\vdash_{n-1} \exists x\alpha, \Gamma \Rightarrow \beta'(u/z)$，令 $z \neq w \notin FV(\exists x\alpha, \Gamma, \beta'(u/z))$，由引理 6.24，$\vdash_{n-1} \exists x\alpha, \Gamma \Rightarrow \beta'(w/z)$. 由归纳假设，$\vdash_{n-1} \alpha(y/x), \Gamma \Rightarrow \beta'(w/z)$. 由 $(\Rightarrow\forall)$，$\vdash_n \alpha(y/x), \Gamma \Rightarrow \forall z\beta'$. 规则 $(\exists\Rightarrow)$ 情况类似. □

引理 6.28   以下收缩规则在 G3i 中保持高度可允许:

$$\frac{\alpha, \alpha, \Gamma \Rightarrow \gamma}{\alpha, \Gamma \Rightarrow \gamma}(c\Rightarrow)$$

证明   与引理 6.20证明类似. 设 $\vdash_n \alpha, \alpha, \Gamma \Rightarrow \gamma$. 对 $n \geqslant 0$ 归纳证明 $\vdash_n \alpha, \Gamma \Rightarrow \gamma$. 情况 $n = 0$ 显然. 设 $n > 0$ 并且 $\alpha, \alpha, \Gamma \Rightarrow \gamma$ 由规则 (R) 得到. 只需考虑 α 是 (R) 主公式. 联结词情况与引理 5.8证明类似. 设 $\alpha = \forall x\beta$ 并且 (R) 最后一步是

$$\frac{\vdash_{n-1} \beta(t/x), \forall x\beta, \forall x\beta, \Gamma \Rightarrow \gamma}{\vdash_n \forall x\beta, \forall x\beta, \Gamma \Rightarrow \gamma}(\forall\Rightarrow)$$

由归纳假设，$\vdash_{n-1} \beta(t/x), \forall x\beta, \Gamma \Rightarrow \gamma$. 由 $(\forall\Rightarrow)$ 得，$\vdash_n \forall x\beta, \Gamma \Rightarrow \gamma$. 情况 $\alpha = \exists x\beta$ 的证明是类似的. □

定理 6.8   以下切割规则在 G3i 中可允许:

$$\frac{\Gamma \Rightarrow \alpha \quad \alpha, \Delta \Rightarrow \beta}{\Gamma, \Delta \Rightarrow \beta}(cut)$$

证明   与定理 6.6证明类似. 这里仅说明一种情况. 设 $\Gamma \Rightarrow \alpha$ 和 $\alpha, \Delta \Rightarrow \beta$ 分别由规则 (R_1) 和 (R_2) 得到，α 在其中都是主公式. 令 $\alpha = \forall x\beta'$. 最后一步是

$$\frac{\vdash_{n-1} \Gamma \Rightarrow \beta'(y/x)}{\vdash_n \Gamma \Rightarrow \forall x\beta'}(\Rightarrow\forall) \qquad \frac{\vdash_{m-1} \beta'(t/x), \forall x\beta', \Delta \Rightarrow \beta}{\vdash_m \forall x\beta', \Delta \Rightarrow \beta}(\forall\Rightarrow)$$

由引理 6.24得，$\vdash_{n-1} \Gamma \Rightarrow \beta'(t/x)$. 由归纳假设可得以下推导:

$$\frac{\Gamma \Rightarrow \beta'(t/x) \quad \dfrac{\Gamma \Rightarrow \forall x\beta' \quad \beta'(t/x), \forall x\beta', \Delta \Rightarrow \beta}{\beta'(t/x), \Gamma, \Delta \Rightarrow \beta}(cut)}{\dfrac{\Gamma, \Gamma, \Delta \Rightarrow \beta}{\Gamma, \Delta \Rightarrow \beta}(c\Rightarrow)^*}(cut)$$

令 $\alpha = \exists x\beta'$. 最后一步是

$$\frac{\vdash_{n-1} \Gamma \Rightarrow \beta'(t/x)}{\vdash_n \Gamma \Rightarrow \exists x\beta'}(\Rightarrow\exists) \qquad \frac{\vdash_{m-1} \beta'(y/x), \Delta \Rightarrow \beta}{\vdash_m \exists x\beta', \Delta \Rightarrow \beta}(\exists\Rightarrow)$$

由引理 6.24得，$\vdash_{m-1} \beta'(t/x), \Delta \Rightarrow \beta$. 由归纳假设可得以下推导:

$$\frac{\Gamma \Rightarrow \beta'(t/x) \quad \beta'(t/x), \Delta \Rightarrow \beta}{\Gamma, \Delta \Rightarrow \beta}(cut)$$

□

推论 6.4 如果 G3i $\vdash \Rightarrow \exists x\alpha$, 那么存在项 $t \in \mathcal{T}(S)$ 使得 G3i $\vdash \Rightarrow \alpha(t/x)$.

命题 6.3 G3i $\nvdash \neg\forall x\neg Px \Rightarrow \exists xPx$.

证明 从 $\neg\forall x\neg Px \Rightarrow \exists xPx$ 开始搜索可能的推导, 只有以下两种可能性:

$$\frac{\neg\forall x\neg Px \Rightarrow \forall x\neg Px \quad \bot \Rightarrow \exists xPx}{\neg\forall x\neg Px \Rightarrow \exists xPx}\,(\rightarrow\Rightarrow)$$

$$\frac{\dfrac{\neg\forall x\neg Px \Rightarrow \forall x\neg Px \quad \bot \Rightarrow Pt}{\neg\forall x\neg Px \Rightarrow Pt}\,(\rightarrow\Rightarrow)}{\neg\forall x\neg Px \Rightarrow \exists xPx}\,(\Rightarrow\exists)$$

现在只要从 $\neg\forall x\neg Px \Rightarrow \forall x\neg Px$ 开始进行搜索. 如果上一步是 $(\rightarrow\Rightarrow)$, 那么就会产生循环. 因此上一步只能是 $(\Rightarrow\forall)$. 可能的推导如下:

$$\frac{\neg\forall x\neg Px \Rightarrow \neg Py}{\neg\forall x\neg Px \Rightarrow \forall x\neg Px}\,(\Rightarrow\forall)$$

现在从 $\neg\forall x\neg Px \Rightarrow \neg Py$ 进行搜索. 如果上一步是 $(\rightarrow\Rightarrow)$, 就会产生循环. 因此上一步只能是 $(\Rightarrow\rightarrow)$. 可能的推导如下:

$$\frac{\dfrac{\neg\forall x\neg Px, Py \Rightarrow \forall x\neg Px \quad \bot, Py \Rightarrow \bot}{Py, \neg\forall x\neg Px \Rightarrow \bot}\,(\rightarrow\Rightarrow)}{\neg\forall x\neg Px \Rightarrow \neg Py}\,(\Rightarrow\rightarrow)$$

现在从 $\neg\forall x\neg Px, Py \Rightarrow \forall x\neg Px$ 开始搜索, 只有 $\neg\forall x\neg Px$ 和 $\forall x\neg Px$ 可以是主公式. 因此产生循环. 所以 $\neg\forall x\neg Px \Rightarrow \exists xPx$ 在 G3i 中不可推导. □

上述命题说明, 在直觉主义谓词逻辑中, 存在量词不能通过全称量词和否定来定义. 这是直觉主义谓词逻辑不同于古典一阶逻辑的特点.

命题 6.4 G3i $\nvdash \Rightarrow \neg\neg\forall x(Px \vee \neg Px)$.

证明 从 $\Rightarrow \neg\neg\forall x(Px \vee \neg Px)$ 开始搜索可能的推导, 最后两步如下:

$$\frac{\dfrac{\neg\forall x(Px \vee \neg Px) \Rightarrow \forall x(Px \vee \neg Px) \quad \bot \Rightarrow \bot}{\neg\forall x(Px \vee \neg Px) \Rightarrow \bot}\,(\rightarrow\Rightarrow)}{\Rightarrow \neg\neg\forall x(Px \vee \neg Px)}\,(\Rightarrow\rightarrow)$$

现在从 $\neg\forall x(Px \vee \neg Px) \Rightarrow \forall x(Px \vee \neg Px)$ 开始搜索. 如果上一步是 $(\rightarrow\Rightarrow)$, 则产生循环. 因此, 上一步只能是 $(\Rightarrow\forall)$. 可能的推导如下:

$$\frac{\neg\forall x(Px \vee \neg Px) \Rightarrow Py \vee \neg Py}{\neg\forall x(Px \vee \neg Px) \Rightarrow \forall x(Px \vee \neg Px)}\,(\Rightarrow\forall)$$

现在从 $\neg\forall x(Px \vee \neg Px) \Rightarrow Py \vee \neg Py$ 开始搜索. 如果上一步是 $(\rightarrow\Rightarrow)$, 则产生循环. 因此, 上一步只能是 $(\Rightarrow\vee)$. 两个可能的推导如下:

$$\frac{\neg\forall x(Px \vee \neg Px) \Rightarrow Py}{\neg\forall x(Px \vee \neg Px) \Rightarrow Py \vee \neg Py}\,(\Rightarrow\vee) \qquad \frac{\neg\forall x(Px \vee \neg Px) \Rightarrow \neg Py}{\neg\forall x(Px \vee \neg Px) \Rightarrow Py \vee \neg Py}\,(\Rightarrow\vee)$$

再搜索将产生循环. 因此 $\Rightarrow \neg\neg\forall x(Px \vee \neg Px)$ 在 G3i 中不可推导. □

古典句子逻辑可嵌入直觉主义句子逻辑, 例如, 格里汶科嵌入定理是说, 对句子逻辑的任意公式 α 都有 $\vdash_{HK} \alpha$ 当且仅当 $\vdash_{HJ} \neg\neg\alpha$. 该嵌入定理对谓词逻辑不成立, 因为 G3c $\vdash \Rightarrow \forall x(Px \vee \neg Px)$, 而由命题 6.4得, G3i $\nvdash \Rightarrow \neg\neg\forall x(Px \vee \neg Px)$.

习　　题

6.1　证明以下矢列在 **G3c** 中可推导:

(1) $\forall x(Py \vee Qx) \Rightarrow Py \vee \forall x Qx$.

(2) $Py \to \exists x Qx \Rightarrow \exists x(Py \to Qx)$.

(3) $\forall x Qx \to Py \Rightarrow \exists x(Qx \to Py)$.

(4) $\forall x(Sx \to Px), Sa \Rightarrow \exists y Py$.

(5) $\forall x(Sx \to Px), \exists x \neg Px \Rightarrow \exists x \neg Sx$.

(6) $\forall x(Sx \to Px) \Rightarrow \exists x(\neg Px \to \neg Sx)$.

(7) $\forall x Rxx, \forall x \forall y \forall z(Rxy \wedge Rxz \to Ryz) \Rightarrow \forall x \forall y(Rxy \wedge Ryz \to Rxz)$.

(8) $\forall x Rxx \Rightarrow \forall x \exists y Rxy$.

(9) $\forall x \forall y(Rxy \to Ryx), \forall x \forall y \forall z(Rxy \wedge Ryz \to Rxz), \forall x \exists y Rxy \Rightarrow \forall x Rxx$.

(10) $\forall x(Px \vee Qa), \neg Qa \Rightarrow \forall x Px$.

6.2　证明以下矢列在 **G3c** 中可推导:

(1) $\forall x\alpha \vee \forall x\beta \Rightarrow \forall x(\alpha \vee \beta)$.

(2) $\exists x(\alpha \wedge \beta) \Rightarrow \exists x\alpha \wedge \exists x\beta$.

(3) $\forall x(\alpha \to \beta) \Rightarrow \neg\exists x(\alpha \wedge \neg\beta)$.

(4) $\neg\exists x(\alpha \wedge \neg\beta) \Rightarrow \forall x(\alpha \to \beta)$.

(5) $\exists x(\alpha \to \neg\beta) \Rightarrow \neg\forall x(\alpha \wedge \beta)$.

(6) $\neg\forall x(\alpha \wedge \beta) \Rightarrow \exists x(\alpha \to \neg\beta)$.

(7) $\exists x(\alpha \to \beta) \Rightarrow \neg\forall x(\alpha \wedge \neg\beta)$.

(8) $\neg\forall x(\alpha \wedge \neg\beta) \Rightarrow \exists x(\alpha \to \beta)$.

6.3　令 $x \notin FV(\alpha)$. 证明以下矢列在 **G3c** 中可推导:

(1) $\exists x(\alpha \to \beta) \Rightarrow \alpha \to \exists x\beta$.

(2) $\alpha \to \exists x\beta \Rightarrow \exists x(\alpha \to \beta)$.

(3) $\exists x(\alpha \wedge \beta) \Rightarrow \alpha \wedge \exists x\beta$.

(4) $\alpha \wedge \exists x\beta \Rightarrow \exists x(\alpha \wedge \beta)$.

(5) $\forall x(\alpha \vee \beta) \Rightarrow \alpha \vee \forall x\beta$.

(6) $\alpha \vee \forall x\beta \Rightarrow \forall x(\alpha \vee \beta)$.

(7) $\exists x\beta \to \alpha \Rightarrow \forall x(\beta \to \alpha)$.

(8) $\forall x\beta \to \alpha \Rightarrow \exists x(\beta \to \alpha)$.

6.4　证明以下矢列在 G3i 中可推导:

(1) $\neg\exists x\alpha \Rightarrow \forall x\neg\alpha$.

(2) $\forall x\neg\alpha \Rightarrow \neg\exists x\alpha$.

(3) $\exists x\neg\alpha \Rightarrow \neg\forall x\alpha$.

(4) $\neg\neg\forall x\alpha \Rightarrow \forall x\neg\neg\alpha$.

6.5　证明以下矢列在 G3i 中不可推导:

(1) $\forall x(Py \vee Qx) \Rightarrow Py \vee \forall xQx$.

(2) $Py \rightarrow \exists xQx \Rightarrow \exists x(Py \rightarrow Qx)$.

(3) $\forall xQx \rightarrow Py \Rightarrow \exists x(Qx \rightarrow Py)$.

(4) $\neg\forall x\neg Px \Rightarrow \exists xPx$.

第 7 章　古典模态句子逻辑

古典模态句子逻辑（简称"模态逻辑"）的语言是在古典句子逻辑的语言基础上增加模态算子得到. 基本模态逻辑只考虑增加必然算子 □（可能算子 ◇ 作为 □ 的对偶算子）. 模态算子一般不代表真值函数. 例如，"9 大于 7"和"行星的数大于 7"这两个句子都是真的，但"9 必然大于 7"是真的，而"行星的数必然大约 7"是假的. 因此"必然"算子不是真值函数.

7.1　正规模态逻辑

模态语言 $\mathscr{L}_\square$ 是由可数句子变元集 $\mathbb{V} = \{p_i \mid i \in \mathbb{N}\}$，零元联结词 $\bot$（恒假）、二元联结词 $\to$（蕴涵）和一元模态词 □（必然）组成的.

定义 7.1　模态语言 $\mathscr{L}_\square$ 的公式集按以下规则归纳定义：

$$\mathscr{L}_\square \ni \alpha ::= p \mid \bot \mid (\alpha_1 \to \alpha_2) \mid \square\alpha$$

其中 $p \in \mathbb{V}$. 句子变元或 $\bot$ 称为**原子公式**. 使用缩写 $\neg\alpha := \alpha \to \bot$（否定），$\alpha_1 \wedge \alpha_2 := \neg(\alpha_1 \to \neg\alpha_2)$（合取），$\alpha_1 \vee \alpha_2 := \neg\alpha_1 \to \alpha_2$（析取），$\Diamond\alpha := \neg\neg\alpha$（可能）. 对 $n \geqslant 0$ 归纳定义 $\square^n\alpha$ 如下：$\square^0\alpha = \alpha$ 并且 $\square^{n+1}\alpha = \square\square^n\alpha$.

定义 7.2　公式 α 的**复杂度**$d(\alpha)$ 归纳定义如下：

$$d(p) = 0 = d(\bot)$$
$$d(\alpha \to \beta) = \max\{d(\alpha), d(\beta)\} + 1$$
$$d(\square\alpha) = d(\alpha) + 1$$

公式 α 的**模态度**$md(\alpha)$ 归纳定义如下：

$$md(p) = 0 = d(\bot)$$
$$md(\alpha \to \beta) = \max\{md(\alpha), md(\beta)\}$$
$$md(\square\alpha) = md(\alpha) + 1$$

我们用 $SF(\alpha)$ 表示公式 α 的**子公式集**. 对任意代入 $\sigma : \mathbb{V} \to \mathscr{L}_\square$，我们用 $\sigma(\alpha)$ 表示 α 代入 σ 得到的公式. 对公式 $\alpha(p_1, \cdots, p_n)$，我们用记号 $\alpha(\beta_1/p_1, \cdots, \beta_1/p_n)$ 表示使用 $\beta_1, \cdots, \beta_n$ 分别统一代入变元 $p_1, \cdots, p_n$ 得到的结果.

定义 7.3　一个**框架**是 $\mathfrak{F} = (W, R)$, 其中 $W \neq \varnothing$ 并且 $R \subseteq W \times W$. 这里 W 中元素称为**可能世界**、**状态**或**点**, R 称为**可及关系**. 如果 Rwv, 称 v 是 w 的 R-**后继**. 对任意框架 $\mathfrak{F} = (W, R)$ 和 $w \in W$, 定义

$$R(w) = \{v \in W \mid Rwv\}$$

称 w 是**死点**, 如果 $R(w)\varnothing$. 称 w 是**活点**, 如果 $R(w) \neq \varnothing$. 称 w 是**自返的**, 如果 $w \in R(w)$. 称 w 是**非自返的**, 如果 $w \notin R(w)$. 对任意子集 $X \subseteq W$, 定义

$$R[X] = \bigcup \{R(w) \mid w \in X\}$$

对任意 $n \geqslant 0$, 归纳定义 $R^n[X]$ 如下: $R^0[X] = X$ 并且 $R^{n+1}[X] = R[R^n[X]]$.

例 7.1　我们用 ○ 表示自返点, 用 ● 表示非自返点, 一个有穷框架可以画成由点和箭头组成的有向图. 例如, 下图是框架 $\mathfrak{F} = (W, R)$:

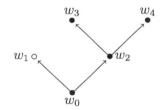

其中 $W = \{w_0, w_1, w_2, w_3, w_4\}$, $R = \{\langle w_0, w_1 \rangle, \langle w_1, w_1 \rangle, \langle w_0, w_2 \rangle, \langle w_2, w_3 \rangle, \langle w_2, w_4 \rangle\}$.

定义 7.4　框架 $\mathfrak{F} = (W, R)$ 中一个**赋值**是函数 $V : \mathbb{V} \to \mathcal{P}(W)$. 一个**模型**是三元组 $\mathfrak{M} = (W, R, V)$, 其中 (W, R) 是框架并且 V 是赋值. 任给模型 $\mathfrak{M} = (W, R, V)$, 公式 α 在 $\mathfrak{M}$ 中状态 w 上真 (记号 $\mathfrak{M}, w \models \alpha$) 归纳定义如下:

(1) $\mathfrak{M}, w \models p$ 当且仅当 $w \in V(p)$.

(2) $\mathfrak{M}, w \not\models \bot$.

(3) $\mathfrak{M}, w \models \alpha \to \beta$ 当且仅当 $\mathfrak{M}, w \not\models \alpha$ 或者 $\mathfrak{M}, w \models \beta$.

(4) $\mathfrak{M}, w \models \Box\alpha$ 当且仅当 $\mathfrak{M}, u \models \alpha$ 对所有 $u \in R(w)$.

不引起歧义时, 记号 $w \models \alpha$ 表示 $\mathfrak{M}, w \models \alpha$, 记号 $w \not\models \alpha$ 表示 α 在 w 上假. 公式 α 在 $\mathfrak{M}$ 中的**真集**为 $V(\alpha) = \{w \in W \mid \mathfrak{M}, w \models \alpha\}$. 记号 $\mathfrak{M} \models \alpha$ 表示 $V(\alpha) = W$. 对公式集 Φ, 记号 $\mathfrak{M}, w \models \Phi$ 表示 $\mathfrak{M}, w \models \alpha$ 对所有 $\alpha \in \Phi$. 记号 $\mathfrak{M} \models \Phi$ 表示 $\mathfrak{M} \models \alpha$ 对所有 $\alpha \in \Phi$.

公式 $\Box\alpha$ 在 w 上真当且仅当 α 在 w 的所有后继点上都真. 由定义可得, $\mathfrak{M}, w \models \Diamond\alpha$ 当且仅当存在 $u \in R(w)$ 使得 $\mathfrak{M}, u \models \alpha$. 因此, 公式 $\Diamond\alpha$ 在 w 上真当且仅当至少存在 w 的 R-后继点使得 α 真. 在所有死点上 $\Box\alpha$ 真, 而 $\Diamond\alpha$ 假.

命题 7.1 对任意模型 $\mathfrak{M} = (W, R, V)$, $w \in W$ 及公式 α 和 $n \geqslant 0$,

(1) $\mathfrak{M}, w \models \Box^n \alpha$ 当且仅当 $R^n(w) \subseteq V(\alpha)$.

(2) $\mathfrak{M}, w \models \Diamond^n \alpha$ 当且仅当 $R^n(w) \cap V(\alpha) \neq \varnothing$.

证明 对 $n \geqslant 0$ 归纳证明 (1). 情况 $n = 0$ 是显然的. 设 (1) 对 n 成立. 设 $\mathfrak{M}, w \models \Box\Box^n \alpha$ 并且 $u \in R^{n+1}(w)$. 那么存在 $v \in W$ 使得 wRv 并且 $vR^n u$. 所以 $\mathfrak{M}, v \models \Box^n \alpha$. 由归纳假设, $R^n(v) \subseteq V(\alpha)$. 所以 $u \in [\![\alpha]\!]_{\mathfrak{M}}$. 设 $R^{n+1}(w) \subseteq V(\alpha)$ 并且 wRu. 显然 $R^n(u) \subseteq R^{n+1}(w)$. 所以 $R^n(u) \subseteq V(\alpha)$. 由归纳假设, $\mathfrak{M}, u \models \Box^n \alpha$. 所以 $\mathfrak{M}, w \models \Box^{n+1} \alpha$. 显然 (2) 由 (1) 直接得到. $\qquad\square$

对模型 $\mathfrak{M} = (W, R, V)$ 和 $\varnothing \neq X \subseteq W$, 模型 $\mathfrak{M}$ 的 X-**子模型**定义为 $\mathfrak{M}|X = (X, R^X, V^X)$, 其中 $R^X = R \cap (X \times X)$; $V^X(p) = V(p) \cap X$ 对每个 $p \in \mathbb{V}$.

命题 7.2 对任意模型 $\mathfrak{M} = (W, R, V)$, $w \in W$ 和 $n \geqslant 0$, 令 $X^n = \bigcup_{k \leqslant n} R^k(w)$. 令 $\mathfrak{N}^n$ 是 $\mathfrak{M}$ 的 X^n-子模型. 对任意公式 α, 如果 $md(\alpha) \leqslant n$, 那么 $\mathfrak{M}, w \models \alpha$ 当且仅当 $\mathfrak{N}^n, w \models \alpha$.

证明 对 $n \geqslant 0$ 归纳证明. 情况 $n = 0$ 和 $\alpha = \alpha_1 \rightarrow \alpha_2$ 都是显然的. 设 $md(\alpha) = n + 1$ 并且 $\alpha = \Box\beta$. 那么 $\mathfrak{M}, w \models \Box\beta$ 当且仅当对所有 $u \in R(w)$ 都有 $\mathfrak{M}, u \models \beta$. 由归纳假设, $\mathfrak{M}, u \models \beta$ 当且仅当 $\mathfrak{N}^n, u \models \beta$. 所以 $\mathfrak{M}, w \models \Box\beta$ 当且仅当 $\mathfrak{N}^{n+1}, w \models \Box\beta$. $\qquad\square$

定义 7.5 对任意公式 α 和公式集 Φ, 框架 $\mathfrak{F} = (W, R)$ 和 $w \in W$ 及框架类 $\mathcal{K}$,

(1) α 在 $\mathfrak{F}$ 中 w 上**有效** (记号 $\mathfrak{F}, w \models \alpha$), 如果 $w \in V(\alpha)$ 对 $\mathfrak{F}$ 任意赋值 V.

(2) Φ 在 $\mathfrak{F}$ 中 w 上**有效** (记号 $\mathfrak{F}, w \models \Phi$), 如果 $\mathfrak{F}, w \models \alpha$ 对所有 $\alpha \in \Phi$.

(3) α 在 $\mathfrak{F}$ 中**有效** (记号 $\mathfrak{F} \models \alpha$), 如果 $\mathfrak{F}, u \models \alpha$ 对所有 $u \in W$.

(4) Φ 在 $\mathfrak{F}$ 中**有效** (记号 $\mathfrak{F} \models \Phi$), 如果 $\mathfrak{F} \models \alpha$ 对所有 $\alpha \in \Phi$.

(5) α 在 $\mathcal{K}$ 中**有效** (记号 $\mathcal{K} \models \alpha$), 如果 $\mathfrak{F} \models \alpha$ 对所有 $\mathfrak{F} \in \mathcal{K}$.

(6) Φ 在 $\mathcal{K}$ 中**有效** (记号 $\mathcal{K} \models \Phi$), 如果 $\mathfrak{F} \models \Phi$ 对所有 $\mathfrak{F} \in \mathcal{K}$.

例 7.2 令 $\mathcal{K}_0$ 是由所有框架组成的框架类.

(1) $\mathcal{K}_0 \models \Box(\alpha \rightarrow \beta) \rightarrow (\Box\alpha \rightarrow \Box\beta)$. 对任意框架 $\mathfrak{F} = (W, R)$ 和赋值 V 及 $w \in W$, 设 $w \models \Box(\alpha \rightarrow \beta)$ 并且 $w \models \Box\alpha$. 只要证明 $w \models \Box\beta$. 设 wRu. 那么 $u \models \alpha \rightarrow \beta$ 并且 $w \models \alpha$. 所以 $u \models \beta$. 所以 $w \models \Box\beta$.

(2) $\mathcal{K}_0 \models \Box(\alpha \wedge \beta) \leftrightarrow (\Box\alpha \wedge \Box\beta)$. 证明与 (1) 类似.

(3) $\mathcal{K}_0 \not\models \Box p \rightarrow \Box\Box p$. 只要构造框架 $\mathfrak{F}$ 使得 $\mathfrak{F} \not\models \Box p \rightarrow \Box\Box p$. 令 $\mathfrak{F} = (W, R)$ 是框架, 其中 $W = \{x, y, z\}$ 并且 $R = \{\langle x, y \rangle, \langle y, z \rangle\}$. 令 V 是 $\mathfrak{F}$ 中赋值使得 $V(p) = \{y\}$. 显然 $x \models \Box p$ 并且 $y \not\models \Box p$. 所以 $x \not\models \Box\Box p$. 所以 $x \not\models \Box p \rightarrow \Box\Box p$.

$$\begin{array}{ccc} x & y & z \\ \bullet\!\!\!\longrightarrow\!\!\!\bullet\!\!\!\longrightarrow\!\!\!\bullet \\ p \end{array}$$

(4) 一个框架 $\mathfrak{F} = (W, R)$ 称为**传递框架**, 如果对任意 $w \in W$ 都有 $R^2(w) \subseteq R(w)$, 即对任意 $x, y, z \in W$, 如果 Rxy 并且 Ryz, 那么 Rxz. 令 $\mathcal{T}$ 是所有传递框架的类. 那么 $\mathcal{T} \models \Box\alpha \to \Box\Box\alpha$. 证明如下:

设 $\mathfrak{F} = (W, R)$ 是传递框架. 对 $\mathfrak{F}$ 上任意赋值 V 和 $w \in W$, 设 $w \models \Box\alpha$. 只要证明 $w \models \Box\Box\alpha$. 设 wR^2v. 因为 $\mathfrak{F}$ 是传递的, 所以 Rwv. 因为 $w \models \Box\alpha$, 所以 $v \models \alpha$. 所以 $w \models \Box\Box\alpha$. 所以 $w \models \Box\alpha \to \Box\Box\alpha$.

(5) $\mathcal{K}_0 \not\models \Box\Diamond p \to \Diamond\Box p$. 令 $\mathfrak{F} = (W, R)$ 是由两个自返点组成的框架, 即 $W = \{x, y\}$ 并且 $R = \{\langle x, x \rangle, \langle y, y \rangle, \langle x, y \rangle, \langle y, x \rangle\}$. 令 V 是 $\mathfrak{F}$ 中赋值使得 $V(p) = \{x\}$. 那么 $x \not\models \Box\Diamond p \to \Diamond\Box p$. 所以 $\mathfrak{F} \not\models \Box\Diamond p \to \Diamond\Box p$.

$$\begin{array}{ccc} & x & y \\ p, \Diamond p & \circ\!\!\!\longleftarrow\!\!\!\longrightarrow\!\!\!\circ \\ & \Box\Diamond p \end{array}$$

定义 7.6　一个公式 α 的**框架类**定义为 $\mathsf{Fr}(\alpha) = \{\mathfrak{F} \mid \mathfrak{F} \models \alpha\}$. 一个公式集 Γ 的**框架类**定义为 $\mathsf{Fr}(\Gamma) = \bigcap_{\alpha \in \Gamma} \mathsf{Fr}(\alpha)$. 一个框架类 $\mathcal{K}$ 的**逻辑**定义为 $\mathsf{Log}(\mathcal{K}) = \{\alpha \mid \mathcal{K} \models \alpha\}$. 如果 $\mathcal{K} = \{\mathfrak{F}\}$, 则把 $\mathsf{Log}(\{\mathfrak{F}\})$ 写成 $\mathsf{Log}(\mathfrak{F})$, 称为 $\mathfrak{F}$ 的**逻辑**.

命题 7.3　对任意公式集 $\Gamma, \Gamma_1, \Gamma_2$ 和框架类 $\mathcal{K}, \mathcal{K}_1, \mathcal{K}_2$, 以下成立:

(1) 如果 $\Gamma_1 \subseteq \Gamma_2$, 那么 $\mathsf{Fr}(\Gamma_2) \subseteq \mathsf{Fr}(\Gamma_1)$.

(2) 如果 $\mathcal{K}_1 \subseteq \mathcal{K}_2$, 那么 $\mathsf{Log}(\mathcal{K}_2) \subseteq \mathsf{Log}(\mathcal{K}_1)$.

(3) $\Gamma \subseteq \mathsf{Log}(\mathsf{Fr}(\Gamma))$ 并且 $\mathcal{K} \subseteq \mathsf{Fr}(\mathsf{Log}(\mathcal{K}))$.

(4) $\mathsf{Log}(\mathsf{Fr}(\Gamma)) = \Gamma$ 当且仅当 $\Gamma = \mathsf{Log}(\mathcal{K})$ 对某个框架类 $\mathcal{K}$.

(5) $\mathsf{Fr}(\mathsf{Log}(\mathcal{K})) = \mathcal{K}$ 当且仅当 $\mathcal{K} = \mathsf{Fr}(\Gamma)$ 对某个公式集 Γ.

证明　显然 (1) – (3) 由定义即得. 对 (4), 从左至右是显然的. 设 $\Gamma = Log(\mathcal{K})$ 对某个框架类 $\mathcal{K}$. 那么 $\mathcal{K} \models \Gamma$. 所以 $\mathcal{K} \subseteq \mathsf{Fr}(\Gamma)$. 所以 $\mathsf{Log}(\mathsf{Fr}(\Gamma)) \subseteq \mathsf{Log}(\mathcal{K}) = \Gamma$. 显然有 $\mathsf{Fr}(\Gamma) \models \Gamma$. 所以 $\Gamma \subseteq \mathsf{Log}(\mathsf{Fr}(\Gamma))$. 所以 $\Gamma \subseteq \mathsf{Log}(\mathsf{Fr}(\Gamma))$. 对 (5), 从左至右是显然的. 设 $\mathcal{K} = \mathsf{Fr}(\Gamma)$ 对某个公式集 Γ. 所以 $\Gamma \subseteq \mathsf{Log}(\mathcal{K})$. 所以 $\mathsf{Fr}(\mathsf{Log}(\mathcal{K})) \subseteq \mathsf{Fr}(\Gamma) = \mathcal{K}$. 显然 $\mathcal{K} \subseteq \mathsf{Fr}(\mathsf{Log}(\mathcal{K}))$. 所以 $\mathsf{Fr}(\mathsf{Log}(\mathcal{K})) = \mathcal{K}$. □

定义 7.7　一个**正规模态逻辑**是模态公式集 L 使得以下条件成立:

(1) (CL) 所有古典句子逻辑的重言式代入特例都属于 L.

(2) (K) $\Box(p \to q) \to (\Box p \to \Box q) \in$ L.

并且 L 对以下规则封闭:

$$\frac{\alpha \to \beta \quad \alpha}{\beta}(mp) \qquad \frac{\alpha}{\Box \alpha}(nec) \qquad \frac{\alpha}{\sigma(\alpha)}(sub)$$

其中 σ 是任意代入. 称公式 α 是 L 的**定理**, 记号 $\vdash_L \alpha$, 如果 $\alpha \in L$. 在推导中, 使用古典句子逻辑的规则记为 (CL).

引理 7.1   如果 $\vdash_L \alpha \to \beta$, 那么 $\vdash_L \alpha \to \beta$ 并且 $\vdash_L \Diamond\alpha \to \Diamond\beta$.

证明   设 $\vdash_L \alpha \to \beta$. 然后有以下推导:

$$\cfrac{(\alpha \to \beta) \to (\alpha \to \beta) \quad \cfrac{\cfrac{\alpha \to \beta}{(\alpha \to \beta)}(nec)}{}}{\alpha \to \beta}(mp)$$

$$\cfrac{(\neg\beta \to \neg\alpha) \to (\neg\beta \to \neg\alpha) \quad \cfrac{\cfrac{\cfrac{\alpha \to \beta}{\neg\beta \to \neg\alpha}(CL)}{(\neg\beta \to \neg\alpha)}(nec)}{}}{\cfrac{\neg\beta \to \neg\alpha}{\neg\neg\alpha \to \neg\neg\beta}(CL)}(mp)$$

所以 $\vdash_L \alpha \to \beta$ 并且 $\vdash_L \Diamond\alpha \to \Diamond\beta$. □

引理 7.1是关于 $\Box$ 和 $\Diamond$ 的单调性规则, 分别记为 $(mon_\Box)$ 和 $(mon_\Diamond)$. 对任意公式 χ 和 $\alpha \in SF(\chi)$, 记号 $\chi(\beta/\alpha)$ 表示使用 β 替换 α 的一次出现得到的公式.

命题 7.4   对任意公式 χ, 如果 $\vdash_L \alpha \leftrightarrow \beta$, 那么 $\vdash_L \chi \leftrightarrow \chi(\beta/\alpha)$.

证明   情况 $\alpha = \chi$ 是显然的. 设 $\alpha \neq \chi$. 对复杂度 $d(\chi)$ 归纳证明. 原子公式的情况是显然的. 设 $\chi = \chi_1 \to \chi_2$. 那么 $\alpha \in SF(\chi_1)$ 或 $\alpha \in SF(\chi_2)$. 不妨设 $\alpha \in SF(\chi_1)$, 另一情况类似证明. 那么 $\chi(\beta/\alpha) = \chi_1(\beta/\alpha) \to \chi_2$. 由归纳假设, $\vdash_L \chi_1 \leftrightarrow \chi_1(\beta/\alpha)$. 所以 $\vdash_L \chi \leftrightarrow \chi(\beta/\alpha)$. 设 $\chi = \delta$. 由归纳假设, $\vdash_L \delta \leftrightarrow \delta(\beta/\alpha)$. 由引理 7.1, $\vdash_L \delta \leftrightarrow \delta(\beta/\alpha)$. □

推论 7.1   对任意正规模态逻辑 L, 以下成立:

(1) $\vdash_L \neg\Diamond\alpha \leftrightarrow \neg\alpha$.

(2) $\vdash_L \neg\alpha \leftrightarrow \Diamond\neg\alpha$.

(3) $\vdash_L \alpha \leftrightarrow \neg\Diamond\neg\alpha$.

证明   显然 (1) 成立. 对 (2), 显然 $\vdash_L \neg\alpha \leftrightarrow \neg\alpha$. 因为 $\vdash_L \alpha \leftrightarrow \neg\neg\alpha$, 由命题 7.4 得, $\vdash_L \neg\alpha \leftrightarrow \neg\neg\neg\alpha$. 由 (2) 和命题 7.4得到 (3). □

引理 7.2   对任意框架 $\mathfrak{F} = (W, R)$, 以下成立:

(1) 如果 $\mathfrak{F} \models \alpha$ 并且 $\mathfrak{F} \models \alpha \to \beta$, 那么 $\mathfrak{F} \models \beta$.

(2) 如果 $\mathfrak{F} \models \alpha$, 那么 $\mathfrak{F} \models \Box\alpha$.

证明   由定义得 (1). 对 (2), 设 $\mathfrak{F} \models \alpha$. 对 $\mathfrak{F}$ 上任意赋值 V 和 $w \in W$, 设 wRu. 那么 $u \models \alpha$. 所以 $w \models \Box\alpha$. 所以 $\mathfrak{F} \models \Box\alpha$. □

引理 7.3 对公式 $\alpha(p_0, \cdots, p_{n-1})$ 和 $\beta_0, \cdots, \beta_{n-1}$, 令 $\alpha^* = \alpha(\beta_0/p_0, \cdots, \beta_{n-1}/p_{n-1})$. 令 $\mathfrak{M} = (W, R, V)$ 和 $\mathfrak{M}^* = (W, R, V^*)$ 是模型使得对所有 $i < n$ 都有 $V^*(p_i) = \{w \in W \mid \mathfrak{M}, w \models \beta_i\}$. 那么 $\mathfrak{M}^*, w \models \alpha$ 当且仅当 $\mathfrak{M}, w \models \alpha^*$.

证明 对 $d(\alpha)$ 归纳证明. 原子公式和联结词的情况显然成立. 设 $\alpha = \Box\chi$. 设 $\mathfrak{M}^*, w \models \Box\chi$. 对所有 $u \in R(w)$ 都有 $\mathfrak{M}^*, u \models \chi$. 由归纳假设, 对所有 $u \in R(w)$ 都有 $\mathfrak{M}, u \models \chi^*$. 所以 $\mathfrak{M}, w \models \Box\chi^*$. 另一方向类似证明. □

引理 7.4 对框架 $\mathfrak{F} = (W, R)$, 公式 α 和代入 σ, 如果 $\mathfrak{F} \models \alpha$, 那么 $\mathfrak{F} \models \sigma(\alpha)$.

证明 令 $\alpha = \alpha(p_0, \cdots, p_{n-1})$. 设 $\sigma(p_i) = \beta_i$ 对 $i < n$ 并且 $\mathfrak{F} \not\models \sigma(\alpha)$. 那么存在 $\mathfrak{F}$ 中赋值 V 和 $w \in W$ 使得 $\mathfrak{F}, V, w \not\models \sigma(\alpha)$. 令 $\mathfrak{M} = (\mathfrak{F}, V)$. 构造模型 $\mathfrak{M}^* = (\mathfrak{F}, V^*)$ 使得对所有 $i < n$ 都有 $\mathfrak{M}^*, w \models \beta_i$ 当且仅当 $\mathfrak{M}, w \models p_i$. 因为 $\mathfrak{M}, w \not\models \sigma(\alpha)$, 由引理 7.3得, $\mathfrak{M}^*, w \not\models \alpha$. 所以 $\mathfrak{F} \not\models \alpha$. □

命题 7.5 对任意框架类 $\mathcal{K}$, $\mathrm{Log}(\mathcal{K})$ 是正规模态逻辑.

证明 显然古典句子逻辑重言式代入特例属于 $\mathrm{Log}(\mathcal{K})$ 并且 $\Box(p \to q) \to (\Box p \to \Box q) \in \mathrm{Log}(\mathcal{K})$. 由引理 7.2和引理 7.3得, $\mathrm{Log}(\mathcal{K})$ 对 (mp), (sub) 和 (nec) 封闭. □

定义 7.8 称正规模态逻辑 L 是**一致的**, 如果 $\bot \notin \mathsf{L}$. 对任意公式集 $\Phi \cup \{\alpha\}$ 和正规模态逻辑 L, 称 α 是 Φ 的 **L-演绎后承** (记号 $\Phi \vdash_{\mathsf{L}} \alpha$), 如果存在 Φ 的有穷子集 Φ_0 使得 $\bigwedge\Phi_0 \to \alpha \in \mathsf{L}$. 称公式集 Φ 是 L **一致的**, 如果 $\Phi \not\vdash_{\mathsf{L}} \bot$.

显然所有公式的集合 $\mathscr{L}_{\Box}$ 是唯一的不一致的正规模态逻辑. 对任意非空框架类 $\mathcal{K}$ 都有 $\mathrm{Log}(\mathcal{K})$ 是一致的.

断言 7.1 对任意正规模态逻辑族 $\{\mathsf{L}_i \mid i \in I\}$ 都有 $\bigcap_{i \in I} \mathsf{L}_i$ 是正规模态逻辑.

极小正规模态逻辑 $\mathsf{K} = \bigcap\{\mathsf{L} \mid \mathsf{L}$是正规模态逻辑$\}$. 对任意正规模态逻辑 L_1 和 L_2, 称 L_1 是 L_2 的**子逻辑** (或者称 L_2 是 L_1 的**扩张**), 如果 $\mathsf{L}_1 \subseteq \mathsf{L}_2$. 称 L_1 是 L_2 的**真子逻辑** (或者称 L_2 是 L_1 的**真扩张**), 如果 $\mathsf{L}_1 \subsetneq \mathsf{L}_2$.

定义 7.9 任给正规模态逻辑 L 和公式集 Φ, 从 L 由 Φ **生成的正规模态逻辑** $\mathsf{L} \oplus \Phi$ 定义为包含 $\mathsf{L} \cup \Phi$ 的最小正规模态逻辑, 即 $\mathsf{L} \oplus \Phi = \bigcap\{\mathsf{L}' \mid \mathsf{L} \cup \Phi \subseteq \mathsf{L}'\}$ 如果 $\Phi = \{\alpha_1, \cdots, \alpha_n\}$, 用 $\mathsf{L} \oplus \alpha_1 \cdots \oplus \alpha_n$ 表示 $\mathsf{L} \oplus \Phi$. 对任意正规模态逻辑 L, 令 $\mathrm{NExt}(\mathsf{L})$ 是由所有包含 L 的正规模态逻辑组成的逻辑类.

命题 7.6 以下公式在 K 中可证:

(1) $\Box(\alpha \wedge \beta) \leftrightarrow (\Box\alpha \wedge \Box\beta)$.

(2) $\Box\top \leftrightarrow \top$.

(3) $\Diamond(\alpha \vee \beta) \leftrightarrow (\Diamond\alpha \vee \Diamond\beta)$.

(4) $\Diamond\bot \leftrightarrow \bot$.

(5) $\Box\alpha \wedge \Diamond\beta \to \Diamond(\alpha \wedge \beta)$.

(6) $\Box(\alpha \vee \beta) \to (\Box\alpha \vee \Diamond\beta)$.

(7) $(\Box\alpha \vee \Box\beta) \to \Box(\alpha \vee \beta)$.

证明　(1) 推导如下:

$$
\cfrac{\cfrac{\alpha \to (\beta \to \alpha \wedge \beta)}{\Box\alpha \to \Box(\beta \to \alpha \wedge \beta)} \; (mon_\Box) \qquad \Box(\beta \to \alpha \wedge \beta) \to (\Box\beta \to \Box(\alpha \wedge \beta))}{\cfrac{\Box\alpha \to (\Box\beta \to \Box(\alpha \wedge \beta))}{\Box\alpha \wedge \Box\beta \to \Box(\alpha \wedge \beta)} \; (CL)} \; (CL)
$$

$$
\cfrac{\cfrac{\alpha \wedge \beta \to \alpha}{\Box(\alpha \wedge \beta) \to \Box\alpha} \; (mon_\Box) \qquad \cfrac{\alpha \wedge \beta \to \beta}{\Box(\alpha \wedge \beta) \to \Box\beta} \; (mon_\Box)}{\Box(\alpha \wedge \beta) \to \Box\alpha \wedge \Box\beta} \; (CL)
$$

(2) 显然 $\vdash_K \Box\top \to \top$. 只要证明 $\vdash_K \top \to \Box\top$. 推导如下:

$$
\cfrac{\Box\top \to (\top \to \Box\top) \qquad \cfrac{\top}{\Box\top} \; (nec)}{\top \to \Box\top} \; (mp)
$$

(3) 和 (4) 分别由 (1) 和 (2) 及 (CL) 得到.

(5) 由 (1) 得, $\vdash_K \Box\alpha \wedge \Box\neg(\alpha \wedge \beta) \to \Box(\alpha \wedge \neg(\alpha \wedge \beta))$. 推导如下:

$$
\cfrac{\Box\alpha \wedge \Box\neg(\alpha \wedge \beta) \to \Box(\alpha \wedge \neg(\alpha \wedge \beta)) \qquad \cfrac{\alpha \wedge \neg(\alpha \wedge \beta) \to \neg\beta}{\Box(\alpha \wedge \neg(\alpha \wedge \beta)) \to \Box\neg\beta} \; (mon_\Box)}{\cfrac{\Box\alpha \wedge \Box\neg(\alpha \wedge \beta) \to \Box\neg\beta}{\Box\alpha \wedge \Diamond\beta \to \Diamond(\alpha \wedge \beta)} \; (CL)} \; (CL)
$$

(6) 推导如下:

$$
\cfrac{\cfrac{\alpha \vee \beta \to (\neg\beta \to \alpha)}{(\alpha \vee \beta) \to (\neg\beta \to \alpha)} \; (mon_\Box) \qquad \Box(\neg\beta \to \alpha) \to (\Box\neg\beta \to \Box\alpha)}{(\alpha \vee \beta) \to (\Box\neg\beta \to \alpha)} \; (mp)
$$

所以 $\vdash_K \Box(\alpha \vee \beta) \to (\Box\alpha \vee \Diamond\beta)$.

(7) 推导如下:

$$
\cfrac{\cfrac{\alpha \to (\alpha \vee \beta)}{\alpha \to (\alpha \vee \beta)} \; (mon_\Box) \qquad \cfrac{\beta \to (\alpha \vee \beta)}{\beta \to (\alpha \vee \beta)} \; (mon_\Box)}{\Box\alpha \vee \Box\beta \to \Box(\alpha \vee \beta)} \; (CL)
$$

$\Box$

对任意公式 $\alpha_1,\cdots,\alpha_n$, 可以得到正规模态逻辑 $\mathsf{K}\oplus\alpha_1\cdots\oplus\alpha_n$. 这些新增加的公式称为**公理**. 考虑以下公理:

(D)　$\Diamond\top$　　　　　　　(T)　$\Box p\to p$　　　　　(4)　$\Box p\to\Box\Box p$

(B)　$p\to\Box\Diamond p$　　　　(5)　$\Diamond p\to\Box\Diamond p$

这些公式的框架类都是**一阶可定义的**. 考虑只含二元关系符号 R 的一阶语言, 它的公式集 $\mathscr{L}_1$ 归纳定义如下:

$$\mathscr{L}_1\ni\phi::=Rxy\mid x=y\mid\bot\mid(\phi_1\to\phi_2)\mid\forall x\phi$$

其中 x,y 是个体变元. 定义 $\exists x\phi:=\neg\forall x\neg\phi$. 对任意一阶句子 ϕ, 用 $\mathfrak{F}\models\phi$ 表示框架 $\mathfrak{F}$ 满足 ϕ. 这些概念是在一阶逻辑中定义的.

命题 7.7　对任意框架 $\mathfrak{F}=(W,R)$, 以下成立:

(1) $\mathfrak{F}\models\Diamond\top$ 当且仅当 $\mathfrak{F}\models\forall x\exists yRxy$（持续性）.

(2) $\mathfrak{F}\models\Box p\to p$ 当且仅当 $\mathfrak{F}\models\forall xRxx$（自返性）.

(3) $\mathfrak{F}\models p\to\Box\Diamond p$ 当且仅当 $\mathfrak{F}\models\forall xy(Rxy\to Ryx)$（对称性）.

(4) $\mathfrak{F}\models\Box p\to\Box\Box p$ 当且仅当 $\mathfrak{F}\models\forall xyz(Rxy\wedge Ryz\to Rxz)$（传递性）.

(5) $\mathfrak{F}\models\Diamond p\to\Box\Diamond p$ 当且仅当 $\mathfrak{F}\models\forall xyz(Rxy\wedge Rxz\to Ryz)$（欧性）.

证明　(1) 设 $\mathfrak{F}\models\forall x\exists yRxy$. 对 $\mathfrak{F}$ 中任意赋值 V 和 $w\in W$, 令 $\mathfrak{M}=(\mathfrak{F},V)$. 由假设得, 存在 $u\in R(w)$. 显然 $\mathfrak{M},u\models\top$. 所以 $\mathfrak{M},w\models\Diamond\top$. 所以 $\mathfrak{F}\models\Diamond\top$. 设 $\mathfrak{F}\models\Diamond\top$. 任取 $w\in W$. 对 $\mathfrak{F}$ 中任意赋值 V, 令 $\mathfrak{M}=(\mathfrak{F},V)$. 那么 $\mathfrak{M},w\models\Diamond\top$. 所以存在 $u\in R(w)$. 所以 $\mathfrak{F}\models\forall x\exists yRxy$.

(2) 设 $\mathfrak{F}\models\forall xRxx$. 对 $\mathfrak{F}$ 中任意赋值 V 和 $w\in W$, 令 $\mathfrak{M}=(\mathfrak{F},V)$. 那么 Rww. 设 $\mathfrak{M},w\models\Box p$. 所以 $\mathfrak{M},w\models p$. 所以 $\mathfrak{F}\models\Box p\to p$. 设 $\mathfrak{F}\models\Box p\to p$. 任取 $w\in W$. 令 V 是 $\mathfrak{F}$ 中赋值使得 $V(p)=R(w)$. 令 $\mathfrak{M}=(\mathfrak{F},V)$. 那么 $\mathfrak{M},w\models\Box p$. 所以 $\mathfrak{M},w\models p$. 所以 $w\in R(w)$. 所以 $\mathfrak{F}\models\forall xRxx$.

(3) 设 $\mathfrak{F}\models\forall xy(Rxy\to Ryx)$. 对 $\mathfrak{F}$ 中任意赋值 V 和 $w\in W$, 令 $\mathfrak{M}=(\mathfrak{F},V)$. 设 $\mathfrak{M},w\models p$ 并且 wRu. 由假设得, uRw. 所以 $\mathfrak{M},u\models\Diamond p$. 所以 $\mathfrak{M},w\models\Box\Diamond p$. 设 $\mathfrak{F}\models p\to\Box\Diamond p$ 并且 wRu. 令 V 是 $\mathfrak{F}$ 中赋值使得 $V(p)=\{w\}$. 令 $\mathfrak{M}=(\mathfrak{F},V)$. 那么 $\mathfrak{M},w\models p$. 所以 $\mathfrak{M},w\models\Box\Diamond p$. 所以 $\mathfrak{M},u\models\Diamond p$. 所以存在 $v\in R(u)$ 使得 $\mathfrak{M},v\models p$. 所以 $v=w$. 所以 uRw.

(4) 设 $\mathfrak{F}\models\forall xy(Rxy\wedge Ryz\to Rxz)$. 对 $\mathfrak{F}$ 中任意赋值 V 和 $w\in W$, 令 $\mathfrak{M}=(\mathfrak{F},V)$. 设 $\mathfrak{M},w\models\Box p$, wRu 并且 uRv. 由假设得, wRv. 所以 $\mathfrak{M},v\models p$. 所以 $\mathfrak{M},u\models\Box p$. 所以 $\mathfrak{M},w\models\Box\Box p$. 设 $\mathfrak{F}\models\Box p\to\Box\Box p$. 设 wRu 并且 uRv. 令 V 是 $\mathfrak{F}$ 中赋值使得 $V(p)=R(w)$. 令 $\mathfrak{M}=(\mathfrak{F},V)$. 那么 $\mathfrak{M},w\models\Box p$. 所以 $\mathfrak{M},w\models\Box\Box p$. 所以 $\mathfrak{M},u\models\Box p$ 并且 $\mathfrak{M},v\models p$. 所以 $v\in R(w)$.

(5) 设 $\mathfrak{F} \models \forall xy(Rxy \wedge Rxz \rightarrow Ryz)$. 对 $\mathfrak{F}$ 中任意赋值 V 和 $w \in W$, 令 $\mathfrak{M} = (\mathfrak{F}, V)$. 设 $\mathfrak{M}, w \models \Diamond p$ 并且 wRu. 那么存在 $v \in R(w)$ 使得 $\mathfrak{M}, v \models p$. 由假设得, uRv. 所以 $\mathfrak{M}, u \models \Diamond p$. 所以 $\mathfrak{M}, w \models \Box \Diamond p$. 设 $\mathfrak{F} \models \Diamond p \rightarrow \Box \Diamond p$. 设 wRu 并且 wRv. 令 V 是 $\mathfrak{F}$ 中赋值使得 $V(p) = \{v\}$. 令 $\mathfrak{M} = (\mathfrak{F}, V)$. 那么 $\mathfrak{M}, w \models \Diamond p$. 所以 $\mathfrak{M}, w \models \Box \Diamond p$. 所以 $\mathfrak{M}, u \models \Diamond p$. 因此, 存在 $u' \in R(u)$ 使得 $\mathfrak{M}, u' \models p$. 所以 $u' = v$. 所以 uRv. □

框架类 Fr(D), Fr(T), Fr(B), Fr(4) 和 Fr(5) 称为**持续框架类**、**自返框架类**、**对称框架类**、**传递框架类**和**欧性**框架类. 常见的 15 个正规模态逻辑是从 K 增加 $\{D, T, 4, B, 5\}$ 的子集得到的. 除 K 以外, 下表列举了 14 个正规模态逻辑:

KD	=	$K \oplus \Diamond \top$	KT	=	$K \oplus \Box p \rightarrow p$
K4	=	$K \oplus \Box p \rightarrow \Box\Box p$	KB	=	$K \oplus p \rightarrow \Box \Diamond p$
K5	=	$K \oplus \Diamond p \rightarrow \Box \Diamond p$	KD4	=	$KD \oplus \Box p \rightarrow \Box\Box p$
KD5	=	$KD \oplus \Diamond p \rightarrow \Box \Diamond p$	KD45	=	$KD4 \oplus \Diamond p \rightarrow \Box \Diamond p$
KDB	=	$KD \oplus p \rightarrow \Box \Diamond p$	KTB	=	$KT \oplus p \rightarrow \Box \Diamond p$
K4B	=	$K4 \oplus p \rightarrow \Box \Diamond p$	K45	=	$K4 \oplus \Diamond p \rightarrow \Box \Diamond p$
S4	=	$K4 \oplus \Box p \rightarrow p$	S5	=	$KT \oplus \Diamond p \rightarrow \Box \Diamond p$

命题 7.8 $\vdash_{\mathsf{KD}} \Box \alpha \rightarrow \Diamond \alpha$.

证明   推导如下:

$$
\cfrac{\cfrac{\cfrac{\top \rightarrow \alpha \vee \neg\alpha}{\Diamond\top \rightarrow \Diamond(\alpha \vee \neg\alpha)}(mon_\Diamond) \quad \Diamond\top}{\Diamond(\alpha \vee \neg\alpha)}(mp) \quad \Diamond(\alpha \vee \neg\alpha) \rightarrow (\Diamond\alpha \vee \Diamond\neg\alpha)}{\cfrac{\Diamond\alpha \vee \Diamond\neg\alpha}{\Box\alpha \rightarrow \Diamond\alpha}(CL)}(mp)
$$

□

命题 7.9   以下公式在 KT 中可证:

(1) $\alpha \rightarrow \Diamond\alpha$;

(2) $\Diamond\top$;

(3) $\Diamond(\alpha \rightarrow \Box\alpha)$.

证明   由公理 (T) 和 (CL) 得 (1). 由 (1) 和 (mp) 得 $\Diamond\top$. 对 (3), 有以下推导:

$$
\cfrac{\cfrac{\Box\alpha \rightarrow \Diamond\Box\alpha}{\neg\Box\alpha \vee \Diamond\Box\alpha}(CL)}{\Diamond\neg\alpha \vee \Diamond\Box\alpha}(CL) \qquad \cfrac{\neg\alpha \vee \Box\alpha \rightarrow (\alpha \rightarrow \Box\alpha)}{\Diamond(\neg\alpha \vee \Box\alpha) \rightarrow \Diamond(\alpha \rightarrow \Box\alpha)}(mon_\Diamond)
$$

因为 $\vdash_{\mathsf{K}} \Diamond\neg\alpha \vee \Diamond\Box\alpha \rightarrow \Diamond(\neg\alpha \vee \Box\alpha)$, 由 (mp) 得, $\Diamond(\alpha \rightarrow \Box\alpha)$. □

命题 7.10　$\vdash_{\mathsf{K4}} \Diamond\Diamond\alpha \to \Diamond\alpha$.

证明　由公理 (4) 和 (CL) 得 $\vdash_{\mathsf{K4}} \Diamond\Diamond\alpha \to \Diamond\alpha$.　　　　　　　　　□

命题 7.11　以下公式在 S4 中可证:

(1) $\Box\alpha \leftrightarrow \Box\Box\alpha$.

(2) $\Diamond\alpha \leftrightarrow \Diamond\Diamond\alpha$.

(3) $\Diamond\Box\Diamond\alpha \to \Diamond\alpha$.

(4) $\Box\Diamond\alpha \to \Box\Diamond\Box\Diamond\alpha$.

(5) $\Box\Diamond\alpha \leftrightarrow \Box\Diamond\Box\Diamond\alpha$.

(6) $\Diamond\Box\alpha \leftrightarrow \Diamond\Box\Diamond\Box\alpha$.

证明　由公理 (T) 和 (4) 可得 (1). 由 (1) 和 (CL) 可得 (2). 现在证明 (3). 因为 $\vdash_{\mathsf{KT}} \Diamond\top$, 所以 KD $\subseteq$ KT $\subseteq$ S4. 所以 $\vdash_{\mathsf{S4}} \Box\Diamond\alpha \to \Diamond\Diamond\alpha$. 然后有以下推导:

$$\frac{\dfrac{\dfrac{\dfrac{\Box\Diamond\alpha \to \Diamond\Diamond\alpha}{\Diamond\Box\Diamond\alpha \to \Diamond\Diamond\Diamond\alpha}\,(mon_\Diamond)}{\Diamond\Box\Diamond\alpha \to \Diamond\Diamond\alpha}\,(CL)}{\Diamond\Box\Diamond\alpha \to \Diamond\alpha}\,(CL)}{}$$

(4) 显然 $\vdash_{\mathsf{S4}} \Box\Diamond\alpha \to \Diamond\Box\Diamond\alpha$. 由 $(mon_\Box)$ 得, $\vdash_{\mathsf{S4}} \Box\Box\Diamond\alpha \to \Box\Diamond\Box\Diamond\alpha$. 因为 $\vdash_{\mathsf{S4}} \Box\Diamond\alpha \to \Box\Box\Diamond\alpha$, 由 (CL) 得, $\vdash_{\mathsf{S4}} \Box\Diamond\alpha \to \Box\Diamond\Box\Diamond\alpha$.

(5) 由 (3) 和 $(mon_\Box)$, $\vdash_{\mathsf{S4}} \Box\Diamond\Box\Diamond\alpha \to \Box\Diamond\alpha$. 由 (4) 得, $\vdash_{\mathsf{S4}} \Box\Diamond\alpha \leftrightarrow \Box\Diamond\Box\Diamond\alpha$.

(6) 由 (5) 得, $\vdash_{\mathsf{S4}} \Box\Diamond\neg\alpha \leftrightarrow \Box\Diamond\Box\Diamond\neg\alpha$. 由 (CL) 得, $\vdash_{\mathsf{S4}} \Diamond\Box\alpha \leftrightarrow \Diamond\Box\Diamond\Box\alpha$.　□

命题 7.12　以下公式在 S5 中可证:

(1) $\Diamond\Box\alpha \to \Box\alpha$.

(2) $\Diamond\alpha \leftrightarrow \Box\Diamond\alpha$.

(3) $\Box\alpha \leftrightarrow \Diamond\Box\alpha$.

(4) $\Box\alpha \leftrightarrow \Box\Box\alpha$.

(5) $\Diamond\alpha \leftrightarrow \Diamond\Diamond\alpha$.

(6) $\Box(\alpha \vee \Box\beta) \leftrightarrow \Box\alpha \vee \Box\beta$.

(7) $\Diamond(\alpha \wedge \Diamond\beta) \leftrightarrow \Diamond\alpha \wedge \Diamond\beta$.

(8) $\Box(\alpha \vee \Diamond\beta) \leftrightarrow \Box\alpha \vee \Diamond\beta$.

(9) $\Diamond(\alpha \wedge \Box\beta) \leftrightarrow \Diamond\alpha \wedge \Box\beta$.

证明　从公理 (5) 和 (CL) 可得 (1). 因为 $\vdash_{\mathsf{S5}} \Box\Diamond\alpha \to \Diamond\alpha$, 由公理 (5) 可得 (2). 从 (2) 和 (CL) 可得 (3). 对 (4), 首先 $\vdash_{\mathsf{S5}} \Box\alpha \to \Diamond\Box\alpha$. 由 (2) 得, $\vdash_{\mathsf{S5}} \Diamond\Box\alpha \leftrightarrow \Box\Diamond\Box\alpha$. 由 (CL) 得, $\vdash_{\mathsf{S5}} \Box\alpha \to \Box\Diamond\Box\alpha$. 由 (1) 和 (CL) 得, $\vdash_{\mathsf{S5}} \Box\alpha \to \Box\Box\alpha$. 显然 $\vdash_{\mathsf{S5}} \Box\Box\alpha \to \Box\alpha$. 所以 $\vdash_{\mathsf{S5}} \Box\alpha \leftrightarrow \Box\Box\alpha$. 由 (4) 和 (CL) 可得 (5).

(6) 因为 $\vdash_{\mathsf{K}} \Box(\alpha \vee \Box\beta) \to \Box\alpha \vee \Diamond\Box\beta$, 由 (1) 和 (CL) 得, $\vdash_{\mathsf{S5}} \Box(\alpha \vee \Box\beta) \to \Box\alpha \vee \Box\beta$. 因为 $\vdash_{\mathsf{K}} \Box\alpha \vee \Box\Box\beta \to \Box(\alpha \vee \Box\beta)$, 由 (4) 和 (CL) 得, $\vdash_{\mathsf{S5}} \Box\alpha \vee \Box\beta \to \Box(\alpha \vee \Box\beta)$. 所以 $\vdash_{\mathsf{S5}} \Box(\alpha \vee \Box\beta) \leftrightarrow \Box\alpha \vee \Box\beta$. 由 (CL) 和 (6) 可得 (7).

(8) 由 (6) 得, $\vdash_{\mathsf{S5}} \Box(\alpha \vee \Box\Diamond\beta) \leftrightarrow \Box\alpha \vee \Box\Diamond\beta$. 由 (2) 和 (CL) 得, $\vdash_{\mathsf{S5}} \Box(\alpha \vee \Diamond\beta) \leftrightarrow \Box\alpha \vee \Diamond\beta$. 由 (CL) 和 (8) 可得 (9). □

一个**模态词**是由 $\Box, \Diamond$ 组成的有穷长度的符号序列. 所有模态词的集合是 $\bigcup_{n<\omega}\{\Box, \Diamond\}^n$, 其中 $\{\Box, \Diamond\}^n$ 是长度为 n 的模态词的集合. 长度为 0 的模态词记为 ϵ, 称为**空模态词**. 我们用 M, N 等 (可带下标) 表示模态词. 对任意正规模态逻辑 L, 称模态词 M 和 N 在 L 中**等价**, 如果 $\vdash_{\mathsf{L}} Mp \leftrightarrow Np$. 由命题 7.11得, 在 S4 中只有以下两组 7 个两两不等价的模态词:

$$\epsilon \quad \Box \quad \Diamond \quad \Box\Diamond \quad \Diamond\Box \quad \Box\Diamond\Box \quad \Diamond\Box\Diamond$$

这些模态词之间有从属关系. 称模态词 M **从属于**N, 如果 $\vdash_{\mathsf{L}} Mp \to Np$. 显然从属关系具有传递性. 在 S4 中 7 个模态词之间的从属关系如下图:

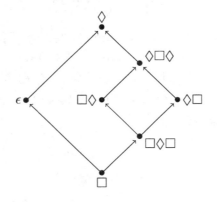

由命题 7.12可知, 在 S5 中只有以下 3 个两两不等价的模态词:

$$\epsilon \quad \Box \quad \Diamond$$

它们之间的从属关系如下图:

在 K 中有无穷多个两两不等价的模态词. 对任意 $m \neq n \geqslant 0$, $\nvdash_{\mathsf{K}} \Box^m p \to \Box^n p$.

由 $\{D, T, 4, B, 5\}$ 的子集生成的正规模态逻辑只有 15 个. 这些模态逻辑之间的真扩张关系如下图:

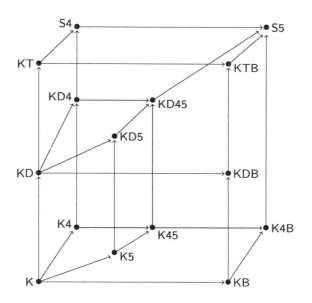

命题 7.7中模态公式对应的一阶条件可以用来证明真扩张关系.

　　例 7.3　(1) K45 $\subsetneq$ K4B. 先证明 $\vdash_{K4B} \Diamond p \to \Box \Diamond p$. 推导如下:

$$\dfrac{\Diamond p \to \Box \Diamond \Diamond p \qquad \dfrac{\dfrac{\Diamond \Diamond p \to \Diamond p}{\Diamond \Diamond p \to \Diamond p}\,(mon_\Box)}{}}{\Diamond p \to \Diamond p}\,(CL)$$

以下证明 $\nvdash_{K45} p \to \Box \Diamond p$. 由命题 7.7, 对任意框架 $\mathfrak{F}$, 如果 $\mathfrak{F}$ 是传递的、欧性的, 那么 $\mathfrak{F} \models$ K45. 要证明 $\nvdash_{K45} p \to \Box \Diamond p$, 只要构造传递的欧性的框架 $\mathfrak{F} = (W, R)$ 使得 $\mathfrak{F} \nvDash p \to \Box \Diamond p$. 考虑以下框架:

它显然是传递的、欧性的. 但不是对称的, 由命题 7.7得, $\mathfrak{F} \nvDash p \to \Box \Diamond p$.

　　(2) KD45 $\subsetneq$ S5. 显然 KD45 $\subseteq$ S5. 现在证明 $\nvdash_{KD45} \Box p \to p$. 由命题 7.7, 对任意框架 $\mathfrak{F}$, 如果 $\mathfrak{F}$ 是持续、传递和欧性的, 那么 $\mathfrak{F} \models$ KD45. 要证明 $\nvdash_{K45} \Box p \to p$, 只要构造持续、传递和欧性的框架 $\mathfrak{F} = (W, R)$ 使得 $\mathfrak{F} \nvDash p \to \Box \Diamond p$. 例 (1) 中 $\mathfrak{F}$ 是这样的框架. 但是它不是自返的, 由命题 7.7得, $\mathfrak{F} \nvDash \Box p \to p$.

称正规模态逻辑 L 是**完全的**, 如果 L = Log(Fr(L)). 称公式集 Φ 是**极大 L 一致的**, 如果 Φ 是 L 一致的并且不存在 L 一致公式集 Ψ 使得 Φ ⊊ Ψ.

命题 7.13   对任意正规模态逻辑 L 和极大 L 一致公式集 Φ, 以下成立:

(1) 如果 Φ ⊢_L α, 那么 α ∈ Φ.

(2) L ⊆ Φ.

(3) ¬α ∈ Φ 当且仅当 α ∉ Φ.

(4) α ∨ β ∈ Φ 当且仅当 α ∈ Φ 或者 β ∈ Φ.

(5) α ∧ β ∈ Φ 当且仅当 α ∈ Φ 并且 β ∈ Φ.

(6) 如果 α ∈ Φ 并且 α → β ∈ L, 那么 β ∈ Φ.

证明   (1) 设 Φ ⊢_L α 并且 α ∉ Φ. 那么 Φ ∪ {α} 是 L 不一致的. 所以 α, Φ ⊢_L ⊥. 所以 Φ ⊢_L ¬α. 所以 Φ ⊢_L ⊥. 所以 Φ 是 L 不一致的, 矛盾. 由 (1) 得 (2). 其余由极大 L 一致公式集的定义可得.   □

引理 7.5   对任意 L 一致公式集 Φ, 存在极大 L 一致公式集 Ψ 使得 Φ ⊆ Ψ.

证明   任给 L 一致公式集 Φ. 令 $\langle \alpha_n \mid n < \omega \rangle$ 是所有模态公式的列举. 对 $n \geqslant 0$ 归纳定义公式集 Ψ_n 使得 $\Psi_n \subseteq \Psi_{n+1}$:

$$\Psi_0 = \Phi$$

$$\Psi_{n+1} = \begin{cases} \Psi_n \cup \{\alpha_n\}, & \text{如果 } \Psi_n \cup \{\alpha_n\} \text{ 是一致的} \\ \Psi_n \cup \{\neg\alpha_n\}, & \text{否则} \end{cases}$$

令 $\Psi = \bigcup_{n<\omega} \Psi_n$. 显然 Ψ 是 L 一致的. 由构造可知, Ψ 是极大 L 一致的.   □

定义 7.10   一个正规模态逻辑 L 的**典范模型** $\mathfrak{M}^L = (W^L, R^L, V^L)$ 定义如下:

(1) $W^L = \{u \mid u$ 是极大 L 一致公式集$\}$.

(2) uR^Lv 当且仅当 $\{\alpha \mid \Box\alpha \in u\} \subseteq v$.

(3) $V^L(p) = \{u \in W^L \mid p \in u\}$ 对每个句子变元 $p \in \mathbb{V}$.

典范模型中的框架 $\mathfrak{F}^L = (W^L, R^L)$ 称为 L 的**典范框架**.

命题 7.14   对正规模态逻辑 L 的典范模型 $\mathfrak{M}^L = (W^L, R^L, V^L)$, 以下成立:

(1) uR^Lv 当且仅当 $\{\Diamond\alpha \mid \alpha \in v\} \subseteq u$.

(2) uR^Lv 当且仅当 $\{\neg\Box\alpha \mid \neg\alpha \in v\} \subseteq u$.

(3) uR^Lv 当且仅当 $\{\neg\alpha \mid \neg\Diamond\alpha \in u\} \subseteq v$.

证明   (1) 设 uR^Lv. 那么 $\{\alpha \mid \Box\alpha \in u\} \subseteq v$. 设 $\neg\alpha \in v$. 那么 $\alpha \notin v$. 因此 $\Box\alpha \notin u$. 所以 $\neg\Box\alpha \in u$. 设 $\{\neg\Box\alpha \mid \neg\alpha \in v\} \subseteq u$ 并且 $\Box\alpha \in u$. 设 $\alpha \notin v$. 那么 $\neg\alpha \in v$. 所以 $\neg\Box\alpha \in u$, 矛盾. (2) 和 (3) 的证明类似.   □

引理 7.6   对典范模型 $\mathfrak{M}^L = (W^L, R^L, V^L)$ 和 $u \in W^L$, 如果 $\Box\alpha \notin u$, 那么存在 $v \in W^L$ 使得 uR^Lv 并且 $\alpha \notin v$.

证明　设 $\Box\alpha \notin u$. 令 $\Phi = \{\neg\alpha\} \cup \{\beta \mid \Box\beta \in u\}$. 只需证明 Φ 是 L 一致的, 然后将它扩张为极大 L 一致公式集 v. 设 Φ 不是 L 一致的. 那么存在 $\beta_1, \cdots, \beta_n$ 使得 $\Box\beta_i \in u\,(1 \leqslant i \leqslant n)$ 并且 $\beta_1 \wedge \cdots \wedge \beta_n \to \alpha \in \mathsf{L}$. 那么 $\Box(\beta_1 \wedge \cdots \wedge \beta_n \to \alpha) \in \mathsf{L}$. 所以 $\Box(\beta_1 \wedge \cdots \wedge \beta_n) \to \Box\alpha \in \mathsf{L}$. 所以 $\Box\beta_1 \wedge \cdots \wedge \Box\beta_n \to \Box\alpha \in \mathsf{L}$. 因为 $\Box\beta_i \in u\,(1 \leqslant i \leqslant n)$, 所以 $\Box\beta_1 \wedge \cdots \wedge \Box\beta_n \in u$, 所以 $\Box\alpha \in u$, 矛盾. 所以 Φ 是 L 一致的. 由引理 7.5, 存在极大 L 一致公式集 v 使得 $\Phi \subseteq v$. 所以 $\alpha \notin v$ 并且 $uR^{\mathsf{L}}v$. □

定理 7.1　对任意正规模态逻辑 L 和公式 α, $\mathfrak{M}^{\mathsf{L}}, u \models \alpha$ 当且仅当 $\alpha \in u$.

证明　对 $d(\alpha)$ 归纳证明. 原子公式和布尔情况由典范模型定义和极大 L 一致公式集性质可得. 令 $\alpha = \Box\beta$. 设 $\mathfrak{M}^{\mathsf{L}}, u \models \Box\beta$. 设 $\Box\beta \notin u$. 由引理 7.6, 存在 $v \in W^{\mathsf{L}}$ 使得 $uR^{\mathsf{L}}v$ 且 $\beta \notin v$. 由归纳假设, $\mathfrak{M}^{\mathsf{L}}, v \not\models \beta$. 所以 $\mathfrak{M}^{\mathsf{L}}, u \not\models \Box\beta$, 矛盾. 设 $\Box\beta \in u$ 且 $uR^{\mathsf{L}}v'$. 那么 $\beta \in v'$. 由归纳假设, $\mathfrak{M}^{\mathsf{L}}, v' \models \beta$. 所以 $\mathfrak{M}^{\mathsf{L}}, u \models \Box\beta$. □

引理 7.7　对任意正规模态逻辑 L, 如果 $\mathfrak{F}^{\mathsf{L}} \models \mathsf{L}$, 那么 L 是完全的.

证明　设 $\mathfrak{F}^{\mathsf{L}} \models \mathsf{L}$. 显然 $\mathsf{L} \subseteq \mathrm{Log}(\mathrm{Fr}(\mathsf{L}))$. 设 $\mathrm{Fr}(\mathsf{L}) \models \alpha$ 并且 $\alpha \notin \mathsf{L}$. 那么 $\{\neg\alpha\}$ 是 L 一致的. 由引理 7.5, 存在极大 L 一致公式集 u 使得 $\neg\alpha \in u$. 所以 $\mathfrak{M}^{\mathsf{L}}, u \not\models \alpha$. 所以 $\mathfrak{F}^{\mathsf{L}} \not\models \alpha$. 因为 $\mathfrak{F}^{\mathsf{L}} \models \mathsf{L}$, 所以 $\mathfrak{F}^{\mathsf{L}} \in \mathrm{Fr}(\mathsf{L})$. 所以 $\mathfrak{F}^{\mathsf{L}} \models \alpha$, 矛盾. □

推论 7.2　K 是完全的.

称一个模态公式 α 是**典范的**, 如果对任意正规模态逻辑 L 使得 $\alpha \in \mathsf{L}$ 都有 $\mathfrak{F}^{\mathsf{L}} \models \alpha$. 因此, 对任意典范模态公式 $\alpha_1, \cdots, \alpha_n$, $\mathsf{K} \oplus \alpha_1 \cdots \oplus \alpha_n$ 是完全的.

引理 7.8　模态公式 $(D), (T), (B), (4), (5)$ 都是典范的.

证明　设 $\mathfrak{F}^{\mathsf{L}} = (W^{\mathsf{L}}, R^{\mathsf{L}})$ 是正规模态逻辑 L 的典范框架.

(1) 设 $\Diamond\top \in \mathsf{L}$. 只要证明 $\mathfrak{F}^{\mathsf{L}}$ 是持续的. 设 $w \in W^{\mathsf{L}}$. 显然 $\Diamond\top \in w$. 所以 $\neg\Box\bot \in w$. 所以 $\Box\bot \notin w$. 由引理 7.6, 存在 $u \in W^{\mathsf{L}}$ 使得 $wR^{\mathsf{L}}u$ 并且 $\bot \notin u$.

(2) 设 $\Box p \to p \in \mathsf{L}$. 只要证明 $\mathfrak{F}^{\mathsf{L}}$ 是自返的. 设 $w \in W^{\mathsf{L}}$. 设 $\Box\alpha \in w$. 显然 $\Box\alpha \to \alpha \in \mathsf{L}$. 所以 $\alpha \in w$. 所以 $wR^{\mathsf{L}}w$.

(3) 设 $p \to \Box\Diamond p \in \mathsf{L}$. 只要证明 $\mathfrak{F}^{\mathsf{L}}$ 是对称的. 设 $wR^{\mathsf{L}}u$. 设 $\Box\alpha \in u$. 那么 $\Diamond\Box\alpha \in w$. 显然 $\Diamond\Box\alpha \to \alpha \in \mathsf{L}$. 所以 $\alpha \in w$. 所以 $uR^{\mathsf{L}}w$.

(4) 设 $\Box p \to \Box\Box p \in \mathsf{L}$. 只要证明 $\mathfrak{F}^{\mathsf{L}}$ 是传递的. 设 $wR^{\mathsf{L}}u$ 并且 $uR^{\mathsf{L}}v$. 设 $\Box\alpha \in w$. 显然 $\Box\alpha \to \Box\Box\alpha \in \mathsf{L}$. 所以 $\Box\Box\alpha \in w$. 由 $wR^{\mathsf{L}}u$ 得, $\Box\alpha \in u$. 由 $uR^{\mathsf{L}}v$ 得, $\alpha \in v$. 所以 $wR^{\mathsf{L}}v$.

(5) 设 $\Diamond p \to \Box\Diamond p \in \mathsf{L}$. 只要证明 $\mathfrak{F}^{\mathsf{L}}$ 是欧性的. 设 $wR^{\mathsf{L}}u$ 并且 $wR^{\mathsf{L}}v$. 设 $\Box\alpha \in u$. 由 $wR^{\mathsf{L}}u$ 得, $\Diamond\Box\alpha \in w$. 显然 $\Diamond\Box\alpha \to \Box\alpha \in \mathsf{L}$. 所以 $\Box\alpha \in w$. 由 $wR^{\mathsf{L}}v$ 得, $\alpha \in v$. 所以 $uR^{\mathsf{L}}v$. □

推论 7.3 正规模态逻辑 $KD, KT, KB, K4, K5, KD4, KD5, KDB, KD45, K45,$
$K4B, KTB, S4, S5$ 都是完全的.

7.2 模态矢列演算

本节介绍 15 个正规模态逻辑的矢列演算. 这些演算的子公式性质采用高野
道夫（Mitio Takano）提出的方法来证明. 一个模态公式结构 Γ 是有穷可重模态
公式集. 令 $SF(\Gamma) = \bigcup_{\alpha \in \Gamma} SF(\alpha) \cup \{\bot\}$. 一个矢列是形如 $\Gamma \Rightarrow \Delta$ 的表达式, 其
中 Γ 和 Δ 是有穷可重公式集. 一个正规模态逻辑 L 的矢列演算 GL 是在 G1cp 基
础上增加模态规则得到的. 我们把 15 个矢列演算分成以下四类:

GI	K, KT, K4, KD, KD4, S4
GII	K45, KD45
GIII	KB, KTB, KDB, K4B, S5
GIV	K5, KD5

对任意模型 $\mathfrak{M} = (W, R, V)$ 和 $w \in W$, 称矢列 $\Gamma \Rightarrow \Delta$ 在模型 $\mathfrak{M}$ 中 w 上
真 (记号 $\mathfrak{M}, w \models \Gamma \Rightarrow \Delta$), 如果 $\mathfrak{M}, w \models \bigwedge \Gamma \to \bigvee \Delta$. 我们用记号 $\mathfrak{M} \models \Gamma \Rightarrow \Delta$
表示 $\mathfrak{M}, w \models \Gamma \Rightarrow \Delta$ 对所有 $w \in W$. 称 $\Gamma \Rightarrow \Delta$ 在框架 $\mathfrak{F} = (W, R, V)$ 上**有效**
(记号 $\mathfrak{F} \models \Gamma \Rightarrow \Delta$), 如果 $\mathfrak{F}, V, w \models \Gamma \Rightarrow \Delta$ 对 $\mathfrak{F}$ 中任意赋值 V 和 $w \in W$. 称
$\Gamma \Rightarrow \Delta$ 在框架类 $\mathcal{K}$ 上**有效** (记号 $\mathcal{K} \models \Gamma \Rightarrow \Delta$), 如果 $\mathfrak{F} \models \Gamma \Rightarrow \Delta$ 对所有 $\mathfrak{F} \in \mathcal{K}$.
本节还要证明 15 个矢列演算的完全性.

定义 7.11 对矢列演算 GL, 称 $\Gamma \Rightarrow \Delta$ 在 GL 中是**分析性饱和的**, 如果以下
成立:

(1) $\text{GL} \not\vdash \Gamma \Rightarrow \Delta$.

(2) 对任意 $\alpha \in SF(\Gamma, \Delta)$, 如果 $\text{GL} \not\vdash \alpha, \Gamma \Rightarrow \Delta$, 那么 $\alpha \in \Gamma$; 如果 $\text{GL} \not\vdash \Gamma \Rightarrow$
Δ, α, 那么 $\alpha \in \Delta$.

所有分析性饱和矢列的集合记为 W_{GL}. 我们用 u, v, w 等表示分析性饱和矢
列, 用 $\mathfrak{a}(u)$ 和 $\mathfrak{s}(u)$ 分别表示 u 的前件和后件, 用 u 指集合 $\mathfrak{a}(u) \cup \mathfrak{s}(u)$.

命题 7.15 对矢列演算 GL 和 $u \in W_{\text{GL}}$, $\mathfrak{a}(u) \cap \mathfrak{s}(u) = \varnothing$.

证明 设 $\mathfrak{a}(u) \cap \mathfrak{s}(u) \neq \varnothing$. 那么 $\text{GL} \vdash \mathfrak{a}(u) \Rightarrow \mathfrak{s}(u)$, 矛盾.   □

引理 7.9 对矢列演算 GL, 如果 $\text{GL} \not\vdash \Gamma \Rightarrow \Delta$, 存在 $u \in W_{\text{GL}}$ 使得以下成立:

(1) $\Gamma \subseteq \mathfrak{a}(u)$ 并且 $\Delta \subseteq \mathfrak{s}(u)$.

(2) $u \subseteq SF(\Gamma, \Delta)$.

(3) 如果 $v \in W_{\text{GL}}$ 满足条件 ① $\Gamma \subseteq \mathfrak{a}(v)$ 并且 $\Delta \subseteq \mathfrak{s}(v)$; ② $v \subseteq SF(u)$;
③ $\{\Box\beta \mid \Box\beta \in \mathfrak{a}(u)\} \subseteq \mathfrak{a}(v)$ 并且 $\{\Box\beta \mid \Box\beta \in \mathfrak{s}(u)\} \subseteq \mathfrak{s}(v)$, 那么 $\{\Box\beta \mid \Box\beta \in$

$\mathfrak{a}(v)\} \subseteq \mathfrak{a}(u)$ 并且 $\{\Box\beta \mid \Box\beta \in \mathfrak{s}(v)\} \subseteq \mathfrak{s}(u)$.

证明　令 $\alpha_1, \cdots, \alpha_m, \alpha_{m+1}, \cdots, \alpha_n$ 是 $SF(\Gamma, \Delta)$ 中所有公式的列举使得 $\alpha_i = \Box\beta_i$ 对 $1 \leqslant i \leqslant m$ 并且 $\alpha_{m+1}, \cdots, \alpha_n$ 不是形如 $\Box\beta$ 的公式. 令 $\Gamma_1 = \Gamma$ 并且 $\Delta_1 = \Delta$. 如果 $\mathsf{GL} \nvdash \Gamma_k \Rightarrow \Delta_k, \alpha_k$, 令 $\Gamma_{k+1} = \Gamma_k$ 并且 $\Delta_{k+1} = \Delta_k, \alpha_k$. 如果 $\mathsf{GL} \vdash \Gamma_k \Rightarrow \Delta_k, \alpha_k$ 并且 $\mathsf{GL} \nvdash \Gamma_k, \alpha_k \Rightarrow \Delta_k$, 令 $\Gamma_{k+1} = \Gamma_k, \alpha_k$ 并且 $\Delta_{k+1} = \Delta_k$. 否则, 令 $\Gamma_{k+1} = \Gamma_k$ 并且 $\Delta_{k+1} = \Delta_k$. 设 u 是矢列 $\Gamma_{n+1} \Rightarrow \Delta_{n+1}$. 显然 u 满足条件 (1) 和 (2).

以下证明 $\Gamma_{n+1} \Rightarrow \Delta_{n+1}$ 是分析性饱和矢列. 显然 $\mathsf{GL} \nvdash \Gamma_{n+1} \Rightarrow \Delta_{n+1}$. 设 $\alpha \in SF(\Gamma_{n+1}, \Delta_{n+1})$. 那么 $\alpha \in SF(\Gamma, \Delta)$. 所以 $\alpha = \alpha_k$ 对某个 $1 \leqslant k \leqslant n$. 设 $\mathsf{GL} \nvdash \alpha, \Gamma_{n+1} \Rightarrow \Delta_{n+1}$. 显然 $\mathsf{GL} \vdash \Gamma_k \Rightarrow \Delta_k, \alpha$, 否则 $\alpha \in \Delta_{k+1} \subseteq \Delta_{n+1}$ 使得 $\mathsf{GL} \vdash \alpha, \Gamma_{n+1} \Rightarrow \Delta_{n+1}$. 因为 $\Gamma_k \subseteq \Gamma_{n+1}$ 并且 $\Delta_k \subseteq \Delta_{n+1}$, 由假设得 $\mathsf{GL} \nvdash \alpha, \Gamma_k \Rightarrow \Delta_k$. 所以 $\alpha \in \Gamma_{k+1} \subseteq \Gamma_{n+1}$. 设 $\mathsf{GL} \nvdash \Gamma_{n+1} \Rightarrow \Delta_{n+1}, \alpha$. 同理可证 $\alpha \in \Delta_{n+1}$. 所以 $\Gamma_{n+1} \Rightarrow \Delta_{n+1}$ 是分析性饱和矢列.

以下证明条件 (3). 设 $v \in W_{\mathsf{GL}}$ 满足条件 ① – ③. 设 $\Box\beta \in \mathfrak{a}(v)$. 由 ② 得, $\Box\beta \in SF(\Gamma_{n+1}, \Delta_{n+1}) \subseteq SF(\Gamma, \Delta)$. 所以 $\Box\beta = \alpha_k$ 对某个 $1 \leqslant k \leqslant m$. 设 $\mathsf{GL} \nvdash \Gamma_k \Rightarrow \Delta_k, \Box\beta$. 那么 $\Box\beta \in \Delta_{k+1} \subseteq \Delta_{n+1}$. 所以 $\Box\beta \in \mathfrak{s}(v)$, 与 $\Box\beta \in \mathfrak{a}(v)$ 矛盾. 所以 $\mathsf{GL} \vdash \Gamma_k \Rightarrow \Delta_k, \Box\beta$. 由于 $1 \leqslant k \leqslant m$, 所以 $\Gamma_k \subseteq \Gamma \cup \{\Box\chi \mid \Box\chi \in \Gamma_{n+1}\} \subseteq \mathfrak{a}(v)$ 并且 $\Delta_k \subseteq \Delta \cup \{\Box\chi \mid \Box\chi \in \Delta_{n+1}\} \subseteq \mathfrak{s}(v)$. 所以 $\mathsf{GL} \nvdash \Box\beta, \Gamma_k \Rightarrow \Delta_k$. 所以 $\Box\beta \in \Delta_{k+1} \subseteq \Delta_{n+1}$. 同理可证, 如果 $\Box\beta \in \mathfrak{s}(v)$, 那么 $\Box\beta \in \Delta_{n+1}$. □

引理 7.10　设 GL 是矢列演算并且 $\mathfrak{F} = (W, R)$ 是框架使得 $W \subseteq W_{\mathsf{GL}}$ 并且以下条件对任意公式 α, β 和 $u \in W$ 成立:

$(\bot as)$ $\bot \notin \mathfrak{a}(u)$ 并且 $\bot \in \mathfrak{s}(u)$.

$(\wedge a)$ 如果 $\alpha \wedge \beta \in \mathfrak{a}(u)$, 那么 $\alpha \in \mathfrak{a}(u)$ 并且 $\beta \in \mathfrak{a}(u)$.

$(\wedge s)$ 如果 $\alpha \wedge \beta \in \mathfrak{s}(u)$, 那么 $\alpha \in \mathfrak{s}(u)$ 或者 $\beta \in \mathfrak{s}(u)$.

$(\vee a)$ 如果 $\alpha \vee \beta \in \mathfrak{a}(u)$, 那么 $\alpha \in \mathfrak{a}(u)$ 或者 $\beta \in \mathfrak{a}(u)$.

$(\vee s)$ 如果 $\alpha \vee \beta \in \mathfrak{s}(u)$, 那么 $\alpha \in \mathfrak{s}(u)$ 并且 $\beta \in \mathfrak{s}(u)$.

$(\to a)$ 如果 $\alpha \to \beta \in \mathfrak{a}(u)$, 那么 $\alpha \in \mathfrak{s}(u)$ 或者 $\beta \in \mathfrak{a}(u)$.

$(\to s)$ 如果 $\alpha \to \beta \in \mathfrak{s}(u)$, 那么 $\alpha \in \mathfrak{a}(u)$ 并且 $\beta \in \mathfrak{s}(u)$.

$(\Box a)$ 如果 $\Box\alpha \in \mathfrak{a}(u)$, 那么对任意 $v \in R(u)$ 都有 $\alpha \in \mathfrak{a}(v)$.

$(\Box s)$ 如果 $\Box\alpha \in \mathfrak{s}(u)$, 那么存在 $v \in R(u)$ 使得 $\alpha \in \mathfrak{s}(v)$.

定义赋值 $V(p) = \{u \in W \mid p \in \mathfrak{a}(u)\}$ 对 $p \in \mathbb{V}$. 令 $\mathfrak{M} = (W, R, V)$. 对任意公式 χ 和 $u \in W$, 如果 $\chi \in \mathfrak{a}(u)$, 那么 $\mathfrak{M}, w \models \chi$; 如果 $\chi \in \mathfrak{s}(u)$, 那么 $\mathfrak{M}, w \nvDash \chi$.

证明　对 $d(\chi)$ 归纳证明. 原子公式情况显然. 设 $\chi = \chi_1 \to \chi_2$. 设 $\chi_1 \to \chi_2 \in \mathfrak{a}(u)$. 由 $(\to a)$ 得, $\chi_1 \in \mathfrak{s}(u)$ 或者 $\chi_2 \in \mathfrak{a}(u)$. 由归纳假设, $\mathfrak{M}, u \nvDash \chi_1$ 或者

$\mathfrak{M}, u \models \chi_2$. 所以 $\mathfrak{M}, u \models \chi_1 \to \chi_2$. 设 $\chi_1 \to \chi_2 \in \mathfrak{s}(u)$. 同理 $\mathfrak{M}, u \not\models \chi_1 \to \chi_2$. 设 $\chi = \Box\xi$. 设 $\Box\xi \in \mathfrak{a}(u)$ 并且 uRv. 由 $(\Box a)$ 得, $\xi \in v$. 由归纳假设, $\mathfrak{M}, v \models \xi$. 所以 $\mathfrak{M}, u \models \Box\xi$. 设 $\Box\xi \in \mathfrak{s}(u)$. 由 $(\Box s)$ 得, 存在 $v \in R(u)$ 使得 $\xi \in \mathfrak{s}(v)$. 由归纳假设, $\mathfrak{M}, v \not\models \xi$. 所以 $\mathfrak{M}, u \not\models \Box\xi$. □

引理 7.11 对矢列演算 GL 和 $u \in W_{\mathsf{GL}}$, 条件 $(\bot as)$, $(\wedge a)$, $(\wedge s)$, $(\vee a)$, $(\vee s)$, $(\to a)$, $(\to s)$ 成立.

证明 显然 $\bot \notin \mathfrak{a}(u)$. 如果 $\mathsf{GL} \vdash \mathfrak{a}(u) \Rightarrow \mathfrak{s}(u), \bot$, 那么 $\mathsf{GL} \vdash \mathfrak{a}(u) \Rightarrow \mathfrak{s}(u)$, 矛盾. 所以 $\mathsf{GL} \not\vdash \mathfrak{a}(u) \Rightarrow \mathfrak{s}(u), \bot$, 所以 $\bot \in \mathfrak{s}(u)$. 所以 $(\bot as)$ 成立. 设 $\alpha \to \beta \in \mathfrak{a}(u)$. 因为 $\mathsf{GL} \not\vdash \alpha \to \beta, \mathfrak{a}(u) \Rightarrow \mathfrak{s}(u)$ 并且 GL 有规则 $(\to\Rightarrow)$, 所以 $\mathsf{GL} \not\vdash \mathfrak{a}(u) \Rightarrow \mathfrak{s}(u), \alpha$ 或者 $\mathsf{GL} \not\vdash \beta, \mathfrak{a}(u) \Rightarrow \mathfrak{s}(u)$. 所以 $\alpha \in \mathfrak{s}(u)$ 或者 $\beta \in \mathfrak{a}(u)$. 设 $\alpha \to \beta \in \mathfrak{s}(u)$. 因为 $\mathsf{GL} \not\vdash \mathfrak{a}(u) \Rightarrow \mathfrak{s}(u), \alpha \to \beta$ 并且 GL 有规则 $(\Rightarrow\to)$, 所以 $\mathsf{GL} \not\vdash \alpha, \mathfrak{a}(u) \Rightarrow \mathfrak{s}(u), \beta$. 因为 GL 有弱化规则 $(w\Rightarrow)$ 和 $(\Rightarrow w)$, 所以 $\mathsf{GL} \not\vdash \alpha, \mathfrak{a}(u) \Rightarrow \mathfrak{s}(u)$ 并且 $\mathsf{GL} \not\vdash \mathfrak{a}(u) \Rightarrow \mathfrak{s}(u), \beta$. 所以 $\alpha \in \mathfrak{a}(u)$ 并且 $\beta \in \mathfrak{s}(u)$. 其余条件类似证明. □

现在考虑 GI 组模态逻辑 K, KT, K4, KD, KD4, S4 的矢列演算. 对任意公式结构 $\Gamma = \alpha_1, \cdots, \alpha_n$, 令 $\Box\Gamma = \Box\alpha_1, \cdots, \Box\alpha_n$. 考虑以下矢列规则:

$$\frac{\Gamma \Rightarrow \alpha}{\Box\Gamma \Rightarrow \Box\alpha}(K) \qquad \frac{\Gamma \Rightarrow}{\Box\Gamma \Rightarrow}(D) \qquad \frac{\Gamma, \Box\Gamma \Rightarrow \alpha}{\Box\Gamma \Rightarrow \Box\alpha}(4)$$

$$\frac{\alpha, \Gamma \Rightarrow \Delta}{\Box\alpha, \Gamma \Rightarrow \Delta}(T) \qquad \frac{\Gamma, \Box\Gamma \Rightarrow}{\Box\Gamma \Rightarrow}(D4) \qquad \frac{\Box\Gamma \Rightarrow \alpha}{\Box\Gamma \Rightarrow \Box\alpha}(S4)$$

对任意矢列规则集 $\mathfrak{R}$, 记号 $\mathsf{G1cp} \oplus \mathfrak{R}$ 表示在 $\mathsf{G1cp}$ 上增加 $\mathfrak{R}$ 中规则得到的演算. GI 组矢列演算定义及其所对应的框架条件如下:

矢列演算	增加规则	框架条件
GK	(K)	无
GKT	$(K), (T)$	自返性
GKD	$(K), (D)$	持续性
GK4	$(K), (4)$	传递性
GKD4	$(K), (4), (D4)$	持续性和传递性
GS4	$(S4), (T)$	自返性和传递性

例 7.4 (1) $\mathsf{GK} \vdash \Box(\alpha \to \beta) \Rightarrow (\Box\alpha \to \Box\beta)$. 推导如下:

$$\frac{\dfrac{\dfrac{\alpha \Rightarrow \alpha \quad \beta \Rightarrow \beta}{\alpha, \alpha \to \beta \Rightarrow \beta}(\to\Rightarrow)}{\Box\alpha, \Box(\alpha \to \beta) \Rightarrow \Box\beta}(K)}{\Box(\alpha \to \beta) \Rightarrow \Box\alpha \to \Box\beta}(\Rightarrow\to)$$

(2) 如果 $\mathsf{GK} \vdash\, \Rightarrow \alpha$, 那么 $\mathsf{GK} \vdash\, \Rightarrow \Box\alpha$.

(3) $\mathsf{GKT} \vdash \Box\alpha \Rightarrow \alpha$. 推导如下:

$$\frac{\alpha \Rightarrow \alpha}{\Box\alpha \Rightarrow \alpha} \,(T)$$

(4) $\mathsf{GKD} \vdash \Box\alpha \Rightarrow \neg\Box\neg\alpha$. 推导如下:

$$\frac{\dfrac{\alpha \Rightarrow \alpha \quad \bot \Rightarrow}{\alpha, \neg\alpha \Rightarrow} \,(\to\Rightarrow)}{\dfrac{\Box\alpha, \Box\neg\alpha \Rightarrow}{\dfrac{\Box\alpha, \Box\neg\alpha \Rightarrow \bot}{\Box\alpha \Rightarrow \neg\Box\neg\alpha} \,(\Rightarrow\to)} \,(\Rightarrow w)} \,(D)$$

(5) $\mathsf{GK4} \vdash \Box\alpha \Rightarrow \Box\Box\alpha$. 推导如下:

$$\frac{\dfrac{\Box\alpha \Rightarrow \Box\alpha}{\alpha, \Box\alpha \Rightarrow \Box\alpha} \,(w\Rightarrow)}{\Box\alpha \Rightarrow \Box\Box\alpha} \,(4)$$

(6) 规则 (K) 在 $\mathsf{GS4}$ 中可允许. 推导如下:

$$\frac{\dfrac{\Gamma \Rightarrow \alpha}{\Box\Gamma \Rightarrow \alpha} \,(T)^{*}}{\Box\Gamma \Rightarrow \Box\alpha} \,(S4)$$

定义 7.12　对 GI 组正规模态逻辑 L 及其矢列演算 GL, 定义 W_{GL} 上的二元关系 R_{K}, R_{K4} 和 R_{S4} 如下:

(1) $uR_{\mathsf{K}}v$ 当且仅当对任意公式 β 都有 $\Box\beta \in \mathfrak{a}(u)$ 蕴涵 $\beta \in \mathfrak{a}(v)$.

(2) $uR_{\mathsf{K4}}v$ 当且仅当对任意公式 β 都有 $\Box\beta \in \mathfrak{a}(u)$ 蕴涵 $\beta, \Box\beta \in \mathfrak{a}(v)$.

(3) $uR_{\mathsf{S4}}v$ 当且仅当对任意公式 β 都有 $\Box\beta \in \mathfrak{a}(u)$ 蕴涵 $\Box\beta \in \mathfrak{a}(v)$.

引理 7.12　对矢列演算 GL 和公式 α, 以下成立:

(1) 规则 (K) 在 GL 中可允许当且仅当对任意 $u \in W_{\mathsf{GL}}$, 如果 $\Box\alpha \in \mathfrak{s}(u)$, 那么存在 $v \in W_{\mathsf{GL}}$ 使得 $uR_{\mathsf{K}}v$ 并且 $\alpha \in \mathfrak{s}(v)$.

(2) 规则 (D) 在 GL 中可允许当且仅当 R_{K} 是持续的.

(3) 规则 (4) 在 GL 中可允许当且仅当对任意 $u \in W_{\mathsf{GL}}$, 如果 $\Box\alpha \in \mathfrak{s}(u)$, 那么存在 $v \in W_{\mathsf{GL}}$ 使得 $uR_{\mathsf{K4}}v$ 并且 $\alpha \in \mathfrak{s}(v)$.

(4) 规则 $(D4)$ 在 GL 中可允许当且仅当 R_{K4} 是持续的.

(5) 规则 $(S4)$ 在 GL 中可允许当且仅当对任意 $u \in W_{\mathsf{GL}}$, 如果 $\Box\alpha \in \mathfrak{s}(u)$, 那么存在 $v \in W_{\mathsf{GL}}$ 使得 $uR_{\mathsf{S4}}v$ 并且 $\alpha \in \mathfrak{s}(v)$.

(6) 规则 (T) 在 GL 中可允许当且仅当对任意 $u \in W_{\mathsf{GL}}$, 如果 $\Box\alpha \in \mathfrak{a}(u)$, 那么 $\alpha \in \mathfrak{a}(u)$.

证明   这里只证 (1)，其余类似证明。设规则 (K) 在 GL 中可允许。设 $\Box\alpha \in \mathfrak{s}(u)$。令 $\Gamma = \{\beta \mid \Box\beta \in \mathfrak{a}(u)\}$。显然 $\Box\Gamma \subseteq \mathfrak{a}(u)$。所以 GL $\not\vdash \Box\Gamma \Rightarrow \Box\alpha$。所以 GL $\not\vdash \Gamma \Rightarrow \alpha$。由引理 7.9 得，存在 $v \in W_{\mathsf{GL}}$ 使得 $\Gamma \subseteq \mathfrak{a}(v)$ 并且 $\alpha \in \mathfrak{s}(v)$。所以 $uR_{\mathsf{K}}v$。设右侧条件成立。设 GL $\not\vdash \Box\Gamma \Rightarrow \Box\alpha$。由引理 7.9 得，存在 $u \in W_{\mathsf{GL}}$ 使得 $\Box\Gamma \subseteq \mathfrak{a}(u)$ 并且 $\Box\alpha \in \mathfrak{s}(u)$。由假设得，存在 $v \in W_{\mathsf{GL}}$ 使得 $uR_{\mathsf{K}}v$ 并且 $\beta \in \mathfrak{s}(v)$。所以 $\Gamma \subseteq \mathfrak{a}(v)$。所以 GL $\not\vdash \Gamma \Rightarrow \beta$。 $\Box$

引理 7.13   对 GI 组正规模态逻辑 L 以及框架 $\mathfrak{F}_{\mathsf{L}} = (W_{\mathsf{GL}}, R_{\mathsf{L}})$ 使得 $R_{\mathsf{KT}} = R_{\mathsf{KD}} = R_{\mathsf{K}}$ 并且 $R_{\mathsf{KD4}} = R_{\mathsf{K4}}$，都有 $\mathfrak{F}_{\mathsf{L}}$ 满足 $(\Box a)$ 和 $(\Box s)$ 并且 $\mathfrak{F}_{\mathsf{L}} \models \mathsf{L}$。

证明   对 L $\in \{\mathsf{K}, \mathsf{KD}, \mathsf{KT}\}$，由 R_{K} 定义和引理 7.12 (1) 可得 (1)。由引理 7.12 (2) 和 (6) 可得 (2)。对 L $\in \{\mathsf{K4}, \mathsf{KD4}\}$，由 R_{K4} 定义和引理 7.12 (3) 可得 (1)。由引理 7.12 (4) 可得 (2)。对 L $= \mathsf{S4}$，由引理 7.12 (6) 可得 $(\Box a)$，由引理 7.12 (5) 可得 $(\Box s)$。由 R_{S4} 定义可得 (2)。 $\Box$

对正规模态逻辑 L 的矢列演算 GL，令 Fr(L) 是 L 的框架类。称 GL 是**完全的**，如果 GL $\vdash \Gamma \Rightarrow \Delta$ 当且仅当 Fr(L) $\models \Gamma \Rightarrow \Delta$。称 GL 具有**有穷模型性**，如果 GL $\not\vdash \Gamma \Rightarrow \Delta$ 蕴涵存在有穷模型 $\mathfrak{M}$ 使得 $\mathfrak{M} \models \mathsf{L}$ 并且 $\mathfrak{M} \not\models \Gamma \Rightarrow \Delta$。

定理 7.2   对 L $\in \{\mathsf{K}, \mathsf{KT}, \mathsf{KT}, \mathsf{KD}, \mathsf{K4}, \mathsf{KD4}, \mathsf{S4}\}$，矢列演算 GL 是完全的，具有有穷模型性质以及子公式性质。

证明   设 GL $\not\vdash \Gamma \Rightarrow \Delta$。由引理 7.9 得，存在 $u \in W_{\mathsf{GL}}$ 使得 $\Gamma \subseteq \mathfrak{a}(u)$ 并且 $\Delta \subseteq \mathfrak{s}(u)$。显然 $\mathfrak{F}_{\mathsf{L}} = (W_{\mathsf{GL}}, R_{\mathsf{L}})$ 是有穷框架。由引理 7.11、引理 7.10 和引理 7.13 得，$\mathfrak{F}_{\mathsf{L}} \not\models \Gamma \Rightarrow \Delta$ 并且 $\mathfrak{F}_{\mathsf{L}} \models \mathsf{L}$。 $\Box$

下面考虑 GII 组模态逻辑 L $\in \{\mathsf{K45}, \mathsf{KD45}\}$。考虑以下矢列规则:

$$\frac{\Gamma, \Box\Gamma \Rightarrow \Box\Delta, \alpha}{\Box\Gamma \Rightarrow \Box\Delta, \Box\alpha}(45) \qquad \frac{\Gamma, \Box\Gamma \Rightarrow \Box\Delta}{\Box\Gamma \Rightarrow \Box\Delta}(D45)$$

GII 组矢列演算的定义及其所对应的框架条件如下:

模态矢列演算	增加规则	框架条件
GK45	(45)	传递性和欧性
GKD45	(45), (45D)	传递性、欧性和持续性

例 7.5   规则 (K) 在 GK45 中可允许。推导如下:

$$\frac{\dfrac{\Gamma \Rightarrow \alpha}{\Gamma, \Box\Gamma \Rightarrow \alpha}(w\Rightarrow)^*}{\Box\Gamma \Rightarrow \Box\alpha}(45)$$

显然规则 (4) 在 GK45 中可允许. 此外, GK45 ⊢ ¬□α ⇒ □¬□α. 推导如下:

$$
\cfrac{
\cfrac{
\cfrac{\Box\alpha \Rightarrow \Box\alpha}{\Rightarrow \Box\alpha, \neg\Box\alpha}\ (\Rightarrow\neg)
}{\Rightarrow \Box\alpha, \Box\neg\Box\alpha}\ (45)
}{\neg\Box\alpha \Rightarrow \Box\neg\Box\alpha}\ (\neg\Rightarrow)
$$

规则 (D) 在 GKD45 中是可允许的.

定义 7.13　对 $L \in \{K45, KD45\}$ 及其矢列演算 GL, 定义 W_{GL} 上的二元关系 R'_{S4} 和 R_{S5} 如下:

(1) $uR'_{S4}v$ 当且仅当对任意公式 β, 如果 $\Box\beta \in \mathfrak{s}(u)$, 那么 $\Box\beta \in \mathfrak{s}(v)$.

(2) $uR_{S5}v$ 当且仅当 $\langle u, v\rangle, \langle v, u\rangle \in R_{S4} \cap R'_{S4}$.

称 $u \in W_{GL}$ 是**极大的**, 如果它满足以下条件: 对任意 $v \in W_{GL}$, 如果 $\langle u, v\rangle \in R_{S4} \cap R'_{S4}$ 并且 $v \subseteq SF(\{\Box\beta \mid \Box\beta \in u\})$, 那么 $uR_{S5}v$.

引理 7.14　设 $L \in \{K45, KD45\}$. 对任意 $u \in W_{GL}$, 存在极大的 $u^* \in W_{GL}$ 使得 $\langle u, u^*\rangle \in R_{S4} \cap R'_{S4}$, $u^* \subseteq SF(\{\Box\beta \mid \Box\beta \in u\})$.

证明　令 $\Sigma = \{\Box\beta \mid \Box\beta \in \mathfrak{a}(u)\}$ 并且 $\Pi = \{\Box\beta \mid \Box\beta \in \mathfrak{s}(u)\}$. 显然 GL ⊬ $\Sigma \Rightarrow \Pi$. 由引理 7.9可得极大 $u^* \in W_{GL}$ 满足条件.　　□

对每个 $u \in W_{GL}$, 由引理 7.14取满足条件的 $u^* \in W_{GL}$. 如果 u 是极大的, 那么 $uR_{S5}u^*$. 现在定义 W_{GL} 上的二元关系 R_{K45} 如下:

$$uR_{K45}v \text{ 当且仅当 } u^*R_{S5}v \text{ 并且 } vR_{K}v.$$

引理 7.15　对矢列演算 GL 和公式 α, 以下成立:

(1) 规则 (45) 在 GL 中可允许当且仅当对任意 $u \in W_{GL}$, 如果 $\Box\alpha \in \mathfrak{s}(u)$, 那么存在 $v \in W_{GL}$ 使得 $uR_{K45}v$ 并且 $\alpha \in \mathfrak{s}(v)$.

(2) 规则 $(D45)$ 在 GL 中可允许当且仅当 R_{K45} 是持续的.

证明　只证 (1), 同理可证 (2). 设 (1) 的右侧条件成立. 设 GL ⊬ $\Box\Gamma \Rightarrow \Box\Delta, \Box\alpha$. 由引理 7.9得, 存在 $u \in W_{GL}$ 使得 $\Box\Gamma \subseteq \mathfrak{a}(u)$, $\Box\Delta \subseteq \mathfrak{s}(u)$ 并且 $\Box\alpha \in \mathfrak{s}(u)$. 所以存在 $v \in W_{GL}$ 使得 $uR_{K45}v$ 并且 $\alpha \in \mathfrak{s}(v)$. 设 $\beta \in \Gamma$. 那么 $\Box\beta \in \Box\Gamma \subseteq \mathfrak{a}(u)$. 因为 $uR_{S5}u^*$, 所以 $uR_{S4}u^*$. 因为 $uR_{K45}v$, 所以 $u^*R_{S5}v$ 并且 $vR_{K}v$. 所以 $u^*R_{S4}v$. 所以 $\Box\beta \in \mathfrak{a}(v)$. 所以 $\beta \in \mathfrak{a}(v)$. 所以 $\Gamma \cup \Box\Gamma \subseteq \mathfrak{a}(v)$. 设 $\beta \in \Delta$. 那么 $\Box\beta \in \Box\Delta \subseteq \mathfrak{s}(u)$. 因为 $uR'_{S4}u^*$ 并且 $u^*R'_{S4}v$, 所以 $\Box\beta \in \mathfrak{s}(v)$. 所以 $\Box\Delta \subseteq \mathfrak{s}(v)$. 所以 GL ⊬ $\Gamma, \Box\Gamma \Rightarrow \Box\Delta, \alpha$.

设规则 (45) 在 GL 中可允许. 设 $\Box\alpha \in \mathfrak{s}(u)$. 因为 $uR'_{S4}u^*$, 所以 $\Box\alpha \in \mathfrak{s}(u^*)$. 设 $\Gamma = \{\beta \mid \Box\beta \in \mathfrak{a}(u^*)\}$ 并且 $\Delta = \{\beta \mid \Box\beta \in \mathfrak{s}(u^*)\}$. 因为 GL ⊬ $\Box\Gamma \Rightarrow \Box\Delta, \Box\alpha$, 所以 GL ⊬ $\Gamma, \Box\Gamma \Rightarrow \Box\Delta, \alpha$. 由引理 7.9得, 存在 $v \in W_{GL}$ 使得 $\Gamma \cup \Box\Gamma \subseteq \mathfrak{a}(v)$, $\Box\Delta \subseteq \mathfrak{s}(v)$, $\alpha \in \mathfrak{s}(v)$ 并且 $v \subseteq SF(\Gamma, \Box\Gamma, \Box\Delta, \alpha)$. 现在证明 $u^*R_{S5}v$. 设 $\Box\beta \in$

$\mathfrak{a}(u^*)$. 那么 $\beta \in \Gamma$. 所以 $\Box\beta \in \Box\Gamma \subseteq \mathfrak{a}(v)$. 设 $\Box\beta \in \mathfrak{s}(u^*)$. 那么 $\beta \in \Delta$. 所以 $\Box\beta \in \Box\Delta \subseteq \mathfrak{s}(v)$. 所以 $u^*R_{S4}v$ 并且 $u^*R'_{S4}v$. 显然 $v \subseteq SF(\Gamma, \Box\Gamma, \Box\Delta, \alpha) = SF(\{\Box\beta \mid \Box\beta \in u^*\})$. 因为 u^* 极大, 所以 $u^*R_{S5}v$. 以下证明 vR_Kv. 设 $\Box\beta \in \mathfrak{a}(v)$. 由 $u^*R_{S5}v$ 得 $vR_{S4}u^*$, 所以 $\Box\beta \in \mathfrak{a}(u^*)$. 所以 $\beta \in \Gamma \subseteq \mathfrak{a}(v)$. 所以 vR_Kv. $\Box$

引理 7.16   设 $L \in \{K45, KD45\}$ 并且 $\mathfrak{F}_L = (W_{GL}, R_{K45})$. 那么框架 $\mathfrak{F}_L$ 满足条件 $(\Box a)$ 和 $(\Box s)$ 并且 $\mathfrak{F}_L \models L$.

证明   设 $\Box\alpha \in \mathfrak{a}(u)$ 并且 $uR_{K45}v$. 因为 $uR_{S4}u^*$ 并且 $u^*R_{S4}v$, 所以 $\Box\alpha \in \mathfrak{a}(v)$. 因为 vR_Kv, 所以 $\alpha \in \mathfrak{a}(v)$. 所以 $(\Box a)$ 成立. 由引理 7.15 (1) 可得 $(\Box s)$ 成立.

现在证明 R_{K45} 是传递的. 设 $uR_{K45}v$ 并且 $vR_{K45}w$. 因为 u^* 是极大的并且 $u^*R_{S5}v$, 所以 v 是极大的. 所以 $vR_{S5}v^*$. 因为 $u^*R_{S5}v$ 并且 $v^*R_{S5}w$, 所以 $u^*R_{S5}w$. 因为 $vR_{K45}w$, 所以 wR_Kw. 所以 $uR_{K45}w$. 现在证明 R_{K45} 是欧性的. 设 $uR_{K45}v$ 并且 $uR_{K45}w$. 那么 $vR_{S5}v^*$. 因为 $u^*R_{S5}v$ 并且 $v^*R_{S5}w$, 所以 $v^*R_{S5}w$. 由 $uR_{K45}w$ 得, wR_Kw. 如果 $L = KD45$, 由引理 7.15 (1) 得, R_{K45} 是持续的. $\Box$

定理 7.3   设 $L \in \{K45, KD45\}$. 矢列演算 GL 是完全的, 具有有穷模型性质及子公式性质.

证明   由引理 7.16可得. $\Box$

现在考虑 GIII 组正规模态逻辑 $L \in \{KB, KTB, KDB, K4B, S5\}$ 的矢列演算. 它们是从 G1cp 增加以下矢列规则得到的:

$$\frac{\Gamma \Rightarrow \Box\Delta, \alpha}{\Box\Gamma \Rightarrow \Delta, \Box\alpha}(B)^a, \text{ 其中 } \Box\Delta \subseteq SF(\Gamma, \alpha)$$

$$\frac{\Gamma \Rightarrow \Box\Delta}{\Box\Gamma \Rightarrow \Delta}(DB)^a, \text{ 其中 } \Box\Delta \subseteq SF(\Gamma)$$

$$\frac{\Gamma, \Box\Gamma \Rightarrow \Box\Sigma, \Box\Delta, \alpha}{\Box\Gamma \Rightarrow \Box\Sigma, \Delta, \Box\alpha}(B45)^a, \text{ 其中 } \Box\Delta \subseteq SF(\Box\Gamma, \Sigma, \alpha)$$

$$\frac{\Box\Gamma \Rightarrow \Box\Sigma, \alpha}{\Box\Gamma \Rightarrow \Box\Sigma, \Box\alpha}(S5)$$

$$\frac{\Gamma \Rightarrow \Sigma, \alpha \quad \alpha, \Delta \Rightarrow \Theta}{\Gamma, \Delta \Rightarrow \Sigma, \Theta}(cut)^a, \text{ 其中 } \alpha \in SF(\Gamma, \Sigma, \Delta, \Theta)$$

以上带子条件限制的规则称为**分析性**规则. GIII 组矢列演算的定义及其所对

应的框架条件如下:

模态矢列演算	增加规则	框架条件
GKB	$(B)^a, (cut)^a$	对称性
GKTB	$(B)^a, (T), (cut)^a$	自返性和对称性
GKDB	$(B)^a, (DB)^a, (cut)^a$	持续性和对称性
GK4B	$(B45)^a, (cut)^a$	传递性和对称性
GS5	$(S5), (T), (cut)^a$	等价关系

注意切割规则在以上矢列演算中是不可消除的. 例如, 在 GS5 中以下是 $p \Rightarrow \Box\neg\Box\neg p$ 的推导:

$$
\cfrac{\cfrac{\cfrac{\Box\neg p \Rightarrow \Box\neg p}{\Rightarrow \neg\Box\neg p, \Box\neg p}(\Rightarrow\neg)}{\Rightarrow \Box\neg\Box\neg p, \Box\neg p}(S5) \qquad \cfrac{\cfrac{p \Rightarrow p}{\neg p, p \Rightarrow}(\neg\Rightarrow)}{\Box\neg p, p \Rightarrow}(T)}{p \Rightarrow \Box\neg\Box\neg p}(cut)^a
$$

在该推导中 $(cut)^a$ 是不可消除的.

例 7.6　(1) $\mathsf{GKB} \vdash \alpha \Rightarrow \Box\neg\Box\neg\alpha$. 推导如下:

$$
\cfrac{\cfrac{\Box\neg\alpha \Rightarrow \Box\neg\alpha}{\Rightarrow \Box\neg\alpha, \neg\Box\neg\alpha}(\Rightarrow\neg)}{\Rightarrow \neg\alpha, \Box\neg\Box\neg\alpha}(B)^a
$$

所以 $\mathsf{GKB} \vdash \alpha \Rightarrow \Box\neg\Box\neg\alpha$.

(2) 规则 (D) 在 GKDB 中可允许, 规则 (4) 在 GK4B 和 GS5 中可允许.

(3) $\mathsf{GS5} \vdash \neg\Box\alpha \Rightarrow \Box\neg\Box\alpha$. 推导如下:

$$
\cfrac{\cfrac{\cfrac{\Box\alpha \Rightarrow \Box\alpha}{\Rightarrow \Box\alpha, \neg\Box\alpha}(\Rightarrow\neg)}{\Rightarrow \Box\alpha, \Box\neg\Box\alpha}(S5)}{\neg\Box\alpha \Rightarrow \Box\neg\Box\alpha}(\neg\Rightarrow)
$$

引理 7.17　$(cut)^a$ 在 GL 中可允许当且仅当对任意 $u \in W_{\mathsf{GL}}$ 都有 $SF(u) \subseteq u$.

证明　设 $u \in W_{\mathsf{GL}}$ 都有 $SF(u) \subseteq u$. 设 $\mathsf{GL} \nvdash \Gamma, \Delta \Rightarrow \Sigma, \Theta$ 并且 $\alpha \in SF(\Gamma, \Sigma, \Delta, \Theta)$. 由引理 7.9得, 存在 $u \in W_{\mathsf{GL}}$ 使得 $\Gamma \cup \Delta \subseteq \mathfrak{a}(u)$ 并且 $\Sigma \cup \Theta \subseteq \mathfrak{s}(u)$. 因为 $\alpha \in SF(\Gamma, \Sigma, \Delta, \Theta)$, 所以 $\alpha \in u$. 所以 $\mathsf{GL} \nvdash \alpha, \Delta \Rightarrow \Theta$ 或者 $\mathsf{GL} \nvdash \Gamma \Rightarrow \Sigma, \alpha$. 设 $(cut)^a$ 在 GL 中可允许. 设 $\alpha \in SF(u)$. 所以 $\mathsf{GL} \nvdash \mathfrak{a}(u) \Rightarrow \mathfrak{s}(u), \alpha$ 或者 $\mathsf{GL} \nvdash \alpha, \mathfrak{a}(u) \Rightarrow \mathfrak{s}(u)$. 因此 $\alpha \in \mathfrak{s}(u)$ 或者 $\alpha \in \mathfrak{a}(u)$. □

对矢列演算 GL, 定义 W_{GL} 上的二元关系 R_{KB} 和 R_{K4B} 如下:

(1) $uR_{\mathsf{KB}}v$ 当且仅当 $uR_{\mathsf{K}}v$ 并且 $vR_{\mathsf{K}}u$;

(2) $uR_{\mathsf{K4B}}v$ 当且仅当 $\langle u, v \rangle, \langle v, u \rangle \in R_{\mathsf{K4}} \cap R'_{\mathsf{S4}}$.

引理 7.18 对含有规则 $(cut)^a$ 的矢列演算 GL, 以下成立:

(1) 规则 $(B)^a$ 在 GL 中可允许当且仅当对任意 $u \in W_{\mathsf{GL}}$, 如果 $\Box\alpha \in \mathfrak{s}(u)$, 那么存在 $v \in W_{\mathsf{GL}}$ 使得 $uR_{\mathsf{KB}}v$ 并且 $\alpha \in \mathfrak{s}(v)$.

(2) 规则 $(DB)^a$ 在 GL 中可允许当且仅当 R_{KB} 是持续的.

(3) 规则 $(B45)^a$ 在 GL 中可允许当且仅当对任意 $u \in W_{\mathsf{GL}}$, 如果 $\Box\alpha \in \mathfrak{s}(u)$, 那么存在 $v \in W_{\mathsf{GL}}$ 使得 $uR_{\mathsf{K4B}}v$ 并且 $\alpha \in \mathfrak{s}(v)$.

(4) 规则 $(S5)$ 在 GL 中可允许当且仅当对任意 $u \in W_{\mathsf{GL}}$, 如果 $\Box\alpha \in \mathfrak{s}(u)$, 那么存在 $v \in W_{\mathsf{GL}}$ 使得 $uR_{\mathsf{S5}}v$ 并且 $\alpha \in \mathfrak{s}(v)$.

证明 (1) 设右侧条件成立. 设 $\mathsf{GL} \nvdash \Box\Gamma \Rightarrow \Delta, \Box\alpha$ 并且 $\Box\Delta \subseteq SF(\Gamma, \alpha)$. 由引理 7.9 得, 存在 $u \in W_{\mathsf{GL}}$ 使得 $\Box\Gamma \subseteq \mathfrak{a}(u)$, $\Delta \subseteq \mathfrak{s}(u)$ 并且 $\Box\alpha \in \mathfrak{s}(u)$. 由假设得, 存在 $v \in W_{\mathsf{GL}}$ 使得 $uR_{\mathsf{KB}}v$ 并且 $\alpha \in \mathfrak{s}(v)$. 设 $\beta \in \Gamma$. 那么 $\Box\beta \in \Box\Gamma \subseteq \mathfrak{a}(u)$. 因为 $uR_{\mathsf{K}}v$, 所以 $\beta \in \mathfrak{a}(v)$. 所以 $\Gamma \subseteq \mathfrak{a}(v)$. 为证明 $\mathsf{GL} \nvdash \Gamma \Rightarrow \Box\Delta, \alpha$, 只要证 $\Box\Delta \subseteq \mathfrak{s}(v)$. 设 $\beta \in \Delta$. 只要证 $\Box\beta \in \mathfrak{s}(v)$. 由引理 7.17 得, $\Box\beta \in \Box\Delta \subseteq SF(\Gamma, \alpha) \subseteq SF(v)$. 如果 $\Box\beta \in \mathfrak{a}(v)$, 那么由 $vR_{\mathsf{K}}u$ 得 $\beta \in \mathfrak{a}(u)$, 但是 $\beta \in \Delta \subseteq \mathfrak{s}(u)$, 矛盾. 所以 $\Box\beta \in \mathfrak{a}(v)$. 所以 $\Box\beta \in \mathfrak{s}(v)$.

设 $(B)^a$ 在 GL 中可允许. 设 $\Box\alpha \in \mathfrak{s}(u)$. 令 $\Gamma = \{\beta \mid \Box\beta \in \mathfrak{a}(u)\}$ 并且 $\Delta = \{\beta \in \mathfrak{s}(u) \mid \Box\beta \in SF(\Gamma, \alpha)\}$. 因为 $\Box\Delta \subseteq SF(\Gamma, \alpha)$ 并且 $\mathsf{GL} \nvdash \Box\Gamma \Rightarrow \Delta, \Box\alpha$, 所以 $\mathsf{GL} \nvdash \Gamma \Rightarrow \Box\Delta, \alpha$. 由引理 7.9 得, 存在 $v \in W_{\mathsf{GL}}$ 使得 $\Gamma \subseteq \mathfrak{a}(v)$, $\Box\Delta \subseteq \mathfrak{s}(v)$, $\alpha \in \mathfrak{s}(v)$ 并且 $\mathfrak{a}(v) \subseteq \mathfrak{s}(v) \subseteq SF(\Gamma, \Box\Delta, \alpha)$. 由 $\Gamma \subseteq \mathfrak{a}(v)$ 得 $uR_{\mathsf{K}}v$. 只要证 $vR_{\mathsf{K}}u$. 设 $\Box\beta \in \mathfrak{a}(v)$. 现在证明 $\beta \in \mathfrak{a}(u)$. 如果 $\beta \in \mathfrak{s}(u)$, 那么 $\beta \in \Delta$, 因而 $\Box\beta \in \mathfrak{s}(v)$, 矛盾. 所以 $\beta \notin \mathfrak{s}(u)$. 所以 $\beta \in \mathfrak{a}(u)$. 所以 $\Box\beta \in SF(\Gamma, \Box\Delta, \alpha) = SF(\Gamma, \alpha)$. 所以, 由引理 7.17 得, $\beta \in SF(\Gamma, \alpha) \subseteq SF(u) \subseteq u$.

(2) 与 (1) 证明类似.

(3) 设右侧条件成立. 设 $\mathsf{GL} \nvdash \Box\Gamma \Rightarrow \Box\Sigma, \Delta, \Box\alpha$ 并且 $\Box\Delta \subseteq SF(\Box\Gamma, \Sigma, \alpha)$. 由引理 7.9 得, 存在 $u \in W_{\mathsf{GL}}$ 使得 $\Box\Gamma \subseteq \mathfrak{a}(u)$, $\Box\Sigma \cup \Delta \subseteq \mathfrak{s}(u)$ 并且 $\Box\alpha \in \mathfrak{s}(u)$. 由假设得, 存在 $v \in W_{\mathsf{GL}}$ 使得 $uR_{\mathsf{K4B}}v$ 并且 $\alpha \in \mathfrak{s}(v)$. 设 $\beta \in \Gamma$. 那么 $\Box\beta \in \Box\Gamma \subseteq \mathfrak{a}(u)$. 由 $uR_{\mathsf{K4}}v$ 得, $\beta, \Box\beta \in \mathfrak{a}(v)$. 所以 $\Gamma \cup \Box\Gamma \subseteq \mathfrak{a}(v)$. 设 $\beta \in \Sigma$. 那么 $\Box\beta \in \Box\Sigma \subseteq \mathfrak{s}(u)$. 由 $uR'_{\mathsf{S4}}v$ 得, $\Box\beta \in \mathfrak{s}(v)$. 所以 $\Box\Sigma \subseteq \mathfrak{s}(v)$. 现在证明 $\Box\Delta \subseteq \mathfrak{s}(v)$. 设 $\beta \in \Delta$. 以下证明 $\Box\beta \in \mathfrak{s}(v)$. 由引理 7.17 得, $\Box\beta \in \Box\Delta \subseteq SF(\Box\Gamma, \Sigma, \alpha) \subseteq SF(u) \subseteq \mathfrak{a}(u) \subseteq \mathfrak{s}(u)$. 设 $\Box\beta \in \mathfrak{a}(u)$. 由 $uR_{\mathsf{K4}}v$ 得, $\Box\beta \in \mathfrak{a}(v)$. 由 $vR_{\mathsf{K4}}u$ 得, $\beta \in \mathfrak{a}(u)$. 但是 $\beta \in \Delta \subseteq \mathfrak{s}(u)$, 矛盾. 所以 $\Box\beta \notin \mathfrak{a}(u)$. 所以 $\Box\beta \in \mathfrak{s}(u)$. 因为 $uR'_{\mathsf{S4}}v$, 所以 $\Box\beta \in \mathfrak{s}(v)$. 所以 $\Box\Delta \subseteq \mathfrak{s}(v)$. 由 $\Gamma \cup \Box\Gamma \subseteq \mathfrak{a}(v)$, $\Box\Sigma \cup \Box\Delta \subseteq \mathfrak{s}(v)$ 和 $\alpha \in \mathfrak{s}(v)$ 得, $\mathsf{GL} \nvdash \Gamma, \Box\Gamma \Rightarrow \Box\Sigma, \Box\Delta, \alpha$.

设 $(B45)^a$ 在 GL 中可允许. 设 $\Box\alpha \in \mathfrak{s}(u)$, $\Gamma = \{\beta \mid \Box\beta \in \mathfrak{a}(u)\}$, $\Sigma = \{\beta \mid \Box\beta \in \mathfrak{s}(u)\}$, $\Delta = \{\beta \in \mathfrak{s}(u) \mid \Box\beta \in SF(\Box\Gamma, \Sigma, \alpha)\}$. 显然 $\Box\Delta \subseteq SF(\Box\Gamma, \Sigma, \alpha)$

并且 $\mathsf{GL} \not\vdash \Box\Gamma \Rightarrow \Box\Sigma, \Delta, \Box\alpha$. 所以 $\mathsf{GL} \not\vdash \Gamma, \Box\Gamma \Rightarrow \Box\Sigma, \Box\Delta, \alpha$. 由引理 7.9 得, 存在 $v \in W_{\mathsf{GL}}$ 使得 $\Gamma \cup \Box\Gamma \subseteq \mathfrak{a}(v)$, $\Box\Sigma \cup \Box\Delta \subseteq \mathfrak{s}(v)$, $\alpha \in \mathfrak{s}(v)$ 并且 $v \subseteq SF(\Gamma, \Box\Gamma, \Box\Sigma, \Box\Delta, \alpha)$. 现在分别证明 $uR_{\mathsf{K4}}v$, $uR'_{\mathsf{S4}}v$, $vR_{\mathsf{K4}}u$, $vR'_{\mathsf{S4}}u$:

- 设 $\Box\beta \in \mathfrak{a}(u)$. 那么 $\beta \in \Gamma$. 所以 $\beta, \Box\beta \in \Gamma \cup \Box\Gamma \subseteq \mathfrak{a}(v)$. 所以 $uR_{\mathsf{K4}}v$.

- 设 $\Box\beta \in \mathfrak{s}(u)$. 那么 $\beta \in \Sigma$. 所以 $\Box\beta \in \Box\Sigma \subseteq \mathfrak{s}(v)$. 所以 $uR'_{\mathsf{S4}}v$.

- 设 $\Box\beta \in \mathfrak{a}(v)$. 因为 $\Box\Sigma \subseteq \mathfrak{s}(v)$, 所以 $\beta \notin \Sigma$. 因为 $\Box\beta \in SF(\Gamma, \Box\Gamma, \Box\Sigma,$ $\Box\Delta, \alpha) = SF(\Box\Gamma, \Box\Sigma, \alpha)$, 所以 $\Box\beta \in SF(\Box\Gamma, \Sigma, \alpha)$. 由引理 7.17 得, $\beta, \Box\beta \in SF(\Box\Gamma, \Sigma, \alpha) \subseteq SF(u) \subseteq u$. 如果 $\beta \in \Delta$, 那么 $\Box\beta \in \Box\Delta \subseteq \mathfrak{s}(v)$, 矛盾. 所以 $\beta \notin \mathfrak{s}(u)$. 因为 $\beta \notin \Sigma$, 所以 $\Box\beta \notin \mathfrak{s}(u)$. 所以 $\beta, \Box\beta \in \mathfrak{a}(u)$. 所以 $vR_{\mathsf{K4}}u$.

- 设 $\Box\beta \in \mathfrak{s}(v)$. 现在证明 $\Box\beta \in \mathfrak{s}(u)$. 同理 $\Box\beta \in SF(\Gamma, \Box\Gamma, \Box\Sigma, \Box\Delta, \alpha) \subseteq SF(u) \subseteq u$. 如果 $\Box\beta \in \mathfrak{a}(u)$, 那么 $\beta \in \Gamma$, 因而 $\Box\beta \in \Box\Gamma \subseteq \mathfrak{a}(v)$, 矛盾. 所以 $\Box\beta \notin \mathfrak{a}(u)$. 所以 $\Box\beta \in \mathfrak{s}(u)$. 所以 $vR'_{\mathsf{S4}}u$.

所以 $uR_{\mathsf{K4B}}v$. 因此右侧条件成立.

(4) 设右侧条件成立. 设 $\mathsf{GL} \not\vdash \Box\Gamma \Rightarrow \Box\Delta, \Box\alpha$. 由引理 7.9 得, 存在 $u \in W_{\mathsf{GL}}$ 使得 $\Box\Gamma \subseteq \mathfrak{a}(u)$, $\Box\Delta \subseteq \mathfrak{s}(u)$ 并且 $\Box\alpha \in \mathfrak{s}(u)$. 由假设得, 存在 $v \in W_{\mathsf{GL}}$ 使得 $uR_{\mathsf{S5}}v$ 并且 $\alpha \in \mathfrak{s}(v)$. 设 $\beta \in \Gamma$. 那么 $\Box\beta \in \Box\Gamma \subseteq \mathfrak{a}(u)$. 由 $uR_{\mathsf{S4}}v$ 得, $\Box\beta \in \mathfrak{a}(v)$. 所以 $\Box\Gamma \subseteq \mathfrak{a}(v)$. 设 $\beta \in \Delta$. 那么 $\Box\beta \in \Box\Delta \subseteq \mathfrak{s}(u)$. 由 $uR'_{\mathsf{S4}}v$ 得, $\Box\beta \in \mathfrak{s}(v)$. 所以 $\Box\Delta \subseteq \mathfrak{s}(v)$. 所以 $\mathsf{GL} \not\vdash \Box\Gamma \Rightarrow \Box\Delta, \alpha$.

设 $(S5)$ 在 GL 中可允许. 设 $\Box\alpha \in \mathfrak{s}(u)$. 令 $\Gamma = \{\beta \mid \Box\beta \in \mathfrak{a}(u)\}$ 并且 $\Delta = \{\beta \mid \Box\beta \in \mathfrak{s}(u)\}$. 显然 $\mathsf{GL} \not\vdash \Box\Gamma \Rightarrow \Box\Delta, \Box\alpha$. 所以 $\mathsf{GL} \not\vdash \Box\Gamma \Rightarrow \Box\Delta, \alpha$. 由引理 7.9 得, 存在 $v \in W_{\mathsf{GL}}$ 使得 $\Box\Gamma \subseteq \mathfrak{a}(v)$, $\Box\Delta \subseteq \mathfrak{s}(v)$, $\alpha \in \mathfrak{s}(v)$ 并且 $v \subseteq SF(\Box\Gamma, \Box\Delta, \alpha)$. 现在分别证明 $uR_{\mathsf{S4}}v$, $uR'_{\mathsf{S4}}v$, $vR_{\mathsf{S4}}u$, $vR'_{\mathsf{S4}}u$:

- 设 $\Box\beta \in \mathfrak{a}(u)$. 那么 $\beta \in \Gamma$. 所以 $\Box\beta \in \Box\Gamma \subseteq \mathfrak{a}(v)$. 所以 $uR_{\mathsf{S4}}v$.

- 设 $\Box\beta \in \mathfrak{s}(u)$. 那么 $\beta \in \Delta$. 所以 $\Box\alpha \in \Box\Delta \subseteq \mathfrak{s}(v)$. 所以 $uR'_{\mathsf{S4}}v$.

- 如果 $\Box\beta \in \mathfrak{a}(v) \cup \mathfrak{s}(v)$, 由引理 7.17 得, $\Box\beta \in SF(\Box\Gamma, \Box\Delta, \alpha) \subseteq SF(\mathfrak{a}(u) \cup \mathfrak{s}(u)) \subseteq \mathfrak{a}(u) \cup \mathfrak{s}(u)$. 设 $\Box\beta \in \mathfrak{a}(v)$. 如果 $\Box\beta \in \mathfrak{s}(u)$, 由 $uR'_{\mathsf{S4}}v$ 得, $\Box\beta \in \mathfrak{s}(v)$, 矛盾. 所以 $\Box\beta \notin \mathfrak{s}(u)$. 所以 $\Box\beta \in \mathfrak{a}(u)$. 所以 $vR_{\mathsf{S4}}u$.

- 设 $\Box\beta \in \mathfrak{s}(v)$. 如果 $\Box\beta \in \mathfrak{a}(u)$, 由 $uR_{\mathsf{S4}}v$ 得, $\Box\beta \in \mathfrak{a}(v)$, 矛盾. 所以 $\Box\beta \notin \mathfrak{a}(u)$. 所以 $\Box\beta \in \mathfrak{s}(u)$. 所以 $vR'_{\mathsf{S4}}u$.

所以 $uR_{\mathsf{S5}}v$. 因此右侧条件成立. $\qquad\square$

引理 7.19 对 GIII 组正规模态逻辑 L 及矢列演算 GL 和框架 $\mathfrak{F}_{\mathsf{L}} = (W_{\mathsf{GL}}, R_{\mathsf{L}})$ 使得 $R_{\mathsf{KTB}} = R_{\mathsf{KDB}} = R_{\mathsf{KB}}$, 都有框架 $\mathfrak{F}_{\mathsf{L}}$ 满足 $(\Box a)$ 和 $(\Box s)$ 并且 $\mathfrak{F}_{\mathsf{L}} \models \mathsf{L}$.

证明 对 $\mathsf{L} \in \{\mathsf{KB}, \mathsf{KTB}, \mathsf{KDB}\}$, 由引理 7.18 (1)、引理 7.12 (6) 和引理 7.18 (2) 可得. 对 $\mathsf{L} = \mathsf{K4B}$, 由 R_{K4B} 的定义和引理 7.18 (3) 可得. 对 $\mathsf{L} = \mathsf{S5}$, 由 R_{S5}

的定义、7.18 (4) 和引理 7.12 (6) 可得.   □

定理 7.4 对 L ∈ {KB, KTB, KDB, K4B, S5}, 矢列演算 GL 是完全的并且具有有穷模型性质以及子公式性质.

证明 由引理 7.19可得.   □

以下考虑 GIV 组模态逻辑 K5 和 KD5 的矢列演算. 现在引入它们的矢列演算. 考虑以下矢列规则:

$$\frac{\Gamma \Rightarrow \Sigma, \alpha \quad \alpha, \Delta \Rightarrow \Theta}{\Gamma, \Delta \Rightarrow \Sigma, \Theta}(cut)^5, \ 其中 \ \alpha \in SF_{\mathsf{K5}}(\Gamma, \Sigma, \Delta, \Theta)$$

$$\frac{\Gamma \Rightarrow \Box\Theta, \alpha}{\Box\Gamma \Rightarrow \Box\Theta, \Box\alpha}(5) \quad \frac{\Gamma \Rightarrow \Box\Delta}{\Box\Gamma \Rightarrow \Box\Delta}(D5)$$

GIV 组模态矢列演算的定义及其所对应的框架条件如下:

模态矢列演算	增加规则	框架条件
GK5	(5), $(cut)^5$	传递性和欧性
GKD5	(D5), $(cut)^5$	传递性、欧性和持续性

一个公式 α 的**内部子公式**是某个公式 χ 使得 $\Box\chi$ 是 α 的子公式. 公式 α 的一个 **K5-子公式**是 α 的子公式或者形如 $\Box\neg\Box\beta$ 或 $\neg\Box\beta$ 的公式, 其中 $\Box\beta$ 是 α 的内部子公式. 即公式 α 的 K5-子公式的集合是

$$SF_{\mathsf{K5}}(\alpha) = SF(\alpha) \cup \{\Box\neg\Box\beta, \neg\Box\beta \mid \Box\beta \in SF(\chi), \Box\chi \in SF(\alpha)\}$$

一个公式集 Γ 的内部子公式集记为 $ISF(\Gamma)$; 其 K5-子公式集记为 $SF_{\mathsf{K5}}(\Gamma)$. 如果 $\Box\alpha$ 是 β 的内部子公式且 β 是 χ 的 K5-子公式, 那么 $\Box\alpha$ 是 χ 的内部子公式. 如果 α 是 β 的 K5-子公式且 β 是 χ 的 K5-子公式, 那么 α 是 χ 的 K5-子公式.

例 7.7 (1) GK5 ⊢ $\neg\Box\alpha \Rightarrow \Box\neg\Box\alpha$. 推导如下:

$$\frac{\dfrac{\dfrac{\Box\alpha \Rightarrow \Box\alpha}{\Rightarrow \Box\alpha, \neg\Box\alpha}(\Rightarrow\neg)}{\Rightarrow \Box\alpha, \Box\neg\Box\alpha}(5)}{\neg\Box\alpha \Rightarrow \Box\neg\Box\alpha}(\neg\Rightarrow)$$

(2) GK5 ⊢ $\Box\Box\alpha \Rightarrow \Box\Box\Box\alpha$. 推导如下:

$$\frac{\dfrac{\dfrac{\dfrac{\Box\alpha \Rightarrow \Box\alpha}{\Rightarrow \Box\alpha, \neg\Box\alpha}(\Rightarrow\neg)}{\Rightarrow \Box\alpha, \Box\neg\Box\alpha}(5)}{\Rightarrow \Box\Box\alpha, \Box\neg\Box\alpha}(5) \quad \dfrac{\dfrac{\dfrac{\Box\alpha \Rightarrow \Box\alpha}{\Box\alpha \Rightarrow \Box\alpha, \Box\Box\alpha}(\Rightarrow w)}{\neg\Box\alpha, \Box\alpha \Rightarrow \Box\Box\alpha}(\neg\Rightarrow)}{\Box\neg\Box\alpha, \Box\Box\alpha \Rightarrow \Box\Box\Box\alpha}(5)}{\dfrac{\Box\Box\alpha, \Box\Box\alpha \Rightarrow \Box\Box\Box\alpha}{\Box\Box\alpha \Rightarrow \Box\Box\Box\alpha}(c\Rightarrow)}(cut)^5$$

该推导中 $(cut)^5$ 的应用是不可消除的, 而切割公式 $\Box\neg\Box\alpha$ 不是其结论的子公式, 但它是结论的 K5-子公式.

对以上正规模态逻辑 L 和矢列演算 GL, 定义 W_{GL} 的子集 W_{GL}^* 如下: $u \in W_{\mathsf{GL}}^*$ 当且仅当对任意公式 β, 如果 $\Box\beta \in ISF(u)$, 则 $\Box\beta \in \mathfrak{s}(u)$ 或者 $\Box\neg\Box\beta \in u$.

引理 7.20　设 GL 是含有 $(cut)^5$ 的矢列演算. 如果 $\mathsf{GL} \not\vdash \Gamma \Rightarrow \Delta$, 那么存在 $u \in W_{\mathsf{GL}}^*$ 使得 $\Gamma \subseteq \mathfrak{a}(u)$ 并且 $\Delta \subseteq \mathfrak{s}(u)$.

证明　令 $\alpha_1, \cdots, \alpha_n$ 是 $SF_{\mathsf{K5}}(\Gamma, \Delta)$ 中所有公式的列举. 令 $\Gamma_1 = \Gamma$ 且 $\Delta_1 = \Delta$. 设 Γ_k 和 Δ_k 已定义使得 $\Gamma \subseteq \Gamma_k$, $\Delta \subseteq \Delta_k$ 并且 $\mathsf{GL} \not\vdash \Gamma_k \Rightarrow \Delta_k$. 现在证明 $\mathsf{GL} \not\vdash \Gamma_k \Rightarrow \Delta_k, \alpha_k$ 或者 $\mathsf{GL} \not\vdash \alpha_k \Gamma_k \Rightarrow \Delta_k$. 假设不然. 因为 $A_k \in SF_{\mathsf{K5}}(\Gamma, \Delta) \subseteq SF_{\mathsf{K5}}(\Gamma_k, \Delta_k)$, 所以由 $(cut)^5$ 得 $\mathsf{GL} \vdash \Gamma_k, \Gamma_k \Rightarrow \Delta_k, \Delta_k$. 由 $(c\Rightarrow)$ 和 $(\Rightarrow c)$ 得, $\mathsf{GL} \vdash \Gamma_k \Rightarrow \Delta_k$, 矛盾. 如果 $\mathsf{GL} \not\vdash \Gamma_k \Rightarrow \Delta_k, \alpha_k$, 令 $\Gamma_{k+1} = \Gamma_k$ 并且 $\Delta_{k+1} = \Delta_k \cup \{\alpha_k\}$. 如果 $\mathsf{GL} \not\vdash \alpha_k, \Gamma_k \Rightarrow \Delta_k$, 令 $\Gamma_{k+1} = \Gamma_k \cup \{\alpha_k\}$ 并且 $\Delta_{k+1} = \Delta_k$. 显然 $\mathsf{GL} \not\vdash \Gamma_{k+1} \Rightarrow \Delta_{k+1}$.

现在证明 $\Gamma_{n+1} \Rightarrow \Delta_{n+1}$ 是所需的分析性饱和矢列. 显然 $\Gamma \subseteq \Gamma_{n+1}$, $\Delta \subseteq \Delta_{n+1}$ 并且 $\mathsf{GL} \not\vdash \Gamma_{n+1} \Rightarrow \Delta_{n+1}$. 此外 $\Gamma_{n+1} \cup \Delta_{n+1} = SF_{\mathsf{K5}}(\Gamma, \Delta)$. 以下证明 $\Gamma_{n+1} \Rightarrow \Delta_{n+1}$ 是分析性饱和矢列. 设 $\alpha \in SF(\Gamma_{n+1}, \Delta_{n+1})$. 因为 $SF(\Gamma_{n+1}, \Delta_{n+1}) \subseteq SF_{\mathsf{K5}}(\Gamma_{n+1}, \Delta_{n+1}) \subseteq \Gamma_{n+1} \cup \Delta_{n+1}$, 所以 $\alpha \in \Gamma_{n+1} \cup \Delta_{n+1}$. 如果 $\mathsf{GL} \not\vdash \alpha, \Gamma_{n+1} \Rightarrow \Delta_{n+1}$, 那么 $\alpha \notin \Delta_{n+1}$, 因而 $\alpha \in \Gamma_{n+1}$. 如果 $\mathsf{GL} \not\vdash \Gamma_{n+1} \Rightarrow \Delta_{n+1}, \alpha$, 那么 $\alpha \in \Delta_{n+1}$. 所以 $\Gamma_{n+1} \Rightarrow \Delta_{n+1} \in W_{\mathsf{GL}}$. 以下证明它属于 W_{GL}^*. 设 $\Box\beta \in ISF(\Gamma_{n+1}, \Delta_{n+1})$. 因为 $\Box\neg\Box\beta \in SF_{\mathsf{K5}}(\Gamma_{n+1} \cup \Delta_{n+1})$ 并且 $SF_{\mathsf{K5}}(\Gamma_{n+1}, \Delta_{n+1}) = SF_{\mathsf{K5}}(SF_{\mathsf{K5}}(\Gamma, \Delta)) \subseteq SF_{\mathsf{K5}}(\Gamma, \Delta) = \Gamma_{n+1} \cup \Delta_{n+1}$, 所以 $\Box\neg\Box\beta \in \Gamma_{n+1} \cup \Delta_{n+1}$. □

对矢列演算 GL, 定义 W_{K5}^* 上的二元关系 R_{K5} 如下:

(1) uSv 当且仅当对任意公式 β, 如果 $\Box\beta \in v$, 那么 $\Box\beta \in \mathfrak{s}(u)$ 或者 $\Box\neg\Box\beta \in u$;

(2) $uR_{\mathsf{K5}}v$ 当且仅当 $uR_{\mathsf{K}}v$, $uR'_{\mathsf{S4}}v$ 并且 uSv.

引理 7.21　对含有规则 $(cut)^5$ 的模态矢列演算 GL, 对任意公式 α 以下成立:

(1) 规则 (5) 在 GL 中可允许当且仅当对任意 $u \in W_{\mathsf{GL}}^*$, 如果 $\Box\alpha \in \mathfrak{s}(u)$, 那么存在 $v \in W_{\mathsf{GL}}^*$ 使得 $uR_{\mathsf{K5}}v$ 并且 $\alpha \in \mathfrak{s}(v)$.

(2) 规则 $(D5)$ 在 GL 中可允许当且仅当 R_{K5} 是持续的.

证明　只证 (1), 同理可证 (2). 设 (1) 右侧条件成立. 设 $\mathsf{GL} \not\vdash \Box\Gamma \Rightarrow \Box\Delta, \Box\alpha$. 由引理 7.20 得, 存在 $u \in W_{\mathsf{GL}}^*$ 使得 $\Box\Gamma \subseteq \mathfrak{a}(u)$, $\Box\Delta \subseteq \mathfrak{s}(u)$ 并且 $\Box\alpha \in \mathfrak{s}(u)$. 由假设得, 存在 $v \in W_{\mathsf{GL}}^*$ 使得 $uR_{\mathsf{K5}}v$ 并且 $\alpha \in \mathfrak{s}(v)$. 设 $\beta \in \Gamma$. 那么 $\Box\beta \in \Box\Gamma \subseteq \mathfrak{a}(u)$. 由 $uR_{\mathsf{K}}v$ 得, $\alpha \in \mathfrak{a}(v)$. 所以 $\Gamma \subseteq \mathfrak{a}(v)$. 设 $\beta \in \Delta$. 那么 $\Box\beta \in \Box\Delta \subseteq \mathfrak{s}(u)$. 由 $uR'_{\mathsf{S4}}v$ 得 $\Box\beta \in \mathfrak{s}(v)$. 所以 $\Box\Delta \subseteq \mathfrak{s}(v)$. 所以 $\mathsf{GL} \not\vdash \Gamma \Rightarrow \Box\Delta, \alpha$.

设 (5) 在 GL 中可允许. 设 $\Box\alpha \in \mathfrak{s}(u)$ 并且 $u \in W_{\mathsf{GL}}^*$. 令 $\Gamma = \{\beta \mid \Box\beta \in \mathfrak{a}(u)\}$

并且 $\Delta = \{\beta \mid \Box\beta \in \mathfrak{s}(u)\}$. 那么 $\mathsf{GL} \nvdash \Box\Gamma \Rightarrow \Box\Delta, \Box\alpha$. 所以 $\mathsf{GL} \nvdash \Gamma \Rightarrow \Box\Delta, \alpha$. 由引理 7.9得, 存在 $v \in W_{\mathsf{GL}}$ 使得 $\Gamma \subseteq \mathfrak{a}(v)$, $\Box\Delta \subseteq \mathfrak{s}(v)$, $\alpha \in \mathfrak{s}(v)$ 并且 $v \subseteq SF(\Gamma, \Box\Delta, \alpha)$. 因为 $\Gamma \subseteq \mathfrak{a}(v)$, 所以 $uR_{\mathsf{K}}v$. 因为 $\Box\Delta \subseteq \mathfrak{s}(v)$, 所以 $uR'_{\mathsf{S4}}v$. 以下证明 uSv. 设 $\Box\beta \in v$. 因为 $v \subseteq SF(\Gamma, \Box\Delta, \alpha) = \Box\Delta \cup SF(\Gamma, \Delta, \alpha) \subseteq \Box\Delta \cup ISF(\Box\Gamma, \Box\Delta, \Box\alpha) \cup \mathfrak{s}(u) \cup ISF(u)$, 所以 $\Box\beta \in \mathfrak{s}(u)$ 或者 $\Box\beta \in ISF(u)$. 设 $\Box\beta \in ISF(u)$. 因为 $u \in W^*_{\mathsf{GL}}$, 所以 $\Box\beta \in \mathfrak{s}(u)$ 或者 $\Box\neg\Box\beta \in \mathfrak{s}(u) \cup \mathfrak{s}(u)$. 所以 uSv. 以下证明 $v \in W^*_{\mathsf{GL}}$. 设 $\Box\beta \in ISF(v)$. 由于 $ISF(v) \subseteq SF(v) \subseteq v$ 并且 uSv, 所以 $\Box\beta \in \mathfrak{s}(u)$ 或者 $\Box\neg\Box\beta \in \mathfrak{a}(u)$ 或者 $\Box\neg\Box\beta \in \mathfrak{s}(u)$. 如果 $\Box\beta \in \mathfrak{s}(u)$ 或者 $\Box\neg\Box\beta \in \mathfrak{a}(u)$, 由 $uR'_{\mathsf{S4}}v$ 或 $uR_{\mathsf{K}}v$ 得, $\Box\beta \in \mathfrak{s}(v)$. 如果 $\Box\neg\Box\beta \in \mathfrak{s}(u)$, 由 $uR'_{\mathsf{S4}}v$ 得, $\Box\neg\Box\beta \in \mathfrak{s}(v)$. $\qquad\square$

对 $\mathsf{L} \in \{\mathsf{K5}, \mathsf{KD5}\}$, 如果 $u \in W_{\mathsf{GL}}$, 那么 $\Box\neg\Box\beta \in \mathfrak{s}(u)$ 蕴涵 $\Box\beta \in \mathfrak{a}(u)$. 证明如下: 设 $\Box\neg\Box\beta \in \mathfrak{s}(u)$. 因为 $\mathsf{GL} \vdash \Rightarrow \Box\beta, \Box\neg\Box\beta$, 所以 $\Box\beta \notin \mathfrak{s}(u)$ 或 $\Box\neg\Box\beta \in \mathfrak{s}(u)$. 如果 $\Box\beta \notin \mathfrak{s}(u)$, 则 $\Box\beta \in \mathfrak{a}(u)$. 如果 $\Box\neg\Box\beta \in \mathfrak{s}(u)$, 则 $\Box\beta \in SF(\mathfrak{s}(u)) \subseteq u$.

引理 7.22 设 $\mathsf{L} \in \{\mathsf{K5}, \mathsf{KD5}\}$ 并且 $\mathfrak{F}_{\mathsf{L}} = (W^*_{\mathsf{GL}}, R_{\mathsf{K5}})$. 那么框架 $\mathfrak{F}_{\mathsf{L}}$ 满足 $(\Box a)$ 和 $(\Box s)$ 并且 $\mathfrak{F}_{\mathsf{L}} \models \mathsf{L}$.

证明 设 $\Box\alpha \in \mathfrak{a}(u)$ 并且 $uR_{\mathsf{K5}}v$. 由 $uR_{\mathsf{K}}v$ 得, $\alpha \in \mathfrak{a}(v)$. 所以 $(\Box a)$ 成立. 由引理 7.21得, $(\Box s)$ 成立. 现在证明 R_{K5} 满足欧性条件. 设 $uR_{\mathsf{K5}}v$ 并且 $uR_{\mathsf{K5}}w$. 只要证 $vR_{\mathsf{K5}}w$. 以下证明 $vR_{\mathsf{K}}w$、$vR'_{\mathsf{S4}}w$ 和 vSw:

- 设 $\Box\beta \in \mathfrak{a}(v)$. 由 uSv 得, $\Box\beta \in \mathfrak{s}(u)$ 或 $\Box\neg\Box\beta \in \mathfrak{a}(u)$ 或 $\Box\neg\Box\beta \in \mathfrak{s}(u)$. 设 $\Box\beta \in \mathfrak{s}(u)$ 或 $\Box\neg\Box\beta \in \mathfrak{a}(u)$. 由 $uR'_{\mathsf{S4}}v$ 或 $uR_{\mathsf{K}}v$ 得, $\Box\beta \in \mathfrak{s}(v)$, 与 $\Box\beta \in \mathfrak{a}(v)$ 矛盾. 设 $\Box\neg\Box\beta \in \mathfrak{s}(u)$. 所以 $\Box\beta \in \mathfrak{a}(u)$. 由 $uR_{\mathsf{K}}w$ 得, $\beta \in \mathfrak{a}(w)$. 所以 $vR_{\mathsf{K}}w$.

- 设 $\Box\beta \in \mathfrak{s}(v)$. 同理 $\Box\beta \in \mathfrak{s}(u)$ 或 $\Box\neg\Box\beta \in \mathfrak{a}(u)$ 或 $\Box\neg\Box\beta \in \mathfrak{s}(u)$. 设 $\Box\beta \in \mathfrak{s}(u)$ 或 $\Box\neg\Box\beta \in \mathfrak{a}(u)$. 由 $uR'_{\mathsf{S4}}w$ 或 $uR_{\mathsf{K}}w$ 得, $\Box\beta \in \mathfrak{s}(w)$. 设 $\Box\neg\Box\beta \in \mathfrak{s}(u)$. 由 $uR'_{\mathsf{S4}}v$ 得, $\Box\neg\Box\beta \in \mathfrak{s}(v)$. 所以 $\Box\beta \in \mathfrak{a}(v)$, 与 $\Box\beta \in \mathfrak{s}(v)$ 矛盾. 所以 $vR'_{\mathsf{S4}}w$.

- 设 $\Box\beta \in w$. 因为 uSw, 所以 $\Box\beta \in \mathfrak{s}(u)$ 或 $\Box\neg\Box\beta \in \mathfrak{a}(u)$ 或 $\Box\neg\Box\beta \in \mathfrak{s}(u)$. 设 $\Box\beta \in \mathfrak{s}(u)$ 或 $\Box\neg\Box\beta \in \mathfrak{a}(u)$. 由 $uR'_{\mathsf{S4}}w$ 或 $uR_{\mathsf{K}}v$ 得, $\Box\beta \in \mathfrak{s}(v)$. 设 $\Box\neg\Box\beta \in \mathfrak{s}(u)$. 由 $uR'_{\mathsf{S4}}v$ 得, $\Box\neg\Box\beta \in \mathfrak{s}(v)$. 所以 vSw.

所以 R_{K5} 是欧性的. 当 $\mathsf{L} = \mathsf{KD5}$ 时, 由引理 7.21 (2) 得, R_{K5} 是持续的. $\qquad\square$

定理 7.5 对 $\mathsf{L} \in \{\mathsf{K5}, \mathsf{KD5}\}$, 矢列演算 GL 是完全的并且具有有穷模型性质.

证明 由引理 7.20和引理 7.22可得. $\qquad\square$

称一个矢列演算 GL 具有**扩展子公式性质**, 如果在 GL 中可推导的任何矢列 $\Gamma \Rightarrow \Delta$ 都有推导 $\mathcal{D}$ 使得 $\mathcal{D}$ 中出现的公式都属于 $SF_{\mathsf{K5}}(\Gamma, \Delta)$.

推论 7.4 对 $\mathsf{L} \in \{\mathsf{K5}, \mathsf{KD5}\}$, 矢列演算 GL 具有扩展子公式性质.

7.3　超矢列演算

超矢列演算 (hypersequent calculus) 是对甘岑式矢列演算的推广. 一个超矢列是由有穷多个矢列组成的可重集. 超矢列演算允许并行计算. 首先介绍古典句子逻辑的超矢列演算. 一个**超矢列**是以下形式的表达式:

$$\Gamma_1 \Rightarrow \Delta_1 \mid \cdots \mid \Gamma_n \Rightarrow \Delta_n$$

它的意思是存在 $1 \leqslant i \leqslant n$ 使得矢列 $\Gamma_i \Rightarrow \Delta_i$ 成立, 其中 | 表示 "或者". 我们用 G, H 等表示任意超矢列, 用 G, H 表示 $G \cup H$.

定义 7.14　古典句子逻辑的超矢列演算 HC 由以下公理模式和规则组成:

(1) 公理模式

$$(Id) \ \alpha \Rightarrow \alpha$$

(2) 联结词规则

$$\frac{G \mid \alpha_i, \Gamma \Rightarrow \Delta}{G \mid \alpha_1 \wedge \alpha_2, \Gamma \Rightarrow \Delta}(\wedge\Rightarrow)(i=1,2) \qquad \frac{G \mid \Gamma \Rightarrow \Delta, \alpha \quad G \mid \Gamma \Rightarrow \Delta, \beta}{G \mid \Gamma \Rightarrow \Delta, \alpha \wedge \beta}(\Rightarrow\wedge)$$

$$\frac{G \mid \alpha, \Gamma \Rightarrow \Delta \quad G \mid \beta, \Gamma \Rightarrow \Delta}{G \mid \alpha \vee \beta, \Gamma \Rightarrow \Delta}(\vee\Rightarrow) \qquad \frac{G \mid \Gamma \Rightarrow \Delta, \alpha_i}{G \mid \Gamma \Rightarrow \Delta, \alpha_1 \vee \alpha_2}(\Rightarrow\vee)(i=1,2)$$

$$\frac{G \mid \Gamma \Rightarrow \Delta, \alpha \quad G \mid \beta, \Gamma \Rightarrow \Delta}{G \mid \alpha \to \beta, \Gamma \Rightarrow \Delta}(\to\Rightarrow) \qquad \frac{G \mid \alpha, \Gamma \Rightarrow \Delta, \beta}{G \mid \Gamma \Rightarrow \Delta, \alpha \to \beta}(\Rightarrow\to)$$

$$\frac{G \mid \Gamma \Rightarrow \Delta, \alpha}{G \mid \neg\alpha, \Gamma \Rightarrow \Delta}(\neg\Rightarrow) \qquad \frac{G \mid \alpha, \Gamma \Rightarrow \Delta}{G \mid \Gamma \Rightarrow \Delta, \neg\alpha}(\Rightarrow\neg)$$

(3) 结构规则

$$\frac{G \mid \Gamma \Rightarrow \Delta}{G \mid \alpha, \Gamma \Rightarrow \Delta}(Iw\Rightarrow) \qquad \frac{G \mid \Gamma \Rightarrow \Delta}{G \mid \Gamma \Rightarrow \Delta, \alpha}(\Rightarrow Iw)$$

$$\frac{G \mid \alpha, \alpha, \Gamma \Rightarrow \Delta}{G \mid \alpha, \Gamma \Rightarrow \Delta}(Ic\Rightarrow) \qquad \frac{G \mid \Gamma \Rightarrow \Delta, \alpha, \alpha}{G \mid \Gamma \Rightarrow \Delta, \alpha}(\Rightarrow Ic)$$

$$\frac{G \mid \Gamma \Rightarrow \Delta \mid \Gamma \Rightarrow \Delta}{G \mid \Gamma \Rightarrow \Delta}(Ec) \qquad \frac{G}{G \mid \Gamma \Rightarrow \Delta}(Ew)$$

其中 (Iw) 称为**内部弱化规则**, (Ic) 称为**内部收缩规则**, (Ec) 称为**外部收缩规则**, (Ew) 称为**外部弱化规则**.

(4) 切割规则

$$\frac{G \mid \Gamma \Rightarrow \Delta, \alpha \quad H \mid \alpha, \Sigma \Rightarrow \Theta}{G \mid H \mid \Gamma, \Sigma \Rightarrow \Delta, \Theta}(Hcut)$$

一个超矢列 G 在 HC 中**可证** (记号 HC $\vdash G$), 如果在 HC 中存在 G 的推导.

称一个超矢列 G 是**有效的**, 如果 G 中某个矢列 $\Gamma \Rightarrow \Delta$ 是有效的. 容易验证, HC 是可靠的和完全的, 即对任意超矢列 G, HC $\vdash G$ 当且仅当 G 是有效的. 此外, HC 满足切割消除性质, 即 HC 中对超矢列 G 的任何推导都可以转化为 G 的不使用 $(Hcut)$ 的推导.

以下介绍正规模态逻辑 S5 的具有切割消除性质的超矢列演算. 为简化表述, 这里的模态语言只使用联结词 $\neg, \wedge$ 和模态词 $\square$. 我们用 s, t 等表示模态矢列. 一个超矢列 G 是形如 $s_1 \mid \cdots \mid s_n$ 的表达式. 对矢列 $\Gamma \Rightarrow \Delta$, 定义 $\tau(\Gamma \Rightarrow \Delta) = \bigwedge \Gamma \rightarrow \bigvee \Delta$. 对超矢列 $G = s_1 \mid \cdots \mid s_n$, 定义 $\tau(G) = \square\tau(s_1) \vee \cdots \vee \square\tau(s_n)$.

定义 7.15   超矢列演算 HS5 由以下公理模式和规则组成:

(1) 公理模式

$$(HId)\ G \mid p, \Gamma \Rightarrow \Delta, p$$

(2) 联结词规则

$$\frac{G \mid \Gamma \Rightarrow \Delta, \alpha}{G \mid \neg\alpha, \Gamma \Rightarrow \Delta}(\neg\Rightarrow) \quad \frac{G \mid \Gamma \Rightarrow \Delta, \alpha}{G \mid \Gamma \Rightarrow \Delta, \neg\alpha}(\Rightarrow\neg)$$

$$\frac{G \mid \alpha, \beta, \Gamma \Rightarrow \Delta}{G \mid \alpha \wedge \beta, \Gamma \Rightarrow \Delta}(\wedge\Rightarrow) \quad \frac{G \mid \Gamma \Rightarrow \Delta, \alpha \quad G \mid \Gamma \Rightarrow \Delta, \beta}{G \mid \Gamma \Rightarrow \Delta, \alpha \wedge \beta}(\Rightarrow\wedge)$$

(3) 模态词规则

$$\frac{G \mid \alpha, \square\alpha, \Gamma \Rightarrow \Delta}{G \mid \square\alpha, \Gamma \Rightarrow \Delta}(\square_1\Rightarrow) \quad \frac{G \mid \square\alpha, \Gamma \Rightarrow \Delta \mid \alpha, \Sigma \Rightarrow \Theta}{G \mid \square\alpha, \Gamma \Rightarrow \Delta \mid \Sigma \Rightarrow \Theta}(\square_2\Rightarrow)$$

$$\frac{G \mid \Gamma \Rightarrow \Delta \mid \Rightarrow \alpha}{G \mid \Gamma \Rightarrow \Delta, \square\alpha}(\Rightarrow\square)$$

在规则中结论的公式称为**主公式**. 一个超矢列 G 在 HS5 中**可证** (记号 HS5 $\vdash$ G), 如果在 HC 中存在 G 的推导. 我们用记号 HS5 $\vdash_n G$ 表示 G 在 HS5 有高度不大于 n 的推导. 一个超矢列规则如下:

$$\frac{G_1 \quad \cdots \quad G_n}{G_0}(R)$$

其中 $G_1, \cdots, G_n$ 称为 (R) 的**前提**, G_0 称为它的**结论**. 称 (R) 在 HS5 中**可允许**, 如果 HS5 $\vdash G_i$ $(1 \leqslant i \leqslant n)$ 蕴涵 HS5 $\vdash G_0$. 称 (R) 在 HS5 中**保持高度可允许**, 如果对任意自然数 $n \geqslant 0$ 都有 HS5 $\vdash_n G_i$ $(1 \leqslant i \leqslant n)$ 蕴涵 HS5 $\vdash_n G_0$.

在 HS5 中, 其他联结词 $\top, \bot, \vee$ 和 $\rightarrow$ 是通过 $\neg$ 和 $\wedge$ 定义的. 很容易验证, 在 HC 中关于 $\vee$ 和 $\rightarrow$ 的规则在 HS5 中都是可允许的.

引理 7.23   对任意公式 α, HS5 $\vdash G \mid \alpha, \Gamma \Rightarrow \Delta, \alpha$.

证明 对 $d(\alpha)$ 归纳证明. 原子公式和布尔情况是显然的. 设 $\alpha = \Box\beta$. 由归纳假设, $\text{HS5} \vdash G \mid \Box\beta, \Gamma \Rightarrow \Delta \mid \beta \Rightarrow \beta$. 然后有以下推导:

$$\dfrac{\dfrac{G \mid \Box\beta, \Gamma \Rightarrow \Delta \mid \beta \Rightarrow \beta}{G \mid \Box\beta, \Gamma \Rightarrow \Delta \mid \Rightarrow \beta}(\Box_2\Rightarrow)}{G \mid \Box\beta, \Gamma \Rightarrow \Delta, \Box\beta}(\Rightarrow\Box)$$

所以 $\text{HS5} \vdash G \mid \alpha, \Gamma \Rightarrow \Delta, \alpha$. $\qquad\qquad\square$

例 7.8 (1) $\text{HS5} \vdash \Box(\alpha \wedge \beta) \Rightarrow \Box\alpha \wedge \Box\beta$. 推导如下:

$$\dfrac{\dfrac{\dfrac{\dfrac{\Box(\alpha \wedge \beta) \Rightarrow \mid \alpha, \beta \Rightarrow \alpha}{\Box(\alpha \wedge \beta) \Rightarrow \mid \alpha \wedge \beta \Rightarrow \alpha}(\wedge\Rightarrow)}{\Box(\alpha \wedge \beta) \Rightarrow \mid \Rightarrow \alpha}(\Box_2\Rightarrow)}{\Box(\alpha \wedge \beta) \Rightarrow \Box\alpha}(\Rightarrow\Box) \qquad \dfrac{\dfrac{\dfrac{\Box(\alpha \wedge \beta) \Rightarrow \mid \alpha, \beta \Rightarrow \beta}{\Box(\alpha \wedge \beta) \Rightarrow \mid \alpha \wedge \beta \Rightarrow \beta}(\wedge\Rightarrow)}{\Box(\alpha \wedge \beta) \Rightarrow \mid \Rightarrow \beta}(\Box_2\Rightarrow)}{\Box(\alpha \wedge \beta) \Rightarrow \Box\beta}(\Rightarrow\Box)}{\Box(\alpha \wedge \beta) \Rightarrow \Box\alpha \wedge \Box\beta}(\Rightarrow\wedge)$$

(2) $\text{HS5} \vdash \Box\alpha \wedge \Box\beta \Rightarrow \Box(\alpha \wedge \beta)$. 推导如下:

$$\dfrac{\dfrac{\dfrac{\dfrac{\dfrac{\dfrac{\Box\alpha, \Box\beta \Rightarrow \mid \alpha, \beta \Rightarrow \alpha \quad \Box\alpha, \Box\beta \Rightarrow \mid \alpha, \beta \Rightarrow \beta}{\Box\alpha, \Box\beta \Rightarrow \mid \alpha, \beta \Rightarrow \alpha \wedge \beta}(\Rightarrow\wedge)}{\Box\alpha, \Box\beta \Rightarrow \mid \alpha \Rightarrow \alpha \wedge \beta}(\Box_2\Rightarrow)}{\Box\alpha, \Box\beta \Rightarrow \mid \Rightarrow \alpha \wedge \beta}(\Box_2\Rightarrow)}{\Box\alpha \wedge \Box\beta \Rightarrow \mid \Rightarrow \alpha \wedge \beta}(\wedge\Rightarrow)}{\Box\alpha \wedge \Box\beta \Rightarrow \Box(\alpha \wedge \beta)}(\Rightarrow\Box)$$

引理 7.24 以下合成规则在 HS5 中保持高度可允许:

$$\dfrac{G \mid \Gamma \Rightarrow \Delta \mid \Sigma \Rightarrow \Theta}{G \mid \Gamma, \Sigma \Rightarrow \Delta, \Theta}(MG)$$

证明 设 $\vdash_n G \mid \Gamma \Rightarrow \Delta \mid \Sigma \Rightarrow \Theta$. 对 $n \geqslant 0$ 归纳证明 $\vdash_n G \mid \Gamma, \Sigma \Rightarrow \Delta, \Theta$. 当 $n = 0$ 时, 显然 (MG) 的前提和结论都是公理. 设 $n > 0$. 令 $G \mid \Gamma \Rightarrow \Delta \mid \Sigma \Rightarrow \Theta$ 由规则 (R) 得到. 分以下情况.

(1) (R) 是联结词规则. 由归纳假设和 (MG) 规则可得. 例如, 设 (R) 是 $(\Rightarrow\wedge)$. 最后一步是

$$\dfrac{\vdash_{n-1} G \mid \Gamma \Rightarrow \Delta', \alpha \mid \Sigma \Rightarrow \Theta \quad \vdash_{n-1} G \mid \Gamma \Rightarrow \Delta', \beta \mid \Sigma \Rightarrow \Theta}{\vdash_n G \mid \Gamma \Rightarrow \Delta', \alpha \wedge \beta \mid \Sigma \Rightarrow \Theta}(\Rightarrow\wedge)$$

由归纳假设, $\vdash_{n-1} G \mid \Gamma, \Sigma \Rightarrow \Theta, \Delta', \alpha$ 并且 $\vdash_{n-1} G \mid \Gamma, \Sigma \Rightarrow \Theta, \Delta', \beta$. 由 $(\Rightarrow\wedge)$ 得, $\vdash_n G \mid \Gamma, \Sigma \Rightarrow \Theta, \Delta', \alpha \wedge \beta$. 其余情况类似证明.

(2) (R) 是 $(\square_1 \Rightarrow)$. 最后一步是

$$\frac{\vdash_{n-1} G \mid \alpha, \square\alpha, \Gamma' \Rightarrow \Delta \mid \Sigma \Rightarrow \Theta}{\vdash_n G \mid \square\alpha, \Gamma' \Rightarrow \Delta \mid \Sigma \Rightarrow \Theta}(\square_1 \Rightarrow)$$

由归纳假设得, $\vdash_{n-1} G \mid \alpha, \square\alpha, \Gamma', \Sigma \Rightarrow \Delta, \Theta$. 由 $(\square_1 \Rightarrow)$ 得, $\vdash_n G \mid \square\alpha, \Gamma', \Sigma \Rightarrow \Delta, \Theta$.

(3) (R) 是 $(\square_2 \Rightarrow)$. 最后一步是

$$\frac{\vdash_{n-1} G \mid \square\alpha, \Gamma' \Rightarrow \Delta \mid \alpha, \Sigma \Rightarrow \Theta}{\vdash_n G \mid \square\alpha, \Gamma' \Rightarrow \Delta \mid \Sigma \Rightarrow \Theta}(\square_2 \Rightarrow)$$

由归纳假设得, $\vdash_{n-1} G \mid \alpha, \square\alpha, \Gamma', \Sigma \Rightarrow \Delta, \Theta$. 由 $(\square_1 \Rightarrow)$ 得, $\vdash_n G \mid \square\alpha, \Gamma', \Sigma \Rightarrow \Delta, \Theta$.

(4) (R) 是 $(\Rightarrow\square)$. 最后一步是

$$\frac{\vdash_{n-1} G \mid \Gamma \Rightarrow \Delta' \mid \Sigma \Rightarrow \Theta \mid \Rightarrow \alpha}{\vdash_n G \mid \Gamma \Rightarrow \Delta', \square\alpha \mid \Sigma \Rightarrow \Theta}(\Rightarrow\square)$$

由归纳假设得, $\vdash_{n-1} G \mid \Gamma, \Sigma \Rightarrow \Delta', \Theta \mid \Rightarrow \alpha$. 由 $(\Rightarrow\square)$ 得, $\vdash_n G \mid \Gamma, \Sigma \Rightarrow \Delta', \square\alpha, \Theta$. □

引理 7.25　以下外部弱化规则在 HS5 中保持高度可允许:

$$\frac{G}{G \mid \Gamma \Rightarrow \Delta}(Ew)$$

证明　设 $\vdash_n G$. 对 $n \geqslant 0$ 归纳证明可得 $\vdash_n G \mid \Gamma \Rightarrow \Delta$. 留作练习. □

引理 7.26　以下内部弱化规则在 HS5 中保持高度可允许:

$$\frac{G \mid \Gamma \Rightarrow \Delta}{G \mid \Gamma, \Sigma \Rightarrow \Delta, \Theta}(Iw)$$

证明　设 $\vdash_n G \mid \Gamma \Rightarrow \Delta$. 由引理 7.25得, $\vdash_n G \mid \Gamma \Rightarrow \Delta \mid \Sigma \Rightarrow \Theta$. 由引理 7.24 得, $\vdash_n G \mid \Gamma, \Sigma \Rightarrow \Delta, \Theta$. □

引理 7.27　对任意 $n \geqslant 0$, 以下成立:

(1) 如果 $\vdash_n G \mid \neg\alpha, \Gamma \Rightarrow \Delta$, 那么 $\vdash_n G \mid \Gamma \Rightarrow \Delta, \alpha$.

(2) 如果 $\vdash_n G \mid \Gamma \Rightarrow \Delta, \neg\alpha$, 那么 $\vdash_n G \mid \alpha, \Gamma \Rightarrow \Delta$.

(3) 如果 $\vdash_n G \mid \alpha \wedge \beta, \Gamma \Rightarrow \Delta$, 那么 $\vdash_n G \mid \alpha, \beta, \Gamma \Rightarrow \Delta$.

(4) 如果 $\vdash_n G \mid \Gamma \Rightarrow \Delta, \alpha \wedge \beta$, 那么 $\vdash_n G \mid \Gamma \Rightarrow \Delta, \alpha$ 并且 $\vdash_n G \mid \Gamma \Rightarrow \Delta, \beta$.

(5) 如果 $\vdash_n G \mid \square\alpha, \Gamma \Rightarrow \Delta$, 那么 $\vdash_n G \mid \alpha, \square\alpha, \Gamma \Rightarrow \Delta$.

(6) 如果 $\vdash_n G \mid \square\alpha, \Gamma \Rightarrow \Delta \mid \Sigma \Rightarrow \Theta$, 那么 $\vdash_n G \mid \square\alpha, \Gamma \Rightarrow \Delta \mid \alpha, \Sigma \Rightarrow \Theta$.

(7) 如果 $\vdash_n G \mid \Gamma \Rightarrow \Delta, \square\alpha$, 那么 $\vdash_n G \mid \Gamma \Rightarrow \Delta \mid \Rightarrow \alpha$.

证明　对 $n \geqslant 0$ 归纳易证 (1) – (4). 由 (Iw) 得到 (5) 和 (6). 现在对 $n \geqslant 0$ 归纳证明 (7). 设 $\vdash_n G \mid \Gamma \Rightarrow \Delta, \Box\alpha$. 当 $n = 0$ 时, 显然 $G \mid \Gamma \Rightarrow \Delta, \Box\alpha$ 和 $G \mid \Gamma \Rightarrow \Delta \mid \Rightarrow \alpha$ 都是公理. 设 $n > 0$ 并且 $G \mid \Gamma \Rightarrow \Delta, \Box\alpha$ 由规则 (R) 得到. 如果 $\Box\alpha$ 是主公式, 那么 $\vdash_{n-1} G \mid \Gamma \Rightarrow \Delta \mid \Rightarrow \alpha$. 设 $\Box\alpha$ 不是主公式. 由归纳假设和 (R) 可得 $\vdash_n G \mid \Gamma \Rightarrow \Delta \mid \Rightarrow \alpha$. □

引理 7.28　以下内部收缩规则在 HS5 中保持高度可允许:

$$\frac{G \mid \alpha, \alpha, \Gamma \Rightarrow \Delta}{G \mid \alpha, \Gamma \Rightarrow \Delta}(Ic\Rightarrow) \qquad \frac{G \mid \Gamma \Rightarrow \Delta, \alpha, \alpha}{G \mid \Gamma \Rightarrow \Delta, \alpha}(\Rightarrow Ic)$$

证明　对 $(Ic\Rightarrow)$ 和 $(\Rightarrow Ic)$ 前提的推导高度归纳证明. 这里只证 $(Ic\Rightarrow)$ 的情况. 设 $\vdash_n G \mid \alpha, \alpha, \Gamma \Rightarrow \Delta$. 对 $n \geqslant 0$ 归纳证明 $\vdash_n G \mid \alpha, \Gamma \Rightarrow \Delta$. 情况 $n = 0$ 是显然的. 设 $n > 0$ 并且 $G \mid \alpha, \alpha, \Gamma \Rightarrow \Delta$ 由规则 (R) 得到. 如果 α 在 (R) 中不是主公式, 由归纳假设和 (R) 得 $\vdash_n G \mid \alpha, \Gamma \Rightarrow \Delta$. 设 α 在 (R) 中是主公式.

(1) (R) 是 $(\neg\Rightarrow)$. 令 $\alpha = \neg\beta$. 最后一步是

$$\frac{\vdash_{n-1} G \mid \neg\beta, \Gamma \Rightarrow \Delta, \beta}{\vdash_n G \mid \neg\beta, \neg\beta, \Gamma \Rightarrow \Delta}(\neg\Rightarrow)$$

由引理 7.27 (1) 得, $\vdash_{n-1} G \mid \Gamma \Rightarrow \Delta, \beta, \beta$. 由归纳假设得, $\vdash_{n-1} G \mid \Gamma \Rightarrow \Delta, \beta$. 由 $(\neg\Rightarrow)$ 得, $\vdash_n G \mid \neg\beta, \Gamma \Rightarrow \Delta$.

(2) (R) 是 $(\wedge\Rightarrow)$. 令 $\alpha = \beta \wedge \gamma$. 最后一步是

$$\frac{\vdash_{n-1} G \mid \beta, \gamma, \beta \wedge \gamma, \Gamma \Rightarrow \Delta}{\vdash_n G \mid \beta \wedge \gamma, \beta \wedge \gamma, \Gamma \Rightarrow \Delta}(\wedge\Rightarrow)$$

由引理 7.27 (3) 得, $\vdash_{n-1} G \mid \beta, \gamma, \beta, \gamma, \Gamma \Rightarrow \Delta$. 由归纳假设得, $\vdash_{n-1} G \mid \beta, \gamma, \Gamma \Rightarrow \Delta$. 由 $(\wedge\Rightarrow)$ 得, $\vdash_n G \mid \beta \wedge \gamma, \Gamma \Rightarrow \Delta$.

(3) (R) 是 $(\Box_1\Rightarrow)$. 令 $\alpha = \Box\beta$. 最后一步是:

$$\frac{\vdash_{n-1} G \mid \alpha, \Box\alpha, \Box\alpha, \Gamma \Rightarrow \Delta}{\vdash_n G \mid \Box\alpha, \Box\alpha, \Gamma \Rightarrow \Delta}(\Box_1\Rightarrow)$$

由归纳假设得, $\vdash_{n-1} G \mid \alpha, \Box\alpha, \Gamma \Rightarrow \Delta$. 由 $(\Box_1\Rightarrow)$ 得, $\vdash_n G \mid \Box\alpha, \Gamma \Rightarrow \Delta$.

(4) (R) 是 $(\Box_2\Rightarrow)$. 令 $\alpha = \Box\beta$. 最后一步是:

$$\frac{\vdash_{n-1} G' \mid \Box\alpha, \Box\alpha, \Gamma \Rightarrow \Delta \mid \alpha, \Sigma \Rightarrow \Theta}{\vdash_n G' \mid \Box\alpha, \Box\alpha, \Gamma \Rightarrow \Delta \mid \Sigma \Rightarrow \Theta}(\Box_2\Rightarrow)$$

由归纳假设得, $\vdash_{n-1} G' \mid \Box\alpha, \Gamma \Rightarrow \Delta \mid \alpha, \Sigma \Rightarrow \Theta$. 由 $(\Box_2\Rightarrow)$ 得 $\vdash_n G' \mid \Box\alpha, \Gamma \Rightarrow \Delta \mid \Sigma \Rightarrow \Theta$. □

推论 7.5　以下外部收缩规则在 HS5 中保持高度可允许:

$$\frac{G \mid \Gamma \Rightarrow \Delta \mid \Gamma \Rightarrow \Delta}{G \mid \Gamma \Rightarrow \Delta}(Ec).$$

证明　设 $\vdash_n G \mid \Gamma \Rightarrow \Delta \mid \Gamma \Rightarrow \Delta$. 由保持高度的合成规则 (MG) 得, $\vdash_n G \mid \Gamma, \Gamma \Rightarrow \Delta, \Delta$. 由保持高度的内部收缩规则 (Ic) 得, $\vdash_n G \mid \Gamma \Rightarrow \Delta$.　　　□

定理 7.6　对任意公式 α 和超矢列 G, 以下成立:

(1) 如果 S5 $\vdash \alpha$, 那么 HS5 $\vdash \Rightarrow \alpha$.

(2) 如果 HS5 $\vdash G$, 那么 S5 $\vdash \tau(G)$.

证明　(1) 设 S5 $\vdash \alpha$. 对 α 在 S5 中的推导高度归纳证明. 这里只证明以下情况:

(1.1) HS5 $\vdash \Rightarrow \Box\alpha \to \alpha$. 推导如下:

$$\frac{\dfrac{\alpha, \Box\alpha \Rightarrow \alpha}{\Box\alpha \Rightarrow \alpha}(\Box_1\Rightarrow)}{\Rightarrow \Box\alpha \to \alpha}(\Rightarrow\to)$$

(1.2) HS5 $\vdash \Rightarrow \Box\alpha \to \Box\Box\alpha$. 推导如下:

$$\frac{\dfrac{\dfrac{\dfrac{\Box\alpha \Rightarrow \mid \Rightarrow \mid \alpha \Rightarrow \alpha}{\Box\alpha \Rightarrow \mid \Rightarrow \mid \Rightarrow \alpha}(\Box_2\Rightarrow)}{\Box\alpha \Rightarrow \mid \Rightarrow \Box\alpha}(\Rightarrow\Box)}{\Box\alpha \Rightarrow \Box\Box\alpha}(\Rightarrow\Box)}{\Rightarrow \Box\alpha \to \Box\Box\alpha}(\Rightarrow\to)$$

(1.3) HS5 $\vdash \Rightarrow \alpha \to \Box\neg\Box\neg\alpha$. 推导如下:

$$\frac{\dfrac{\dfrac{\dfrac{\dfrac{\Box\neg\alpha \Rightarrow \mid \alpha \Rightarrow \alpha}{\Box\neg\alpha \Rightarrow \mid \alpha, \neg\alpha \Rightarrow}(\neg\Rightarrow)}{\Box\neg\alpha \Rightarrow \mid \alpha \Rightarrow}(\Box_2\Rightarrow)}{\Rightarrow \neg\Box\neg\alpha \mid \alpha \Rightarrow}(\Rightarrow\neg)}{\alpha \Rightarrow \Box\neg\Box\neg\alpha}(\Rightarrow\Box)}{\Rightarrow \alpha \to \Box\neg\Box\neg\alpha}(\Rightarrow\to)$$

(1.4) HS5 $\vdash \Rightarrow \neg\Box\neg\alpha \to \Box\neg\Box\neg\alpha$. 推导如下:

$$\frac{\dfrac{\dfrac{\dfrac{\dfrac{\dfrac{\dfrac{\dfrac{\Rightarrow \mid \Box\neg\alpha \Rightarrow \mid \alpha \Rightarrow \alpha}{\Rightarrow \mid \Box\neg\alpha \Rightarrow \mid \Rightarrow \alpha, \neg\alpha}(\Rightarrow\neg)}{\Rightarrow \mid \Box\neg\alpha \Rightarrow \mid \neg\alpha \Rightarrow \neg\alpha}(\neg\Rightarrow)}{\Rightarrow \mid \Box\neg\alpha \Rightarrow \mid \Rightarrow \neg\alpha}(\Box_2\Rightarrow)}{\Rightarrow \mid \Rightarrow \neg\Box\neg\alpha \mid \Rightarrow \neg\alpha}(\Rightarrow\neg)}{\Rightarrow \Box\neg\alpha \mid \Rightarrow \neg\Box\neg\alpha}(\Rightarrow\Box)}{\Rightarrow \Box\neg\alpha, \Box\neg\Box\neg\alpha}(\Rightarrow\Box)}{\dfrac{\neg\Box\neg\alpha \Rightarrow \Box\neg\Box\neg\alpha}{\Rightarrow \neg\Box\neg\alpha \to \Box\neg\Box\neg\alpha}(\Rightarrow\to)}(\neg\Rightarrow)}$$

(2) 设 HS5 $\vdash_n G$. 对 $n \geqslant 0$ 归纳证明 S5 $\vdash \tau(G)$. 情况 $n = 0$ 显然成立. 设 $n > 0$ 并且 G 由规则 (R) 得到. 如果 (R) 是联结词规则, 由归纳假设得到. 设 (R) 是模态词规则. 令 $\bigwedge \Gamma = \gamma$, $\bigvee \Delta = \delta$, $\bigwedge \Sigma = \sigma$ 并且 $\bigvee \Theta = \theta$. 分以下情况:

(2.1) (R) 是 $(\Box_1 \Rightarrow)$. 最后一步是

$$\frac{\vdash_{n-1} G \mid \alpha, \Box\alpha, \Gamma \Rightarrow \Delta}{\vdash_n G \mid \Box\alpha, \Gamma \Rightarrow \Delta}(\Box_1 \Rightarrow)$$

由归纳假设得, S5 $\vdash \tau(G) \vee \Box(\alpha \wedge \Box\alpha \wedge \gamma \to \delta)$. 因为 S5 $\vdash \Box\alpha \to \alpha$, 所以 S5 $\vdash \tau(G) \vee \Box(\Box\alpha \wedge \gamma \to \delta)$.

(2.2) (R) 是 $(\Box_2 \Rightarrow)$. 最后一步是

$$\frac{\vdash_{n-1} G \mid \Box\alpha, \Gamma \Rightarrow \Delta \mid \alpha, \Sigma \Rightarrow \Theta}{\vdash_n G \mid \Box\alpha, \Gamma \Rightarrow \Delta \mid \Sigma \Rightarrow \Theta}(\Box_2 \Rightarrow)$$

由归纳假设得, S5 $\vdash \tau(G) \vee \Box(\Box\alpha \wedge \gamma \to \delta) \vee \Box(\alpha \wedge \sigma \to \theta)$. 因为 S5 $\vdash (\Box(\Box\alpha \wedge \gamma \to \delta) \vee \Box(\alpha \wedge \sigma \to \theta)) \to \Box((\Box\alpha \wedge \gamma \to \delta) \vee \Box(\alpha \wedge \sigma \to \theta))$, 所以 S5 $\vdash \tau(G) \vee \Box((\Box\alpha \wedge \gamma \to \delta) \vee \Box(\alpha \wedge \sigma \to \theta))$. 因为 S5 $\vdash \Box(\alpha \wedge \sigma \to \theta) \to (\neg\Box\alpha \vee \Box(\sigma \to \theta))$, 所以 S5 $\vdash \tau(G) \vee \Box((\Box\alpha \wedge \gamma \to \delta) \vee \neg\Box\alpha \vee \Box(\sigma \to \theta))$. 因为 S5 $\vdash ((\Box\alpha \wedge \gamma \to \delta) \vee \neg\Box\alpha) \to (\Box\alpha \wedge \gamma \to \delta)$, 所以 S5 $\vdash \tau(G) \vee \Box((\Box\alpha \wedge \gamma \to \delta) \vee \Box(\sigma \to \theta))$.

(2.3) (R) 是 $(\Rightarrow\Box)$. 最后一步是

$$\frac{\vdash_{n-1} G \mid \Gamma \Rightarrow \Delta \mid \Rightarrow \alpha}{\vdash_n G \mid \Gamma \Rightarrow \Delta, \Box\alpha}(\Rightarrow\Box)$$

由归纳假设得, S5 $\vdash \tau(G) \vee \Box(\gamma \to \delta) \vee \Box\alpha$. 显然 S5 $\vdash \Box(\gamma \to \delta) \vee \Box\alpha \to \Box((\gamma \to \delta) \vee \Box\alpha)$. 所以 S5 $\vdash \tau(G) \vee \Box((\gamma \to \delta) \vee \Box\alpha)$. 显然 S5 $\vdash ((\gamma \to \delta) \vee \Box\alpha) \to (\gamma \to \delta \vee \Box\alpha)$. 所以 S5 $\vdash \tau(G) \vee \Box(\gamma \to \delta \vee \Box\alpha)$. □

定理 7.7　以下切割规则在 HS5 中可允许:

$$\frac{G \mid \Gamma \Rightarrow \Delta, \alpha \quad H \mid \alpha, \Sigma \Rightarrow \Theta}{G \mid H \mid \Gamma, \Sigma \Rightarrow \Delta, \Theta}(Hcut)$$

证明　设 $\vdash_m G \mid \Gamma \Rightarrow \Delta, \alpha$ 并且 $\vdash_n H \mid \alpha, \Sigma \Rightarrow \Theta$. 对 $m + n$ 和 $d(\alpha)$ 同时归纳证明 $\vdash G \mid H \mid \Gamma, \Sigma \Rightarrow \Delta, \Theta$. 设 $m = 0$ 或 $n = 0$. 分以下情况.

(1) $m = 0$. 那么 $G \mid \Gamma \Rightarrow \Delta, \alpha$ 是 (HId) 的特例. 如果 G 中有 (HId) 的特例或者 $p \in \Gamma \cap \Delta$, 那么结论 $G \mid H \mid \Gamma, \Sigma \Rightarrow \Delta, \Theta$ 是 (HId) 的特例. 设 $\alpha = p \in \Gamma$. 从右边前提 $H \mid p, \Sigma \Rightarrow \Theta$ 由 (Iw) 得 $G \mid H \mid \Gamma, \Sigma \Rightarrow \Delta, \Theta$.

(2) $n = 0$. 那么 $H \mid \alpha, \Sigma \Rightarrow \Theta$ 是 (HId) 的特例. 如果 H 中有 (HId) 的特例或者 $p \in \Sigma \cap \Theta$, 那么结论 $G \mid H \mid \Gamma, \Sigma \Rightarrow \Delta, \Theta$ 是 (HId) 的特例. 设 $\alpha = p \in \Theta$. 从左边前提 $G \mid \Gamma \Rightarrow \Delta, p$ 由 (Iw) 得 $G \mid H \mid \Gamma, \Sigma \Rightarrow \Delta, \Theta$.

设 $m > 0$ 并且 $n > 0$. 令 $G \mid \Gamma \Rightarrow \Delta, \alpha$ 由规则 (R_1) 得到, 而 $H \mid \alpha, \Sigma \Rightarrow \Theta$ 由规则 (R_2) 得到. 分以下情况:

(3) α 在 (R_1) 中不是主公式. 如果由 (R_1) 的主公式在 G 中某个矢列出现, 由归纳假设和 (R_1) 得到结论. 设 (R_1) 的主公式在 $\Gamma \Rightarrow \Delta, \alpha$ 中出现. 如果 (R_1) 是联结词规则, 由归纳假设和 (R_1) 可得. 例如, 设 (R_1) 是 $(\neg \Rightarrow)$. 最后一步是

$$\frac{\vdash_{m-1} G \mid \Gamma' \Rightarrow \Delta, \alpha, \beta}{\vdash_m G \mid \neg\beta, \Gamma' \Rightarrow \Delta, \alpha}(\neg\Rightarrow)$$

由归纳假设得以下推导:

$$\frac{G \mid \Gamma' \Rightarrow \Delta, \alpha, \beta \quad H \mid \alpha, \Sigma \Rightarrow \Theta}{\dfrac{G \mid H \mid \Gamma', \Sigma \Rightarrow \Delta, \Theta, \beta}{G \mid H \mid \neg\beta, \Gamma', \Sigma \Rightarrow \Delta, \Theta}(\neg\Rightarrow)}(Hcut)$$

其余情况类似证明. 设 (R_1) 是模态规则. 分以下情况.

(3.1) (R_1) 是 $(\square_1\Rightarrow)$. 最后一步是

$$\frac{\vdash_{m-1} G \mid \beta, \square\beta, \Gamma' \Rightarrow \Delta, \alpha}{\vdash_m G \mid \square\beta, \Gamma' \Rightarrow \Delta, \alpha}(\square_1\Rightarrow)$$

由归纳假设得以下推导:

$$\frac{G \mid \beta, \square\beta, \Gamma' \Rightarrow \Delta, \alpha \quad H \mid \alpha, \Sigma \Rightarrow \Theta}{\dfrac{G \mid H \mid \beta, \square\beta, \Gamma', \Sigma \Rightarrow \Delta, \Theta}{G \mid H \mid \square\beta, \Gamma', \Sigma \Rightarrow \Delta, \Theta}(\square_1\Rightarrow)}(Hcut)$$

(3.2) (R_1) 是 $(\square_2\Rightarrow)$. 最后一步是

$$\frac{\vdash_{m-1} G' \mid \square\beta, \Gamma' \Rightarrow \Delta, \alpha \mid \beta, \Omega \Rightarrow \Pi}{\vdash_m G' \mid \square\beta, \Gamma' \Rightarrow \Delta, \alpha \mid \Omega \Rightarrow \Pi}(\square_2\Rightarrow)$$

由归纳假设得以下推导:

$$\frac{G' \mid \square\beta, \Gamma' \Rightarrow \Delta, \alpha \mid \beta, \Omega \Rightarrow \Pi \quad H \mid \alpha, \Sigma \Rightarrow \Theta}{\dfrac{G' \mid H \mid \square\beta, \Gamma', \Sigma \Rightarrow \Delta, \Theta \mid \beta, \Omega \Rightarrow \Pi}{G' \mid H \mid \square\beta, \Gamma', \Sigma \Rightarrow \Delta, \Theta \mid \Omega \Rightarrow \Pi}(\square_2\Rightarrow)}(Hcut)$$

(3.3) (R_1) 是 $(\Rightarrow\square)$. 最后一步是

$$\frac{\vdash_{m-1} G \mid \Gamma \Rightarrow \Delta', \alpha \mid \Rightarrow \beta}{\vdash_m G \mid \Gamma \Rightarrow \Delta', \alpha, \square\beta}(\Rightarrow\square)$$

由归纳假设得以下推导:

$$\dfrac{G \mid \Gamma \Rightarrow \Delta', \alpha \mid \Rightarrow \beta \quad H \mid \alpha, \Sigma \Rightarrow \Theta}{\dfrac{G \mid H \mid \Gamma, \Sigma \Rightarrow \Delta', \Theta \mid \Rightarrow \beta}{G \mid H \mid \Gamma, \Sigma \Rightarrow \Delta', \Box\beta, \Theta} (\Rightarrow\Box)} (Hcut)$$

(4) α 仅在 (R_1) 中是主公式. 那么 α 在 (R_2) 中不是主公式. 如果 (R_2) 的主公式在 H 中某个矢列出现, 由归纳假设和 (R_2) 可得结论. 设由 (R_2) 的主公式在 $\alpha, \Sigma \Rightarrow \Theta$ 中出现. 如果 (R_2) 是联结词规则, 那么由归纳假设和 (R_2) 可得结论. 例如, 设 (R_2) 是 $(\Rightarrow\wedge)$. 最后一步是

$$\dfrac{\vdash_{n-1} H \mid \alpha, \Sigma \Rightarrow \Theta', \beta \quad \vdash_{n-1} H \mid \alpha, \Sigma \Rightarrow \Theta', \gamma}{\vdash_n H \mid \alpha, \Sigma \Rightarrow \Theta', \beta \wedge \gamma} (\Rightarrow\wedge)$$

由归纳假设得以下推导:

$$\dfrac{\dfrac{G \mid \Gamma \Rightarrow \Delta, \alpha \quad H \mid \alpha, \Sigma \Rightarrow \Theta', \beta}{G \mid H \mid \Gamma, \Sigma \Rightarrow \Delta, \Theta', \beta} (Hcut) \quad \dfrac{G \mid \Gamma \Rightarrow \Delta, \alpha \quad H \mid \alpha, \Sigma \Rightarrow \Theta', \gamma}{G \mid H \mid \Gamma, \Sigma \Rightarrow \Delta, \Theta', \gamma} (Hcut)}{G \mid H \mid \Gamma, \Sigma \Rightarrow \Delta, \Theta', \beta \wedge \gamma} (\Rightarrow\wedge)$$

其余情况类似证明. 设 (R_2) 是模态规则. 分以下情况.

(4.1) (R_2) 是 $(\Box_1\Rightarrow)$. 最后一步是

$$\dfrac{\vdash_{n-1} H \mid \alpha, \beta, \Box\beta, \Sigma' \Rightarrow \Theta}{\vdash_n H \mid \alpha, \Box\beta, \Sigma' \Rightarrow \Theta} (\Box_1\Rightarrow)$$

由归纳假设得以下推导:

$$\dfrac{\dfrac{G \mid \Gamma \Rightarrow \Delta, \alpha \quad H \mid \alpha, \beta, \Box\beta, \Sigma' \Rightarrow \Theta}{G \mid H \mid \beta, \Box\beta, \Gamma, \Sigma' \Rightarrow \Delta, \Theta} (Hcut)}{G \mid H \mid \Box\beta, \Gamma, \Sigma' \Rightarrow \Delta, \Theta} (\Box_1\Rightarrow)$$

(4.2) (R_2) 是 $(\Box_2\Rightarrow)$. 最后一步是

$$\dfrac{\vdash_{n-1} H' \mid \alpha, \Box\beta, \Sigma' \Rightarrow \Theta \mid \beta, \Omega \Rightarrow \Pi}{\vdash_n H' \mid \alpha, \Box\beta, \Sigma' \Rightarrow \Theta \mid \Omega \Rightarrow \Pi} (\Box_2\Rightarrow)$$

由归纳假设得以下推导:

$$\dfrac{\dfrac{G \mid \Gamma \Rightarrow \Delta, \alpha \quad H' \mid \alpha, \Box\beta, \Sigma' \Rightarrow \Theta \mid \beta, \Omega \Rightarrow \Pi}{G \mid H' \mid \Box\beta, \Gamma, \Sigma' \Rightarrow \Delta, \Theta \mid \beta, \Omega \Rightarrow \Pi} (Hcut)}{G \mid H' \mid \Box\beta, \Gamma, \Sigma' \Rightarrow \Delta, \Theta \mid \Omega \Rightarrow \Pi} (\Box_2\Rightarrow)$$

(4.3) (R_2) 是 $(\Rightarrow\Box)$. 最后一步是

$$\dfrac{\vdash_{n-1} H \mid \alpha, \Sigma \Rightarrow \Theta' \mid \Rightarrow \beta}{\vdash_n H \mid \alpha, \Sigma \Rightarrow \Theta', \Box\beta} (\Rightarrow\Box)$$

由归纳假设, 有以下推导:

$$\frac{\dfrac{G \mid \Gamma \Rightarrow \Delta, \alpha \quad H \mid \alpha, \Sigma \Rightarrow \Theta' \mid \Rightarrow \beta}{G \mid H \mid \Gamma, \Sigma \Rightarrow \Delta, \Theta' \mid \Rightarrow \beta} (Hcut)}{G \mid H \mid \Gamma, \Sigma \Rightarrow \Delta, \Theta', \Box\beta} (\Rightarrow\Box)$$

(5) α 在 (R_1) 和 (R_2) 中都是主公式. 以下对 $d(\alpha)$ 归纳证明.

(5.1) $\alpha = \neg\gamma$. 最后一步如下:

$$\frac{\vdash_{m-1} G \mid \gamma, \Gamma \Rightarrow \Delta}{\vdash_m G \mid \Gamma \Rightarrow \Delta, \neg\gamma}(\Rightarrow\neg) \qquad \frac{\vdash_{n-1} H \mid \Sigma \Rightarrow \Theta, \gamma}{\vdash_n H \mid \neg\gamma, \Sigma \Rightarrow \Theta}(\neg\Rightarrow)$$

由归纳假设得以下推导:

$$\frac{H \mid \Sigma \Rightarrow \Theta, \gamma \quad G \mid \gamma, \Gamma \Rightarrow \Delta}{G \mid H \mid \Gamma, \Sigma \Rightarrow \Delta, \Theta}(Hcut)$$

(5.2) $\alpha = \gamma_1 \wedge \gamma_2$. 最后一步如下:

$$\frac{\vdash_{m-1} G \mid \Gamma \Rightarrow \Delta, \gamma_1 \quad \vdash_{m-1} G \mid \Gamma \Rightarrow \Delta, \gamma_2}{\vdash_m G \mid \Gamma \Rightarrow \Delta, \gamma_1 \wedge \gamma_2}(\Rightarrow\wedge)$$

$$\frac{\vdash_{n-1} H \mid \gamma_1, \gamma_2, \Sigma \Rightarrow \Theta}{\vdash_n H \mid \gamma_1 \wedge \gamma_2, \Sigma \Rightarrow \Theta}(\wedge\Rightarrow)$$

由归纳假设得以下推导:

$$\frac{\dfrac{G \mid \Gamma \Rightarrow \Delta, \gamma_2 \quad \dfrac{G \mid \Gamma \Rightarrow \Delta, \gamma_1 \quad H \mid \gamma_1, \gamma_2, \Sigma \Rightarrow \Theta}{G \mid H \mid \gamma_2, \Gamma, \Sigma \Rightarrow \Delta, \Theta}(Hcut)}{G \mid G \mid H \mid \Gamma, \Gamma, \Sigma \Rightarrow \Delta, \Delta, \Theta}(Hcut)}{\dfrac{G \mid H \mid \Gamma, \Gamma, \Sigma \Rightarrow \Delta, \Delta, \Theta}{G \mid H \mid \Gamma, \Sigma \Rightarrow \Delta, \Theta}(Ic)}(Ec)$$

(5.3) $\alpha = \Box\gamma$. 最后一步如下:

$$\frac{\vdash_{m-1} G \mid \Gamma \Rightarrow \Delta \mid \Rightarrow \gamma}{\vdash_m G \mid \Gamma \Rightarrow \Delta, \Box\gamma}(\Rightarrow\Box) \qquad \frac{\vdash_{n-1} H \mid \gamma, \Box\gamma, \Sigma \Rightarrow \Theta}{\vdash_n H \mid \Box\gamma, \Sigma \Rightarrow \Theta}(\Box_1\Rightarrow)$$

由归纳假设得以下推导:

$$\frac{\dfrac{G \mid \Gamma \Rightarrow \Delta \mid \Rightarrow \gamma \quad \dfrac{G \mid \Gamma \Rightarrow \Delta, \Box\gamma \quad H \mid \gamma, \Box\gamma, \Sigma \Rightarrow \Theta}{G \mid H \mid \gamma, \Gamma, \Sigma \Rightarrow \Delta, \Theta}(Hcut)}{G \mid G \mid H \mid \Gamma \Rightarrow \Delta \mid \Gamma, \Sigma \Rightarrow \Delta, \Theta}(Hcut)}{\dfrac{\dfrac{G \mid G \mid H \mid \Gamma, \Gamma, \Sigma \Rightarrow \Delta, \Delta, \Theta}{G \mid H \mid \Gamma, \Gamma, \Sigma \Rightarrow \Delta, \Delta, \Theta}(Ec)}{G \mid H \mid \Gamma, \Sigma \Rightarrow \Delta, \Theta}(Ic)}(MG)$$

$\Box$

习　题

7.1　设 K* 是由以下公理模式和规则组成的系统:

(1) 公理模式

(A1) 所有古典句子逻辑重言式的代入特例.

(A2) $\Box(\alpha \wedge \beta) \leftrightarrow \Box\alpha \wedge \Box\beta$.

(A3) $\Box\top$.

(2) 推理规则:

$$\frac{\alpha \to \beta \quad \alpha}{\beta}(mp) \qquad \frac{\alpha \leftrightarrow \beta}{\Box\alpha \leftrightarrow \Box\beta}(E_\Box)$$

证明: 对任意公式 α, $\vdash_{\mathsf{K}} \alpha$ 当且仅当 $\vdash_{\mathsf{K}^*} \alpha$.

7.2　证明: 对任意公式 α, $\nvdash_{\mathsf{K}} \Box\Diamond\alpha$.

7.3　证明: 如果 $\vdash_{\mathsf{KD}} \Diamond\alpha$, 那么 $\vdash_{\mathsf{KD}} \alpha$.

7.4　对任意公式 α 和 β, 以下成立:

(1) 如果 $\vdash_{\mathsf{K}} \Box\alpha \to \Box\beta$, 那么 $\vdash_{\mathsf{K}} \alpha \to \beta$.

(2) 如果 $\vdash_{\mathsf{KD}} \Box\alpha \to \Box\beta$, 那么 $\vdash_{\mathsf{KD}} \alpha \to \beta$.

7.5　证明: 存在公式 α 和 β 使得 $\vdash_{\mathsf{KT}} \Box\alpha \to \Box\beta$ 并且 $\nvdash_{\mathsf{KT}} \alpha \to \beta$.

7.6　证明: 对任意自然数 $m \neq n \geqslant 0$, $\nvdash_{\mathsf{KT}} \Box^m p \leftrightarrow \Box^n p$.

7.7　证明以下成立:

(1) $\mathsf{KT} = \mathsf{K} \oplus p \to \Diamond p$.

(2) $\mathsf{KB} = \mathsf{K} \oplus \Diamond\Box p \to p$.

(3) $\mathsf{K4} = \mathsf{KB} \oplus \Diamond\Diamond p \to \Diamond p$.

(4) $\mathsf{KD} = \mathsf{K} \oplus \Box p \to \Diamond p$.

(5) $\mathsf{K5} = \mathsf{K} \oplus \Diamond\Box p \to \Box p$.

(6) $\mathsf{S5} = \mathsf{S4} \oplus p \to \Box\Diamond p$.

(7) $\mathsf{S5} = \mathsf{KDB} \oplus \Diamond p \to \Box\Diamond p$.

(8) $\mathsf{S5} = \mathsf{KDB} \oplus \Box p \to \Box\Box p$.

(9) $\mathsf{S5} = \mathsf{KT} \oplus \Box(p \vee \Box q) \to (\Box p \to \Box q)$.

7.8　设 M 是由 $\Box$ 或 $\Diamond$ 组成的有穷长度模态词. 证明 $\vdash_{\mathsf{S4}} \Box(p \to q) \to \Box(Mp \to Mq)$.

7.9　设 $\mathsf{S4.2} = \mathsf{S4} \oplus \Diamond\Box p \to \Box\Diamond p$. 证明 $\mathsf{S4.2}$ 只有 4 个不等价的模态词 $\Box, \Diamond\Box, \Box\Diamond, \Diamond$.

7.10　证明: 存在公式 α 和 β 使得 $\vdash_{\mathsf{KB}} \Box\alpha$ 并且 $\nvdash_{\mathsf{KB}} \alpha$.

7.11　设 KB* 是以下公理模式和规则组成的系统:

(1) 公理模式

(CL) 所有古典句子逻辑重言式的代入特例.

(B) $\alpha \to \square\Diamond\alpha$.

(2) 推理规则

$$\frac{\alpha \to \beta \quad \alpha}{\beta}(mp) \qquad \frac{\alpha \to \beta}{\square\alpha \to \square\beta}(mon_\square)$$

证明: 对任意公式 α, $\vdash_{KB} \alpha$ 当且仅当 $\vdash_{KB^*} \alpha$.

7.12 在 **GK** 中给出以下矢列的推导:

(1) $\Rightarrow \square(\alpha \wedge \beta) \leftrightarrow \square\alpha \wedge \square\beta$.

(2) $\Rightarrow \square\top \leftrightarrow \top$.

(3) $\Rightarrow \Diamond(\alpha \vee \beta) \leftrightarrow \Diamond\alpha \vee \Diamond\beta$.

(4) $\Rightarrow \Diamond\bot \leftrightarrow \bot$.

(5) $\Rightarrow \square\alpha \wedge \Diamond\beta \to \Diamond(\alpha \wedge \beta)$.

(6) $\Rightarrow \square(\alpha \vee \beta) \to \square\alpha \vee \Diamond\beta$.

(7) $\Rightarrow \square\alpha \vee \square\beta \to \square(\alpha \vee \beta)$.

7.13 在 **GKT** 中给出以下矢列的推导:

(1) $\Rightarrow \alpha \to \Diamond\alpha$.

(2) $\Rightarrow \Diamond\top$.

(3) $\Rightarrow \Diamond(\alpha \to \square\alpha)$.

7.14 在 **GS4** 中给出以下矢列的推导:

(1) $\Rightarrow \square\alpha \leftrightarrow \square\square\alpha$.

(2) $\Rightarrow \Diamond\alpha \leftrightarrow \Diamond\Diamond\alpha$.

(3) $\Rightarrow \Diamond\square\Diamond\alpha \to \Diamond\alpha$.

(4) $\Rightarrow \square\Diamond\alpha \to \square\Diamond\square\Diamond\alpha$.

(5) $\Rightarrow \square\Diamond\alpha \leftrightarrow \square\Diamond\square\Diamond\alpha$.

(6) $\Rightarrow \Diamond\square\alpha \leftrightarrow \Diamond\square\Diamond\square\alpha$.

7.15 在 **GS5** 中给出以下矢列的推导:

(1) $\Rightarrow \Diamond\square\alpha \to \square\alpha$.

(2) $\Rightarrow \Diamond\alpha \leftrightarrow \square\Diamond\alpha$.

(3) $\Rightarrow \square\alpha \leftrightarrow \Diamond\square\alpha$.

(4) $\Rightarrow \square\alpha \leftrightarrow \square\square\alpha$.

(5) $\Rightarrow \Diamond\alpha \leftrightarrow \Diamond\Diamond\alpha$.

(6) $\Rightarrow \square(\alpha \vee \square\beta) \leftrightarrow \square\alpha \vee \square\beta$.

(7) $\Rightarrow \Diamond(\alpha \wedge \Diamond\beta) \leftrightarrow \Diamond\alpha \wedge \Diamond\beta$.

(8) $\Rightarrow \Box(\alpha \vee \Diamond\beta) \leftrightarrow \Box\alpha \vee \Diamond\beta.$

(9) $\Rightarrow \Diamond(\alpha \wedge \Box\beta) \leftrightarrow \Diamond\alpha \wedge \Box\beta.$

7.16　证明以下扩展式切割规则在 GI 和 GII 组矢列演算中可允许:

$$\frac{\Gamma \Rightarrow \Delta, \alpha^{k_1} \quad \alpha^{k_2}, \Sigma \Rightarrow \Theta}{\Gamma, \Sigma \Rightarrow \Delta, \Theta}(Ecut).$$

7.17　对任意直觉主义句子逻辑的公式 α, 归纳定义模态公式 $G(\alpha)$ 如下:

$$G(p) = \Box p$$

$$G(\bot) = \Box\bot$$

$$G(\alpha \wedge \beta) = G(\alpha) \wedge G(\beta)$$

$$G(\alpha \vee \beta) = G(\alpha) \vee G(\beta)$$

$$G(\alpha \to \beta) = \Box(G(\alpha) \to G(\beta))$$

证明: G3ip $\vdash \Rightarrow \alpha$ 当且仅当 GS4 $\vdash \Rightarrow G(\alpha)$.

第 8 章　代 数 逻 辑

一个**逻辑**可以理解为**形式系统**, 它由形式语言、公理和推理规则组成. 这样的形式系统是公理系统. 一个偏序代数结构类的**逻辑**可以定义为所有有效的不等式的集合, 这样的逻辑可以建立相应的矢列演算. 本章介绍偏序代数结构及其代数逻辑, 并考虑格逻辑的矢列演算.

8.1　偏序代数结构

一个**类型**是有序对 $\tau = (F, \Omega)$, 其中 F 是函数符号集, $\Omega : F \to \omega$ 是一个函数使得对每个 $f \in F$ 都有固定的元数 $\Omega(f)$. 对任意非空集合 A 和自然数 $n \geqslant 0$, 定义 $A^0 = \{\epsilon\}$ 并且 $A^n = \{\langle a_1, \cdots, a_n \rangle \mid a_i \in A, \ 1 \leqslant i \leqslant n\}$. 集合 A 上的 n 元函数是一个映射 $f^A : A^n \to A$. 特别地, 集合 A 上一个 0 元函数 $f^A : A^0 \to A$ 是以 A 中元素 $f^A(\epsilon)$ 为函数值的常函数. 一个 0 元函数也称为**常元**.

对任意类型 $\tau = (F, \Omega)$, 集合 A 上的 τ **型函数集**定义为 $F^A = \{f^A \mid f^A : A^{\Omega(f)} \to A$ 是 A 上的 $\Omega(f)$-元函数并且 $f \in F\}$.

定义 8.1　对任意类型 $\tau = (F, \Omega)$, 一个 τ **型代数**是 $\mathbb{A} = (A, F^A)$, 其中 $A \neq \varnothing$ 称为 $\mathbb{A}$ 的**论域**, F^A 是集合 $\mathbb{A}$ 上 τ 型函数集. 一个**偏序 τ 型代数**是 $\mathbb{A} = (A, F^A, \leqslant)$, 其中 (A, F^A) 是 τ 型代数结构, $\leqslant$ 是 A 上的偏序.

对类型 $\tau = (F, \Omega)$, 一个 τ **型语言** $\mathscr{L}$ 的初始符号由可数变元集 $\mathcal{V} = \{p_i \mid i \in \omega\}$ 和函数符号集 F 组成. 例如, 令 $F_0 = \{\neg, \wedge, \vee\}$; $\Omega_0(\neg) = 1$, $\Omega_0(\wedge) = (\vee) = 2$; $\tau_0 = (F_0, \Omega_0)$. 那么 τ_0 型形式语言就是一个句子逻辑的形式语言.

定义 8.2　对类型 $\tau = (F, \Omega)$, 归纳定义 τ 型语言 $\mathscr{L}$ 的**项集** T 如下:

$$T \ni \alpha ::= p \mid f\alpha_1 \cdots \alpha_{\Omega(f)}$$

其中 $p \in \mathcal{V}$ 并且 $f \in F$. 当 $\Omega(f) = 0$ 时, $f\alpha_1 \cdots \alpha_{\Omega(f)}$ 是**常项**, 用 a, b, c 等表示. 我们用 $var(\alpha)$ 表示 α 中出现的所有变元的集合, 用 $\alpha(p_1, \cdots, p_n)$ 表示 $var(\alpha) \subseteq \{p_1, \cdots, p_n\}$. 语言 $\mathscr{L}$ 的**项代数**定义为 τ 型代数 $\mathfrak{T} = (T, F^T)$, 其中对每个 $f \in F$ 都有 $f^T(\alpha_1, \cdots, \alpha_{\Omega(f)}) = f\alpha_1 \cdots \alpha_{\Omega(f)}$.

定义 8.3　一个项 α 的**子项集** $ST(\alpha)$ 归纳定义如下:

$$ST(p) = \{p\}.$$

$$ST(f\alpha_1\cdots\alpha_{\Omega(f)}) = ST(\alpha_1) \cup \cdots \cup ST(\alpha_{\Omega(f)}) \cup \{f\alpha_1\cdots\alpha_{\Omega(f)}\}$$

一个项 α 的复杂度 $d(\alpha)$ 归纳定义如下:

$$d(p) = 0 = d(f), \quad \text{其中 } p \in \mathcal{V} \text{ 并且 } \Omega(f) = 0$$

$$d(f\alpha_1\cdots\alpha_{\Omega(f)}) = \max\{d(\alpha_1),\cdots,d(\alpha_{\Omega(f)})\} + 1, \quad \text{其中 } \Omega(f) > 0$$

一个**代入**是函数 $\sigma : \mathcal{V} \to T$. 对任意代入 σ, 函数 $\widehat{\sigma} : \mathcal{T} \to \mathcal{T}$ 归纳定义如下:

$$\widehat{\sigma}(p) = \sigma(p)$$

$$\widehat{\sigma}(f\alpha_1\cdots\alpha_{\Omega(f)}) = f\widehat{\sigma}(\alpha_1)\cdots\widehat{\sigma}(\alpha_{\Omega(f)})$$

对任意项 $\alpha(p_1,\cdots,p_n)$ 和 $\beta_1,\cdots,\beta_2$, 记号 $\alpha(p_1/\beta_1,\cdots,p_n/\beta_n)$ 表示分别用 $\beta_1,$ $\cdots,\beta_n$ 统一代入 $p_1,\cdots,p_n$ 得到的项.

定义 8.4 一个**等式**是形如 $\alpha \approx \beta$ 的表达式, 其中 $\alpha,\beta \in T$. 一个**后承**是形如 $\alpha \vdash \beta$ 的表达式, 其中 $\alpha,\beta \in T$. 一个**后承规则**是以下形式的表达式:

$$\frac{\alpha_1 \vdash \beta_1 \cdots \alpha_n \vdash \beta_n}{\alpha_0 \vdash \beta_0}(R)$$

其中 $\alpha_i \vdash \beta_i$ $(1 \leqslant i \leqslant n)$ 称为 (R) 的**前提**, 而 $\alpha_0 \vdash \beta_0$ 称为 (R) 的**结论**.

定义 8.5 一个 τ **型代数逻辑** L 是满足以下条件的后承集:

(1) 自返性: 对所有 $\alpha \in T$ 都有 $\alpha \vdash \alpha \in L$.

(2) 传递性: L 对以下切割规则封闭

$$\frac{\alpha \vdash \beta \quad \beta \vdash \gamma}{\alpha \vdash \gamma}(cut)$$

即如果 $\alpha \vdash \beta \in L$ 并且 $\beta \vdash \gamma \in L$, 那么 $\alpha \vdash \gamma \in L$.

(3) 代入封闭性: L 对于以下代入规则封闭

$$\frac{\alpha \vdash \beta}{\widehat{\sigma}(\alpha) \vdash \widehat{\sigma}(\beta)}(sub), \quad \text{其中 } \sigma \text{ 是任意代入}$$

即如果 $\alpha \vdash \beta \in L$, 那么对任意代入 σ 都有 $\widehat{\sigma}(\alpha) \vdash \widehat{\sigma}(\beta) \in L$.

一个后承 $\alpha \vdash \beta$ 称为代数逻辑 L 的**定理** (或者在 L 中**可证**), 记号 $\alpha \vdash_L \beta$, 如果 $\alpha \vdash \beta \in L$. 我们用记号 $\alpha \nvdash_L \beta$ 表示 $\alpha \vdash \beta \notin L$.

断言 8.1 对任意非空 τ 型代数逻辑族 $\{L_i \mid i \in I\}$, $\bigcap_{i\in I} L_i$ 是 τ 型代数逻辑.

对任意 τ 型代数逻辑 L_1 和 L_2, 定义 $L_1 \oplus L_2$ 为包含 $L_1 \cup L_2$ 的最小 τ 型代数逻辑. 两个 τ 型代数逻辑 L_1 和 L_2 的并集 $L_1 \cup L_2$ 不一定是 τ 型代数逻辑, 因为它不一定满足传递性.

定义 8.6 一个 τ 型代数 $\mathbb{A} = (A, F^A)$ 中的**赋值**是函数 $\theta: \mathcal{V} \to A$. 一个**偏序 τ 型代数模型**是 $\mathfrak{M} = (\mathbb{A}, \theta, \leqslant)$, 其中 $(\mathbb{A}, \leqslant)$ 是偏序 τ 型代数并且 θ 是 $\mathbb{A}$ 中赋值. 对任意偏序 τ 型代数模型 $\mathfrak{M} = (\mathbb{A}, \theta, \leqslant)$ 和项 α, 归纳定义函数 $\widehat{\theta}: \mathcal{T} \to \mathcal{T}$ 如下:

$$\widehat{\theta}(p) = \theta(p), \text{ 其中 } p \in \mathcal{V}$$
$$\widehat{\theta}(f(\alpha_1, \cdots, \alpha_{\Omega f})) = f^A(\widehat{\theta}(\alpha_1), \cdots, \widehat{\theta}\alpha_{\Omega(f)})), \text{ 其中 } f \in F$$

称 $\mathfrak{M}$ **满足后承** $\alpha \vdash \beta$ (记号 $\alpha \models_{\mathfrak{M}} \beta$), 如果 $\widehat{\theta}(\alpha) \leqslant \widehat{\theta}(\beta)$. 称 $\alpha \vdash \beta$ **可满足**, 如果存在偏序 τ 型代数模型 $\mathfrak{M}$ 使得 $\alpha \models_{\mathfrak{M}} \beta$. 称 $\alpha \vdash \beta$ 在偏序 τ 型代数 $\mathbb{A}$ 上**有效** (记号 $\alpha \models_{\mathbb{A}} \beta$), 如果对 $\mathbb{A}$ 中任意赋值 θ 都有 $\alpha \models_{(\mathbb{A}, \theta, \leqslant)} \beta$. 对任意偏序 τ 型代数类 $\mathcal{K}$, 称 $\alpha \vdash \beta$ 在 $\mathcal{K}$ 上**有效**, 记号 $\alpha \models_{\mathcal{K}} \beta$, 如果对所有 $\mathbb{A} \in \mathcal{K}$ 都有 $\alpha \models_{\mathbb{A}} \beta$. 称 $L(\mathcal{K}) = \{\alpha \vdash \beta \mid \alpha \models_{\mathcal{K}} \beta\}$ 为 $\mathcal{K}$ 的**后承理论**.

称 $\mathfrak{M}$ **满足等式** $\alpha \approx \beta$ (记号 $\mathfrak{M} \models \alpha \approx \beta$), 如果 $\widehat{\theta}(\alpha) = \widehat{\theta}(\beta)$. 称 $\alpha \approx \beta$ **可满足**, 如果存在偏序 τ 型代数模型 $\mathfrak{M}$ 使得 $\mathfrak{M} \models \alpha \approx \beta$. 称 $\alpha \approx \beta$ 在偏序 τ 型代数 $\mathbb{A}$ 上**有效** (记号 $\mathbb{A} \models \alpha \approx \beta$), 如果对 $\mathbb{A}$ 中任意赋值 θ 都有 $(\mathbb{A}, \leqslant, \theta) \models \alpha \approx \beta$. 对偏序 τ 型代数类 $\mathcal{K}$, 称 $\alpha \approx \beta$ 在 $\mathcal{K}$ 上**有效** (记号 $\mathcal{K} \models \alpha \approx \beta$), 如果对所有 $\mathbb{A} \in \mathcal{K}$ 都有 $\mathbb{A} \models \alpha \approx \beta$. 称 $Eq(\mathcal{K}) = \{\alpha \approx \beta \mid \mathcal{K} \models \alpha \approx \beta\}$ 为 $\mathcal{K}$ 的**等式理论**.

引理 8.1 对任意项 $\alpha(p_1, \cdots, p_n)$ 和偏序 τ 型代数 $\mathbb{A} = (A, F^A, \leqslant)$, 令 θ_1 和 θ_2 是 $\mathbb{A}$ 中赋值使得对所有 $1 \leqslant i \leqslant n$ 都有 $\theta_1(p_i) = \theta_2(p_i)$. 那么 $\widehat{\theta_1}(\alpha) = \widehat{\theta_2}(\alpha)$.

证明 对 $d(\alpha)$ 归纳易证. $\qquad\qquad\qquad\qquad\qquad\qquad\qquad\qquad\qquad\square$

引理 8.2 对任意项 $\alpha(p_1, \cdots, p_n)$ 和 $\beta_1, \cdots, \beta_n$, 令 $\alpha' = \alpha(p_1/\beta_1, \cdots, p_n/\beta_n)$. 对任意偏序 τ 型代数 $\mathbb{A} = (A, F^A, \leqslant)$, 令 θ 和 θ' 是 $\mathbb{A}$ 中赋值使得对所有 $1 \leqslant i \leqslant n$ 都有 $\theta'(p_i) = \theta(\beta_i)$. 那么 $\widehat{\theta}(\alpha') = \widehat{\theta'}(\alpha)$.

证明 对 $d(\alpha)$ 归纳证明. 当 $d(\alpha) = 0$ 时, 显然 $\widehat{\theta}(\alpha') = \widehat{\theta'}(\alpha)$. 设 $d(\alpha) > 0$. 令 $\alpha = f\alpha_1 \cdots \alpha_{\Omega(f)}$. 由归纳假设得, 对所有 $1 \leqslant i \leqslant n$ 都有 $\widehat{\theta}(\alpha'_i) = \widehat{\theta'}(\alpha_i)$. 所以 $f^A(\widehat{\theta}(\alpha'_1), \cdots, \widehat{\theta}(\alpha'_{\Omega(f)})) = f^A(\widehat{\theta'}(\alpha_1), \cdots, \widehat{\theta'}(\alpha_{\Omega(f)}))$, 即 $\widehat{\theta}(\alpha') = \widehat{\theta'}(\alpha)$. $\qquad\square$

命题 8.1 对任意偏序 τ 型代数类 $\mathcal{K}$, $L(\mathcal{K})$ 是 τ 型代数逻辑.

证明 任给偏序 τ 型代数模型 $\mathfrak{M} = (\mathbb{A}, \leqslant, \theta)$, 其中 $(\mathbb{A}, \leqslant) \in \mathcal{K}$. 显然 $\widehat{\theta}(\alpha) \leqslant \widehat{\theta}(\alpha)$. 所以 $\alpha \vdash \alpha \in L(\mathcal{K})$. 设 $\alpha \vdash \beta \in L(\mathcal{K})$ 并且 $\beta \vdash \gamma \in L(\mathcal{K})$. 那么 $\widehat{\theta}(\alpha) \leqslant \widehat{\theta}(\beta)$ 并且 $\widehat{\theta}(\beta) \leqslant \widehat{\theta}(\gamma)$. 所以 $\widehat{\theta}(\alpha) \leqslant \widehat{\theta}(\gamma)$. 所以 $\alpha \vdash \gamma \in L(\mathcal{K})$. 设 $\alpha \vdash \beta \in L(\mathcal{K})$. 令 $\alpha = \alpha(p_1, \cdots, p_n)$ 并且 $\beta = \beta(q_1, \cdots, q_m)$. 令 $\alpha' = \alpha(p_1/\gamma_1, \cdots, p_n/\gamma_n)$ 并且 $\beta' = \beta(q_1/\delta_1, \cdots, q_m/\delta_m)$, 其中 $\gamma_i = \delta_i$ 对所有 $r_i \in var(\alpha) \cap var(\beta)$. 设 θ 是

$\mathbb{A} \in \mathcal{K}$ 中赋值使得 $\widehat{\theta}(\alpha') \not\leqslant \widehat{\theta}(\beta')$. 定义 $\mathbb{A}$ 中赋值 θ' 如下:

$$
\theta'(r) = \begin{cases}
\widehat{\theta}(\gamma_i), & \text{如果 } r \in var(\alpha) \text{ 并且 } r \notin var(\beta) \\
\widehat{\theta}(\delta_i), & \text{如果 } r \notin var(\alpha) \text{ 并且 } r \in var(\beta) \\
\widehat{\theta}(\gamma_i) = \widehat{\theta}(\delta_i), & \text{如果 } r \in var(\alpha) \cap var(\beta) \\
\widehat{\theta}(r), & \text{否则}
\end{cases}
$$

由引理 8.2 得, $\widehat{\theta}(\alpha') = \widehat{\theta'}(\alpha)$ 并且 $\widehat{\theta}(\beta') = \widehat{\theta'}(\beta)$. 所以 $\widehat{\theta'}(\alpha) \not\leqslant \widehat{\theta'}(\beta)$, 矛盾. □

断言 8.2　对任意偏序 τ 型代数类 $\mathcal{K}$, 偏序 τ 型代数 $(\mathbb{A}, \leqslant)$ 和模型 $\mathfrak{M} = (\mathbb{A}, \theta, \leqslant)$ 以及项 $\alpha, \beta \in \mathcal{T}$,

(1) $\mathfrak{M} \models \alpha \approx \beta$ 当且仅当 $\alpha \models_{\mathfrak{M}} \beta$ 并且 $\beta \models_{\mathfrak{M}} \alpha$;

(2) $\mathbb{A} \models \alpha \approx \beta$ 当且仅当 $\alpha \models_{\mathbb{A}} \beta$ 并且 $\beta \models_{\mathbb{A}} \alpha$;

(3) $\mathcal{K} \models \alpha \approx \beta$ 当且仅当 $\alpha \models_{\mathcal{K}} \beta$ 并且 $\beta \models_{\mathcal{K}} \alpha$.

8.2　格与分配格

本节研究格的逻辑, 包括所有格组成的代数类和所有分配格组成的代数类的逻辑. 格的类型是 $\tau = (\{\wedge, \vee\}, \Omega)$, 其中 $\Omega(\wedge) = \Omega(\vee) = 2$.

定义 8.7　一个**格**是代数 $\mathbb{A} = (A, \vee, \wedge)$, 其中 $\wedge$ 和 $\vee$ 是满足以下条件的运算:

(L1)	$a \wedge (b \wedge c) = (a \wedge b) \wedge c$	结合律
	$a \vee (b \vee c) = (a \vee b) \vee c$	
(L2)	$a \wedge b = b \wedge a$	交换律
	$a \vee b = b \vee a$	
(L3)	$a \wedge a = a$	幂等律
	$a \vee a = a$	
(L4)	$a \wedge (a \vee b) = a$	吸收律
	$a \vee (a \wedge b) = a$	

所有格组成的代数类记为 $\mathbb{L}$.

断言 8.3　对任意格 $\mathbb{A} = (A, \vee, \wedge)$, 二元关系 $\leqslant \subseteq A \times A$ 定义如下:

$$a \leqslant b \text{ 当且仅当 } a \wedge b = a$$

那么 $a \leqslant b$ 当且仅当 $a \vee b = b$ 并且 $\leqslant$ 是 A 上的偏序.

在任意格 $\mathbb{A}$ 上都有偏序 $\leqslant$, 称为**格序**. 每个格都是偏序代数. 对任意 $a, b \in A$, 在偏序集 $(A, \leqslant)$ 中, $a \vee b$ 是 $\{a, b\}$ 的上确界并且 $a \wedge b$ 是 $\{a, b\}$ 的下确界.

命题 8.2　对任意格 $\mathbb{A} = (A, \vee, \wedge)$ 和 $a, b, c, d \in A$, 以下成立:

(1) 如果 $a \leqslant b$, 那么 $a \wedge c \leqslant b \wedge c$ 并且 $a \vee c \leqslant b \vee c$.

(2) 如果 $a \leqslant b$ 并且 $c \leqslant d$, 那么 $a \wedge c \leqslant b \wedge d$ 并且 $a \vee c \leqslant b \vee d$.

(3) 如果 $a \leqslant b$ 并且 $a \leqslant c$, 那么 $a \leqslant b \wedge c$.

(4) 如果 $a \leqslant c$ 并且 $b \leqslant c$, 那么 $a \vee b \leqslant c$.

(5) $a \wedge b \leqslant a$ 并且 $a \wedge b \leqslant b$.

(6) $a \leqslant a \vee b$ 并且 $b \leqslant a \vee b$.

(7) $(a \wedge b) \vee (a \wedge c) \leqslant a \wedge (b \vee c)$.

(8) $a \vee (b \wedge c) \leqslant (a \vee b) \wedge (a \vee c)$.

证明　(1) 设 $a \leqslant b$. 那么 $a \wedge b = a$. 证明如下:

$$
\begin{aligned}
(a \wedge c) \wedge (b \wedge c) &= a \wedge (c \wedge (b \wedge c)) && \text{(L1)} \\
&= a \wedge ((c \wedge b) \wedge c) && \text{(L1)} \\
&= a \wedge (c \wedge (c \wedge b)) && \text{(L2)} \\
&= a \wedge ((c \wedge c) \wedge b) && \text{(L1)} \\
&= a \wedge (c \wedge b) && \text{(L3)} \\
&= a \wedge (b \wedge c) && \text{(L2)} \\
&= (a \wedge b) \wedge c && \text{(L1)} \\
&= a \wedge c
\end{aligned}
$$

所以 $a \wedge c \leqslant b \wedge c$. 同理, $a \vee c \leqslant b \vee c$.

(2) 设 $a \leqslant b$ 并且 $c \leqslant d$. 由 (1) 得, $a \wedge c \leqslant b \leqslant c$ 并且 $b \wedge c \leqslant b \wedge d$. 由 $\leqslant$ 的传递性得, $a \wedge c \leqslant b \wedge d$. 同理, $a \vee c \leqslant b \vee c$.

(3) 设 $a \leqslant b$ 并且 $a \leqslant c$. 由 (1) 得, $a = a \wedge a \leqslant b \wedge c$.

(4) 设 $a \leqslant c$ 并且 $b \leqslant c$. 由 (1) 得, $a \vee b \leqslant c \vee c = c$.

(5) 对 $a \wedge b \leqslant a$, 证明如下:

$$
\begin{aligned}
(a \wedge b) \wedge a &= a \wedge (b \wedge a) && \text{(L1)} \\
&= a \wedge (a \wedge b) && \text{(L2)} \\
&= (a \wedge a) \wedge b && \text{(L1)} \\
&= a \wedge b && \text{(L3)}
\end{aligned}
$$

所以 $a \wedge b \leqslant a$. 同理, $a \wedge b \leqslant b$.

(6) 与 (5) 类似证明.

(7) 由 (5) 得, $a \wedge b \leqslant a$ 并且 $a \wedge b \leqslant b$. 由 (6) 得, $b \leqslant b \vee c$. 所以 $a \wedge b \leqslant b \vee c$. 由 (3) 得, $a \wedge b \leqslant a \wedge (b \vee c)$. 同理, $a \wedge c \leqslant a \wedge (b \vee c)$. 由 (4) 得, $(a \wedge b) \vee (a \wedge c) \leqslant a \wedge (b \vee c)$.

(8) 由 (6) 得, $a \leqslant a \vee b$ 并且 $a \leqslant a \vee c$. 由 (3) 得, $a \leqslant (a \vee b) \wedge (a \vee c)$. 由 (5) 得, $b \wedge c \leqslant b$ 并且 $b \wedge c \leqslant c$. 由 (6) 得, $b \leqslant a \vee b$ 并且 $c \leqslant a \vee c$. 所以 $b \wedge c \leqslant (a \vee b)$ 并且 $b \wedge c \leqslant (a \vee c)$. 由 (3) 得, $b \wedge c \leqslant (a \vee b) \wedge (a \vee c)$. 由 (4) 得, $a \vee (b \wedge c) \leqslant (a \vee b) \wedge (a \vee c)$. □

断言 8.4 对偏序集 $(A, \leqslant)$, 设任意两个元素 $a, b \in A$ 都有下确界 $a \wedge^A b$ 和上确界 $a \vee^A b$. 那么 $(A, \wedge^A, \vee^A)$ 是格.

例 8.1 (1) 令 $A = \{0, 1\}$. 定义 A 上二元运算 $\wedge$ 和 $\vee$ 如下:

$\wedge$	0	1
0	0	0
1	0	1

$\vee$	0	1
0	0	1
1	0	1

即 $a \wedge b = \min\{a, b\}$ 并且 $a \vee b = \max\{a, b\}$. 那么 $(\{0, 1\}, \wedge, \vee)$ 是格.

(2) 对任意集合 A, 令 $\mathcal{P}(A)$ 是 A 的幂集. 那么 $(\mathcal{P}(A), \cup, \cap)$ 是格.

(3) 对有穷偏序集 $(A, \leqslant)$, 用点表示 A 中元素, 用 a 和 b 之间从下往上的连线表示 $a < b$ 使得 $a \leqslant c < b$ 蕴涵 $a = c$. 这样得到的图称为 $(A, \leqslant)$ 的**哈斯图**. 例如, 两个元素组成的所有偏序集如下:

其中 $\bar{2}$ 不是格, 而 2 是格. 所有由三个元素组成的偏序集如下:

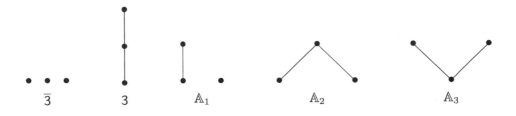

其中只有 3 是格, 其余都不是格.

(4) 令 $A = \{0,1\}$ 并且 $B = \{0,1,2\}$. 以下是 $(\mathcal{P}(A), \subseteq)$ 和 $(\mathcal{P}(B), \subseteq)$ 的图:

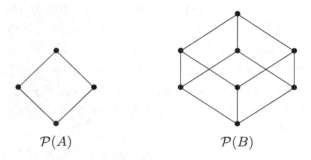

$$\mathcal{P}(A) \qquad\qquad\qquad \mathcal{P}(B)$$

它们都是格, 对其中的元素 a, b 都有 $a \vee b = a \cup b$ 并且 $a \wedge b = a \cap b$.

由定义 8.4 得到格的语言和项. 令 $\mathcal{V} = \{p_i \mid i < \omega\}$ 是可数变元集. 所有**项**的集合 T_L 递归定义如下:

$$T_L \ni \alpha ::= p \mid (\alpha_1 \wedge \alpha_2) \mid (\alpha_1 \vee \alpha_2), \text{ 其中 } p \in \mathcal{V}$$

一个后承是形如 $\alpha \vdash \beta$ 的表达式.

定义 8.8 后承演算 L 由以下公理模式和规则组成:

(1) 公理模式

$$(Id) \quad p \vdash p$$

(2) 联结词规则

$$\frac{\alpha_i \vdash \beta}{\alpha_1 \wedge \alpha_2 \vdash \beta}(\wedge\vdash)(i=1,2) \qquad \frac{\alpha \vdash \beta_1 \quad \alpha \vdash \beta_2}{\alpha \vdash \beta_1 \wedge \beta_2}(\vdash\wedge)$$

$$\frac{\alpha_1 \vdash \beta \quad \alpha_2 \vdash \beta}{\alpha_1 \vee \alpha_2 \vdash \beta}(\vee\vdash) \qquad \frac{\alpha \vdash \beta_i}{\alpha \vdash \beta_1 \vee \beta_2}(\vdash\vee)(i=1,2)$$

(3) 切割规则

$$\frac{\alpha \vdash \gamma \quad \gamma \vdash \beta}{\alpha \vdash \beta}(cut)$$

联结词规则的结论中含二元联结词的项称为**主项**. 切割规则中 γ 称为**切割项**. 在 L 中**推导**概念如通常定义. 我们用 $\alpha \vdash_L \beta$ 表示后承 $\alpha \vdash \beta$ 在 L 中可推导. 称项 α 与 β 是 L 等价的 (记号 $\alpha \sim_L \beta$), 如果 $\alpha \vdash_L \beta$ 并且 $\beta \vdash_L \alpha$.

命题 8.3 对任意项 $\alpha \in T_L$, $\alpha \vdash_L \alpha$.

证明 对 $d(\alpha)$ 归纳证明. 显然 $p \vdash_L p$. 设 $\alpha = \alpha_1 \wedge \alpha_2$. 由归纳假设得以下推导:

$$\frac{\dfrac{\alpha_1 \vdash \alpha_1}{\alpha_1 \wedge \alpha_2 \vdash \alpha_1}(\wedge\vdash) \quad \dfrac{\alpha_2 \vdash \alpha_2}{\alpha_1 \wedge \alpha_2 \vdash \alpha_2}(\wedge\vdash)}{\alpha_1 \wedge \alpha_2 \vdash \alpha_1 \wedge \alpha_2}(\vdash\wedge)$$

设 $\alpha = \alpha_1 \vee \alpha_2$. 由归纳假设得以下推导:

$$\cfrac{\cfrac{\alpha_1 \vdash \alpha_1}{\alpha_1 \vdash \alpha_1 \vee \alpha_2}(\vdash\vee) \qquad \cfrac{\alpha_2 \vdash \alpha_2}{\alpha_2 \vdash \alpha_1 \vee \alpha_2}(\vdash\vee)}{\alpha_1 \vee \alpha_2 \vdash \alpha_1 \vee \alpha_2}(\vee\vdash)$$

$\square$

命题 8.4　*以下在 L 中成立:*

(1) $\alpha \wedge (\beta \wedge \gamma) \sim_{\mathsf{L}} (\alpha \wedge \beta) \wedge \gamma$.

(2) $\alpha \vee (\beta \vee \gamma) \sim_{\mathsf{L}} (\alpha \vee \beta) \vee \gamma$.

(3) $\alpha \wedge \beta \sim_{\mathsf{L}} \beta \wedge \alpha$.

(4) $\alpha \vee \beta \sim_{\mathsf{L}} \beta \vee \alpha$.

(5) $\alpha \wedge \alpha \sim_{\mathsf{L}} \alpha$.

(6) $\alpha \vee \alpha \sim_{\mathsf{L}} \alpha$.

(7) $\alpha \wedge (\alpha \vee \beta) \sim_{\mathsf{L}} \alpha$.

(8) $\alpha \vee (\alpha \wedge \beta) \sim_{\mathsf{L}} \alpha$.

(9) $(\alpha \wedge \beta) \vee (\alpha \wedge \gamma) \vdash_{\mathsf{L}} \alpha \wedge (\beta \vee \gamma)$.

(10) $\alpha \vee (\beta \wedge \gamma) \vdash_{\mathsf{L}} (\alpha \vee \beta) \wedge (\alpha \vee \gamma)$.

证明　(8) 推导如下:

$$\cfrac{\alpha \vdash \alpha \qquad \cfrac{\cfrac{\alpha \vdash \alpha}{\alpha \wedge \beta \vdash \alpha}(\wedge\vdash)}{}}{\alpha \vee (\alpha \wedge \beta) \vdash \alpha}(\vee\vdash) \qquad \cfrac{\alpha \vdash \alpha}{\alpha \vdash \alpha \vee (\alpha \wedge \beta)}(\vdash\vee)$$

(9) 推导如下:

$$\cfrac{\cfrac{\cfrac{\alpha \vdash \alpha}{\alpha \wedge \beta \vdash \alpha}(\wedge\vdash) \qquad \cfrac{\cfrac{\beta \vdash \beta}{\alpha \wedge \beta \vdash \beta}(\wedge\vdash)}{\alpha \wedge \beta \vdash \beta \vee \gamma}(\vdash\vee)}{\alpha \wedge \beta \vdash \alpha \wedge (\beta \vee \gamma)}(\vdash\wedge) \qquad \cfrac{\cfrac{\alpha \vdash \alpha}{\alpha \wedge \gamma \vdash \alpha}(\wedge\vdash) \qquad \cfrac{\cfrac{\beta \vdash \beta}{\alpha \wedge \gamma \vdash \gamma}(\wedge\vdash)}{\alpha \wedge \gamma \vdash \beta \vee \gamma}(\vdash\vee)}{\alpha \wedge \gamma \vdash \alpha \wedge (\beta \vee \gamma)}(\vdash\wedge)}{(\alpha \wedge \beta) \vee (\alpha \wedge \gamma) \vdash \alpha \wedge (\beta \vee \gamma)}(\vee\vdash)$$

其余易证.

$\square$

命题 8.5　*以下规则在 L 中可允许:*

$$\cfrac{\alpha \vdash \beta}{\alpha \wedge \gamma \vdash \beta \wedge \gamma}(\wedge\mathrm{M}) \qquad \cfrac{\alpha \vdash \beta}{\alpha \vee \gamma \vdash \beta \vee \gamma}(\vee\mathrm{M})$$

$$\cfrac{\alpha \vdash \beta \quad \gamma \vdash \delta}{\alpha \wedge \gamma \vdash \beta \wedge \delta}(\wedge) \qquad \cfrac{\alpha \vdash \beta \quad \gamma \vdash \delta}{\alpha \vee \gamma \vdash \beta \vee \delta}(\vee)$$

证明   这里只证 (∧M) 可允许. 推导如下:

$$\dfrac{\dfrac{\alpha \vdash \beta}{\alpha \wedge \gamma \vdash \beta}(\wedge\vdash) \qquad \dfrac{\gamma \vdash \gamma}{\alpha \wedge \gamma \vdash \gamma}(\wedge\vdash)}{\alpha \wedge \gamma \vdash \beta \wedge \gamma}(\vdash\wedge)$$

其余易证.   □

定理 8.1(可靠性)   如果 $\alpha \vdash_{\mathsf{L}} \beta$, 那么 $\alpha \models_{\mathsf{L}} \beta$.

证明   设 $\alpha \vdash_{\mathsf{L}} \beta$. 那么 L 中存在 $\alpha \vdash \beta$ 的推导 $\mathcal{D}$. 对 $|\mathcal{D}| = n$ 归纳证明 $\alpha \models_{\mathsf{L}} \beta$. 情况 $n = 0$ 是显然的. 设 $n > 0$ 并且 $\alpha \vdash \beta$ 由规则 (R) 得到.

(1) (R) 是 $(\wedge\vdash)$. 令 $\alpha = \alpha_1 \wedge \alpha_2$. 最后一步是

$$\dfrac{\alpha_i \vdash \beta}{\alpha_1 \wedge \alpha_2 \vdash \beta}(\wedge\vdash)$$

由归纳假设, $\alpha_i \models_{\mathsf{L}} \beta$. 对任意格 $\mathbb{A}$ 中赋值 θ, $\widehat{\theta}(\alpha_i) \leqslant \widehat{\theta}(\beta)$. 由命题 8.2 (5), $\widehat{\theta}(\alpha_1 \wedge \alpha_2) = \widehat{\theta}(\alpha_1) \wedge \widehat{\theta}(\alpha_2) \leqslant \widehat{\theta}(\alpha_i)$. 所以 $\widehat{\theta}(\alpha_1 \wedge \alpha_2) \leqslant \widehat{\theta}(\beta)$. 所以 $\alpha_1 \wedge \alpha_2 \models_{\mathsf{L}} \beta$.

(2) (R) 是 $(\vdash\wedge)$. 令 $\beta = \beta_1 \wedge \beta_2$. 最后一步是

$$\dfrac{\alpha \vdash \beta_1 \quad \alpha \vdash \beta_2}{\alpha \vdash \beta_1 \wedge \beta_2}(\vdash\wedge)$$

由归纳假设, $\alpha \models_{\mathsf{L}} \beta_1$ 并且 $\alpha \models_{\mathsf{L}} \beta_2$. 对任意格 $\mathbb{A}$ 中赋值 θ, 对 $i = 1, 2$ 都有 $\widehat{\theta}(\alpha) \leqslant \widehat{\theta}(\beta_i)$. 由命题 8.2 (3), $\widehat{\theta}(\alpha) \leqslant \widehat{\theta}(\beta_1) \wedge \widehat{\theta}(\beta_2) = \widehat{\theta}(\beta_1 \wedge \beta_2)$. 所以 $\alpha \models_{\mathsf{L}} \beta_1 \wedge \beta_2$.

(3) (R) 是 $(\vee\vdash)$ 或 $(\vdash\vee)$. 与 (1) 或 (2) 的证明类似.

(4) (R) 是 (cut). 最后一步是

$$\dfrac{\alpha \vdash \gamma \quad \gamma \vdash \beta}{\alpha \vdash \beta}(cut)$$

由归纳假设, $\alpha \models_{\mathsf{L}} \gamma$ 并且 $\gamma \models_{\mathsf{L}} \beta$. 对任意格 $\mathbb{A}$ 中赋值 θ, $\widehat{\theta}(\alpha) \leqslant \widehat{\theta}(\gamma)$ 并且 $\widehat{\theta}(\gamma) \leqslant \widehat{\theta}(\beta)$. 由 $\leqslant$ 的传递性, $\widehat{\theta}(\alpha) \leqslant \widehat{\theta}(\beta)$. 所以 $\alpha \models_{\mathsf{L}} \beta$.   □

考虑 T_L 上二元关系 $\sim_{\mathsf{L}}$. 显然它是等价关系. 对任意项 $\alpha_1, \alpha_2, \beta_1, \beta_2 \in T_L$, 如果 $\alpha_1 \sim_{\mathsf{L}} \beta_1$ 并且 $\alpha_2 \sim_{\mathsf{L}} \beta_2$, 那么 $\alpha_1 \odot \alpha_2 \sim_{\mathsf{L}} \beta_1 \odot \beta_2$, 其中 $\odot \in \{\wedge, \vee\}$. 满足该条件的等价关系 $\sim_{\mathsf{L}}$ 也称为**同余关系**. 对任意项 $\alpha \in T_L$, 令 $[\alpha] = \{\beta \in T_L \mid \alpha \sim_{\mathsf{L}} \beta\}$.

定义 8.9   令 $T^{\mathsf{L}} = \{[\alpha] \mid \alpha \in T_L\}$. 对 $\odot \in \{\wedge, \vee\}$, 定义 T^{L} 上二元运算 $\odot^{\mathsf{L}}$ 如下:

$$[\alpha] \odot^{\mathsf{L}} [\beta] = [\alpha \odot \beta].$$

称 $\mathbb{T}^{\mathsf{L}} = (T^{\mathsf{L}}, \vee^{\mathsf{L}}, \wedge^{\mathsf{L}})$ 为 L 的**典范代数**或**林登鲍姆-塔尔斯基代数**.

注意 $\sim_{\mathsf{L}}$ 是同余关系, 所以 $\wedge^{\mathsf{L}}$ 和 $\vee^{\mathsf{L}}$ 是 T^{L} 上的二元函数. 因此, 典范代数中两个二元运算的定义是合适的.

引理 8.3 $\mathbb{T}^{\mathsf{L}}$ 是格.

证明 易证 $\vee^{\mathsf{L}}$ 和 $\wedge^{\mathsf{L}}$ 满足格的条件 (L1) – (L4). □

引理 8.4 对任意 $\alpha, \beta \in T_L$, $\alpha \vdash_{\mathsf{L}} \beta$ 当且仅当 $[\alpha] \leqslant^{\mathsf{L}} [\beta]$, 其中 $\leqslant_{\mathsf{L}}$ 是 $\mathbb{T}^{\mathsf{L}}$ 格序.

证明 设 $\alpha \vdash_{\mathsf{L}} \beta$. 显然 $[\alpha] \wedge^{\mathsf{L}} [\beta] = [\alpha \wedge \beta]$ 且 $\alpha \wedge \beta \vdash_{\mathsf{L}} \alpha$. 由 $\alpha \vdash_{\mathsf{L}} \alpha$ 和 $\alpha \vdash_{\mathsf{L}} \beta$ 及 $(\vdash\wedge)$, $\alpha \vdash_{\mathsf{L}} \alpha \wedge \beta$. 所以 $\alpha \wedge \beta \sim_{\mathsf{L}} \alpha$, 即 $[\alpha] \leqslant^{\mathsf{L}} [\beta]$. 设 $[\alpha] \leqslant^{\mathsf{L}} [\beta]$. 那么 $[\alpha \wedge \beta] = [\alpha]$, 即 $\alpha \wedge \beta \sim_{\mathsf{L}} \alpha$. 所以 $\alpha \vdash_{\mathsf{L}} \alpha \wedge \beta$. 由 $\alpha \wedge \beta \vdash_{\mathsf{L}} \beta$ 和 (cut) 得, $\alpha \vdash_{\mathsf{L}} \beta$. □

引理 8.5 令 θ^{L} 是 $\mathbb{T}^{\mathsf{L}}$ 中赋值使得 $\theta^{\mathsf{L}}(p) = [p]$ 对任意 $p \in \mathcal{V}$. 那么对任意项 $\alpha \in T_L$ 都有 $\widehat{\theta^{\mathsf{L}}}(\alpha) = [\alpha]$.

证明 对 $d(\alpha)$ 归纳证明. 原子情况由 θ^{L} 定义得. 设 $\alpha = \beta \odot \gamma$, 其中 $\odot \in \{\wedge, \vee\}$. 由归纳假设, $\widehat{\theta^{\mathsf{L}}}(\beta) = [\beta]$ 并且 $\widehat{\theta^{\mathsf{L}}}(\gamma) = [\gamma]$. 所以 $\widehat{\theta^{\mathsf{L}}}(\beta \odot \gamma) = [\beta] \odot [\gamma] = [\beta \odot \gamma]$. □

定理 8.2(完全性) 如果 $\alpha \models_{\mathbb{L}} \beta$, 那么 $\alpha \vdash_{\mathsf{L}} \beta$.

证明 设 $\alpha \not\vdash_{\mathsf{L}} \beta$. 由引理 8.4得, $[\alpha] \not\leqslant_{\mathsf{L}} [\beta]$. 由引理 8.5得, $\widehat{\theta^{\mathsf{L}}}(\alpha) \not\leqslant_{\mathsf{L}} \widehat{\theta^{\mathsf{L}}}(\beta)$. 由引理 8.3得, $\mathbb{T}^{\mathsf{L}} \in \mathbb{L}$. 所以 $\alpha \not\models_{\mathbb{L}} \beta$. □

定理 8.3(切割消除) 如果 $\alpha \vdash_{\mathsf{L}} \beta$, 那么 $\alpha \vdash \beta$ 在 L 中有不使用 (cut) 的推导.

证明 设 $\alpha \vdash_{\mathsf{L}} \beta$. 那么 $\alpha \vdash \beta$ 在 L 中存在推导 $\mathcal{D}$. 任给 $\mathcal{D}$ 中一个分枝上 (cut) 的首次应用 (即在该节点前面不使用 (cut) 规则):

$$\frac{\delta \vdash \gamma \quad \gamma \vdash \xi}{\delta \vdash \xi}(cut)$$

设其两个前提的推导高度分别是 n 和 m. 现在对 $n + m$ 和 $d(\gamma)$ 同时归纳证明 (cut) 可消除.

(1) $n = 0$ 或 $m = 0$. 设 $\delta \vdash \gamma$ 是公理. 那么 $\delta = \gamma = p \in \mathcal{V}$. 所以结论是右前提. 设 $\gamma \vdash \xi$ 是公理. 那么 $\gamma = \xi = p \in \mathcal{V}$. 所以结论是左前提.

(2) $n > 0$ 并且 $m > 0$. 令左右两个前提分别由规则 (R_1) 和 (R_2) 得到. 设 γ 不是 (R_1) 的主项. 设 (R_1) 是 $(\wedge\vdash)$. 由归纳假设, 以下推导

$$\frac{\dfrac{\delta_i \vdash \gamma}{\delta_1 \wedge \delta_2 \vdash \gamma}(\wedge\vdash) \quad \gamma \vdash \xi}{\delta_1 \wedge \delta_2 \vdash \xi}(cut)$$

转化为

$$\frac{\dfrac{\delta_i \vdash \gamma \quad \gamma \vdash \xi}{\delta_i \vdash \xi}\ (cut)}{\delta_1 \wedge \delta_2 \vdash \xi}\ (\wedge\vdash)$$

设 (R_1) 是 $(\vee\vdash)$. 由归纳假设, 以下推导

$$\frac{\dfrac{\delta_1 \vdash \gamma \quad \delta_2 \vdash \gamma}{\delta_1 \vee \delta_2 \vdash \gamma}\ (\vee\vdash) \qquad \gamma \vdash \xi}{\delta_1 \vee \delta_2 \vdash \xi}\ (cut)$$

转化为

$$\frac{\dfrac{\delta_1 \vdash \gamma \quad \gamma \vdash \xi}{\delta_1 \vdash \xi}\ (cut) \qquad \dfrac{\delta_2 \vdash \gamma \quad \gamma \vdash \xi}{\delta_2 \vdash \xi}\ (cut)}{\delta_1 \vee \delta_2 \vdash \xi}\ (\vee\vdash)$$

(3) γ 仅在 (R_1) 中是主项. 设 (R_2) 是 $(\vdash\wedge)$. 由归纳假设, 以下推导

$$\frac{\delta \vdash \gamma \qquad \dfrac{\gamma \vdash \xi_1 \quad \gamma \vdash \xi_2}{\gamma \vdash \xi_1 \wedge \xi_2}\ (\vdash\wedge)}{\delta \vdash \xi_1 \wedge \xi_2}\ (cut)$$

转化为

$$\frac{\dfrac{\delta \vdash \gamma \quad \gamma \vdash \xi_1}{\delta \vdash \xi_1}\ (cut) \qquad \dfrac{\delta \vdash \gamma \quad \gamma \vdash \xi_2}{\delta \vdash \xi_2}\ (cut)}{\delta \vdash \xi_1 \wedge \xi_2}\ (\vdash\wedge)$$

设 (R_2) 是 $(\vdash\vee)$. 由归纳假设, 以下推导

$$\frac{\delta \vdash \gamma \qquad \dfrac{\gamma \vdash \xi_i}{\gamma \vdash \xi_1 \vee \xi_2}\ (\vdash\vee)}{\delta \vdash \xi_1 \vee \xi_2}\ (cut)$$

转化为

$$\frac{\dfrac{\delta \vdash \gamma \quad \gamma \vdash \xi_i}{\delta \vdash \xi_i}\ (cut)}{\delta \vdash \xi_1 \vee \xi_2}\ (\vdash\vee)$$

(4) γ 在 (R_1) 和 (R_2) 中都是主项. 设 $\gamma = \gamma_1 \wedge \gamma_2$. 由归纳假设, 以下推导

$$\frac{\dfrac{\delta \vdash \gamma_1 \quad \delta \vdash \gamma_2}{\delta \vdash \gamma_1 \wedge \gamma_2}\ (\vdash\wedge) \qquad \dfrac{\gamma_i \vdash \xi}{\gamma_1 \wedge \gamma_2 \vdash \xi}\ (\wedge\vdash)}{\delta \vdash \xi}\ (cut)$$

转化为

$$\frac{\delta \vdash \gamma_i \quad \gamma_i \vdash \xi}{\delta \vdash \xi}\ (cut)$$

设 $\gamma = \gamma_1 \vee \gamma_2$. 由归纳假设, 以下推导

$$\dfrac{\dfrac{\delta \vdash \gamma_i}{\delta \vdash \gamma_1 \vee \gamma_2}\,(\vdash\vee) \quad \dfrac{\gamma_1 \vdash \xi \quad \gamma_2 \vdash \xi}{\gamma_1 \vee \gamma_2 \vdash \xi}\,(\vee\vdash)}{\delta \vdash \xi}\,(cut)$$

转化为

$$\dfrac{\delta \vdash \gamma_i \quad \gamma_i \vdash \xi}{\delta \vdash \xi}\,(cut)$$

$\qquad\qquad\qquad\qquad\qquad\qquad\qquad\qquad\qquad\qquad\qquad\qquad\qquad\qquad$ □

推论 8.1　令 L* 是从 L 删除切割规则 (cut) 得到的矢列演算. 对任意项 $\alpha, \beta \in T_L$, $\alpha \vdash_L \beta$ 当且仅当 $\alpha \vdash_{L^*} \beta$.

推论 8.2(子项性质)　如果 $\alpha \vdash_L \beta$, 那么 L 中存在 $\alpha \vdash \beta$ 的推导 $\mathcal{D}$ 使得其中每个项都是 α, β 的子项.

推论 8.3　后承演算 L 是可判定的.

证明　对任意矢列 $\alpha \vdash \beta$, 只要在 L* 中进行推导搜索. 因为 L* 有子项性质, 推导搜索是停机的. 如果有一个推导, 其中每个叶节点都是公理, 那么 $\alpha \vdash \beta$ 在 L 中可推导. 否则, $\alpha \vdash \beta$ 不可推导. $\qquad\qquad\qquad\qquad\qquad\qquad\qquad$ □

例 8.2　现在证明 $p \wedge (q \vee r) \nvdash_L (p \wedge q) \vee (p \wedge r)$. 在 L* 中从 $p \wedge (q \vee r) \vdash (p \wedge q) \vee (p \wedge r)$ 出发进行推导搜索, 有四种可能性:

$$\dfrac{p \vdash (p \wedge q) \vee (p \wedge r)}{p \wedge (q \vee r) \vdash (p \wedge q) \vee (p \wedge r)}\,(\wedge\vdash) \qquad \dfrac{q \vee r \vdash (p \wedge q) \vee (p \wedge r)}{p \wedge (q \vee r) \vdash (p \wedge q) \vee (p \wedge r)}\,(\wedge\vdash)$$

$$\dfrac{p \wedge (q \vee r) \vdash p \wedge q}{p \wedge (q \vee r) \vdash (p \wedge q) \vee (p \wedge r)}\,(\vdash\vee) \qquad \dfrac{p \wedge (q \vee r) \vdash p \wedge r}{p \wedge (q \vee r) \vdash (p \wedge q) \vee (p \wedge r)}\,(\vdash\vee)$$

在每种情况下继续进行推导搜索, 找不到正确的推导.

定义 8.10　一个**有界格**是 $\mathbb{A} = (A, \vee, \wedge, 0, 1)$, 其中 $0, 1 \in A$ 使得对所有 $a \in A$ 都有 $0 \leqslant a$ 并且 $a \leqslant 1$. 所有有界格组成的代数类记为 $\mathbb{BL}$. 有界格的语言是在格的语言上增加 0 元算子 $\top$ 和 $\bot$ 得到的. 项集 T_{BL} 归纳定义为

$$T_{BL} \ni \alpha ::= p \mid \top \mid \bot \mid (\alpha_1 \wedge \alpha_2) \mid (\alpha_1 \vee \alpha_2), \text{ 其中 } p \in \mathcal{V}.$$

后承演算 BL 是在 L 基础上增加以下公理模式得到的:

$$(\top)\ \alpha \vdash \top \qquad (\bot)\ \bot \vdash \alpha$$

记号 $\alpha \vdash_{BL} \beta$ 表示 $\alpha \vdash \beta$ 在 BL 中可推导.

定理 8.4　对任意 $\alpha, \beta \in T_{BL}$, $\alpha \vdash_{BL} \beta$ 当且仅当 $\alpha \models_{\mathbb{BL}} \beta$.

证明   与定理 8.1和定理 8.2的证明类似. 在典范代数 $\mathbb{T}^{\mathsf{BL}}$ 时, 令 $1^{\mathsf{BL}} = [\top]$ 并且 $0^{\mathsf{BL}} = [\bot]$, 其余证明类似.   □

定理 8.5 (切割消除)   如果 $\alpha \vdash_{\mathsf{BL}} \beta$, 则 $\alpha \vdash \beta$ 在 BL 中有不使用 (cut) 的 推导.

证明   与定理 8.3的证明类似. 留作练习.   □

推论 8.4(子项性质)   如果 $\alpha \vdash_{\mathsf{BL}} \beta$, 则 BL 中存在 $\alpha \vdash \beta$ 的推导 $\mathcal{D}$ 使得其中 每个项都是 α, β 的子项.

推论 8.5   后承演算 L 是可判定的.

定义 8.11   一个格 $\mathbb{A} = (A, \vee, \wedge)$ 称为**分配格**, 如果它满足以下条件:

$$(\text{分配律})\quad a \wedge (b \vee c) \leqslant (a \wedge b) \vee (a \wedge c).$$

其中 $\leqslant$ 是 $\mathbb{A}$ 的格序. 所有分配格组成的代数类记为 $\mathbb{DL}$. 一个**有界分配格**是满足 分配律的有界格. 有界分配格类记为 $\mathbb{BDL}$.

分配格语言与格语言相同, 有界分配格语言与有界格语言相同. 后承演算 DL 是在 L 上增加以下公理得到的:

$$(\text{D})\quad \alpha \wedge (\beta \vee \gamma) \vdash (\alpha \wedge \beta) \vee (\alpha \wedge \gamma)$$

后承演算 BDL 是在 BL 上增加公理 (D) 得到的.

定理 8.6   以下成立:

(1) 对任意 $\alpha, \beta \in T_L$, $\alpha \vdash_{\mathsf{DL}} \beta$ 当且仅当 $\alpha \models_{\mathbb{DL}} \beta$.

(2) 对任意 $\alpha, \beta \in T_{BL}$, $\alpha \vdash_{\mathsf{BDL}} \beta$ 当且仅当 $\alpha \models_{\mathbb{BDL}} \beta$.

证明   与定理 8.1和定理 8.2的证明类似. 注意它们的典范代数满足分配律.
                                                                                    □

例 8.3   首先 $p \wedge (q \vee (r \vee s)) \vdash_{\mathsf{DL}} (p \wedge q) \vee ((p \wedge r) \vee (p \wedge s))$. 我们有以下 推导:

$$\frac{\dfrac{p \wedge q \vdash p \wedge q}{p \wedge q \vdash (p \wedge q) \vee ((p \wedge r) \vee (p \wedge s))}\,(\vdash\vee)}{}$$

$$\frac{p \wedge (r \vee s) \vdash (p \wedge r) \vee (p \wedge s)}{p \wedge (r \vee s) \vdash (p \wedge q) \vee ((p \wedge r) \vee (p \wedge s))}\,(\vdash\vee)$$

由 $(\vee\vdash)$ 得 $(p \wedge q) \vee (p \wedge (r \vee s)) \vdash_{\mathsf{DL}} (p \wedge q) \vee ((p \wedge r) \vee (p \wedge s))$. 因为 $p \wedge (q \vee (r \vee s)) \vdash (p \wedge q) \vee (p \wedge (r \vee s))$ 是公理 (D) 的特例, 由 (cut) 得, $p \wedge (q \vee (r \vee s)) \vdash (p \wedge q) \vee ((p \wedge r) \vee (p \wedge s))$. 但是, $p \wedge (q \vee (r \vee s)) \vdash (p \wedge q) \vee ((p \wedge r) \vee (p \wedge s))$ 在 DL 中没有不使用 (cut) 的推导. 所以 DL 没有切割消除性质.

现在考虑分配格和有界分配格的矢列演算. 一个矢列是形如 $\Gamma \vdash \alpha$ 的表达式, 其中 Γ 是有穷可重项集并且 α 是项.

定义 8.12　矢列演算 GDL 由以下公理模式和规则组成:

(1) 公理模式

$$(\mathrm{Id})\ p, \Gamma \vdash p,\ 其中 p \in \mathcal{V}$$

(2) 联结词规则

$$\frac{\alpha, \beta, \Gamma \vdash \gamma}{\alpha \wedge \beta, \Gamma \vdash \gamma}(\wedge\vdash) \qquad \frac{\Gamma \vdash \alpha \quad \Gamma \vdash \beta}{\Gamma \vdash \alpha \wedge \beta}(\vdash\wedge)$$

$$\frac{\alpha, \Gamma \vdash \gamma \quad \beta, \Gamma \vdash \gamma}{\alpha \vee \beta, \Gamma \vdash \gamma}(\vee\vdash) \qquad \frac{\Gamma \vdash \alpha_i}{\Gamma \vdash \alpha_1 \vee \alpha_2}(\vdash\vee)$$

矢列演算 GBDL 是在 GDL 基础上增加以下公理模式得到的:

$$(\bot)\ \bot, \Gamma \vdash \alpha \qquad (\top)\ \Gamma \vdash \top$$

我们用记号 $\Gamma \vdash_{\mathsf{G}} \alpha$ 表示 $\Gamma \vdash \alpha$ 在 $\mathsf{G} \in \{\mathsf{GDL}, \mathsf{GBDL}\}$ 中可推导, 用记号 $\Gamma \vdash_n \alpha$ 表示 $\Gamma \vdash \alpha$ 在 G 中有高度不超过 n 的推导.

命题 8.6　以下成立:

(1) 对任意项 $\alpha \in T_L$, $\alpha, \Gamma \vdash_{\mathsf{GDL}} \alpha$.

(2) 对任意项 $\alpha \in T_{BL}$, $\alpha, \Gamma \vdash_{\mathsf{GDL}} \alpha$.

证明　(1) 对 $d(\alpha)$ 归纳证明. 情况 $\alpha = p \in \mathcal{V}$ 是显然的. 设 $\alpha = \alpha_1 \wedge \alpha_2$. 由归纳假设得以下推导:

$$\frac{\dfrac{\alpha_1, \alpha_2, \Gamma \vdash \alpha_1 \quad \alpha_1, \alpha_2, \Gamma \vdash \alpha_2}{\alpha_1, \alpha_2, \Gamma \vdash \alpha_1 \wedge \alpha_2}(\vdash\wedge)}{\alpha_1 \wedge \alpha_2, \Gamma \vdash \alpha_1 \wedge \alpha_2}(\wedge\vdash)$$

设 $\alpha = \alpha_1 \vee \alpha_2$. 由归纳假设得以下推导:

$$\frac{\dfrac{\alpha_1, \Gamma \vdash \alpha_1}{\alpha_1, \Gamma \vdash \alpha_1 \vee \alpha_2}(\vdash\vee) \quad \dfrac{\alpha_2, \Gamma \vdash \alpha_2}{\alpha_2, \Gamma \vdash \alpha_1 \vee \alpha_2}(\vdash\vee)}{\alpha_1 \vee \alpha_2, \Gamma \vdash \alpha_1 \vee \alpha_2}(\vee\vdash)$$

(2) 与 (1) 类似证明. ◻

命题 8.7　以下弱化规则在 GDL 和 GBDL 中保持高度可允许:

$$\frac{\Gamma \vdash \alpha}{\beta, \Gamma \vdash \alpha}(Wk)$$

证明　设 $\Gamma \vdash_n \alpha$. 对 $n \geqslant 0$ 归纳证明 $\beta, \Gamma \vdash_n \alpha$. 情况 $n = 0$ 是显然的. 设 $n > 0$ 并且 $\Gamma \vdash_n \alpha$ 由规则 (R) 得. 此时由归纳假设和 (R) 可得. ◻

引理 8.6   对任意 $n \geqslant 0$, 以下在 GDL 和 GBDL 中成立:

(1) 如果 $\alpha \wedge \beta, \Gamma \vdash_n \gamma$, 那么 $\alpha, \beta, \Gamma \vdash_n \gamma$.

(2) 如果 $\alpha \vee \beta, \Gamma \vdash_n \gamma$, 那么 $\alpha, \Gamma \vdash_n \gamma$ 并且 $\beta, \Gamma \vdash_n \gamma$.

证明   对 $n \geqslant 0$ 归纳证明. 这里只证 (1). 情况 $n = 0$ 是显然的. 设 $n > 0$ 并且 $\alpha \wedge \beta, \Gamma \vdash_n \gamma$ 由规则 (R) 得到. 如果 $\alpha \wedge \beta$ 是 (R) 的主公式, 那么 $\alpha, \beta, \Gamma \vdash_{n-1} \gamma$. 设 $\alpha \wedge \beta$ 不是 (R) 的主公式. 由归纳假设和 (R) 得 $\alpha, \beta, \Gamma \vdash_n \gamma$. ☐

引理 8.7   以下收缩规则在 GDL 和 GBDL 中保持高度可允许:

$$\frac{\alpha, \alpha, \Gamma \vdash \beta}{\alpha, \Gamma \vdash \beta}(Ctr)$$

证明   设 $\alpha, \alpha, \Gamma \vdash_n \beta$. 对 $n \geqslant 0$ 归纳证明 $\alpha, \Gamma \vdash_n \beta$. 情况 $n = 0$ 是显然的. 设 $n > 0$ 并且 $\alpha, \alpha, \Gamma \vdash \beta$ 由规则 (R) 得到. 如果 α 在 (R) 中不是主公式, 则由归纳假设和规则 (R) 可得. 例如, 令 (R) 是 $(\wedge\vdash)$ 并且 $\alpha = \alpha_1 \wedge \alpha_2$. 最后一步是:

$$\frac{\alpha_1, \alpha_2, \alpha_1 \wedge \alpha_2, \Gamma \vdash_{n-1} \beta}{\alpha_1 \wedge \alpha_2, \alpha_1 \wedge \alpha_2, \Gamma \vdash_n \beta}(\wedge\vdash)$$

由引理 8.6 (1) 得, $\alpha_1, \alpha_2, \alpha_1, \alpha_2, \Gamma \vdash_{n-1} \beta$. 由归纳假设得, $\alpha_1, \alpha_2, \Gamma \vdash_{n-1} \beta$. 由 $(\wedge\vdash)$ 得, $\alpha_1 \wedge \alpha_2, \Gamma \vdash_n \beta$. 其余情况类似证明. ☐

定理 8.7   以下切割规则在 GDL 和 GBDL 中可允许:

$$\frac{\Gamma \vdash \alpha \quad \alpha, \Delta \vdash \beta}{\Gamma, \Delta \vdash \beta}(cut)$$

证明   设 $\Gamma \vdash_m \alpha$ 并且 $\alpha, \Delta \vdash_n \beta$. 对 $m + n$ 和 $d(\alpha)$ 同时归纳证明 $\Gamma, \Delta \vdash \beta$. 设 $m = 0$ 或 $n = 0$. 设 $m = 0$. 对 GDL, $\alpha = p \in \Gamma$. 从前提 $p, \Delta \vdash \beta$ 运用 (Wk) 可得 $\Gamma, \Delta \vdash \beta$. 对 GBDL, 如果 $\perp \in \Gamma$, 则结论是 $(\perp)$ 的特例. 如果 $\alpha = \top$, 从 $\top, \Delta \vdash_n \beta$ 对 n 归纳证明 $\Gamma, \Delta \vdash \beta$. 情况 $n = 0$ 类似证明.

设 $m > 0$ 并且 $n > 0$. 令 $\Gamma \vdash \alpha$ 和 $\alpha, \Delta \vdash \beta$ 分别由规则 (R_1) 和 (R_2) 得到.

(1) α 在 (R_1) 中不是主公式. 由归纳假设和 (R_1) 即得. 例如, 令 (R_1) 是 $(\vee\vdash)$. 最后一步是

$$\frac{\gamma_1, \Gamma' \vdash_{m-1} \alpha \quad \gamma_2, \Gamma' \vdash_{m-1} \alpha}{\gamma_1 \vee \gamma_2, \Gamma' \vdash_m \alpha}(\vee\vdash).$$

由归纳假设得以下推导:

$$\frac{\dfrac{\gamma_1, \Gamma' \vdash \alpha \quad \alpha, \Delta \vdash \beta}{\gamma_1, \Gamma', \Delta \vdash \beta}(cut) \quad \dfrac{\gamma_2, \Gamma' \vdash \alpha \quad \alpha, \Delta \vdash \beta}{\gamma_2, \Gamma', \Delta \vdash \beta}(cut)}{\gamma_1 \vee \gamma_2, \Gamma', \Delta \vdash \beta}(\vee\vdash)$$

(2) α 仅在 (R_1) 中是主公式. 由归纳假设和 (R_2) 即得. 例如, (R_2) 是 $(\vee\vdash)$. 最后一步是

$$\frac{\alpha,\gamma_1,\Delta'\vdash_{n-1}\beta \quad \alpha,\gamma_2,\Delta'\vdash_{n-1}\beta}{\alpha,\gamma_1\vee\gamma_2,\Delta'\vdash_n\beta}(\vee\vdash).$$

由归纳假设得以下推导:

$$\frac{\dfrac{\Gamma\vdash\alpha \quad \alpha,\gamma_1,\Delta'\vdash\beta}{\gamma_1,\Gamma,\Delta'\vdash\beta}(cut) \quad \dfrac{\Gamma\vdash\alpha \quad \alpha,\gamma_2,\Delta'\vdash\beta}{\gamma_2,\Gamma,\Delta'\vdash\beta}(cut)}{\Gamma,\gamma_1\vee\gamma_2,\Delta'\vdash\beta}(\vee\vdash)$$

(3) α 在 (R_1) 和 (R_2) 中都是主公式. 对 $d(\alpha)$ 归纳证明.

(3.1) $\alpha=\alpha_1\wedge\alpha_2$. 最后一步是

$$\frac{\Gamma\vdash\alpha_1 \quad \Gamma\vdash\alpha_2}{\Gamma\vdash\alpha_1\wedge\alpha_2}(\vdash\wedge) \qquad \frac{\alpha_1,\alpha_2,\Delta\vdash\beta}{\alpha_1\wedge\alpha_2,\Delta\vdash\beta}(\wedge\vdash)$$

由归纳假设得以下推导:

$$\frac{\Gamma\vdash\alpha_2 \quad \dfrac{\Gamma\vdash\alpha_1 \quad \alpha_1,\alpha_2,\Delta\vdash\beta}{\alpha_2,\Gamma,\Delta\vdash\beta}(cut)}{\dfrac{\Gamma,\Gamma,\Delta\vdash\beta}{\Gamma,\Delta\vdash\beta}(Ctr)}(cut)$$

(3.2) $\alpha=\alpha_1\vee\alpha_2$. 最后一步推导是

$$\frac{\Gamma\vdash\alpha_i}{\Gamma\vdash\alpha_1\vee\alpha_2}(\vdash\vee) \qquad \frac{\alpha_1,\Delta\vdash\beta \quad \alpha_2,\Delta\vdash\beta}{\alpha_1\vee\alpha_2,\Delta\vdash\beta}(\vee\vdash)$$

由归纳假设得以下推导:

$$\frac{\Gamma\vdash\alpha_i \quad \alpha_i,\Delta\vdash\beta}{\Gamma,\Delta\vdash\beta}(cut)$$

$\square$

定理 8.8　以下成立:

(1) 对任意 $\alpha,\beta\in T_L$, 如果 $\alpha\vdash_{\mathsf{DL}}\beta$, 那么 $\alpha\vdash_{\mathsf{GDL}}\beta$.

(2) 对任意 $\alpha,\beta\in T_{BL}$, 如果 $\alpha\vdash_{\mathsf{BDL}}\beta$, 那么 $\alpha\vdash_{\mathsf{GBDL}}\beta$.

证明　(1) 设 $\alpha\vdash_n\beta$. 对 $n\geqslant 0$ 归纳证明 $\alpha\vdash_{\mathsf{GDL}}\beta$. 显然 DL 的公理 (Id) 是 GDL 公理 (Id) 的特例. 以下是 (D) 在 GDL 中的推导:

$$\frac{\dfrac{\dfrac{\alpha,\beta\vdash\alpha \quad \alpha,\beta\vdash\beta}{\alpha,\beta\vdash\alpha\wedge\beta}(\vdash\wedge)}{\alpha,\beta\vdash(\alpha\wedge\beta)\vee(\alpha\wedge\gamma)}(\vdash\vee) \quad \dfrac{\dfrac{\alpha,\gamma\vdash\alpha \quad \alpha,\gamma\vdash\gamma}{\alpha,\gamma\vdash\alpha\wedge\gamma}(\vdash\wedge)}{\alpha,\gamma\vdash(\alpha\wedge\beta)\vee(\alpha\wedge\gamma)}(\vdash\vee)}{\dfrac{\dfrac{\alpha,\beta\vee\gamma\vdash(\alpha\wedge\beta)\vee(\alpha\wedge\gamma)}{\alpha\wedge(\beta\vee\gamma)\vdash(\alpha\wedge\beta)\vee(\alpha\wedge\gamma)}(\wedge\vdash)}{}}(\vee\vdash)$$

此外, DL 的规则在 GDL 中都是可允许的. 所以 $\alpha \vdash_{GDL} \beta$. (2) 与 (1) 的证明类似. 只需要注意 BDL 的公理 (⊤) 和 (⊥) 都是 GBDL 中相应公理的特例.   □

对任意有穷可重项集 $\Gamma = \alpha_1, \cdots, \alpha_n$, 令 $\tau(\Gamma) = \alpha_1 \wedge \cdots \wedge \alpha_n$. 特别地, 令 $\tau(\varnothing) = \top$. 下面的定理成立.

定理 8.9 以下成立:

(1) 如果 $\Gamma \vdash_{GDL} \beta$, 那么 $\tau(\Gamma) \vdash_{DL} \beta$.

(2) 如果 $\Gamma \vdash_{GBDL} \beta$, 那么 $\tau(\Gamma) \vdash_{BDL} \beta$.

证明   (1) 设 $\Gamma \vdash_n \beta$. 对 $n \geqslant 0$ 归纳证明 $\tau(\Gamma) \vdash_{GDL} \beta$. 情况 $n = 0$ 是显然的. 设 $n > 0$ 并且 $\Gamma \vdash \beta$ 由规则 (R) 得到. 如果 (R) 是 $(\wedge\vdash)$, 由归纳假设可得. 设 (R) 是 $(\vdash\wedge)$. 令 $\beta = \beta_1 \wedge \beta_2$. 最后一步是

$$\frac{\Gamma \vdash_{n-1} \beta_1 \quad \Gamma \vdash_{n-1} \beta_2}{\Gamma \vdash_n \beta_1 \wedge \beta_2} (\vdash\wedge)$$

由归纳假设得, $\tau(\Gamma) \vdash_{DL} \beta_1$ 并且 $\tau(\Gamma) \vdash_{DL} \beta_2$. 由 $(\vdash\wedge)$ 得, $\tau(\Gamma) \vdash_{DL} \beta_1 \wedge \beta_2$. 设 (R) 是 $(\vee\vdash)$. 最后一步是

$$\frac{\alpha_1, \Gamma' \vdash_{n-1} \beta \quad \alpha_2, \Gamma' \vdash_{n-1} \beta}{\alpha_1 \vee \alpha_2, \Gamma' \vdash_n \beta} (\vee\vdash)$$

由归纳假设得, $\alpha_1 \wedge \tau(\Gamma') \vdash_{DL} \beta$ 并且 $\alpha_2 \wedge \tau(\Gamma') \vdash_{DL} \beta$. 由 $(\vee\vdash)$ 得, $(\alpha_1 \wedge \tau(\Gamma')) \vee (\alpha_2 \wedge \tau(\Gamma')) \vdash_{DL} \beta$. 显然 $(\alpha_1 \vee \alpha_2) \wedge \tau(\Gamma') \vdash_{DL} (\alpha_1 \wedge \tau(\Gamma')) \vee (\alpha_2 \wedge \tau(\Gamma'))$. 由 (cut) 得, $(\alpha_1 \vee \alpha_2) \wedge \tau(\Gamma') \vdash_{DL} \beta$. 设 (R) 是 $(\vdash\vee)$. 令 $\beta = \beta_1 \vee \beta_2$. 最后一步是

$$\frac{\Gamma \vdash_{n-1} \beta_i}{\Gamma \vdash_n \beta_1 \vee \beta_2} (\vdash\vee)$$

由归纳假设得, $\tau(\Gamma) \vdash_{DL} \beta_i$. 显然 $\beta_i \vdash_{DL} \beta_1 \vee \beta_2$. 由 (cut) 得, $\tau(\Gamma) \vdash_{DL} \beta_1 \vee \beta_2$. (2) 与 (1) 的证明类似. 只需要注意 GBDL 的公理 (⊤) 和 (⊥) 的情况.   □

定理 8.10   GDL 和 GBDL 是可判定的.

证明   显然 GDL 和 GBDL 有子项性质. 从给定矢列 $\Gamma \vdash \alpha$ 出发进行推导搜索的过程是停机的. 只要检验搜索结果的所有叶节点是否都是公理.   □

8.3 德摩根代数

在分配格上增加算子, 可得到加算子的分配格. 海廷代数和布尔代数都是加算子的分配格. 本节考虑有界分配格增加一元算子 $\sim$ (否定) 得到的德摩根代数.

定义 8.13   一个**德摩根代数**是 $\mathbb{A} = (A, \wedge, \vee, \sim, 0, 1)$, 其中 $(A, \wedge, \vee, 0, 1)$ 是有界分配格, $\sim$ 是 A 上满足以下条件的一元算子:

(DM1) $\sim(a \wedge b) = \sim a \vee \sim b$.

(DM2) $\sim(a \vee b) = \sim a \wedge \sim b$.

(DM3) $\sim 0 = 1$ 并且 $\sim 1 = 0$.

(DN) $\sim\sim a = a$.

所有德摩根代数组成的代数类记为 $\mathbb{DM}$. 德摩根代数的语言是在有界格语言上增加一元算子 $\sim$ 得到的. 项集 T 归纳定义如下:

$$T \ni \alpha ::= p \mid \top \mid \bot \mid \sim\alpha \mid (\alpha_1 \wedge \alpha_2) \mid (\alpha_1 \vee \alpha_2),\ 其中\ p \in \mathcal{V}$$

后承和有效性如通常定义.

定义 8.14 德摩根代数的后承演算 DM 由以下公理模式和规则组成:

(1) 公理模式

$$(\text{Id})\ \alpha \vdash \alpha \quad (\bot)\ \bot \vdash \alpha \quad (\top)\ \alpha \vdash \top$$

$$(\text{D})\ \alpha \wedge (\beta \vee \gamma) \vdash (\alpha \wedge \beta) \vee (\alpha \wedge \gamma)$$

$$(\text{DM1})\ \sim(\alpha \wedge \beta) \vdash \sim\alpha \vee \sim\beta \quad (\text{DM2})\ \sim\alpha \wedge \sim\beta \vdash \sim(\alpha \vee \beta)$$

$$(\text{DN1})\ \sim\sim\alpha \vdash \alpha \quad (\text{DN2})\ \alpha \vdash \sim\sim\alpha$$

(2) 联结词规则

$$\frac{\alpha_i \vdash \beta}{\alpha_1 \wedge \alpha_2 \vdash \beta}(\wedge\vdash)(i=1,2) \quad \frac{\alpha \vdash \beta_1 \quad \alpha \vdash \beta_2}{\alpha \vdash \beta_1 \wedge \beta_2}(\vdash\wedge)$$

$$\frac{\alpha_1 \vdash \beta \quad \alpha_2 \vdash \beta}{\alpha_1 \vee \alpha_2 \vdash \beta}(\vee\vdash) \quad \frac{\alpha \vdash \beta_i}{\alpha \vdash \beta_1 \vee \beta_2}(\vdash\vee)(i=1,2) \quad \frac{\alpha \vdash \beta}{\sim\beta \vdash \sim\alpha}(CP)$$

(3) 切割规则

$$\frac{\alpha \vdash \gamma \quad \gamma \vdash \beta}{\alpha \vdash \beta}(cut)$$

我们用记号 $\alpha \vdash_{\text{DM}} \beta$ 表示 $\alpha \vdash \beta$ 在 DM 中可推导. 记号 $\alpha \vdash_n \beta$ 表示 $\alpha \vdash \beta$ 有高度不超过 n 的推导.

定理 8.11 对任意 $\alpha, \beta \in T$, $\alpha \vdash_{\text{DM}} \beta$ 当且仅当 $\alpha \models_{\text{DM}} \beta$.

证明 与定理 8.1和定理 8.2的证明类似. 注意 DM 的典范代数满足德摩根代数的条件 (DM1), (DM2), (DM3) 和 (DN). □

现在考虑德摩根代数的矢列演算. 一个矢列是形如 $\Gamma \vdash \alpha$ 的表达式, 其中 Γ 是有穷可重项集并且 α 是项.

定义 8.15 矢列演算 GDM 由以下公理模式和规则组成:

(1) 公理模式

$$(\text{Id}_1)\ p, \Gamma \vdash p \quad (\text{Id}_2)\ {\sim}p, \Gamma \vdash {\sim}p$$

$$(\top)\ \Gamma \vdash \top \quad (\bot)\ \bot, \Gamma \vdash \alpha$$

$$({\sim}\top)\ {\sim}\top, \Gamma \vdash \alpha \quad ({\sim}\bot)\ \Gamma \vdash {\sim}\bot$$

(2) 联结词规则

$$\frac{\alpha, \beta, \Gamma \vdash \gamma}{\alpha \wedge \beta, \Gamma \vdash \gamma}(\wedge\vdash) \quad \frac{\Gamma \vdash \alpha \quad \Gamma \vdash \beta}{\Gamma \vdash \alpha \wedge \beta}(\vdash\wedge)$$

$$\frac{\alpha, \Gamma \vdash \gamma \quad \beta, \Gamma \vdash \gamma}{\alpha \vee \beta, \Gamma \vdash \gamma}(\vee\vdash) \quad \frac{\Gamma \vdash \alpha_i}{\Gamma \vdash \alpha_1 \vee \alpha_2}(\vdash\vee)$$

$$\frac{{\sim}\alpha, \Gamma \vdash \gamma \quad {\sim}\beta, \Gamma \vdash \gamma}{{\sim}(\alpha \wedge \beta), \Gamma \vdash \gamma}({\sim}\wedge\vdash) \quad \frac{\Gamma \vdash {\sim}\alpha_i}{\Gamma \vdash {\sim}(\alpha_1 \wedge \alpha_2)}(\vdash{\sim}\wedge)$$

$$\frac{{\sim}\alpha, {\sim}\beta, \Gamma \vdash \gamma}{{\sim}(\alpha \vee \beta), \Gamma \vdash \gamma}({\sim}\vee\vdash) \quad \frac{\Gamma \vdash {\sim}\alpha \quad \Gamma \vdash {\sim}\beta}{\Gamma \vdash {\sim}(\alpha \vee \beta)}(\vdash{\sim}\vee)$$

$$\frac{\alpha, \Gamma \vdash \beta}{{\sim}{\sim}\alpha, \Gamma \vdash \beta}({\sim}{\sim}\vdash) \quad \frac{\Gamma \vdash \alpha}{\Gamma \vdash {\sim}{\sim}\alpha}(\vdash{\sim}{\sim})$$

我们用记号 $\Gamma \vdash_{\text{GDM}} \alpha$ 表示 $\Gamma \vdash \alpha$ 在 GDM 中可推导, 用记号 $\Gamma \vdash_n \alpha$ 表示 $\Gamma \vdash \alpha$ 在 GDM 中有高度不超过 n 的推导.

引理 8.8　对任意项 α 都有 $\alpha, \Gamma \vdash_{\text{GDM}} \alpha$.

证明　对 $d(\alpha)$ 归纳证明. 情况 $\alpha \in \mathcal{V} \cup \{\top, \bot\}$ 是显然的. 设 $\alpha = {\sim}\beta$. 对 $d(\beta)$ 归纳证明 ${\sim}\beta, \Gamma \vdash_{\text{GDM}} {\sim}\beta$. 情况 $\beta \in \mathcal{V} \cup \{\top, \bot\}$ 是显然的. 设 $\beta = {\sim}\gamma$. 由归纳假设得 $\gamma, \Gamma \vdash_{\text{GDM}} \gamma$. 由 $({\sim}{\sim}\vdash)$ 和 $(\vdash{\sim}{\sim})$ 得 ${\sim}{\sim}\gamma, \Gamma \vdash_{\text{GDM}} {\sim}{\sim}\gamma$. 设 $\beta = \beta_1 \wedge \beta_2$. 由归纳假设有以下推导:

$$\frac{\dfrac{{\sim}\beta_1, \Gamma \vdash {\sim}\beta_1}{{\sim}\beta_1, \Gamma \vdash {\sim}(\beta_1 \wedge \beta_2)}(\vdash{\sim}\wedge) \quad \dfrac{{\sim}\beta_2, \Gamma \vdash {\sim}\beta_2}{{\sim}\beta_1, \Gamma \vdash {\sim}(\beta_1 \wedge \beta_2)}(\vdash{\sim}\wedge)}{{\sim}(\beta_1 \wedge \beta_2), \Gamma \vdash {\sim}(\beta_1 \wedge \beta_2)}({\sim}\wedge\vdash)$$

设 $\beta = \beta_1 \vee \beta_2$. 由归纳假设有以下推导:

$$\frac{\dfrac{{\sim}\beta_1, {\sim}\beta_2, \Gamma \vdash {\sim}\beta_1 \quad {\sim}\beta_1, {\sim}\beta_2, \Gamma \vdash {\sim}\beta_2}{{\sim}\beta_1, {\sim}\beta_2, \Gamma \vdash {\sim}(\beta_1 \vee \beta_2)}(\vdash{\sim}\vee)}{{\sim}(\beta_1 \vee \beta_2), \Gamma \vdash {\sim}(\beta_1 \vee \beta_2)}({\sim}\vee\vdash)$$

对 $\alpha = \alpha_1 \odot \alpha_2$ $(\odot \in \{\wedge, \vee\})$ 的情况, 与命题 8.6 的证明类似.　　　　□

例 8.4 (1) $\alpha \wedge (\beta \vee \gamma) \vdash_{\mathsf{GDM}} (\alpha \wedge \beta) \vee (\alpha \wedge \gamma)$. 推导如下:

$$\cfrac{\cfrac{\cfrac{\alpha, \beta \vdash \alpha \quad \alpha, \beta \vdash \beta}{\alpha, \beta \vdash \alpha \wedge \beta}\,(\vdash\wedge)}{\alpha, \beta \vdash (\alpha \wedge \beta) \vee (\alpha \wedge \gamma)}\,(\vdash\vee) \quad \cfrac{\cfrac{\alpha, \gamma \vdash \alpha \quad \alpha, \gamma \vdash \gamma}{\alpha, \gamma \vdash \alpha \wedge \gamma}\,(\vdash\wedge)}{\alpha, \gamma \vdash (\alpha \wedge \beta) \vee (\alpha \wedge \gamma)}\,(\vdash\vee)}{\cfrac{\alpha, \beta \vee \gamma \vdash (\alpha \wedge \beta) \vee (\alpha \wedge \gamma)}{\alpha \wedge (\beta \vee \gamma) \vdash (\alpha \wedge \beta) \vee (\alpha \wedge \gamma)}\,(\wedge\vdash)}\,(\vee\vdash)$$

(2) $\sim(\alpha \wedge \beta) \vdash_{\mathsf{GDM}} \sim\alpha \vee \sim\beta$. 推导如下:

$$\cfrac{\cfrac{\sim\alpha \vdash \sim\alpha}{\sim\alpha \vdash \sim\alpha \vee \sim\beta}\,(\vdash\vee) \quad \cfrac{\sim\beta \vdash \sim\beta}{\sim\beta \vdash \sim\alpha \vee \sim\beta}\,(\vdash\vee)}{\sim(\alpha \wedge \beta) \vdash \sim\alpha \vee \sim\beta}\,(\sim\wedge\vdash)$$

(3) $\sim\alpha \vee \sim\beta \vdash_{\mathsf{GDM}} \sim(\alpha \wedge \beta)$. 推导如下:

$$\cfrac{\cfrac{\sim\alpha \vdash \sim\alpha}{\sim\alpha \vdash \sim(\alpha \wedge \beta)}\,(\vdash\sim\wedge) \quad \cfrac{\sim\beta \vdash \sim\beta}{\sim\beta \vdash \sim(\alpha \wedge \beta)}\,(\vdash\sim\wedge)}{\sim\alpha \vee \sim\beta \vdash \sim(\alpha \wedge \beta)}\,(\vee\vdash)$$

(4) $\sim\sim\alpha \vdash_{\mathsf{GDM}} \alpha$ 并且 $\alpha \vdash_{\mathsf{GDM}} \sim\sim\alpha$. 推导如下:

$$\cfrac{\alpha \vdash \alpha}{\sim\sim\alpha \vdash \alpha}\,(\sim\sim\vdash) \qquad \cfrac{\alpha \vdash \alpha}{\alpha \vdash \sim\sim\alpha}\,(\vdash\sim\sim)$$

命题 8.8 以下弱化规则在 GDM 中保持高度可允许:

$$\cfrac{\Gamma \vdash \alpha}{\beta, \Gamma \vdash \alpha}\,(Wk)$$

证明 设 $\Gamma \vdash_n \alpha$. 对 $n \geqslant 0$ 归纳证明 $\beta, \Gamma \vdash_n \alpha$. 情况 $n = 0$ 是显然的. 设 $n > 0$ 并且 $\Gamma \vdash_n \alpha$ 由规则 (R) 得到. 此时由归纳假设和 (R) 可得. □

引理 8.9 对任意 $n \geqslant 0$, 以下在 GDM 中成立:

(1) 如果 $\alpha \wedge \beta, \Gamma \vdash_n \gamma$, 那么 $\alpha, \beta, \Gamma \vdash_n \gamma$.

(2) 如果 $\alpha \vee \beta, \Gamma \vdash_n \gamma$, 那么 $\alpha, \Gamma \vdash_n \gamma$ 并且 $\beta, \Gamma \vdash_n \gamma$.

(3) 如果 $\sim(\alpha \wedge \beta), \Gamma \vdash_n \gamma$, 那么 $\sim\alpha, \Gamma \vdash_n \gamma$ 并且 $\sim\beta, \Gamma \vdash_n \gamma$.

(4) 如果 $\sim(\alpha \vee \beta), \Gamma \vdash_n \gamma$, 那么 $\sim\alpha, \sim\beta, \Gamma \vdash_n \gamma$.

(5) 如果 $\sim\sim\alpha, \Gamma \vdash_n \gamma$, 那么 $\alpha, \Gamma \vdash_n \gamma$.

(6) 如果 $\Gamma \vdash_n \sim\sim\alpha$, 那么 $\Gamma \vdash_n \alpha$.

证明 对 $n \geqslant 0$ 归纳证明. 这里只证 (3). 情况 $n = 0$ 是显然的. 设 $n > 0$ 并且 $\sim(\alpha \wedge \beta), \Gamma \vdash_n \gamma$ 由规则 (R) 得到. 如果 $\sim(\alpha \wedge \beta)$ 是 (R) 主公式, 则 $\sim\alpha, \Gamma \vdash_{n-1} \gamma$ 且 $\sim\alpha, \Gamma \vdash_{n-1} \gamma$. 设 $\sim(\alpha \wedge \beta)$ 不是 (R) 主公式. 由归纳假设和 (R) 得. □

引理 8.10   以下收缩规则在 GDM 中保持高度可允许:

$$\frac{\alpha, \alpha, \Gamma \vdash \beta}{\alpha, \Gamma \vdash \beta}(Ctr)$$

证明   设 $\alpha, \alpha, \Gamma \vdash \beta$. 对 $n \geqslant 0$ 归纳证明 $\alpha, \Gamma \vdash_n \beta$. 情况 $n = 0$ 是显然的. 设 $n > 0$ 并且 $\alpha, \alpha, \Gamma \vdash \beta$ 由规则 (R) 得到. 如果 α 不是 (R) 主公式, 由归纳假设和规则 (R) 得 $\alpha, \Gamma \vdash_n \beta$. 设 α 是 (R) 主公式. 由引理 8.9和规则 (R) 可得. 例如, 令 (R) 是 $(\sim\wedge\vdash)$ 并且 $\alpha = \sim(\alpha_1 \wedge \alpha_2)$. 最后一步是

$$\frac{\sim\alpha_1, \sim(\alpha_1 \wedge \alpha_2), \Gamma \vdash_{n-1} \beta \quad \sim\alpha_2, \sim(\alpha_1 \wedge \alpha_2), \Gamma \vdash_{n-1} \beta}{\sim(\alpha_1 \wedge \alpha_2), \sim(\alpha_1 \wedge \alpha_2), \Gamma \vdash_n \beta}(\sim\wedge\vdash)$$

由引理 8.9 (3) 得, $\sim\alpha_1, \sim\alpha_1, \Gamma \vdash_{n-1} \beta$ 并且 $\sim\alpha_2, \sim\alpha_2, \Gamma \vdash_{n-1} \beta$. 由归纳假设得, $\sim\alpha_1, \Gamma \vdash_{n-1} \beta$ 并且 $\sim\alpha_2, \Gamma \vdash_{n-1} \beta$. 由 $(\sim\wedge\vdash)$ 得, $\sim(\alpha_1 \wedge \alpha_2), \Gamma \vdash_n \beta$.   □

定理 8.12   以下切割规则在 GDM 中可允许:

$$\frac{\Gamma \vdash \alpha \quad \alpha, \Delta \vdash \beta}{\Gamma, \Delta \vdash \beta}(cut)$$

证明   与定理 8.7证明类似. 设 $\Gamma \vdash_m \alpha$ 并且 $\alpha, \Delta \vdash_n \beta$. 对 $m + n$ 和 $d(\alpha)$ 同时归纳证明 $\Gamma, \Delta \vdash \beta$. 情况 $m = 0$ 或 $n = 0$ 易证. 设 $m, n > 0$ 并且 (cut) 左右两个前提分别由规则 (R_1) 和 (R_2) 得到. 这里仅证明 α 在 (R_1) 和 (R_2) 中都是主公式的情况. 对 $d(\alpha)$ 归纳证明. 对于 $\alpha = \alpha_1 \odot \alpha_2$ ($\odot \in \{\wedge, \vee\}$) 的情况, 与定理 8.7的证明类似. 设 $\alpha = \sim\gamma$. 对 $d(\gamma)$ 归纳证明. 设 $\gamma = \gamma_1 \wedge \gamma_2$. 最后一步是

$$\frac{\Gamma \vdash_{m-1} \sim\gamma_i}{\Gamma \vdash_m \sim(\gamma_1 \wedge \gamma_2)}(\vdash\sim\wedge) \quad \frac{\sim\gamma_1, \Delta \vdash_{n-1} \beta \quad \sim\gamma_2, \Delta \vdash_{n-1} \beta}{\sim(\gamma_1 \wedge \gamma_2), \Delta \vdash_n \beta}(\sim\wedge\vdash)$$

由归纳假设有以下推导:

$$\frac{\Gamma \vdash \sim\gamma_i \quad \sim\gamma_i, \Delta \vdash \beta}{\Gamma, \Delta \vdash \beta}(cut)$$

设 $\gamma = \gamma_1 \vee \gamma_2$. 最后一步是

$$\frac{\Gamma \vdash_{m-1} \sim\gamma_1 \quad \Gamma \vdash_{m-1} \sim\gamma_2}{\Gamma \vdash_m \sim(\gamma_1 \vee \gamma_2)}(\vdash\sim\vee) \quad \frac{\sim\gamma_1, \sim\gamma_2, \Delta \vdash_{n-1} \beta}{\sim(\gamma_1 \vee \gamma_2), \Delta \vdash_n \beta}(\sim\vee\vdash)$$

由归纳假设有以下推导:

$$\frac{\Gamma \vdash \sim\gamma_2 \quad \dfrac{\Gamma \vdash \sim\gamma_1 \quad \sim\gamma_1, \sim\gamma_2, \Delta \vdash \beta}{\sim\gamma_2, \Gamma, \Delta \vdash \beta}(cut)}{\dfrac{\Gamma, \Gamma, \Delta \vdash \beta}{\Gamma, \Delta \vdash \beta}(Ctr)}(cut)$$

设 $\gamma = \sim\delta$. 最后一步是

$$\frac{\Gamma \vdash_{m-1} \delta}{\Gamma \vdash_m \sim\sim\delta}(\vdash\sim\sim) \qquad \frac{\delta, \Delta \vdash_{n-1} \beta}{\sim\sim\delta, \Delta \vdash_n \beta}(\sim\sim\vdash)$$

由归纳假设有以下推导:

$$\frac{\Gamma \vdash \delta \quad \delta, \Delta \vdash \beta}{\Gamma, \Delta \vdash \beta}(cut)$$

$\square$

引理 8.11 如果 $\Gamma \vdash_{\mathsf{GDM}} \alpha$, 那么 $\sim\alpha \vdash_{\mathsf{GDM}} \sim\tau(\Gamma)$.

证明 设 $\Gamma \vdash_n \alpha$. 对 $n \geqslant 0$ 归纳证明. 设 $n = 0$. 设 $\Gamma \vdash \alpha$ 是 (Id_1) 的特例. 令 $\alpha = p \in \Gamma$. 推导如下:

$$\frac{\sim p \vdash \sim p}{\sim p \vdash \sim(\tau(\Gamma') \wedge p)}(\vdash\sim\wedge)$$

设 $\Gamma \vdash \alpha$ 是 (Id_2) 的特例. 令 $\alpha = \sim p \in \Gamma$. 推导如下:

$$\frac{\dfrac{\dfrac{p \vdash p}{\sim\sim p \vdash p}(\sim\sim\vdash)}{\sim\sim p \vdash \sim\sim p}(\vdash\sim\sim)}{\sim\sim p \vdash \sim(\tau(\Gamma') \wedge \sim p)}(\vdash\sim\wedge)$$

设 $n > 0$ 并且 $\Gamma \vdash_n \alpha$ 由规则 (R) 得到. 分以下情况:

(1) (R) 是 $(\wedge\vdash)$. 最后一步是

$$\frac{\beta, \gamma, \Gamma' \vdash_{n-1} \alpha}{\beta \wedge \gamma, \Gamma' \vdash_n \alpha}(\wedge\vdash)$$

由归纳假设得, $\sim\alpha \vdash_{\mathsf{GDM}} \sim(\beta \wedge \gamma \wedge \tau(\Gamma'))$.

(2) (R) 是 $(\vdash\wedge)$. 令 $\alpha = \alpha_1 \wedge \alpha_2$. 最后一步是

$$\frac{\Gamma \vdash_{n-1} \alpha_1 \quad \Gamma \vdash_{n-1} \alpha_2}{\Gamma \vdash_n \alpha_1 \wedge \alpha_2}(\vdash\wedge)$$

由归纳假设得, $\sim\alpha_1 \vdash_{\mathsf{GDM}} \sim\tau(\Gamma)$ 并且 $\sim\alpha_2 \vdash_{\mathsf{GDM}} \sim\tau(\Gamma)$. 由 $(\sim\wedge\vdash)$ 得, $\sim(\alpha_1 \wedge \alpha_2) \vdash_{\mathsf{GDM}} \sim\tau(\Gamma)$.

(3) (R) 是 $(\vee\vdash)$. 最后一步是

$$\frac{\beta, \Gamma' \vdash_{n-1} \alpha \quad \gamma, \Gamma' \vdash_{n-1} \alpha}{\beta \vee \gamma, \Gamma' \vdash_n \alpha}(\vee\vdash)$$

由归纳假设得, $\sim\alpha \vdash_{\mathsf{GDM}} \sim(\beta \wedge \tau(\Gamma'))$ 并且 $\sim\alpha \vdash_{\mathsf{GDM}} \sim(\gamma \wedge \tau(\Gamma'))$. 显然 $\sim(\beta \wedge \tau(\Gamma')) \vdash_{\mathsf{GDM}} \sim\beta \vee \sim\tau(\Gamma')$ 并且 $\sim(\gamma \wedge \tau(\Gamma')) \vdash_{\mathsf{GDM}} \sim\gamma \vee \sim\tau(\Gamma')$. 由 (cut) 得,

$\sim\alpha \vdash_{\mathsf{GDM}} \sim\beta \vee \sim\tau(\Gamma')$ 并且 $\sim\alpha \vdash_{\mathsf{GDM}} \sim\gamma \vee \sim\tau(\Gamma')$. 由 $(\vdash\wedge)$ 得, $\sim\alpha \vdash_{\mathsf{GDM}}$ $(\sim\beta \vee \sim\tau(\Gamma')) \wedge (\sim\gamma \vee \sim\tau(\Gamma'))$. 显然 $(\sim\beta \vee \sim\tau(\Gamma')) \wedge (\sim\gamma \vee \sim\tau(\Gamma')) \vdash_{\mathsf{GDM}}$ $(\sim\beta \wedge \sim\gamma) \vee \sim\tau(\Gamma')$. 由 (cut) 得, $\sim\alpha \vdash_{\mathsf{GDM}} (\sim\beta \wedge \sim\gamma) \vee \sim\tau(\Gamma')$. 因为 $\sim\beta \wedge$ $\sim\gamma \vdash_{\mathsf{GDM}} \sim(\beta \vee \gamma)$, 所以 $(\sim\beta \wedge \sim\gamma) \vee \sim\tau(\Gamma') \vdash_{\mathsf{GDM}} \sim(\beta \vee \gamma) \vee \sim\tau(\Gamma')$. 由 (cut) 得, $\sim\alpha \vdash_{\mathsf{GDM}} \sim(\beta \vee \gamma) \vee \sim\tau(\Gamma')$. 因为 $\sim(\beta \vee \gamma) \vee \sim\tau(\Gamma') \vdash_{\mathsf{GDM}} \sim((\beta \vee \gamma) \wedge \tau(\Gamma'))$, 由 (cut) 得, $\sim\alpha \vdash_{\mathsf{GDM}} \sim((\beta \vee \gamma) \wedge \tau(\Gamma'))$.

(4) (R) 是 $(\vdash\vee)$. 令 $\alpha = \alpha_1 \vee \alpha_2$. 最后一步是

$$\frac{\Gamma \vdash_{n-1} \alpha_i}{\Gamma \vdash_n \alpha_1 \vee \alpha_2}(\vdash\vee)$$

由归纳假设得, $\sim\alpha_i \vdash_{\mathsf{GDM}} \sim\tau(\Gamma)$. 因为 $\sim(\alpha_1 \vee \alpha_2) \vdash_{\mathsf{GDM}} \sim\alpha_i$, 由 (cut) 得, $\sim(\alpha_1 \vee \alpha_2) \vdash_{\mathsf{GDM}} \sim\tau(\Gamma)$.

(5) (R) 是 $(\sim\wedge\vdash)$. 最后一步是

$$\frac{\sim\beta, \Gamma' \vdash_{n-1} \alpha \quad \sim\gamma, \Gamma' \vdash_{n-1} \alpha}{\sim(\beta \wedge \gamma), \Gamma' \vdash_n \alpha}(\sim\wedge\vdash)$$

由归纳假设得, $\sim\alpha \vdash_{\mathsf{GDM}} \sim(\sim\beta \wedge \tau(\Gamma'))$ 并且 $\sim\alpha \vdash_{\mathsf{GDM}} \sim(\sim\gamma \wedge \tau(\Gamma'))$. 与 (3) 类似可得, $\sim\alpha \vdash_{\mathsf{GDM}} \sim((\sim\beta \vee \sim\gamma) \wedge \tau(\Gamma'))$. 易证 $\sim((\sim\beta \vee \sim\gamma) \wedge \tau(\Gamma')) \vdash_{\mathsf{GDM}}$ $\sim(\sim(\beta \wedge \gamma) \wedge \tau(\Gamma'))$. 由 (cut) 得, $\sim\alpha \vdash_{\mathsf{GDM}} \sim(\sim(\beta \wedge \gamma) \wedge \tau(\Gamma'))$.

(6) (R) 是 $(\vdash\sim\wedge)$. 令 $\alpha = \sim(\alpha_1 \wedge \alpha_2)$. 最后一步是

$$\frac{\Gamma \vdash_{n-1} \sim\alpha_i}{\Gamma \vdash_n \sim(\alpha_1 \wedge \alpha_2)}(\vdash\sim\wedge)$$

由归纳假设得, $\sim\sim\alpha_i \vdash_{\mathsf{GDM}} \sim\tau(\Gamma)$. 易证 $\sim\sim(\alpha_1 \wedge \alpha_2) \vdash_{\mathsf{GDM}} \sim\sim\alpha_i$. 由 (cut) 得, $\sim(\alpha_1 \wedge \alpha_2) \vdash_{\mathsf{GDM}} \sim\tau(\Gamma)$.

(7) (R) 是 $(\sim\vee\vdash)$. 最后一步是

$$\frac{\sim\beta, \sim\gamma, \Gamma' \vdash_{n-1} \alpha}{\sim(\beta \vee \gamma), \Gamma' \vdash_n \alpha}(\sim\vee\vdash)$$

由归纳假设得, $\sim\alpha \vdash_{\mathsf{GDM}} \sim(\sim\beta \wedge \sim\gamma \wedge \tau(\Gamma'))$. 易证 $\sim(\sim\beta \wedge \sim\gamma \wedge \tau(\Gamma')) \vdash_{\mathsf{GDM}}$ $\sim(\sim(\beta \vee \gamma) \wedge \tau(\Gamma'))$. 由 (cut) 得, $\sim\alpha \vdash_{\mathsf{GDM}} \sim(\sim(\beta \vee \gamma) \wedge \tau(\Gamma'))$.

(8) (R) 是 $(\vdash\sim\vee)$. 令 $\alpha = \alpha_1 \wedge \alpha_2$. 最后一步是

$$\frac{\Gamma \vdash_{n-1} \sim\alpha_1 \quad \Gamma \vdash_{n-1} \sim\alpha_2}{\Gamma \vdash_n \sim(\alpha_1 \vee \alpha_2)}(\vdash\sim\vee)$$

由归纳假设得, $\sim\sim\alpha_1 \vdash_{\mathsf{GDM}} \sim\tau(\Gamma)$ 并且 $\sim\sim\alpha_2 \vdash_{\mathsf{GDM}} \sim\tau(\Gamma)$. 由 $(\vee\vdash)$ 得 $\sim\sim\alpha_1 \vee$ $\sim\sim\alpha_2 \vdash_{\mathsf{GDM}} \sim\tau(\Gamma)$. 因为 $\sim\sim(\alpha_1 \vee \alpha_2) \vdash_{\mathsf{GDM}} \sim\sim\alpha_1 \vee \sim\sim\alpha_2$, 由 (cut) 得, $\sim\sim(\alpha_1 \vee \alpha_2) \vdash_{\mathsf{GDM}} \sim\tau(\Gamma)$.

(9) (R) 是 $(\sim\sim\vdash)$. 最后一步是

$$\frac{\beta, \Gamma' \vdash_{n-1} \alpha}{\sim\sim\beta, \Gamma' \vdash_n \alpha}(\sim\sim\vdash)$$

由归纳假设得, $\sim\alpha \vdash_{\mathsf{GDM}} \sim(\beta \wedge \tau(\Gamma'))$. 易证 $\sim(\beta \wedge \tau(\Gamma')) \vdash_{\mathsf{GDM}} \sim(\sim\sim\beta \wedge \tau(\Gamma'))$. 由 (cut) 得, $\sim\alpha \vdash_{\mathsf{GDM}} \sim(\sim\sim\beta \wedge \tau(\Gamma'))$.

(10) (R) 是 $(\vdash\sim\sim)$. 令 $\alpha = \sim\sim\beta$. 最后一步是

$$\frac{\Gamma \vdash_{n-1} \beta}{\Gamma \vdash_n \sim\sim\beta}(\vdash\sim\sim)$$

由归纳假设得, $\sim\beta \vdash_{\mathsf{GDM}} \sim\tau(\Gamma)$. 由 $\sim\sim\sim\beta \vdash_{\mathsf{GDM}} \sim\beta$ 和 (cut) 得, $\sim\sim\sim\beta \vdash_{\mathsf{GDM}} \sim\tau(\Gamma)$. $\qquad\square$

定理 8.13 如果 $\alpha \vdash_{\mathsf{DM}} \beta$, 那么 $\alpha \vdash_{\mathsf{GDM}} \beta$.

证明 设 $\alpha \vdash_{\mathsf{DM}} \beta$. 对 $\alpha \vdash \beta$ 在 DM 中的推导高度归纳证明 $\alpha \vdash_{\mathsf{GDM}} \beta$. 注意 DM 的公理在 GDM 中可推导, 而 DM 的规则在 GDM 中可允许, 其中 (cut) 规则的可允许性由定理 8.12得, (CP) 规则的可允许性由引理 8.11可得. $\qquad\square$

定理 8.14 如果 $\Gamma \vdash_{\mathsf{GDM}} \alpha$, 那么 $\tau(\Gamma) \vdash_{\mathsf{DM}} \alpha$.

证明 设 $\Gamma \vdash_{\mathsf{GDM}} \alpha$. 对它的推导高度归纳证明. 与定理 8.9证明类似. $\qquad\square$

定义 8.16 一个项 α 的**权重** $w(\alpha)$ 归纳定义如下:

$$w(p) = w(\bot) = w(\bot) = 0$$
$$w(\alpha \circ \beta) = w(\alpha) + w(\beta) + 1, \text{ 其中 } \circ \in \{\wedge, \vee\}$$
$$w(\sim\alpha) = w(\alpha) + 1$$

对任意有限可重项集 $\Gamma = \alpha_1, \cdots, \alpha_n$, 定义 $w(\Gamma) = w(\alpha_1) + \cdots + w(\alpha_n)$. 对任意矢列 $\Gamma \vdash \alpha$, 定义 $w(\Gamma \vdash \alpha) = w(\Gamma) + w(\alpha)$.

定理 8.15 GDM 是可判定的.

证明 从给定的矢列 $\Gamma \vdash \alpha$, 从 $\Gamma \vdash \alpha$ 出发进行推导搜索. 矢列演算 GDM 中每个规则前提的权重严格小于其结论的权重. 所以, 推导搜索过程是停机的. 只需检验搜索结果的叶节点是否都是公理. $\qquad\square$

习 题

8.1 对任意 τ 型代数逻辑 L_1, L_2 和 L_3, 证明以下成立:

(1) $L_1 \oplus L_2 = L_2 \oplus L_1$.

(2) $L_1 \oplus (L_2 \oplus L_3) = (L_1 \oplus L_2) \oplus L_3$.

(3) $L_1 \oplus L_1 = L_1$.

(4) $L_1 \cap (L_1 \oplus L_2) = L_1$.

(5) $L_1 \oplus (L_1 \cap L_2) = L_1$.

8.2 对任意格 $\mathbb{A} = (A, \vee, \wedge)$ 和 $a, b \in A$, 证明: $a \leqslant b$ 当且仅当 $a \vee b = b$.

8.3 完成命题 8.4的证明.

8.4 对任意格 $\mathbb{A} = (A, \wedge, \vee)$, 设 $\to : A \times A \to A$ 是 A 上的二元运算使得对所有 $a, b, c \in A$ 以下条件成立:

$$(Res) \ a \wedge b \leqslant c \ 当且仅当 \ a \leqslant b \to c$$

证明: $\mathbb{A}$ 是分配格.

8.5 在 GDM 中给出以下后承的推导:

(1) $\sim\sim(\alpha \wedge \beta) \vdash \sim\sim\alpha \wedge \sim\sim\beta$.

(2) $\sim\sim\alpha \wedge \sim\sim\beta \vdash \sim\sim(\alpha \wedge \beta)$.

(3) $\sim\sim(\alpha \vee \beta) \vdash \sim\sim\alpha \vee \sim\sim\beta$.

(4) $\sim\sim\alpha \vee \sim\sim\beta \vdash \sim\sim(\alpha \vee \beta)$.

(5) 对 $n \geqslant 0$, $\sim^{2n+1}\alpha \vdash \sim\alpha$ 和 $\sim\alpha \vdash \sim^{2n+1}\alpha$.

(6) 对 $n \geqslant 0$, $\sim^{2n}\alpha \vdash \alpha$ 和 $\alpha \vdash \sim^{2n}\alpha$.

8.6 完成定理 8.5的证明.

8.7 一个**偏序剩余半群**是代数结构 $(G, \bullet, \backslash, /, \leqslant)$, 其中 $G \neq \varnothing$ 并且 $\bullet, \backslash, /$ 是 G 上满足以下条件的二元运算:

$(As) \ a \bullet (b \bullet c) = (a \bullet b) \bullet c$.

$(Res) \ a \bullet b \leqslant c$ 当且仅当 $b \leqslant a \backslash c$ 当且仅当 $a \leqslant c/b$.

令 $\mathbb{PRG}$ 是所有偏序剩余半群组成的代数结构类.

(1) 给出偏序剩余半群的形式语言和后承演算.

(2) 构造 $\mathbb{PRG}$ 的矢列演算 PRG 并证明它的完全性.

(3) 证明 PRG 的切割消除性质和可判定性.

参 考 文 献

金岳霖, 1934. 不相融的逻辑系统 [J]. 清华学报, 9(2): 309-329.

金岳霖, 1987. 论道 [M]. 北京: 商务印书馆.

王路, 1999. 论 "必然地得出"[J]. 哲学研究 (10): 51-59.

弗雷格, 2006. 弗雷格哲学论著选辑 [M]. 王路译. 北京：商务印书馆.

Aristotle, 1971. The Works of Aristotle, Vol.1[M]. Ross W D. Oxford: Oxford University
Press.

Barwise J, 1977. Handbook of Mathematical Logic[M]. Amsterdam: Elsevier Science B.V..

Belnap N, 1977. A useful four-valued logic[C]//Dunn J M, Epstein G. Modern Uses of
Multiple-Valued Logic. Dordrecht: Springer.

Bimbo K, 2014. Proof Theory: Sequent Calculi and Related Formalisms[M]. Boca Raton:
Chapman and Hall/CRC.

Blackburn P, de Rijke M, Venema Y, 2001. Modal Logic[M]. New York: Cambridge Uni-
versity Press.

Boole G, 1847. The Mathematical Analysis of Logic: Being an Essay Towards a Calculus
of Deductive Reasoning[M]. Cambridge: Macmillan, Barclay.

Burris S, Sankappanavar H P, 2006. A Course in Universal Algebra[M]. Berlin: Springer.

Buss S R, 1998. Handbook of Proof Theory[M]. Amsterdam: Elsevier.

Chagrov A, Zakharyaschev M, 1997. Modal Logic[M]. Oxford: Claredon Press.

Davey B A, Priestley H A, 2002. Introduction to Lattices and Order[M]. 2nd edition.
Cambridge MA: Cambridge University Press.

Dunn M, 1999. A comparative study of various model-theoretic treatments of negation:
A history of formal negation[C]//Gabbay D, Wansing H. What is negation? Dordrecht:
Kluwer Academic Publishers: 23-51.

Dyckhoff R, 1992. Contraction-free sequent calculi for intuitionistic logic[J]. The Journal
of Symbolic Logic, 57(3): 795-807.

Ebbinghaus H D, Flum J, Thomas W, 2013. Mathematical Logic[M]. 2nd edition. Berlin:
Springer.

Fitch F B, 1952. Symbolic Logic: An Introduction[M]. New York: Ronald Press Company.

Fitting M, 1983. Proof Methods for Modal and Intuitionistic Logics[M]. Dordrecht: Spring
Science, Business Media Dordrecht.

Frege G, 1967. Bergriffsschrift, a formula language, modeled upon that of arithmetic, for
pure thought[C]//van Heijenoort J. From Frege to Gödel: A Source Book in Mathemat-
ical Logic, 1879-1931. Cambridge MA: Harvard University Press: 1-82.

Gentzen G, 1964. Investigations into logical deduction[J]. American Philosophical Quarterly, 1(4): 288-306.

Gentzen G, 1969. The Collected Papers of Gerhard Gentzen[M]. Amsterdam: North-Holland.

Gödel K, 1944. Russell's mathematical logic[C]//Schilpp P A. The Philosophy of Bertrand Russell. Evanston and Chicago: Northwestern University: 123-153.

Hilbert D, Ackermann W, 1950. Principles of Mathematical Logic[M]. New York: Chelsea Publishing Company.

Hugues G E, Cresswell M J, 1996. A New Introduction to Modal Logic[M]. London: Routledge.

Kant I, 1998. Critique of Pure Reason[M]. Translation by Guyer P, Wood A W. Cambridge: Cambridge University Press.

Kleene S C, 1952. Introduction to Metamathematics[M]. Amsterdam: North-Holland Publishing.

Leiws D, 1973. Counterfactuals[M]. Oxford: Blackwell Publishers.

McKinsey J C, Tarski A, 1948. Some theorems about the sentential calculi of Lewis and Heyting[J]. The Journal of Symbolic Logic, 13(1): 1-15.

Mints G, 1992. A Short Introduction to Intuitionistic Logic[M]. New York: Kluwer Academic/Pleunum Publishers.

Negri S, von Plato J, 2001. Strucutral Proof Theory[M]. Cambridge MA: Cambridge University Press.

Negri S, von Plato J, 2011. Proof Analysis: A Contribution to Hilbert's Last Problem[M]. Cambridge: Cambridge University Press.

Ono H, 1998. Proof-theoretic methods in nonclassical logic–an introduction[C]// Theories of Types and Proofs, Vol. 2. Japan Society of Mathematics: 207-254.

Ono H, 2016. Semantical approach to cut elimination and subformula property in modal logic[C]//Structural Analysis of Non-Classical Logics. Berlin: Springer: 1-15.

Poggiolesi F, 2008. A cut-free simple sequent calculus for modal logic S5[J]. The Review of Symbolic Logic, 1(1): 3-15.

Prawitz D, 1965. Natural Deduction: A Proof-Theoretic Study[M]. Stockholm: Almqvist and Wicksell.

Schütte K, 1968. Vollständige Systeme modaler und intuitionistischer Logik. Ergebnisseder Mathematik und ihrer Grenzgebiete[M]. Berlin: Springer.

Schütte K, 1977. Proof Theory[M]. Berlin: Springer-Verlag.

Takano M, 1992. Subformula property as a substitute for cut-elimination in modal propositional logics[J]. Mathematica Japonica, 37: 1129-1145.

Takano M, 2001. A modified subformula property for the modal logics K5 and K5D[J]. Bulletin of the Section of Logic, 30(2): 115-123.

Takano M, 2018. A semantical analysis of cut-free calculi for modal logics[J]. Reports on Mathematical Logic, 53: 43-65.

Takeuit G, 1987. Proof Theory. Second edition[M]. Amsterdam: North-Holland Publishing.

Tarski A, 1944. The semantic conception of truth and the foundations of aemantics[J]. Philosophy and Phenomenological Research, 4(3): 341-376.

Tarski A, 1994. Introduction to Logic and the Methodology of Deductive Sciences[M]. 4th edition. Oxford: Oxford University Press.

Thiele R, 2003. Hilbert's twenty-fourth problem[J]. The American Mathematical Monthly, 110(1): 1-24.

Troelstra A, 1973. Metamathematical Investigations of Intuitionistic Arithmetic and Analysis[M]. Berlin: Springer-Verlag.

Troelstra A, Schwichtenberg H, 2000. Basic Proof Theory[M]. Cambridge MA: Cambridge University Press.

van Dalen D, 1994. Logic and Structure[M]. Berlin: Springer.

von Plato J, 2013. Elements of Logical Reasoning[M]. Cambridge MA: Cambridge University Press.

Wansing H, 2002. Sequent systems for modal logics[C]//Gabbay D, Woods J. Handbook of Philosophical Logic, Vol. 8. Dordrecht: Springer: 61-145.

后　记

　　结构证明论既是研究逻辑性质的方法，也是逻辑研究的组成部分．要证明逻辑系统的一致性，就是要证明一个句法对象在系统中不可证，这通常可以借助语义工具实现．对特定的逻辑而言，结构证明论提供了一种特别的方法，通过在系统内进行推导搜索，穷尽满足特定条件的所有可能推导，就可以判定给定的句法对象是否可证．与语义方法相比，在特定情况下这种方法的优点是通过切割消除或有关的手段得到判定程序．由于构建了简洁的证明系统甚至停机的系统，一些逻辑性质可以通过结构证明论的方法来证明．例如，插值性质可以通过自动计算插值来证明．不同逻辑之间的嵌入关系也可以通过这种方法来证明．

　　学习结构证明论是理解形式系统的重要途径．2017 年以来，在中山大学逻辑学专业的证明论本科课程教学中，在学习数理逻辑、模态逻辑的基本理论基础上，学生对证明论表现出兴趣，加深了对形式系统的理解，掌握了结构证明论的基本研究方法．在学习过程中，初学者要克服一些问题．第一，学会画推导树结构．在画推导树结构时，要把给定的句法对象作为根节点，自下而上画出推导树结构，这个过程对应于推导搜索．第二，理解切割消除．矢列演算的切割消除定理是基本的研究工具，运用它们可以得到一些重要的逻辑性质．切割消除过程本质上是将切割规则的运用上移至公理，然后消除其应用．第三，学会构造演算．学习一阶逻辑、模态逻辑等逻辑理论时，公理化对象是有效公式集，而矢列演算是对后承关系的公理化．通过学习矢列演算的构造方法，可以增强构造演算的能力．

　　结构证明论还有很大的发展空间．从理论上看，不同类型的矢列演算，包括甘岑式矢列演算、超矢列演算、贝尔纳普显示演算、加标矢列演算、深度推理演算、图演算等，仍然在不同逻辑理论中得到发展．从应用上看，一些实际推理问题可以转化为公式之间的后承关系是否成立的问题，从而在证明系统中加以解决．学习结构证明论的基本方法，有利于发展证明的基本理论和应用．在修订这本教材时，修改了前言，还纠正了第一版的一些疏漏．感谢我的研究生郭俊彤校读了本书．在此，还要感谢科学出版社的编辑为本书出版付出的努力．中山大学哲学系对本书修订出版给予了资助，在此一并表示感谢．